普通高等教育机械类特色专业系列教材

液压挖掘机

主　编　史青录
副主编　林幕义
参　编　连晋毅　李　捷　张福生　贡凯军
主　审　徐格宁

机械工业出版社

本书详细介绍了液压挖掘机的工作装置、回转机构、回转支承、行走装置、液压系统及其他辅助装置的结构特点、工作原理、设计方法、分析手段以及当今挖掘机上所采用的国际先进技术。本书运用了现代设计理论和方法对挖掘机的结构设计和性能分析方法进行了系统阐述，推导出了一系列分析计算公式，给出了工作装置、回转和行走机构及液压系统的具体设计方法和步骤，并通过自行研发的计算机软件（EXCA）对实例机型进行了分析验证，得出了一系列具有工程参考价值的分析结果。

本书可作为高等院校机械、车辆等相关专业（方向）的课程教材，也可作为相关学科研究生及工程机械行业相关技术人员的参考用书。

图书在版编目（CIP）数据

液压挖掘机/史青录主编．—北京：机械工业出版社，2011.12（2022.1重印）

普通高等教育机械类特色专业系列教材

ISBN 978-7-111-34597-8

Ⅰ.①液…　Ⅱ.①史…　Ⅲ.①液压式挖掘机－高等学校－教材　Ⅳ.①TU621

中国版本图书馆 CIP 数据核字（2011）第 214080 号

机械工业出版社（北京市百万庄大街 22 号　邮政编码 100037）
策划编辑：刘小慧　责任编辑：刘小慧　韩　冰　冯　铗
版式设计：霍永明　责任校对：肖　琳
封面设计：张　静　责任印制：郜　敏
北京盛通商印快线网络科技有限公司印刷
2022 年 1 月第 1 版第 5 次印刷
184mm×260mm · 24.5 印张 · 607 千字
标准书号：ISBN 978-7-111-34597-8
定价：65.00 元

电话服务	网络服务
客服电话：010-88361066	机　工　官　网：www.cmpbook.com
010-88379833	机　工　官　博：weibo.com/cmp1952
010-68326294	金　　书　　网：www.golden-book.com
封底无防伪标均为盗版	机工教育服务网：www.cmpedu.com

普通高等教育机械类特色专业系列教材

编写委员会

序

一、编写背景和依据

随着国民经济的高速发展，面向21世纪社会发展的需求，面对激烈的市场竞争，高等教育应适时转变观念和理念，不断进行教学改革和创新，以期更好地适应我国高等教育跨越式的发展需要，满足我国高校从精英教育向大众化教育的重大转型中社会对高校应用型人才培养的差异性要求，探索和建立适应我国高等教育应用型人才培养体系和工程教育体系。“高等工科教育回归工程”“应用型本科教育”“强化能力导向原则”等基于社会需求及人才培养和教学改革的教育理念，是《高等教育法》提出的“高等教育教学改革务必根据不同类型、不同层次高等学校自身实际”要求、“高等学校本科教学质量与教学改革工程”（简称“质量工程”）所坚持的“分类指导、鼓励特色、重在改革”原则的创新成果和实践载体。

高等教育可分为教学型、教学研究型、研究型，要求高校按照“质量工程”对人才培养目标进行合理定位，对教学过程进行科学创新，发挥自身优势，形成各自特色，从而满足社会对多样化人才的需求。人才培养目标的差异化，直接要求教学内容、教材建设具有针对性。《高等教育法》第34条明确规定：“高等学校根据教学需要，自主制定教学计划、选编教材、组织实施教学活动。”教育部在2007年提出本科教育、教学“质量工程”，鼓励和支持高等学校在教学理念等方面进行创新，形成有利于多样化人才成长的培养体系，满足国家对社会紧缺的创新型和应用型人才的需要。

“百年大计，教育为本；教育大计，教师为本；教师大计，教学为本；教学大计，教材为本；教材大计，适用为本。”针对人才培养目标的差异化和教学内容、教材建设的同质化的矛盾，国内具有机械行业特色专业的相关高校与机械工业出版社共同协商，专题研讨，成立机械类特色专业系列教材编写委员会，以“打造特色精品教材，促进专业教育发展”的理念规划出版的“普通高等教育机械类特色专业系列教材”，是对“质量工程”中所要求的“重点规划、建设多种基础课程和专业课程教材，促进高等学校教学内容更新、教材建设工作”的落实。

在教材选题设计思路上贯彻教育部关于培养适应地方、区域经济和社会发展需要的“本科应用型高级专门人才”的指示精神，突出了教材建设与办学定位、教学目标的一致性与适应性。教材立足的培养目标是加强工程意识的培养，加强理论与实践的结合，加强实践教学和工程训练，面向培养生产第一线从事设计、制造、运行、研究和管理实际工作、解决具体问题、保障工作有效运行的高等应用型人才。

在教材编写中既严格遵照学科体系的知识构成和教材编写的一般规律，又针对应用型本科人才培养目标及与之相适应的教学特点，精心设计写作体例，科学安排知识内容，注重解决现行教材存在的问题：如教材缺乏连续性修订；现行国家标准已经与国际接轨，现行教材中相关内容陈旧过时；企业和研究院所本专业工程技术人员对特色专业教材的日益需求。充分体现“基本理论够用，专业理论雄厚，注重实践环节，培养工程能力”的内涵和尺度的把握。

二、机械类特色专业（方向）

面向机械工业和重型机械行业的本科特色优势专业（方向）包括但不限于起重输送机械、工程机械、矿山机械、港口装卸机械、物流工程（装备与技术）、特种设备安全工程。

研究生特色优势学科包括但不限于机械设计及理论、车辆工程、机械制造及其自动化、机械电子工程。

工程硕士特色优势领域包括但不限于机械工程、车辆工程。

三、机械类特色专业教材规划

由于起重输送机械和工程机械方面的教材专业性强，用量少，出版难，距前一版出版时间大多数已超过十年，涉及相关标准和技术已经更新，许多企业与研究院所作为继续教育和新大学生的技术培训或设计参考，现急需出版新教材和修订版。根据市场调研和急需程度，机械类特色专业系列教材编写委员会提出了第一批特色专业教材出版规划，具体书目列表如下：

序　号	教材名称	适用专业（方向）	字数/万
1	机械装备金属结构设计	起重输送机械、工程机械、矿山机械、机械CAD、物流工程、特种设备安全工程	65
2	叉车构造与设计	起重输送机械、机械CAD、物流工程	30
3	连续输送机械	起重输送机械、机械CAD、矿山机械、港口装卸机械	45
4	起重机械	起重输送机械、机械CAD、港口装卸机械	40
5	土方运输机械	工程机械、矿山机械	40
6	矿井提升机械	起重输送机械、矿山机械	34
7	液压挖掘机	工程机械、矿山机械	40
8	工程机械设计基础	工程机械、起重机械、矿山机械、机械CAD	45
9	现代施工工程机械	工程机械，土木建筑，交通运输，水利水电，采矿工程，农业工程	49
10	特种设备安全技术	起重机械、工程机械、特种设备安全工程	30
11	机械装备金属结构课程设计	起重输送机械、工程机械、矿山机械、机械CAD、物流工程、特种设备安全工程、港口装卸机械	30
12	起重机械课程设计	起重机械、工程机械、矿山机械、港口装卸机械	30
13	输送搬运机械课程设计	起重输送机械、机械CAD、物流工程、特种设备安全工程	30
14	机械CAD课程设计	起重输送机械、机械CAD、物流工程、特种设备安全工程	30
15	机械装备金属结构习题集	起重输送机械、工程机械、矿山机械、机械CAD、物流工程、特种设备安全工程	10
16	起重机械习题集	起重机械、矿山机械、物流工程、港口装卸机械	15

（续）

序　　号	教 材 名 称	适用专业（方向）	字数/万
17	机械工程软件技术基础	机械设计制造及其自动化专业各方向	30
18	机械 CAD 应用技术	机械设计制造及其自动化专业各方向	30
19	散体力学及工程应用	输送机械、工程机械、物流工程、矿山机械、港口装卸机械	34
20	机械类特色专业实验教学指导书	起重输送机械、工程机械、矿山机械、机械 CAD、物流工程、特种设备安全工程	20

希望本特色专业系列教材的出版，能够满足各相关学校特色专业的教学以及相关行业工程技术人员的需要。对教材编写过程中，各相关学校、行业的专家学者的鼎力支持和热忱帮助表示衷心的感谢。

由于编者的水平所限，本特色专业系列教材将会存在某些不足和缺陷，真诚欢迎领域的专家、学者和广大读者批评指正。

普通高等教育机械类特色专业系列教材编写委员会

徐格宁

前　言

液压挖掘机是土方施工工程中经常使用的主要机种之一，在建筑、交通、水利、采矿、国防、农业及城市建设等土石方施工工程中起着十分重要的作用。近年来，随着应用范围的日益扩大和设计、制造、计算机技术以及控制技术的飞速发展，该机种在设计理论和方法、加工工艺，分析研究手段等方面有了质的飞跃，其涉及的领域涵盖了数学、力学、机械、液压、电子、计算机、现代控制理论和技术、信息技术及节能技术等许多方面；但对该机种的设计理论和方法、技术手段等方面进行系统介绍的教材还没有及时更新，以往的相关教材及参考书已不能满足高校相关专业教学和行业有关工程技术人员的需要。为此，作者经过长期的学习和探索，在秉承了前人知识经验并参考了大量文献的基础上完成了本书，旨在为工程机械专业的学生和本行业的相关工程技术人员提供参考。并希望本书可使我国液压挖掘机的设计水平能得到一定程度的提高，为改善该机种的综合性能和提高我国挖掘机的核心竞争力、推动我国该类产品的发展作出贡献。

本书共分为12章，可概括为三个部分。第一部分通过绪论介绍了挖掘机的发展历史、应用领域、生产情况、技术现状及发展趋势；第二部分为第2~11章，从总体结构到各主要组成部分详细介绍了液压挖掘机的结构特点、工作原理、设计方法及分析研究手段等；第三部分参考国际、国家和行业标准介绍了液压挖掘机的试验规范、试验内容和试验方法。

本书的主要特点可概括为以下五个方面：

（1）对液压挖掘机工作装置的运动分析采用了空间矢量和矩阵运算方法，运用整体和相对坐标系概念建立了各铰接点及斗齿尖的位置坐标计算公式，这些公式更加适合于计算机编程并求解各铰接点及斗齿尖在空间的任意位置坐标，克服了解析法在这方面的不足，同时也提高了运算速度和精度。在此基础上，详细介绍了挖掘包络图的绘制方法及过程，对反铲液压挖掘机主要工作尺寸的计算进行了详细介绍，并补充了最大垂直挖掘深度及水平底面为2.5m时的最大挖掘深度的计算方法。

（2）利用矢量分析方法给出了整机理论挖掘力的计算方法和计算公式，以及在全局范围内寻找整机最大理论挖掘力的方法。详细介绍了挖掘图的绘制步骤，并借助作者研发的软件EXCA对实例挖掘图进行了分析，通过挖掘图详细阐述了整机挖掘作业性能的分析方法、评价指标及改进方法。

（3）利用矢量力学原理介绍了对液压挖掘机工作装置各铰接点进行静力学分析的方法，详细介绍了其受力分析过程并推导了各铰接点的受力计算公式，填补了以往教材和参考文献在这方面的空白。通过这些公式，可得到各铰接点在选定工况下任意位置的三维受力（力矩）情况，为液压挖掘机的结构设计和强度分析提供了可靠的依据和便利。作者还将上述过程补充到了自行研发的软件EXCA中，并通过实例机型得到了验证。

（4）分别用解析法和作图法介绍了反铲液压挖掘机工作装置的设计方法，介绍了对工作装置主要结构件及行走架进行强度分析的工况选择依据，以及用材料力学和有限元方法进行强度分析的过程、步骤及部分实例分析结果。

（5）对挖掘机上采用的液压系统及其设计过程进行了详细介绍。书中除介绍了挖掘机液压系统的主要类型和基本回路外，还补充了近年来国际知名品牌上采用的先进控制系统，如负流量控制系统、正流量控制系统、负荷传感控制技术、与发动机相结合的节能控制技术以及液压系统设计的基本方法和步骤。

本书是针对工程机械专业的高年级本科生、研究生及相关工程技术人员编写的，为更好地掌握书中内容，在学习本书内容之前应该具备机械工程领域的相关基础理论和专业基础知识，包括线性代数、矩阵理论、工程力学、机械原理及机械设计、液压传动、优化设计方法、有限元方法等。

在编写本书之前，作者已有经过多年补充更新和使用的讲义，包括采用现代设计方法对工作装置进行受力分析、挖掘图的绘制和分析、先进的液压系统等内容，并已在学校和相关企业进行了多次试用，效果良好，得到了学生和相关专业人士的好评。

秉承前辈和专家的知识、经验以及他们严谨的治学作风，作者经过长期的学习和探索完成了本书的编写工作，在此向各位前辈、专家及广大读者致以深深的谢意！并对本书主审徐格宁教授表示衷心的感谢！

感谢机械工业出版社对本书的出版所给予的高度关注和大力支持！

感谢多年来与我们长期合作的广西柳工机械股份有限公司、贵州詹阳动力重工有限公司、四川成都成工工程机械股份有限公司、山推工程机械股份有限公司、长沙中联重工科技发展股份有限公司、厦门厦工机械股份有限公司、河北钢铁集团宣工公司等国内知名企业，它们的长期关注和大力支持给了我们强劲的动力！

由于作者理论知识的局限和实际经验的不足，书中缺点和不足之处在所难免，敬请广大读者提出批评和建议。

编　者

目　录

序

前言

第1章　绪论 ······ 1

1.1　挖掘机械的发展史 ······ 2

1.2　挖掘机械的分类 ······ 4

1.3　挖掘机的应用情况 ······ 7

1.4　挖掘机的技术现状 ······ 7

1.4.1　国外发展现状 ······ 7

1.4.2　国内发展概况 ······ 10

1.5　挖掘机械的发展趋势 ······ 11

思考题 ······ 14

第2章　单斗液压挖掘机的总体结构与总体方案设计 ······ 15

2.1　液压挖掘机的型号标记 ······ 16

2.2　单斗液压挖掘机的组成和工作原理 ······ 17

2.2.1　动力装置 ······ 18

2.2.2　工作装置 ······ 20

2.2.3　回转驱动装置及回转支承 ······ 22

2.2.4　行走装置 ······ 23

2.2.5　液压系统 ······ 23

2.2.6　操纵装置 ······ 23

2.2.7　电气系统 ······ 23

2.2.8　润滑系统 ······ 24

2.2.9　热平衡系统 ······ 27

2.2.10　其他辅助系统 ······ 29

2.3　反铲挖掘机的作业过程及基本作业方式 ······ 29

2.4　液压挖掘机的总体设计 ······ 30

2.4.1　液压挖掘机总体设计的内容及设计原则 ······ 30

2.4.2　确定整机结构方案并拟定设计任务书 ······ 32

2.5　单斗液压挖掘机的基本参数和主要参数 ······ 38

2.6　单斗液压挖掘机主要参数的选择方法 ······ 40

2.6.1　选择主要参数的基本依据 ······ 40

2.6.2　确定主要参数的方法 ······ 40

思考题 ······ 45

第3章　反铲工作装置的构造与设计 ······ 47

3.1　反铲工作装置的整体结构形式 ······ 48

3.2　反铲挖掘机的作业过程及基本作业方式 ······ 49

3.3　反铲动臂的结构形式 ······ 50

3.4　动臂液压缸的布置方式 ······ 53

3.5　反铲斗杆的结构形式 ······ 55

3.6　动臂与斗杆的连接方式 ······ 56

3.7　反铲铲斗连杆机构 ······ 57

3.8　反铲铲斗的结构形式 ······ 58

3.9　反铲工作装置的几何关系及运动分析 ······ 62

3.9.1　符号约定与坐标系的建立 ······ 62

3.9.2　回转平台（转台）的运动分析 ······ 64

3.9.3　动臂机构的几何关系及运动分析 ······ 65

3.9.4　斗杆机构的几何关系及运动分析 ······ 67

3.9.5　铲斗及铲斗连杆机构的几何关系及运动分析 ······ 69

3.9.6　反铲挖掘机的主要作业参数 ······ 71

3.9.7　反铲挖掘机的作业范围和挖掘包络图 ······ 77

3.10　反铲工作装置铰接点位置的确定 ······ 82

3.10.1 反铲工作装置结构方案的确定 … 83
3.10.2 铲斗结构参数的确定 …………… 86
3.10.3 普通反铲动臂机构的设计 ……… 90
3.10.4 反铲斗杆机构的设计 …………… 95
3.10.5 反铲铲斗连杆机构的设计 ……… 99
3.10.6 反铲工作装置设计的混合方法 ……………………… 108
思考题 ……………………………………… 113
第4章 反铲液压挖掘机挖掘力的分析计算 …………… 115
4.1 工作液压缸的理论挖掘力 ………… 116
4.1.1 铲斗液压缸的理论挖掘力 ……… 116
4.1.2 斗杆液压缸的理论挖掘力 ……… 118
4.2 整机的理论挖掘力 ………………… 119
4.3 整机的实际挖掘力 ………………… 131
4.4 挖掘图 ……………………………… 131
4.4.1 挖掘图的绘制 ………………… 131
4.4.2 挖掘图实例分析 ……………… 132
4.5 工作装置的设计合理性分析 ……… 141
4.6 整机最大挖掘力的确定 …………… 145
4.6.1 整机最大挖掘力的数学模型 …… 145
4.6.2 选择优化搜索方法 ……………… 145
4.6.3 实例分析 ……………………… 146
思考题 ……………………………………… 147
第5章 正铲液压挖掘机工作装置构造与设计 ……………… 149
5.1 普通正铲工作装置的机构形式和作业方式 ……………………………… 150
5.2 正铲挖掘装载装置及其结构特点 …… 153
5.2.1 普通型挖掘装载装置 …………… 153
5.2.2 在动臂和转台之间增设辅助液压缸的挖掘装载装置 ……………… 154
5.2.3 在动臂和斗杆之间增设辅助液压缸的挖掘装载装置 ……………… 156
5.2.4 TRI—POWER 型挖掘装载装置（三功能机构） ………………… 157
5.3 正铲液压挖掘机的主要性能参数 …… 159
5.3.1 正铲液压挖掘机的主要作业尺寸 ……………………… 159
5.3.2 正铲液压挖掘机的挖掘力及其计算 ………………………………… 159
5.3.3 正铲液压挖掘机的几何关系及其包络图 ………………………………… 162
思考题 ……………………………………… 162
第6章 回转平台、回转支承及回转驱动装置 ……………………… 165
6.1 回转平台 ……………………………… 166
6.1.1 回转平台的结构 ………………… 166
6.1.2 回转平台上各部件的布置及转台平衡 ………………………… 166
6.2 回转支承 ……………………………… 168
6.2.1 转柱式回转支承 ………………… 168
6.2.2 滚动轴承式回转支承 …………… 168
6.3 回转驱动装置 ………………………… 171
6.3.1 半回转的回转驱动装置 ………… 171
6.3.2 全回转的回转驱动装置 ………… 172
6.4 中央回转接头 ………………………… 178
6.5 转台的运动特点及载荷形式 ……… 181
6.6 滚动轴承式全回转支承的选型计算 … 181
6.6.1 回转支承选型计算的工况选择及载荷计算 ……………………… 181
6.6.2 滚动轴承式全回转支承的当量载荷及载荷能力计算 ……………… 184
6.7 全回转挖掘机的转台回转阻力矩计算 ………………………… 186
6.8 全回转驱动机构的选型计算 ………… 188
思考题 ……………………………………… 191
第7章 行走装置构造及设计 ………… 193
7.1 履带式行走装置的结构形式 ……… 194
7.1.1 行走架 ………………………… 194
7.1.2 履带 …………………………… 197
7.1.3 支重轮 ………………………… 200
7.1.4 导向轮 ………………………… 202
7.1.5 履带张紧装置 ………………… 203
7.1.6 驱动轮 ………………………… 204
7.2 履带式行走装置 ……………………… 205
7.2.1 履带式行走装置的传动方式 …… 205
7.2.2 履带式行走装置的设计 ………… 211
7.3 轮胎式行走装置 ……………………… 218
7.3.1 轮胎式行走装置的结构布置 …… 218

7.3.2 轮胎式行走装置的传动方式 …… 220
7.3.3 轮胎式挖掘机的悬挂装置 …… 224
7.3.4 轮胎式挖掘机的转向机构 …… 224
7.3.5 轮胎式挖掘机的支腿 …… 226
思考题 …… 230

第8章 挖掘机的稳定性分析 …… 233
8.1 稳定性的概念 …… 234
8.2 稳定性工况选择及稳定系数计算 …… 235
8.2.1 建立坐标系 …… 235
8.2.2 影响稳定性的因素及其数学表达 …… 235
8.2.3 不同工况的稳定性系数计算公式 …… 236
8.3 最不稳定姿态的确定 …… 242
思考题 …… 245

第9章 反铲挖掘机的部件受力分析 …… 247
9.1 铲斗及铲斗连杆机构的受力分析 …… 248
9.2 斗杆及斗杆机构的受力分析 …… 251
9.3 动臂及动臂机构的受力分析 …… 253
9.4 偏载及横向力的计入 …… 255
9.5 回转平台的受力分析 …… 257
9.6 履带式液压挖掘机接地比压分析 …… 259
思考题 …… 263

第10章 主要结构件的强度分析 …… 265
10.1 静态强度分析方法及其判定依据 …… 266
10.1.1 静态强度分析方法概述 …… 266
10.1.2 静态强度分析判定依据 …… 267
10.2 静态强度分析工况和计算位置的选择 …… 268
10.3 工作装置的静强度分析 …… 269
10.3.1 动臂的静强度分析 …… 269
10.3.2 斗杆的静强度分析 …… 275
10.3.3 铲斗的静强度分析 …… 279
10.4 转台的强度分析 …… 279
10.4.1 转台强度计算的选择工况 …… 279
10.4.2 转台的载荷形式 …… 281
10.4.3 转台有限元模型的载荷施加方式 …… 281
10.5 履带式液压挖掘机底架的强度分析 …… 281
10.5.1 底架强度计算的选择工况 …… 282
10.5.2 底架的载荷形式 …… 283
10.5.3 底架有限元模型的载荷施加方式 …… 284
10.6 工作装置的动态强度分析及其他 …… 287
思考题 …… 288

第11章 反铲挖掘机的液压系统 …… 289
11.1 液压挖掘机的工况特点及其对液压系统的要求 …… 290
11.1.1 挖掘机的工况特点 …… 290
11.1.2 挖掘机对液压系统的要求 …… 293
11.2 液压系统的主要类型和特点 …… 294
11.2.1 液压泵的主要性能参数及液压系统分类 …… 294
11.2.2 定量系统 …… 295
11.2.3 变量系统 …… 297
11.2.4 开式系统和闭式系统 …… 303
11.2.5 单泵系统和多泵系统 …… 304
11.2.6 串联系统和并联系统 …… 304
11.3 液压挖掘机的基本回路 …… 305
11.3.1 限压回路 …… 305
11.3.2 卸荷回路 …… 306
11.3.3 调速和限速回路 …… 306
11.3.4 行走限速补油回路 …… 308
11.3.5 回转缓冲补油回路 …… 308
11.3.6 支腿顺序动作及锁紧回路 …… 309
11.4 执行元件的辅助控制回路 …… 310
11.4.1 行走自动二速系统 …… 310
11.4.2 行走直驶控制系统 …… 311
11.4.3 转台回转摇晃防止机构 …… 311
11.4.4 工作装置控制系统 …… 312
11.5 液压挖掘机的控制系统 …… 312
11.5.1 先导型控制系统 …… 313
11.5.2 负流量控制系统 …… 316
11.5.3 正流量控制系统 …… 318
11.5.4 负荷传感控制系统 …… 319
11.5.5 液压挖掘机的发动机控制系统 …… 322

11.6 液压挖掘机整机控制系统 …… 326
11.6.1 液压油温度控制系统 …… 326
11.6.2 液压挖掘机工况检测与故障诊断系统 …… 327
11.6.3 自动挖掘控制系统 …… 328
11.6.4 遥控挖掘机 …… 328
11.7 液压系统的设计及性能分析 …… 329
11.7.1 明确设计要求、分析工况特征 …… 330
11.7.2 确定液压系统主要参数 …… 332
11.7.3 液压系统方案的拟定 …… 332
11.7.4 系统初步计算及液压元件的选择 …… 334
11.7.5 液压系统性能分析 …… 340
11.7.6 绘制系统图和编写技术文件 …… 344
思考题 …… 345
第12章 液压挖掘机的试验 …… 347
12.1 整机试验及其相关标准 …… 348
12.1.1 整机定置试验 …… 348
12.1.2 倾覆力矩与挖掘力试验 …… 350
12.1.3 行驶性能试验 …… 354
12.1.4 空运转试验 …… 356
12.1.5 作业试验 …… 357
12.1.6 工业性试验 …… 358
12.1.7 技术要求与相关标准 …… 358
12.2 主要机构和部件的试验 …… 360
12.2.1 回转试验 …… 360
12.2.2 结构强度试验 …… 361
12.2.3 液压系统试验 …… 362
12.3 环保与排放试验 …… 365
12.3.1 噪声试验 …… 365
12.3.2 振动试验 …… 368
12.3.3 排放试验 …… 368
12.4 安全性试验 …… 370
12.4.1 防护装置试验 …… 370
12.4.2 起重量试验 …… 372
12.4.3 其他安全装置试验 …… 375
思考题 …… 376
参考文献 …… 377
读者信息反馈表

第1章

绪　论

1.1 挖掘机械的发展史

挖掘机械是工程建筑机械的主要机种之一，是进行土方工程作业的主要机械设备，它包含了各种类型与功能的机型。挖掘机的最早雏形可追溯到 16 世纪的意大利，当时它被用于威尼斯运河的疏浚工作，模拟人的掘土工作。以蒸汽机驱动的“动力铲”则诞生于 19 世纪（1836 年），发展至今已有 170 余年的历史[1]。

长期以来，随着工业和科学技术的不断发展，从早期的以简单正铲为代表的机械式挖掘机发展到当今以采用液压和电力技术以及复杂控制技术为特征的单斗液压挖掘机和多斗挖掘机，在结构、材料、工艺、性能及用途等方面都取得了惊人的进步，但由于其作业对象相对未变，因而其基本工作原理至今未有明显的改变，只是在原工作装置基础上增加了部分配套作业装置，而动力装置、传动系统以及控制方式的不断革新则基本上反映了挖掘机发展的几个阶段。

第一阶段：蒸汽机驱动的单斗机械式挖掘机从发明到广泛应用大约经历了 100 年。该机型初期主要用于挖掘运河和修建铁路，以后逐渐扩展到采矿业和建筑业，其结构形式由轨道行走的半回转式发展到履带行走的全回转式，如图 1-1 所示。

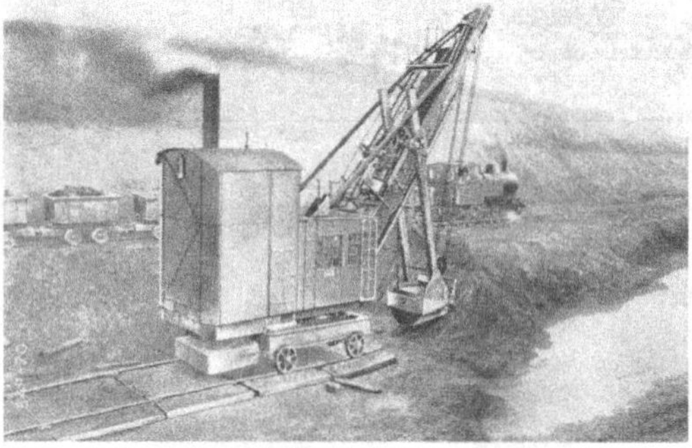

a)

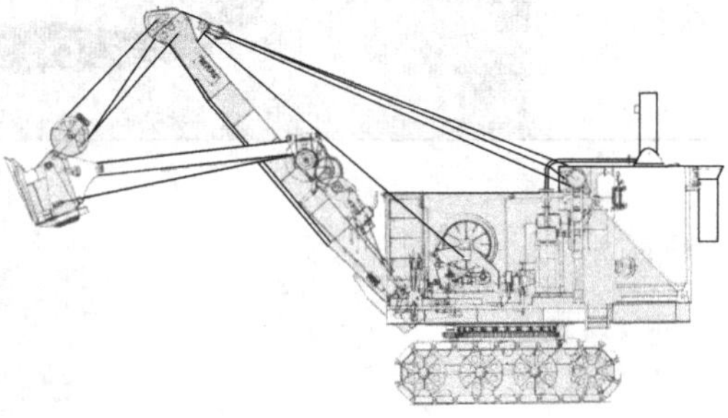

b)

图 1-1　蒸汽机驱动的单斗机械式挖掘机（图片来自 DEMAG 公司的产品样本）
a）早期的轨道式挖掘机（1920 年）　b）早期的履带式挖掘机（1929 年）

第二阶段：1899 年出现了第一台电动挖掘机，内燃机与电动机驱动的单斗挖掘机则发展于 20 世纪初。第一次世界大战后汽油机和柴油机先后用于轮胎式单斗挖掘机和履带式单斗挖掘机，改善了挖掘机的越野性能和机动性能，扩大了使用范围（图 1-2）。

第三阶段：20 世纪 40 年代末至 20 世纪 50 年代初，随着液压传动技术的迅速发展，挖掘机开始应用液压传动，并且由半液压传动发展到全液压传动（图 1-3）。挖掘机传动形式的液压化是挖掘机由机械传动的传统结构发展到现代传动结构的一次跃进。液压挖掘机的产量日益增长，20 世纪 60 年代初期，液压挖掘机的产量只占挖掘机总产量的 15%，但到了 20 世纪 70 年代初期，其产量已占到了总产量的 90% 左右[1]。近年来，应用于工程建设的单斗挖掘机几乎已全部采用液压传动。与此同时，斗轮挖掘机、轮斗挖沟机、铣切式挖掘机的工作装置和臂架升降等部分也采用了液压传动，大型矿用挖掘机在基本传动形式不变的情况下，其工作装置也改为了液压驱动（图 1-4）。

图 1-2 柴油机驱动的单斗机械式挖掘机（图片来自 DEMAG 公司 1952 年的产品样本）

图 1-3 早期的单斗液压挖掘机（图片来自 DEMAG 公司 1954 年的产品样本）

第四阶段：控制方式的不断革新使挖掘机由简单的机械杠杆操纵发展到液压操纵、气压操纵、液压伺服操纵、电气控制和无线电遥控。

第五阶段：自 20 世纪 90 年代以来，随着电子计算机技术的发展和普及，开始利用电子计算机综合控制技术对挖掘机进行节能和智能化控制。各种节能控制技术在挖掘机上的应用已成为体现其技术水平的重要标志，而利用 GPS 和激光导向相结合，使操纵者在集中控制室内通过中央控制器监视若干台挖掘机进行同时协调工作的全自动化作业技术已不再是梦想。此外，信息化技术和远程故障诊断技术也在这一阶段相继出现，通过该项技术，现场设备可与远程控制系统连接，交换故障数据，实时地对整机的状态进行监控或离线分析，进行保养或者排除故障。

图 1-4 当代的单斗液压挖掘机（广西柳工机械股份有限公司，简称柳工）

除单斗挖掘机外，多斗挖掘机的发展也有 100 多年的历史。最早的多斗挖掘机于 1860 年在法国设计制造，用于苏伊士运河的挖掘工作；1916 年出现了轨道式斗轮挖掘机；1919 年前后，德国制造了第一台履带式斗轮挖掘机，继而在欧洲多国得到了广泛应用；至 20 世纪 50 年代，中小型斗轮挖掘机获得了较快的发展。1975 年，原联邦德国生产了日产 20 万 m^3 的斗轮挖掘机；1977 年又研制成功日产 24 万 m^3 的巨型斗轮挖掘机，整机约为 13000t。这是 20 世纪 80 年代初世界上最大的斗轮挖掘机（图 1-5）。由于自身的性能优越，斗轮挖掘机基本上已取代了大型链斗式挖掘机，广

图 1-5 大型斗轮挖掘机（图片来自 O&K 公司样本）

泛应用于露天矿山、水电施工及建筑材料采掘等部门，是高效率的现代化施工机械。

1.2 挖掘机械的分类

到目前为止，已出现了很多类型的挖掘机械，其构造形式也呈多样化，可按照工作原理、用途、结构特征等进行划分。挖掘机根据作业循环方式可分为周期作业式和连续作业式两大类。根据参考文献［1］，挖掘、运载、卸载等作业依次重复循环进行的挖掘机称为周期作业式挖掘机，各种单斗挖掘机都属于这一类；挖掘、运载、卸载等作业同时连续进行的挖掘机称为连续作业式挖掘机，各种多斗挖掘机以及滚切式挖掘机、隧洞掘进机等均属于这一类。习惯上把上述两大类简称为单斗挖掘机与多斗挖掘机。单斗挖掘机根据用途可分为建筑型、采矿型和剥离型等。建筑型挖掘机一般可装置各种不同的工作装置，进行多种作业，故又称为通用型（或万能型）挖掘机。采矿型、剥离型和隧洞挖掘机等只安装单种工作装置，专门用于特点作业，故称为专用型挖掘机。挖掘机根据动力装置可分为电驱动、内燃机驱动和复合驱动等。以一台发动机带动全部机构的挖掘机为单机驱动式，以若干台发动机分别带动各主要机构的挖掘机为多机驱动式。挖掘机根据传动方式可分为机械传动式、液压传动式和混合传动式（一部分机构采用机械传动，另一部分机构采用液压传动或电传动，又称为半液压传动）。挖掘机根据行走装置形式可分为履带式、轮胎式、汽车式、步行式、轨道式、拖式等。履带式与轮胎式应用广泛，步行式主要用于剥离型作业。此外还有浮式（船舶式）挖掘机，专用于水下采掘或港口疏浚（单斗或多斗）。表 1-1 为综合上述内容的挖掘机分类表。

表 1-1 挖掘机分类表

分类依据	形　式	具体机型
作业循环方式	周期作业式	单斗机械、液压挖掘机（正铲、反铲等）
	连续作业式	斗轮挖掘机、链斗挖掘机等
用途	建筑型	中小型反铲单斗挖掘机
	采矿型	大型电铲、液压正铲挖掘机
	剥离型	大型电铲、液压正铲挖掘机、斗轮挖掘机
动力装置	电驱动	电铲
	内燃机驱动	中小型正铲、反铲挖掘机
	复合驱动	柴电混合动力（研制中）
传动方式	机械传动	机械式挖掘机
	液压传动	大、中、小型反铲、正铲挖掘机
	电传动	电铲、斗轮挖掘机
	混合传动	柴电混合动力（研制中）
行走装置形式	履带式	中小型正铲、反铲挖掘机
	轮胎式	中小型反铲挖掘机
	汽车式	小型反铲挖掘机
	步行式	大型拉铲挖掘机
	轨道式	小型反铲挖掘机
	拖式等	小型反铲挖掘机
	船舶式	中型反铲挖掘机

由于篇幅所限，本文对多斗挖掘机不作详细介绍，以下内容为单斗挖掘机的分类。

单斗挖掘机工作装置的形式很多，大体可分为机械式和液压式两大类。机械式中一般又可分为电驱动和柴油机驱动两种形式。但不管哪种形式，机械式单斗挖掘机的动力传动装置（包括行走装置、工作装置和回转装置）都采用机械传动，具有代表性的部件有齿轮、齿条及钢索等，其中钢索的伸出和卷入动作多采用电驱动。采用机械传动的挖掘机其工作装置有：正铲、反铲、拉铲、抓斗和起重吊钩等，如图1-6所示。

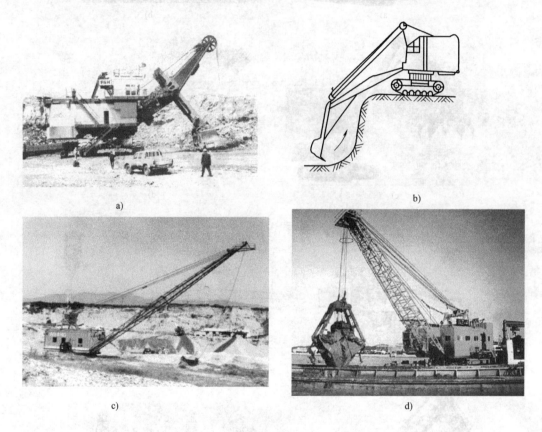

a)

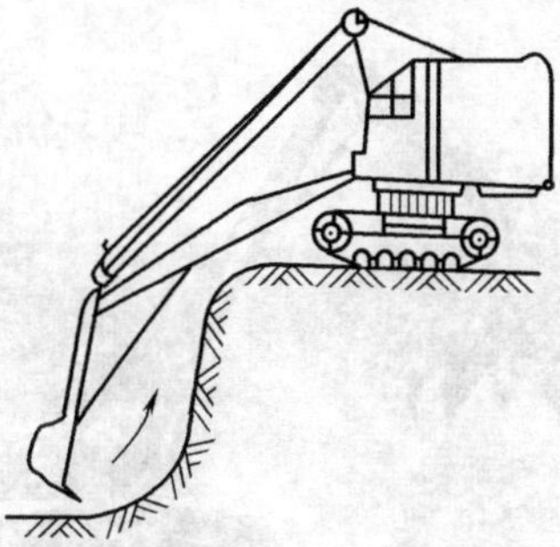

b)

c)

d)

图1-6 机械式单斗挖掘机

a）机械式正铲 b）机械式反铲 c）机械式拉铲（步行式） d）机械式抓斗

采用液压传动的挖掘机，一般主要是指驱动工作装置的动作为液压传动，其二次动力源一般来自液压泵，由液压泵泵出的具有一定压力和流量的压力油，经过油管和各种控制阀到达执行元件（液压缸、液压马达），最后由液压缸或液压马达驱动执行元件，从而实现工作装置的运动。只有工作装置采用液压传动而其他部件为机械传动的机型，一般称为半液压传动型挖掘机；而工作装置、行走装置和回转装置都采用液压传动的机型，一般称为全液压传动型挖掘机。全液压传动型挖掘机的行走装置和回转装置一般由液压马达和减速机构组成。不管是全回转形式还是半回转形式，液压挖掘机的工作装置一般包括正铲、反铲、抓斗、装载、破碎和起重等，如图1-7～图1-9所示。

图 1-7　单斗液压挖掘机的主要形式

a）履带式液压正铲挖掘机（贵州詹阳动力重工有限公司，简称詹阳动力） b）履带式液压反铲挖掘机（柳工）
c）液压抓斗装置（詹阳动力） d）挖掘装载机（悬挂式反铲工作装置） e）伸缩臂式（Gradall XL 4300Ⅲ）
f）带破碎锤的液压挖掘机 g）沼泽地液压挖掘机（詹阳动力） h）浮式挖掘机（LIEBHERR）

图 1-8 用于拆除作业的挖掘机

图 1-9 用于起重作业的挖掘机

1.3 挖掘机的应用情况[2]

在工业建设、民用建筑、交通运输、水利电力工程、农田改造、矿山开采以及国防工程中，已广泛应用各种类型的挖掘机，据统计，土方施工工程中 60% 以上的土方量是由挖掘机来完成的。从 20 世纪 90 年代至今，全球挖掘机的年产量为 15 万台 ~20 余万台，大大高于装载机和推土机的年产量。采矿业、大型水利工程、城市建设、石油管道工程、大量的土建工程等都需要大批量通用的中小型挖掘机甚至大型的斗轮挖掘机，城镇建设和农田改造则需要小型、多功能的挖掘机，而现代化国防工程则迫切需要机动性好、效率高、性能先进的轮胎式或高速履带式挖掘机。中小型、通用型单斗挖掘机不仅用于土方挖掘，而且还可以通过更换工作装置用于破碎、起重、装载、拆除、抓取、打桩、钻孔、振捣、推土等多种场合，这类通用型挖掘机占挖掘机总数的 90% 以上。

据统计，挖掘机在工程建设机械中占有很大的比例，占工程机械总产值的 25% ~50%，对能源、交通和建筑工业的发展起着十分重要的作用。从经济性考虑，完成同样的土方工作量，采用挖掘机作业消耗的能量最少，装载机次之，推土机最多，而有些土方施工，装载机和推土机是无法完成的。购买一台挖掘机虽然一次性投资比装载机、推土机要大，但投资回收期短、回报率高。在国外工程施工中，有近 60% 的土方量由挖掘机完成，挖掘机和装载机保有量配比约为 2:1；而在我国，由于受到国产化程度、购买力和施工单位组织水平等因素的影响，装载机的销量和保有量多于挖掘机。从长远看，随着挖掘机功能的优势和购买力的提高，两机型配比会向国外的情况靠拢，因此，挖掘机还会发挥出更大的潜力来。

1.4 挖掘机的技术现状[2-12]

1.4.1 国外发展现状

近年来，随着市场需求的增加、竞争的加剧和各种新技术的不断发展，挖掘机的设计和制造手段也在不断提高，这大大扩大了挖掘机的使用范围并缩短了新产品的研发周期和老产品更新换代的周期。此外，为满足不同工程对象的要求，国外挖掘机的品种也大量增加。如单斗挖掘机的整机质量从0.74t（HITACHI：EX8，斗容量为0.016m^3）的微型反铲到980t（TEREX：RH400，斗容量为50m^3）的巨型正铲等。大型斗轮挖掘机日产量已达24万m^3。表1-2列出了单斗液压挖掘机的主参数系列范围。

表1-2　单斗液压挖掘机主要参数发展情况

整机质量/t	发动机功率/kW	铲斗容量/m^3	最大挖掘力/kN
0.74～980	5.9～3360	0.016～50	8.03～3300

为了保证挖掘机的产量、品质和利润，国外挖掘机生产专业化程度不断提高，零部件的专业化程度一般都在85%以上。此外，为保证产品的可靠性，国外专业厂商还规定了具体的使用维护周期及零部件寿命指标，并将这些指标作为机械技术管理的依据甚至行业标准或国际标准。而作为评价挖掘机先进性的经济技术指标，也反映了挖掘机的发展情况。目前，国外挖掘机的主要技术经济指标如表1-3所示。

表1-3　国外挖掘机的主要技术经济指标[1]

指　　标	单斗挖掘机	多斗挖掘机
单位斗容生产率/($m^3 \cdot h^{-1}$)$\cdot m^{-3}$	80～200	1.8～2.5（$m^3 \cdot h^{-1}$）$\cdot L^{-1}$
每吨机重生产率/($m^3 \cdot h^{-1}$)$\cdot t^{-1}$	2.3～4.5（正铲） 1.2～2.4（拉铲）	3～4（大型） 1.2～1.4（大中型）
单位斗容机重/$t \cdot m^{-3}$	40～90（剥离正铲） 30～45（拉铲）	0.9～1.2t/L（小型） 1～1.8t/L（中小型）
单位机重斗容/$m^3 \cdot t^{-1}$	小型0.022～0.05 大型0.052～0.091（液压型）	—
单位机重功率/$kW \cdot t^{-1}$	定量系统7～8.5 变量系统4.8～6（液压型）	—
单位斗容功率/$kW \cdot m^{-3}$	88～103	1.1～1.5
每千瓦生产率/$m^3 \cdot kW^{-1}$	0.45～1.03（无运输工具转载） 0.15～0.38（有运输工具转载）	—
每挖掘1m^3的能耗　耗电 　　　　　　　　　耗油	0.4～1.2$kW \cdot h$ 0.06～0.15L	—

目前，生产挖掘机的大型跨国公司主要有美国的CATERPILLAR、TEREX、B－E、P&H公司，日本的HITACHI（日立）、Komatsu（小松）公司，德国的LIEBHERR、DEMAG公司，英国的CASE、JCB，法国的POCLAIN公司，韩国的DOOSAN、DWEWOO、HYUNDAI公司等。这些公司的产品各有所长，其技术也代表了当今世界的领先水平，其中大部分在我国开设了合资企业。

近年来，国外单斗液压挖掘机的发展特点和技术现状可概括为以下几点：

1）品种多、产量大，功能越来越多。液压挖掘机的品种多达600种以上，整机质量从不足1t到1000t级，可换工作装置多达数十种，还开发了各种特殊场合使用的挖掘机，大大扩大了挖掘机的使用范围。液压挖掘机既可进行强力挖掘，也可完成地表平整等轻巧作业；既可进行复杂的挖掘作业，也可进行建筑物拆除、大块矿岩破碎、吊装等作业，且操作灵活、轻巧，大大提高了作业效率。

2）生产的专业化程度不断提高，产品的标准化、系列化、通用化和模块化日趋成熟。主机厂与配套件厂分工协作，主机厂负责系统方案设计并对零部件或子系统进行组装，配套件厂则专门生产特定的零部件并组装成相对独立的部件总成。这样能使各自发挥自身的特长，不仅保证了零部件的质量和可靠性，降低了产品成本，同时还使零部件的标准化、通用化和系列化程度进一步提高，便于零部件的更换和整机的维护。

3）机、电、液、信息化集成技术日益成熟。机械、液压、电子控制技术和现代通信技术的结合，使得挖掘机从动力匹配、功率利用到自动控制和监控乃至故障诊断和远距离控制得以实现。这不仅提高了挖掘机的作业效率和精度，同时还降低了能耗并提高了产品的可靠性和安全性，为挖掘机的智能化打下了基础。

由于采用了信息与通信技术，使得整机的远距离状态监控和故障诊断、GPS定位等得以实现，为挖掘机逐步从单机智能化向机群智能化方向发展铺平了道路。

4）注重驾驶员的操纵舒适性和安全性以及维护保养的便捷性。

① 由于普遍采用了电液比例控制技术，使得操纵变得更加简单、省力。

② 发达国家由于推行强制性安全标准和人性化设计规范，使得驾驶室噪声更低、振动更小、更加舒适。而安全保护技术的大力开发和应用，如限高、限位、限转矩、自动报警装置、翻车保护装置、制动转向系统防失效、结构件防断裂、防误操作等其他安全保护装置，大大提高了挖掘机和驾驶员的安全性。

③ 采用集中润滑技术，减轻了驾驶员的日常维护和保养强度。

5）可靠性更高。由于关键零部件采用了疲劳设计，使得整机的可靠性大为提高，因而延长了平均无故障间隔时间和使用寿命，保证了施工效率。

据文献显示，国际先进工程机械的保养和寿命指标已分别达到平均无故障工作间隔时间为600～1000h，首次大修期为8000～12000h，平均使用寿命为20000h。

6）节能效果和环保指标日益提高。迫于环境和能源危机，“绿色机械”已经成为全球关注的热点。为此，国际先进产品十分注重以下几点：

① 减少废气、废水、噪声等影响环境的排放物，尤其严格控制发动机的废气排放和噪声污染，为此而制定了非常严格的强制性排放指标。

② 强化绿色设计意识，注重低能耗、可回收和可再生利用技术。

③ 大力开发节能技术，如混合动力和多能源综合利用技术。

7）重视试验与研究工作，加大产品早期研发的投入。国外企业普遍重视试验研究工作和新产品研发能力，都自建试验研究部门，投资额占产品销售额的5%～10%，科研人员的数量占职工总数的8%～10%。国外在研制过程中除保证机械性能外，十分注重挖掘机的使用经济性和工作可靠性，为此要完成各种性能试验和可靠性试验，包括构件疲劳强度试验、系统试验、操纵试验、耐久性试验等，要通过严格的科学试验和用户评价才进行定型生产。

由于在研发过程中采用了计算机虚拟样机技术，从总体方案设计到工作装置、液压系统等的设计都建立了相应的数学模型并开发了计算机软件，这样大大缩短了新产品的开发周期，使得从设计到批量生产的周期缩短到两年左右。

8）结构更加紧凑，外形更加美观，各项综合性能更加完善。由于采用了先进的设计理念、先进的设计制造技术和新型材料，国际知名品牌的挖掘机不仅节约了材料，在结构上也更趋合理、紧凑，外形美观，同时也提高了其综合能力，如扩大了使用范围，提高了选采性和作业精确性，降低了能耗等。

1.4.2 国内发展概况

我国于1954年在抚顺挖掘机厂通过仿制前苏联的挖掘机生产了第一台斗容量为$1m^3$的单斗机械式挖掘机，至1958年开始自主研制液压挖掘机，随后开发出一系列比较成熟的产品，如WY100、WY60、WY250等。1960年开始了小型液压挖掘机的研制和多斗挖掘机的试制。1961年生产工程机械的企业已发展到70家，而挖掘机厂为6家，生产3个品种的单斗挖掘机，年产量达200多台。随后建立了建筑施工机械研究室、抚顺挖掘机研究所等专业研究单位，一些高等学校也设置了建筑机械专业，为工程机械行业的成长初步奠定了基础。到1965年工程机械行业发展已初具规模，全行业已发展有127个企业，生产有200多个品种的工程机械，产量达8万余t，其中挖掘机生产厂有9家，生产7个品种的挖掘机，年产量为400余台，约16000t。1974年，挖掘机生产厂已发展到17家，生产品种为23种，其中单斗挖掘机有19个品种，产量近千台，约3.9万t。1979年，挖掘机产量已达1500台，重达5万t。当时由于受配件（如发动机、液压件）及企业自身条件的影响，其质量和产量还远未达到应有的水平，与国外同类产品相比也存在较大差距。自改革开放以来，国产液压挖掘机行业进入了一个快速发展的重要阶段，出现了一批实力比较雄厚的生产企业，如中国一拖集团有限公司、广西柳工机械股份有限公司、黄河工程机械厂、广西玉柴股份有限公司等。它们生产的部分产品已出口，打破了多年来主要由少数几家国外挖掘机制造企业垄断我国国内市场的局面，使国产液压挖掘机的产量和质量都上了一个新台阶[1]。

20世纪80年代初，我国开始引进国外先进技术。其中首先引进了德国LIEBHERR公司的制造技术，稍后引进了德国DEMAG公司、O&K公司的液压挖掘机制造技术。与此同时，还引进了日本小松制作所多种型号液压挖掘机的制造技术。经过数年的消化、吸收、移植，国产液压挖掘机产品性能指标全面提高到20世纪80年代的国际水平，产量也逐年提高。这一时期，为更好地提高我国的液压挖掘机制造技术，还同步引进了液压挖掘机使用的液压元件的制造技术，其中主要有液压泵、液压马达、液压阀等。通过近十年的消化吸收，我国的液压挖掘机制造技术水平有了很大提高。到20世纪80年代末，我国挖掘机生产厂已有30多家，生产机型达40余种。中小型液压挖掘机已形成系列，斗容量为$0.1\sim2.5m^3$共12个等级20多种型号，还生产斗容量为$0.5\sim4m^3$以及大型矿用斗容量为$10m^3$、$12m^3$机械传动单斗挖掘机，斗容量为$1m^3$的隧道挖掘机，斗容量为$4m^3$的长臂挖掘机，还开发了斗容量为$0.25m^3$的船用液压挖掘机，斗容量为$0.4m^3$、$0.6m^3$、$0.8m^3$的水陆两用挖掘机等。但总的来说，我国挖掘机生产的批量小，且分散，生产工艺及产品质量等与国际先进水平相比尚有很大的差距。

20世纪90年代初期，国家建设飞速发展，国内市场迅速扩大，但由于国内液压挖掘机的产量和技术水平难以满足国家建设的需要，国外二手挖掘机开始涌入国内市场。自1994年起，国际挖掘机知名企业先后与国内同类企业建立了合资和独资挖掘机生产企业，如成都神钢、詹阳詹森、常州现代、合肥日立、烟台大宇、小松山推、卡特彼勒徐州等。至2001

年年底，包括国有企业在内，我国境内生产液压挖掘机的企业已达20家左右，共生产挖掘机整机质量从1.3～45t、100余个不同型号和规格的产品。

这些合资、独资企业在20世纪90年代完成了新一轮的技术更新，产品普遍采用高压双回路液压系统、新型高性能液压元件、节能高效的微电子转换装置、电子监控以及故障诊断等先进技术，大大提高了液压挖掘机的作业性能、作业效率和可靠性。据统计，2000年全国生产各种型号、规格的液压挖掘机8111台，共销售7926台。到2009年，据CEMA中国市场挖掘机实销量数据库统计，国内主要23家挖掘机制造公司总计销售各级别挖掘机约95000台。2010年，我国挖掘机市场总计销售量已超过10万台。

总的来说，目前外资挖掘机企业在中国市场占据主导地位，其销量占据了行业总销量的75%左右。可喜的是，我国民族品牌的挖掘机企业近几年来也有了快速发展，其市场占有率快速提升，竞争力在进一步增强。据统计，2007年进入世界工程机械50强的企业中，中国民族品牌占了8家，美国企业有10家，日本企业有9家。

在今后相当长一段时间里，随着我国对基础建设和基础设施投资规模的日益扩大，国内用户对高质量、高水平、高效率的液压挖掘机的需求会越来越迫切。同时应该注意到，随着微电子技术等各项先进技术在挖掘机上的日益渗透，国外知名品牌的技术水平也在迅速提高，国产液压挖掘机与国外知名品牌的差距也在拉大，这使民族品牌面对了新的机遇和挑战。因此，迅速研发拥有自主知识产权的核心技术并提高设计和制造水平和积极发展高性能液压挖掘机，是当前我国挖掘机行业面临的迫切而又艰巨的任务。目前，我国液压挖掘机的研究与发展应致力解决以下几个根本问题：

1）积极培养和引进人才，加强产、学、研的紧密结合，研发拥有自主知识产权的核心技术，提高企业的研发能力和产品的竞争能力。大力开发挖掘机的专用设计软件，将各种先进的设计理论和方法应用于液压挖掘机的试验研究和设计中。只有自身具备了专业性的挖掘机设计软件，才能设计出适应于各种各样建筑施工的挖掘机工作装置，满足市场和用户的要求。

2）注重试验研究，着眼于提高产品的可靠性、使用经济性、操作安全性和维护便利性，以保证产品质量和性能，避免产品进入市场后所产生的负面效应。

3）积极研发和采用高效节能、减少环境污染的新技术，如研究发动机功率的充分利用以及发动机与液压系统的最佳匹配问题、提高液压系统的效率问题以及能量回收问题等高效节能技术。

4）着眼于研究挖掘机的多功能化和专用化，以扩大挖掘机的使用范围并满足特殊场合的使用要求。

5）跟踪国外先进技术，规划远期目标，实现跨越式发展。

1.5 挖掘机械的发展趋势[2-12]

纵观挖掘机发展史，挖掘机在技术上大致经历了三次飞跃：第一次是柴油机的出现，使挖掘机有了较理想的动力装置；第二次是液压技术的广泛应用，使挖掘机的传动方式更趋合理；第三次是控制技术的广泛应用，使液压挖掘机的控制系统日益完善，并向着自动化、智能化方向发展。由于液压挖掘机的工作原理没有什么大的突破，今后对液压挖掘机的研究与发展的重中之重是对其控制系统的完善和高精度液压控制元件的制造。

根据市场调查预测，21世纪的液压挖掘机将会广泛采用以下技术：

1）微电子技术（包括计算机技术、集成电路技术、数字电子技术以及通信技术）。

2）现代传感器技术，这是实现人工智能的关键技术之一。

3）虚拟现实（VR）技术。

对美国、日本和德国等工业发达国家工程机械的发展研究表明，它们在上述技术方面都有不同程度的发展，特别是微电子技术和液压挖掘机相结合的机电一体化技术更是发展迅速，这促进了液压挖掘机控制技术的飞速发展。

（1）机电液信一体化技术在液压挖掘机上的应用　机电液信一体化技术是将电子技术、计算机技术和传感器技术与液压机械相结合，实现机械的自动监视、自动控制和处理，在液压挖掘机上的应用范围越来越广泛，根据参考文献［2］，机电液信一体化技术在未来的几年中将进一步向前发展，大致将经历以下阶段：

第一阶段：机器工作状态及安全性的电子自动监控。

第二阶段：局部操作控制的自动化。

第三阶段：在操作者可以控制下的整机完全自动化。

第四阶段：实现恶劣、危险环境下的无人化操作。

第五阶段：结合GPR技术、远距离监控和故障诊断技术，实现远距离、集群化、无人化作业。

目前，先进的液压挖掘机已经达到第二阶段，正努力实现第三阶段的整机完全自动控制目标。该系统的电子调速机构由目标转速的节流传感器、检测输出转速的调节传感器、操纵喷油泵控制齿条的调速执行元件及电子调速控制器等构成。这种场合有两台主泵，控制流量的调节器用的是比例电磁阀，根据液压控制器的指令可对主泵的输入转矩进行控制。该系统是通过速度偏差来控制泵的输入转矩的，在其他许多方面如电子控制自动变速、自动报警、电子监控的故障预测等方面也广泛应用了机电液信一体化技术。

（2）电子—液压集成控制为当前主要研究目标　电子控制技术与液压控制技术相结合的电子—液压集成控制技术近年来获得了巨大发展，现代的液压挖掘机在各功能部件的自动控制和联合控制方面已趋成熟，目前的研究重点是实现整机的电子—液压集成控制。电子—液压集成控制的优点在于：

1）提高系统可靠性。液压挖掘机作为在较恶劣环境下持续工作的施工设备，各功能部件都会受到恶劣环境的影响，作为控制系统中必不可少的线束和液压管路将会分布到机器的很多部分，成为系统不稳定的一个重要因素。而采用电子—液压集成控制，既能保证控制功能，又能有效提高系统的可靠性。

2）扩展了系统功能。电子—液压集成控制的调整控制单元是根据通用标准设计的，其功能及完成的具体任务是由控制中心的微处理器决定并控制的，通常微处理器中可存储多套功能控制方案，以适应不同结构功能的控制要求。变换机器的功能只需调换相应的执行机构，选择相应的控制形式即可。

3）为系统维护和现代化的管理奠定了坚实的基础。由于电子—液压集成控制对整机各功能部件的主要参数进行实时监控，且本身具备自适应能力与故障诊断能力，使机器的维护十分方便。借助于通信接口可以和工程管理系统进行数据交流，便于现代管理，从而延长机器寿命，提高生产率。

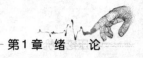

电子—液压集成控制存在以下两种形式：

1）通用集成控制中心+电子—液压集成调节执行单元。其特点是机器的所有功能控制命令都由通用集成控制中心发布。电子—液压集成调节执行单元只负责接收并协调执行中心发来的功能控制命令，并将相应的运行参数送往中心处理，属于主机型控制方式。

2）协调控制中心+电子—液压控制执行单元。其特点是控制中心负责协调、管理各控制执行单元，而各控制执行单元负责本部件的控制与执行，并且各功能部件的参数往往不直接送入控制中心，只是在需要时才由中心调入各控制执行单元的状态及参数，属于客户机/服务器控制方式。

（3）传感器技术为重要研究课题　传感器技术在工程机械中的应用越来越广，它是促进液压挖掘机智能化发展的前提。努力研制挖掘机用集成化、多功能化、智能化传感器是一个极其重要的课题。只有在伺服用传感器装备率得到提高的前提下，才能实现精确运动，而要真正实现智能化，还得进一步采用视觉传感器、图像处理等多种新技术。

（4）虚拟现实技术（VR）的研究与发展　未来的液压挖掘机不仅需要各功能部件的自动控制，而且要实现整机的自动控制，进而发展到以智能控制为基础的整体综合控制。在各功能部件自动控制的基础上，采用微机对液压挖掘机进行集中控制与监测，从而使操作人员与挖掘机有机结合起来，形成一种全新控制模式，以达到人机的合理配置与交流。适应这种控制需求的技术便是虚拟现实技术（Virtual Reality）。它是一种探讨如何实现人与机器间理想交互方式的技术。根据应用对象的不同，其具体作用可以表现为不同的模式。在此模式下，操作人员可以在驾驶室甚至远距离控制室对液压挖掘机进行全方位的监视与控制，达到人机合一的最佳状态。虚拟现实（VR）技术的最终结果是实现液压挖掘机的机器人化。当然，虚拟现实（VR）技术的实现仍有不少关键技术有待研究，如位置辨识技术、方向控制技术、作业对象外观认识技术、遥控和无人驾驶技术等。

（5）其他重要相关技术

1）CAD/CAM技术的应用。随着CAD/CAM技术的日益推广，机械设计及制造技术发生了革命性的变化。液压挖掘机行业作为机械行业的一个重要分支，CAD/CAM技术的推广应用势在必行。CAD/CAM技术既能缩短产品的设计周期和制造周期，同时又能大大提高产品的质量、可靠性和稳定性。特别是近来计算机集成制造系统（CIMS）和柔性制造系统（FMS）的迅速发展，为液压挖掘机的设计和制造提供了广阔的前景。

2）人机工程与外观造型技术。随着液压挖掘机功能的日益完善，市场对现代施工设备的要求越来越高，在挖掘机性能稳定完善的情况下，舒适的操作性能和完美的外观造型已经成为人们关注的一个重要品质。在满足产品性能的前提下，必须充分运用人机工程学知识和外观造型技术，利用三维造型软件对所设计的产品进行外观造型分析，提前显现所设计的产品外形，从而可以大大减少设计过程中隐藏在产品中的缺陷。

3）机械振动技术的研究与应用。在液压挖掘机上采用振动切削技术，可以有效降低铲斗的切削阻力，减少能耗，提高工作效率。振动切削是指通过机械激振或液压激振作用，使铲斗在挖掘过程中同时进行小幅振动，有效减小挖掘阻力的一种技术。目前国内在这方面的研究还处于起步阶段，有待进一步研究。

思 考 题

1. 挖掘机的发展历史经过了哪几个阶段？各个阶段标志性的技术特征是什么？

2. 按照不同的划分依据可将挖掘机分为几类？各种类型有何特点？分别适用于何种场合？

3. 根据挖掘机的结构特点（机型、机种及工作装置的结构形式），列出挖掘机的几种应用场合。它与装载机、推土机、铲运机等的主要区别是什么？

4. 查阅资料，试举出国内外各大工程机械公司的挖掘机品种（机种、型号），并说明其规模、产量、技术特点及应用情况。

5. 从技术层面和应用领域谈谈你对挖掘机未来发展趋势的看法。

6. 从设计、制造、使用和研究方面谈谈你对我国自主品牌挖掘机所存在的问题、面临的机遇和挑战。

7. 结合本专业的特点，谈谈你对挖掘机课程重要性的认识。要学好这门课程需要具备哪些专业基础知识？

第2章 单斗液压挖掘机的总体结构与总体方案设计

单斗挖掘机属于土方机械，在建筑施工、水利工程和矿山开采中可进行基坑、沟槽、表面剥离等作业，此外它还可用于清理和平整场地，是各类土方工程中十分重要的作业机械。通过更换工作装置，还可用于破碎、装卸、起重、打桩、拆除等作业任务。本章就常见的反铲单斗液压挖掘机、正铲单斗液压挖掘机及相关内容进行介绍，其他机型可参见有关文献。

2.1 液压挖掘机的型号标记

在过去，我国国家标准对挖掘机的型号标记有统一的编制规定，即一般都以机型和斗容量作为代表标记。例如我国早期的 WY100A 型液压挖掘机，其符号意义为：“W”代表挖掘机，“Y”表示液压型，“100”表示其标准斗容量为 $1m^3$，“A”表示结构改进代号；又如 WLY60 中的符号“L”表示轮胎式单斗液压挖掘机，其后的数字“60”表示斗容量为 $0.6m^3$。随着与国际市场的逐渐接轨，这种标记方式已被公司简称、机型和代表整机质量级别的数字组合方式所取代，人们普遍认为机型和整机质量最能代表液压挖掘机的主要特征，而铲斗容量则随可换铲斗的结构形式而变。但为了区别各个厂商的产品，大多数挖掘机制造商还在标记最前面冠以公司名称及产品类别缩写。

目前，我国挖掘机厂商的新产品基本参照了国际流行的标记方式，如柳工新产品“CLG 920C”中的“CLG”代表“中国柳工”的缩写；紧随其后的第一个阿拉伯数字“9”代表产品为挖掘机系列（若为数字“8”代表装载机系列，数字“7”代表挖掘装载机系列，数字“3”代表滑移装载机系列）；数字“20”表示整机工作质量为 20t，但该数字只是对主机工作质量的近似表示，实际的工作质量会随不同的工作装置有所变化；最后的字母“C”代表产品更新换代序号。

再比如“CAT320B”中的“CAT”是 CATERPILLAR 公司的缩写，数字“3”代表卡特系列中的挖掘机代码，数字“20”代表整机工作质量为 20t，字母“B”表示该产品为第 2 代产品。LIEBHERR 的挖掘机则采用首字母“R”表示履带式挖掘机，“A”代表轮式挖掘机；随后的第一个数字“9”代表挖掘机系列；第二个数字为整机质量等级代号，用数字 0～9 表示；第三个数字为系列代号；最后的字母表示改进型号。如“R934B”表示履带式液压挖掘机，整机工作质量为 30t，第 4 系列改进产品。

需要说明的是，为了适合不同的作业场地，同一机型的挖掘机常采用不同的履带尺寸，以改善机器的接地比压，提高其通过能力和作业稳定性，这时往往在型号标记后面加标履带的结构形式代号，如“STD”表示标准履带，“LC”表示加长履带，“HD”表示加重型履带。

除此之外，对特殊场合使用的挖掘机，其标记形式也具有特殊意义。如詹阳动力的水陆两用挖掘机 SLJY300，其前面的字母“SL”代表“水陆”，字母“JY”代表该公司名称，数字“300”表示整机质量为 30t。

国际上其他公司在挖掘机型号命名上也大体相同，只是数字前面的英文字母不同，如小松公司的挖掘机用“PC”表示，日立公司用“ZAXIS”表示等，此处不作具体介绍，读者可参照实际机型及相关产品样本加以识别。

2.2 单斗液压挖掘机的组成和工作原理

按照单斗液压挖掘机的整体结构，对于上部转台可回转360°的单斗液压挖掘机，可将其分为工作装置、回转平台和行走装置三大部分。但对于悬挂式或半回转单斗液压挖掘机来说，一般没有上部转台。

按照部件功能，单斗液压挖掘机主要由动力装置、工作装置、回转装置、行走装置、液压系统、操纵装置及电气控制系统等部分组成，如图2-1所示。

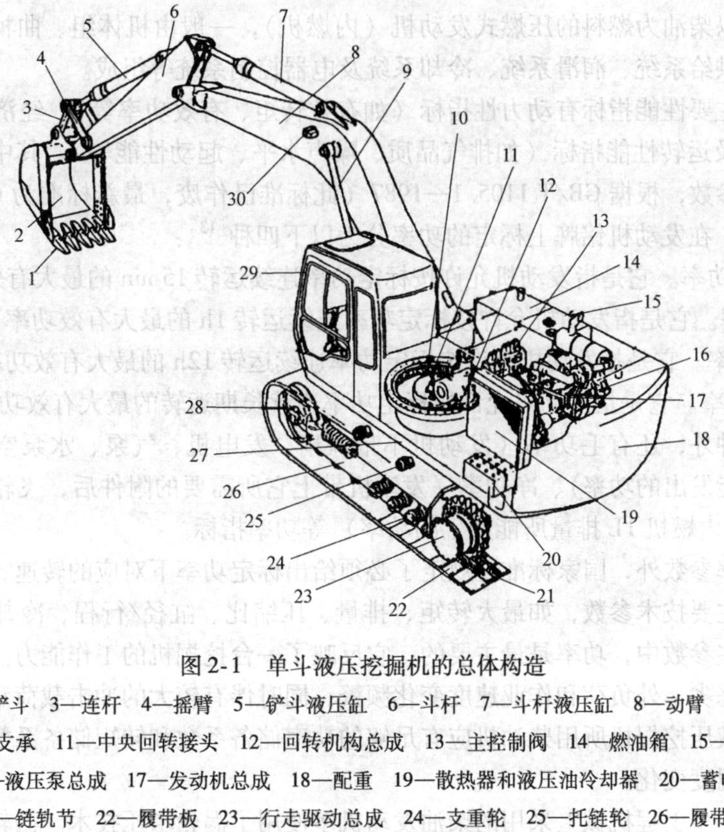

图2-1　单斗液压挖掘机的总体构造

1—斗齿　2—铲斗　3—连杆　4—摇臂　5—铲斗液压缸　6—斗杆　7—斗杆液压缸　8—动臂　9—动臂液压缸　10—回转支承　11—中央回转接头　12—回转机构总成　13—主控制阀　14—燃油箱　15—液压油箱　16—液压泵总成　17—发动机总成　18—配重　19—散热器和液压油冷却器　20—蓄电池　21—链轨节　22—履带板　23—行走驱动总成　24—支重轮　25—托链轮　26—履带架　27—上部转台　28—导向轮　29—驾驶室　30—工作灯

液压挖掘机的动力装置大多采用柴油机，在电力供应方便的场地，也可改用电动机。

工作装置是直接完成挖掘任务的装置，它一般由动臂、斗杆、铲斗及其相应的连杆机构等铰接而成。动臂的起落、斗杆的摆动和铲斗的转动都由往复式双作用液压缸驱动。为了适应各种不同施工作业的要求，液压挖掘机可以配装多种工作装置，如挖掘、起重、装载、平整、夹钳、推土、冲击锤等多种作业机具。

上部回转平台（简称上部转台）与行走装置是液压挖掘机其余部件的载体。回转平台通过回转支承置于行走装置之上，转台上部安装有动力装置、传动系统、驾驶室等其他装置。

液压系统由液压泵、控制阀、液压缸、液压马达、管路、油箱等组成。液压传动系统通过液压泵将发动机的动力传递给液压马达、液压缸等执行元件，推动工作装置动作，从而完成各种作业。

电气控制系统包括监控盘、发动机控制系统、液压泵控制系统、传感器、电磁阀等。

2.2.1 动力装置

挖掘机的动力装置一般采用柴油机，大型机及特大型机有采用电力驱动的，也有部分采用柴、电混合动力装置或单独采用电力驱动的。以下简单介绍挖掘机用柴油机的基本特点和工作模式，详细结构和原理可参见相关参考文献。

柴油机是以柴油为燃料的压燃式发动机（内燃机），一般由机体组、曲柄连杆机构、配气机构、燃油供给系统、润滑系统、冷却系统及电器控制系统等组成。

柴油机的主要性能指标有动力性指标（如有效转矩、有效功率等）、经济性指标（如燃油消耗率）以及运转性能指标（如排气品质、噪声水平、起动性能等）。其中，功率是反映其性能的重要参数，根据 GB/T 1105.1—1987（此标准已作废，最新标准为 GB/T 6072.1—2000）的规定，在发动机铭牌上标定的功率分为以下四种[13]：

1）15min 功率。它是指发动机允许按标定功率连续运转 15min 的最大有效功率。

2）1h 功率。它是指发动机允许按标定功率连续运转 1h 的最大有效功率。

3）12h 功率。它是指发动机允许按标定功率连续运转 12h 的最大有效功率。

4）连续功率。它是指发动机允许按标定功率连续长期运转的最大有效功率。

除以上四种外，还有毛功率（发动机不带风扇、发电机、气泵、水泵空气滤清器、消声器等附件所能发出的功率）、净功率（发动机带上它所需要的附件后，飞轮所能输出的功率）、升功率（内燃机 1L 排量所能产生的功率）等功率指标。

除以上功率参数外，国家标准还规定了必须给出标定功率下对应的转速，而针对柴油机还有其他一些主要技术参数，如最大转矩、排量、压缩比、缸径/行程、冷却方式及燃油消耗量等。在这些参数中，功率是最主要的，它反映了一台挖掘机的工作能力。由于挖掘机的工作环境十分恶劣，外负荷和作业速度变化频繁，同时伴有较大的冲击载荷和不时的超负荷工作，因此，液压挖掘机所用柴油机应有足够的功率储备系数和转矩储备系数，能够适应较大差异的环境温度变化。

目前，大中型工程机械上采用的柴油发动机多使用了涡轮增压技术。涡轮增压的基本原理是利用发动机排出的废气惯性冲力来推动涡轮，并带动与涡轮同轴的叶轮，随后叶轮压缩来自空气滤清器的空气，使其压力升高后进入气缸，从而增加气缸的进气量，达到增加发动机输出功率的目的。当发动机转速升高时，废气排出的速度和涡轮转速也同步加快，叶轮会压缩更多的空气进入气缸，增压后的空气密度会增大并能够燃烧更多的燃料，从而进一步增加发动机的输出功率。除此之外，由于增加了空气进量，使得燃油燃烧得更加充分，从而提高了燃油经济性并降低了尾气排放。涡轮增压器的主要优点是在不加大发动机排量的前提下较大幅度地提高发动机的输出功率和转矩。根据实验和实际使用结果，加装增压器后可使发动机的输出功率和转矩提高 20% ~30% 。

涡轮增压最明显的缺点是动力输出反应滞后。这是因为叶轮的惯性作用对油门瞬时变化反应迟缓，即从油门动作开始到叶轮转动并把空气压进发动机时刻存在一定的时间差，从而使发动机的输出功率产生一定程度的延迟，这个时间差按目前的技术水平最快约为2s。此外，由于加装了增压器后，气缸内的压力和温度会大大升高，因此比起同样排量没有增压的发动机而言，涡轮增压发动机的寿命较短，其机械性能和润滑性能都会受到影响。为此，目前的涡轮增压发动机大多都采用了中央冷却器以降低进入气缸的空气温度和压力，这种发动机称为增压中冷发动机。在目前的技术条件下，涡轮增压中冷技术是使发动机在工作效率不变的情况下增加输出功率的有效途径。

中冷器是增压系统的一部分。当空气被高比例压缩后会产生很高的热量，使空气的膨胀密度降低，并导致发动机温度过高。为了得到更高的容积效率，应对进入气缸的高温空气进行冷却。中冷器的作用即在于此，它将高温高压空气分散到许多细小的管道中，管道外有常温空气高速流过，从而达到降温的目的。由于这个散热器位于发动机和涡轮增压器之间，所以被称为中央冷却器，简称中冷器。

大中型挖掘机多采用涡轮增压、中冷技术的柴油发动机，有些大型机还采用了电喷、电控技术，有效地提高了燃烧效率并降低了废气排放。

随着科学技术的进步，尤其是计算机自动控制技术和信息技术的结合，对发动机节能和排放问题的解决也达到了前所未有的程度。以下是国内外大中型挖掘机动力源的几种代表性解决方案。

（1）CAPO系统（计算机辅助功率选择系统）　CAPO系统使发动机和主泵的功率发挥达到最佳状态。根据不同的工作负载设计有不同的功率选择方式，在减少燃油消耗的前提下发挥最佳性能。该系统还具有自动怠速、自动提升功率及自我诊断等功能，监控器显示发动机转速、冷却液温度、液压油温度及各种监控代码。

（2）具有不同的发动机工作模式　根据作业工况的不同，发动机具有重载模式、标准模式、轻载模式和破碎锤模式。

（3）低噪声　通过改进驾驶室及发动机室门的密封性以及采用吸音材料，可使驾驶室内外的噪声大幅下降。

（4）热平衡技术和过热自动保护系统　采用热平衡技术和先进的液压系统及发动机过热自动保护系统，使发动机和液压系统的温度保持在合理的范围内。如果发动机冷却液温度过高，CPU控制器将自动降低发动机转速，以使发动机冷却。

（5）再起动防止系统　该系统确保在发动机工作时，即使驾驶员转动起动钥匙，也不会再次起动发动机，以保护起动马达。

（6）功率增加系统　功率增加系统工作时，挖掘功率增加约10%。在某些需要短暂增加功率的情况下该功能特别有效，如挖掘坚硬地面及岩石或铲齿被树根挡住时。

（7）自动暖机系统　发动机起动后，如果冷却液温度过低，CPU控制器将使发电机转速提高，液压泵流量增加，以达到暖机目的。

（8）主液压泵流量控制系统　先导阀在中位时，液压泵流量减少到最小以防止功率损失。工作时，最大的主液压泵流量供给执行装置以提高工作速度。随着先导手柄的移动，主液压泵流量能够自动进行调节，执行装置的速度能够实现比例控制。

（9）行走先导阀液压减振装置　该装置可在机器起动及停止时通过吸收振动改善行走可操纵性及感觉。

（10）自我诊断系统　CPU控制器能够自我诊断由于电气或液压元件失效而引起的故

障，并将它们以故障代码的形式显示在LCD监控器上。驾驶员可以从监控器上及时得到很多信息，如发动机转速、主液压泵输出压力、蓄电池电压、液压油温度及各种电气开关的状态等信息，从而使故障判断更容易。

总之，对柴油机控制的目的是通过对油门开度的控制来实现柴油机转速和输出功率的调节。目前应用在液压挖掘机柴油机上的控制装置有电子功率优化系统、自动怠速装置、电子调速器、电子油门控制系统等。根据作业方式的不同，发动机配以相应的工作模式，即标准作业模式、加强作业模式、平整模式、精细作业模式和破碎作业模式，其目的是为了充分利用发动机功率并降低燃油消耗，如图2-2所示。

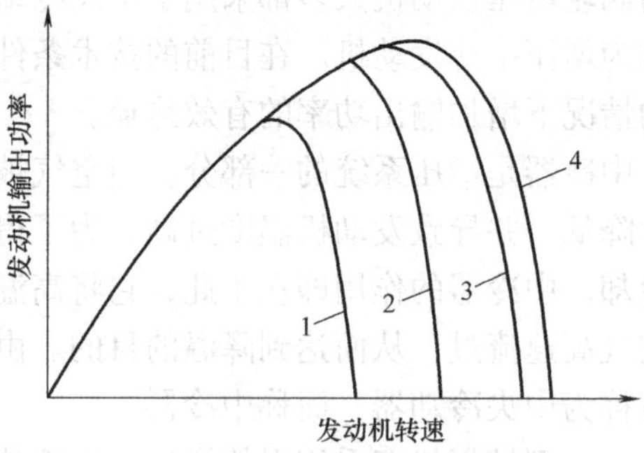

图2-2　挖掘机发动机的工作模式

1—精细作业模式　2—标准作业模式、平整模式、破碎作业模式　3—重挖掘模式　4—触式功率增强模式

综合现有资料及机型，目前大多数大中型液压挖掘机普遍采用涡轮增压中冷柴油机，这种柴油机动力强劲、结构紧凑、可靠性高、排放低。

2.2.2　工作装置

工作装置是单斗液压挖掘机的执行机构，其主要形式有正铲、反铲、液压抓斗，除此之外还有用于平整场地的推土铲，用于破碎坚硬物料的破碎锤，用于拆除的液压剪及起重、装载等作业装置。

1. 反铲工作装置

图2-3所示为最常见的反铲工作装置结构形式。它由动臂液压缸、动臂、斗杆液压缸、斗杆、铲斗液压缸、摇臂、连杆、铲斗、侧齿及斗齿组成，各部件之间采用铰接方式。通过各液压缸的伸缩驱动相应部件绕对应的铰接点转动或摆动，以实现挖掘、提升和卸土等作业动作。

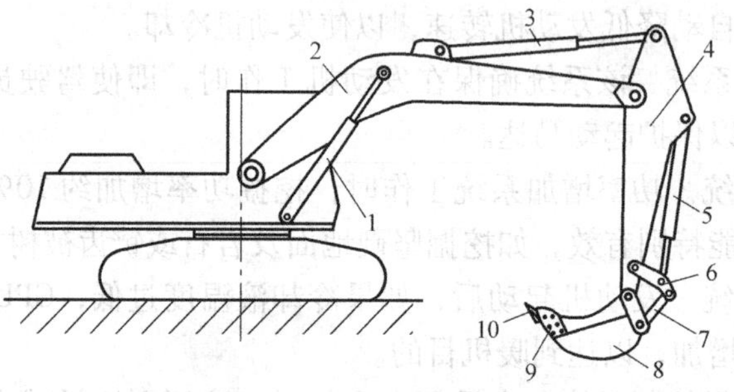

图2-3　普通反铲工作装置

1—动臂液压缸　2—动臂　3—斗杆液压缸　4—斗杆　5—铲斗液压缸　6—摇臂　7—连杆　8—铲斗　9—侧齿　10—斗齿

总的来说，这类工作装置属于平面连杆机构。动臂液压缸置于动臂的下部，大中型机一般采用双动臂液压缸，提高了工作装置的稳定性，有效防止了工作装置的左右摆动；小型机

的动臂液压缸多采用单缸，结构简单。斗杆液压缸、铲斗液压缸多为单缸。由于采用这种结构形式，增加了动臂液压缸的举升力矩。

图 2-4 所示为 CATERPILLAR 公司的普通反铲挖掘机工作装置结构照片。

图 2-4　CATERPILLAR 普通反铲

图 2-5 所示为悬挂式工作装置，动臂液压缸位于工作装置上部。这种结构形式多用于小型挖掘机，提升力矩较小。但结构简单，且由于提升时动臂液压缸小腔进油，可加快提升速度。

图 2-6 所示为 JCB 公司的挖掘装载机照片，其反铲挖掘机工作装置即为悬挂形式。

反铲工作装置的主要作用是挖掘地面以下的土壤，尤以建筑物基础、沟槽等的施工最为多见，其土壤级别也较低，一般为Ⅲ级土壤。当换装部分或全部工作装置后，反铲液压挖掘机可进行破碎、拆除、起重等作业。

关于工作装置的具体结构形式及设计问题，将在后续章节进行详细讨论。

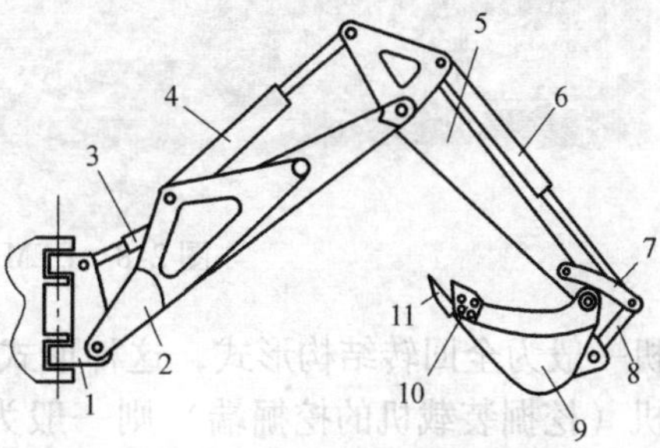

图 2-5　悬挂式反铲工作装置

1—回转支座　2—动臂　3—动臂液压缸　4—斗杆液压缸　5—斗杆　6—铲斗液压缸　7—摇臂　8—连杆　9—铲斗　10—侧齿　11—斗齿

2. 正铲工作装置

图 2-7 所示为常见的正铲液压挖掘机工作装置一般结构形式。它主要由动臂、动臂液压缸、斗杆液压缸、斗杆、铲斗液压缸、摇臂、连杆和铲斗等部件组成，各部件之间同样采用铰接方式。同反铲工作装置类似，动臂的上下摆动靠动臂液压缸的伸缩来驱动，实现工作装置的升降；斗杆液压缸的一端铰接于动臂下部，另一端铰接于斗杆的下部，斗杆液压缸伸长时，斗杆连同铲斗及其连杆机构一起绕与动臂的铰接点沿逆时针方向转动，实现地面以上的挖掘作业；铲斗液压缸的一端铰接于斗杆上，另一端与摇臂相连，其伸缩动作通过摇臂和连杆驱动铲斗绕斗杆转动，实现转斗、破碎、调整切削角及卸料等动作。通过图 2-7 可以看出，正铲的挖掘作业动作是向前上方进行的，而工作液压缸的这种布置方式使得在其大腔进油作伸长运动时实现了所要求的运动；不仅如此，由于提升或挖掘时各液压缸大腔进油，增加了提升力矩和挖掘力。

图 2-6　JCB 挖掘装载机

图 2-8 所示为 DEMAG 公司的普通正铲液压挖掘机，其卸料方式为开斗底方式。关于此种结构形式的详细内容，将在后文作介绍。普通正铲还有几种变形结构（即挖掘装载装置），其详细结构形式和工作原理也将在后文进行介绍。

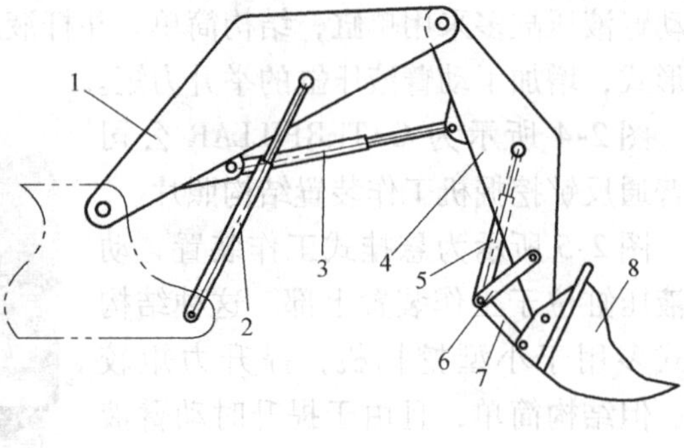

图 2-7　普通正铲工作装置

1—动臂　2—动臂液压缸　3—斗杆液压缸　4—斗杆
5—铲斗液压缸　6—摇臂　7—连杆　8—铲斗

2.2.3　回转驱动装置及回转支承

挖掘机的回转装置是连接上部回转平台与下部行走机构的枢纽，它由回转驱动装置和回转支承两部分组成。大中型液压挖掘机一般为全回转结构形式，这种形式可作 360°任意回转，而小型挖掘机或悬挂式液压挖掘机（挖掘装载机的挖掘端）则一般为半回转结构形式，只能在一定角度范围内转动，其中常见的为 180°左右的回转（左、右各约 90°的回转）。

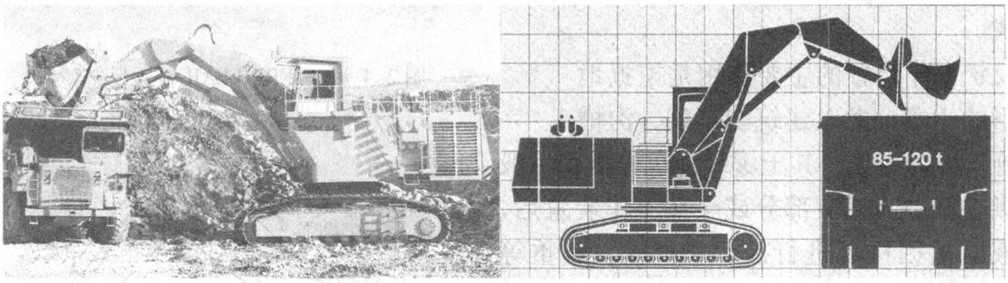

图 2-8　DEMAG 普通正铲液压挖掘机

全回转驱动装置通常由回转液压马达及回转减速机构组成。目前已基本集成化，由专业厂商生产，挖掘机制造商只要根据主机性能要求选配即可。半回转驱动装置结构形式较多，有回转马达式、液压缸加齿轮齿条式及液压缸驱动式等，此内容将在后文作详细介绍。图 2-9 所示为大中型液压挖掘机采用较多的内齿式回转驱动机构，它由回转液压马达、机械减速机构、回转输出小齿轮及内齿圈组成。

全回转支承的结构形式也较多，其基本形式有滚球式和滚柱式两种，但已完全标准化，由专业厂商生产，挖掘机制造商只要根据主机性能要求按标准选用即可，其详细内容将在后文进行介绍。图 2-10 所示为较常见的单排滚球式全回转支承，其外座圈上加工有外齿，与回转驱动机构的输出轴小齿轮啮合，驱动转台回转。

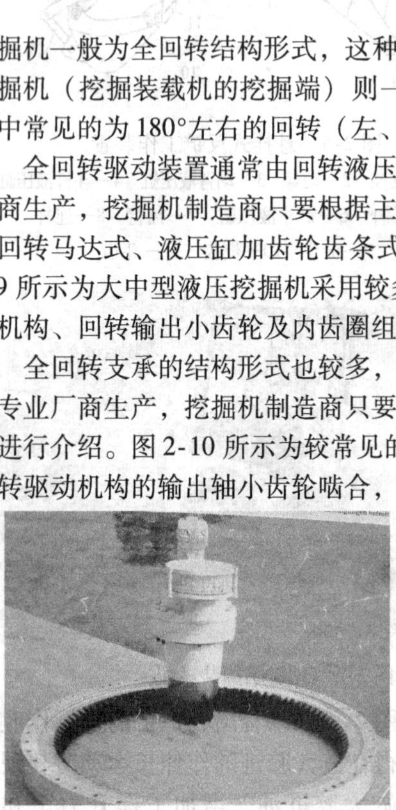

图 2-9　回转驱动机构

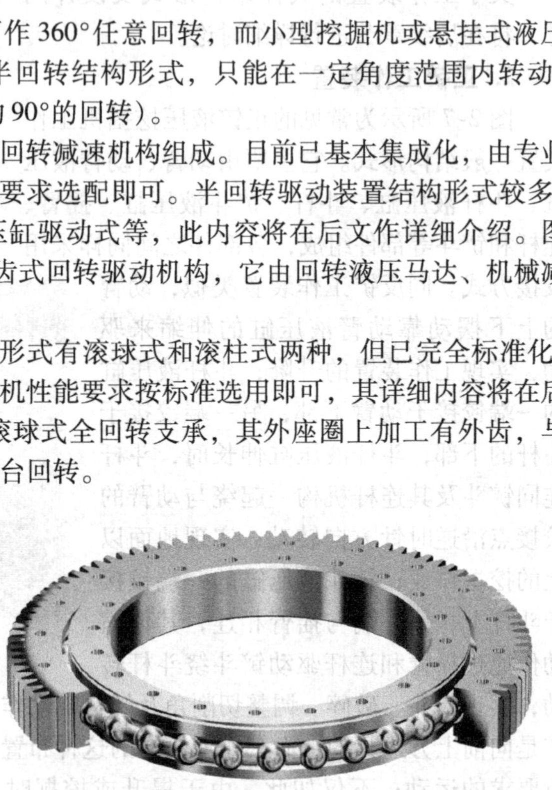

图 2-10　单排滚球式回转支承（外齿式）

2.2.4　行走装置

如前所述，挖掘机的行走装置可分为履带式、轮胎式、汽车式、步行式、轨道式、拖式、船舶式、步履式等，以适应不同作业场地的要求。其中最常见的为履带式行走装置，它是中小型乃至大型正、反铲液压挖掘机上普遍采用的结构形式。其次是轮胎式，由于其机动性较好，在中小型液压挖掘机上也有较多采用。为了提高作业稳定性，轮胎式一般需增设支腿。其他如船舶式、步履式、两栖式只在特殊场合使用。

履带式行走装置通常由四轮一带（即驱动轮、导向轮、支重轮、拖链轮和履带）组成，目前这种结构形式已逐渐趋于标准化，由专业厂商生产。

2.2.5　液压系统

根据挖掘机各运动部件是否全部由液压元件驱动，液压挖掘机可分为全液压系统和半液压系统两类。当工作装置、回转机构、行走装置及操作系统全部为液压驱动时，为全液压系统，这种系统多用于履带式全液压挖掘机；当其中的部分执行元件为液压驱动，另外一部分执行元件为机械驱动或其他方式驱动时，为半液压驱动，这种系统多用于行走装置采用机械驱动而其他部分采用液压驱动的挖掘机，典型结构形式为采用机械行走装置的轮胎式液压挖掘机，主要目的是为提高其机动性和行走装置效率。

液压系统是液压挖掘机的能量输送和控制部分，它兼有动力转换、传输及系统控制的作用。现代液压挖掘机的功能越来越齐全，在能量利用方面也越来越先进，但其液压系统也越来越复杂，除了构成系统的主要元件，如液压泵、液压马达、液压缸及主控制阀之外，还增加了较多的能量调节和控制回路的元件。关于液压系统的结构将在后文作详细介绍。

2.2.6　操纵装置

早期的机械操纵机构由于其操作费力、控制精度低等缺点几乎已经被完全淘汰，取而代之的是全液压先导操作系统，如图 2-11 所示。

先导操作的基本特点是由先导泵供给先导阀具有一定压力和流量的压力油，经过先导阀后的控制油液再操作主阀阀芯的移动。这大大减轻了驾驶员的操作力，并能通过液压反馈作用使工作装置实现预期的动作和精度。但先导操作的缺点是结构复杂，对液压元件精度和油液的品质要求较高，因而成本较高。

关于先导操作的具体结构特点将在后续章节中作详细介绍。

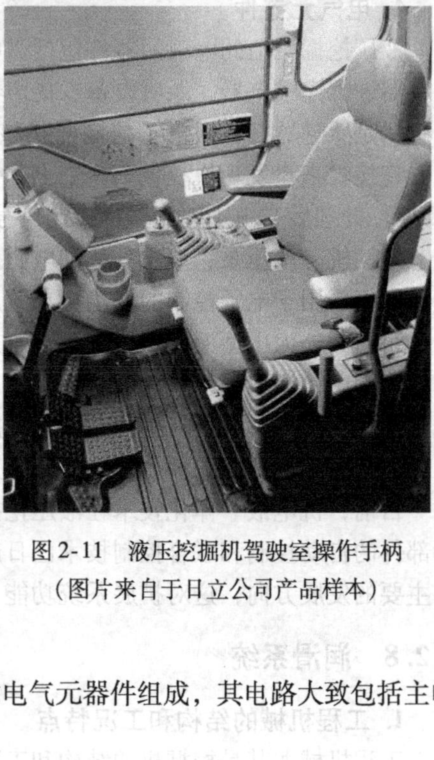

图 2-11　液压挖掘机驾驶室操作手柄
（图片来自于日立公司产品样本）

2.2.7　电气系统

液压挖掘机的电气系统主要由多条电路及相应的电气元器件组成，其电路大致包括主电路、监测电路和控制电路三部分。

1. 主电路

主电路主要负责操纵发动机及其相关附件，并为机器上的所有电气系统提供电源。主电路包括以下几条基本电路：

（1）电源电路　电源电路包括钥匙开关、蓄电池、熔丝、蓄电池继电器等，负责为机器上的所有电气系统提供电源。

（2）启动电路　启动电路包括钥匙开关、启动器、启动器继电器等，它为启动电动机提供电源以起动发动机。

（3）预热电路　预热电路主要用于在冷天帮助发动机起动，它包括钥匙开关、控制器、冷却液开关、热线点火塞继电器、热线点火塞等。

（4）指示器灯检查电路　指示器灯检查电路用于检查所有指示器灯泡是否点亮。

（5）充电电路　充电电路主要负责通过发电机给蓄电池充电。

（6）发动机熄火电路　发动机熄火电路通过电控马达使发动机熄火。

除此之外，主电路中还包括冲击电压防止电路和相关的辅助电路，限于篇幅，在此不作详细介绍。

2. 监测电路

监测电路用于监测和显示机器的工作状态和安全性，对故障进行预测，它包括监测器、各类传感器和开关及自动报警系统等。

3. 控制电路

控制电路包括发动机控制电路、液压泵控制电路和各类电磁阀控制电路。每条控制电路都包括由各自的执行机构，如控制器、传感器、各种电磁阀、电气开关和压力开关等。

4. 电气元器件

液压挖掘机上的电气元器件包括微电子控制器、启动电动机、蓄电池及继电器、启动器继电器、辉光继电器、照明设备、扬声器、空调器、传感器及其他相关电气元器件。其中，传感器是感觉器官，微电子控制器是核心。微电子控制器也称主控制器，用于控制机器作业。它接收来自发动机控制表盘、各种传感器和开关的电信号，这些信号在经中央处理器（CPU）处理后，由主控制器将控制信号发送到电控马达、各类电磁阀及其他控制电路，以调节发动机、液压泵、液压马达和电磁阀的动作。

由于采用了电子控制的发动机与液压系统的配合，从而提高了生产率和燃油效率。

目前国外大中型液压挖掘机上普遍采用了发动机—液压泵电子控制系统，该系统的电子调速机构由检测目标转速的节流传感器、检测输出转速的调节传感器、操纵喷油泵控制齿条的调速执行元件及电子调速控制器等构成。其中，用比例电磁阀控制主液压泵的流量调节器，可根据速度差对主液压泵的输入转矩进行调节。

目前，机电液一体化技术在液压挖掘机上已得到了较为广泛的应用，对各执行元件和功能部件的自动控制和联合控制技术已日趋成熟。根据预测，电子与液压的集成控制将成为今后主要的发展方向，这对扩展系统功能、提高系统可靠性将产生重要作用。

2.2.8　润滑系统

1. 工程机械的结构和工况特点

工程机械尤其是挖掘机的结构和工况特点如下：

1）结构复杂，相对运动的部件较多，结构紧凑导致了某些部位空间受限。

2）工作环境恶劣，尘土严重，物料中含有泥水等腐蚀性强的有害物质。

3）工作场地经常变化，起动、制动动作频繁。

4）重载或负载大而多变，振动、冲击现象严重。

以上因素导致故障率较高，尤其是液压系统的故障率较高，这给维护管理造成了困难，并给润滑系统提出了较高要求。

2. 润滑系统涉及内容

液压挖掘机的润滑系统涉及以下几个方面：

1）发动机自身的润滑系统。

2）液压系统各部件内部具有相对运动元件之间的润滑。

3）行走机构各运动部件的润滑，包括驱动轮、导向轮、支重轮、拖链轮各销轴，履带销轴。

4）工作装置各部件相互铰接处的润滑，包括动臂液压缸缸头与回转平台以及动臂液压缸与动臂铰接处销轴、动臂与斗杆铰接处销轴、斗杆液压缸缸头与动臂铰接处销轴，斗杆液压缸活塞杆与斗杆尾部铰接处销轴、铲斗液压缸缸头与斗杆铰接处销轴、摇臂与斗杆铰接处销轴、摇臂与铲斗液压缸活塞杆端铰接处销轴、摇臂与连杆铰接处销轴、连杆与铲斗铰接处销轴等。

5）其他机械如回转减速机、行走终传动减速机构、回转支承、回转小齿轮和齿圈等运动部件的润滑。

3. 润滑方式

目前工程机械中使用的润滑方式按润滑介质来分主要有两种，即干油润滑（或称润滑脂润滑）和稀油润滑（或称矿物油润滑）。这两种润滑方式又分为手动润滑和集中润滑，两种方式各有特点。

（1）干油润滑　干油润滑主要用在高压和较高温度下工作的摩擦表面，可用来润滑承受变动载荷、振动和冲击的机械装置。干油润滑分为分散（手动）润滑和集中润滑，集中润滑又包括间歇压力润滑、压力润滑和连续压力润滑。干油集中润滑系统具有注油方便、强制润滑、延长轴承使用寿命、增加机械可用时间、节省润滑脂等优点，降低了维修和保养成本，在工程机械等其他机械上较恶劣工况的部位得到较广泛的应用。但干油润滑存在以下缺点：流动性差，内摩擦阻力大，所需工作压力高，无法形成动压油膜；润滑脂难以有效迅速扩散到整个润滑面；受污染后难以净化。

挖掘机工作装置的各铰接处销轴、回转支承、行走机构（四轮一带的销轴）等多采用干油润滑，如复合钙基脂或复合锂脂、蜗轮蜗杆油等。

根据挖掘机的工作特点，所用润滑脂的一般要求如下：

1）要满足使用部位的极压抗磨要求。挖掘机属于重负荷设备，主要在低速、重负荷条件下工作，特别是回转支承部位，是主要承重部件，承受较大的负荷和冲击力。因此，挖掘机用润滑脂要具有良好的润滑性，保证足够的油膜厚度，防止正常运行过程中的磨损，特别要满足优良的极压抗磨性要求，保证设备处于混合或边界润滑条件时润滑脂能够形成物理化学吸附膜，从而防止金属表面擦伤、磨损。

2）要有良好的抗水性和缓蚀性。挖掘机常在泥泞、多粉尘等条件下工作，而且底盘润滑点易与泥水接触，要求润滑脂要有优良的缓蚀性和抗水性，保证轴承不锈蚀。

3）要有良好的机械安定性。挖掘机的自重和工作时所受的载荷都很大，润滑脂要保证在重负荷工作中具有良好的抗剪性能，不过分软化和流失，避免润滑部位因润滑脂流失造成的润滑不良。

4）要有南北冬夏通用性能。挖掘机工作的地域广阔，润滑脂要满足挖掘机在南北极热和极寒地区工作的条件要求，保证在高、低温条件下能进行正常工作，尤其是在寒区冬季工作时，润滑脂要具有优良的低温流动性。

5）适宜的稠度要求。挖掘机润滑脂要保证在有水、多粉尘、多杂质等恶劣环境下具有良好的密封性能，因此，润滑脂要选择适宜的稠度，防止杂质进入。

6）润滑脂存放保管时不能混入灰尘、砂粒、水及其他杂质。推荐选用锂基润滑脂 G2—11，其耐磨性能好，适用于重载工况。加注时，要尽量将旧油全部挤出并擦干净，防止砂土粘附。

（2）稀油润滑　稀油润滑流动性和散热性都较好，所需工作压力也比较低，一般在 2MPa 以下。但如果对各润滑点的流量控制得不好，则易污染环境。挖掘机中的发动机内部、液压系统、回转减速机、终传动减速机等多采用稀油润滑，如发动机油、液压油、齿轮油等。

发动机自身的专用润滑系统主要由机油泵、润滑油路及相关附件组成，详细内容可参见介绍发动机的有关文献。对回转减速机构和行走减速机构的润滑则属于齿轮传动中的问题，此处不作详细介绍。液压系统内部的元器件一般不需专门润滑，这是液压传动自身的特性决定的。以下主要讨论工作装置和行走机构相对运动部件的润滑问题。

由于工程机械种类较多，各有特点，因而对润滑方法及润滑剂的选择也有所区别，但共同特点是要求润滑剂有较高的品质。对于稀油润滑，应根据不同的使用场合选择不同的化学或物理添加剂，并应根据环境温度和用途选用适当标号的润滑油。环境温度高时应选用粘度较大的机油，反之应选用粘度较小的机油。一般情况下，液压油的粘度较小，以减小液体流动阻力，齿轮油粘度较大，以适应较大的传动负荷。在选择或加注润滑油时，还要保证油品的清洁，防止水、粉尘及其他颗粒物的混入。

挖掘机稀油润滑所用润滑剂性能具体要求如下：

1）具有适当的粘度。应严格按照使用维护说明书要求，选择适当粘度、品质较高的润滑油。粘度较大，则增加运动阻力，浪费动力，并影响机械运动准确性、灵活性和可靠性。粘度较小，则不能满足润滑和密封要求。

2）具有较高的粘度指数。较高的粘度指数可避免因温度变化过大而导致粘度变化过大，以致影响机器的正常工作。由于挖掘机多在户外作业，环境温度变化较大，因而润滑油一般应适应 −30 ~ 40℃范围的气温变化。

3）具有良好的抗氧化稳定性。由于某些部件的备品较少，又要求长期在野外连续工作，维护和维修都不方便，或运转时间不长，但要求长期不检修、不换油，因而要求润滑油长期不变质。

4）具有良好的缓蚀、防腐性能。挖掘机大多在露天工作，长期经受风吹、日晒、雨淋，甚至还在腐蚀性气体或烟尘环境中工作，因而要求润滑油具有良好的防腐性能。

5）具有良好的耐磨性能。挖掘机的负载变化很大，起动、制动频繁，运动方向多变，振动和冲击现象严重，这对润滑油油膜的形成和保持都十分不利，因此要求润滑油具有必要的耐磨性和耐磨极压性。

6）具有良好的耐水性能。挖掘机润滑油应具有良好的抗乳化性和水分离性能。

7）具有良好的密封性能。对多尘环境，要求具有良好的密封性能和耐密封材料溶胀性，以防止杂质侵入润滑部位。

8）不同牌号和不同等级的润滑油不能混淆。

9）对于灵敏度高、结构复杂、配合间隙小、精度高的液压零部件，如电液伺服阀、比例电液阀等，要求液压油具有更高的清洁度、更好的耐磨性和热氧化安定性，且过滤性要好。

10）由于技术的发展，工程车辆与油品质量的升级换代，气候条件、工作环境的不同油品的选择应以确定合理的换油周期为依据。

4. 工程机械集中润滑系统

目前，先进的工程机械包括挖掘机已采用了集中润滑系统，它是指通过控制器控制一台泵同时润滑多个润滑部位的润滑系统，其中递进式集中润滑系统可以做到定时、定点、定量、定序地加注润滑脂到所需润滑部位。这种集中润滑具有以下特点：

1）能实现定时、定点、定量、定序加注润滑脂，避免人工润滑的遗漏。

2）润滑周期准确，定量给脂精确，节省油脂，减少对环境的污染。

3）系统压力高，用脂范围宽。

4）结构紧凑，便于布置、检查和维修。

5）延长了零部件的使用寿命，降低了维护成本。

6）具有故障报警功能，可对润滑系统进行全程监控。

2.2.9　热平衡系统

发动机和齿轮传动机构的润滑系统主要依赖于润滑油，而液压系统中的动力传递介质——液压油同时也起到了润滑作用，这两种油液的主要指标（即粘度）受温度影响很大。当环境温度低时，油液的粘度增大，内部运行阻力增大，使发动机难以起动或液压泵吸油困难；而当环境温度较高或系统功率损失大时，油温的升高会使得油液的粘度下降，导致密封失效，泄漏增大，效率进一步降低。温度升高导致的不良后果远不止这些，甚至还会加速元件老化，引起元件破坏，降低系统的可靠性，缩短机器的使用寿命。因此，过高或过低的油温都会给机器带来不利影响，必须采取适当措施将润滑系统或液压油的温度控制在合理的范围内。热平衡系统即是为此而专门设置的。

发动机的热源主要来自于燃烧室产生的炽热气体。目前国际上普遍采用的发动机冷却系统一般由水泵、水套、水散热器、风扇、温度传感器及管道等组成，为强制吸风式冷却方式。关于发动机散热系统的详细介绍可参见有关发动机的文献，此处不作详细介绍。

液压挖掘机的工作环境恶劣、负载变化频繁、工作时间长，各种能量损失全部转化为热能，其中一部分通过液压元件表面散发到周围环境中，另一部分则引起了系统温度的升高。液压系统热量主要来源于工作液泵、溢流阀和各执行元件（如液压缸、液压马达），此外还有主阀组、各管路等液压元件相对运动时产生的摩擦热。液压油温升在一定范围内对系统工作有好处，但超过一定值就会对系统造成不利影响。一般来说，液压系统较合理的工作温度范围为 30～50℃，最高不超过 70℃，最低不低于 15℃。但由于受环境温度和自身发热等因素的影响，实际工作温度很难保证在此范围内。

对上述问题的解决方法通常从两方面着手：首先应从热源上考虑，如采用高效率的液压元件，合理设计系统，提高液压元件的设计精度、耐热性能，尤其是热变形能力，当这些措施不能解决问题时应采用热平衡系统，即当系统自然散热不能满足上述要求时，在温度过高的情况下采用冷却器进行强制冷却；反之，则采用加热器对系统进行加热。

1. 液压油的冷却装置

对冷却器的基本要求如下：

1）散热效率高，为此需要足够的散热面积。

2）压力损失小，以免消耗过多的发动机功率。

3）体积小、质量小，以保证能被安装在有限的安装空间内，并不会增加过多机重。

4）最好应配备温控装置，使油温控制在合理范围内。

冷却系统根据冷却介质可分为水冷式、风冷式和冷冻式三类。

水冷式冷却器最简单的结构形式是在液压油箱中安装一根蛇形水管，并将其做成螺旋形，水从蛇形管内通过时由吸风式风扇吹走热量，液压油则在蛇形管外与冷却器壳体内表面的空间通过。为了提高冷却效率，可在冷水管的外壁上布置散热翼片。目前较为流行的铝制或铜制翅片式散热器即采用了这种结构形式，其结构紧凑，成本低，不生锈且散热效果好。水冷式冷却器还可由恒温器来调节水温和水量以自动控制油温。但其缺点是需要水源，同时还存在由于水管锈蚀而导致水渗入油的危险，在冬季还有可能产生水箱冻裂的危险。

风冷式冷却器由风扇和带散热片的管子组成，空气穿过冷却器外表面，热油则在冷却器内部通过。风冷式冷却器的优点是不需要水源，也没有水渗入油的危险。其缺点是表面传热系数很小，散热效果差，噪声大，体积大。风冷式冷却器适用于移动式液压系统。

冷冻式冷却器主要由一套制冷系统组成，冷却和加热可组成一个独立的单元，由电源提供动力。其优点是不需要水源，冷却效果显著，但成本很高。

工程机械上采用的传统冷却驱动方式一般是由发动机输出轴通过带传动装置以定传动比驱动冷却风扇和水泵，使冷却空气通过冷却器带走冷却水的热量。该冷却系统在冷却发动机的同时，还担负着冷却液压系统的任务，散热强度非常大。但由于驱动方式的限制，使风扇的安装位置受限，同时也限制了冷却器的安装位置。这种机械驱动方式，风扇的冷却能力取决于发动机的转速，不能随发动机的热状态和环境温度的改变而自动变化，所以必然会出现低速大负荷工作时冷却能力严重不足，而高速中小负荷工作时冷却过度等现象，从而不能完全满足实际冷却的需要。此外，这种冷却方式的冷却能力是按最大热负荷工况设计的，所以还存在着起动转矩较大，预热时间长，风扇耗能大等不足。为了克服以上缺点，目前先进的液压油冷却系统增加了温度传感器，它可将温度信号传给电控单元，如油温高于温度上限则电控单元起动冷却风扇工作，当温度低于下限温度时风扇停止工作。采用这种油温控制方式同时避免了高速、中小负荷工作时冷却能力严重过剩的问题，并使发动机预热时间缩短。

2. 液压油的加热装置

在冬季或环境温度较低的情况下，油液的粘度会增大，使机器内部运动部件的运行阻力增加，液压泵吸油困难，影响机器的正常起动。为了使挖掘机能顺利起动，需要对系统进行预热，待油温升高后才能投入工作。

液压系统的加热器采用结构简单、能按需要自动调节温度的电加热器。加热器应安装在油液流动处，使其水平放置，并全部浸入油中，以利于热量的交换。单个加热器的功率不宜太大，且油液流过加热器时要有一定的流速，以防止与其接触的油液过度受热后发生变质。

2.2.10　其他辅助系统

现代液压挖掘机不仅具备以上各种功能，还增加了在过去看来是不必要的各种辅助系统，如空调系统、故障自动检测和报警系统、音响以及各种显示仪表，使得挖掘机越来越人性化，也大大提高了挖掘机的综合性能和驾驶员的操作舒适性，从而提高了挖掘机的作业效率。关于这些装置，限于篇幅，此处难以一一介绍，读者可参阅有关文献。

2.3　反铲挖掘机的作业过程及基本作业方式

单斗液压挖掘机是一种完成周期性土方作业的机械，其作业过程可简单概括为以下几个典型动作的连续过程：挖掘（切土并装土）→满斗提升动臂并/或回转→卸料→空斗返回并下降动臂→下一次挖掘。因此，反铲挖掘机一个作业循环包括挖掘、满斗回转、卸料和空斗返回四个过程。

反铲挖掘机多用于停机面以下的土壤挖掘。作业时，首先操作控制手柄使动臂和斗杆摆动（一般为下降），将铲斗落在要求挖掘的位置上，同时使铲斗向前转动，然后铲斗绕斗杆向挖掘机机身方向转动进行切土，在此过程中，在工作面上会形成一条弧形切削面，并同时将土壤装满铲斗。随后，满载的铲斗将连同动臂一起被提起，与此同时，上部转台转动并带动动臂、斗杆和铲斗一起回转到卸料位置。在卸料位置，操作控制阀使铲斗向前上方转动，使斗口朝下进行卸料。完成卸料后，上部转台反方向回转并带动动臂、斗杆和铲斗转动，与此同时，动臂下降，斗杆下摆，使铲斗置于下一挖掘位置，以进行下一循环的挖掘作业。这样周期性的循环动作就构成了挖掘机的基本作业过程。

正铲挖掘机的循环过程与反铲挖掘机的基本相同，但主要是针对停机面以上的土壤挖掘，且多用于矿山的剥离作业，物料的特性也与反铲不同，岩石成分较多。除此之外，由于正铲的工作装置结构形式与反铲有明显的不同，挖掘过程中工作装置各部件的动作特点有所不同，且一般正铲为开斗卸料方式，因此在作业过程中，除上部转台、动臂、斗杆及铲斗的转动外，一般还包括打开斗底卸料动作（前卸式除外）。

结合施工情况和液压挖掘机的结构特点，其具体作业方式将在后文进行介绍。

单斗液压挖掘机具有以下动力学特点：

1）通过液压缸驱动连杆机构运动，无回转时为平面机构运动，有回转或辅以行走动作时为空间复合运动。

2）具有多自由度，如不考虑行走机构的动作，一般为4个自由度。

3）具有多体（多刚体、多柔体）动力学特性。

以上简单介绍了单斗液压挖掘机的动作特点和作业方式。下面从机器组成来简要说明单斗液压挖掘机各部件的结构特点和工作原理。

2.4 液压挖掘机的总体设计

2.4.1 液压挖掘机总体设计的内容及设计原则

液压挖掘机属于土方机械，主要用于土方工程。因此，设计液压挖掘机时首先应考虑施工对象的特点和要求，在对施工对象进行充分调查研究的基础上，根据市场需求确定机种、机型和机重大小，然后考虑其他附属功能、制造条件、制造成本、性价比、先进性、环保要求、售后及使用维修服务以及市场竞争力等。总之，应在综合考虑各种因素的基础上确定总体设计方案。然而市场需求变化多端，技术发展日新月异，这就要求企业领导者和设计人员随时注意市场变化和技术潮流，结合自身的实际能力，准确定位，不断创新，以满足用户日益增长和扩大的需求，使企业立于不败之地。液压挖掘机的总体设计内容如下：

1）确定机种、机型。

2）确定设计原则、整机结构方案并拟定设计任务书。

3）确定液压挖掘机的主参数。

4）确定主要机构结构方案和相关主要结构参数。

5）确定液压系统结构方案及主参数。

6）确定其他辅助装置形式。

7）结合标准和行业规范分析和验证整机的各项性能参数。

与许多产品的设计相同，液压挖掘机有其相应的设计原则，其内容大体如下：

1. 实用性

实用性是指挖掘机的各项基本功能应能满足用户的使用要求，在此基础上应考虑易于操作、便于维护和保养，避免结构的复杂化给用户带来不必要的麻烦。

2. 可行性

可行性是指企业自身的设计和制造能力能保证生产的顺利进行。实践证明，盲目追求产品性能的完善和高技术水平而不考虑自身能力和成本的做法是不可取的。因此，要从客观现实出发，在自身力所能及的情况下定位产品。

3. 经济性

性价比是指产品的性能与价格之比，是反映产品经济性的重要指标之一。作为生产厂商，为追求较高的利润，势必会提高产品的价格；而作为用户，则追求较高的性能和较低的价格。因此，必须在两者之间取得平衡。解决的办法是，生产厂商不断地进行技术创新以提高产品的性能，并降低设计和制造成本，只有这样才能使双方达到一致。然而当今世界的市场竞争十分激烈，这就要求企业不断提高自身的设计制造水平。

4. 可靠性

可靠性设计是为了在设计过程中挖掘和确定隐患和薄弱环节，并采取设计预防和设计改进措施，有效地消除隐患并改善薄弱环节。要提高产品的固有可靠性，必须制定并遵从可靠性设计准则。

可靠性设计准则是把已有的、相似产品的工程经验总结起来，使其条理化、系统化、科学化，成为设计人员进行可靠性设计所遵循的原则和应满足的要求。

可靠性设计准则一般都是针对某个型号或产品的，建立设计准则是工程项目可靠性工作的重要而有效的工作项目。目前，某些产品已制定了相应的可靠性设计准则，如军用、民用飞机的可靠性设计准则等。但工程机械产品尚无专用的可靠性设计准则。

可靠性设计准则具有以下意义和作用：

1）可靠性设计准则是进行可靠性定性设计的重要依据。

2）贯彻可靠性设计准则可以提高产品的固有可靠性，避免产生很多不必要的故障，并提高产品的性价比。

3）可靠性设计准则是使可靠性设计和性能设计相结合的有效方法。

可靠性设计准则主要包括以下内容：

（1）制定元器件大纲　就挖掘机而言，元器件包括了机械、电子和液压系统的基础产品，如各类机械零件、电器元件、液压元件等。由于这些元器件的数量和品种众多，所以其性能、可靠性、费用等参数对系统整体性能、可靠性、生命周期费用等影响很大。如果在研制早期就对元器件、零部件的应用、选择、控制予以重视，并贯彻于系统全生命周期，就能大大提高系统的优化程度。如使用标准件可以提高产品的固有可靠性和互换性，消除使用非标准件所需的设计、制造和试验费用，从而降低产品的成本。

元器件大纲的主要内容包括：元器件控制大纲、元器件的标准化、元器件应用指南、元器件的筛选等。制定元器件大纲应考虑装备任务的关键性、元器件的重要性、生产的数量、装备的维修方案、元器件的供应、新元器件所占的百分比、元器件的标准化状况等。

（2）降额设计　降额设计就是使元器件或设备工作时承受的工作压力或温度等适当低于元器件或设备规定的额定值，从而达到降低故障率、提高使用可靠性和延长使用寿命的目的。机械、电子和液压产品都应进行适当的降额设计，尤其是电子和液压产品对温度非常敏感，故而降额设计技术对电子及液压产品显得尤为重要，已成为可靠性设计中必不可少的组成部分。

（3）简化设计　简化设计就是在保证产品性能要求的前提下，尽可能使产品设计简单化。简化设计可以降低系统的故障率，从而提高产品的固有可靠性。为了实现简化设计，可采取以下措施：

1）尽可能减少产品组成部分的数量及其相互间的连接。

2）尽可能实现零部件的标准化、系列化与通用化，并尽可能减少标准件的规格、品种数，争取用较少的零部件实现较多的功能。

3）尽可能采用经过考验的可靠性有保证的零部件或零部件总成。

4）尽可能采用模块化设计。

（4）余度设计　余度是指系统或设备具有一套以上完成给定功能的单元，只有当规定的几套单元都发生故障时，系统或设备才会丧失功能，这就使系统或设备的任务可靠性得到提高。

余度技术是系统或设备获得高可靠性、高安全性和高生存能力的设计方法之一。特别是当元器件或零部件质量与可靠性水平比较低，采用一般设计已经无法满足设备的可靠性要求时，余度技术就具有重要的应用价值。但余度会使系统或设备的复杂性、质量和体积有所增加，使系统或设备的基本可靠性降低。系统或设备是否采用余度技术，需从必要性、技术难度及经济性等各方面进行权衡。

（5）热设计　机械、电子及液压元器件都有一定的温度极限，当超过这个极限时，其物理性能就会发生明显变化，就不能发挥它预期的作用甚至发生故障。热设计就是要考虑温度对产品的影响，其重点是通过对元器件的选择和设计来减少温度变化对产品性能的影响，使产品能在较宽的温度范围内可靠地工作。

（6）防腐蚀、老化设计　某些设备的工作环境十分恶劣，甚至会腐蚀产品的元器件甚至降低其可靠性，因此在设计阶段就要考虑采取必要的防腐措施。另一种情况为元器件的老化，如电子器件、橡胶类密封元件等的老化。对于现代液压挖掘机，其电器系统和液压系统普遍采用了这两类元件，因此在设计初始应充分考虑它们的老化问题，避免在使用过程中发生故障。

5. 先进性

先进性是指与同时期、同类产品相比具有先进的技术和性能。一般而言，技术的先进性代表着产品具有更加完善的性能，也标志着企业的创新能力和技术水平，因而具有更强的竞争能力。因此，国际上的各大公司对技术的创新都投入了很高的研究经费，有些公司的产品始终保持同行业的领先地位。但对一些设计和制造能力相对较弱的企业，盲目追求技术的先进性也会面临较大的困难。因此，应在市场需求、产品定位、企业研发能力、制造水平和经济性上进行权衡，既要保证基本功能的完善和可靠，同时又要顾及成本和用户的购买能力。

6. 节能、环保要求

由于温室效应和环境污染的原因，目前世界各国尤其是发达国家对发动机的排放标准越来越严格。解决该问题的主要途径主要有三种：第一种是多能源利用技术，尤其是清洁能源的开发和利用技术，从动力源上进行突破，如采用纯电动技术、混合动力技术、氢燃料发电技术等，这些技术目前大多已取得了突破性进展，其相应的法规、标准也在制定和进一步充实之中，但离完全进入实用和大规模生产仍有一段距离；第二种是在发动机功率利用上下功夫，通过各种控制技术千方百计地提高发动机的效率，以提高燃油经济性，降低尾气排放，为此，全球主要的发动机厂商都相继推出了采用各种先进节能技术的发动机，这些发动机在工程机械上已实现了广泛的应用，如康明斯发动机等；第三种是采用各种技术手段尽可能减少废气中的有害物质，以减轻温室效应、保护环境，这方面的国家和国际标准尤其严格，工程机械也不例外。综上所述，在方案制定的初始就应从环境保护、能源利用和经济性等方面制定相应的原则，严格按照相应的标准、法规设计产品，并把它贯彻至产品的整个生命周期。

2.4.2　确定整机结构方案并拟定设计任务书

应根据市场需求确定整机结构方案，包括动力装置、工作装置、回转装置、行走装置、液压系统及其他辅助装置的结构方案。

1. 确定机种、机型

机种是指挖掘机的种类，按照前述分类，液压挖掘机有单斗、多斗之分，而单斗液压挖掘机又有正铲、反铲、抓斗、挖掘、装载等不同的类别，不同类别的机种适合于不同的作业场合。机型是指某个机种下的具体形式，如反铲液压挖掘机按行走装置可分为履带式、轮胎式、步履式等机型；按整机质量可分为微型、小型、大中型和特大型；按工作装置可分为普通反铲工作装置、悬挂式工作装置等。要确定这两项内容，应首先了解市场需求状况、行业产销状况、技术水平等，在总体方案设计的初始应首先充分掌握这些信息，避免决策失误，然后结合企业自身的设计制造能力确定待生产的机种和机型。随后应结合企业的技术条件和水平制定详细的设计步骤和时间安排等各项内容，做到有步骤、分阶段地实施，以确保设计任务的顺利进行。

2. 确定动力系统形式

除露天矿使用的机械式挖掘机外，目前各类挖掘机基本都采用柴油机作为动力源，其原理和特点在此不作详细讨论。另外一种是最近几年开发的油、电混合动力技术，这是采用柴油机和蓄电池、电动机共同或单独提供动力的技术。其基本工作原理是：当挖掘机需要满负荷或重载作业时，由发动机和蓄电池或超级电容共同提供动力；当轻负荷工作时，只需发动机或蓄电池单独提供动力，多余的能量可通过发电机和逆变器转化为电能存储在蓄电池中。

采用混合动力技术具有以下优点：

1）可减小发动机功率，即用较小的发动机驱动较大吨位的挖掘机。

2）实现发动机输出功率和转矩的均衡控制，作业时使发动机始终运行在高效区，因而能大幅提高燃油效率，提高燃油经济性并降低排放，同时发动机的运行状态也比较平稳。

3）可回收部分再生能量，如转台制动减速时的动能、动臂下降时的势能、整机下坡时的势能等，从而有效地节约了能源，提高了使用经济性。

4）可充分利用电机控制技术的优势，对每一个液压执行元件采用闭式传动和控制方案，从而取消了多路阀控制系统，彻底消除了阀内的节流损失，避免了油温的升高和由此产生的各种故障。

混合动力系统具有以下缺点：

1）能量转换环节过多。能量从化学形式的燃油经过柴油机、发电机、蓄电池、电动机、液压泵、液压缸或液压马达等多个环节，最后到达执行元件。在此过程中，每一个环节都存在能量损耗，这导致整个过程的能量损耗较大，从而在一定程度上抵消了采用这种技术所得到的节能效果。

2）控制系统复杂。由于存在电能、液压能、机械能等多种能源形式，因而对控制系统提出了更高的要求，从而导致控制系统的复杂化。如果没有先进的计算机控制技术和信息化管理系统的应用，则难以实现各种能量形式的合理匹配，以致很难发挥其优势。

3）电池的比功率、比质量、电源转换效率、可靠性及寿命都较低，同时对大量报废电池的回收处理也存在多方面的问题，这在一定程度上制约着混合动力挖掘机的发展。

4）成本较高。由于混合动力系统存在较高的技术难度且尚未进入大规模生产阶段，因而导致初期的研发成本较高。

5）噪声低。由于降低了发动机功率，并且电动机自身的噪声很低，因此降低了整机的噪声。

综上所述，混合动力技术是一项对解决环境和能源问题具有十分重要意义的技术，但由于现阶段技术上的原因，导致其进入大规模推广阶段还存在较长的时间。但是应该看到，作为新兴产物的混合动力挖掘机，其发展潜力与应用前景是十分巨大的，尤其是在环境和能源问题日益突出的当今世界。

目前，混合动力汽车已进入规模化的产业发展阶段，这为混合动力挖掘机的发展提供了很好的借鉴作用。我国的詹阳动力公司、日本的小松公司、美国的CASE公司等都相继开发了混合动力挖掘机，并已在展会上进行了演示。据测试，采用混合动力技术的挖掘机可节省燃油达20%以上。但由于目前的技术水平和生产能力所限，这种技术的成本也会提高30%左右，甚至更多，而且相应标准、法规等还没有出台，因此，在短时间内还难以实现规模化生产。

3. 确定工作装置结构形式

如前所述，反铲工作装置主要挖掘停机面以下的土壤，因此适于建筑基坑、水利工程以及其他地面以下的土方挖掘工程。但作为辅助功能，在加装各种辅助作业装置后，用反铲挖掘机进行破碎、起吊、拆除等辅助作业的情况也比较常见。一般情况下，大多数反铲工作装置采用弯动臂、直斗杆、共点式铲斗六连杆机构、动臂液压缸下置，这种结构形式有利于地面以下挖掘，同时还兼顾了最大卸料高度、提升力矩、铲斗转角范围等要求，因此是大中型及小型反铲挖掘机普遍采用的结构形式，同时也是比较成熟的基本结构形式。为了满足各种作业要求，多数厂商还提供了不同结构形式和尺寸的工作装置，如加长动臂、加长斗杆以及各种结构形式的铲斗，这在方案制订阶段也应加以考虑，以充分发挥主机的工作潜能来满足客户需求。此外，还应为加装其他辅助作业装置留下备用接口或驱动和操作系统，如加装破碎锤的液压接口等。

对于小型挖掘机或挖掘装载机的挖掘端，一般可考虑选择悬挂式工作装置。这种结构形式一般为单动臂液压缸驱动，结构形式较为简单。在动臂提升时为小腔进油，液压缸受拉，挖掘和提升时液压缸的稳定性也能得到保证。

反铲工作装置的主要作业参数为斗容量、最大挖掘深度、最大挖掘半径、最大挖掘高度及最大卸料高度，在选择结构形式时要兼顾这些作业尺寸要求，工作装置的具体参数选择将在后续章节进行介绍。

正铲工作装置主要用来挖掘停机面以上的土壤，其适用场合为大型露天矿、大型水利工程等。如前所述，正铲的大体结构形式为直动臂、直斗杆、动臂液压缸下置，但考虑到露天矿山物料成分复杂，含石块较多，因此铲斗一般采用底卸形式。至于各液压缸的布置方式及与动臂、斗杆和铲斗的连接方式等，此处不再重复。总之，要在满足基本作业要求的前提下对结构功能、复杂程度、作业效率、操作难易程度等方面进行权衡。正铲的另一种结构形式——挖掘装载装置主要用于装载土壤、松散物料和矿石，其结构形式的确定与普通正铲相同。

正铲装置的主要作业参数为斗容量、最大挖掘高度、最大挖掘半径及最大卸料高度。

如前所述，对于其他可换工作装置如抓斗装置、起重装置、破碎装置等，在主机和基本工作装置结构方案确定后应一并予以考虑，但这些装置中有些是配套件（如破碎锤），可根据设计计算结果向配套厂商提出相应要求定制，也可向用户提出相应选择和使用注意事项；对于起重作业装置，一般应按照国际标准给出起重能力的相应计算结果，以方便用户使用，并避免出现超过起重能力使用而引发事故。

4. 确定回转驱动方式及回转减速机构形式、制动方式

如前所述，挖掘机的回转方式有全回转和半回转两种结构形式。在现代液压挖掘机中，除挖掘装载机上由于结构功能原因使用半回转形式外，各类大、中、小乃至微型挖掘机几乎都采用全回转机构，这主要是因为全回转机构具有高度灵活的特点，因此得到了广泛的应用。而从结构的复杂程度上看，全回转机构并未比半回转机构复杂很多，因此除特殊情况外，一般应选择全回转机构。

就目前而言，全回转驱动机构普遍的结构形式由高速液压马达与行星减速机构组成，其主要特点是结构紧凑、效率高。另一类是最新研制的电驱动回转机构，这打破了常规建筑机械通常采用液压马达驱动回转的局面。如小松混合动力挖掘机即使用电动机进行驱动。采用电动机驱动还可把上部转台在减速制动时的转动动能回收在电容器或蓄电池中。当上部转台起动加速时，再将电能作为辅助能量释放出来，即可实现能量的再生利用。凯斯的 Hybrid 油、电混合动力挖掘机也包括了一台发电机和一部电动回转马达，它由发电机驱动。对于回转动作频繁发生的挖掘机，使用电驱动回转机构比液压驱动回转机构具有更加明显的节能效果。

在某些情况下，由于机身结构方面的原因而不能采用全回转驱动方式时，就需要考虑半回转驱动方式，如挖掘装载机的挖掘端。由于挖掘装载机前端具有装载装置，它与机身连接，不需要具有回转功能的转台，受此影响，机身后端的挖掘装置就不能实现全回转，因此通常的做法是在后端增设半回转机构，使挖掘工作装置在尽可能的范围内实现回转。如前所述，这个转角范围一般为 180°左右。即左、右各转 90°左右。另一方面，为了能使其挖掘到墙根等普通挖掘机难以挖掘到的位置，某些挖掘装载装置还增设了侧移架，使挖掘工作装置能整体作侧向（横向）移动，从而满足用户的特殊要求。CATERPILLAR、CASE 及我国的常林公司等都有这种类型的挖掘装载机。

为了减速增矩，一般要在回转驱动马达的输出端增加回转减速装置，而成熟且结构紧凑的行星减速装置即成为首选。不仅如此，行星减速装置还可获得较大的传动比。因此，目前绝大多数全回转液压挖掘机上都采用了高速马达与行星减速装置相结合的传动方式，而且这种组合方式几乎已成为一种标准的总成结构形式，可由专门的配套件厂商生产。而单纯采用低速马达的驱动方式虽然结构简单，但由于其效率较低，尺寸较大，因此已很少采用。半回转装置一般不需减速机构，目前大多采用液压缸驱动，只有少数采用摆线针轮液压马达驱动。

对于全回转机构的制动方式，单纯采用液压制动方式的很少见，而广泛采用机械形式的弹簧压紧盘全盘式制动器，且被集成在回转驱动装置总成中。在回转动作发生的初始，压力油首先进入液压活塞腔中压缩制动弹簧，使制动器摩擦片分离从而释放制动力矩，转台才能在回转驱动装置的驱动下转动；当回转制动信号发出时，液压油压力减小，制动器摩擦片在弹簧的作用下结合，使转台得以减速制动，因此，这种制动器同时也可作为停车制动器。采用机械制动的准确性高，另外也减轻了制动时给液压系统带来的冲击作用，降低了制动时液压系统的发热和温升。对于采用电驱动的回转装置，还能以电能的形式回收转台制动减速时的部分能量，因而可达到节省能源的目的，这也称为再生制动。但这种制动方式结构较为复杂，需要一套电能转换和存储装置，目前在混合动力汽车和挖掘机上已被采用，节能效果明显。

对于半液压回转机构，一般不增设专用的制动器而单纯采用液压制动方式，但应设法考虑减轻制动时给液压系统和元件带来的冲击。

5. 确定行走装置结构形式

如前所述，挖掘机的行走装置主要有轮胎式和履带式两类，此外还有专门用于水上作业的船舶式行走装置、能够在沼泽地作业的水陆两用行走装置和能够适应各种复杂地形的步履式行走装置。其中产销量最大的是履带式液压挖掘机，其特点在前面已有描述。但选用行走装置的结构形式主要取决于作业场地的情况。值得注意的是，轮胎式行走装置由于其良好的机动性，也已受到用户的青睐，但由于其接地比压过大所带来的作业稳定性问题和难以在松软路面行驶等不足之处限制了其机重不能较大，因此，目前轮胎式行走装置一般用于在机重20t左右及以下的挖掘机。

对于履带式液压挖掘机，其行走装置已成为标准的定型产品，即四轮一带结构形式。挖掘机厂商只要按照设计方案提出要求向专业厂商定制即可。其驱动方案一般也同回转驱动机构一样为高速液压马达与多级行星传动的集成形式，所不同的是负载形式和运动方式。如前所述，目前的履带式液压挖掘机行走速度一般较低，多数最高不超过5.5km/h，分为低速和高速两挡。在选择行走方案时应主要考虑牵引力和爬坡能力，其次要考虑通过性，因而要求其尺寸不能太大。

对于轮胎式液压挖掘机，目前其行走机构一般采用液压—机械传动，即压力油经由中央回转接头到达行走液压马达，随后驱动变速器，再经主传动轴、差速器、驱动桥到达轮边减速器，从而驱动车辆行走。其行走速度一般分为高速、低速两挡，高速挡为公路行驶速度，最大可达50km/h左右，低速挡为作业行走速度。此外，在现代液压挖掘机中，多使用变量液压系统，可实现行驶速度与牵引力的无级变化，但其工作效率比同级别履带式液压挖掘机要低15%左右。从结构上讲，由于轮胎式挖掘机比履带式挖掘机在底盘、行走装置、操作系统上复杂，且一般都增加了支腿，因此其制造成本比同级别履带式挖掘机要高20%～30%，但效率却要低15%左右。尽管如此，由于其转场的便利性，对要求移动性好的用户仍是一种恰当的选择。综上所述，当考虑轮胎式行走方案时，应结合机动性、结构复杂性、制造成本、使用效率、用户需求等因素进行综合分析，以避免决策失误。

挖掘机的制动方式一般可分为纯液压制动、纯机械制动、机械+液压制动。目前，单一形式的制动方式并不多见。这是因为单纯采用液压制动，容易对液压系统造成冲击，损坏液压元件，同时引起系统发热等一系列问题；而单纯采用机械制动，会对机身产生冲击作用，缓冲效果不好；此外，如不采用助力制动方式还需要驾驶员使用较大的操纵力（踏板力）。所谓的机械制动也是在液压或气压阻力作用下的机械制动方式。目前，在大中型液压挖掘机及其他工程机械上所采用的行走制动器，大多被集成在液压马达与终传动组成的驱动机构中，其代表形式为弹簧压紧、液压分离式，这种制动器同时也起到停车制动的作用。

事实上，基于单一形式的传动方式在工程机械上已不多见，无论是履带式或轮胎式挖掘机，机械、电子和液压传动技术都不是孤立存在的，而是相互渗透、融合在一起的。因此，在确定方案时，可结合挖掘机的作业特点采用有针对性的复合集成方式，充分发挥各种传动方式的优势，以期提高挖掘机的综合性能。

6. 确定液压系统结构方案

液压系统把发动机的动力通过液压泵转化为液压能，然后再通过液压油、各种阀类和管路把能量传递到液压马达和液压缸，驱动行走装置、回转装置、工作装置及其他辅助装置动作。因此，液压系统在液压挖掘机中起着十分重要的作用，通过液压系统，能量发生了两次转化，即从机械能转化为液压能再转化为机械能。由此可见，液压系统的结构形式、性能和效率对挖掘机的性能有着十分重要的影响。

按照不同的分类依据可将液压系统分为以下几种代表形式：

1）按液压泵数目将液压系统分为单泵系统、双泵系统和多泵系统。

2）按主液压泵结构形式分为定量系统和变量系统。定量系统是指液压泵的输出流量不随负载变化的系统。由于其结构简单，价格便宜，在小型挖掘机及其他速度和负载变化不大的机器上应用较多。变量系统是指液压泵的输出流量随负载的大小可以自动调节的系统。其优点是在调节范围内，输出流量与负载（即输出压力）成反比，使液压泵维持近似恒功率输出，从而可有效利用发动机功率；其缺点是结构复杂，成本高。对于双泵系统，变量系统又可分为分功率变量和全功率变量。按照变量方式可分为手动变量、伺服变量、压力补偿变量、恒压变量等形式。现代大中型液压挖掘机多采用双泵全功率变量系统，另有一辅助定量泵用于控制系统。特大型挖掘机则多采用多泵变量系统。如 LIEBHERR 公司的 R996 型正、反铲通用型液压挖掘机，其整机质量约 670t，主泵系统包括 8 台斜盘式轴向柱塞泵用于驱动工作装置和行走装置，另有 4 台可逆式斜盘轴向柱塞泵用于回转闭式系统。

3）按油液的循环方式，液压系统可分为开式系统和闭式系统。开式系统是指液压泵从油箱吸油，经液压泵输出至液压执行元件，经过执行元件的回油回到油箱。这种系统的主要优点是利用油箱进行散热并沉淀油液中的杂质；缺点是油液与外界空气存在接触，易使空气渗入系统，影响油液品质，腐蚀元件，从而引发系统和元件故障。

闭式系统是指液压泵的进油口直接与执行元件的回油口相连，无油箱，液压油在油路中进行封闭循环。该系统的优点是结构紧凑，隔绝了与外界空气的接触，因而系统的可靠性较高。闭式系统中执行元件的换向和调速是通过调节液压泵和变量马达的变量机构实现的，避免了开式系统在换向过程中所出现的液压冲击和能量损失。但闭式系统比开式系统复杂，因无油箱，油液的散热和过滤条件较差。此外，为补偿闭式系统中不可避免的油液泄漏，通常需要一个小流量的补油泵和油箱。值得注意的是，由于作为执行元件之一的单杆双作用液压缸大、小腔通流面积不等，因而进、出油的流量不等，所以闭式系统中的执行元件一般为液压马达。

现代大中型液压挖掘机中的回转液压系统较多采用闭式系统，而工作装置的液压系统则多采用开式系统。

4）按向执行元件供油方式的不同，又可把液压系统分为串联系统和并联系统。串联系统是指前一个执行元件的回油为下一个执行元件的进油，即各执行元件获得的流量相同，但压力油每通过一个执行元件其压力就降低一次。在串联系统中，只要液压泵的出口压力足够，便可以实现各执行元件的复合动作。但系统克服外载荷的能力将随执行元件数量的增加而降低。

并联系统是指各执行元件的进口压力相同，而获得的流量会随自身的外载荷大小而不同。外载荷较小的执行元件将获得较大的流量，因而动作较快；反之，外载荷较大的执行元件获得的流量较小，因而动作较慢。只有当各执行元件的外载荷相等时，才能实现同时动作。

单斗液压挖掘机的每个作业循环过程都包括了动臂的升降、斗杆的收放、铲斗的卷入卷出以及转台的左右转动，这些动作有时是单独进行的，有时又是同时发生的，因此，要求系统首先能满足这些要求。此外，由于挖掘过程中阻力变化很大，因此要求执行元件的动作速度能与之自动适应，实现无级调速。而在行走系统中，不但要满足牵引力要求，还要满足直驶和转向要求，并使左、右驱动轮或履带能充分按照驾驶员的意图协调动作、稳定行走。

挖掘机的上述工作特点决定了各液压元件作单独或复合动作时对压力、流量和功率的需求规律，确定方案时，应首先考虑主机的工作特点，在满足挖掘机基本使用功能的基础上，进一步考虑各执行元件工作时动作的协调性、系统的功率利用情况、动态特性、效率及可靠性等因素，最后结合各类系统的功能特点、复杂程度、实现难度等技术和经济特点，通过综合分析设计液压系统。特别需要注意的是，液压挖掘机性能的优劣不仅取决于上述系统的基本形式和设计的完美程度，而且还与元件质量及液压系统整体的协调性能等密切相关。而现代工程机械的液压系统已不再由单纯的液压元件组成，而是结合了电子技术、信息技术、计算机智能控制技术等多领域、多学科的前沿技术，因此，在确定方案初始就应当充分调研并聚集各方面专家进行论证，以避免决策失误，为后续的设计和制造工作创造良好的开端。

7. 确定其他辅助装置形式

主要结构方案确定后，可确定辅助装置的结构形式。辅助装置包括了操作控制系统、电气系统、冷却散热系统、润滑系统、照明装置及其他如推土铲、各种可换工作装置、快换接头等，这些装置对挖掘机整机性能的发挥也起着十分重要的作用。如冷却散热系统是调节液压系统温度的重要组成部分，其效果直接关系到挖掘机能否正常工作。所有这些都应在整机结构方案设计中一并予以考虑。这部分内容因限于本书篇幅，此处不作详细介绍。

按照以上内容确定设计方案后，就可以制定设计任务书了。设计任务书除包括上述内容外，还应列出要达到的具体技术指标、人员和进度安排、预计费用等。

2.5 单斗液压挖掘机的基本参数和主要参数

1. 基本参数

单斗液压挖掘机的基本参数分为以下几类：

1）质量参数。它包括主机质量、工作质量及各主要部件的质量。

2）挖掘力参数。它包括最大挖掘力、破碎力。

3）尺寸参数。它包括斗容量、工作尺寸、机体外形尺寸、工作装置尺寸。

4）功率参数。它包括发动机功率、液压系统功率。

5）经济技术指标参数。它包括质斗比、作业周期、生产率。

6）行走特性参数。它包括最大爬坡度、行走速度。

2. 主要参数

以下为部分主要参数的意义：

1）工作质量。它是指整机处于工作状态下的质量。指机体配备标准反铲或正铲工作装置，加注燃油、液压油、润滑油、冷却系统液以及随机工具和一名驾驶员后的工作质量，单位为 kg 或 t。

2）标准斗容量。它是指挖掘Ⅲ级或松密度为 $1800kg/m^3$ 的土时的铲斗堆尖斗容量，单位为 m^3。关于标准斗容量，目前有 ISO（the International Organization for Standards）、SAE（the Society of Automotive Engineers）、PCSA（美国电力起重机及铲土机协会）、GB、CECE（the Committee for the European Construction Equipment Industry）等标准。

3）发动机功率。它是指发动机的额定功率（12h）。在给定转速和标准工况下除发动机自身及全部附件（包括风扇、水箱、空气滤清器、消声器、发电机、空压机等）消耗以外的净输出功率，单位为 kW。

4）质斗比。它是指挖掘机的整机质量与斗容量之比，单位为 kg/m^3 或 t/m^3。该值可在一定程度上反映挖掘机的作业效率和经济性。即在相同整机质量和作业条件下，其值越低表示挖掘机的生产率越高、经济性越好；反之，该值越高，则说明使用生产率越低、使用经济性越差。但要比较不同挖掘机的该参数，应当在结构形式完全或基本相同的条件下进行。

5）液压系统形式。根据主机的工况特点选择主液压泵为定量泵或变量泵，并由此确定液压系统为定量系统或变量系统。从功率利用和系统发热角度看，现代大中型液压挖掘机几乎都采用了变量系统，只有少数小型或微型机，由于受到制造条件和成本因素的限制才采用定量系统。

6）液压系统压力和流量。液压系统压力是指主油路安全阀的设定溢流压力，单位为MPa。由于各部件油路压力的不同，又可分为工作装置油路压力、回转装置油路压力和行走装置油路压力。液压系统流量是指主液压泵的最大流量，单位为L/min。它与主液压泵的输入转速或发动机的输出转速有关，如为变量泵，则还与变量方式有关。因此，有些液压泵生产厂商在其产品目录中只给出液压泵的最大排量。液压系统最大流量的选择和确定取决于各运动部件单独动作或复合动作时的最大允许速度。

7）最大挖掘力。它是指按照系统压力或主液压泵额定压力工作时铲斗液压缸或斗杆液压缸所能发挥的斗齿最大切向挖掘力，单位为kN。对于反铲装置，有斗杆最大挖掘力与铲斗最大挖掘力之分；对于正铲，有最大推压力与最大掘起力（破碎力）之分。

8）最大牵引力。它是指行走装置所能发出的驱动整机行走的最大驱动力，单位为kN。

9）最大爬坡度。它是指挖掘机在坡上行走时所能克服的最大坡度，单位为“°”或为百分数形式。目前，履带式液压挖掘机的爬坡能力多为35°（或70%）。

10）行走速度。对于履带式液压挖掘机一般有高速和低速两挡，对于轮胎式挖掘机有公路挡、越野挡和低速挡之分。行走速度的单位为km/h。行走速度是范围值，它与变速方式有关。根据统计数据，目前中小型履带式液压挖掘机的低速挡行走速度在0～3.5km/h范围内，高速挡行走速度在0～5.5km/h范围内；轮胎式液压挖掘机的最高行走速度一般为35km/h。

11）接地比压。它是指单位接地面积上产生的压力，单位为kPa。该参数主要是针对履带式液压挖掘机或其他履带式车辆而言的，对于轮胎式车辆，一般难以确定该参数值。接地比压又分为平均接地比压和最大接地比压。其中平均接地比压是指履带式挖掘机自重与接地面积之比的平均值。它是履带式挖掘机的一个重要指标，反映了履带式挖掘机对路面的适应能力；也是与同类型产品进行比较的一个重要参数，在其他条件相同的情况下，该值越小，反映其对松软场地或路面的适应能力越强。而最大接地比压则反映了履带局部所承受的最大比压，它与挖掘机自身重心位置、挖掘阻力作用方向和大小、接地压力分布情况等有关。目前，履带式中小型反铲液压挖掘机的平均接地比压为45～100kPa，多数约为50kPa。

12）主要工作尺寸或作业范围。它是指挖掘机在特定姿态下斗齿尖所能达到的位置坐标及斗齿尖的运动轨迹所包含的最大面积，单位分别为m和m^2。它包括最大挖掘深度、最大挖掘高度、最大卸料高度、最大挖掘半径、停机面上的最大挖掘半径、最小回转半径、最大垂直挖掘深度、水平底面为2.5m^2（或8ft^2）时的最大挖掘深度。主要工作尺寸在一定程度上反映了挖掘机的作业范围，但还需要结合挖掘包络图才能完全反映挖掘机的作业范围。值得注意的是，挖掘机的作业尺寸和范围会因加装不同尺寸的工作装置而有所改变，因而国内外大多数厂商都在样本中给出了加装不同工作装置时的作业尺寸和作业范围。

13）运输尺寸。它是指挖掘机在运输状态下的最大尺寸，即运输状态下的最大长度、最大宽度和最大高度，单位为m。

14）作业循环时间。它是指挖掘机从开始挖掘时刻到卸料并返回到下一挖掘动作开始时刻所经过的时间，单位为s。

15）起重能力。起重能力是指挖掘机在配置一定工作装置和特定姿态下的最大起重量，其单位为t或kg。挖掘机的起重能力与起重挂钩位置、整机稳定性、液压缸举升能力、起重吊钩的最大允许负载及起重幅度等有关。按照ISO 10567的规定，起重时，挖掘机必须位于坚实平整的地面上，其有效起重量不得超过其倾翻载荷的75%或液压缸举升能力的87%。

以上参数不能完全反映挖掘机的全部性能，但代表了挖掘机的基本性能，因而称为主要参数。其中最能代表挖掘机性能的参数为工作质量（也称整机质量）、发动机功率和标准斗容量。

2.6 单斗液压挖掘机主要参数的选择方法[1]

挖掘机的主要参数是对挖掘机整体性能的集中反映，同时也与主机的结构形式密切相关。正确选择这些主要参数是后续设计工作可顺利进行的前提，也是充分发挥整机各项性能的重要保证，因此，应在充分调研并分析综合各种因素的基础上确定主要参数，使挖掘机的结构形式和整机性能达到最佳匹配。

2.6.1 选择主要参数的基本依据

选择单斗液压挖掘机主要参数的基本依据有以下几条：

1）应满足用户和工作环境的要求。

2）应满足设计任务书的要求。

3）与同类机型相比较应具有一定的先进性。

4）应符合国际、国家或企业的相关标准和法规。

5）应有翔实的理论依据和可靠的参考经验。

6）应考虑企业自身的设计制造能力。

以上这些依据同时也是挖掘机及其他产品的基本设计原则。但值得注意的是，某些参数之间可能会存在一定的矛盾，应在满足整体性能的基础上进行权衡。例如，加大斗容量会提高挖掘机的作业效率，但盲目加大斗容量会超出机器的承受能力、降低作业效率，并要求更大的机重与之相匹配；在机重一定的条件下，盲目加大作业范围和作业尺寸会降低挖掘力，并影响整机的稳定性。

2.6.2 确定主要参数的方法

主要参数的选择方法有很多，按照其典型特征可分为以下几类：

(1) 比拟法　比拟法是以相似原理为基础的方法。它适合于结构形式、液压系统、工作对象和环境基本相同的机型。相似原理是指通过对样机进行放大或缩小以及模型试验来确定实物结构参数、系列化产品的理论基础。相似原理包括几何相似、运动相似、动力相似及性能相似等形式。就挖掘机而言，这几种相似形式具体是指以下几点：

1）几何相似。几何相似主要是指两台以上挖掘机结构形式相似、各几何线型尺寸成比例、相应的角度相等。

2）运动相似。运动相似是指两台以上挖掘机的运动形式和状态相似，即相应点的速度成比例、方向相同、运动规律相同。

3）动力相似。动力相似是指两台以上挖掘机各部件对应点上作用同样性质的力（重力、惯性力、相互作用力、力矩等），且每类力的方向相同、大小成比例、变化规律相同。

4）性能相似。性能相似是指两台以上不同机重的挖掘机功能相同，只是具体数值不同，但存在一定的比例关系。如液压系统形式、作业方式相同，但挖掘力、作业循环时间、工作尺寸和范围等各自存在一定的函数关系。

按照以上几种比拟方法，可以将国际上的同类先进的成熟机型作为样机，通过搜集大量的几何、运动学、动力学及性能参数，找出其内在关系来初步选择待设计机型的主要参数。

采用比拟法的计算公式如下：

设$\frac{设计机质量 m_1}{样机机质量 m_0}=\gamma$，则其主要参数的比例关系如下：

线型参数比例关系：$L_1/L_0 \approx \sqrt[3]{\gamma}$

面积参数比例关系：$A_1/A_0 \approx \sqrt[3]{\gamma^2}$

斗容量比例关系：$q_1/q_0 \approx \gamma$

功率比例关系：$P_1/P_0 \approx \gamma$

式中　L_0、A_0、q_0、P_0——选定样机的线型参数、面积参数、斗容量及功率；

L_1、A_1、q_1、P_1——待定样机的线型参数、面积参数、斗容量及功率。

（2）经验公式计算法　这也是在概率统计的基础上得出的以机重为基本参数的一系列经验公式，公式中的经验系数可从表2-1中查得。以下为这些经验公式的具体形式[1]。

1）尺寸参数经验公式。

线型尺寸参数

$$L_i = k_{L_i}\sqrt[3]{m}$$

式中　L_i——线型尺寸参数（m），包括机体外形尺寸、作业尺寸及工作装置结构尺寸等；

k_{L_i}——线型尺寸系数（$m/t^{1/3}$）；

m——挖掘机整机质量（t）。

面积尺寸参数

$$A_i = k_{A_i}\sqrt[3]{m^2}$$

式中　A_i——面积尺寸参数（m^2），包括机体挖掘包络图面积、机身迎风面积等；

k_{A_i}——面积尺寸系数（$m^2/t^{2/3}$）。

体积尺寸参数　　$V_i = k_{V_i} m$

式中　V_i——体积尺寸参数（m^3），如斗容量；

k_{V_i}——体积尺寸系数（m^3/t）。

2）质量参数经验公式。

挖掘机的质量参数包括各组成部件质量及重心位置坐标等。

各部件质量

$$m_i = k_{m_i} m$$

表 2-1　机体尺寸和工作尺寸经验系数表[1]

机体尺寸系数

名　称	代号	推荐值/m	范围/m
轮距	k_A	1.07	1.0～1.2
履带长度	k_L	1.38	1.25～1.5
轨距	k_B	0.80	0.75～0.85
转台总宽	k_C	0.93	0.85～1.0
驾驶室总高	k_h	1.00	0.90～1.1
转台底部距地高度	k_F	0.40	0.37～0.42
尾部半径	k_r	0.95	0.90～1.1
前部距回转中心距离	k_j	0.42	0.38～0.46
滚盘外径	k_D	0.45	0.4～0.5
机棚总高	k_E	0.80	0.75～0.85
履带总高	k_t	0.32	0.3～0.35
底架距地面高度	k_o	>0.14	>0.13
臂铰距回转中心距离	k_{xo}	0.15	0.1～0.2
臂铰距地面高度	k_{Ho}	0.63	0.6～0.7
臂铰与液压缸铰距	k_{co}	0.30	0.25～0.32
臂铰与液压缸铰倾角	α		40°～50°
履带板宽	b_1		0.4、0.6、0.8、1.0、1.2、1.5

反铲作业尺寸系数

名　称			代号	推荐值	范围
臂长/m	短臂		k_{l1}	1.5	
	标准臂		k_l	1.8	1.7～1.9
斗杆长/m	标准斗杆		k_{l2}	0.8	0.7～0.9
	长斗杆		k'_{l2}	1.1	
铲斗	长度/m		k_{l3}	0.5	0.46～0.55
	斗容/m³	硬土	k'_V	25	20～30
		中等土（标准）	k_V	40	32～45
		软土	k''_V	60	50～70
动臂转角			θ_1	-50°～40°	-52°～45°
斗杆转角			θ_2	50°～160°	45°～170°
铲斗转角			θ_3	50°～180°	40°～200°
最大挖掘半径/m			k_R	3.35	3～3.6
最大挖掘深度/m			k_Z	2.05	1.9～2.3
最大挖掘高度/m			k_H	2.25	2.1～2.8
最大挖高时半径/m			k_K	2.8	2.2～2.9
最大卸载高度/m			k_Q	1.55	1.2～1.9
最大卸高时半径/m			k_M	2.3	1.8～2.5
挖掘总面积/m²			$k_{\Sigma s}$	8.0	7～8.5
下挖面积/m²			k'_s	5.1	4.3～5.3
上挖面积/m²			k''_s	3.1	2.7～3.2
k'_s/k''_s			m	1.6	1.5～1.7
纵挖、横挖行程比			n	1.75	1.6～1.9

正铲作业尺寸系数

名　称			代号	推荐值	范围
臂长/m			k_{l1}	1.2	1.1～1.3
斗杆长/m			k_{l2}	0.9	0.8～0.95
铲斗	长度/m		k_{l3}	0.55	0.5～0.6
	斗容/m³	硬土	k'_V	40	35～45
		中等土（标准）	k_V	55	50～60
		软土	k''_V	75	65～85
动臂转角			θ_1	-50°～75°	-10°～80°
斗杆转角			θ_2	40°～120°	36°～130°
铲斗转角			θ_3	135°～265°	130°～280°
最大挖掘半径/m			k_R	2.5	2.3～2.7
最大挖掘高度/m			k_H	2.55	2.4～2.7
最大挖掘深度/m			k_Z	0.9	0.7～1.0
最大挖高时半径/m			k_K	1.35	1.2～1.6
最大卸载高度/m			k_Q	1.5	1.3～1.6
最大卸高时半径/m			k_M	1.35	1.2～1.6
停机面挖径/m			k_X	2.45	2.25～2.65
停机面挖掘行程/m			k_T	1.6	1～1.7
停机面最小挖径/m			k_W	0.85	0.6～1.0
挖掘总面积/m²			$k_{\Sigma s}$	4.2	3.7～4.5
上挖面积/m²			k''_s	2.6	2.2～2.8
下挖面积/m²			k'_s	1.6	1.5～1.7
k''_s/k'_s			m	1.5	1.45～1.6

注：1. 长宽型底盘的轮距；轨距，履带长度，允许增加 10%。
2. 履带板宽依机种大小而定。
3. 矿用需推荐 $k_A=1.0$；$k_L=1.28$。

式中　k_{m_i}——各部件质量系数，其值见表 2-2。

机体与回转中心的水平距离（单位为 m）

$$Y_t = k_{Y_t}\sqrt[3]{m}$$

机体重心距地面高度（单位为 m）

$$Z_t = k_{Z_t}\sqrt[3]{m}$$

式中　k_{Y_t}、k_{Z_t}——机体重心位置系数（$m/t^{1/3}$），其值见表 2-2。

表 2-2　液压挖掘机质量系数及重心位置系数[1]

系数名称		符　号	平均值	范　围
机体质量		k_{m_t}	0.82	0.78～0.85
底盘质量		k_{m_p}	0.42	0.38～0.45
转台质量		k_{m_d}	0.18	0.15～0.23
配重		k_{m_P}	0.20	0.16～0.22
工作装置	反铲	k_{m_f}	0.15	0.13～0.18
	正铲	k_{m_z}	0.20	0.17～0.22
机体重心/$m \cdot t^{-1/3}$	距回转中心距离	k_{y_t}	0.30	0.26～0.34
	距地面高度	k_{z_t}	0.32	0.28～0.40

3）功率参数经验公式。

发动机功率（单位为 kW）

$$P_f = k_{P_f} m$$

液压系统功率（单位为 kW）

$$P_y = k_{P_y} m \approx (0.75 \sim 0.88)\ P_f$$

式中　m——挖掘机整机质量（t）；

k_{P_f}、k_{P_y}——功率系数（kW/t）。

4）挖掘力参数经验公式。

对于整机质量 $m < 30t$ 的正、反铲通用挖掘机，其反铲斗齿最大挖掘力（单位为 kN）的计算公式为

$$F_f = k_{F_f} G$$

正铲斗齿最大挖掘力（单位为 kN）（$m > 30t$ 的大中型机）的计算公式为

推压力

$$F_{zt} = k_{F_{zt}} G$$

破碎力

$$F_{zp} = k_{F_{zp}} G$$

式中　G——整机自重（kN）；

k_{F_f}、$k_{F_{zt}}$、$k_{F_{zp}}$——挖掘力系数，其值见表 2-3。

表 2-3　功率系数和挖掘力系数[1]

系数名称	符　号	平均值	范　围
发动机比功率/$kW \cdot t^{-1}$	k'_{P_f}（变量）	3.8	3.5～4.3
	k''_{P_f}（定量）	5	4.4～5.9
液压比功率/$kW \cdot t^{-1}$	k'_{P_y}（变量）	3	2.8～3.5
	k''_{P_y}（定量）	4	3.7～4.8

（续）

系数名称	符号	平均值	范围
反铲挖掘力	k_{F_f}	0.5	0.4~0.55
正铲推压力	$k_{F_{zt}}$	0.45	0.4~0.5
正铲破碎力	$k_{F_{zp}}$	0.42	0.38~0.48

5）回转机构经验公式及系数，见表2-4。

表2-4 回转机构经验公式及系数[1]

回转机构参数		经验公式	系数平均值	系数范围
转台起动力矩/N·m		$M_q = k_{M_q} m^{4/3}$	960	900~1100
转台制动力矩/N·m		$M_z = k_{M_z} m^{4/3}$	1500	1400~1600
转台惯量平均值/N·m·s^{-2}	反铲	$J_f = k_{J_f} m^{5/3}$	1000	—
	正铲	$J_z = k_{J_z} m^{5/3}$	900	—
制动减速度/rad·s^{-2}	反铲	$a_{zf} = k_{a_{zf}} m^{-1/3}$	1.5	1.4~1.6
	正铲	$a_{zz} = k_{a_{zz}} m^{-1/3}$	1.67	1.6~1.75
转台转速/r·min^{-1}	$m<20t$	$n = k_n m^{-1/6}$	15	13~17
	$m=20\sim50t$		13.5	12.5~14.5
	$m>50t$		12.5	11~13.5
回转时间/s	大中型 反铲	$\Sigma t_f = k_{t_f} m^{1/6}$	5.3	5~5.6
	大中型 正铲	$\Sigma t_z = k_{t_z} m^{1/6}$	5.1	4.8~5.4
	小型	$\Sigma t = k_t m^{1/6}$	4.7	4.3~5.1
理论周期/s		$T_{th} = k_{T_{th}} m^{1/6}$	10	9~11

注：m 的单位为t，其余各系数单位形式较为复杂，此处不一一列出，计算时将 m 以t（吨）代入即可得到单位正确的各参数。

6）行走机构经验公式及系数，见表2-5。

表2-5 行走机构经验公式及系数[1]

行走机构参数	经验公式	系数平均值	系数范围
最大转弯力矩/kN·m	$M_w = k_{M_w} \mu m^{4/3}$	3.0	—
履带式最大牵引力/kN	$T_d = k_{T_d} mg$	0.8	0.75~0.85
轮胎式最大牵引力/kN	$T_l = k_{T_l} mg$	0.6	0.5~0.7
平均接地比压/kPa	$p = k_p m^{1/3}$	25	21~28

注：表中 m 的单位为t，各系数单位形式较复杂，此处不一一列出，计算时将 m 以t（吨）代入即可得到单位正确的各参数。

（3）按标准选定法　按国际标准、国家标准或行业标准，结合实际要求和拟采用的结构特点选定相关参数。目前现行的标准有ISO、SAE、CECE、JIS及我国的国家标准，其中关于土方机械、工程机械或建筑机械的部分详细列出了液压挖掘机的结构形式、名称术语及相关参数的测量方法等。

（4）理论分析计算法　该方法的主要思想是：按拟定的结构形式，通过理论分析方法并结合试验数据进行分析计算，得出主要参数值。

（5）虚拟样机设计技术与计算机仿真　虚拟样机技术是最近几年来形成并迅速发展起来的现代设计方法，目前已被广泛应用于机械、航空、建筑、军事等领域。它包括计算机辅助三维建模技术、有限元分析技术、机电液控制技术以及最优化技术等相关技术，其核心是机械系统的运动与动力学仿真技术。虚拟样机技术首先是计算机辅助三维建模技术，该项技术是借助于计算机硬件和软件技术构造机器的三维模型，并在计算机屏幕上逼真地显示出来。这意味着在真实产品制造之前就可从计算机上观察到机器的实物模型，尽管其为虚拟形式，但仍可以展示实物的真实结构形式甚至其细节部分；除此而外，还可以对机器进行运动仿真、检验机构干涉情况、分析动力学特征以及进行虚拟作业等。目前，个人计算机硬件技术已具备一般的三维模拟和显示功能，而要进行系统的虚拟样机仿真则还必须具备相应的软件，如 Pro/E、UG、SolidWorks、ADAMS 等。

思 考 题

1. 单斗液压挖掘机有哪些主要组成部分？各部分的功用如何？各有哪些典型的结构特点？
2. 举出几个国内外企业的液压挖掘机型号标记并说明其含义。
3. 国内外大中型挖掘机动力源技术采用了哪几种代表性解决方案？试举出两种机型加以说明。
4. 单斗液压挖掘机的基本参数和主要参数有哪些？试解释几个最重要的主要参数。
5. 液压挖掘机的总体设计包括哪些内容？
6. 单斗液压挖掘机主要参数的选择方法中有哪些相同之处？又有哪些不同之处？
7. 试举出几个大中型液压挖掘机上所采用的先进技术。
8. 测绘几种典型实物机型，分析各参数之间的相互关系。

第3章

反铲工作装置的构造与设计

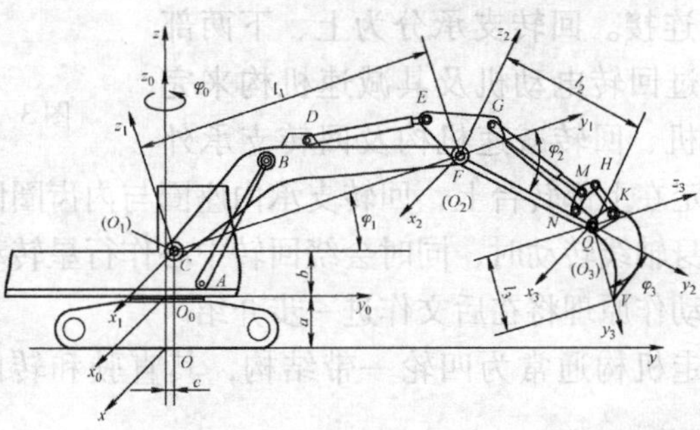

3.1 反铲工作装置的整体结构形式

图2-3、图2-4所示为履带式普通反铲全回转式、全液压式单斗液压挖掘机的基本结构形式。所谓全液压，是指其工作装置（包括动臂、斗杆、铲斗及其相应部件）的动作、回转运动及行走（直驶和转向）都为液压驱动。就其整体结构来说，除底架及行走机构外的其余部件均布置于上部转台上。工作装置部分以铰接形式连接于上部转台上。图3-1所示为其纵向平面图，整个工作装置可在动臂液压缸的驱动下绕C点上下摆动，以提升或下降工作装置至要求位置。上部转台与下部行走机构之间用回转支承连接。回转支承分为上、下两部分，其驱动通过回转电动机及其减速机构来完成，回转电动机、回转减速机构及回转支承外座圈用螺栓固定在上部转台上，回转支承内座圈与内齿圈固定在底架上，当回转减速机构输出小齿轮绕自身轴线转动时，同时会绕回转中心作行星转动，从而带动上部转台转动，其详细结构形式及动作原理将在后文作进一步介绍。

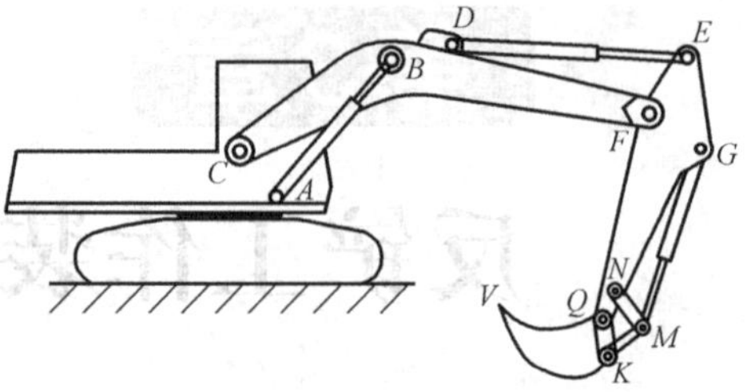

图3-1　履带式挖掘机纵向平面示意图

履带式行走机构通常为四轮一带结构，其直驶和转向由两侧的行走电动机总成独立驱动。

对于轮胎式单斗液压挖掘机，除了其行走机构与履带式单斗挖掘机有所不同外，一般还装有支腿，作业时支腿放下，以扩大整机与地面的接触范围，提高作业时的稳定性。此外，为了提高传动效率和速度，某些轮胎式行走机构采用机械式传动方式，动力通过中央垂直传动轴传递至回转平台下部，再通过后续的水平传动轴到达驱动桥和车轮。对于轮胎式液压挖掘机，除上述机械行走传动机构外，还有液压型和机械液压型行走传动机构，其结构和原理将在后文进行详细介绍，此处只略作说明。

从上部转台的转动范围来看，大多数挖掘机采用的是全回转式，即可以回转360°，但在小型挖掘机及挖掘装载机上多采用半回转式，而且多数只是工作装置部分实现回转。图3-2所示为挖掘装载机，其挖掘工作装置采用了半回转式，其回转驱动方式有液压缸驱动、液压缸加齿轮齿条驱动及液压马达驱动等，但无论哪种方式，其工作装置部分只能实现180°左右的回转，即左、右各90°左右的回转。

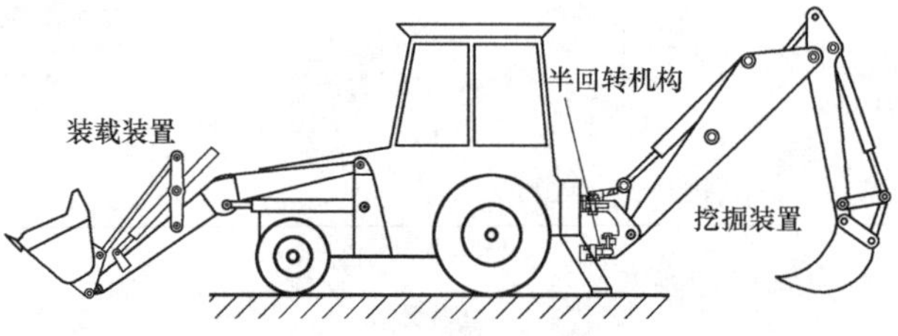

图3-2　挖掘装载机

发动机、液压泵、各类控制阀和相关部件都固定于回转平台上，如图2-1所示。在平台的尾部一般装有配重，以平衡前端工作装置的质量，保证整机的稳定性。驾驶室置于平台前端动臂下部一侧，保证作业时驾驶员能充分观察到工作装置的动作，提高作业效率，避免盲目作业和发生安全事故。

3.2 反铲挖掘机的作业过程及基本作业方式

1. 反铲挖掘机的作业过程

以上简单介绍了单斗液压挖掘机的动作特点和作业方式。下面从机器组成方面来简要说明单斗液压挖掘机各部件的结构特点和工作原理。

由第2章内容可知，单斗液压挖掘机在一个作业周期内包括了“挖掘、满斗回转、卸料和空斗返回”四个过程。整个过程包括的基本动作有动臂的升降、斗杆绕动臂的摆动、铲斗绕斗杆的摆动以及转台带动整个工作装置的回转运动。

2. 反铲挖掘机的基本作业方式

按照施工要求，反铲挖掘机的基本作业方式有直线挖掘、曲线挖掘、保持一定角度的挖掘、沟端挖掘、沟侧挖掘、超深沟挖掘和沟坡挖掘等。以下简要介绍上述几种挖掘方式。

（1）直线挖掘　当沟槽宽度与铲斗宽度相同时，可使挖掘机的移动方向与沟槽中心线一致，即使整机沿沟槽中心线移动进行挖掘，待挖到要求的深度后整机后退，挖掘下一段。这种作业方式用于挖掘浅沟槽时效率较高，能很好地满足沟槽底部的平整性要求。

（2）曲线挖掘　曲线（或曲面）沟槽可用数段短的折线段连接而成。为使沟廓达到要求的光滑曲线或曲面，需将挖掘机中心线向外稍微偏斜一定角度，使挖掘机缓慢地向后移动进行挖掘。

（3）保持一定角度的挖掘　这种作业方式通常用于挖掘铺设管道的沟槽，作业时一般应使挖掘机与直线沟槽保持一定的角度。

（4）沟端挖掘　挖掘机从沟槽的一端开始挖掘，然后沿沟槽的中心线倒退挖掘，自卸车停在沟槽一侧，转台回转40°～45°即可卸料。当沟宽为挖掘机最大回转半径的两倍左右时，自卸车只能停在挖掘机的侧面，而转台要回转90°方可卸料。若需挖掘的沟槽很宽，则可实施分段往复挖掘，待挖掘到尽头时调头挖掘毗邻的一段。这种挖掘工艺的每段挖掘宽度不宜过大，以自卸车能在沟槽一侧行驶为原则，这样可减少作业循环的时间，提高作业效率。

（5）沟侧挖掘　沟侧挖掘方式下挖掘机停在沟槽一侧，自卸车则停在沟槽端部，转台回转小于90°即可卸料。这种作业方式的循环时间短，效率高。但由于挖掘机始终沿沟侧行驶，因此挖掘后形成的沟边坡较大。

（6）超深沟挖掘　超深沟挖掘方式适用于对挖掘深度和面积要求都很大的场合，这种情况下可采用分层挖掘或正、反铲多机联合的方式进行施工。

（7）沟坡挖掘　沟坡挖掘时要求形成的沟坡一般较长且平整，此时可将挖掘机置于沟槽一侧，并建议更换可调的加长斗杆进行挖掘，这样易形成平整的沟坡且不需要作任何专门的平整。

3. 反铲挖掘机作业方式的应用

目前，挖掘机的使用范围越来越广泛，反铲挖掘机最常见的应用为挖掘建筑物基础、挖掘路堑、填筑路堤、挖掘平面、挖掘沟槽等，其中对建筑物基础的挖掘最为多见。

（1）挖掘建筑物基础　挖掘建筑物基础是反铲挖掘机比较常见的施工作业，其特点是：挖掘机和自卸车均在地面上，不需要倾斜通道；可准确挖掘基础的垂直面，也能很好地挖掘水平基础或有坡度的基础，并按要求挖出基础底部；一般不需要人工修整。

（2）挖掘路堑　在这种施工现场，可将反铲挖掘机布置在路堑的附近，根据情况选择沟端挖掘或沟侧挖掘方式进行施工，配合使用自卸车，将挖掘出的土壤转运至卸土地点。

（3）填筑路堤　在这种施工场合，挖掘机一般在专门的取土场作业，按照上述挖掘方式取土，并配合自卸车将挖掘出的土壤运至填筑场地。

（4）挖掘平面　反铲挖掘机进行平面作业时一般采用垂直挖掘法和平行挖掘法。

垂直挖掘法是指挖掘机垂直于工作面进行挖掘的作业方式。其优点是在挖掘机的两侧均可停放自卸车，一侧自卸车驶离时另一侧自卸车进行装载。此种情况下，挖掘机转台的回转角度一般不超过90°，便于提高作业效率。

平行挖掘法是指反铲挖掘机后退方向与工作面扩展方向平行，可进行直线挖掘和装载作业。这种方式适用于细长的作业场地。其缺点是由于自卸车只能在一侧进行装载，作业效率较低。

（5）挖掘沟槽　反铲挖掘机挖掘沟槽的方法有浅沟的垂直挖掘法、浅沟的平行挖掘法以及深沟的垂直挖掘法三种施工方法。

1）在浅沟的垂直挖掘法中，挖掘机的动臂几乎呈水平状态，在机体后退的同时完成挖掘作业。采用这种挖掘法作业循环时间很短，但铲斗装满效率较低。挖掘坚硬土壤时，铲斗应与作业面成垂直状态，以保证能发挥较大的挖掘力。

2）在浅沟的平行挖掘法中，挖掘机的前进方向和沟槽的延伸中心线平行，工作装置所在平面与机体行走方向垂直，挖掘方法与上述的垂直挖掘法基本相同。

3）深沟的垂直挖掘法有两种具体形式：一种与浅沟的平行挖掘法相同；另一种为分层分段挖掘，先挖浅沟，由浅入深，分层挖掘。根据现场施工经验，采用这种分层分段挖掘方法用斗杆挖掘较方便，易于装满铲斗。但作业循环时间较长。又因为挖掘机需频繁地前进和后退，故不适用于松软场地。

3.3　反铲动臂的结构形式

动臂是反铲工作装置的主要部件之一，按其数量特征分为整体式和组合式两种，按其外形特征分为直动臂和弯动臂。

整体式动臂的优点是结构简单，质量小而刚度大；缺点是可更换的工作装置少，通用性较差。整体式动臂多用于长期作业条件相似的挖掘机上，如图3-3所示。

直动臂结构简单，重量轻，便于制造，主要用于悬挂式液压挖掘机。但它不能使挖掘机获得较大的挖掘深度，不适用于通用挖掘机。

弯动臂是目前应用最广泛的结构形式，与同长度的直动臂相比，可以使挖掘机有较大的挖掘深度，而降低了卸土高度，这

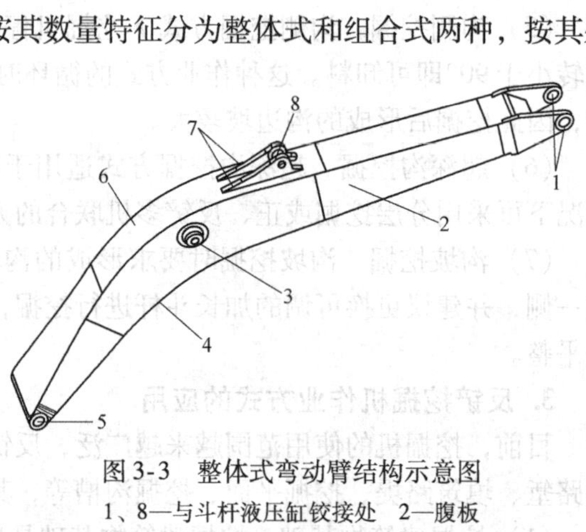

图3-3　整体式弯动臂结构示意图

1、8—与斗杆液压缸铰接处　2—腹板

3—与动臂液压缸铰接处　4—下翼板

5—与机身铰接处　6—上翼板　7—耳板

符合挖掘机反铲作业的要求。为了使挖掘机适应不同的作业要求，对于整体式动臂方案，常常需要配备几套完全不同的工作装置，这使其适应能力变得较差。由于弯曲和加工工艺的原因，弯动臂在弯曲处会产生明显的应力集中，因此，该处的加工工艺和强度至关重要。

整体式弯动臂是反铲挖掘机动臂的主要形式。在结构上，整体式弯动臂为左右对称的封闭式中空箱型焊接结构，通常前后两端为铸钢件，中间部分为高强度优质钢板，通过焊接而成。采用向下弯曲的形式主要是为了达到较大的挖掘深度。通常，动臂与机身的铰接部位略宽，以减轻该处的受力，增加其抗扭和抗弯能力，左、右两块腹板在中间部分一般呈平行状态布置，便于加工。为了进一步改善局部强度和刚度，减小应力集中，一般将上、下翼板和左、右腹板设计为不同的厚度，如图3-3所示。在动臂的内部，尤其是与动臂液压缸的铰接处一般焊接有肋板，以进一步加强局部的强度。这种结构形式是较为成熟的形式，其整体有较高的抗弯强度和抗扭强度，目前在众多大中型挖掘机上已被普遍采用。由于存在不可避免的焊接变形和应力集中，因而对焊接工艺要求较高，焊后一般要进行退火和时效处理，各铰接孔也应在焊后消除应力集中和变形后再进行精加工。

为了使同一台挖掘机适应不同的作业范围和尺寸要求，需要改变工作装置的尺寸，采用组合式动臂便是解决方法之一。这类方法有两种基本形式，一类为辅助连杆（或液压缸）连接形式，另一类为螺栓联接形式。但不管哪种形式，其基本思想都是通过改变动臂的弯角和长度来实现改变作业尺寸的目的。

如图3-4、图3-5所示，上、下动臂之间的夹角可用辅助连杆或液压缸来调节，作业过程中，可根据需要随时大幅度调整上、下动臂之间的夹角，从而提高挖掘机的作业性能。采用这种组合式动臂，当挖掘窄而深的基坑时容易得到较大距离的垂直挖掘轨迹，提高挖掘质量和生产率。LIEBHERR的R944机型采用的就是这种结构形式。这种组合式动臂的优点是可以根据作业条件随意调整挖掘机的作业尺寸和挖掘力，且调整时间短，可更换的工作装置多，能满足各种作业的需要，装车运输方便。其缺点是结构较为复杂，质量大，制造成本高，一般用于中小型挖掘机上。

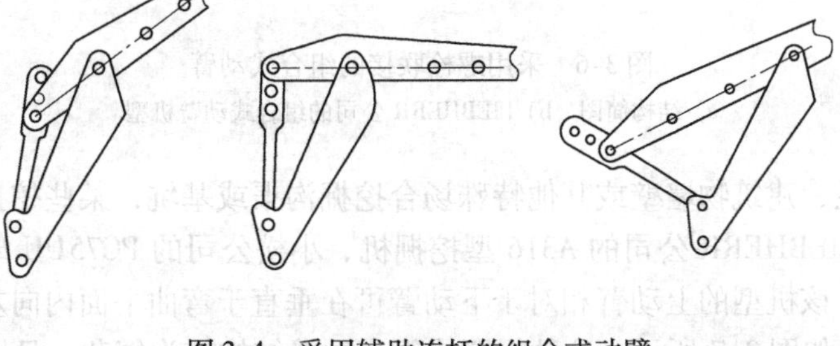

图3-4 采用辅助连杆的组合式动臂

由于辅助液压缸受力较大，需要较大的液压缸缸径，因此与其他液压缸的缸径不易统一；此外还会增加结构的复杂性和操作上的困难。因此，在实际使用中，采用辅助液压缸不如采用辅助连杆普遍[1]。

图3-6所示为采用螺栓联接上、下动臂的结构形式。上、下动臂的夹角和上动臂的有效伸出长度依靠上、下动臂上各铰接孔的不同组合形式获得。在下动臂上设置了Ⅰ、Ⅱ、Ⅲ共三个孔，孔Ⅰ和孔Ⅲ与孔Ⅱ的中心距相等，其值等于上动臂上四个孔的间距，当需要改变动

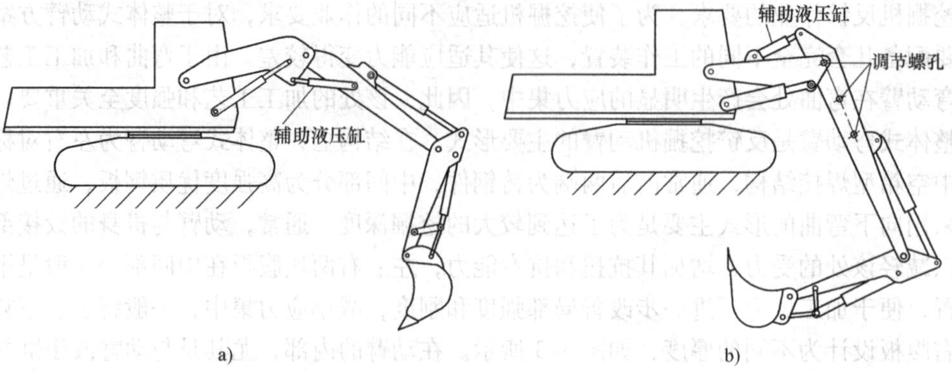

图 3-5 采用辅助液压缸的组合式动臂

臂的弯角和长度时，改变下动臂上的三个孔与上动臂上四个孔的连接方式即可。实际作业中，当土质松软或要求工作尺寸较大时，可采用上动臂伸出较长的位置；当土质坚硬或采用大斗容量铲斗挖掘时，可将上动臂伸出较短的位置；当要求挖掘深度较大时，可采用弯角较小的位置；当要求挖掘高度和卸料高度较大时，可采用较大动臂弯角的位置。作为正铲使用时，一般不取上动臂最大伸出位置，因为此时整机稳定性和液压缸作用力都不能满足正铲的挖掘要求。图 3-6b 所示为 LIEBHERR 公司的组合式动臂 A922 型液压挖掘机。

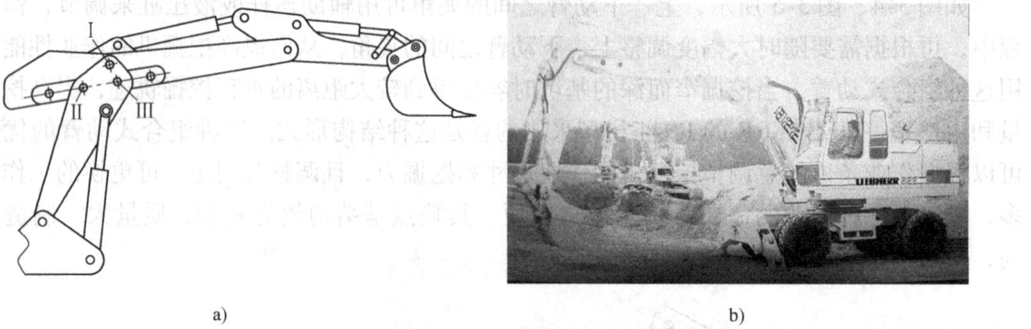

图 3-6 采用螺栓联接的组合式动臂

a）结构简图 b）LIEBHERR 公司的组合式动臂机型

为便于沿栅栏、建筑物墙壁或其他特殊场合挖掘沟渠或基坑，某些挖掘机还采用了拐臂式组合动臂，如 LIEBHERR 公司的 A316 型挖掘机、小松公司的 PC75UU 型挖掘机，在拐臂液压缸的驱动下，该机型的上动臂相对于下动臂可在垂直于弯曲平面内向左或向右偏转一定的角度 α（49°），如图 3-7 所示。这种拐臂式组合动臂结构较为复杂，且增加了一个操作动作。在某些挖掘机上采用了螺栓联接的拐臂式组合动臂，其结构较为简单，刚性较好。但上、下动臂之间的水平摆角不能作无级变化，使用稍欠灵活[1]。

在反铲挖掘机上还可采用伸缩式动臂的形式，如图 3-8 所示。该结构为采用液压缸驱动的伸缩动臂，其伸缩臂套装于固定臂之外。有关资料还提到了上动臂可绕自身轴线转动的旋转组合动臂，在构造上与拐臂式组合动臂之差为转动销轴在支座上相差近 90°。图 3-9 所示为 Gradall 公司的另外一种伸缩臂式挖掘机，这类伸缩臂式液压挖掘机能够在桥下、树干下和隧道里进行低空作业，伸缩式吊杆能够倾斜至 220°，动臂可转动 220°。

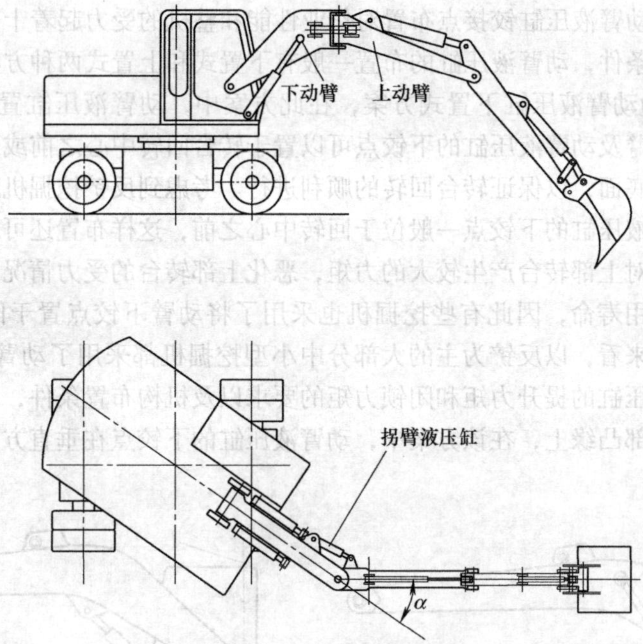

图 3-7　拐臂式组合动臂

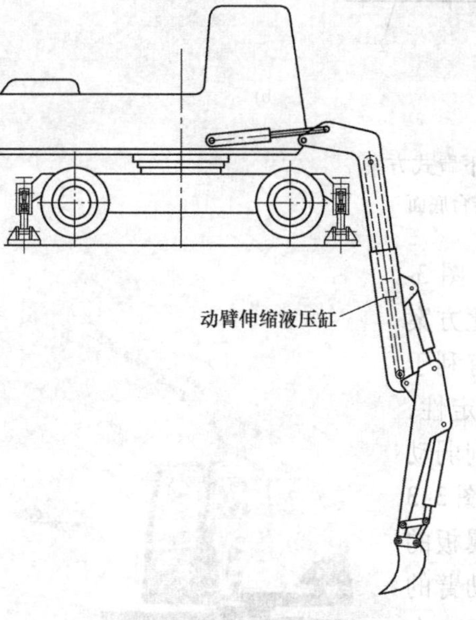

图 3-8　伸缩式动臂挖掘机

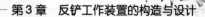

图 3-9　Gradall 公司的 XL3300 型挖掘机

3.4　动臂液压缸的布置方式

动臂液压缸连接着机身（回转平台）和动臂，是举升整个工作装置及物料的动力元件；在挖掘过程中，它还必须有足够的闭锁压力以保证挖掘力的正常发挥和挖掘过程的顺利进行。由于这些原因，其承受的载荷很大，并且会通过与回转平台的铰接点传至平台和下车架，因此，动臂及动臂液压缸铰接点布置对作业性能和整机的受力起着十分重要的作用。按照工作要求和结构条件，动臂液压缸的布置一般有下置式和上置式两种方案。

图 3-10 所示为动臂液压缸下置式方案，在此方案中，动臂液压缸置于动臂的前下方。在水平方向上，动臂及动臂液压缸的下铰点可以置于转台回转中心之前或之后；在垂直方向上，应略高于转台底面，以保证转台回转的顺利进行。考虑到反铲挖掘机对挖掘深度的特殊要求，动臂及动臂液压缸的下铰点一般位于回转中心之前，这样布置还可以增加水平伸出距离；但过于靠前会对上部转台产生较大的力矩，恶化上部转台的受力情况，并影响回转支承的强度、刚度和使用寿命，因此有些挖掘机也采用了将动臂下铰点置于回转中心之后的方案。但从统计结果来看，以反铲为主的大部分中小型挖掘机都采用了动臂铰点靠前的方案。而考虑到对动臂液压缸的提升力矩和闭锁力矩的要求以及机构布置条件，动臂液压缸下铰点一般也置于转台前部凸缘上，在该方案中，动臂液压缸的下铰点在垂直方向要低于动臂的下铰点。

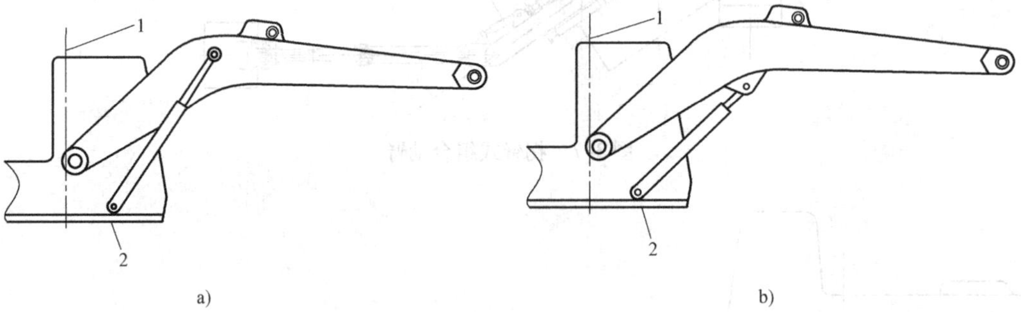

图 3-10　动臂液压缸下置式方案

1—回转中心　2—转台底面

动臂液压缸与动臂的铰接点也有两种方案。图 3-10a 所示为动臂液压缸铰接于动臂中部的方案，此方案一般用于双动臂液压缸，分别置于动臂的两侧，有利于增加反铲挖掘机的挖掘深度并提高工作装置的稳定性，在一定程度上避免了工作装置的横向晃动。但会削弱动臂强度，大中型挖掘机多采用此方案，如图 3-1、图 3-3 所示。图 3-10b 所示为动臂液压缸铰接于动臂下翼板的方案，该方案对动臂断面强度没有影响，但影响动臂的下降幅度并降低了挖掘深度，由于其结构较为简单，在采用单动臂液压缸的小型挖掘机上多采用此方案，如图 3-11 所示。

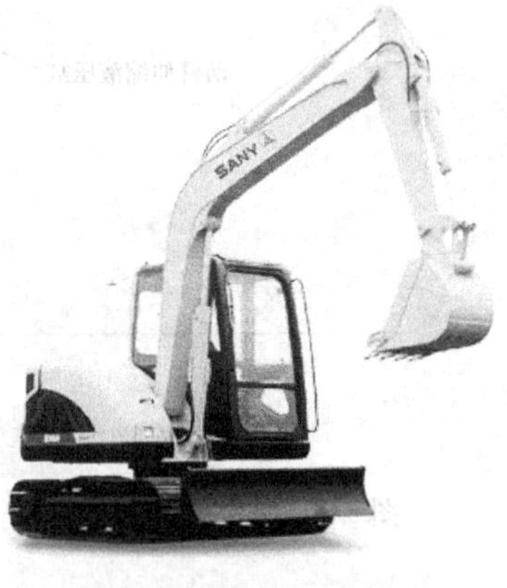

图 3-11　单动臂液压缸布置方式

图 3-12 所示为动臂液压缸上置式方案，在此方案中，动臂液压缸置于动臂的后上方，通常称为悬挂式方案。该方案的主要优点在于提升工作装置时动臂液压缸小腔进油，提升速度快，其次是可以使动臂具有较大的下降幅度。进行挖掘作业时，动臂一般处于受压状态，闭锁能力较强，有利于挖掘力的发挥。但由于提升时小腔进油，提升力矩受到一定影响，但一般不影响工作效果。该结构的另一问题是在进行地面以下挖掘作业时，由于动臂液压缸处

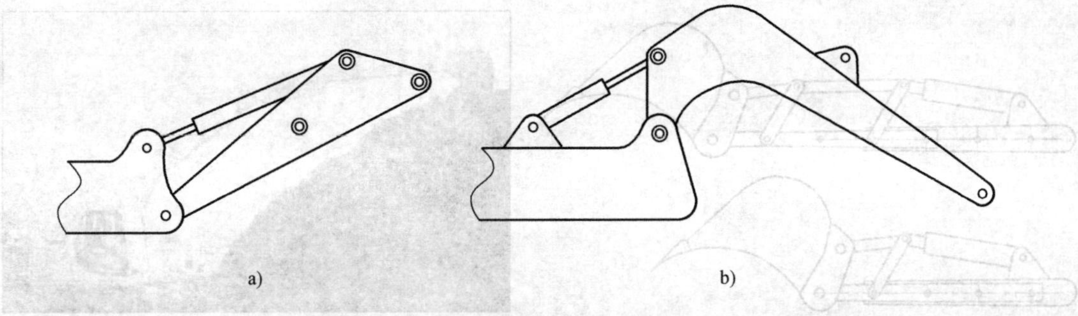

a) b)

图3-12 动臂液压缸上置式（悬挂式）方案

于伸长和受压状态，带来了细长杆的受压失稳问题，因此大中型挖掘机一般不采用此方案，而多用于小型挖掘机上，如挖掘装载机的挖掘工作装置中，如图3-2所示。

3.5 反铲斗杆的结构形式

根据现有的资料及机型来看，反铲挖掘机斗杆一般为左右对称、宽度相等、直的整体式封闭箱形焊接结构件。采用直的形式结构简单，同时也可达到较大的挖掘范围。当需要改变挖掘范围或作业尺寸时，一般采用更换斗杆的方法，或者在斗杆上设置若干个可供调节选择的与动臂端部铰接的孔。因此，多数挖掘机厂商都在同一机型上配置了不同长度和规格的斗杆。

除整体式斗杆外，还有组合式斗杆，如图3-13所示，把斗杆的加长部分拆下即为短斗杆。此外，当挖掘机的作业要求发生变化（如正、反铲互换）时，斗杆液压缸的位置可进行针对性调整。一般反铲作业时，将斗杆液压缸置于动臂的上部；而正铲作业时，则将斗杆液压缸置于动臂的下部，以保证挖掘时斗杆液压缸大腔发挥作用，产生较大的挖掘力或闭锁力。

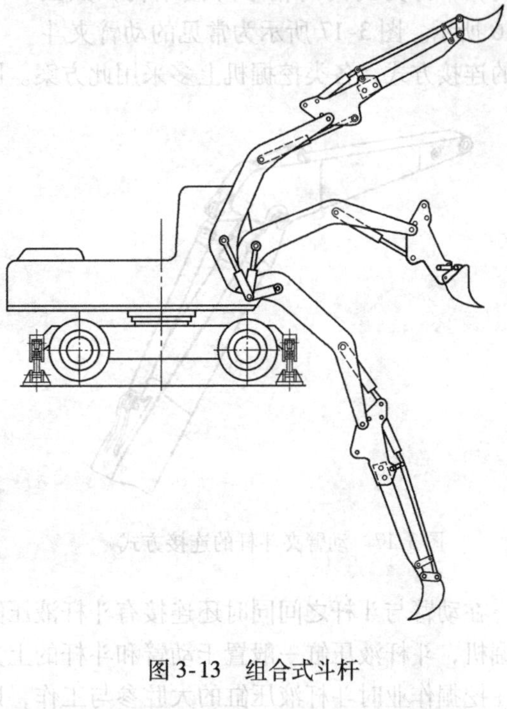

图3-13 组合式斗杆

另一种组合式斗杆为伸缩式组合斗杆。图3-14所示为螺栓联接的组合式斗杆，它通过改变斗杆两部分的联接螺孔位置来达到改变斗杆长度的目的。这种形式结构简单，但调节复杂，且由于斗杆中部开有螺孔，因此对斗杆强度有所削弱。

图3-15所示为液压缸驱动的伸缩式组合斗杆，斗杆同样分为前、后两部分，通过液压缸的伸缩可使其前部在后部的导轨上移动，从而改变斗杆的长度。这种形式结构较复杂，但使用灵活，驾驶员只要根据需要实时地操作伸缩液压缸即可达到改变斗杆长度的目的。

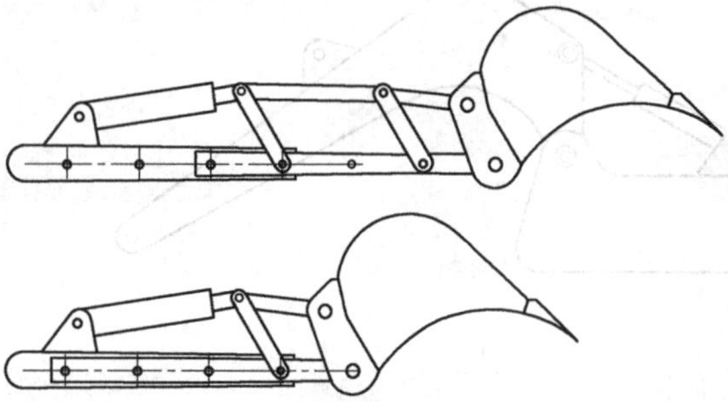

图 3-14　螺栓联接的伸缩式组合斗杆

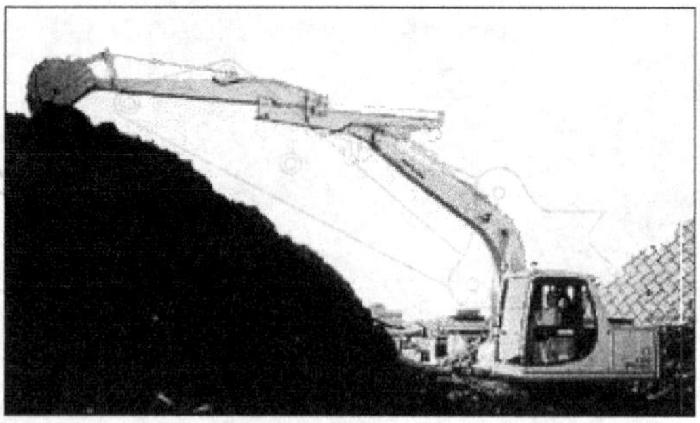

图 3-15　液压缸驱动的伸缩式组合斗杆

3.6　动臂与斗杆的连接方式

如前所述，动臂与斗杆的连接方式为铰接，在具体结构上有斗杆夹动臂与动臂夹斗杆之分。考虑到动臂一般相对不变而斗杆可根据作业要求进行更换，因此，通常采用动臂夹斗杆的连接方式（参见图2-4）。在这种方案中，动臂前端为开叉形结构，中部为封闭的箱形焊接结构，如图3-16所示。图3-17所示为常见的动臂夹斗杆的连接方式，各类挖掘机上多采用此方案。图3-18所示为斗杆夹动臂方式。

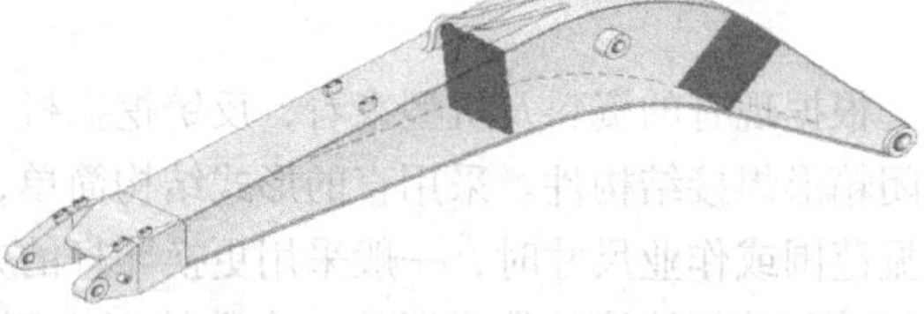

图 3-16　动臂前端开叉形结构
（图片来自 CATERPILLAR 产品样本）

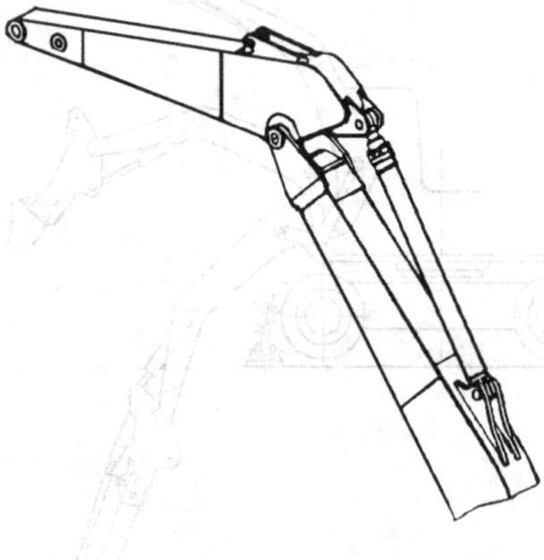

图 3-17　动臂夹斗杆的连接方式

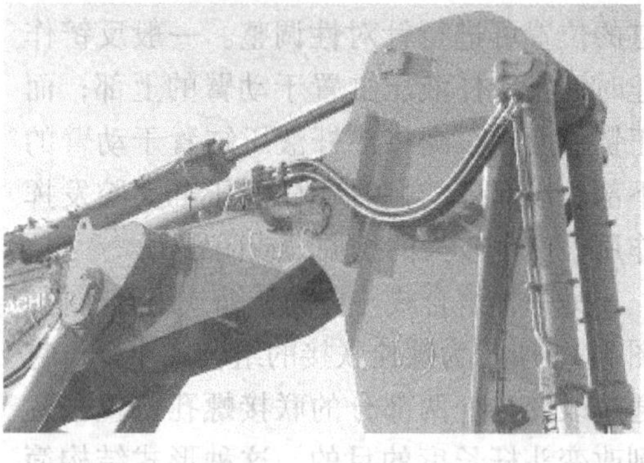

图 3-18　HITACHI 的斗杆夹动臂方式

在动臂与斗杆之间同时还连接有斗杆液压缸，以实现斗杆相对于动臂的摆动。对于反铲挖掘机，斗杆液压缸一般置于动臂和斗杆的上方。这样布置的目的主要是为了保证反铲挖掘机在挖掘作业时斗杆液压缸的大腔参与工作，以产生较大的挖掘力；另一方面，在一定程度上也可避免挖掘地面以下部分时带来的干涉现象，如图3-17所示。当考虑到正铲作业时（正、反铲通用的情况），可将斗杆液压缸装于动臂和斗杆的下方，同样是为了正铲作业时斗杆液压缸大腔参与工作。对于中小型反铲挖掘机，斗杆液压缸一般为单缸，大型挖掘机斗杆液压缸多为双缸，如图3-18所示。

3.7 反铲铲斗连杆机构

铲斗液压缸的作用力或直接作用在铲斗上，或通过铲斗连杆机构传至铲斗，从现有机型来看，大多数反铲挖掘机的铲斗液压缸不直接与铲斗相连，而是通过中间部件（摇臂和连杆）与铲斗相连。根据有无中间部件及中间部件的结构形式，一般将铲斗连杆机构分为四连杆机构和六连杆机构，如图3-19所示。

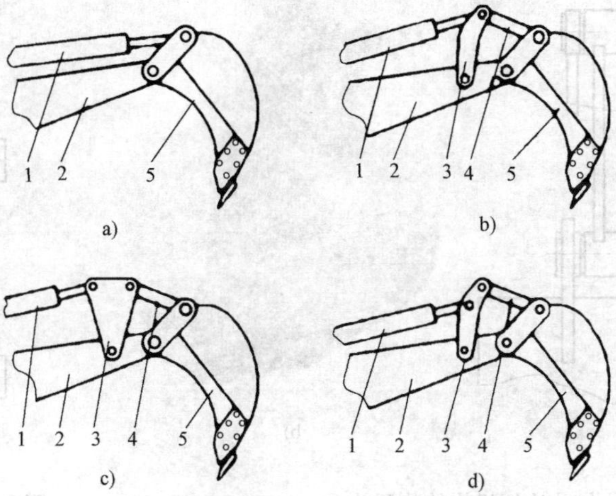

图3-19 反铲铲斗连杆机构的结构形式

1—铲斗液压缸 2—斗杆 3—摇臂 4—连杆 5—铲斗

图3-19a所示为铲斗液压缸与铲斗直接铰接，铲斗液压缸1、铲斗5、斗杆2构成四连杆机构（铲斗液压缸为两个部件）。这种方案铲斗结构简单，但铲斗转角范围较小，工作力矩变化较大。图3-19b所示为铲斗液压缸1通过摇臂3和连杆4与铲斗5相连，它们与斗杆2一起构成六连杆机构，在此机构中，铲斗液压缸1与摇臂3的铰接中心及摇臂3与连杆4的铰接中心共点，此机构也被称为六连杆共点机构。图3-19c所示为铲斗液压缸1和摇臂3的铰接点与摇臂3和斗杆5的铰接点不重合的情况，即非共点机构。比较而言，该方案与图3-19b无本质区别，但在其他参数相同的情况下，铲斗向顺时针方向转动了一个角度，如铲斗的最大转角一定，则铲斗液压缸的最大长度可适当减小，但这种方案会影响铲斗的开挖角，因此目前较少见。图3-19d所示为另一种非共点机构，该方案与图3-19b、c两方案也无本质区别，但在其他参数相同的情况下，该方案增加了铲斗的摆角范围，或者说在铲斗的转角范围确定的情况下，采用该方案可在一定程度上减小铲斗液压缸的行程，但与图3-19b相比，采用该方案减小了铲斗连杆机构的传动比，从而降低了发挥在铲斗上的挖掘力，该方案目前也较少见。

总的来说，采用铲斗液压缸与铲斗直接相连的四连杆机构，结构简单，但铲斗的转角范围较小，工作力矩的变化较大；采用六连杆共点机构，其结构比四连杆机构复杂，但铲斗的转角范围容易保证，工作力矩变化平稳；采用六连杆非共点机构，其结构较为复杂，当铲斗液压缸的力臂较小时（与连杆的力臂相比）可获得较大的铲斗极限摆角，但会降低发挥在斗齿尖上的挖掘力，反之虽然可增大挖掘力，但同时也会增加铲斗液压缸的行程。因此，通过理论分析和长期的实践，经过权衡比较，目前大多数挖掘机上采用的是六连杆共点机构。

图3-20所示为最常见的反铲铲斗连杆共点机构中铲斗液压缸（单缸）、摇臂、连杆及铲斗的装配关系，图3-21所示为连杆的结构简图。

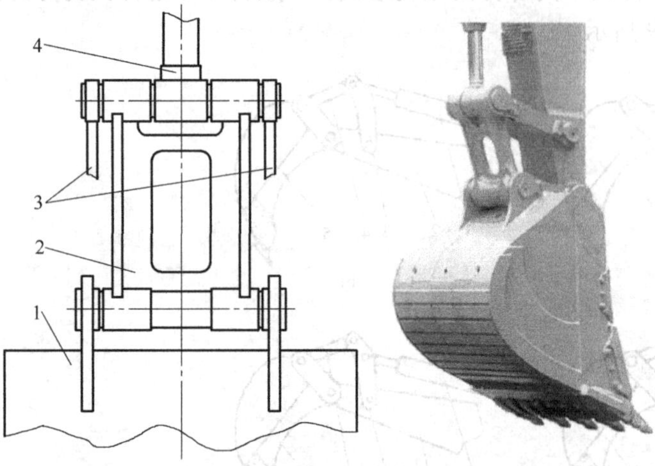

图3-20　铲斗连杆机构的装配关系

1—铲斗　2—连杆　3—摇臂　4—铲斗液压缸

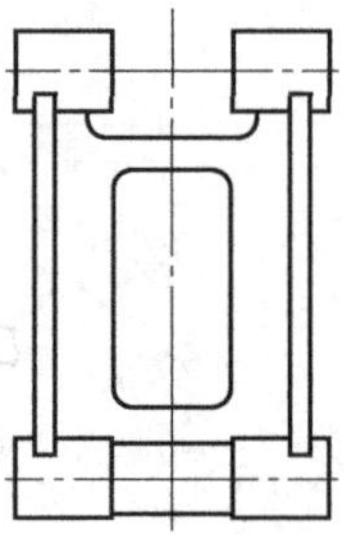

图3-21　连杆结构简图

这类机构的特点是，摇臂为两个相同的零件，对称布置于连杆与斗杆的两侧。连杆做成整体式，一端开叉，以便于安装铲斗液压缸，另一端铰接于铲斗的两耳板中间。由于采用了共点机构，所以摇臂、连杆及铲斗液压缸用一根销轴相连。为防止销轴的轴向窜动，通常在销轴的两侧用适当的方式加以固定。

3.8　反铲铲斗的结构形式

由于物料的复杂性，同一种铲斗很难适应不同的物料，因而，反铲铲斗的结构形式和尺寸与其作业对象有很大的关系，对作业效果也有较大的影响。所以，为了满足各种不同的作业需要，在同一台挖掘机上往往配以多种结构形式的铲斗。图3-22所示为反铲常用铲斗结构形式。

铲斗整体一般为纵向对称结构，可分为五部分，即斗腔、斗刃6、斗齿5、支座和加强部分，整体为焊接结构。其中斗腔为装料的容器，主要由斗底和侧壁组成，为了便于切削物料和物料的顺利进入和卸出，斗底做成流线形，斗口略宽于斗底，斗的前部略宽于后部。斗刃部分为平面，稍后的斗底部分为与斗刃相切的圆弧斗底，斗底一般由平面和半径逐渐过渡且相切的两段或更多的圆弧或曲面组成。斗侧壁为平面结构，当挖沟或要求导向性能较好时，需要在斗侧壁接近于斗前端上部装设侧齿，但这会增加挖掘阻力，因此除非必要，一般情况下不应装设侧齿。在斗侧壁上部有加厚的侧壁边缘，其作用不仅在于保证铲斗的强度和耐磨性，同时还要保证铲斗的刚度，以减小作业过程中的变形。斗刃6由高强度耐磨材料制成，在其前端一般焊有齿座4。齿座4为开叉形结构，叉口处与斗刃6用焊接方式联接，它与斗齿5一般用橡胶卡销或和螺栓联接，如图3-23所示。在铲斗的后部焊有左右对称的两个耳板，其上的铰接孔用来与斗杆和连杆相连。为了保证耳板的强度和刚度以及铲斗的抗扭能力，在斗后部及耳板的中间和两侧焊有横梁。除此之外，为了进一步保证铲斗的强度、刚度及耐磨性，在铲斗的斗底一般焊有加强肋。标准铲斗的实物结构如图3-22所示。

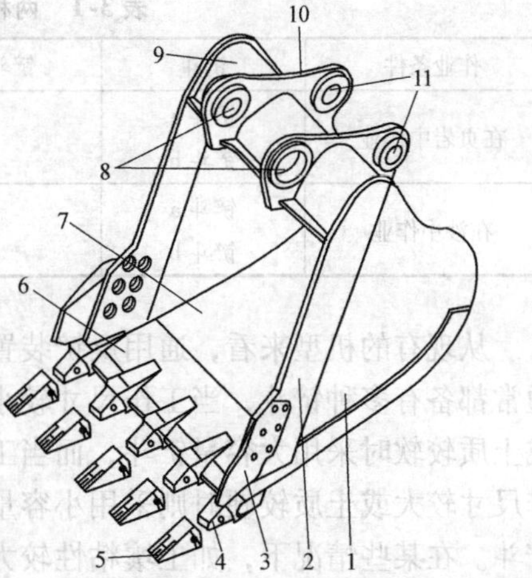

图3-22 反铲常用铲斗结构形式

1—侧壁 2—侧刃 3—侧齿 4—齿座 5—斗齿 6—斗刃 7—斗底 8—与斗杆铰接支座 9—横梁 10—耳板 11—与连杆铰接支座

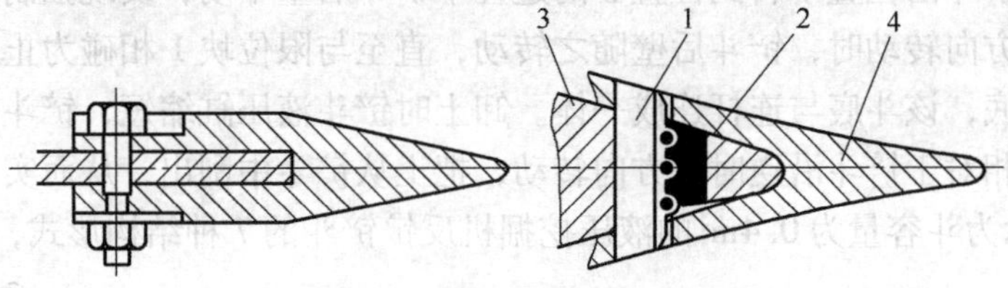

图3-23 斗齿的安装形式

a）螺栓联接 b）橡胶卡销联接

1—卡销 2—橡胶卡销 3—齿座 4—斗齿

事实证明，由于土壤结构特性的千变万化，同一种铲斗不可能适应各种土壤的挖掘，关于这方面的理论研究仍然处于探索阶段，因此，对铲斗结构形式的研究还处于模型仿真试验、实验室试验及现场试验阶段，尚未建立起比较可靠的系统理论。有人曾将图3-24所示的两只斗容量为0.6m^3、斗形结构不同的铲斗装在RH6型液压挖掘机上进行对比试验，结果见表3-1。由于沙的挖掘阻力较小，对铲斗设计的合理性反应不灵敏，所以对这两种铲斗的试验结果差别不大。而对页岩的作用效果就大不一样，图3-24a所示铲斗的切削前缘中间略微突出，不带侧齿，侧壁略呈凹形，这些因素都使页岩的挖掘阻力降低。图3-24b所示铲斗的情况则相反[1]。

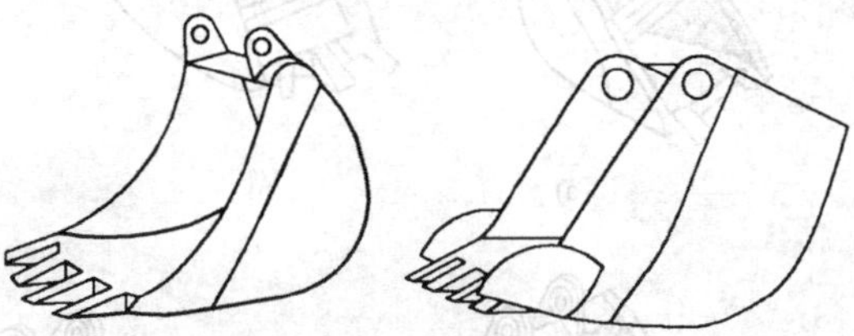

图3-24 两种反铲铲斗的对比试验

表 3-1　两种反铲铲斗的对比试验结果[1]

作业条件	铲斗	铲斗充满时间/s	生产率/10kN·h⁻¹	效率（%）
在页岩中作业	铲斗 a	19.1	42.6	100
	铲斗 b	40.6	22.7	53.3
在沙中作业	铲斗 a	5.9	163.5	100
	铲斗 b	6.3	152.7	93.3

从现有的机型来看，通用反铲装置通常都备有多种铲斗，当工作尺寸较小或土质较软时采用大容量铲斗，而当工作尺寸较大或土质较硬时则采用小容量铲斗。在某些情况下，如土壤粘性较大时，铲斗很难完全卸料，这时需采用具有强制卸土功能的铲斗，如图 3-25 所示。图 3-25a 所示结构采用了可以活动的铲斗后壁，它可绕着铲斗与斗杆的铰接销轴在一定范围内转动，转动范围由限位块 1 和 2 限制。图中所示限位块 2 起作用时，满载铲斗由位置Ⅰ转到位置Ⅱ的过程中铲斗后壁不动，实现强制卸土。当铲斗由位置Ⅰ沿逆时针方向转动时，铲斗后壁随之转动，直至与限位块 1 相碰为止。图 3-25b 所示结构采用活动斗底，该斗底与连杆连成一体。卸土时铲斗液压缸缩短，铲斗沿顺时针方向转动，活动斗底则相对于铲斗沿逆时针方向转动，把土从铲斗中刮出，从而实现了强制卸土。

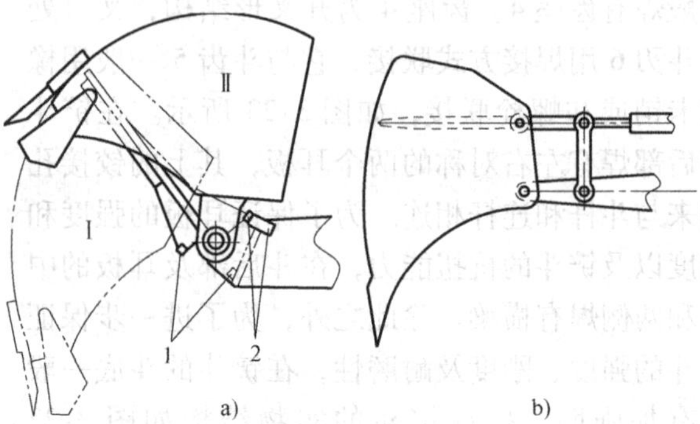

图 3-25　强制卸土的粘土铲斗
1、2—限位块

图 3-26 所示为斗容量为 $0.4m^3$ 的液压挖掘机反铲铲斗的 7 种结构形式，图 3-27 所示为

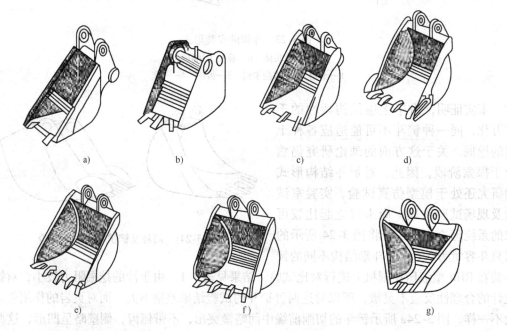

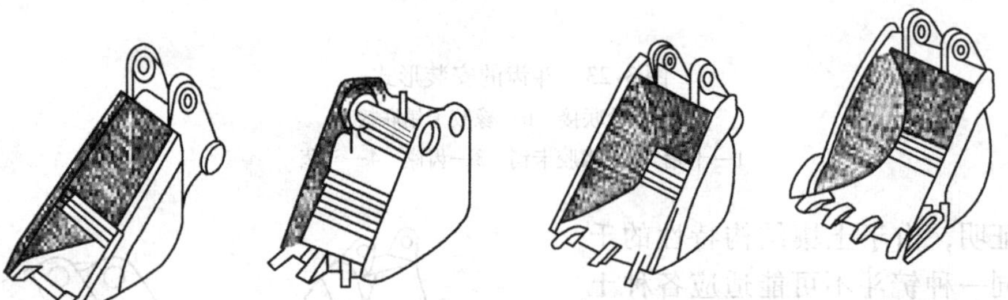

图 3-26　斗容量为 $0.4m^3$ 的液压挖掘机反铲铲斗的 7 种结构形式[1]

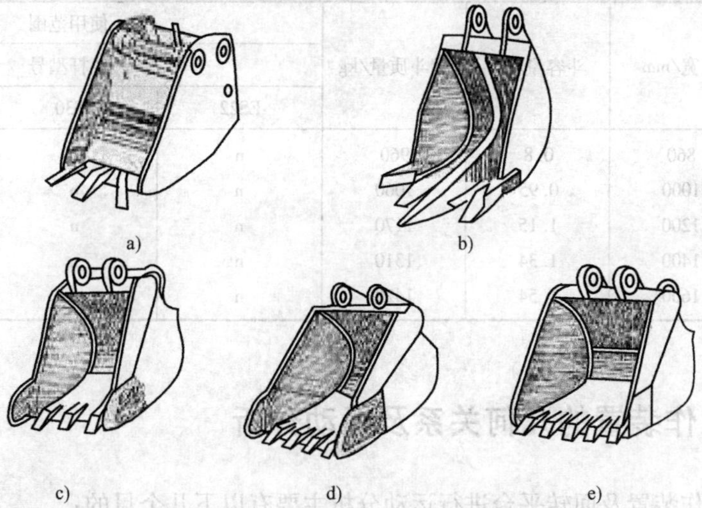

图3-27 斗容量为0.6m³ 的液压挖掘机反铲铲斗的5种结构形式[1]

斗容量为0.6m³的液压挖掘机反铲铲斗的5种结构形式，其主要参数及适用范围见表3-2。表3-2中的标准斗容量是指挖掘Ⅲ级或松密度为1800kg/m³的土时的铲斗堆尖斗容量。表3-3列出了一台采用螺栓联接的组合式动臂的液压挖掘机反铲铲斗的有关参数及适用范围。该机型的动臂长度有3种，上动臂全伸为形式n，缩回一孔为形式1，缩回两孔为形式2，该机型的斗杆也有3种长度[1]。

表3-2 斗容量为0.4m³和0.6m³同系列通用液压挖掘机反铲铲斗种类[1]

标准斗容量/m³	主参数			铲斗编号	斗容量/m³	斗宽/mm	斗齿情况	适用情况	铲斗质量/kg	备注
	功率/kW	整机质量/t	挖掘深度/m							
0.4	58.1	10.6	3.2~5.2	a	0.15	390	2个正齿	长斗杆		
				b	0.21	400	3个正齿	长斗杆、粘土		强制卸土
				c	0.30	600	3个正齿	长斗杆		
				d	0.40	940	4个正齿、2个侧齿	标准斗杆轻作业		有时可用于长斗杆
				e	0.50	1020	5个正齿	标准斗杆轻作业		不可用于长斗杆
				f	0.40	940	4个正齿	长斗杆轻作业		正反铲通用斗
				g	0.30		4个正齿	成形沟		梯形斗
0.6	63.2	15.8	5.1~6.1	a	0.35	500	3个正齿	用于粘土	695	强制卸土
				b	0.35	500	3个正齿、2个侧齿	用于硬土		中齿特别突出
				c	0.5	986	3个正齿、2个侧齿	长斗杆	580	
				d	0.6	1136	4个正齿、2个侧齿	正反铲通用轻作业	700	
				e	0.75	1214	5个侧齿		670	

表 3-3　组合式工作装置配备的反铲铲斗种类[1]

铲斗型号	斗宽/mm	斗容量/m^3	铲斗质量/kg	使用范围		
				斗杆型号		
				ES22	ES30	ES40
LTS8	860	0.8	960	n	n	n
LTS10	1000	0.95	1060	n	n	n
LTS12	1200	1.15	1170	n	n	n
LTS14	1400	1.34	1310	n	n	1
LTS16	1600	1.54	1420	n	1	2

3.9　反铲工作装置的几何关系及运动分析

对挖掘机工作装置及回转平台进行运动分析主要有以下几个目的：

1）计算任意转台转角和液压缸长度时，工作装置各机构参数之间的相互关系及各铰接点的位置，尤其是斗齿尖的位置。

2）检验连杆机构的干涉情况并计算各部件的摆角范围。

3）计算挖掘机的几何作业参数和特殊姿态位置参数。

对于反铲单斗液压挖掘机，其工作装置的一般结构特点为：通过液压缸驱动的平面连杆机构，无回转时为平面机构运动，有回转或辅以行走动作时为空间运动，多自由度，具有多体（多刚体、流体）动力学特性。在挖掘作业过程中，工作装置作空间复合运动，机身一般不动。以下以普通反铲为例分析其几何运动关系。

普通反铲在作业过程中一般进行四种运动，即铲斗的挖掘和卸料、斗杆的收放、动臂的举升和转台的回转。此外，整机可能位于水平面上也可能停留在具有一定坡度的坡面上，在特殊情况下，工作装置的运动与整机的移动会同时发生，考虑到篇幅所限和此种情况并非常见且会使分析过程变得十分复杂等原因，本文对这种复合运动不作分析，有兴趣的读者可参考相关文献进行深入研究。

分析工作装置的运动，传统的方法一般是解析法[1]，该方法比较直观和容易理解，但缺乏灵活性。当需要研究不同位置的运动情况时，需要重新作图和计算，不适合于计算机编程运算。为此，本文采用矩阵矢量方法，建立各参数之间适用于任意位置的几何矢量关系，使所有的从属变量与输入变量之间的关系完全用矩阵矢量形式表示出来。这样不仅形式规范，而且便于计算机编程，也是目前比较普遍采用的手段。

3.9.1　符号约定与坐标系的建立

图 3-28 所示为工作装置铰接点符号约定与坐标系示意图。

在运动分析之前，首先对部件铰接点的符号作如下约定：

A 点——动臂液压缸与机身的铰接点；

B 点——动臂液压缸与动臂的铰接点；

C 点——动臂与机身的铰接点；

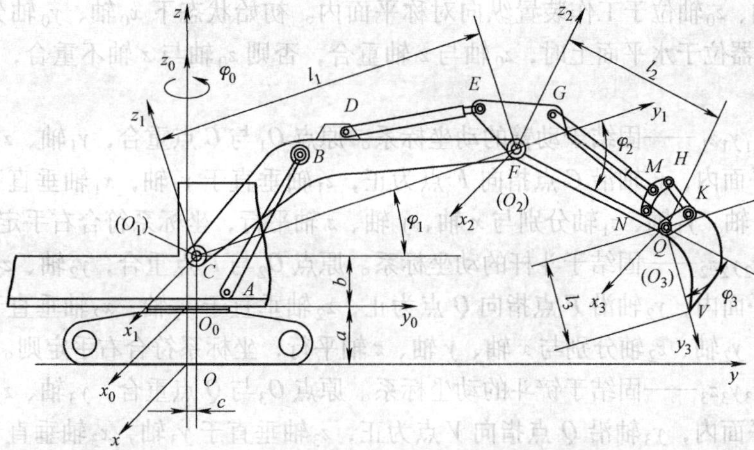

图 3-28　工作装置铰接点符号约定与坐标系示意图

D 点——斗杆液压缸与动臂的铰接点；

E 点——斗杆液压缸与斗杆的铰接点；

F 点——动臂与斗杆的铰接点；

G 点——铲斗液压缸与斗杆的铰接点；

M 点——铲斗液压缸与摇臂的铰接点；

H 点——摇臂与连杆的铰接点；

N 点——摇臂与斗杆的铰接点；

K 点——铲斗与连杆的铰接点；

Q 点——斗杆与铲斗的铰接点；

V 点——处于纵向对称中心平面内的斗齿尖；

a——回转平台底面距停机面的垂直距离；

b——*C* 点至回转平台底面的垂直距离；

c——工作装置对称平面内 *C* 点至回转中心的水平距离；

其他符号的意义标示于图中，此处不再作说明。

上述各点位于工作装置的对称平面内，这些符号的意义全书相同，后文将不再重复说明。

建立如图 3-28 所示的空间直角坐标系，它们的意义分别如下：

坐标系 $Oxyz$——固结于履带接地中心随整机一起移动的动坐标系。由于作业中挖掘机的底盘部分一般是固定不动的，因此，从挖掘作业的角度考虑可以把该坐标系看做与固结于大地的固定坐标系重合。但如要研究整机的运动和动力学问题，则还应建立一个固结于大地的定坐标系，以此来观察整机的运动。由于本文分析研究的目的和简化分析过程的原因，此处只讲述转台连同工作装置相对于底盘的运动，因此，不考虑整机（车身）的运动，而把坐标系 $Oxyz$ 当成定坐标系。其原点 O 与转台回转中心线与地面的交点重合，y 轴、z 轴所在的平面为纵向对称平面，y 轴水平向前为正，z 轴垂直向上为正，x 轴垂直于 yz 平面，坐标系符合右手定则。

坐标系 $O_0x_0y_0z_0$——固结于上部转台的动坐标系。原点 O_0 与回转中心线与转台底面的交点重合，y_0轴、z_0轴位于工作装置纵向对称平面内。初始状态下x_0轴、y_0轴分别与x轴、y轴平行。当机器位于水平面上时，z_0轴与z轴重合，否则z_0轴与z轴不重合，它们之间的夹角等于坡角。

坐标系$O_1x_1y_1z_1$——固结于动臂的动坐标系。原点O_1与C点重合，y_1轴、z_1轴位于工作装置纵向对称平面内，y_1轴沿C点指向F点为正，z_1轴垂直于y_1轴，x_1轴垂直于y_1z_1平面。初始状态下，x_1轴、y_1轴、z_1轴分别与x轴、y轴、z轴平行，坐标系符合右手定则。

坐标系$O_2x_2y_2z_2$——固结于斗杆的动坐标系。原点O_2与F点重合，y_2轴、z_2轴位于工作装置纵向对称平面内，y_2轴沿F点指向Q点为正，z_2轴垂直于y_2轴，x_2轴垂直于y_2z_2平面。初始位置x_2轴、y_2轴、z_2轴分别与x轴、y轴、z轴平行，坐标系符合右手定则。

坐标系$O_3x_3y_3z_3$——固结于铲斗的动坐标系。原点O_3与Q点重合，y_3轴、z_3轴位于工作装置纵向对称平面内，y_3轴沿Q点指向V点为正，z_3轴垂直于y_3轴，x_3轴垂直于y_3z_3平面。初始位置x_3轴、y_3轴、z_3轴分别与x轴、y轴、z轴平行，坐标系符合右手定则。

φ_1——动臂相对于回转平台的摆角。$\varphi_1=0$为x_1y_1平面与x_0y_0平面平行的位置。φ_1以逆时针方向为正，反之为负。

φ_2——斗杆相对于动臂的摆角。$\varphi_2=0$为y_2轴与y_1轴重合的位置，即C、F、Q三点一线的姿态，φ_2以逆时针方向为正，反之为负。需要说明的是，按此处定义，斗杆相对于动臂的最小摆角$\varphi_{2\min}$对应于斗杆液压缸的最大长度$L_{2\max}$，而斗杆相对于动臂的最大摆角$\varphi_{2\max}$则对应于斗杆液压缸的最小长度$L_{2\min}$。

φ_3——铲斗相对于斗杆的摆角。$\varphi_3=0$为y_3轴与y_2轴重合的位置，即F、Q、V三点一线的姿态。φ_3以逆时针方向为正，反之为负。同样需要说明的是，按此处定义，铲斗相对于斗杆的最小摆角$\varphi_{3\min}$对应于铲斗液压缸的最大长度$L_{3\max}$，而铲斗相对于动臂的最大摆角$\varphi_{3\max}$则对应于斗杆液压缸的最小长度$L_{3\min}$。

3.9.2 回转平台（转台）的运动分析

如前所述，挖掘机的回转平台上安装有除下车架及行走机构外的其余各部件，这些部件会连同转台一起转动，设其转过的角度以φ_0表示，如图3-28所示。$\varphi_0=0$为初始状态下x_0轴、y_0轴分别与x轴、y轴平行的位置。φ_0以逆时针方向为正。在坡度为0的情况下，φ_0即为上部转台绕z轴转动的角度。

在回转平台上，C点和A点的位置相对不变，因此，可根据数学关系推导出这两点的计算公式为

$$\begin{pmatrix} x_A \\ y_A \\ z_A \end{pmatrix} = \begin{pmatrix} \cos\varphi_0 & -\sin\varphi_0 & 0 \\ \sin\varphi_0 & \cos\varphi_0 & 0 \\ 0 & 0 & 1 \end{pmatrix} \begin{pmatrix} x_{0A} \\ y_{0A} \\ z_{0A} \end{pmatrix} \tag{3-1}$$

式中　x_{0A}、y_{0A}、z_{0A}——A点在坐标系$O_0x_0y_0z_0$中的坐标分量，是固定值。

$$\begin{pmatrix} x_C \\ y_C \\ z_C \end{pmatrix} = \begin{pmatrix} \cos\varphi_0 & -\sin\varphi_0 & 0 \\ \sin\varphi_0 & \cos\varphi_0 & 0 \\ 0 & 0 & 1 \end{pmatrix} \begin{pmatrix} x_{0C} \\ y_{0C} \\ z_{0C} \end{pmatrix} \tag{3-2}$$

式中　x_{0C}、y_{0C}、z_{0C}——C点在坐标系$O_0x_0y_0z_0$中的坐标分量，是固定值。

令 $\boldsymbol{R}_{z_0,\varphi_0}=\begin{pmatrix}\cos\varphi_0 & -\sin\varphi_0 & 0\\ \sin\varphi_0 & \cos\varphi_0 & 0\\ 0 & 0 & 1\end{pmatrix}$，可将式（3-1）、式（3-2）作适当简化，后文将用 $\boldsymbol{R}_{z_0,\varphi_0}$ 表示转台相对于 z_0 轴的旋转矩阵。

按照上述过程，转台（不含工作装置）重心位置坐标的计算公式为

$$\begin{pmatrix}x_{G2}\\ y_{G2}\\ z_{G2}\end{pmatrix}=\begin{pmatrix}\cos\varphi_0 & -\sin\varphi_0 & 0\\ \sin\varphi_0 & \cos\varphi_0 & 0\\ 0 & 0 & 1\end{pmatrix}\begin{pmatrix}x_{0G2}\\ y_{0G2}\\ z_{0G2}\end{pmatrix} \tag{3-3}$$

式中　矢量 $[x_{0G2}\quad y_{0G2}\quad z_{0G2}]^{\mathrm{T}}$——转台重心位置在坐标系 $O_0x_0y_0z_0$ 中的位置坐标矢量，下角标 $G2$ 表示转台重心位置。

3.9.3　动臂机构的几何关系及运动分析

分析动臂的运动在于建立动臂上各铰接点的位置坐标与动臂液压缸长度及平台转角的相互关系计算公式，本部分推导动臂摆角、动臂的极限摆角及动臂上各铰接点的计算公式。

如图 3-29 所示，在 $\triangle AB'C$ 中 $\angle ACB'$ 为

$$\theta_1=\arccos\frac{l_5^2+l_7^2-L_1^2}{2l_5l_7} \tag{3-4}$$

式中　L_1——动臂液压缸瞬时长度。

其余参数如图 3-28 所示。

CF 连线与停机面的夹角 φ_1 为

$$\varphi_1=\theta_1-\alpha_{11}-\alpha_2=\arccos\frac{l_5^2+l_7^2-L_1^2}{2l_5l_7}-\alpha_{11}-\alpha_2 \tag{3-5}$$

式中　α_{11}——CA 连线与 x_0y_0 平面的夹角；

α_2——$\angle BCF$，为结构角，是固定值。

当动臂与动臂液压缸铰接点 B 位于图示 CF 连线左侧时，α_2 取正值；位于右侧时，取负值。另外需要说明的是，当动臂摆角 φ_1 为正时，表示 CF 连线位于过 C 点与停机面平行的平面上方；反之，则位于其下方。

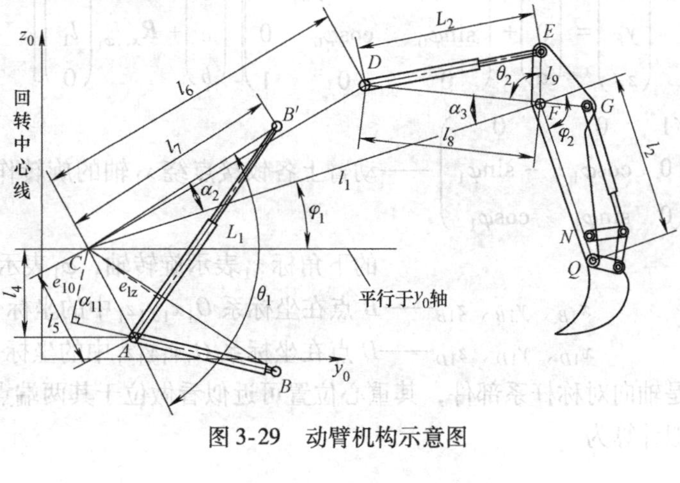

图 3-29　动臂机构示意图

将动臂液压缸最大长度 $L_{1\max}$ 代入式（3-5），可得动臂的最大仰角计算公式为

$$\varphi_{1\max} = \arccos\frac{l_5^2 + l_7^2 - L_{1\max}^2}{2l_5 l_7} - \alpha_{11} - \alpha_2 \tag{3-6}$$

式中　$L_{1\max}$——动臂液压缸最大伸缩长度。

将动臂液压缸最短长度 $L_{1\min}$ 代入式（3-5），可得动臂的最大俯角计算公式为

$$\varphi_{1\min} = \arccos\frac{l_5^2 + l_7^2 - L_{1\min}^2}{2l_5 l_7} - \alpha_{11} - \alpha_2 \tag{3-7}$$

式中　$L_{1\min}$——动臂液压缸最小伸缩长度。

动臂摆角范围的计算公式为

$$\begin{aligned}\Delta\varphi_1 &= \varphi_{1\max} - \varphi_{1\min} \\ &= \arccos\frac{l_5^2 + l_7^2 - L_{1\max}^2}{2l_5 l_7} - \arccos\frac{l_5^2 + l_7^2 - L_{1\min}^2}{2l_5 l_7}\end{aligned} \tag{3-8}$$

在上述分析的基础上，动臂上各点在固定坐标系 $Oxyz$ 中的位置坐标可以看做经过以下过程形成：

1）随动臂坐标系 $O_1x_1y_1z_1$ 绕 x_1 轴转动 φ_1 角。

2）随固结于上部转台的动坐标系 $O_0x_0y_0z_0$ 绕 z_0 轴转动 φ_0 角。

则动臂上各点在固定坐标系 $Oxyz$ 中的位置坐标表达式如下：

动臂上 B 点的位置坐标的计算公式为

$$\begin{pmatrix} x_B \\ y_B \\ z_B \end{pmatrix} = \begin{pmatrix} 0 \\ 0 \\ a \end{pmatrix} + \begin{pmatrix} \cos\varphi_0 & -\sin\varphi_0 & 0 \\ \sin\varphi_0 & \cos\varphi_0 & 0 \\ 0 & 0 & 1 \end{pmatrix}\left[\begin{pmatrix} 0 \\ c \\ b \end{pmatrix} + \boldsymbol{R}_{x_1,\varphi_1}\begin{pmatrix} x_{1B} \\ y_{1B} \\ z_{1B} \end{pmatrix}\right] \tag{3-9}$$

动臂上 D 点的位置坐标的计算公式为

$$\begin{pmatrix} x_D \\ y_D \\ z_D \end{pmatrix} = \begin{pmatrix} 0 \\ 0 \\ a \end{pmatrix} + \begin{pmatrix} \cos\varphi_0 & -\sin\varphi_0 & 0 \\ \sin\varphi_0 & \cos\varphi_0 & 0 \\ 0 & 0 & 1 \end{pmatrix}\left[\begin{pmatrix} 0 \\ c \\ b \end{pmatrix} + \boldsymbol{R}_{x_1,\varphi_1}\begin{pmatrix} x_{1D} \\ y_{1D} \\ z_{1D} \end{pmatrix}\right] \tag{3-10}$$

动臂上 F 点的位置坐标的计算公式为

$$\begin{pmatrix} x_F \\ y_F \\ z_F \end{pmatrix} = \begin{pmatrix} 0 \\ 0 \\ a \end{pmatrix} + \begin{pmatrix} \cos\varphi_0 & -\sin\varphi_0 & 0 \\ \sin\varphi_0 & \cos\varphi_0 & 0 \\ 0 & 0 & 1 \end{pmatrix}\left[\begin{pmatrix} 0 \\ c \\ b \end{pmatrix} + \boldsymbol{R}_{x_1,\varphi_1}\begin{pmatrix} 0 \\ l_1 \\ 0 \end{pmatrix}\right] \tag{3-11}$$

式中　$\boldsymbol{R}_{x_1,\varphi_1} = \begin{pmatrix} 1 & 0 & 0 \\ 0 & \cos\varphi_1 & -\sin\varphi_1 \\ 0 & \sin\varphi_1 & \cos\varphi_1 \end{pmatrix}$——动臂上各铰接点绕 x_1 轴的旋转作用矩阵，符号中的下角标 x_1 表示旋转轴，φ_1 表示旋转的角度；

x_{1B}、y_{1B}、z_{1B}——B 点在坐标系 $O_1x_1y_1z_1$ 中的坐标分量，是固定值；

x_{1D}、y_{1D}、z_{1D}——D 点在坐标系 $O_1x_1y_1z_1$ 中的坐标分量，是固定值。

动臂液压缸是轴向对称杆系部件，其重心位置可近似看做位于其两端点连线的中心位置上，因此，可近似计算为

$$\begin{pmatrix} x_{G3} \\ y_{G3} \\ z_{G3} \end{pmatrix} \approx 0.5\left[\begin{pmatrix} x_A \\ y_A \\ z_A \end{pmatrix} + \begin{pmatrix} x_B \\ y_B \\ z_B \end{pmatrix}\right] \tag{3-12}$$

按照上述分析过程，动臂重心位置坐标的计算公式为

$$\begin{pmatrix} x_{G4} \\ y_{G4} \\ z_{G4} \end{pmatrix} = \begin{pmatrix} 0 \\ 0 \\ a \end{pmatrix} + \begin{pmatrix} \cos\varphi_0 & -\sin\varphi_0 & 0 \\ \sin\varphi_0 & \cos\varphi_0 & 0 \\ 0 & 0 & 1 \end{pmatrix}\left[\begin{pmatrix} 0 \\ c \\ b \end{pmatrix} + \boldsymbol{R}_{x_1,\varphi_1}\begin{pmatrix} x_{1G4} \\ y_{1G4} \\ z_{1G4} \end{pmatrix}\right] \tag{3-13}$$

矢量（$x_{1G4}\quad y_{1G4}\quad z_{1G4}$）^{T} 为动臂重心位置在坐标系 $O_1x_1y_1z_1$ 中的位置坐标矢量，下角标 $G4$ 表示动臂重心位置。

在已知机构参数的情况下，根据式（3-1）~式（3-13）即可计算出在动臂液压缸任意长度时动臂上各铰接点及相应部件重心的位置坐标和动臂的摆角。由这些关系式可以看出：在结构参数给定的情况下，动臂上各铰接点的位置坐标是转台转角 φ_0 和动臂液压缸长度 L_1 的函数。

3.9.4　斗杆机构的几何关系及运动分析

斗杆的运动不仅受制于斗杆液压缸，同时还受制于动臂液压缸和转台的转动，因此，对斗杆的运动分析在于建立斗杆上各铰接点的位置坐标与动臂液压缸长度、平台转角及斗杆液压缸长度的相互关系计算公式。

如图 3-29 所示，在△DEF 中，根据余弦定理，∠DFE 的计算公式为

$$\theta_2 = \arccos\frac{l_8^2 + l_9^2 - L_2^2}{2l_8 l_9} \tag{3-14}$$

式中　L_2——斗杆液压缸瞬时长度。

其余参数如图 3-29 所示。

根据图 3-29 所示的几何关系，斗杆相对于动臂的转角 φ_2 的计算公式为

$$\varphi_2 = \pi - \theta_2 - \alpha_3 - \angle EFQ \tag{3-15}$$

式中　∠EFQ——斗杆上的结构角，为固定值；

α_3——动臂上的∠CFD，为结构角，是固定值。

当动臂与斗杆液压缸铰接点 D 位于图示 CF 连线左侧时，α_3 取正值；位于右侧时，取负值。

按前述定义，斗杆相对于动臂的最小摆角 $\varphi_{2\min}$ 对应于斗杆液压缸的最大长度 $L_{2\max}$，其计算公式为

$$\varphi_{2\min} = \pi - \alpha_3 - \angle EFQ - \arccos\frac{l_8^2 + l_9^2 - L_{2\max}^2}{2l_8 l_9} \tag{3-16}$$

式中　$L_{2\max}$——斗杆液压缸的最大伸缩长度。

斗杆相对于动臂的最大摆角 $\varphi_{2\max}$ 对应于斗杆液压缸的最小长度 $L_{2\min}$，其计算公式为

$$\varphi_{2\max} = \pi - \alpha_3 - \angle EFQ - \arccos\frac{l_8^2 + l_9^2 - L_{2\min}^2}{2l_8 l_9} \tag{3-17}$$

式中　$L_{2\min}$——斗杆液压缸的最小伸缩长度。

斗杆相对于动臂最大摆角范围的计算公式为

$$\begin{aligned}\Delta\varphi_2 &= \varphi_{2\max} - \varphi_{2\min} \\ &= \arccos\frac{l_8^2 + l_9^2 - L_{2\min}^2}{2l_8 l_9} - \arccos\frac{l_8^2 + l_9^2 - L_{2\max}^2}{2l_8 l_9}\end{aligned} \tag{3-18}$$

在上述分析的基础上，斗杆上各点在固定坐标系 $Oxyz$ 中的位置坐标可以看做经过以下过程形成：

1）随斗杆坐标系 $O_2x_2y_2z_2$ 绕 x_2 轴转动 φ_2 角。

2）随动臂坐标系 $O_1x_1y_1z_1$ 绕 x_1 轴转动 φ_1 角。

3）随固结于上部转台的动坐标系 $O_0x_0y_0z_0$ 绕 z_0 轴转动 φ_0 角。

斗杆上各点在固定坐标系 $Oxyz$ 中的位置坐标表达式如下：

斗杆上 E 点的位置坐标的计算公式为

$$\begin{pmatrix} x_E \\ y_E \\ z_E \end{pmatrix} = \begin{pmatrix} 0 \\ 0 \\ a \end{pmatrix} + \boldsymbol{R}_{z_0,\varphi_0}\left\{\begin{pmatrix} 0 \\ c \\ b \end{pmatrix} + \boldsymbol{R}_{x_1,\varphi_1}\left[\begin{pmatrix} 0 \\ l_1 \\ 0 \end{pmatrix} + \boldsymbol{R}_{x_2,\varphi_2}\begin{pmatrix} x_{2E} \\ y_{2E} \\ z_{2E} \end{pmatrix}\right]\right\} \tag{3-19}$$

式中 $\boldsymbol{R}_{x_2,\varphi_2} = \begin{pmatrix} 1 & 0 & 0 \\ 0 & \cos\varphi_2 & -\sin\varphi_2 \\ 0 & \sin\varphi_2 & \cos\varphi_2 \end{pmatrix}$——斗杆上各铰接点绕 x_2 轴的旋转作用矩阵，符号中的下角标 x_2 表示旋转轴，φ_2 表示旋转的角度。

斗杆上 G 点的位置坐标的计算公式为

$$\begin{pmatrix} x_G \\ y_G \\ z_G \end{pmatrix} = \begin{pmatrix} 0 \\ 0 \\ a \end{pmatrix} + \boldsymbol{R}_{z_0,\varphi_0}\left\{\begin{pmatrix} 0 \\ c \\ b \end{pmatrix} + \boldsymbol{R}_{x_1,\varphi_1}\left[\begin{pmatrix} 0 \\ l_1 \\ 0 \end{pmatrix} + \boldsymbol{R}_{x_2,\varphi_2}\begin{pmatrix} x_{2G} \\ y_{2G} \\ z_{2G} \end{pmatrix}\right]\right\} \tag{3-20}$$

斗杆上 N 点的位置坐标的计算公式为

$$\begin{pmatrix} x_N \\ y_N \\ z_N \end{pmatrix} = \begin{pmatrix} 0 \\ 0 \\ a \end{pmatrix} + \boldsymbol{R}_{z_0,\varphi_0}\left\{\begin{pmatrix} 0 \\ c \\ b \end{pmatrix} + \boldsymbol{R}_{x_1,\varphi_1}\left[\begin{pmatrix} 0 \\ l_1 \\ 0 \end{pmatrix} + \boldsymbol{R}_{x_2,\varphi_2}\begin{pmatrix} x_{2N} \\ y_{2N} \\ z_{2N} \end{pmatrix}\right]\right\} \tag{3-21}$$

斗杆上 Q 点的位置坐标的计算公式为

$$\begin{pmatrix} x_Q \\ y_Q \\ z_Q \end{pmatrix} = \begin{pmatrix} 0 \\ 0 \\ a \end{pmatrix} + \boldsymbol{R}_{z_0,\varphi_0}\left\{\begin{pmatrix} 0 \\ c \\ b \end{pmatrix} + \boldsymbol{R}_{x_1,\varphi_1}\left[\begin{pmatrix} 0 \\ l_1 \\ 0 \end{pmatrix} + \boldsymbol{R}_{x_2,\varphi_2}\begin{pmatrix} 0 \\ l_2 \\ 0 \end{pmatrix}\right]\right\} \tag{3-22}$$

式中 x_{2E}、y_{2E}、z_{2E}——E 点在坐标系 $O_2x_2y_2z_2$ 中的坐标分量，是固定值；

x_{2G}、y_{2G}、z_{2G}——G 点在坐标系 $O_2x_2y_2z_2$ 中的坐标分量，是固定值；

x_{2N}、y_{2N}、z_{2N}——N 点在坐标系 $O_2x_2y_2z_2$ 中的坐标分量，是固定值。

同理，斗杆液压缸是轴向对称杆系部件，其重心位置可近似看做位于其两端点连线的中心位置上，可近似计算为

$$\begin{pmatrix} x_{G5} \\ y_{G5} \\ z_{G5} \end{pmatrix} \approx 0.5\left[\begin{pmatrix} x_D \\ y_D \\ z_D \end{pmatrix} + \begin{pmatrix} x_E \\ y_E \\ z_E \end{pmatrix}\right] \tag{3-23}$$

按照上述分析过程，斗杆重心位置坐标的计算公式为

$$\begin{pmatrix} x_{G6} \\ y_{G6} \\ z_{G6} \end{pmatrix} = \begin{pmatrix} 0 \\ 0 \\ a \end{pmatrix} + \boldsymbol{R}_{z_0,\varphi_0}\left\{\begin{pmatrix} 0 \\ c \\ b \end{pmatrix} + \boldsymbol{R}_{x_1,\varphi_1}\left[\begin{pmatrix} 0 \\ l_1 \\ 0 \end{pmatrix} + \boldsymbol{R}_{x_2,\varphi_2}\begin{pmatrix} x_{2G6} \\ y_{2G6} \\ z_{2G6} \end{pmatrix}\right]\right\} \tag{3-24}$$

矢量$[x_{2G6} \quad y_{2G6} \quad z_{2G6}]^{\mathrm{T}}$为斗杆重心位置在坐标系$O_2x_2y_2z_2$中的位置坐标矢量，下角标$G6$表示斗杆重心位置。

在已知机构参数的情况下，根据式（3-14）~式（3-24）可以计算出斗杆上各铰接点的位置坐标和斗杆的摆角。由这些关系式可以看出：在结构参数给定的情况下，斗杆上各铰接点的位置坐标是转台转角φ_0、动臂液压缸长度L_1和斗杆液压缸长度L_2的函数。

3.9.5 铲斗及铲斗连杆机构的几何关系及运动分析

铲斗及其相应连杆机构的几何关系略微复杂，原因是铲斗相对于斗杆的运动一般是通过两个基本的四连杆机构传递的（图3-30中的三角形机构GMN和四杆机构$HNQK$），而不是铲斗液压缸直接连接到铲斗上。如图3-30所示，铲斗液压缸的伸缩运动通过摇臂MHN和连杆HK传递至铲斗，从而推动铲斗绕Q点转动，实现挖掘作业动作。

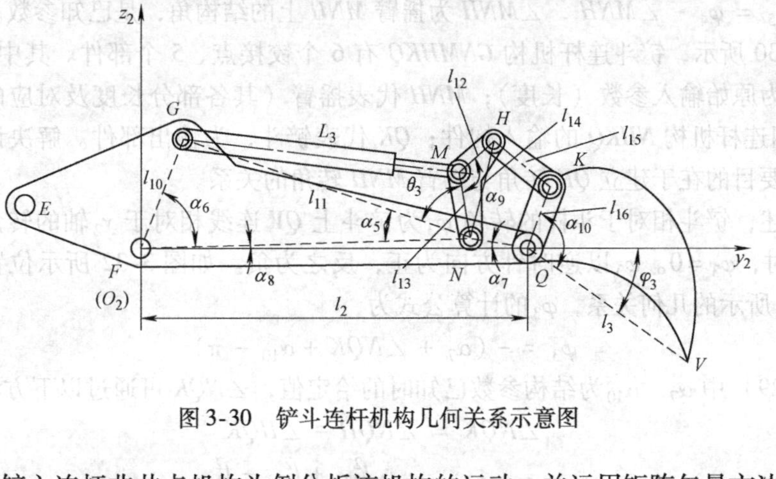

图3-30 铲斗连杆机构几何关系示意图

以下以反铲六连杆非共点机构为例分析该机构的运动，并运用矩阵矢量方法给出相应部件和铰接点的运动和位置坐标计算公式。

如图3-30所示，在$\triangle GMN$中可按照余弦定理求得$\angle GNM$。即

$$\theta_3 = \arccos\frac{l_{11}^2 + l_{13}^2 - L_3^2}{2l_{11}l_{13}} \tag{3-25}$$

式中 l_{11}——铰接点G和N的连线长度；

l_{13}——铰接点M和N的连线长度；

L_3——铲斗液压缸的瞬时长度。

以下首先推导M点和H点的坐标。

M 和 H 两点相对于动坐标系 $O_2x_2y_2z_2$ 存在运动，为此，应首先建立该两点在动坐标系 $O_2x_2y_2z_2$ 中的坐标表达式，然后根据几何运动关系，把该两点转化到绝对坐标系 $Oxyz$ 中即可。

结合图 3-30 和图 3-31，令 MN 相对于 y_2 轴的摆角为 φ_4，其表达式可根据图 3-31 中的几何关系求出。即

$$\begin{aligned}\varphi_4 &= \angle MNQ - \alpha_7 \\ &= 2\pi - \theta_3 - \alpha_5 - \angle FNQ - \alpha_7 \end{aligned} \tag{3-26}$$

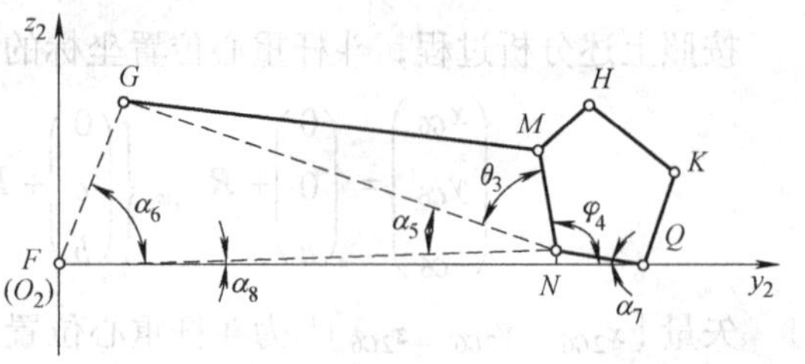

图 3-31　铲斗连杆机构几何关系示意简图

式（3-26）中的 α_5、α_7 和 $\angle FNQ$ 为结构参数已知时的给定值，由此可根据坐标变换方法推得 M 和 H 两点在绝对坐标系 $Oxyz$ 中的坐标表达式为

$$\begin{pmatrix} x_M \\ y_M \\ z_M \end{pmatrix} = \begin{pmatrix} 0 \\ 0 \\ a \end{pmatrix} + \boldsymbol{R}_{z_0,\varphi_0}\left\{\begin{pmatrix} 0 \\ c \\ b \end{pmatrix} + \boldsymbol{R}_{x_1,\varphi_1}\left[\begin{pmatrix} 0 \\ l_1 \\ 0 \end{pmatrix} + \boldsymbol{R}_{x_2,\varphi_2}\begin{pmatrix} x_{2N} \\ y_{2N} + l_{13}\cos\varphi_4 \\ z_{2N} + l_{13}\sin\varphi_4 \end{pmatrix}\right]\right\} \tag{3-27}$$

$$\begin{pmatrix} x_H \\ y_H \\ z_H \end{pmatrix} = \begin{pmatrix} 0 \\ 0 \\ a \end{pmatrix} + \boldsymbol{R}_{z_0,\varphi_0}\left\{\begin{pmatrix} 0 \\ c \\ b \end{pmatrix} + \boldsymbol{R}_{x_1,\varphi_1}\left[\begin{pmatrix} 0 \\ l_1 \\ 0 \end{pmatrix} + \boldsymbol{R}_{x_2,\varphi_2}\begin{pmatrix} x_{2N} \\ y_{2N} + l_{14}\cos\varphi_5 \\ z_{2N} + l_{14}\sin\varphi_5 \end{pmatrix}\right]\right\} \tag{3-28}$$

其中，$\varphi_5 = \varphi_4 - \angle MNH$，$\angle MNH$ 为摇臂 MNH 上的结构角，是已知参数。

如图 3-30 所示，铲斗连杆机构 $GNMHKQ$ 有 6 个铰接点、5 个部件。其中，GM 代表铲斗液压缸，为原始输入参数（长度）；MNH 代表摇臂（其各部分长度及对应的角度为已知参数），为四连杆机构 $NHKQ$ 的输入构件；QK 代表铲斗，为输出部件。解决该机构几何运动关系的主要目的在于建立 QK 转角与摇臂 MNH 转角的关系。

如前所述，铲斗相对于斗杆的转角 φ_3 为铲斗上 QV 连线相对于 y_2 轴的转角。当 F、Q、V 三点一线时，$\varphi_3 = 0$。φ_3 以逆时针方向为正，反之为负。如图 3-32 所示位置时，$\varphi_3 < 0$。根据图 3-32 所示的几何关系，φ_3 的计算公式为

$$\varphi_3 = -(\alpha_7 + \angle NQK + \alpha_{10} - \pi) \tag{3-29}$$

式（3-29）中 α_7、α_{10} 为结构参数已知时的给定值，$\angle NQK$ 可通过以下方法推出。即

$$\angle NQK = \angle NQH + \angle HQK$$

$$\angle NQH = \arccos\frac{l_{NQ}^2 + l_{HQ}^2 - l_{14}^2}{2l_{NQ}l_{HQ}} \tag{3-30}$$

式中　l_{NQ}、l_{14}——结构参数已知时的给定值；

l_{HQ}——变化值，其计算公式为

$$l_{HQ} = \sqrt{l_{14}^2 + l_{NQ}^2 - 2l_{14}l_{NQ}\cos\angle HNQ}$$

$$\angle HNQ = \angle MNQ - \angle MNH = 2\pi - \theta_3 - \alpha_5 - \angle FNQ - \angle MNH$$

如图 3-32 所示，在 $\triangle HQK$ 中，利用余弦定理可得

$$\angle HQK = \arccos\frac{l_{16}^2 + l_{HQ}^2 - l_{15}^2}{2l_{16}l_{HQ}} \tag{3-31}$$

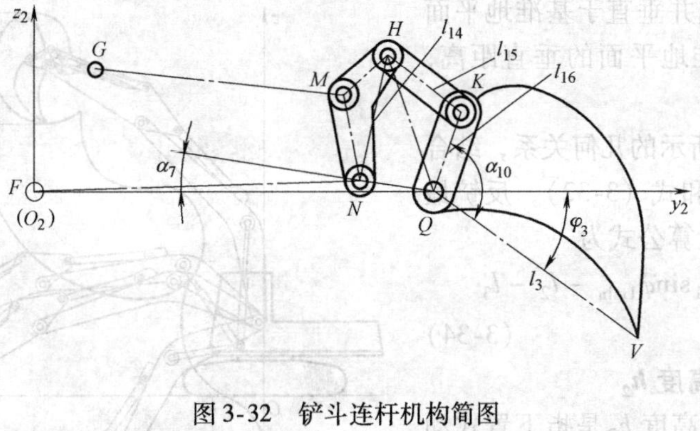

图3-32 铲斗连杆机构简图

将式（3-25）和式（3-26）代入式（3-24）即可得到铲斗相对于斗杆摆角 φ_3 的表达式。当将铲斗液压缸的两个极限长度代入式（3-20）并进行上述计算时，可分别获得铲斗相对于斗杆的两个极限摆角，由于表达较为繁琐，此处省略。

由此可推得铲斗上 K 点在绝对坐标系 $Oxyz$ 中的位置坐标表达式为

$$\begin{pmatrix} x_K \\ y_K \\ z_K \end{pmatrix} = \begin{pmatrix} 0 \\ 0 \\ a \end{pmatrix} + \boldsymbol{R}_{z_0,\varphi_0}\left\{\begin{pmatrix} 0 \\ c \\ b \end{pmatrix} + \boldsymbol{R}_{x_1,\varphi_1}\left\{\begin{pmatrix} 0 \\ l_1 \\ 0 \end{pmatrix} + \boldsymbol{R}_{x_2,\varphi_2}\left[\begin{pmatrix} 0 \\ l_2 \\ 0 \end{pmatrix} + \boldsymbol{R}_{x_3,\varphi_3}\begin{pmatrix} x_{3K} \\ y_{3K} \\ z_{3K} \end{pmatrix}\right]\right\}\right\} \tag{3-32}$$

式中 $\boldsymbol{R}_{x_3,\varphi_3} = \begin{pmatrix} 1 & 0 & 0 \\ 0 & \cos\varphi_3 & -\sin\varphi_3 \\ 0 & \sin\varphi_3 & \cos\varphi_3 \end{pmatrix}$——铲斗相对于斗杆绕 x_3 轴的旋转作用矩阵，符号中的下角标 x_3 表示旋转轴，φ_3 表示旋转的角度。

同理，代表中间斗齿尖的 V 点在绝对坐标系 $Oxyz$ 中的位置坐标表达式为

$$\begin{pmatrix} x_V \\ y_V \\ z_V \end{pmatrix} = \begin{pmatrix} 0 \\ 0 \\ a \end{pmatrix} + \boldsymbol{R}_{z_0,\varphi_0}\left\{\begin{pmatrix} 0 \\ c \\ b \end{pmatrix} + \boldsymbol{R}_{x_1,\varphi_1}\left\{\begin{pmatrix} 0 \\ l_1 \\ 0 \end{pmatrix} + \boldsymbol{R}_{x_2,\varphi_2}\left[\begin{pmatrix} 0 \\ l_2 \\ 0 \end{pmatrix} + \boldsymbol{R}_{x_3,\varphi_3}\begin{pmatrix} 0 \\ l_3 \\ 0 \end{pmatrix}\right]\right\}\right\} \tag{3-33}$$

式（3-33）说明，在结构参数已知的情况下，斗齿尖的绝对坐标取决于转角 φ_0、φ_1、φ_2 和 φ_3 的值，而 φ_0、φ_1、φ_2 和 φ_3 则分别取决于转台位置、动臂液压缸长度 L_1、斗杆液压缸长度 L_2 和铲斗液压缸长度 L_3；一组角度值唯一确定斗齿尖的一组坐标值，反之则不然。

3.9.6 反铲挖掘机的主要作业参数

根据国际标准和国家标准以及行业标准，反铲单斗液压挖掘机的主要几何作业参数通常有（图3-33）：最大挖掘深度 h_1（maximum digging depth）、最大挖掘高度 h_2（maximum height of cutting edge）、最大挖掘半径 r_1（maximum reach）、最大卸载高度 h_3（maximum dumping height）、停机面上的最大挖掘半径 r_0（maximum reach at GRP, Ground Reference Plane——基准地平面，下同）、最大垂直挖掘深度 h_4（maximum vertical digging depth）、水平底面为2.5m时的最大挖掘深度 h_5（maximum digging depth at 2.5m floor length）。

1. 最大挖掘深度 h_1

反铲最大挖掘深度 h_1 是指动臂液压缸全缩或悬挂式动臂液压缸全伸，即动臂最低，且

F、Q、V 三点一线并垂直于基准地平面时，斗齿尖距基准地平面的垂直距离，如图 3-34 所示。

按照图 3-34 所示的几何关系，结合图 3-28、图 3-29 和式（3-32），反铲最大挖掘深度 h_1 的计算公式为

$$h_1 = a + b + l_1\sin\varphi_{1\min} - l_2 - l_3 \tag{3-34}$$

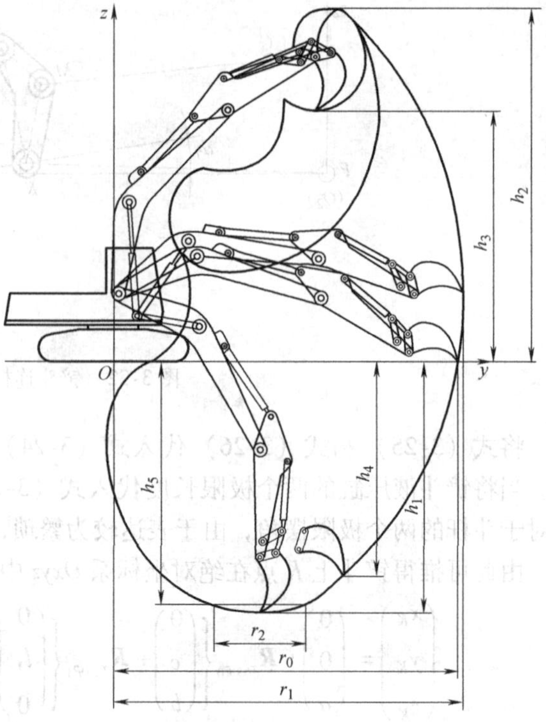

图 3-33　反铲主要几何作业参数

2. 最大挖掘高度 h_2

反铲最大挖掘高度 h_2 是指下置式动臂液压缸全伸或悬挂式动臂液压缸全缩，即动臂仰角最大、斗杆液压缸全缩以及铲斗液压缸全缩时，斗齿尖距基准地平面的垂直距离，如图 3-35 所示。

按照图 3-35 所示的几何关系，结合图 3-28、图 3-29 和式（3-32），反铲最大挖掘高度 h_2 的计算公式为

$$h_1 = a + b + l_1\sin\varphi_{1\max} + l_2\sin(\varphi_{1\max} + \varphi_{2\max}) + l_3\sin(\varphi_{1\max} + \varphi_{2\max} + \varphi_{3\max}) \tag{3-35}$$

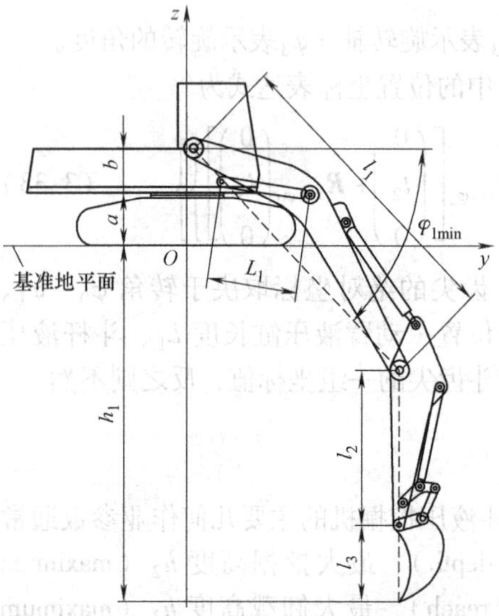

图 3-34　反铲最大挖掘深度示意图

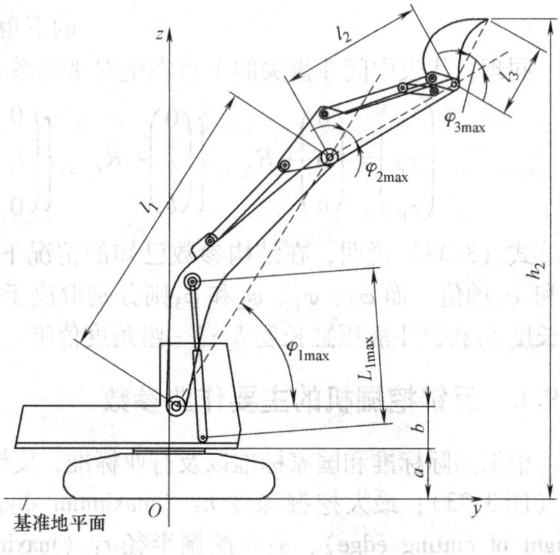

图 3-35　反铲最大挖掘高度示意图

3. 最大挖掘半径 r_1

反铲最大挖掘半径 r_1 是指斗杆液压缸全缩，C、Q 距离最大且 C、Q、V 三点一线并平行于基准地平面时斗齿尖距回转中心线的最大距离，如图 3-36 所示。此时，动臂液压缸和铲

斗液压缸的长度不在极限长度上。

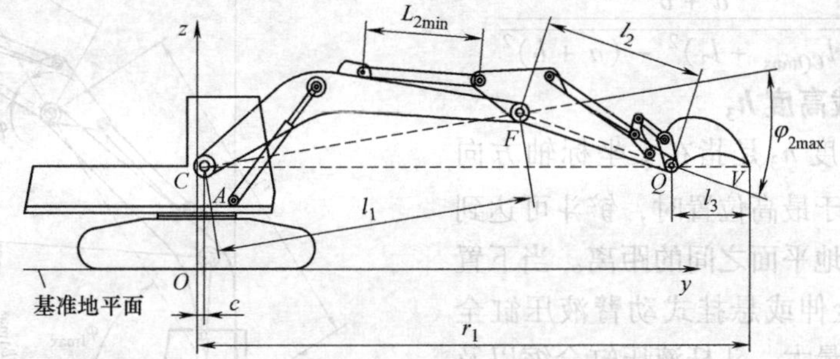

图 3-36 反铲最大挖掘半径示意图

按照图 3-36 所示的几何关系，结合图 3-28、图 3-29 和式（3-32），反铲最大挖掘半径 r_1 的计算公式为

$$r_1 = c + l_{CQ\max} + l_3$$

式中，$l_{CQ\max}$ 可根据 $\triangle CFQ$ 中的几何关系利用余弦定理求出。即

$$l_{CQ\max} = \sqrt{l_1^2 + l_2^2 - 2l_1 l_2 \cos(\pi + \varphi_{2\max})} \tag{3-36}$$

从而得到如下关系式

$$r_1 = c + \sqrt{l_1^2 + l_2^2 - 2l_1 l_2 \cos(\pi + \varphi_{2\max})} + l_3 \tag{3-37}$$

4. 停机面上的最大挖掘半径 r_0

停机面上的最大挖掘半径 r_0 是指斗杆液压缸全缩，C、Q 距离最大且 C、Q、V 三点一线，斗齿触地时斗齿尖距回转中心线的最大垂直距离，如图 3-37 所示。此时，动臂液压缸和铲斗液压缸的长度不一定在极限长度上。

按照图 3-37 所示的几何关系，结合图 3-28、图 3-29 和式（3-32），反铲停机面上的最大挖掘半径 r_0 的计算公式为

$$r_0 = c + (l_{CQ\max} + l_3)\cos\gamma \tag{3-38}$$

式中 c——动臂与机身铰接点距回转中心线的垂直距离；

$l_{CQ\max}$——铰接点 C、Q 的最大距离，按式（3-36）计算。

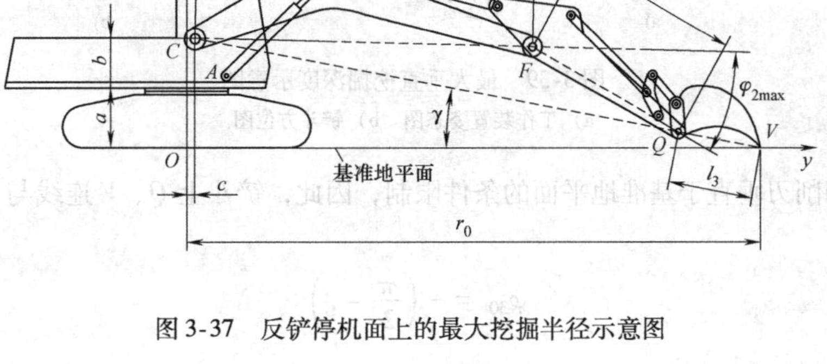

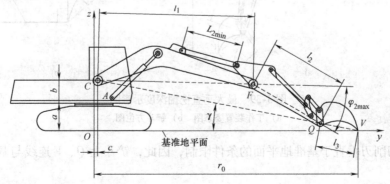

图 3-37 反铲停机面上的最大挖掘半径示意图

根据几何关系求得角度 γ 为

$$\gamma = \arctan\frac{a+b}{\sqrt{(l_{CQ\max}+l_3)^2-(a+b)^2}}$$

5. 最大卸载高度 h_3

最大卸载高度 h_3 是指在 z 坐标轴方向上，铲斗铰轴处于最高位置时，铲斗可达到的最低点至基准地平面之间的距离。当下置式动臂液压缸全伸或悬挂式动臂液压缸全缩，即动臂仰角最大、斗杆液压缸全缩以及铲斗上 Q、V 连线垂直于基准地平面时，斗齿尖距停机面的垂直距离即为最大卸载高度，如图 3-38 所示。

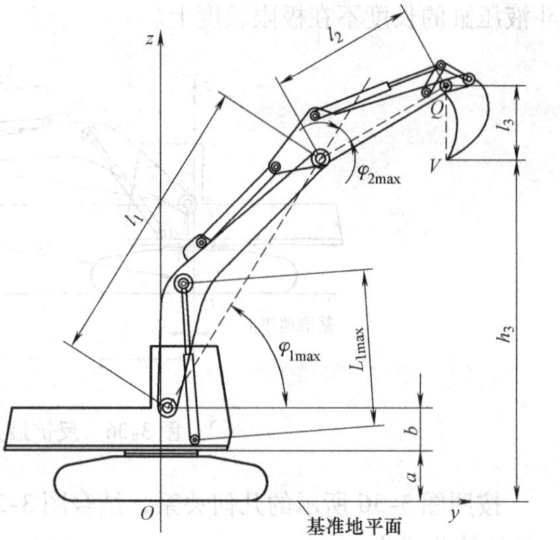

图 3-38　反铲最大卸载高度示意图

按照图 3-38 所示的几何关系，结合图 3-28 和图 3-29，反铲最大卸载高度 h_3 的计算公式为

$$h_3 = a + b + l_1\sin\varphi_{1\max} + l_2\sin(\varphi_{1\max}+\varphi_{2\max}) - l_3 \tag{3-39}$$

6. 最大垂直挖掘深度 h_4

最大垂直挖掘深度是指在 z 坐标轴方向上，切削刃垂直于基准地平面时所能达到的最深点距基准地平面之间的距离，如图 3-39 所示。

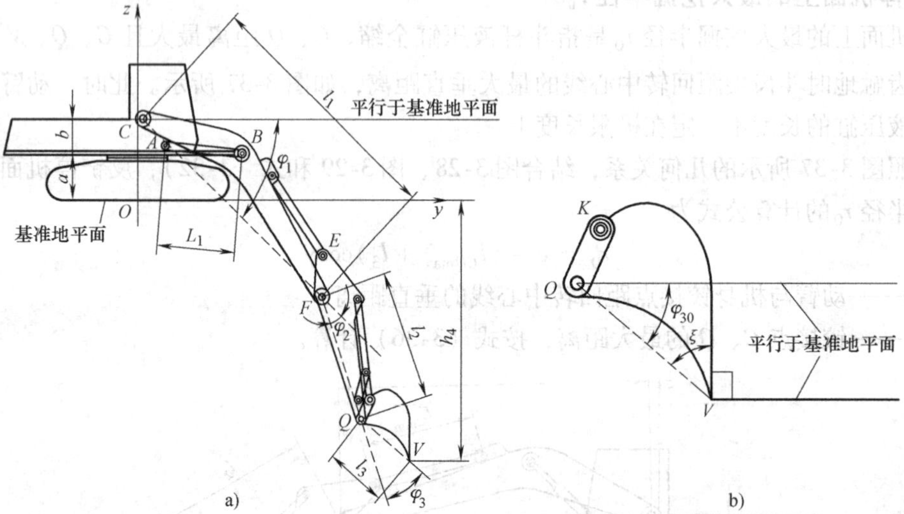

图 3-39　最大垂直挖掘深度示意图

a）工作装置姿态图　b）铲斗方位图

由于受切削刃垂直于基准地平面的条件限制，因此，铲斗上 Q、V 连线与基准地平面的夹角应为

$$\varphi_{30} = -\left(\frac{\pi}{2}-\xi\right)$$

式中　ξ——切削刃外侧底面与 QV 连线的夹角。

如图 3-39 所示，由于 QV 连线与基准地平面的相对位置关系，因此 φ_{30} 应为负值。由该图几何关系，建立以下数学关系

$$\varphi_{30}=\varphi_1+\varphi_2+\varphi_3=-\left(\frac{\pi}{2}-\xi\right) \tag{3-40}$$

式（3-40）为根据定义求解最大垂直挖掘深度 h_4 必须满足的前提条件。对 h_4 的具体求解过程应分以下几种情况进行：

1）如图 3-40 所示，当三组液压缸全缩，而斗刃仍无法达到垂直于基准地平面的位置时，即当 $\varphi_{31}=\varphi_{1\min}+\varphi_{2\max}+\varphi_{3\max}<-\left(\frac{\pi}{2}-\xi\right)$ 时，需将动臂举升一定位置才能满足式（3-40）的条件，此时斗杆相对于动臂的摆角为 $\varphi_{2\max}$，铲斗相对于斗杆的摆角为 $\varphi_{3\max}$，因此按式（3-40），动臂相对于基准地平面的摆角为

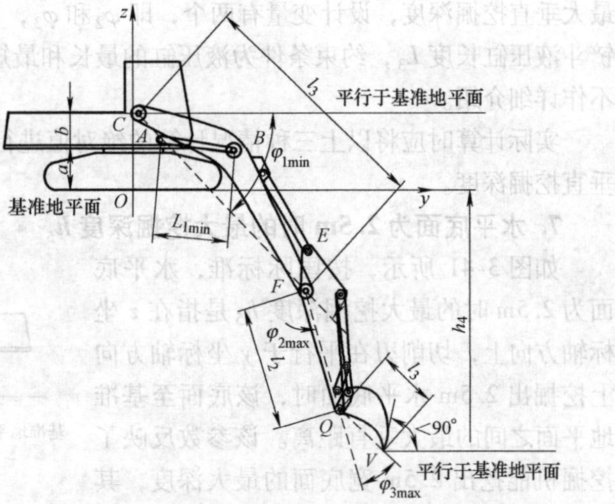

图 3-40　最大垂直挖掘深度示意图

$$\varphi_1=-\left(\frac{\pi}{2}-\xi\right)-\varphi_{2\max}-\varphi_{3\max}$$

从而推得 h_4 的表达式为

$$\begin{aligned} h_4&=a+b+l_1\sin\varphi_1+l_2\sin(\varphi_1+\varphi_{2\max})+l_3\sin(\varphi_1+\varphi_{2\max}+\varphi_{3\max})\\ &=a+b+l_1\sin\varphi_1+l_2\sin(\varphi_1+\varphi_{2\max})-l_3\cos\xi \end{aligned} \tag{3-41}$$

2）当三组液压缸全缩，斗刃可以达到垂直于基准地平面位置时，即当 $\varphi_{31}=\varphi_{1\min}+\varphi_{2\max}+\varphi_{3\max}\geqslant-\left(\frac{\pi}{2}-\xi\right)$ 时，可以通过以下三种方式达到斗刃垂直于基准地平面的状态：

① 保持动臂液压缸最短、斗杆液压缸最短，只调整铲斗液压缸长度。此时铲斗相对于斗杆的转角的计算公式为

$$\varphi_3=-\left(\frac{\pi}{2}-\xi\right)-\varphi_{1\min}-\varphi_{2\max}$$

相应的最大垂直挖掘深度的表达式为

$$\begin{aligned} h_4'&=a+b+l_1\sin\varphi_{1\min}+l_2\sin(\varphi_{1\min}+\varphi_{2\max})+l_3\sin(\varphi_{1\min}+\varphi_{2\max}+\varphi_3)\\ &=a+b+l_1\sin\varphi_{1\min}+l_2\sin(\varphi_{1\min}+\varphi_{2\max})-l_3\cos\xi \end{aligned} \tag{3-42}$$

② 保持动臂液压缸最短、铲斗液压缸最短，只调整斗杆液压缸长度。此时斗杆相对于动臂的转角的计算公式为

$$\varphi_2=-\left(\frac{\pi}{2}-\xi\right)-\varphi_{1\min}-\varphi_{3\max}$$

相应的最大垂直挖掘深度的表达式为

$$h'_4 = a + b + l_1\sin\varphi_{1\min} + l_2\sin(\varphi_{1\min} + \varphi_2) + l_3\sin(\varphi_{1\min} + \varphi_2 + \varphi_{3\max})$$
$$= a + b + l_1\sin\varphi_{1\min} + l_2\sin\left(-\frac{\pi}{2} - \varphi_{3\max} + \xi\right) - l_3\cos\xi \quad (3\text{-}43)$$

③ 保持动臂液压缸最短，同时调整斗杆液压缸和铲斗液压缸的长度。此种情况计算较为繁琐，因为涉及非线性方程的求解，可借助于优化方法中求极小值的方法。其目标函数为最大垂直挖掘深度，设计变量有两个，即 φ_2 和 φ_3，而实际的变量应为斗杆液压缸长度 L_2 和铲斗液压缸长度 L_3，约束条件为液压缸的最长和最短长度以及式（3-40）。限于篇幅，此处不作详细介绍。

实际计算时应将以上三种情况计算的绝对值进行比较，其最大值即作为所能达到的最大垂直挖掘深度。

7. 水平底面为 2.5m 时的最大挖掘深度 h_5

如图 3-41 所示，按国际标准，水平底面为 2.5m 时的最大挖掘深度 h_5 是指在 z 坐标轴方向上，切削刃在平行于 y 坐标轴方向上挖掘出 2.5m 水平底面时，该底面至基准地平面之间的最大垂直距离。该参数反映了挖掘机能挖出 2.5m 宽底面的最大深度，其值越大，表明作业范围越宽，挖掘深度也越大。

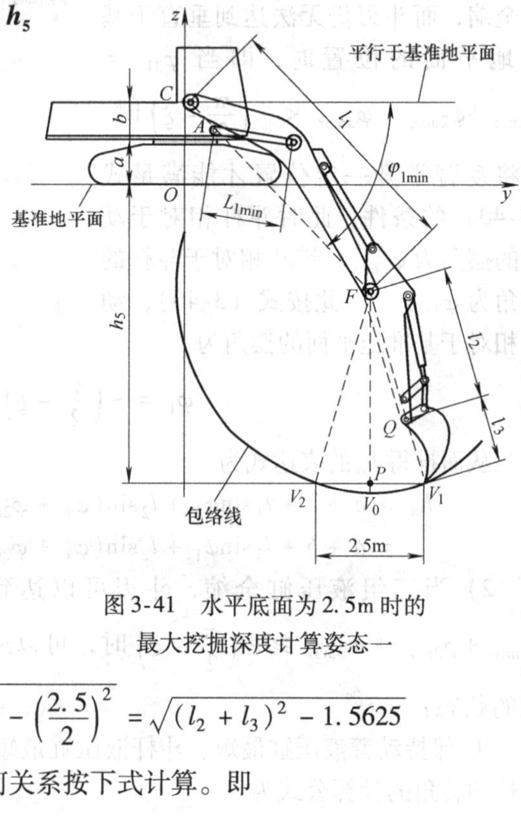

图 3-41　水平底面为 2.5m 时的最大挖掘深度计算姿态一

如图 3-41 所示的姿态，动臂位于最低位置，图中点 V_0 为最大挖掘深度时斗齿尖的位置，点 V_1、V_2 分别为挖掘底面宽为 2.5m 时的起点和终点，此处假定该两点在包络线同一半径的弧线上。在该两点位置，F、Q 和斗齿尖 V 三点一线，V_1、V_2 关于 FV_0 对称，点 P 为 V_1、V_2 连线的中点，则有

$$\overline{FP} = \sqrt{\overline{FV_2^2} - \overline{V_2P^2}} = \sqrt{(l_2 + l_3)^2 - \left(\frac{2.5}{2}\right)^2} = \sqrt{(l_2 + l_3)^2 - 1.5625}$$

则该工况下的挖掘深度 h_5 可根据图中几何关系按下式计算。即

$$h_5 = a + b + l_1\sin\varphi_{1\min} - \overline{FP}$$
$$= a + b + l_1\sin\varphi_{1\min} - \sqrt{(l_2 + l_3)^2 - 1.5625} \quad (3\text{-}44)$$

$$\angle V_1FV_2 = 2\arctan\frac{1.25}{\overline{FP}} = 2\arctan\frac{1.25}{\sqrt{(l_2 + l_3)^2 - 1.5625}} \quad (3\text{-}45)$$

需要指出的是，当 V_1、V_2 两点不在包络线同一半径的弧线上时，即图 3-42 所示位置，当斗杆液压缸全缩时斗齿尖达不到点 V_1 的位置而是在点 V_1 的左侧，这说明斗杆液压缸全缩时斗杆相对于动臂的摆角不能满足此几何关系。即

$$\left(\frac{\pi}{2} + \varphi_{1\min} + \varphi_{2\max}\right) \geqslant \frac{1}{2}\angle V_1FV_2$$

此时不能用式（3-44）计算 h_5，而应寻求其他方法计算。

以上分析姿态是在假定 V_1、V_2 两点在包络线同一半径的弧线上，并对称于 FV_0 的情况。在实际情况中，可能会存在由于斗杆和铲斗的上极限摆角较小而导致 V_1、V_2 点不在同一弧段上的情形，这就给计算该参数带来了一定的困难，这时可利用计算机进行迭代求出。实践证明，绝大多数反铲液压挖掘机的该项作业尺寸的计算属于上述统一弧段的情况。如确实存在其他情况，可在掌握包络图曲线的情况下，利用计算机插值迭代的方法计算，结果精度可完全满足要求，作者就利用该方法在软件“EXCA”中成功地实现了该参数的求解。

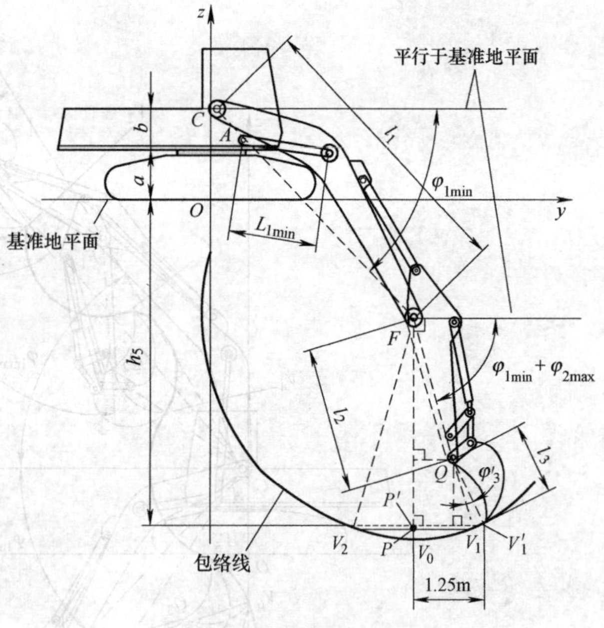

图 3-42　水平底面为 2.5m 时的最大挖掘深度计算姿态二

3.9.7　反铲挖掘机的作业范围和挖掘包络图

从理论上讲，挖掘机的作业范围是指斗齿尖能达到的最大范围。但受自身几何干涉、作业场地要求、作业对象特性及安全性能等方面的影响，实际的作业范围常常受到一定程度的限制。挖掘机的作业范围通常用挖掘包络图来反映，从该图能直观地观察到挖掘机的几何作业参数和相关性能，如图 3-33 所示。

1. 挖掘包络图的定义

挖掘包络图是指斗齿尖所能达到的最远位置所形成的封闭区域，它由一组连续的、首尾相连的封闭曲线（圆弧）构成。边界内为斗齿尖在理论上能到达的部分，因此，挖掘包络图的边界是构成该图的主要因素。除此之外，通过挖掘包络图还应反映整机的如下性能参数：

1）主要作业尺寸（参见图 3-33）。

2）各部件转角范围及极限位置。

3）机构干涉情况。

4）挖掘总面积及主要挖掘区域的分布情况。

2. 挖掘包络图的绘制

在挖掘机工作装置机构参数（铰接点位置）给定的情况下，不难绘制出挖掘包络图。如图 3-43 所示，挖掘包络图的边界一般由八段圆弧曲线组成，各圆弧的交接点分别为 V_1、V_2、…、V_9，以下简述各段的形成过程。

$V_1\sim V_2$段：动臂液压缸最长，斗杆液压缸最短，铲斗液压缸由最短伸到最长，由斗齿尖绕 Q_1点以 l_3为半径转动形成。

$V_2\sim V_3$段：动臂液压缸最长，铲斗液压缸最长，斗杆液压缸由最短伸长到最长，由斗齿

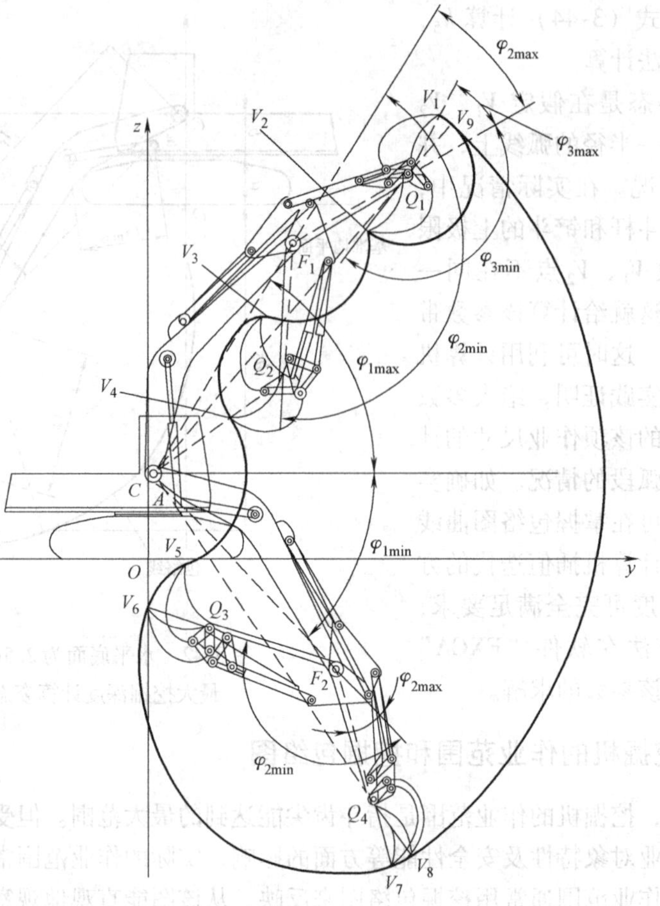

图 3-43　挖掘包络图的绘制步骤

F_1、F_2—动臂与斗杆的铰接点　Q_1、Q_2、Q_3、Q_4—斗杆与铲斗的铰接点

尖绕 F_1 点以 F_1V_2 为半径转动形成。

$V_3 \sim V_4$段：动臂液压缸最长，斗杆液压缸最长，铲斗液压缸由最长缩至斗齿尖位于 C、Q_2连线上为止，由斗齿尖绕 Q_2点以 Q_2V_3为半径转动形成。

$V_4 \sim V_5$段：斗杆液压缸最长，铲斗液压缸固定，动臂液压缸由最长缩至最短，由斗齿尖绕 C 点以 CV_4为半径转动形成。

$V_5 \sim V_6$段：动臂液压缸最短，斗杆液压缸最长，铲斗液压缸由原固定值缩至 F、Q、V 三点一线，即图 3-43 中的 V_6位置，由斗齿尖绕 Q_3点以 l_3为半径转动形成。

$V_6 \sim V_7$段：动臂液压缸最短，铲斗液压缸固定，F、Q、V 三点一线，斗杆液压缸由最长缩至最短，由斗齿尖绕 F_2点以 l_3+l_3为半径转动形成。

$V_7 \sim V_8$段：动臂液压缸最短，斗杆液压缸最短，铲斗液压缸由使 F、Q、V 三点一线的姿态缩至斗齿尖位于 C、Q_4连线的延长线上，即使 C、Q、V 三点一线为止（图 3-43 中的 V_8点），由斗齿尖绕 Q_4点以 l_3为半径转动形成。如铲斗液压缸最短仍不能保证达到 C、Q、V 三点一线的状态，则以实际能达到的状态时的 CV 距离为半径。

$V_8 \sim V_9$段：斗杆液压缸最短，铲斗液压缸为上一弧段时的状态，动臂液压缸由最短伸至最长，由斗齿尖绕 C 点以 CV_8 为半径转动形成。

通过上述步骤后，将主要作业尺寸、各部件（动臂、斗杆、铲斗）的摆角范围及极限姿态标于图中，所绘制的挖掘包络图如图 3-44 所示。

图 3-44 挖掘包络图中的主要作业尺寸包括：最大挖掘深度 h_1、最大挖掘高度 h_2、最大挖掘半径 r_1、最大卸载高度 h_3、停机面上的最大挖掘半径 r_0、最大垂直挖掘深度 h_4、水平底面为 2.5m 时的最大挖掘深度 h_5。

此外，在图 3-44 所示的挖掘包络图中，还应标出各部件的极限摆角，即动臂的极限摆角 $\varphi_{1\min}$ 和 $\varphi_{1\max}$、斗杆的极限摆角 $\varphi_{2\min}$ 和 $\varphi_{2\max}$、铲斗的极限摆角 $\varphi_{3\min}$ 和 $\varphi_{3\max}$。按照前述定义，为便于公式中符号的一致与运算，$\varphi_{1\min}$ 为负值，$\varphi_{1\max}$ 为正值，$\varphi_{2\min}$ 和 $\varphi_{2\max}$ 皆为负值，$\varphi_{3\max}$ 为正值，$\varphi_{3\min}$ 为负值。

挖掘包络图中的极限姿态应能反映工作装置各机构的干涉情况。

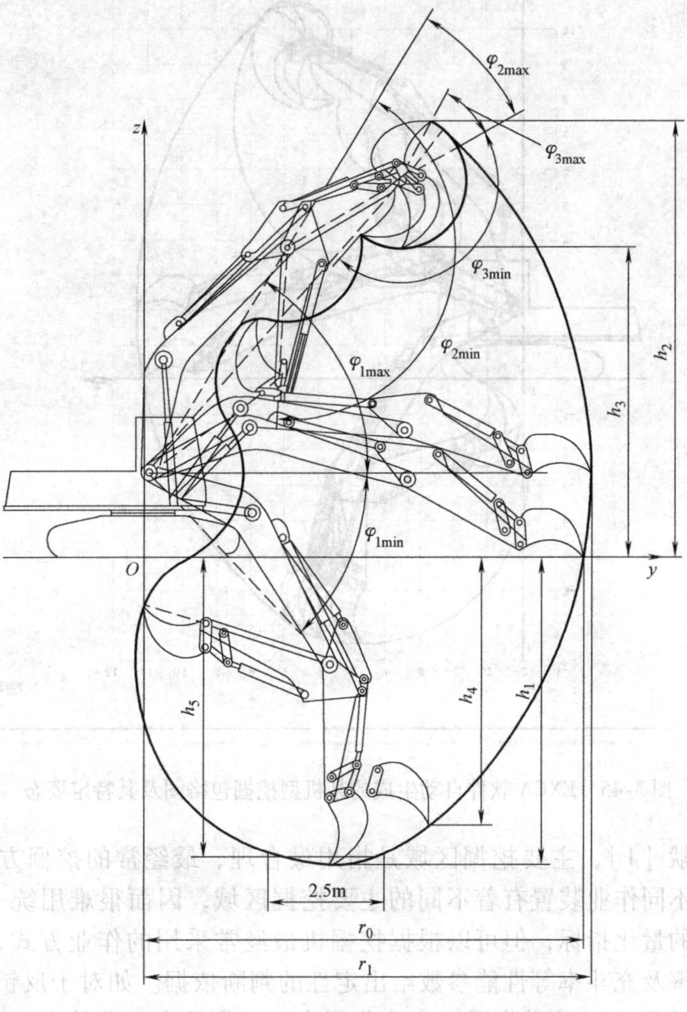

图 3-44　反铲挖掘包络图

3. 挖掘包络图的总面积及主要挖掘区域

挖掘包络图总面积的计算可以用分块叠加的方法进行。因为在结构参数已知的情况下，按照以上方法绘制的挖掘包络曲线上各段的圆心坐标，圆弧首、末点坐标及圆弧半径都可确定，因此可将挖掘包络曲线封闭的区域按照其边界特征进行分块。所分的各个区域包括扇形区域、三角形区域和拱形区域等都为规则图形区域，因而不难计算其总面积；同时，还可进一步计算停机面以上和以下部分的包络面积。

图 3-45 所示为利用作者自行研发的软件“EXCA10.0”自动生成的某普通反铲挖掘机的挖掘包络图及其特定位置的工作装置姿态，这些姿态包括了包络曲线上各转折点的工作装置姿态及主要工作尺寸。软件“EXCA10.0”还给出了这些姿态中各液压缸的长度，部件相对摆角，主要工作尺寸以及挖掘包络图的上、下部分面积和总面积。图 3-46 所示为“EXCA10.0”自动生成的某机型悬挂式工作装置的包络曲线及其特殊姿态。

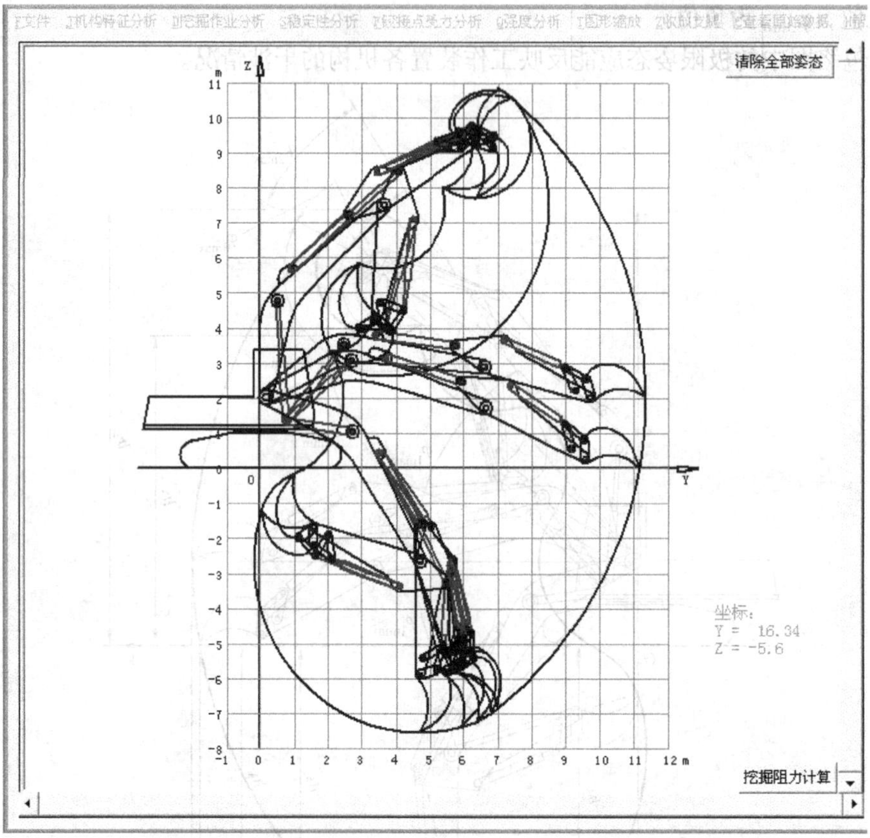

图 3-45　EXCA 软件自动生成的某机型挖掘包络图及其特定姿态

根据参考文献［1］，主要挖掘区域是指用最合理、最经常的挖掘方式挖掘的区域。由于不同机型、不同作业装置有着不同的主要挖掘区域，因而很难用统一的标准给出准确的定义和精确的量化指标，但可以根据挖掘机最经常采用的作业方式、最大挖掘力分布范围、作业效率及充斗率等性能参数给出定性的判断依据。如对于反铲工作装置来说，最经常挖掘的区域是地面以下范围，在此范围内，斗齿最大理论挖掘力较大，分布比较合理。而此范围合理的挖掘方式是铲斗自下而上向机体运动进行挖掘，理论分析和实践证明，用这种方式进行挖掘时作业循环时间短、充斗率高，并且便于卸料和装车，使挖掘机的整体性能和作业效率发挥到最佳。由此可得出以下定性的分析结论，即对于小型

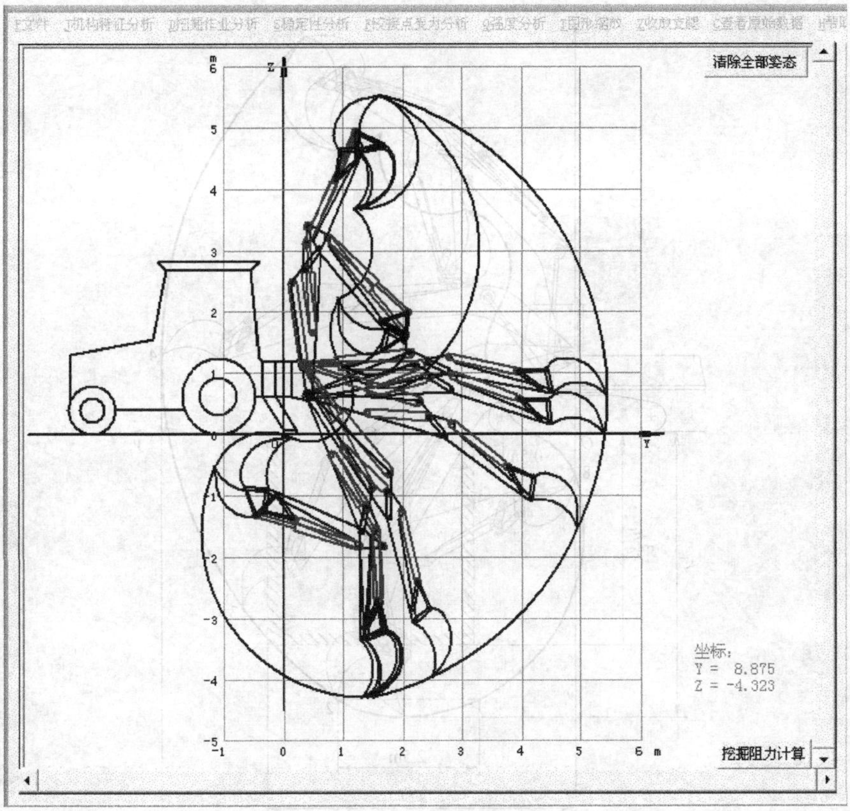

图3-46 EXCA软件自动生成的某悬挂式工作装置挖掘包络图及其特定姿态

反铲，其最经常挖掘的区域应当是地面以下靠近机身一方的侧坡或侧壁，其范围大致为停机面以下至（2/3～3/4）h_1处，履带支点前0.5m至（2/3～3/4）r_1的区间范围，如图3-47中虚线所包含的阴影区域。

图3-47所示为按照上述分析标出的主要挖掘区域分布情况，图中的位置3为最大垂直挖掘深度位置，它与工作装置相对位置姿态及铲斗结构有关，该位置点落在上述所定主要挖掘区之外。显然，所谓的主要挖掘区只能粗略地说明问题，而无法进行量化。但结合以上分析和图3-47可以看出，对于某些位置及其附近区域，虽然在理论上斗齿尖可达到但实际上是不应当作为挖掘区域的，如图中0.5m线之后机身以下的区域，对该区域所做的任何作业都会影响到机器的安全；其次是图中位置点6、7及其邻近区域，无论从工作装置姿态还是实际情况都不能作为挖掘区域；最后是距离机身较远的边缘部分，在这些区域挖掘力会很小且存在整机后倾失稳问题，因而也不能进行有效的挖掘。

通过以上分析可知，对于专用反铲，通常的挖掘区域是地面以下范围，在此范围内，除去上述不可能或不应当进行挖掘的区域，余下的就为主要挖掘区域。值得注意的是，现代液压挖掘机在其主要作业尺寸中还增加了最大垂直挖掘深度和水平底面为2.5m或8ft（1ft＝0.3048m）时的最大挖掘深度两项，这说明主要挖掘范围应该在过去的基础上有所扩大，这就要求在设计初始就考虑这些作业参数，并对扩大了的主要挖掘区域进行详细分析，以提高整体的综合性能。

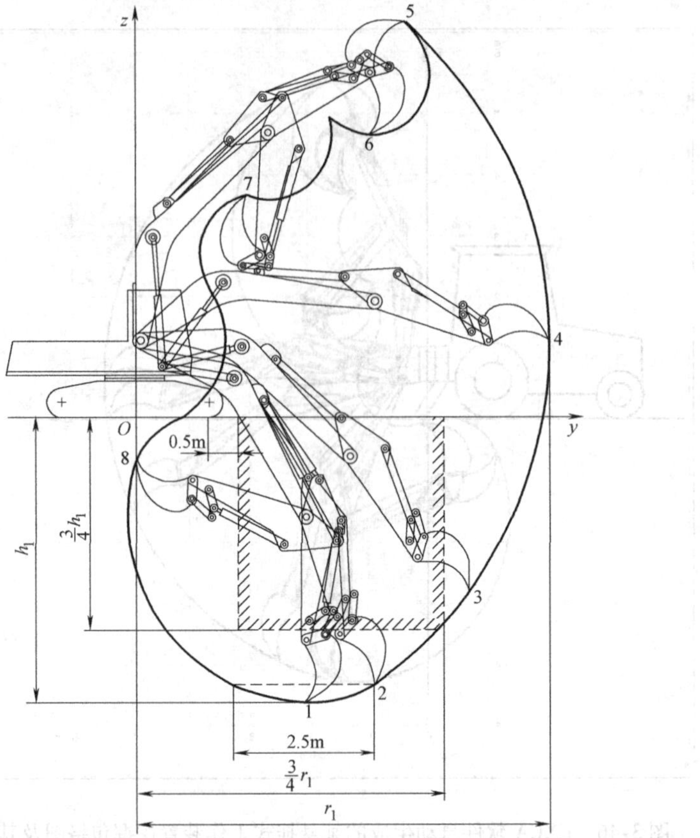

图 3-47　主要挖掘区域

3.10　反铲工作装置铰接点位置的确定

如同其他产品的设计过程，在对液压挖掘机反铲工作装置进行设计时，首先应明确设计目标、具体设计指标、设计原则和规范，然后确定具体的设计内容并制定详细的设计步骤和进程。

1. 反铲工作装置的设计目标和原则

1）满足主要作业尺寸及作业范围要求。

2）符合国家、国际及行业标准和规范。

3）满足挖掘力大小及其分布规律要求。

4）尽可能充分利用发动机功率，达到节能、减排、降噪标准，并尽可能缩短理论工作循环时间，以提高挖掘机的作业效率。

5）在确定结构形式、铰接点位置及截面尺寸时要考虑空间布置条件，避免机构干涉，使部件受力状态有利，并在满足强度和刚度条件的基础上尽可能使结构紧凑并减轻自重。

6）要考虑工作装置的通用性，以便于更换作业装置、满足不同的作业要求。

7）应满足运输和停放的姿态要求，使运输尺寸小、停放姿态安全、行驶稳定性好。

8）工作装置用液压元件和其他零部件要尽可能满足三化要求并便于装拆，尽可能减少零部件尤其是易损件种类和数量，以便于维修、保养和更换。

9）在基本功能满足的前提下应满足特殊使用要求，如破碎、起重、拆除等作业要求。

2. 反铲工作装置的设计内容

1）确定工作装置结构方案。

2）确定工作装置主要特性参数。

3）确定各部件铰接点位置。

4）设计工作装置各部件的具体结构形式和尺寸参数，并对其进行强度、刚度、疲劳寿命等项的校核。

5）设计合理性分析。

上述内容中第5）部分需在完成挖掘力分析之后进行，因此将在后续章节中介绍，本章只对前4部分进行介绍。

3. 反铲工作装置的设计方法

在给定了设计目标和设计技术指标后，反铲工作装置的设计方法有以下几种：

1）解析计算法。该方法通过对工作装置机构几何参数的分析计算来确定工作装置各部件的铰接点位置，当这些铰接点位置确定后，还需验算各几何作业尺寸、挖掘力、提升力矩等性能参数是否满足要求。

2）几何作图法。该方法通过给定的几何作业尺寸利用几何作图法来确定各部件的铰接点位置，在此基础上验算挖掘力、提升力矩等性能参数是否满足要求。

3）比拟法。该方法通过寻找待设计机器与同类型样机的比例关系，参照样机来确定工作装置各部件上的铰接点位置。通常情况下，使用该方法还需要测绘样机的相应几何结构参数和其他性能参数，并收集同类型机型的相关参数。

4）优化设计法。该方法是在要求的优化（或设计）目标下（一般为性能参数），对现有机型工作装置的几何铰接点位置或其他几何参数进行调整，使其得到理想的设计目标或对原机型的性能作最大限度的改善。该方法一般需借助于计算机来完成。

5）虚拟样机设计法。该方法是借助于计算机可视化技术及三维设计软件技术，建立待设计机型的三维模型，在设计阶段即可观察到机器的装配关系、运动关系，并生成二维设计图及加工工艺卡等。在此基础上，某些软件还可进一步分析机器的动力学特性等各项性能，是近年来比较流行的设计方法，也是未来的主要发展方向。

以上设计方法各有优缺点，具体使用哪种方法应根据客观条件来定。作为专业设计人员，无论使用哪种方法，都应该掌握基本的设计理论，尤其是掌握某些设计参数的选择依据、各参数之间的相互关系以及它们对整机性能的影响等，不注重基本的设计理论和方法而盲目地使用先进的设计方法也不一定能达到理想的设计效果。以下对挖掘机工作装置的基本设计理论和方法作一基本阐述。

3.10.1　反铲工作装置结构方案的确定

如前所述，反铲工作装置的基本结构形式目前已基本定型，在此无需对其作过多的分析讨论。但如何选择这些具体结构参数使其达到期望的目标以及如何分析某些参数对整机性能的影响，却存在较大的难度。其原因首先在于参数较多，仅涉及普通反铲工作装置铰接点位置的几何参数就有30余个，而各个参数对设计目标的影响是高度非线性的，单独研究某个参数的影响只能在特定的局部范围内才有意义，对整体性能的研究则需综合考虑全部参数；其次是这些参数之间存在相互耦合关系，在既定的统一目标下研究它们之间的关系，尤其是对整机几何尺寸和动力学特性的影响，无论是在理论还是在实验方面都存在较大的难度。因此，本节仍从设计的角度来介绍这些参数的选择方法。

1. 确定动臂结构形式及动臂和动臂液压缸的布置方案

由前述构造部分可知，动臂的结构形式主要为整体式动臂和组合式动臂两种。整体式动臂结构简单，但适应性较差；组合式动臂结构复杂，但可满足不同作业范围和尺寸的要求。从动臂结构外形上看，又可将整体式动臂分为弯动臂和直动臂。整体式弯动臂有利于反铲地面以下的挖掘作业，但比直动臂结构复杂，并在动臂弯曲部位容易引起由于结构和工艺问题而导致的应力集中等强度方面的问题。虽然如此，通过分析比较和实践检验，在各类反铲液压挖掘机上，整体式弯动臂仍得到了普遍应用，因而可作为首选方案，在该方案基础上，如要改变作业尺寸，可通过更换不同长度的斗杆或铲斗来实现，特殊情况下可与动臂一起作整体更换（这种情况在实际使用中也可见到）。整体式直动臂则结构简单，但会影响挖掘深度，一般只用于小型或悬挂式液压挖掘机上。组合式动臂按连接方式的不同有多种组合方式，如液压缸方式和螺栓方式等，具体采用哪种方案要考虑使用要求、制造能力、经济性等各种情况，如构造部分所述，需进行综合分析，不能一概而论。

动臂与机身的铰接点 C（参见图3-1）一般布置于回转平台的前部，这有利于扩大作业半径和挖掘深度，但会加大平台所受的倾覆力矩。关于动臂液压缸与机身的铰接点位置 A，则与 C 点的位置有密切关系，对普通反铲，一般置于动臂与机身铰接点前下方、回转平台的最前端，并不能低于平台底面，这有利于满足动臂对提升力矩和闭锁力矩的要求；对于悬挂式工作装置，则只能置于动臂与回转支座铰接点的上部稍后位置（参见图2-5、图2-6），这样布置兼顾了这种形式的小型机结构条件以及对提升力矩、提升速度和闭锁力等方面的要求。

动臂液压缸与动臂的铰接点对大中型采用双动臂液压缸的普通反铲挖掘机一般位于动臂的中部，这在前面构造部分已有论述。对于大中型挖掘机，动臂液压缸一般为双缸，并布置于动臂两侧，在增加了提升力矩的同时提高了动臂及整个工作装置在运动过程中的稳定性。对于小型或微型挖掘机，为简化结构，在满足使用要求的前提下可采用单动臂液压缸，并将动臂液压缸与动臂的铰接点置于动臂中部下方，这样做既可满足小型机对挖掘深度的要求，同时不致影响动臂的结构强度，因而在实际应用中较为多见。而悬挂式布置方案是将动臂液压缸布置于动臂的上部，使整个工作装置形同悬挂，此种布置形式虽然提升力矩较小，但可提高提升速度，故而在挖掘装载机等小型挖掘机上也比较多见。

综上所述，各种结构和布置方案都有其优缺点，具体确定时，应首先满足使用要求并兼顾其他情况，同时还应参考同类机型中比较成熟的结构形式，最后通过多方面综合分析来确定。

2. 斗杆和斗杆液压缸的布置方案

如构造部分所述，在确定斗杆的结构方案时，也有多种选择。整体式斗杆结构简单，但适应性较差，难以满足不同作业尺寸的要求，尤其是大范围、远距离挖掘作业；而组合式斗杆则可弥补这种不足，但组合式斗杆结构复杂，并有多种组合方式可选，如螺栓联接组合式斗杆、液压缸连接组合式斗杆等，具体采用哪种结构形式，也需根据使用要求等确定。

对于普通反铲工作装置，斗杆液压缸布置于斗杆的上部首先是考虑到反铲挖掘机的挖掘方式为向下向后挖掘方式，这时斗杆液压缸大腔为工作腔，能产生较大的挖掘力；而铲斗液压缸单独工作进行挖掘时，斗杆液压缸大腔闭锁，也能产生足够的闭锁压力。值得注意的是，当铲斗装满物料进行提升时，斗杆需要回摆，此时斗杆液压缸小腔进油变为工作腔，而到最上部位置时其回摆力臂可能会很小，因此要保证能产生足够的回摆力矩。

3. 动臂与斗杆长度比的确定

根据参考文献［1］及相关文献，动臂长度与斗杆长度的比值 $k_1=l_1/l_2$ 是反映工作装置特性的一个重要参数，但其选择范围可能会因作业要求的不同而变化很大，故难以对其进行准确分类和描述。参考文献［1］认为，当 $k_1>2$ 时为长动臂短斗杆方案，当 $k_1<1.5$ 时为短动臂长斗杆方案，当 $k_1=1.5\sim2$ 时为中间方案，这可作为大体的参考，而不应作为严格意义上的分类依据。这是因为，同一台挖掘机常常会根据不同的作业条件和要求配置不同的可换工作装置，如加长斗杆或加长动臂或采取组合动臂或组合斗杆，而改变了该特性参数的取值。

结合反铲作业的特点，从作业范围来说，在作业尺寸相同的条件下，k_1 越大，斗杆相对越短，作业范围越窄，反之则作业范围越大。从挖掘方式来说，k_1 大宜以斗杆挖掘为主，这是因为斗杆相对较短，斗杆阻力臂较小，因而可产生较大的斗杆挖掘力；反之则应以铲斗挖掘为主。但无论哪种挖掘方式，从现行的挖掘机看，铲斗最大挖掘力一般大于斗杆最大挖掘力，这主要是因为斗杆机构与铲斗机构形式不同导致传动比不同的缘故。从挖掘轨迹看，较小的 k_1 值容易使斗齿得到接近于直线的运动轨迹，便于平整和清理作业（图3-48），也便于挖掘窄而深的沟渠或基坑（图3-49），且其挖掘质量和装卸效率比抓斗高。

图3-48　短动臂长斗杆方案用于平整作业

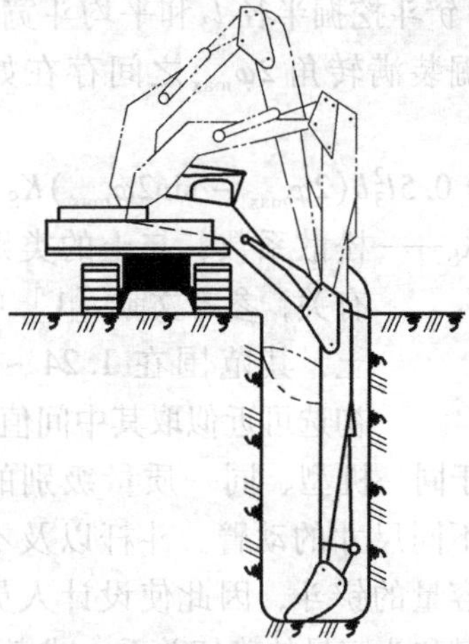

图3-49　短动臂长斗杆方案用于挖掘基坑

4. 确定配套铲斗的种类、结构形式、斗容量及相应主参数

不同级别和特性的土壤要求不同结构形式的配套铲斗，这样有利于充分发挥挖掘机的能力并提高作业效率。现行的挖掘机大多配置了多种挖掘铲斗，此外，某些专业生产铲斗的厂商还开发了各种异型铲斗可供用户在特定的作业环境下选配。

5. 确定铲斗连杆机构的结构形式

铲斗连杆机构有铲斗液压缸直接接铲斗的四连杆机构以及通过摇臂和连杆连接铲斗的六连杆机构两种基本形式。其中，四连杆机构结构简单，能产生较大的挖掘力，但转角范围受到较大影响，难以满足使用要求，因此在反铲工作装置中较少采用。目前使用较多的是六连杆机构，如图3-19b、c、d所示。其中图3-19b的共点机构形式较为常见，原因是该结构形式不仅能满足铲斗转角范围的要求，同时也能发挥较大的铲斗挖掘力。图3-19c、d所示的两种情况在个别机型上也可见到。

6. 确定各液压缸的数目、缸径及伸缩比

在系统压力及最大流量确定的情况下，可根据主机工况及结构特点并参考同类机型初选液压缸的缸数；考虑三化要求，参照标准初选液压缸缸径和活塞杆直径；考虑机构运动情况、液压缸稳定性要求选择液压缸的伸缩比。参照参考文献［1］，对于动臂液压缸一般取其伸缩比 $\lambda_1=1.6\sim1.7$，特殊情况下，考虑到动臂的摆角范围要求，可将 λ_1 增大至1.75；对于斗杆液压缸，推荐其伸缩比 $\lambda_2=1.6\sim1.7$；对于铲斗液压缸，推荐其伸缩比 $\lambda_3=1.5\sim1.7$。无论是哪组液压缸，如伸缩比选择较小，则相应部件的运动范围会减小，并浪费液压缸的部分行程；反之，如选择过大，则除受液压缸自身结构原因限制外，还受其稳定性和机构几何运动干涉因素的限制。因此，选择伸缩比的原则应当是在满足部件运动范围的条件下尽可能利用液压缸的全部行程，同时应避免出现液压缸受压失稳和机构干涉的情况。

3.10.2 铲斗结构参数的确定

1. 铲斗主参数的确定

如图3-50所示，铲斗的主要结构参数有斗容量 q、铲斗挖掘半径 l_3 和平均斗宽 b，它们与铲斗挖掘装满转角 $2\varphi_{max}$ 之间存在如下数学关系。即

$$q = 0.5l_3^2b(2\varphi_{max} - \sin2\varphi_{max})K_S \tag{3-46}$$

式中 K_S——松散系数，与土的类别及其状态有关，参考文献［1］中，对Ⅲ级土，其范围在1.24～1.3之间，初选可近似取其中间值。

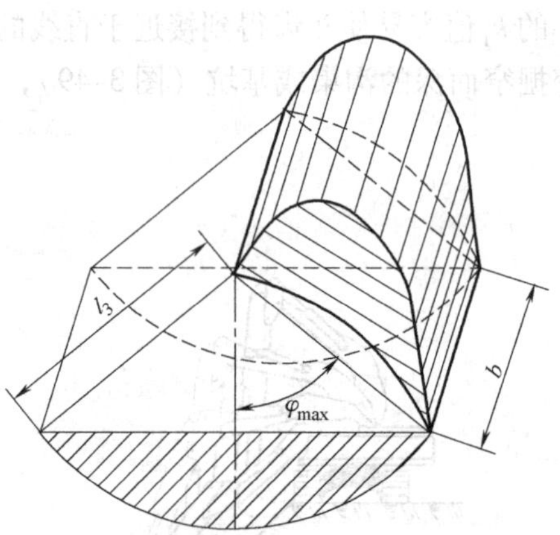

图3-50 铲斗主参数

由于同一机型、同一质量级别的挖掘机常常配备不同尺寸的动臂、斗杆以及不同结构形式和斗容量的铲斗，因此使设计人员难以确定整机质量和斗容量的确切关系，或者说相同机型、相同质量级别的斗容量的可比性较差。如LIEBHERR的R944型履带式液压挖掘机，其配备的铲斗容量范围在0.6～2.6m³之间，不仅斗容量的可选范围较大，而且铲斗的结构形式也会随物料的不同而存在较大的差异。但这并不意味着完全没有规律可循。实际上，在结构形式相同、工作尺寸相近的不同级别的挖掘机中，铲斗的斗容量和整机质量之间存在一定的关系，这个关系主要取决于以下三个因素。其一是铲斗伸至与回转中心水平距离最远、满斗举升时整机的稳定性限制条件，其二是动臂液压缸在各种姿态时的举升能力，其三是物料的松密度。其中，第一个因素中包含了整机质量

及其重心位置，这能在一定程度上反映斗容量与整机质量的关系。但即便如此，搜集这方面的数据也存在相当的困难，要找出其内在关系和规律，除了需要搜集和分析大量现有机型的数据外，还得进行必要的实验。因此，选择铲斗容量时只能将使用条件相同或基本相近的同类型机型作为参考样机，利用比拟法初步确定，然后进行理论分析和试验验证，如同一机型上需配备不同结构形式和斗容量的铲斗则应考虑物料情况确定。

关于标准斗容量的计算方法和依据，目前在ISO、SAE、CECE及我国的国家标准中都有具体规定和说明，此处不作详细介绍，还请读者参考相关标准。

式（3-46）中，铲斗挖掘装满转角$2\varphi_{max}$是指铲斗从开始接触土壤到挖掘过程结束并脱离土壤的转角，并非铲斗的整个转角范围。试验和统计结果显示，该值一般在90°~110°之间，而为了满足开挖、卸载及运输的要求，铲斗的总转角一般要达到180°左右。

在初选了铲斗容量q、铲斗挖掘装满转角$2\varphi_{max}$及物料松散系数K_S的情况下，可以通过式（3-46）分析铲斗挖掘半径l_3和平均斗宽b的关系。

铲斗主要结构参数选择的合理性还可以依据铲斗挖掘能容量来判断，该参数是指铲斗挖掘单位体积土壤所耗费的能量，其表达式为[1]

$$E=\frac{K}{b}\left(2K_2\frac{\sin\varphi_{max}-\varphi_{max}\cos\varphi_{max}}{2\varphi_{max}-\sin2\varphi_{max}}+100l_3K_3\frac{\varphi_{max}-1.5\sin2\varphi_{max}+2\varphi_{max}\cos^2\varphi_{max}}{2\varphi_{max}-\sin2\varphi_{max}}\right) \tag{3-47}$$

式中　K——考虑挖掘过程中其他因素影响的系数；

K_2——函数，当$q=0.15\sim1m^3$时取$K_2=1.5$；

K_3——函数，当$q=0.15\sim1m^3$时取$K_3=0.07$。

参照参考文献［1］，当斗容量一定时，最大挖掘阻力和铲斗挖掘能容量会随着l_3和b的增大而下降，但当$2\varphi_{max}<90°$以后，这种下降趋势会逐渐变缓，如图3-51所示。另一方

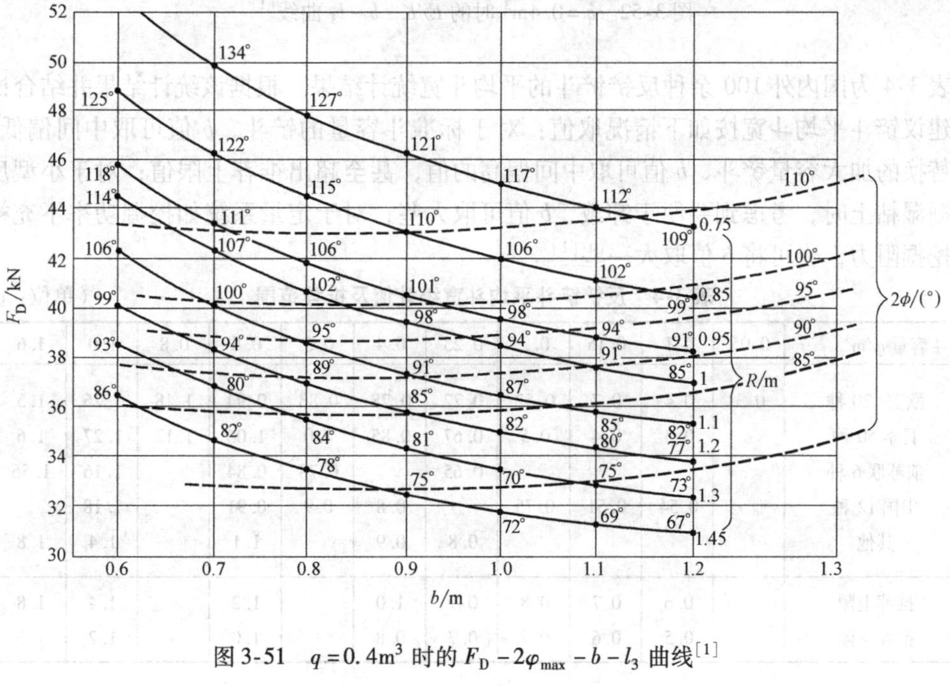

图3-51　$q=0.4m^3$ 时的 $F_D-2\varphi_{max}-b-l_3$ 曲线[1]

面，除非所挖掘的物料为散料，否则铲斗宽度 b 不可太大。这是因为当挖掘阻力作用在边齿上时，过大的铲斗宽度会加大载荷不对称引起的附加扭矩，从而加重工作装置所受的载荷，破坏铲斗的结构强度和刚度。

图 3-51 中的 F_D 为铲斗最大挖掘阻力与切削刃挤压土壤的力的差值。参照参考文献[1]，切削刃挤压土壤的力可根据斗容量大小在 10000 ~ 17000N 之间选取，当斗容量 $q<0.25m^3$ 时，该值应小于 10000N。关于挖掘阻力的计算将在后文中作详细介绍。

图 3-52 所示为根据式（3-47）得出的斗容量为 $0.4m^3$ 的铲斗的挖掘能容量 E 与铲斗平均宽度 b 及铲斗挖掘半径 l_3 的关系曲线。由该图可以看出，在斗容量一定的情况下，铲斗宽度 b 对挖掘能容量的影响远大于铲斗挖掘半径 l_3 的影响，因此，从挖掘能容量的角度看，铲斗宽度也不宜太大。

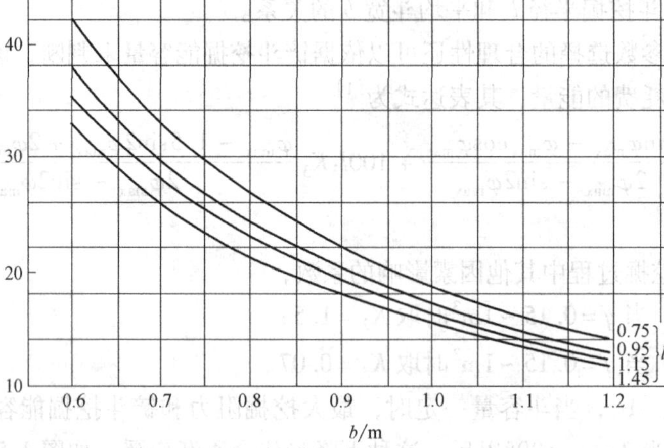

图 3-52　$q=0.4m^3$ 时的 $E/K-b-l_3$ 曲线[1]

表 3-4 为国内外 100 余种反铲铲斗的平均斗宽统计结果。根据该统计结果并结合试验分析，建议铲斗平均斗宽按如下情况取值：对于标准斗容量的铲斗，b 值可取中间偏低的值；如为替换的加大容量铲斗，b 值可取中间偏高的值，甚至超出推荐上限值；对于小型反铲主要挖掘湿粘土时，考虑到要便于卸载，b 值可取大些；对于定量系统如挖掘功率不充裕，为降低挖掘阻力，也可将 b 值取大一些[1]。

表 3-4　反铲铲斗平均斗宽统计值及推荐范围[1]　（单位：m）

	斗容量 q/m^3	0.05	0.1	0.15	0.2	0.25	0.4	0.5	0.6	0.8	1.0	1.6	2.0
斗宽 b	欧美 120 种	0.3	0.4	0.7	0.52	0.72	0.78	0.88	0.94	1.18	1.26	1.5	1.65
	日本 50 种		0.3	0.4	0.5	0.67	0.85	1.0	1.06	1.12	1.27	1.6	1.77
	前苏联 6 种					0.65		0.78	0.84		1.16	1.56	
	中国 12 种		0.54	0.51	0.75		0.8	0.9	0.91		1.18		
	其他					0.8	0.9		1.1		1.4	1.8	
	推荐上限		0.6	0.7	0.8	0.9	1.0		1.2		1.4	1.8	
	推荐下限		0.5	0.6	0.7	0.7	0.8		1.0		1.2	1.6	

综上所述，在斗容量一定的情况下，增大铲斗宽度 b 或增大铲斗挖掘半径 l_3 都可降低最大挖掘阻力和挖掘能容量，这也同时减小了挖掘转角和液压缸行程。但由于在一定的斗容量下它们之间存在相互制约的关系，因此在设计时应兼顾最大挖掘阻力和挖掘能容量，希望两者都尽可能小，以降低结构受力和能耗。所以，综合考虑所有因素后，b 和 l_3 一般不宜相差悬殊。

2. 铲斗其他结构参数的确定

在上述主参数选定的基础上，接下来就应考虑铲斗的结构形状和具体结构参数，如铲斗上两铰接点的距离 l_{KQ}、$\angle KQV$ 以及斗底几何形状、斗齿形状、斗齿的排列方式等，如图 3-53 所示。

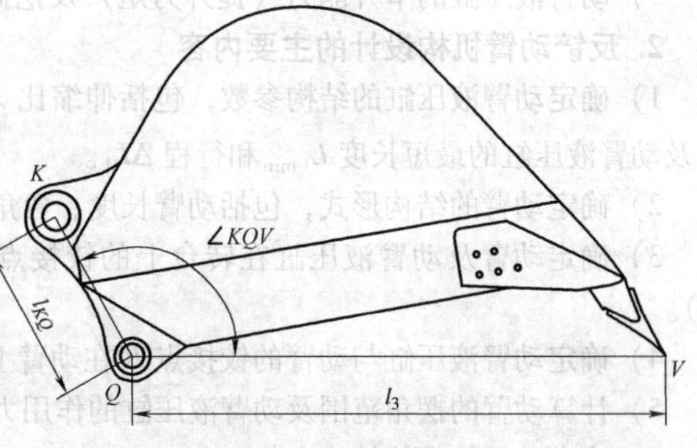

图 3-53　铲斗的结构参数

如图 3-53 所示，l_{KQ} 的取值范围一般为 $l_{KQ}=(0.3\sim0.38)\ l_3$。该值小时有利于扩大铲斗的转角范围，但增大了该处的受力，对铲斗的结构强度和刚度不利；反之，则影响铲斗的转角范围和铲斗的传动特性。该值的选择原则是要在满足挖掘力要求的情况下，使铲斗有足够大的转角范围，同时还应保证铲斗的结构强度和刚度，并避免铲斗连杆机构的干涉。

对于 $\angle KQV$，则涉及铲斗的具体结构情况，一般在 95°~105°范围内选取。过小的值不利于物料在铲斗内的流动；反之，则不利于铲斗挖掘力的正常发挥，并使斗容量过大。

对于铲斗的结构形状，从挖掘和卸料两方面考虑有以下要求：

1）铲斗内、外壁要光滑，以减少物料与铲斗的摩擦阻力，并便于物料在铲斗内的自由流动。对于粘性较大的物料，为了保证完全卸净物料，需在结构上采取强制卸土措施，如图 3-25 所示，但这在一定程度上会降低铲斗的斗容量并增加铲斗的质量。

2）同样是为了挖掘和卸料，一般铲斗的前部比后部略宽，斗口比斗底略宽，其倾角大致都在 2°~5°范围内；

3）为了使斗内物料不易洒落和掉出，铲斗宽度与物料颗粒的平均直径之比应大于4∶1，当该比值大于 50∶1 时，可不考虑颗粒尺寸的影响。

4）斗齿的装设。为了提高铲斗的切入和破碎能力，并便于耙出物料中的石块，对于较为坚硬的或夹杂石块的物料，一般要在斗刃上装设斗齿。斗齿刃角一般取 20°~25°，刃角越小，挖掘阻力越小，但刃角过小会使斗齿的结构强度降低，并加快斗齿的磨损，因此，斗齿刃角不宜太小。如前所述，如需在斗侧壁前部与斗刃交界处装设侧齿，则正齿应超前于侧齿，以免挖掘时侧齿频繁受力导致载荷不对称的情况。由于斗齿首先接触土壤，受力很大且复杂，因而应充分考虑其结构形状、所用材料以及安装和拆卸方式，以延长其使用寿命，并便于更换。根据挖掘的难易程度并考虑到的斗齿的强度和便于切土，挖掘较硬的或含石头较多的土，则斗齿应较为粗短，而挖掘粘性的松软土斗齿则可细长些。用于场地清理的铲斗可不带斗齿而采用平切削刃，当挖掘中等硬度或粘性较大的成型土沟时可用带三角缺口的切削刃。关于斗齿的安装方式，在前述构造部分已有介绍，此处不再重复。

3.10.3 普通反铲动臂机构的设计

1. 动臂机构参数设计所涉及的问题

1）动臂的结构形状及动臂机构上三个铰接点位置的布置问题。

2）主要作业尺寸，如最大挖掘高度、最大挖掘深度、最大挖掘半径等。

3）动臂液压缸的举升能力（提升力矩）及挖掘作业时的闭锁能力。

2. 反铲动臂机构设计的主要内容

1）确定动臂液压缸的结构参数，包括伸缩比 λ_1、动臂液压缸缸径 D_1、活塞杆直径 d_1 以及动臂液压缸的最短长度 $L_{1\min}$ 和行程 ΔL_1。

2）确定动臂的结构形式，包括动臂长度、弯角及上下动臂的长度。

3）确定动臂及动臂液压缸在转台上的铰接点 C 及 A 的位置坐标（y_C，z_C）和（y_A，z_A）。

4）确定动臂液压缸与动臂的铰接点 B 在动臂上的位置坐标（y_B，z_B）。

5）计算动臂的摆角范围及动臂液压缸的作用力臂和作用力矩。

6）确定动臂的具体结构参数。

设计动臂机构时必须考虑前述三类问题，在满足相应要求的基础上确定相应的结构参数。

3. 动臂的结构形状及动臂机构上三个铰接点位置的布置

对于一般的反铲液压挖掘机，无论整机质量多大、作业尺寸如何，都是以地面以下挖掘为主，因而为了满足最大挖掘深度，通常将动臂做成向下弯曲的形状，由上、下两段直的部分和中间弯曲的部分组成，如图 3-54 所示。根据相关文献统计规律，动臂弯角 α_1 一般的取值范围为 110°～140°，小弯臂可取 150°～170°。较小的 α_1 值有利于增大挖掘深度，但降低了最大挖掘高度，且对结构强度不利，因为在弯曲部位会由于结构和焊接工艺原因引起应力集中。α_1 值越小，应力集中越严重，同时会加大侧向力引起的附加扭矩。弯动臂在弯折处 U 点分为上、下两部分，UF 与 UC 分别为上、下动臂在图示平面内的对称中心线，上、下动臂的长度比 $k_2=\overline{UF}/\overline{UC}$ 与动臂液压缸铰接点位置 B 有关，但多数情况下 U、B 两点并不重合，但比较接近。初选时可取 $k_2=1.1\sim1.3$。

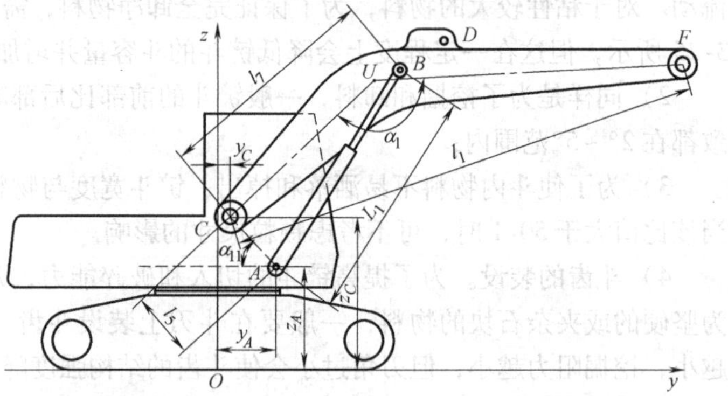

图 3-54 动臂机构参数及铰接点位置示意图

动臂长度 l_1 的取值不仅与最大挖掘深度、最大挖掘高度等作业尺寸有关，还与斗杆长度及铲斗挖掘回转半径等几何参数有关，设计时可参考现有机型或相关文献首先选择动臂与斗杆的长度比 $k_1=l_1/l_2=1.1\sim1.3$。但该范围只适用于标准配置，不适用于加长斗杆等非标准配置的情况。

区别于悬挂式反铲工作装置，普通反铲工作装置的动臂液压缸与回转平台的铰接点 A 一般位于回转平台的前端较低位置，其高度应略高于平台地面和履带高度，其目的是为了增大最大挖掘深度和最大挖掘半径，同时保证转台能顺利回转。但 A 点距回转中心的水平距离（y_A）不应太大，否则将恶化转台中部的受力情况。

动臂与回转平台的铰接点 C 一般位于转台上 A 点的后上部，选择该点位置时应注意以下几点：

1）要保证动臂液压缸在任何位置都能产生足够的提升力矩，将整个工作装置连同斗内物料顺利提起。

2）保证在主要挖掘工况和区域动臂液压缸能闭锁得住。

3）保证动臂有足够的摆角范围，以满足挖掘机的主要作业尺寸和作业范围。

4）铰接点 C 与 A 点的距离 l_5 不应太大，否则会使其在转台上难以布置，并加大动臂液压缸的行程，使机构变得不紧凑；反之，则会使动臂机构 $\triangle ABC$ 中 AB 边的高（即动臂液压缸的力臂）太小，从而降低动臂的提升力矩和闭锁力矩。

铰接点 C 的位置可通过 AC 与水平面的夹角 α_{11} 及 C 点与 A 点的距离 l_5 等参数来描述。

α_{11} 的取值对最大挖掘深度和最大挖掘高度都有影响。在其他参数不变的情况下，加大该值会增大挖掘深度，但减小了最大挖掘高度；减小该值则会减小最大挖掘深度而增大最大挖掘高度。α_{11} 的选择依据是：以反铲为主时，可取 $\alpha_{11}>60°$，甚至大于 $80°$。以反铲为主的通用机，取 $\alpha_{11}>50°$；正、反铲通用机，可取 $\alpha_{11}\approx45°$。以正铲或挖掘装载装置为主的通用机，可取 $\alpha_{11}=40°\sim45°$。对于专用正铲，可在前述基础上将该值再进一步作适当减小。

铰接点 C 与 A 点的距离 l_5 的选取则取决于转台的结构、动臂液压缸的结构参数，如长度、缸径、活塞杆直径以及缸内油压力和动臂所需提升力矩、闭锁力矩、动臂摆角范围等。该值大则动臂液压缸的作用力臂大，相应的提升力矩和闭锁力矩也大，但会加大在转台上的布置空间，并影响动臂的摆角范围；反之，减小 l_5 则会减小动臂液压缸的作用力矩，使结构变得紧凑，但会增大铰接点 A、C 的受力，影响转台的结构强度和刚度。根据理论分析和统计结果，l_5 通常为动臂液压缸最短长度 $L_{1\min}$ 的 0.5～0.6 倍。

关于动臂与动臂液压缸铰接点 B 的确定，应考虑以下几点：

1）要保证动臂 $\triangle ABC$ 在动臂液压缸的伸缩过程中不被破坏，即不出现 A、B、C 三点一线或动臂液压缸力臂为零的情况。

2）保证动臂有足够的摆角范围，以满足挖掘机的主要作业尺寸和作业范围。

3）要保证动臂液压缸在任何位置都能产生足够的提升力矩，将整个工作装置连同斗内物料顺利提起，并在主要挖掘工况和区域动臂液压缸能闭锁得住。

在保证上述各项的基础上，初选 B 点位置时还应考虑动臂液压缸的数目和大体的布置方式。对于大中型机，动臂液压缸一般为双缸，对称布置于动臂的两侧，此时，B 点应位于动臂弯曲部位的中间（大致与 U 点重合）位置。此种布置方式不会影响最大挖掘深度。但由于在弯曲部位需要加工铰支座，因而会在该部位引起应力集中并削弱动臂强度。对于小型机，有时采用单动臂液压缸，从加工工艺和动臂结构强度考虑，一般将 B 点置于动臂弯曲部位的下方，如图 3-10b、图 3-11 所示。该布置方式虽然不会削弱动臂结构强度，但在一定程度上影响了最大挖掘深度。由于初选 B 点位置时动臂的具体结构尚未确定，因此，无论选择上述哪种布置方案，都建议参考现有机型，而不应盲目确定。

4. 动臂机构几何参数的设计步骤

综上所述，动臂机构参数的大致设计步骤如下：

1）根据给定条件确定工作装置的设计技术指标。在设计工作装置之前，首先应掌握机身参数及必要的总体参数，包括：①底盘及转台参数，这些参数有机身质量及重心位置坐标、履带中心矩、履带接地长度、履带宽度、履带高度、轮胎式轮距、轮胎式轴距、轮胎直径、转台底面离地高度、回转支承高度及回转滚道直径等；②液压系统参数：主要有主液压泵额定压力（系统压力）和最大输出流量；③作业尺寸和性能参数：主要有最大挖掘深度、最大挖掘高度、最大挖掘半径、最大卸载高度、标准斗容量、铲斗最大挖掘力、斗杆最大挖掘力。

2）根据底盘及转台结构情况布置铰接点 A 的位置。该点一般在转台上前端，在垂直方向要适当高于转台底面，随后给出 A 点的位置坐标（y_A，z_A）。

3）参照同类机型和设计手册，初选动臂液压缸的伸缩比 $\lambda_1=1.6\sim1.7$、动臂液压缸数目 n_1、缸径 D_1、活塞杆直径 d_1、动臂液压缸最短长度 $L_{1\min}$ 和行程 ΔL_1，并计算出动臂液压缸的最大长度 $L_{1\max}=\lambda_1 L_{1\min}$。

4）根据前述分析，初选 AC 长度 $l_5=(0.5\sim0.6)L_{1\min}$ 以及 AC 与水平面的夹角 α_{11}。

5）根据前面关于铲斗主参数设计部分的论述并参考同类机型，初选铲斗挖掘半径 l_3 和动臂与斗杆的长度比 $k_1=1.1\sim1.3$。其中，k_1 值的具体数值还取决于结构方案，如为加长斗杆方案，则该值可取大些，甚至突破该推荐范围。但如 k_1 值选择过大，则会减小挖掘范围。然后根据最大挖掘半径 r_1 近似确定动臂和斗杆的长度。具体过程如下：

近似取最大挖掘半径 $r_1\approx l_1+l_2+l_3$，将 $l_1=k_1l_2$ 代入该式得

$$l_2=\frac{r_1-l_3}{1+k_1} \tag{3-48}$$

并进一步求出

$$l_1=k_1l_2 \tag{3-49}$$

6）初选动臂弯角 α_1，参考范围在 110°～170°之间，上、下动臂的比值 $k_2=l_{UF}/l_{UC}$，参考范围在 1.1～1.3 之间。确定动臂△UCF 的几何关系，求出上、下动臂的长度，并确定 U 点的位置。过程如下：

在△UCF 中，由余弦定理得

$$l_1=\sqrt{l_{UC}^2+l_{UF}^2-2l_{UC}l_{UF}\cos\alpha_1}$$

将 $l_{UF}=k_2l_{UC}$ 代入上式得

$$l_{UC}=\frac{l_1}{\sqrt{1+k_2^2-2k_2\cos\alpha_1}} \tag{3-50}$$

7）根据动臂结构情况及动臂液压缸数目初定动臂液压缸与动臂铰接点 B 的位置。对于弯动臂结构且采用双动臂液压缸的情况，无论是整体式还是组合式，动臂液压缸都对称布置于动臂的两侧，而动臂液压缸与动臂的铰接点 B 则一般位于动臂弯曲部位，且与动臂弯折点 U 比较接近或重合，这样，初选时就可将 B 点与 U 点重合。对于单动臂液压缸的情况，则如前所述，应置于动臂弯曲部位下翼板的纵向对称位置上，其具体位置应根据动臂结构情况初步估计，待到结构设计时再进行调整。

B 点位置给出后，B、C 之距 l_7 和∠BCF 就确定了，因而动臂△BCF 就确定了。

8）校核动臂机构△ABC 的运动情况，检查是否存在干涉问题。以上各步骤完成后，首

先要校核动臂机构$\triangle ABC$是否存在干涉问题，即需要检验动臂液压缸伸长过程中该三角形是否会发生A、B、C三点一线或动臂液压缸力臂为零的情况。这可根据动臂液压缸在两个极限长度$L_{1\min}$和$L_{1\max}$时$\triangle ABC$是否成立进行判断。

图3-55所示为动臂液压缸在两个极限长度时动臂三角形的几何关系。根据三角形成立的几何法则，当动臂液压缸缩为最短时为$\triangle ABC$，可用以下不等式检验该几何关系

$$l_5 + l_7 > L_{1\min} \text{ 且 } |l_5 - l_7| < L_{1\min} \tag{3-51a}$$

$$l_5 + L_{1\min} > l_7 \text{ 且 } |l_5 - L_{1\min}| < l_7 \tag{3-51b}$$

$$l_7 + L_{1\min} > l_5 \text{ 且 } |l_7 - L_{1\min}| < l_5 \tag{3-51c}$$

当动臂液压缸伸为最长时为$\triangle AB'C$，可用以下不等式检验该几何关系

$$l_5 + l_7 > L_{1\max} \text{ 且 } |l_5 - l_7| < L_{1\max} \tag{3-52a}$$

$$l_5 + L_{1\max} > l_7 \text{ 且 } |l_5 - L_{1\max}| < l_7 \tag{3-52b}$$

$$l_7 + L_{1\max} > l_5 \text{ 且 } |l_7 - L_{1\max}| < l_5 \tag{3-52c}$$

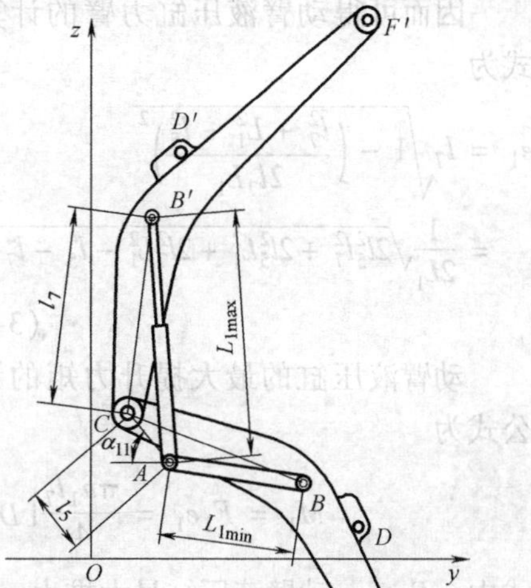

图3-55　动臂液压缸极限长度时动臂机构三角形的几何关系

除去以上不等式的重复区域并考虑到$L_{1\max} > l_7 > L_{1\min} > l_5$的情况，保留以下六个不等式作为动臂机构三角形成立的判断依据。即

$$l_5 + L_{1\min} > l_7 \tag{3-53a}$$

$$|l_5 - l_7| < L_{1\min} \tag{3-53b}$$

$$|l_7 - L_{1\min}| < l_5 \tag{3-53c}$$

$$l_5 + l_7 > L_{1\max} \tag{3-53d}$$

$$|l_5 - L_{1\max}| < l_7 \tag{3-53e}$$

$$|l_7 - L_{1\max}| < l_5 \tag{3-53f}$$

如动臂机构不存在干涉问题，则应分析计算动臂摆角与动臂液压缸的函数关系，并计算动臂的摆角范围和上、下极限倾角，分析这些参数是否满足要求。该部分内容已在前面运动分析部分作了论述，此处不再重复。

9）校核动臂液压缸的力臂和力矩变化情况以判断其举升能力和闭锁能力。动臂液压缸作用力臂的大小及其变化规律关系到动臂的提升力矩和闭锁力矩是否满足要求，是检验动臂机构是否满足要求的依据之一，因此，当动臂机构参数基本确定后应当检验该参数。

如图3-56所示，当动臂液压缸与动臂的铰接点B确定后，动臂液压缸的作用力臂e_1取决于动臂液压缸的长度L_1。

$$l_7 = \sqrt{y_{1B}^2 + z_{1B}^2}$$

$$e_1 = l_7 \sin\angle ABC$$

在△ABC 中，由余弦定理得

$$\cos\angle ABC = \frac{l_7^2 + L_1^2 - l_5^2}{2l_7L_1}$$

因而可得动臂液压缸力臂的计算公式为

$$e_1 = l_7\sqrt{1 - \left(\frac{l_7^2 + L_1^2 - l_5^2}{2l_7L_1}\right)^2} = \frac{1}{2L_1}\sqrt{2l_5^2l_7^2 + 2l_5^2L_1^2 + 2l_7^2L_1^2 - l_5^4 - l_7^4 - L_1^4} \tag{3-54}$$

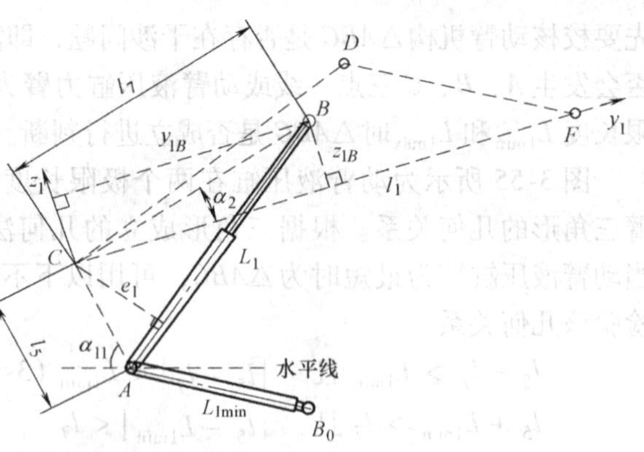

图 3-56　动臂液压缸力臂计算简图

动臂液压缸的最大提升力矩的计算公式为

$$M_1 = F_1e_1 = \frac{\pi n_1 l_7}{4}[D_1^2p_0 - (D_1^2 - d_1^2)p_1]\sqrt{1 - \left(\frac{l_7^2 + L_1^2 - l_5^2}{2l_7L_1}\right)^2} \tag{3-55}$$

式中　F_1——动臂液压缸最大推力；

n_1——动臂液压缸数目；

D_1——动臂液压缸缸径；

d_1——动臂液压缸活塞杆直径；

p_0——动臂液压缸进油压力；

p_1——动臂液压缸回油压力。

将动臂液压缸的任意长度 L_1（$L_{1\min} < L_1 < L_{1\max}$）代入式（3-54）和式（3-55），即可得到动臂液压缸的任意力臂值 e_1 和提升力矩 M_1，或者得出 e_1 或 M_1 随 L_1 的变化关系曲线。

图 3-57 所示为某机型在斗杆液压缸全缩、铲斗液压缸全伸、满斗动臂从最低位置提升到最高位置时，动臂液压缸提升力矩及阻力矩随动臂液压缸伸长量 ΔL_1 的变化曲线。图中，提升力矩为正值，阻力矩为负值。由该图可以看出：动臂液压缸提升力矩随动臂液压缸长度变化，呈现两头低中间高的规律，而阻力矩的绝对值也呈此规律变化，提升力矩（主动）比较符合阻力矩（被动）的变化规律且有余量，但此余量是为克服动载及加速提升所必需的。

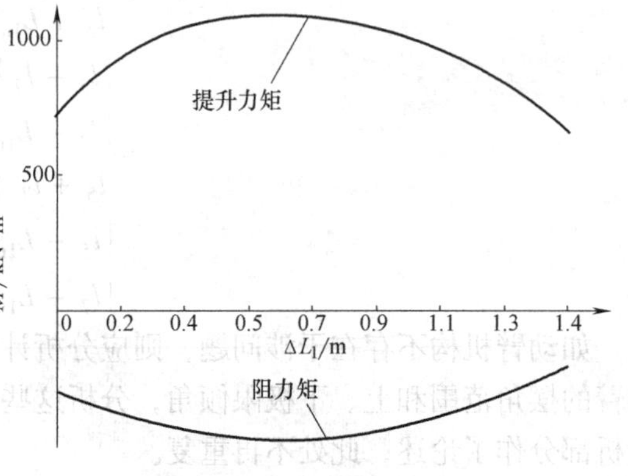

图 3-57　某机型动臂液压缸提升力矩及阻力矩变化曲线

为了简化设计过程，初始设计时也可通过动臂液压缸在两个极限位置的力臂比 k_4（动臂液压缸全伸长与全缩时的力臂比）来判断动臂机构设计的合理性，或者以 k_4 的参考范围作为初步的设计依据。k_4 的表达式为

$$k_4 = \frac{e_{1z}}{e_{10}} = \frac{1}{\lambda_1}\sqrt{\frac{2l_5^2l_7^2 + 2l_5^2L_{1\max}^2 + 2l_7^2L_{1\max}^2 - l_5^4 - l_7^4 - L_{1\max}^4}{2l_5^2l_7^2 + 2l_5^2L_{1\min}^2 + 2l_7^2L_{1\min}^2 - l_5^4 - l_7^4 - L_{1\min}^4}} \tag{3-56}$$

为便于分析并避免计算误差，令 $\rho = \dfrac{l_5}{L_{1\min}}$、$\sigma = \dfrac{l_7}{L_{1\min}}$，并代入式（3-56）得

$$k_4 = \frac{1}{\lambda_1}\sqrt{\frac{2\rho^2\sigma^2 + 2\rho^2\lambda_1^2 + 2\sigma^2\lambda_1^2 - \rho^4 - \sigma^4 - \lambda_1^4}{2\rho^2\sigma^2 + 2\rho^2 + 2\sigma^2 - \rho^4 - \sigma^4 - 1}} \tag{3-57}$$

按照参考文献［1］，k_4的取值范围因挖掘机的用途不同有所区别：对于专用反铲，可取 $k_4 < 0.8$；以反铲为主的通用机应考虑换用正铲铲斗时地面以上挖掘对动臂液压缸力矩的要求，可取 $k_4 = 0.8 \sim 1.1$；对于正、反铲通用机，可取 $k_4 = 1$。

上述设计结果常常不能一次满足全部要求。当某些性能不能满足要求时，需要返回到相应步骤重新选择有关参数，如此反复进行直到满足全部要求为止。但即便如此，还不能最后确定这些参数，因为斗杆机构和铲斗连杆机构尚未确定，并且由于这些参数之间存在关联和耦合，当某些性能不能满足要求时，甚至可能要返回到最开始处去修改相应的参数。这也是试凑法的特点。因此，只有当工作装置乃至整机的全部结构及性能参数都确定并满足全部要求后，才算完成了这部分设计任务。

当动臂机构的上述几何参数都确定以后，即可根据机构几何关系计算动臂相对于水平面的摆角、动臂的最大仰角、最大俯角等参数，其分析过程已在工作装置运动分析部分有详细描述，此处不再重复。以上动臂机构的参数设计过程只是确定了动臂机构中铰接点的几何位置，并未涉及动臂的具体结构参数，对于这一部分内容，限于篇幅，本文不作详细论述。

3.10.4　反铲斗杆机构的设计

1. 斗杆机构的设计问题

反铲斗杆机构的参数设计涉及以下三类问题：

1）斗杆的结构形状及斗杆机构各铰接点位置的布置问题。

2）主要作业尺寸，如最大挖掘高度、最大挖掘深度、最大挖掘半径等。

3）斗杆液压缸的挖掘力、回摆力矩及铲斗挖掘时斗杆液压缸的闭锁能力。

2. 反铲斗杆机构设计的主要内容

1）确定斗杆液压缸的结构参数，包括伸缩比 λ_2、斗杆液压缸缸径 D_2、活塞杆直径 d_2 以及斗杆液压缸的最短长度 $L_{2\min}$ 和行程 ΔL_2。

2）确定斗杆液压缸在动臂上的铰接点 D 的位置坐标（y_D，z_D）。

3）确定斗杆后部长度 l_9 及 E 点在斗杆上的位置坐标（y_E，z_E）。

4）计算斗杆的摆角范围及斗杆液压缸的作用力臂和作用力矩。

5）确定斗杆的具体结构参数。

3. 斗杆的结构形状及斗杆机构上各铰接点位置的布置

对于反铲工作装置，为了使斗杆发挥较大的挖掘力和闭锁力，希望在斗杆液压缸挖掘时大腔进油、闭锁时大腔受压，结合反铲的工作特点，因此要把斗杆液压缸布置在动臂的上方；另一方面，在举升时，为了使铲斗达到一定的高度，斗杆必须回摆，此时要求斗杆液压缸能产生足够的回摆力矩，以克服部件重力和惯性力形成的阻力矩。从几何上讲，为了满足作业范围和尺寸要求，斗杆必须有足够的摆角范围，在此范围内，斗杆必须摆动自如，并不能与其他部件相碰或发生干涉。斗杆的摆角范围以及斗杆液压缸产生的力矩不仅与斗杆液压

缸本身的结构参数有关，还与斗杆机构的结构形式，即斗杆液压缸两端铰接点 D 和 E 在动臂和斗杆上的位置以及各铰接点之间的距离等参数有关，如图 3-58 所示。这些参数之间存在一定的几何关系，又可统一于挖掘机的工作尺寸和要求的力矩等性能要求上，因此设计应兼顾各方面情况并进行权衡。与动臂机构的设计过程类似，以下为斗杆机构的大体设计步骤。

1）参照同类机型和设计手册，初选斗杆液压缸的伸缩比 $\lambda_2=1.6\sim1.7$、斗杆液压缸数目 n_2、缸径 D_2、活塞杆直径 d_2及斗杆的摆角范围 $\theta_{2\max}$。

2）按要求的斗杆最大挖掘力确定斗杆液压缸的最大力臂 l_9，该值应等于斗杆

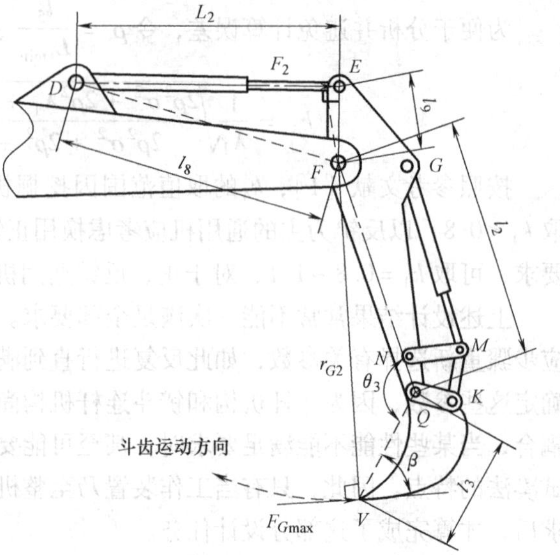

图 3-58　斗杆后部长度 l_9 的确定

液压缸和斗杆的铰接点 E 与斗杆和动臂的铰接点 F 的距离，如图 3-58 所示。此时，假定 F、Q、V 三点一线，即阻力臂为斗杆长度 l_2与铲斗挖掘半径 l_3之和，动力臂即为 E、F 之距 l_9，则由力矩平衡方程可得

$$l_9=e_{2\max}=\frac{F_{G\max}(l_2+l_3)}{F_2}=\frac{4F_{G\max}(l_2+l_3)}{\pi n_2[D_2^2p_0-(D_2^2-d_2^2)p_2]} \tag{3-58}$$

式中　$F_{G\max}$——斗杆最大挖掘力；

F_2——斗杆液压缸最大推力；

p_0——斗杆液压缸进油压力；

p_2——斗杆液压缸回油压力。

按式（3-58）计算的 l_9偏大，原因是实际的斗杆液压缸最大挖掘力并不是在 F、Q、V 三点一线时发挥出来的，即在推导式（3-58）时假定了最大的阻力臂 l_2+l_3。因此，更加符合实际情况的前提条件应当是斗杆液压缸能进行挖掘时的最小阻力臂。基于此，可以图 3-58 中的位置姿态作为斗杆液压缸产生最大挖掘力的姿态，此时，斗刃与斗齿的运动曲线相切，切削后角为零，则阻力臂的计算公式为

$$r_{G2}=l_3\cos\left(\frac{\pi}{2}-\beta\right)+\sqrt{\left\{l_2^2-\left[l_3\sin\left(\frac{\pi}{2}-\beta\right)\right]^2\right\}}=l_3\sin\beta+\sqrt{[l_2^2-(l_3\cos\beta)^2]} \tag{3-59}$$

式中　β——图示平面内斗刃与 QV 连线的夹角，该值可参考样机初步选定，对于标准铲斗，大约为 60°。

因此，根据力矩平衡方程，可推得 l_9的计算公式为

$$l_9=\frac{F_{G\max}r_{G2}}{F_2}=\frac{4F_{G\max}\{l_3\sin\beta+\sqrt{[l_2^2-(l_3\cos\beta)^2]}\}}{\pi n_2[D_2^2p_0-(D_2^2-d_2^2)p_2]} \tag{3-60}$$

3）确定斗杆液压缸的行程 $\Delta L_{2\max}$、最短长度 $L_{2\min}$和最大长度 $L_{2\max}=\lambda_2L_{2\min}$。斗杆液

压缸的行程 ΔL_2 与斗杆的摆角范围 θ_{2max} 及 l_9 有关，其中 θ_{2max} 值可参照同类机型初选，其参考范围为105°~125°。减小该值会减小作业范围；反之，该值太大则无必要，且会受结构条件限制，并使平均挖掘力减小。斗杆的实际挖掘转角在（1/2~2/3）θ_{2max} 之间。

设计初始，斗杆液压缸的参数可按以下方法近似得到。

如图3-59所示，斗杆的总行程为

$$\Delta L_{2max} = L_{2max} - L_{2min} = (\lambda_2 - 1)L_{2min}$$

由于斗杆液压缸在最短和最长两个姿态时的相对摆角很小，因此可认为这两个姿态下液压缸的力臂相等，即 D、E、E' 三点一线，则

$$\Delta L_{2max} = (\lambda_2 - 1)L_{2min} \approx d_{EE'} = 2l_9 \sin\frac{\theta_{2max}}{2} \tag{3-61}$$

$$L_{2min} \approx \frac{2l_9 \sin\frac{\theta_{2max}}{2}}{(\lambda_2 - 1)} \tag{3-62}$$

$$L_{2max} \approx \frac{2\lambda_2 l_9 \sin\frac{\theta_{2max}}{2}}{(\lambda_2 - 1)} \tag{3-63}$$

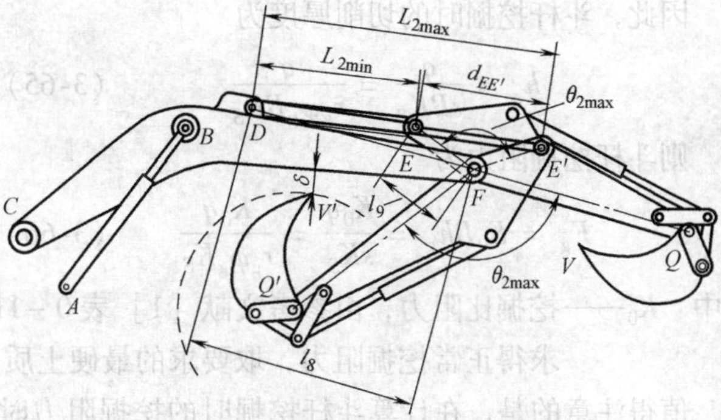

图3-59　斗杆机构参数设计

4）确定斗杆液压缸在动臂上的铰接点 D 的位置。按照图3-59所示的几何关系，推得斗杆液压缸和动臂的铰接点 D 与斗杆和动臂的铰接点 F 的距离 l_8 的表达式为

$$l_8 \approx \sqrt{l_9^2 + L_{2max}^2 - 2l_9 L_{2max} \sin\frac{\theta_{2max}}{2}} \tag{3-64}$$

D 点的确切位置应根据动臂结构情况及斗杆液压缸的装配关系来定，一般情况下，D 点位于上动臂的上翼板之上，其高度应能保证斗杆液压缸的拆装，并使其在整个行程中能顺利摆动，高出太多对 D 点支座与动臂翼板的焊缝强度不利。

5）确定斗杆前后段的夹角∠EFQ。如图3-59所示，斗杆的另一重要参数是前后段的夹角∠EFQ，该参数可根据要求的斗杆摆角范围和发挥的挖掘力来确定，参考值范围为130°~170°。此外，选择该参数时还应考虑斗杆相对于动臂的两个极限位置的情况，其一是要避免斗杆液压缸全伸状态下铲斗转动时斗齿与动臂下部接触发生干涉，其二是在运输姿态下应保证铲斗前部能搭到转台前端使工作装置不产生晃动。

6）检验斗杆机构的合理性。检验斗杆机构的合理性主要从两方面来考虑：其一是运动范围是否满足要求，是否存在干涉问题；其二是斗杆液压缸所发挥的挖掘力是否满足要求，在此基础上还应检验斗杆液压缸的回摆力矩是否满足要求，即当斗杆液压缸小腔进油时所发挥的力矩是否能克服斗杆连同铲斗连杆机构及斗内物料所形成的阻力矩。当然，此处的校核还有一定的盲目性，因为在详细结构参数确定之前还未确定工作装置的质量及其重心位置，因此，只能根据参考文献进行估计，并给出适当的余量。

关于斗杆的具体结构参数，限于篇幅，本文不作详细介绍。

7）斗杆挖掘阻力计算及斗杆挖掘力的校核[1]。斗杆挖掘时切削行程较大，切土厚度在挖掘过程中可视为常数，如图3-60所示。一般取斗杆挖掘过程的总转角 $\varphi_g=50°\sim80°$，该范围一般小于斗杆的几何总转角，在此行程中铲斗被装满。这时，斗齿的实际行程为

$$s=r_g\varphi_g$$

式中 r_g——斗杆挖掘时的切削半径；

φ_g——斗杆挖掘转角，用弧度代入。

斗杆挖掘时的切削厚度 h_g、切削行程 s、切削宽度 B 及斗容量 q 应满足

$$q=h_g sBK_S$$

式中 K_S——物料的松散系数。

因此，斗杆挖掘时的切削厚度为

$$h_g=\frac{q}{sBK_S}=\frac{q}{r_g\varphi_g BK_S} \tag{3-65}$$

则斗杆挖掘阻力为

$$F_g=K_0Bh_g=\frac{K_0q}{sK_S}=\frac{K_0q}{r_g\varphi_g K_S} \tag{3-66}$$

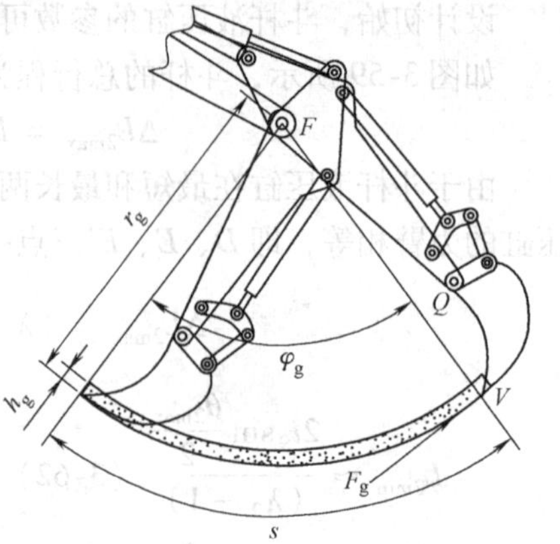

图3-60 斗杆挖掘阻力计算简图

式中 K_0——挖掘比阻力，由参考文献［1］表0－11查得，当取主要挖掘土壤的 K_0 值时可求得正常挖掘阻力，取要求的最硬土质的 K_0 值时得到最大挖掘阻力。

值得注意的是，在计算斗杆挖掘时的挖掘阻力时，对挖掘转角 φ_g 和切削半径 r_g 的选取将对计算结果产生较明显的影响。由式（3-65）和式（3-66）可看出，如该两值取得小，则切削厚度和斗杆挖掘阻力都会增大；反之则斗杆挖掘阻力会减小。但综合反映到对 F 点的阻力矩则不符合这种规律，而对斗杆、铲斗及铲斗连杆机构的作用力也会产生影响。为了能充分估计斗杆挖掘时的最大挖掘阻力，提高机器的作业能力和安全性能，在设计计算时建议将斗杆挖掘转角 φ_g 和切削半径 r_g 取得小些，其中斗杆挖掘转角可取50°～80°的下限，而对切削半径 r_g 的选取则应考虑不应使斗底先于斗齿接触土壤时的最小值，即图3-58中 FV 连线垂直于斗前刃底部的姿态应作为 r_g 的最小值。

一般情况下，斗杆挖掘阻力小于铲斗挖掘阻力，这主要是由于斗杆挖掘时挖掘半径较大而切削厚度较小的缘故。

对斗杆挖掘力的校核可从两方面进行：首先要看斗杆发挥的最大挖掘力是否达到设计要求的斗杆最大挖掘力。但这不能仅从式（3-66）得出结论。因为在推导该式时利用了最大的挖掘阻力臂，而实际的斗杆挖掘力会由于阻力臂的减小而有所增加，而斗杆挖掘的最小阻力臂应等于铲斗转到不能挖掘位置时斗齿尖至 F 点的最小距离。另一方面，应按照式（3-66）计算最大的斗杆挖掘阻力，这就需要确定在铲斗装满的情况下的最小斗齿行程，及与之对应的是最大切削厚度、最小挖掘转角以及最小挖掘半径（最小挖掘阻力臂）。最小挖掘转角可选斗杆挖掘时的转角范围下限值，一般为50°，而最小挖掘半径则按照前述方法选取。

研究挖掘阻力的目的是为了确定斗齿应发挥的主动挖掘力，并使其与挖掘阻力的变化规律相适应，以便在工作装置设计中予以保证。挖掘力太小则不能满足作业要求，太大则可能造成机器能力的浪费并提高制造和使用成本。但由于受机器结构形式、挖掘方式和物料各种

特性的影响，充分掌握挖掘阻力及其变化规律是十分困难的，需要借助于复杂的理论分析和大量的实验研究。

3.10.5　反铲铲斗连杆机构的设计

如前所述，反铲铲斗连杆机构有四连杆机构和六连杆机构两种主要结构形式，其中六连杆机构以其转角范围大等优点获得了较多的应用。以下以反铲非共点六连杆机构为例说明其设计方法和步骤，四连杆机构形式较为简单，本文不作论述。

反铲挖掘机对铲斗连杆机构的具体要求如下：

1. 反铲铲斗连杆机构的设计要求

1）要保证铲斗有足够的转角范围。图3-61所示，铲斗的总转角为$\angle V_0QV_3$，可将其分为挖掘区（$\angle V_0QV_2$）和收斗区$\angle V_2QV_3$两部分，其中挖掘区总转角$\angle V_0QV_2=\varphi_{31}+\varphi_{32}$。该范围又可分为两部分，在$FQ$延长线上方即$\angle V_0QV_1=\varphi_{31}$为开挖仰角，该区域是为了在挖掘初始使铲斗顺利切入土中所必需的，一般为30°左右；在FQ延长线位置$V_1\sim V_2$之间的φ_{32}角范围为主要挖掘区，其值为60°~80°，因此铲斗的实际挖掘转角范围约为110°。$\angle V_2QV_3$区域（φ_{33}）为收斗区，一般为30°~50°。在此范围内，铲斗已脱离土体，一般已无法进行挖掘，铲斗的进一步转动主要是为了使物料充满铲斗并防止转运过程中撒落。把这三个转角范围合起来就是要求的铲斗总转角，即$\angle V_0QV_3=\varphi_{31}+\varphi_{32}+\varphi_{33}$，为160°~180°。根据统计分析，现今大部分反铲挖掘机的总转角在170°~185°之间。为了避免铲斗液压缸全伸时斗齿尖与斗杆下翼板相碰（图3-61中的V_3点），铲斗的总转角也不应太大。

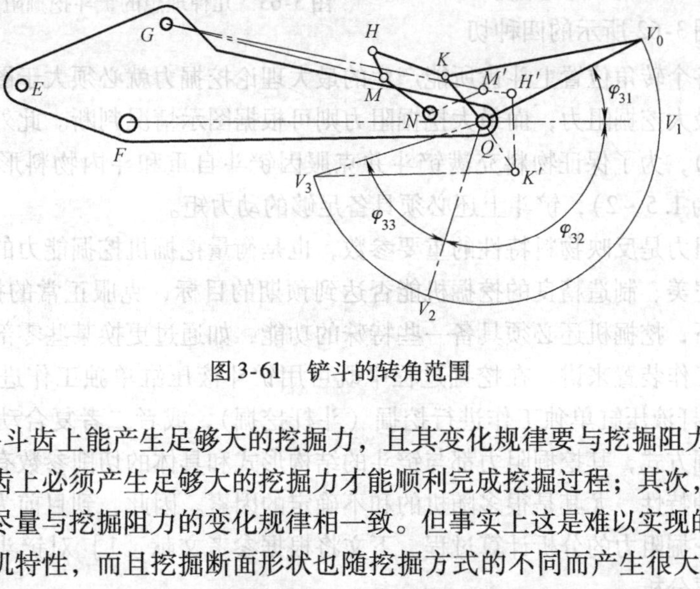

图3-61　铲斗的转角范围

2）要使铲斗斗齿上能产生足够大的挖掘力，且其变化规律要与挖掘阻力的变化规律相一致。首先，斗齿上必须产生足够大的挖掘力才能顺利完成挖掘过程；其次，斗齿最大挖掘力的变化规律要尽量与挖掘阻力的变化规律相一致。但事实上这是难以实现的，因为物料具有极其复杂的随机特性，而且挖掘断面形状也随挖掘方式的不同而产生很大的变化，因此，在理论分析和结构设计时，只能结合理想的铲斗挖掘断面几何形状和铲斗连杆机构的几何运动形式，以及斗齿的几何运动轨迹进行考虑。图3-62所示为铲斗挖掘时几种典型的理想纵向断面形状，其中图3-62a所示为挖掘开始和终了时断面厚度都为零的对称月牙形状；图3-62b所示为开始时切削厚度较大，终了时切削厚度为零的断面形状；图3-62c所示为开始时切削厚度为零，终了时切削厚度不为零的断面形状；图3-62d所示为等厚度挖掘，即整个挖掘过程中切削厚度相等的断面形状。将以上四种理想挖掘断面的载荷变化规律描绘成与铲

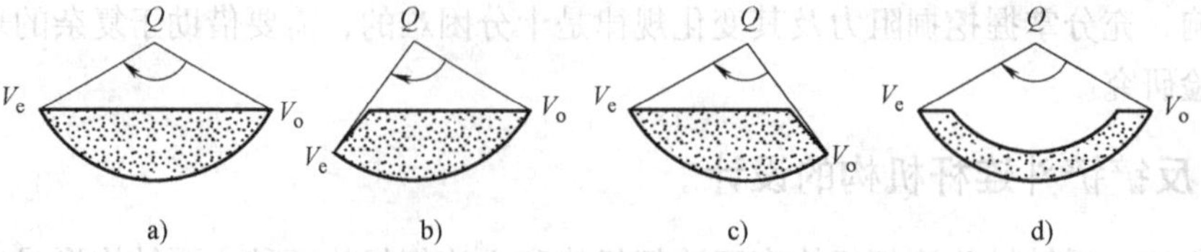

图 3-62　铲斗挖掘时的几种理想纵向断面形状

斗挖掘转角的函数关系，即可得出图 3-63 所示的四条载荷曲线。

图 3-63 中曲线 a（1－2－3）代表图 3-62a 的载荷变化情况，曲线 b（1－2－3′）代表图 3-62b 的载荷变化情况，曲线 c（1′－2－3）代表图 3-62c 的载荷变化情况，水平直线 d 代表图 3-62d 的载荷情况。图中四种情况的铲斗挖掘转角都假设为 $2\varphi_{3\max}$，$\varphi_3=0$ 代表斗齿尖位于 FQ 延长线的情况，即图 3-61 中的 V_1 点。φ_{30} 为开挖角，φ_{30} 比铲斗的最大开挖角 φ_{31} 要小，为 15°～20°。由图 3-63 可以看出，要使铲斗能顺利挖下图 3-62 所示的四种切削形状，则在各个转角位置上斗齿所能产生的最大理论挖掘力就必须大于图中四条曲线形成的包络线上的最大挖掘阻力，而最大挖掘阻力则可根据图示情况判断。此外，在挖掘完成的后期（φ_{33} 范围），为了保证物料充满铲斗并克服因铲斗自重和斗内物料形成的阻力矩及动载（动载系数为 1.5～2），铲斗上还必须具备足够的动力矩。

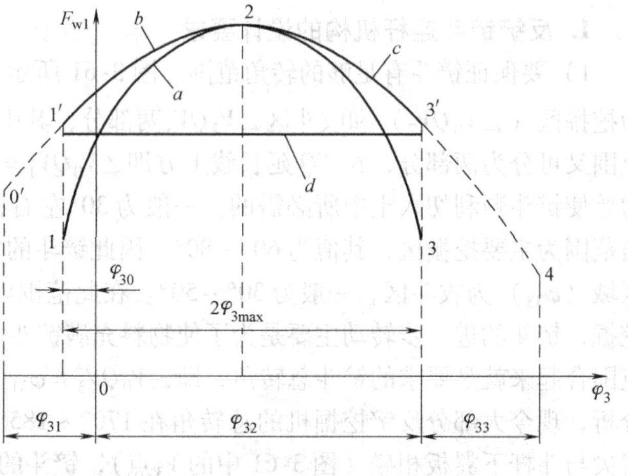

图 3-63　几种理想的铲斗挖掘阻力曲线

铲斗挖掘阻力是反映物料特性的重要参数，也是衡量挖掘机挖掘能力的主要参考依据之一。一台设计完美、制造精良的挖掘机能否达到预期的目标，克服正常的挖掘阻力是关键。而在某些情况下，挖掘机还必须具备一些特殊的功能，如通过更换某些零部件来完成特定的任务。从反铲工作装置来讲，在挖掘过程中既可用铲斗液压缸单独工作进行挖掘（铲斗挖掘），也可用斗杆液压缸单独工作进行挖掘（斗杆挖掘），或者二者复合动作进行挖掘。但无论用哪种挖掘方式，其挖掘阻力都与铲斗的结构形式和具体的切削参数有关。此外，还会涉及物料的各种特性，尤其是很多随机的和不确定的因素。因此，到目前为止，还很难用理论精确刻画对挖掘阻力的分析计算过程。下文将根据参考文献［1］对铲斗挖掘阻力和斗杆挖掘阻力作简要分析。

铲斗挖掘时，土壤切削阻力随切削厚度的变化较为明显[1]。取厚度为 10mm、宽度为 200mm 的切削刃，在沙质土壤中作切削试验，其切削半径（铲斗挖掘半径）$l_3=800\text{mm}$、切削转角（铲斗挖掘装满转角）$2\varphi_{\max}=110°$时得到图 3-64 所示的试验曲线，图中纵坐标为切削阻力，横坐标为切削刃转角。由图可见，切削阻力与切削深度基本上呈正比。但总的来说前半程的切削阻力比后半程高，因前半程的切削角不利，产生了较大的切削阻力。对斗形切

削刃所作的大曲率切削试验得到了同样的结果，其切削阻力的切向分力可以用以下公式表示为

$$F_1 = Ch_{\varphi}^{1.35}BAZX + F_D$$

$$= C\left\{l_3\left[1-\frac{\cos\varphi_{\max}}{\cos(\varphi_{\max}-\varphi)}\right]\right\}^{1.35}BAZX + F_D \tag{3-67}$$

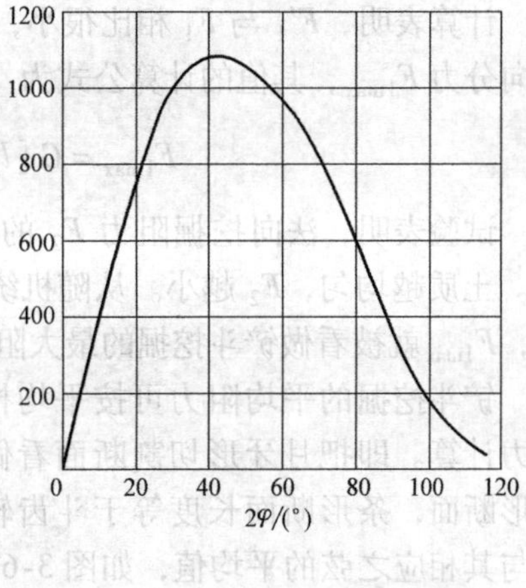

图3-64 大曲率切削阻力试验曲线

式中 C——土壤硬度系数，对Ⅱ级土壤宜取 $C=50\sim80$，对Ⅲ级土壤宜取 $C=90\sim150$，对Ⅳ级土壤宜取 $C=160\sim320$；

h_{φ}——挖掘转角 φ 处的挖掘厚度（图3-65）；

l_3——纵向对称平面内铲斗与斗杆铰接点至斗齿尖的距离，即铲斗切削半径（cm）；

φ——铲斗瞬时转角；

$\varphi_{\max}$——铲斗挖掘装满总转角的一半；

B——切削刃宽度系数（m），$B=1+2.6b$，b 为铲斗平均斗宽；

A——切削角变化影响系数，取 $A=1.3$；

Z——带有斗齿的系数，$Z=0.75$（无斗齿时，$Z=1$）；

X——斗侧壁厚度影响系数（cm），$X=1+0.03s$，s 为侧壁厚度，初步设计时可取 $X=1.15\text{cm}$；

F_D——切削刃挤压土壤的力，根据斗容量大小在 $F_D=10000\sim17000\text{N}$ 范围内选取，当斗容量 $q<0.25\text{m}^3$ 时，F_D 应小于10000N。

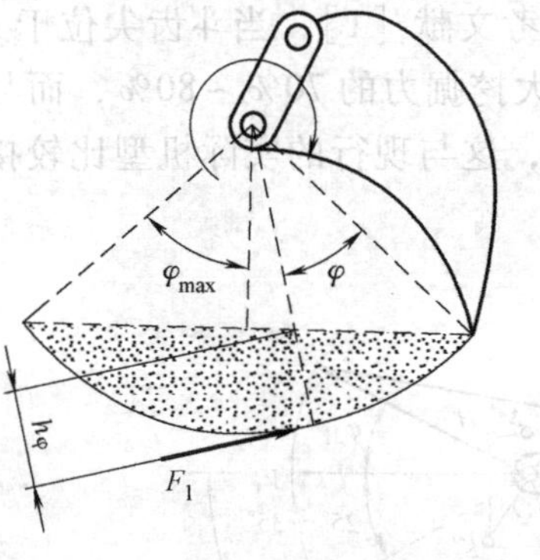

图3-65 铲斗挖掘阻力计算简图

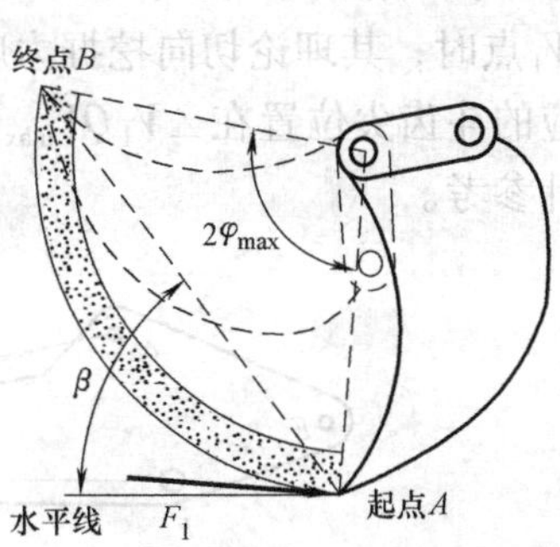

图3-66 铲斗挖掘阻力的切向分力计算简图

铲斗挖掘装土阻力的切向分力为

$$F_1' = q\gamma\mu\cos\beta \tag{3-68}$$

式中 γ——密实状态下单位体积土壤的重量（N/m^3）；

β——挖掘起点和终点连线方向 AB 与水平线的夹角（图3-66）；

μ——土壤与钢的摩擦因数，参见参考文献［1］表0-7或表0-8。

计算表明，F'_1 与 F_1 相比很小，可忽略不计。当 $\varphi=\varphi_{max}$、$\beta=0°$时出现铲斗挖掘最大切向分力 F_{1max}，其值的计算公式为

$$F_{1max}=C\left[l_3(1-\cos\varphi_{max})\right]^{1.35}BAZX+F_D \tag{3-69}$$

试验表明，法向挖掘阻力 F_2 的方向是可变的，数值也较小，一般为 $F_2=(0\sim0.2)F_1$。土质越均匀，F_2 越小。从随机统计的角度看，取法向分力 F_2 为零来计算是允许的。这样，F_{1max}就被看做铲斗挖掘的最大阻力。

铲斗挖掘的平均阻力可按平均挖掘深度下的阻力计算。即把月牙形切割断面看做相等面积的条形断面，条形断面长度等于斗齿转过的圆弧长度与其相应之弦的平均值，如图 3-67 所示，则平均切削厚度为

$$h_J=\frac{l_3^2\varphi_{max}-0.5l_3^2\sin2\varphi_{max}}{l_3(\varphi_{max}+\sin\varphi_{max})}=\frac{l_3(\varphi_{max}-0.5\sin2\varphi_{max})}{\varphi_{max}+\sin\varphi_{max}} \tag{3-70}$$

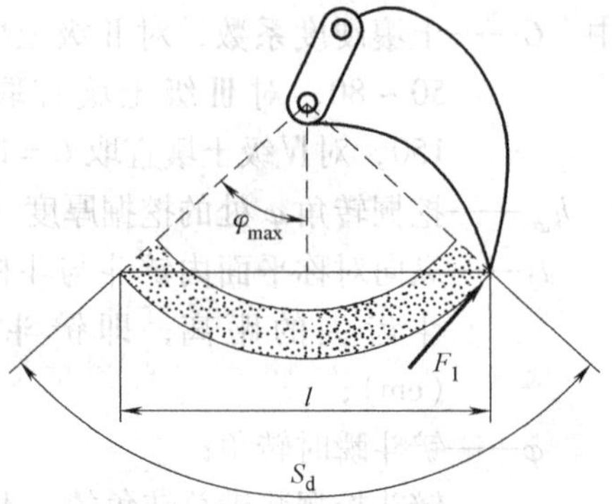

图 3-67　铲斗挖掘平均阻力计算简图

则平均挖掘阻力为

$$F_{1J}=Ch_J^{1.35}BAZX+F_D=C\left[\frac{l_3(\varphi_{max}-0.5\sin2\varphi_{max})}{\varphi_{max}+\sin\varphi_{max}}\right]^{1.35}BAZX+F_D \tag{3-71}$$

式中的 φ_{max}用弧度代入。需要指出的是，平均挖掘阻力是指装满铲斗全过程的平均挖掘阻力，因此，式（3-67）及式（3-69）~式（3-71）中的 φ_{max}为挖掘装满总转角的一半。这一方法所得结果是近似的，国外有经验认为，平均挖掘阻力为最大挖掘阻力的 70%~80%，可作为参考。如图 3-68 所示，根据参考文献［1］，当斗齿尖位于 FQ 延长线上的 V_1点时，其理论切向挖掘力应不低于铲斗最大挖掘力的 70%~80%，而与最大挖掘力对应的斗齿尖位置在$\angle V_1QV_{max}=25°\sim35°$之间，这与现行的实际机型比较接近，可作为设计参考。

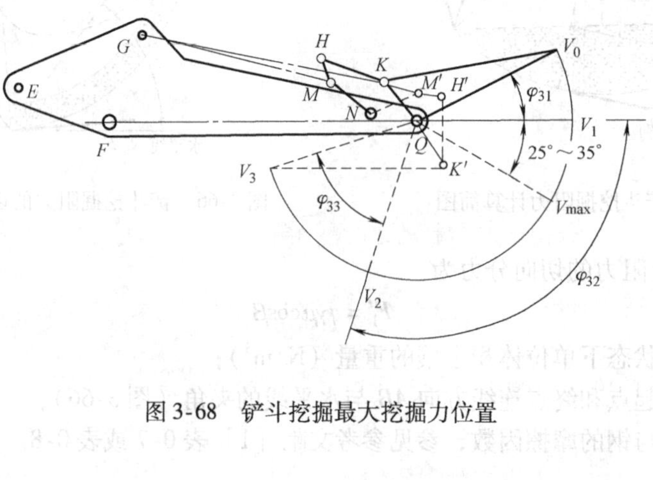

图 3-68　铲斗挖掘最大挖掘力位置

根据连杆机构的运动特性，在保证了上述两个极限姿态挖掘作业要求的情况下，铲斗液压缸在中间行程时一般也能保证连杆机构的运动要求，因此，设计铲斗连杆机构的重点，应当是在满足几何运动的前提下保证铲斗能产生足够的挖掘力和回摆力矩。

除了运动特性外，铲斗连杆机构的动力学特性一般用其传动比表示，即产生在斗齿上的理论最大切向挖掘力与铲斗液压缸推力的比值，其关系为

$$i_3=\frac{F_{w3}}{F_3} \tag{3-72}$$

该参数的具体数值及其变化规律可在较大程度上反映铲斗连杆机构设计的优劣，也可作为同类机型进行比较的主要技术指标，其分析计算将在第4章中作详细讨论。图3-69所示为某机型的铲斗连杆机构在铲斗液压缸的全行程中其传动比随铲斗转角的变化曲线，图中的V_1点为斗齿尖位于FQ延长线上的情况（参见图3-68）。由该图可以看出，其最大传动比位于铲斗总转角为53.76°处，$\angle V_1QV_{max}=23.53°$，$i_{3max}=0.355$。由于连杆机构自身的结构特点所限，该值并不大，但比较而言在F、Q、V三点一线位置处的传动比约为$0.93i_{3max}$。在铲斗挖掘的后期，传动比会变得很小，此时铲斗挖掘已变得不可能，只要满足收斗要求即可。

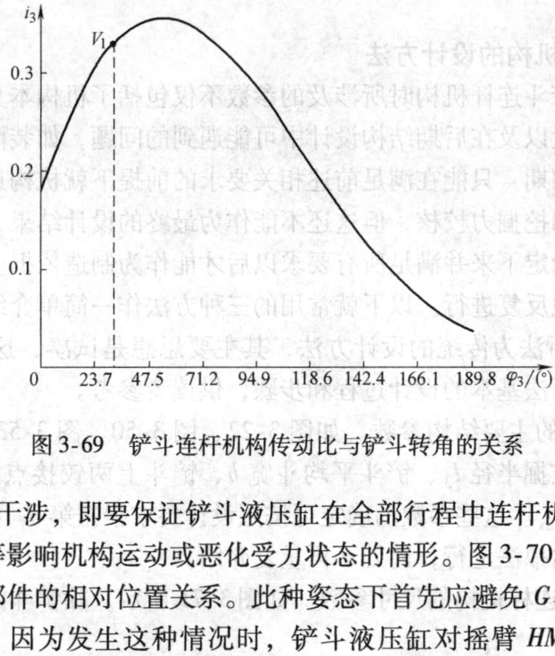

图3-69 铲斗连杆机构传动比与铲斗转角的关系

3）机构不能发生干涉，即要保证铲斗液压缸在全部行程中连杆机构不出现力臂为零或机构铰接点三点一线等影响机构运动或恶化受力状态的情形。图3-70a所示为铲斗液压缸全缩时铲斗连杆机构各部件的相对位置关系。此种姿态下首先应避免G、M、N三点一线或接近于三点一线的情况，因为发生这种情况时，铲斗液压缸对摇臂HMN的作用力臂接近于零，从而导致即使铲斗液压缸能产生很大的力但力矩也很小的现象，并恶化了部件的受力情况。另一方面，此时铲斗液压缸的外壳以及它与摇臂的铰接点M也不能与斗杆上翼板发生碰撞。同样的现象还可能发生在四连杆机构$HKQN$上，此时，H、K、Q接近于三点一线的情况，这使得连杆HK即使有很大的作用力也不能对铲斗形成足够的作用力矩，因此在满足铲斗转角范围的前提下应避免此种情况发生。

图3-70b所示为铲斗液压缸全伸时铲斗连杆机构各部件的相对位置关系。同样的原因，此种姿态下也应避免G、M、N三点一线或接近于三点一线的情况。另一方面，此种姿态下要尽量避免摇臂与铲斗的接触碰撞以及斗齿尖与斗杆底板的接触碰撞。尽管足够大的铲斗转

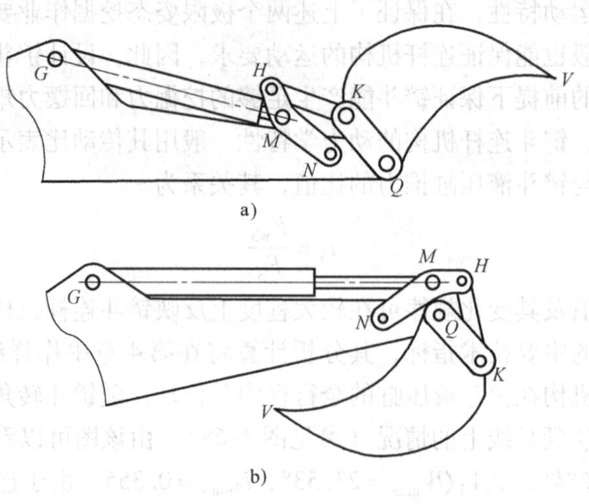

图 3-70　铲斗连杆机构的两个极限姿态

角可避免铲斗在最高位置时发生洒料现象，但由于上述原因，铲斗的转角范围会受到一定程度的限制。

2. 反铲铲斗连杆机构的设计方法

如前所述，设计铲斗连杆机构时所涉及的参数不仅包括了机构本身的尺寸参数，还涉及机构与斗杆的铰接位置以及在后期结构设计中可能遇到的问题，如装配关系以及由此带来的干涉问题等。在设计初期，只能在满足前述相关要求的前提下就机构尺寸参数进行初选，并进行必要的运动分析和挖掘力校核，但这还不能作为最终的设计结果，最终结果只能到具体零部件的结构参数都确定下来并满足所有要求以后才能作为制造依据。因此，这个过程较为复杂，并且需要不断地反复进行。以下就常用的三种方法作一简单介绍。

（1）解析法　解析法为传统的设计方法，其主要思想是试凑，这要借助于人工作图法反复进行。以下为解析法基本的设计过程和步骤，供读者参考。

1）初选反铲铲斗的主要结构参数。如图 3-22、图 3-50、图 3-53 所示，反铲铲斗的主要结构参数包括铲斗挖掘半径 l_3、铲斗平均斗宽 b、铲斗上两铰接点距离 KQ、$\angle KQV$ 以及铲斗挖掘装满转角 $2\varphi_{max}$。这些参数的确定可按照设计要求根据第 3.10.2 节中所介绍的方法并参照现有机型利用比拟法进行，此处不再重复介绍。

2）初选反铲铲斗连杆机构的尺寸参数。如图 3-71 所示，除铲斗的主要结构参数外，反

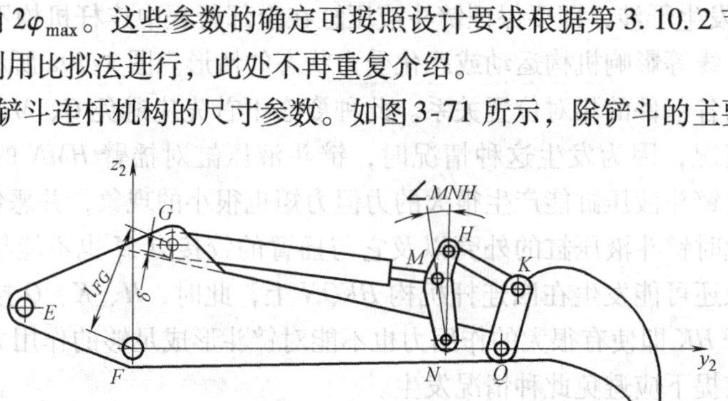

图 3-71　铲斗连杆机构的主要参数

铲铲斗连杆机构的其余主要参数还包括：铲斗液压缸的缸径 D_3、活塞杆直径 d_3、最短长度 $L_{3\min}$、铲斗液压缸的行程 ΔL_3、铲斗液压缸伸缩比 λ_3、铲斗液压缸在斗杆上的铰接点 G 的位置坐标、摇臂 NMH 的结构尺寸参数（l_{MN}、l_{HN}、l_{MH}）、摇臂与斗杆的铰接点 N 的位置坐标以及连杆长度 l_{HK}。以上各部件组成了一个复合六连杆机构，如 M 点与 H 点重合，即 $l_{MN}=l_{HN}$，则称为六连杆共点机构；如果 $l_{MN}\neq l_{HN}$，则为六连杆非共点机构。通常为了增大铲斗的转角范围，取 $l_{MN}<l_{HN}$。除以上结构尺寸参数外，还有一些具体的结构参数，如外形参数等，它们在连杆机构几何设计时暂不涉及，此处不作讨论。

铲斗液压缸的缸径和活塞杆直径可参考同类机型和国家标准进行初选，其余尺寸参数可根据统计规律并参考现有机型进行初选。根据有关文献，推荐按以下比例关系初选以上铲斗连杆机构的主要尺寸参数[2]。即

$$\overline{KQ}\approx l_3/3 \text{ 或 } KQ\approx(0.3\sim0.38)l_3$$

对于六连杆共点机构：$\overline{MN}\approx\overline{KQ},\overline{MK}\approx\overline{MN},\overline{NQ}=(0.7\sim0.8)\overline{MN}$

对于六连杆非共点机构：$\overline{MN}\approx\overline{KQ}$，$\overline{HN}\approx1.5\,\overline{MN}$，$\overline{HK}\approx\overline{HN}$，$\overline{NQ}=(0.7\sim0.8)\overline{MN}$，$\angle MNH=0\sim10°$

初选这些参数时，要注意不要使连杆机构的尺寸参数选得过大，因为这会使机构不紧凑，同时还会增大铲斗液压缸的行程，但有利于增大铲斗挖掘力。例如，增大$\overline{QK}$和$\overline{MK}$都会增大铲斗挖掘力，但会增加 K 点和 M 点的移动距离（移动范围），从而增大连杆机构的尺寸。在其他参数不变的情况下，增大连杆$\overline{HK}$的长度就减小了铲斗的开挖仰角，但增大了挖掘终了时的挖掘力；而缩小$\overline{HK}$则会增大铲斗的开挖仰角，并增大了开始挖掘阶段的铲斗挖掘力，但在一定程度上会减小收斗时的铲斗转角。在铲斗液压缸行程一定的情况下，为扩大铲斗的转角范围，可采用非共点机构。但这种结构形式减小了铲斗挖掘力。

除以上尺寸参数外，还有以下两个铰接点位置坐标也需要初步确定：

① 铲斗液压缸与斗杆的铰接点 G 在斗杆上的位置坐标。如图 3-71 所示，初选 G 点在斗杆上的位置坐标需要考虑斗杆的具体结构，尤其是斗杆的截面尺寸（如参数 l_{FG}）。但这在斗杆的具体结构设计之前是无法知道的。为此，只能依靠参考同类机型利用比拟法估计。确定该点的位置时通常还应考虑铲斗液压缸的外径并应当使其与斗杆的上翼板保持一定的间隙 δ，以便于安装和铲斗液压缸的顺利摆动。

② 摇臂与斗杆的铰接点 N 的位置坐标。由于斗杆在该处截面高度较小，因此，考虑到斗杆的受力及结构强度，该点的位置一般位于斗杆腹板的中部附近，可根据连杆机构的运动要求作微小的上下调整。

3）对连杆机构进行运动分析。初选以上参数后，可利用作图法对连杆机构进行运动分析并检验干涉问题，在此基础上分析其是否满足铲斗的转角范围要求。也可利用本章前述运动分析部分给出的计算公式，在铲斗液压缸行程的多个点上对连杆机构进行计算机编程运算，作出其传动比随铲斗液压缸行程的变化曲线。图 3-72 所示为某机型铲斗转角与铲斗液压缸行程的关系曲线。由该曲线可以看出，从铲斗液压缸最短状态开始到铲斗液压缸最长的大部分行程范围内，铲斗摆角与铲斗液压缸行程成近似线性关系，但在铲斗液压缸伸长到接近最长时，铲斗摆角变化比较剧烈，这主要是因为在此状态下铲斗连杆机构已发生严重畸

变，M点与Q点几乎重合，即使是微小的输入（铲斗液压缸行程）也会引起较大的输出（铲斗转角）。由于这会引起铲斗转动速度的突然加快以及振动和冲击现象，故应予以重视。

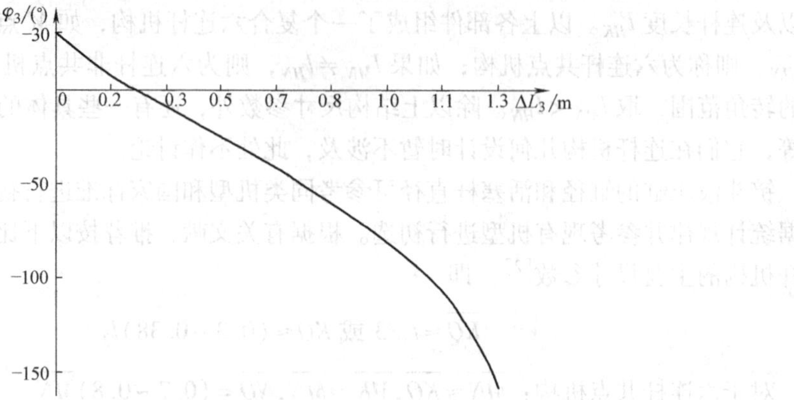

图 3-72　铲斗转角与铲斗液压缸行程的关系

4）挖掘力分析。在运动和干涉条件满足的基础上，进一步检验铲斗液压缸工作时发挥在斗齿尖上的理论挖掘力大小及其变化规律，其详细分析计算将在第 4 章进行介绍。

（2）优化设计方法　在优化设计方法中，目标函数、设计变量和约束条件通常称为优化方法的三要素，包含这些内容的数学表达式称为优化方法的数学模型。但优化设计方法通常要有一个可行的初始方案，优化的过程或目的就是在一定条件限制下对该初始方案的最佳改进；其次是由于存在多个设计变量和高度的非线性特性，因此需要借助计算机来完成。

1）优化问题的目标函数。就挖掘机铲斗连杆机构来说，优化问题的目标函数通常有以下几个：

① 质量最小。工作装置的质量对挖掘机的作业性能起着十分重要的作用，在整机质量一定的情况下，减轻工作装置的质量可有效地提高整机作业时的稳定性，并增加斗齿挖掘力和动臂液压缸的提升能力，同时还可节约材料、降低成本；但工作装置质量的计算要涉及零部件的具体结构形状，其数学表达式比较复杂。因此，需要对实物结构进行必要的简化，以建立一个切实可行的优化模型。

② 结构占据空间最小或结构最紧凑。工作装置的紧凑性在一定程度上体现了挖掘机的设计和制造水平，这与减小质量的目标基本一致，但其目标函数的表达式是零部件的外形结构尺寸参数和所占据的空间。由于工作装置在不同的运动姿态下所占据的空间不同，所以其具体的数学表达式应与决定工作装置姿态的液压缸长度有关。

③ 挖掘力最大。挖掘力是反映挖掘机整机性能的主要参数之一，相同结构形式和整机质量的挖掘机，挖掘力越大，则挖掘性能越强，因此，如何提高整机的挖掘力，一直是制造商和用户十分关心的问题。但铲斗挖掘力不只涉及一个点的问题，而关系到整个铲斗液压缸的行程，单纯为提高某个点的挖掘力是没有太大意义的，只有在经常挖掘的范围内使斗齿挖掘力得到全部提高或至少在应该发挥最大挖掘力的部位及其邻近的大部分区域使发挥的挖掘

力得到最大化，才具有工程实际意义。因此，在建立该项目标函数时，应当在铲斗液压缸主要工作行程或铲斗的主要挖掘范围内斗齿的多个连续点建立其挖掘力函数，取其加权平均值作为挖掘力目标函数的数学表达式。即

$$\overline{F}_{\max} = \frac{1}{n}\sum_{i=1}^{n} w_i F_{wi} \tag{3-73}$$

式中 n——在铲斗液压缸行程内的取点数；

w_i——对应点的权重系数；

F_{wi}—对应斗齿尖的最大切向挖掘力。

式（3-73）还可进一步变换成铲斗液压缸理论推力和铲斗连杆机构传动比的函数形式。即

$$\overline{F}_{\max} = \frac{1}{n}\sum_{i=1}^{n} w_i F_3 i_i \tag{3-74}$$

式中 F_3——铲斗液压缸的理论推力，$F_3 = n_3\dfrac{\pi}{4}[D_3^2 p_0 - (D_3^2 - d_3^2)p_b]$，$n_3$、$D_3$、$d_3$分别为铲斗液压缸的缸数、缸径和活塞杆直径，$p_0$为系统压力，$p_b$为回油压力。

i_i——对应点的传动比，它是连杆机构尺寸参数和铲斗液压缸长度的函数。

由式（3-74）可知，铲斗挖掘力受铲斗连杆机构诸多结构参数的影响，同时也与铲斗液压缸的缸径、行程、液压系统压力等因素密切相关，还受动臂液压缸闭锁压力、斗杆液压缸闭锁压力以及整机稳定性的限制。

④ 能耗最小。能耗问题是当今世界普遍关注的焦点。一台性能良好的挖掘机应当具有较低的能耗，否则会浪费能源，增加用户的使用成本，并带来较高的排放。式（3-47）及图3-52反映了部分机型铲斗的铲斗挖掘能容量的理论分析和试验结果，但该公式的适用范围有限，且其中的系数K、K_2和K_3需要考虑铲斗结构特点、挖掘方式及物料情况才能确定，这需要投入大量的人力、物力进行更为深入和详细的理论分析和试验研究。因此，从这方面讲，目前针对铲斗挖掘能耗问题的研究还很不完善。

根据资料分析，目前进行的能耗问题研究主要从发动机、液压系统及其控制特性等方面进行研究，力求通过计算机信息控制技术减少液压系统的溢流损失和空闲状态下的发动机消耗。另一方面，人们也在探求使用新的能源技术（如混合动力技术等），详细内容可参见相关文献，限于篇幅，本文不作详细介绍。

⑤ 作业效率最高。作业效率主要通过挖掘机的作业循环时间来体现。这涉及发动机功率，液压泵的压力和流量，动臂机构、斗杆机构、铲斗连杆机构的结构特性，以及各组液压缸的结构参数。仅就挖掘过程来说，液压泵的供油方式、供油量、铲斗液压缸的缸径和铲斗连杆机构的传动比以及挖掘阻力是决定铲斗挖掘速度的主要因素，考虑到挖掘过程中液压系统的动态特性，挖掘时间的计算公式为

$$t_w = \int_0^{\Delta L_3}\frac{dL_3}{v_3} = \frac{n_3\pi D_3^2}{4}\int_0^{\Delta L_3}\frac{1}{Q}dL_3 \tag{3-75}$$

式中 ΔL_3——挖满一斗所需的铲斗液压缸行程；

Q——液压泵给铲斗液压缸的瞬时供油量，该值取决于液压泵及液压系统的控制特性以及铲斗挖掘阻力的特性。

其他符号的意义同前。

2）优化问题的约束条件。工程实际中的优化问题普遍存在一定的约束条件，如结构件的强度要求、装配时的空间限制因素、机构的干涉条件等，只有在满足各项限制因素及性能要求前提下得出的优化结果才具有工程实际意义，因此，建立优化数学模型时还需要满足约束条件。

3）优化问题的设计变量。如前所述，除铲斗的主要结构参数外，构成铲斗连杆机构优化问题的设计变量主要有：铲斗液压缸的缸径 D_3、活塞杆直径 d_3、最短长度 $L_{3\min}$、铲斗液压缸的行程 ΔL_3、铲斗液压缸伸缩比 λ_3、铲斗液压缸在斗杆上的铰接点 G 的位置坐标、摇臂 NMH 的主要结构参数（l_{MN}、l_{HN}、l_{MH}）、摇臂与斗杆的铰接点 N 的位置坐标以及连杆长度 l_{HK}等。

（3）虚拟样机设计方法　虚拟样机技术是20世纪80年代逐渐兴起的、基于计算机技术的一种全新的设计方法。它是指在建立第一台物理样机之前，设计师利用计算机技术建立机械系统的数学模型，利用虚拟样机代替物理样机进行仿真分析，并对其候选设计方案的各种特性进行测试和评价，以图形方式显示该系统在真实工程条件下的各种特性，从而修改并得到最优设计方案的技术。虚拟样机技术需要高性能的计算机硬件和先进的计算机软件，其具体方法可参见相关文献，此处不作详细介绍。

3.10.6　反铲工作装置设计的混合方法

实践证明，将工作装置各个部分单独进行设计虽然能满足某一部分的要求，但难以同时满足挖掘机的总体作业尺寸参数，容易产生顾此失彼的现象，并且设计效率较低；而单纯采用作图的方法对工作装置整体进行设计虽然效率较高，但设计精度较低。因此，作者经过长期的教学实践并在参考了相关文献的基础上，总结出了将解析计算与作图法结合起来的混合方法，供读者参考。

在介绍混合方法之前，首先假定整机性能参数、机体尺寸参数、整机的工作尺寸为已知，它们包括整机工作质量、发动机额定功率、机身质量及重心位置、斗容量、液压系统功率、工作液压泵特性参数（额定压力、液压泵形式、最大流量等）、机体外形结构尺寸、要求的主要作业尺寸（最大挖掘深度、最大挖掘高度、最大卸载高度、最大挖掘半径等）、转台回转中心位置（悬挂式回转体回转中心位置）、要求的斗杆最大挖掘力和铲斗最大挖掘力等。在已知上述参数的前提下对工作装置整体进行设计，其步骤如下：

1）建立坐标系，构造设计基准线。根据上述已知条件，绘制机体外形尺寸、整机坐标系，标出主要工作尺寸（最大挖掘深度 h_1、最大挖掘高度 h_2、最大卸载高度 h_3、最大挖掘半径 r_1）、回转中心位置、回转底盘重心 G_1 位置、平台重心 G_2 位置及回转平台高度 h，如图3-73所示。其中，整机坐标系的原点 O 为转台回转中心线与停机面的交点，y、z 轴所在的平面为纵向对称平面，y 轴水平向前为正，z 轴垂直向上为正（与回转中心线重合），x 轴垂直于 yz 平面，坐标系符合右手定则。如果动臂与回转平台的铰接点 C 以及动臂液压缸与回转平台的铰接点 A 也可根据机身结构参数确定下来，则也应标出 C 和 A 的位置，否则应在随后的设计中予以确定。为了保证不影响转台回转，A 点的高度应略高于回转平台的高度 h，其具体数值应根据机身结构参数确定。

图3-74所示为悬挂式反铲工作装置的相应视图。该结构形式的 z 坐标轴与回转体中心

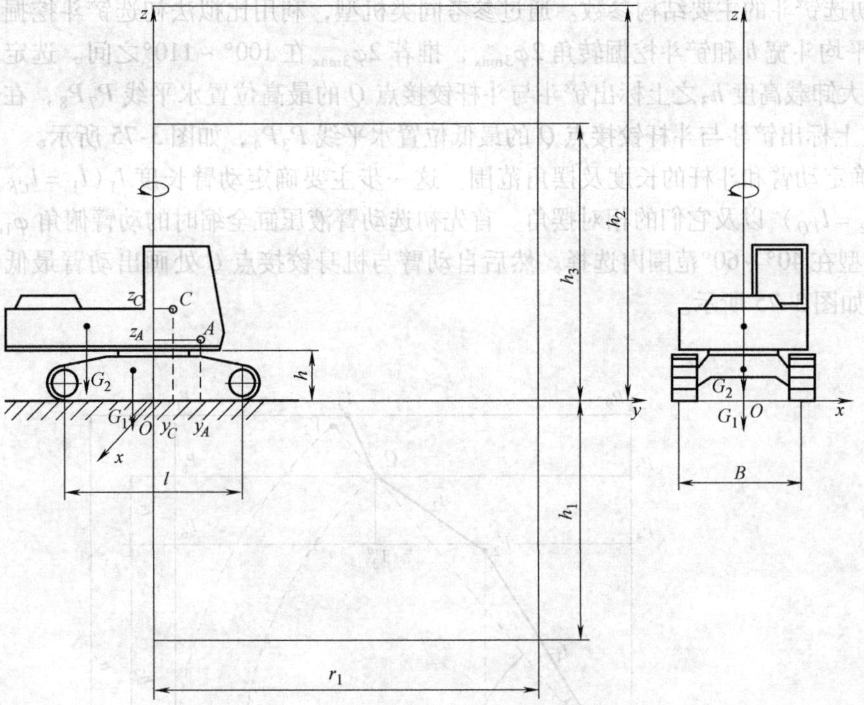

图3-73　普通反铲工作装置设计基准参数

线重合。需要说明的是，悬挂式反铲工作装置一般应用在挖掘装载机上，无回转平台，因此其机身质量应包括前端装载工作装置的质量，其位置应按照挖掘作业时装载工作装置的相应姿态确定。同样需要说明的是，如果该结构形式的铰接点 C 及铰接点 A 已根据机身结构参数确定下来，则应在图中标出，否则应在随后的设计中予以确定。为了保证不影响整机的通过性，C 点的高度应略高于回转体下端底部的高度 h。

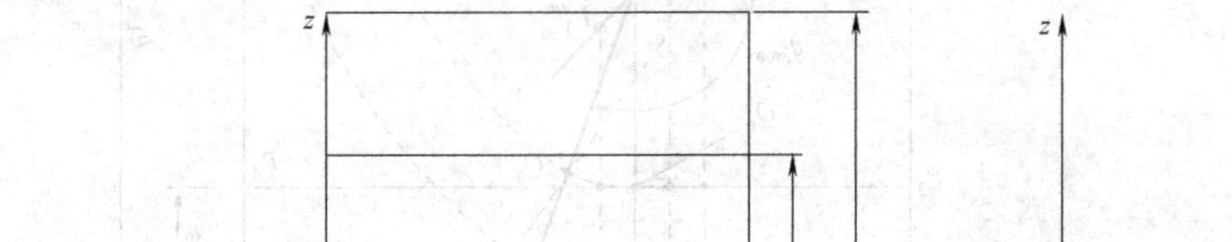

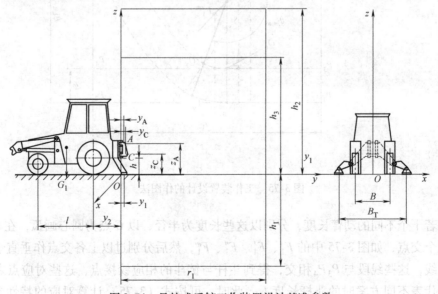

图3-74　悬挂式反铲工作装置设计基准参数

2）初选铲斗的主要结构参数。通过参考同类机型，利用比拟法初选铲斗挖掘回转半径 l_3、铲斗平均斗宽 b 和铲斗挖掘转角 $2\varphi_{3\max}$，推荐 $2\varphi_{3\max}$ 在 100°～110°之间。选定上述参数后，在最大卸载高度 h_3 之上标出铲斗与斗杆铰接点 Q 的最高位置水平线 P_7P_8，在最大挖掘深度 h_1 之上标出铲斗与斗杆铰接点 Q 的最低位置水平线 P_3P_4，如图 3-75 所示。

3）确定动臂和斗杆的长度及摆角范围。这一步主要确定动臂长度 l_1（$l_1=l_{CF}$）和斗杆长度 l_2（$l_2=l_{FQ}$）以及它们的相对摆角。首先初选动臂液压缸全缩时的动臂俯角 $\varphi_{1\min}$，可参考同类机型在 40°～60°范围内选择。然后自动臂与机身铰接点 C 处画出动臂最低位置方位线 CC_1，如图 3-75 所示。

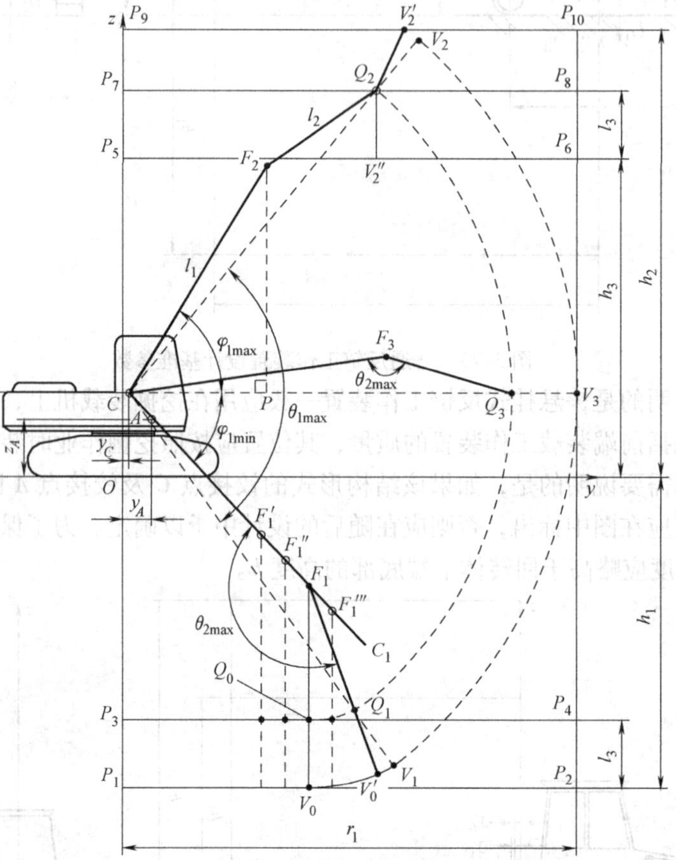

图 3-75　工作装置设计的作图法

选取若干个不同的动臂长度，分别以这些长度为半径、以 C 点为圆心画弧，在 CC_1 线上得出若干个交点，如图 3-75 中的 F_1、F_1'、F_1''、F_1'''，然后分别过以上各交点作垂直于停机面的直线段线，这些线段与 P_3P_4 相交，得到斗杆与铲斗的相应铰接点，这些对应点之间的垂直距离即代表不同方案时的斗杆长度 l_2。此时，可按式（3-75）计算对应的特性参数 $k_1=l_1/l_2$。即

$$k_1 = \frac{l_1}{z_C + l_1 \sin \varphi_{1\min} - l_3 - h_1} \tag{3-76}$$

式中，动臂俯角 $\varphi_{1\min}$ 和最大挖掘深度 h_1 应代以负值。

应根据设计要求或作业需要选择适当的 k_1，但初选时往往带有一定的盲目性。通常，k_1 值较大时，斗杆相对较短，因而挖掘范围较小，但斗杆挖掘力会有所提高；反之，k_1 值较小时，斗杆较长，挖掘范围较大，但减小了斗杆挖掘力。参考文献［1］还根据 k_1 的大小给出了相应的分类范围，在初步确定结构参数时可参照该范围进行选择，一般取 $k_1 = 1.1 \sim 2$。长动臂短斗杆方案可选择较大的 k_1 值；而采用加长斗杆方案时，该值可取得很小，甚至超出该推荐范围。根据以上分析，在选定 k_1 的同时在图 3-75 中标出动臂与斗杆铰接点的相应位置，如图中的 F_1 点。

在上述基础上，初选动臂与斗杆的最大夹角 $\theta_{2\max}$，该值通常在 150°～170°之间，增大该值可提高挖掘高度。但由于斗杆液压缸在全缩时的力臂很小，因此会降低斗杆液压缸全缩姿态附近的回摆力矩，影响斗杆的回摆。

初选 $\theta_{2\max}$ 后，可在图中动臂最低位置处自选定的 F_1 点作出斗杆方位线，如图 3-75 中的 F_1Q_1，并在其延长线上标出斗齿尖位置 V_0' 点，则 $l_3 = Q_1V_0'$。

以 Q_1 为圆心、以 l_3 为半径作圆弧交 CQ_1 延长线于 V_1 点，斗齿尖距 C 点的最远距离即为 CV_1，该值的计算公式为

$$l_{CV\max} = CV_1 = CQ_1 + Q_1V_1 = \sqrt{l_1^2 + l_2^2 - 2l_1l_2\cos\theta_{2\max}} + l_3 \tag{3-77}$$

$$l_{CQ\max} = CQ_1 = \sqrt{l_1^2 + l_2^2 - 2l_1l_2\cos\theta_{2\max}} \tag{3-78}$$

以 C 为圆心、以 CQ_1 为半径作圆弧交 P_7P_8 于 Q_2 点，该点即为斗杆与铲斗铰接点的最高位置点。再以 C 为圆心、以 CV_1 为半径作圆弧交 CQ_2 延长线于 V_2 点，$\overset{\frown}{V_1V_2}$ 弧段应是包络线中的一段，并通过最大挖掘半径时的斗齿尖位置 V_3 点。以 Q_2 为圆心、以 l_3 为半径作圆弧与最大挖掘高度线 P_9P_{10} 相交，得到斗齿尖的最高位置 V_2' 点。

动臂的最大仰角 $\varphi_{1\max}$ 可通过以下过程得出：

自 F_2 点作垂线交水平线 CQ_3 于 P 点，则有

$$F_2P = h_3 + l_3 - l_2\sin(\varphi_{1\max} + \theta_{2\max} - \pi) - z_C$$

$$\tan\varphi_{1\max} = \frac{F_2P}{\sqrt{l_1^2 - F_2P^2}} = \frac{h_3 + l_3 - l_2\sin(\varphi_{1\max} + \theta_{2\max} - \pi) - z_C}{\sqrt{l_1^2 - [h_3 + l_3 - l_2\sin(\varphi_{1\max} + \theta_{2\max} - \pi) - z_C]^2}} \tag{3-79}$$

式（3-79）是带有三角函数的超越方程，难以通过人工推导得出结果，为此可结合数值迭代方法和计算机编程运算获得精确解，或者利用作图法在图样上测量得到。但作图测量会带来不可避免的人为测量误差，为此可利用计算机绘图软件测量，其精度可得到保证。

如前所述，参照同类机型在参考范围 105°～125°之间初选斗杆的摆角范围 $\Delta\varphi_{2\max}$。该值大，作业范围大，反之则会减小作业范围。但该值过大会受结构条件的限制，并使平均挖掘力减小。选定该值后可于图中动臂最高位置标出，如图 3-76 所示。

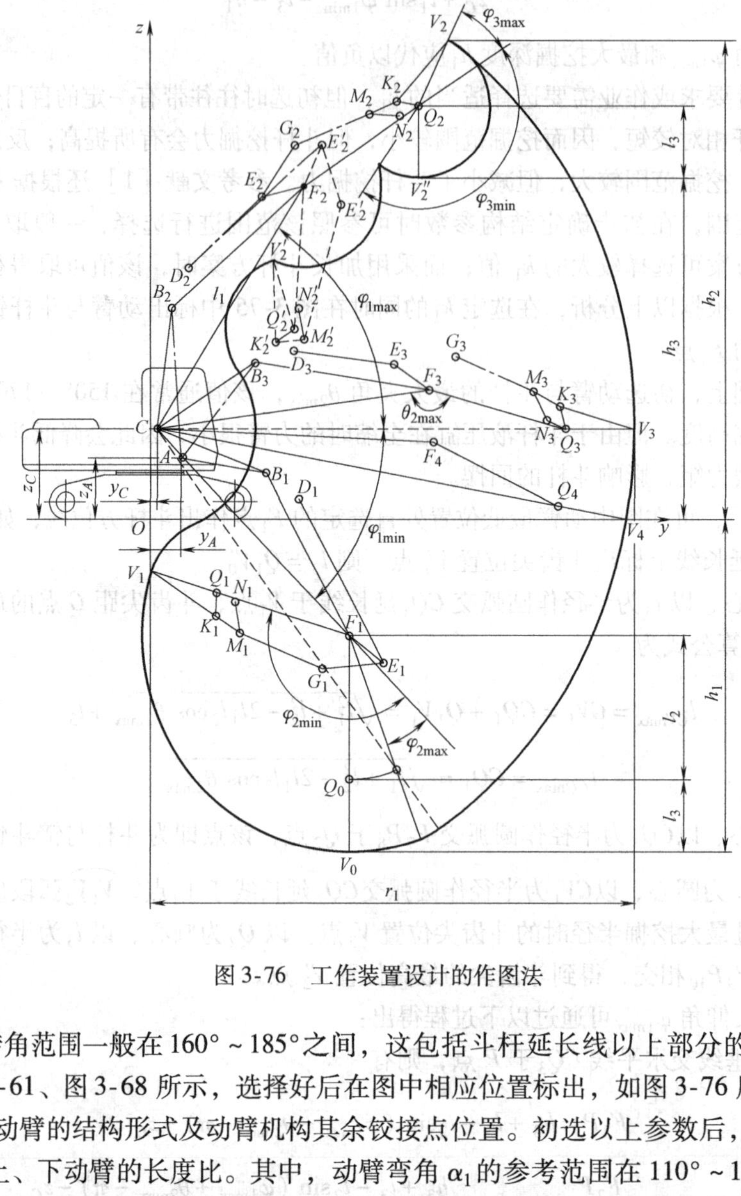

图 3-76　工作装置设计的作图法

铲斗的转角范围一般在 160°～185°之间，这包括斗杆延长线以上部分的开挖仰角（约 30°），如图 3-61、图 3-68 所示，选择好后在图中相应位置标出，如图 3-76 所示。

4）确定动臂的结构形式及动臂机构其余铰接点位置。初选以上参数后，可首先确定动臂弯角 α_1 及上、下动臂的长度比。其中，动臂弯角 α_1 的参考范围在 110°～170°之间。对于小型挖掘机，由于多采用单动臂液压缸，且动臂截面尺寸较小，因此动臂与动臂液压缸的铰接点 B 多置于动臂弯曲部位的下部。但这种布置形式在一定程度上影响了最大挖掘深度，所以，对于小型挖掘机的动臂弯角可取较小值。对于大中型挖掘机，动臂液压缸多为双缸，且动臂的截面尺寸也较大，因而把 B 点多置于动臂弯曲部位的中间部分，这样也不至影响挖掘深度，因此可选择较大的动臂弯角；另一方面，从结构上来说，较大的动臂弯角可在一定程度上减小由焊接引起的应力集中。对于上、下动臂长度的比值 $k_2 = l_{UF}/l_{UC}$，则可在 1.1～1.3 之间初步选定。选定上述结构参数后，在图中相应位置标出（图 3-76），并校核动臂液压缸的伸缩比 λ_1，其范围应在 1.6～1.7 之间。该值太小则浪费液压缸性能，太大则会引起液压缸的稳定性问题。

5）确定斗杆机构的其余铰接点位置。可参照第3.10.4节中的介绍，此处不再重复，结果如图3-76所示。

6）确定铲斗连杆机构的结构形式和铰接点位置。如前所述，由于铲斗转角范围较大，故反铲一般采用六连杆机构，因此铲斗连杆机构的设计就比较复杂。初选这些结构参数时，一方面可根据要求参照第3.10.5节中介绍的方法选取，另一方面可选择现有相同机型的成熟结构形式按一定的线性比例关系确定。初步选定后再对连杆机构进行运动分析和干涉检验，以满足基本设计要求。

7）绘制挖掘包络曲线并校核主要工作尺寸。待工作装置的全部铰接点位置和各部件几何尺寸参数都选定后，应首先校核主要工作尺寸是否满足设计要求，如不满足则返回到步骤2）检查各参数选择是否合适，直到满足所有设计要求为止。当所有尺寸参数都满足后，可进一步按照各液压缸的伸缩动作及由此引起的机构运动绘制斗齿尖所能达到的最大边界曲线，即挖掘包络曲线。此曲线应是封闭的斗齿尖轨迹曲线，其形状和分布规律也应符合设计要求，其包围的面积应为最大，如图3-76所示。此外，还应在图中标出各部件的两个极限位置姿态及其相应的摆角，如动臂极限位置摆角 $\varphi_{1\max}$ 和 $\varphi_{1\min}$，其测量基准是水平向右为零度方向，逆时针方向为正，反之为负；斗杆的极限位置摆角 $\varphi_{2\max}$ 和 $\varphi_{2\min}$，其测量基准是动臂上铰接点连线 CF 的延长线为零度方向，逆时针方向为正，反之为负；铲斗的极限位置摆角 $\varphi_{3\max}$ 和 $\varphi_{3\min}$，其测量基准是斗杆上铰接点连线 FQ 的延长线为零度方向，逆时针方向为正，反之为负。

各部件铰接点位置的最终结果参数应在部件相对坐标系中给出，如动臂上铰接点 B 和 D 的位置应在以与动臂相固结的坐标系中给出，斗杆和铲斗上的铰接点位置也应在与斗杆或铲斗相固结的坐标系中给出。

8）整机挖掘力计算。由于整机挖掘力计算涉及内容较多，其过程也较为复杂，因此将在后续章节中作专门介绍。

以上工作装置几何铰接点位置确定得是否合理，还需要进行必要的检验，其内容主要包括几何运动干涉情况、挖掘力发挥情况、各部件受力情况等。由于这些内容较多且分析计算过程复杂、计算量大，因此需要借助计算机来完成。当某些项目不能满足要求时，还需要对上述参数作必要的调整，其过程的重复也是设计的正常现象。

工作装置的几何铰接点位置的确定直接关系到挖掘机整机性能的优劣，是挖掘机设计的关键内容之一。但完整的结构设计还包括具体结构外形及相应的结构参数的确定，以满足结构强度和刚度的要求。除此之外，还应考虑加工工艺、使用维护条件、经济性等因素，以及它们之间的相互关系。因此，上述设计内容和过程不应当是完全独立的，设计时还应该兼顾其他因素。

思 考 题

1. 简要说明反铲挖掘机的作业过程及基本作业方式。
2. 采用弯动臂和直动臂对作业尺寸有何影响？在结构件强度及加工工艺方面应采取哪些措施？
3. 比较长动臂短斗杆方案和短动臂长斗杆方案对作业范围的影响。
4. 各液压缸的伸缩比希望在合理的范围内，太大或太小会产生哪些不利影响？
5. 为了适应不同的作业对象（物料），一般要采用不同的铲斗，试举出几种相适应的情况。

6. 比较采用双动臂液压缸与单动臂液压缸在结构和受力上的不同。

7. 应如何确定动臂及动臂液压缸与转台的铰接点位置（A、C）？

8. 铲斗四连杆机构、六连杆共点机构和六连杆非共点机构各自的结构特点是什么？各有哪些优缺点？

9. 利用优化设计方法设计挖掘机的工作装置时需要考虑哪些问题？应如何建立最大挖掘力、最小能耗及最高效率的模型？这些目标之间是否存在冲突？应如何处理？

10. 在进行工作装置铰接点位置设计时，主要的工作尺寸是否应严格满足？

11. 参照现有机型，自定工作尺寸和要求的挖掘力，设计一种反铲工作装置，使其满足作业范围要求，并作出包络图。

12. 分析现有机型，普通反铲挖掘机的动臂、斗杆、铲斗的极限摆角大致的范围是多少？悬挂式反铲挖掘机的动臂极限摆角大约是多少？

第4章

反铲液压挖掘机挖掘力的分析计算

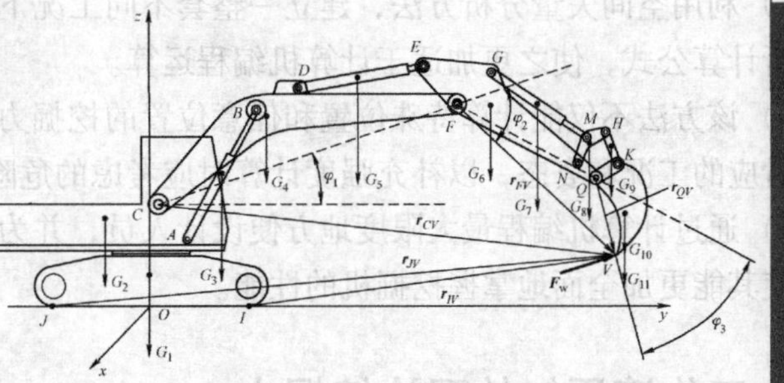

挖掘机的挖掘力是反映挖掘机性能的主要参数之一，也是进行结构设计和强度计算的依据。反铲挖掘机的挖掘力分为工作装置的理论挖掘力、整机的理论挖掘力和整机的实际挖掘力三种。就反映整机性能的挖掘力来说，一般又分为斗杆液压缸挖掘力和铲斗液压缸挖掘力，分别代表斗杆液压缸和铲斗液压缸单独工作时发挥在斗齿尖上的挖掘力。挖掘力的计算由于涉及因素较多，因而十分复杂，传统的方法是根据经验选择最危险工况和姿态用解析法进行分析[1]，然后据此对工作装置进行受力分析，并作为结构设计和强度分析的依据。作者认为，这样分析计算具有较大的人为性，难以全面了解挖掘机的受力状况，不便于计算机编程运算，不能涵盖真正最危险的工况，因而其分析结果不能全面反映挖掘机的实际能力，同时对工作装置的结构强度和整机的可靠性构成了潜在的威胁。因此，有必要利用当今的设计理论和计算机技术对挖掘力的计算工况和方法进行一般化处理，使其能对任意位置进行分析计算，并从中找出最危险工况。其具体内容和步骤如下：

1）利用空间矢量分析方法，建立一整套不同工况下计算挖掘机任意位置的理论挖掘力的分析计算公式，使之更加适于计算机编程运算。

2）该方法不仅能计算特殊位置和任意位置的挖掘力，还能自动计算最大理论挖掘力并给出对应的工况和姿态，以补充强度计算时应考虑的危险工况。

3）通过计算机编程最大限度地方便设计人员，并为他们提供尽可能详细的分析计算信息，使其能更加全面地掌握挖掘机的性能。

4.1 工作液压缸的理论挖掘力

工作液压缸的理论挖掘力是指不考虑如下因素，工作液压缸外伸时由该液压缸理论推力所能产生的斗齿切向挖掘力：

1）工作装置的自重和土重。

2）液压系统和连杆机构的效率。

3）工作液压缸的回油压力。

4）除所在工作液压缸及其相关机构以外的其他因素，如非工作液压缸及其相应机构、整机的稳定性因素、具体结构参数及强度方面的因素等。

反铲挖掘机挖掘作业时一般采用铲斗液压缸或斗杆液压缸进行挖掘，有时两者共同工作进行挖掘，即进行复合动作，以下分别对铲斗液压缸和斗杆液压缸理论挖掘力进行分析计算。

4.1.1 铲斗液压缸的理论挖掘力

如图 4-1 所示，在不计部件自重的情况下，可把连杆 HK 当作二力杆，其两端的受力沿着连杆 HK 两铰接中心连线方向，此时，根据受力平衡条件，由铲斗液压缸大腔主动发挥作用的铲斗液压缸理论挖掘力的计算公式为

$$F_{w3} = -\frac{M_{QD}}{r_{QVy}\cos(\varphi_1+\varphi_2+\varphi_3)+r_{QVz}\sin(\varphi_1+\varphi_2+\varphi_3)} \tag{4-1}$$

式中 M_{QD}——铲斗液压缸对 Q 点的力矩，其计算公式为

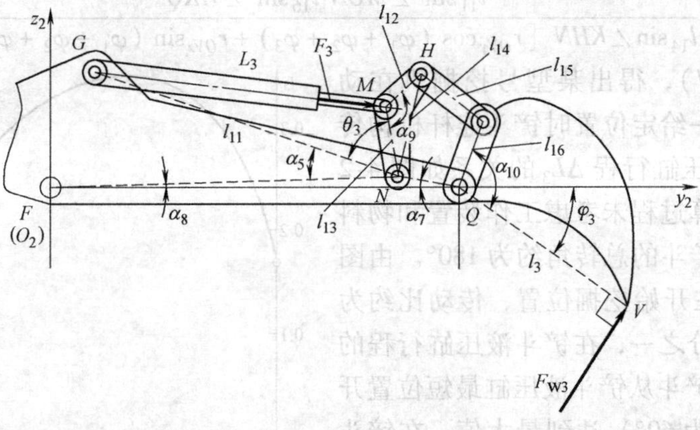

图4-1　铲斗液压缸理论挖掘力计算简图

$$M_{QD} = -\frac{F_3 l_{GN}\sin\angle MGN\ l_{QK}\sin(\pi-\angle HKQ)}{l_{HN}\sin\angle KHN} \tag{4-2}$$

$$= -\frac{n_3\pi l_{11}\sin\angle MGN\ l_{16}\sin\angle HKQ}{4l_{14}\sin\angle KHN}D_3^2 p_0$$

式中　F_3——铲斗液压缸的推力，$F_3=\frac{n_3\pi D_3^2}{4}p_0$，$n_3$ 为铲斗液压缸数目，D_3 为铲斗液压缸缸径，p_0 为系统压力。

φ_1 为动臂相对于停机面的转角，可由式（3-5）求得；φ_2 为斗杆相对于动臂的转角，可由式（3-15）求得；φ_3 为铲斗相对于斗杆的转角，可由式（3-29）求得。

$\angle MGN$、$\angle HKQ$、$\angle KHN$ 可分别由 $\triangle MGN$、$\triangle HQK$、$\triangle KHN$ 求得，它们是铲斗液压缸长度的函数，参照图4-1，其计算公式为

$$\angle MGN = \arccos\frac{L_3^2+l_{11}^2-l_{13}^2}{2L_3 l_{11}} \tag{4-3}$$

由式（3-25）、式（3-26）及图3-30、图3-31中的几何关系可得

$$\angle NQK = \arccos\frac{l_{NQ}^2+l_{HQ}^2-L_{14}^2}{2l_{NQ}l_{HQ}} + \arccos\frac{l_{16}^2+l_{HQ}^2-l_{15}^2}{2l_{16}l_{HQ}} \tag{4-4}$$

式中　$l_{HQ}=\sqrt{l_{14}^2+l_{NQ}^2-2l_{14}l_{NQ}\cos(2\pi-\theta_3-\alpha_5-\angle FNQ-\angle MNH)}$

则

$$l_{NK}=\sqrt{l_{16}^2+l_{NQ}^2-2l_{16}l_{NQ}\cos\angle NQK}$$

$$\angle KHN = \arccos\frac{l_{14}^2+l_{15}^2-l_{NK}^2}{2l_{14}l_{15}} \tag{4-5}$$

$$\angle HKQ = \arccos\frac{l_{15}^2+l_{16}^2-l_{HQ}^2}{2l_{15}l_{16}} \tag{4-6}$$

将式（4-3）~式（4-6）代入式（4-1）及式（4-2），即可得到铲斗液压缸的理论挖掘力。需要说明的是，上述推导过程是建立在机构不干涉的基础上，即上述 $\triangle GNM$ 和四边形 $NHKQ$ 始终成立。

由式（4-1）、式（4-2）可得铲斗连杆机构的传动比 $i_3=F_{w3}/F_3$ 的计算公式为

$$i_3 = \frac{l_{11}\sin\ \angle MGN\ l_{16}\sin\ \angle HKQ}{l_{14}\sin\angle KHN\ [r_{QVy}\cos\ (\varphi_1+\varphi_2+\varphi_3)+r_{QVz}\sin\ (\varphi_1+\varphi_2+\varphi_3)]} \tag{4-7}$$

按照式（4-7），得出某型号挖掘机在动臂、斗杆处于某一给定位置时铲斗连杆机构传动比 i_3 与铲斗液压缸行程 ΔL_3 的关系如图 4-2 所示，图中的计算过程未考虑工作装置和物料的自重，该机型铲斗的总转角约为 180°。由图 4-2 可以看出，在开始挖掘位置，传动比约为最大传动比的二分之一，在铲斗液压缸行程的约三分之一处（铲斗从铲斗液压缸最短位置开始转过的角度约为 60°）达到最大值，在铲斗液压缸行程的约三分之二以后传动比很小，此时铲斗液压缸挖掘已无实际意义，主要为收斗动作。

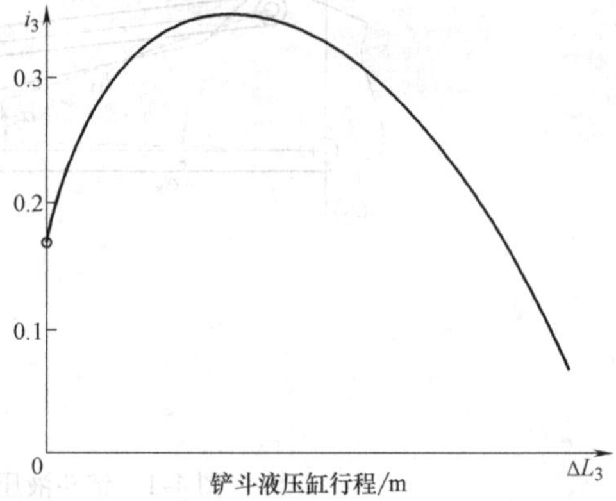

图 4-2　某型号挖掘机铲斗机构传动比与铲斗液压缸行程的关系

4.1.2　斗杆液压缸的理论挖掘力

斗杆液压缸的理论挖掘力不但与斗杆液压缸的伸缩长度有关，而且还与铲斗相对于斗杆的转角有关，即与铲斗液压缸的伸缩长度有关。

如图 4-3 所示，斗杆液压缸的动力臂为 r_2，其计算公式为

$$r_2 = l_8\sin\ \angle EDF$$

$$\angle EDF = \arccos\frac{L_2^2+l_8^2-l_9^2}{2L_2 l_8}$$

斗杆液压缸工作时的挖掘力与挖掘阻力大小相等，垂直于 FV 连线方向，其力臂为 r_{w2}，其计算公式为

$$r_{w2} = \sqrt{l_2^2+l_3^2-2l_2l_3\cos\theta_3} = \sqrt{l_2^2+l_3^2-2l_2l_3\cos\ (\pi+\varphi_3)}$$

因此，斗杆液压缸的理论挖掘力的计算公式为

$$F_{w2} = \frac{\pi D_2^2 p_0 l_8\sin\ \angle EDF}{4\sqrt{l_2^2+l_3^2-2l_2l_3\cos\ (\pi+\varphi_3)}} \tag{4-8}$$

式中　D_2——斗杆液压缸的缸径。

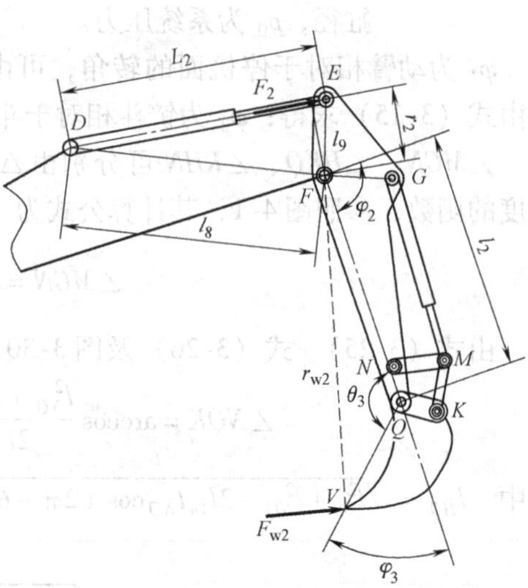

图 4-3　斗杆液压缸理论挖掘力计算简图

对于斗杆挖掘来说，铲斗相对于斗杆的转动位置决定了阻力臂的值和斗前刃切削角的大小。当铲斗转角达到切削后角小于或等于零时，斗杆挖掘就没有意义了，图 4-4 所示即为此种临界姿态。当铲斗液压缸小于该姿态的长度时，$\varphi_3>\varphi_{30}$（图中铲斗转角为负值），存在一定的切削后角，斗杆挖掘可以正常进行；否则，当铲斗液压缸大于该姿态的长度时，$\varphi_3<\varphi_{30}$，切削后角小于零，斗底先于斗齿接触土壤，斗杆挖掘无法进行。

根据图4-4中的几何关系，φ_{30}的计算公式为

$$\varphi_{30} = -(\pi - \angle FQV_0) \tag{4-9}$$

式中的负号表示铲斗相对于斗杆的转角为负值，$\angle FQV_0$的计算公式为

$$\angle FQV_0 = \arccos\frac{l_2^2 + l_3^2 - l_{FV_0}^2}{2l_2 l_3}$$

式中

$$l_{FV_0} = l_3\cos\left(\frac{\pi}{2}-\beta\right) + \sqrt{\left\{l_2^2 - \left[l_3\sin\left(\frac{\pi}{2}-\beta\right)\right]^2\right\}}$$

$$= l_3\sin\beta + \sqrt{\left[l_2^2 - (l_3\cos\beta)^2\right]} \tag{4-10}$$

式中　β——纵向对称平面内 QV_0 连线与斗刃的夹角。

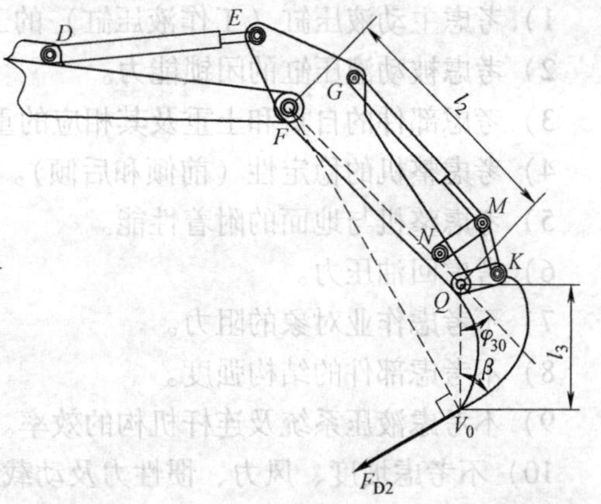

图4-4　斗杆液压缸挖掘力计算的临界姿态

根据以上分析，l_{FV_0}可视为斗杆液压缸挖掘时的最小阻力臂。

按照上述公式，得出某型号挖掘机在动臂相对于机身位置固定、铲斗相对于斗杆位置固定（铲斗相对于斗杆的转角不变，即阻力臂不变）时，斗杆机构传动比 $i_2 = F_{w2}/F_2$ 与斗杆液压缸行程 ΔL_2的关系如图4-5所示。图中的计算过程未考虑工作装置和物料的自重，该机型斗杆的总转角约为120°。由图4-5可以看出，在不考虑部件自重的情况下，斗杆机构的传动比与斗杆液压缸长度的关系呈中间大两头小接近对称的关系，这可从图4-3、图4-4和式（4-10）的数学关系大体看出，在斗杆液压缸伸长到中间位置时斗杆液压缸的力臂最大。

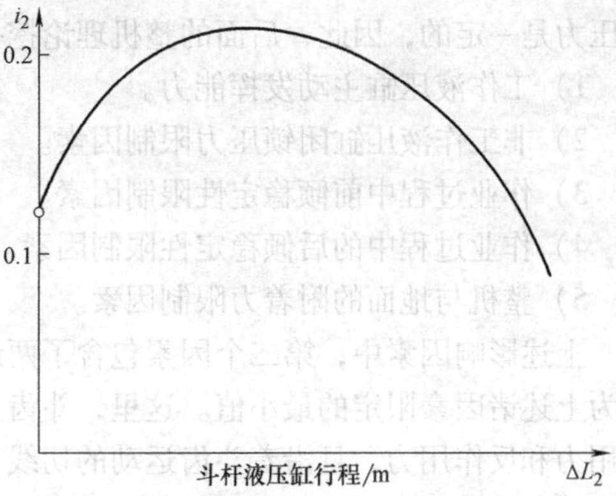

图4-5　某型号挖掘机斗杆机构传动比与斗杆液压缸行程的关系

值得注意的是，由于图4-5所示的曲线中没有考虑工作装置的自重，因此与考虑其自重后的曲线可能会有较大的差异。这是因为对于斗杆机构来说，斗杆连同其上部件的自重较大；另一方面，其对 F 点形成的阻力臂也较大，因而这些部件对 F 点形成的阻力矩较大。因此，在计算斗杆机构的传动比及斗杆挖掘力时，建议将部件自重及重心位置考虑进去。

4.2　整机的理论挖掘力

影响整机理论挖掘力的因素包括：主动液压缸（工作液压缸）的工作能力（理论推力）、被动液压缸的闭锁能力、部件的自重和土重、整机的稳定性（前倾和后倾）、整机与地面的附着性能、作业对象的阻力、部件的结构强度。

全面考虑这些因素将使计算过程变得十分复杂或难以用数学形式描述，因此，对整机理论挖掘力的分析计算将按以下假设条件进行[1]：

1）考虑主动液压缸（工作液压缸）的工作能力（理论推力）。

2）考虑被动液压缸的闭锁能力。

3）考虑部件的自重和土重及其相应的重心位置。

4）考虑整机的稳定性（前倾和后倾）。

5）考虑整机与地面的附着性能。

6）考虑回油压力。

7）不考虑作业对象的阻力。

8）不考虑部件的结构强度。

9）不考虑液压系统及连杆机构的效率。

10）不考虑坡度、风力、惯性力及动载荷的影响。

除上述因素外，整机的理论挖掘力还与工作装置各部件的相对位置即工作装置的姿态、液压缸的结构参数（缸径和活塞杆直径）、液压系统压力等因素有关。

整机理论挖掘力为在上述条件下所能达到的最大挖掘力，为便于表示和比较，通常有斗杆液压缸挖掘力和铲斗液压缸挖掘力之分，有时也应考虑动臂液压缸挖掘力。

根据上述分析和假定，在结构参数给定的情况下，各部件自重及重心位置和挖掘机的系统压力是一定的，因此，后面的整机理论挖掘力计算公式推导中只考虑如下因素：

1）工作液压缸主动发挥能力。

2）非工作液压缸闭锁压力限制因素。

3）作业过程中前倾稳定性限制因素。

4）作业过程中的后倾稳定性限制因素。

5）整机与地面的附着力限制因素。

上述影响因素中，第二个因素包含了两组被动液压缸，挖掘机所能发挥的最大理论挖掘力为上述诸因素限定的最小值。这里，斗齿上发挥的切向挖掘力与所受的切向挖掘阻力互为作用力和反作用力，且沿着斗齿运动的切线方向，因此，计算斗齿上发挥的切向挖掘力等同于计算所受的切向挖掘阻力，在同一姿态下，切向挖掘力的方向将取决于斗齿的运动方向，即具体的工作液压缸。

图4-6所示为挖掘机的受力分析示意图，符号 I、J 分别代表履带前、后接地点（前、后倾覆线），$G_1 \sim G_{10}$代表各部件自重，G_{11}代表斗内物料的自重，带下角标的黑体字母 $\boldsymbol{r}$ 表示连接前后两点的矢量，$\boldsymbol{F}_{\mathrm{w}}$为切向挖掘阻力，其方向为挖掘中主动液压缸所决定的斗齿运动的切线方向的反方向，如为铲斗液压缸挖掘，则 $\boldsymbol{F}_{\mathrm{w}}$垂直于 $\boldsymbol{r}_{QV}$，方向如图4-6所示。

参照图4-6，运用数学及理论力学的分析方法推导挖掘机的理论最大切向挖掘力计算公式。限于篇幅，本书仅介绍铲斗液压缸主动发挥，动臂液压缸和斗杆液压缸呈闭锁状态时的挖掘工况。该工况为铲斗液压缸大腔进油，假设其压力等于系统压力，被动液压缸闭锁压力值取决于各液压缸限压阀的调定压力。以下分别从限制最大挖掘力的六个因素进行分析。

（1）由动臂液压缸闭锁压力限制的斗齿切向挖掘力　如图4-7所示，铲斗液压缸工作时，斗齿上所受的挖掘阻力沿斗齿运动切线方向的反方向（即图中垂直于 QV 的方向），各部件受重力如图所示，其中，斗内物料的自重为 G_{11}，由于其重心位置难以掌握，因此，假

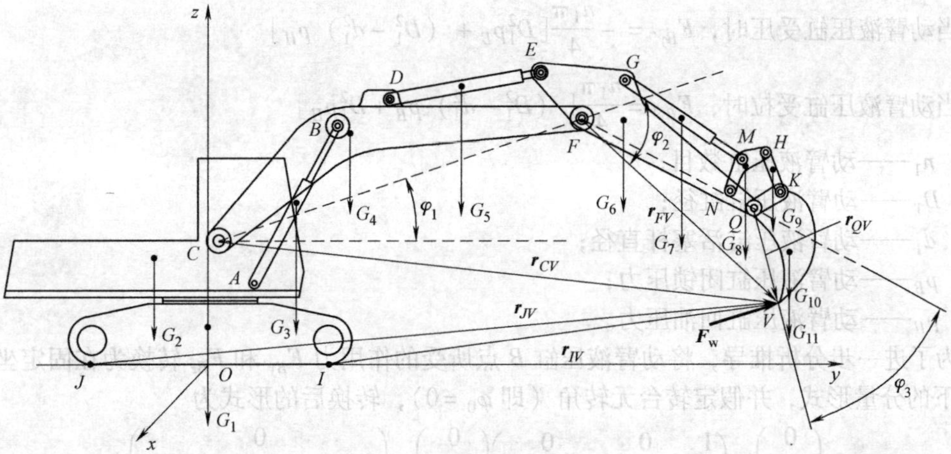

图 4-6　挖掘力分析示意图

设其重心位置与铲斗的重心位置重合。由动臂液压缸闭锁压力决定的斗齿切向挖掘力的计算公式推导如下：

首先隔离动臂液压缸，其上受力如图 4-8 所示，其中，$F_{By'}$ 的绝对值等于动臂液压缸的推力值，其方向沿着动臂液压缸轴线方向，$F_{Bz'}$ 垂直于 $F_{By'}$，角度 γ 为动臂液压缸与水平面的夹角。对 A 点建立力矩平衡方程为

$$\sum M_{Ax} = F_{Bz'}L_1 - 0.5G_3L_1\cos\gamma = 0$$

由此求得

$$F_{Bz'} = 0.5G_3\cos\gamma \tag{4-11}$$

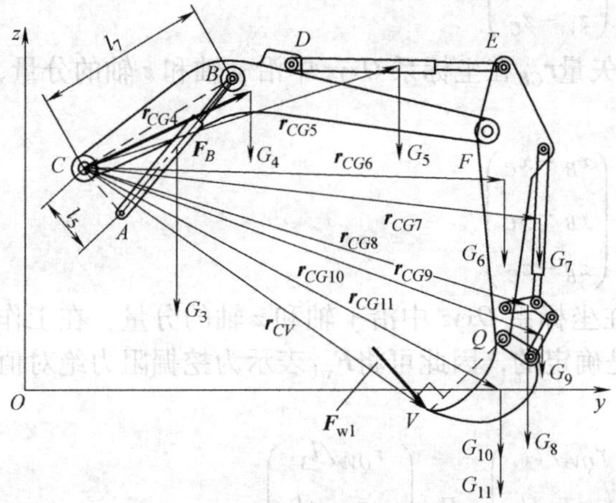

图 4-7　铲斗液压缸工作时工作装置受力简图

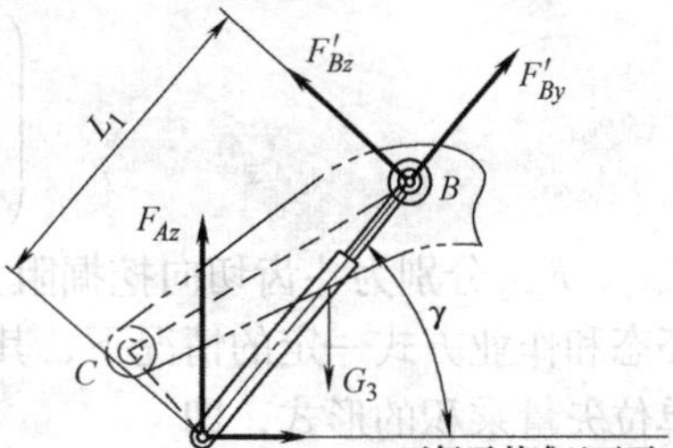

图 4-8　动臂液压缸受力简图

式中

$$\gamma = \arctan\frac{z_B - z_A}{y_B - y_A}$$

动臂液压缸的推力 $F_{By'}$ 的计算公式为

当动臂液压缸受压时，$F_{By'}=-\frac{n_1\pi}{4}[D_1^2p_B+(D_1^2-d_1^2)p_H]$

当动臂液压缸受拉时，$F_{By'}=\frac{n_1\pi}{4}[(D_1^2-d_1^2)p_B+D_1^2p_H]$

式中　n_1——动臂液压缸数目；

D_1——动臂液压缸缸径；

d_1——动臂液压缸活塞杆直径；

p_B——动臂液压缸闭锁压力；

p_H——动臂液压缸回油压力。

为了进一步分析推导，将动臂液压缸 B 点所受的作用力 $F_{By'}$ 和 $F_{Bz'}$ 转换为在固定坐标系 $Oxyz$ 下的分量形式，并假定转台无转角（即 $\varphi_0=0$），转换后的形式为

$$\begin{pmatrix}0\\F_{By}\\F_{Bz}\end{pmatrix}=\begin{pmatrix}1&0&0\\0&\cos\gamma&-\sin\gamma\\0&\sin\gamma&\cos\gamma\end{pmatrix}\begin{pmatrix}0\\F_{By'}\\F_{Bz'}\end{pmatrix}=\begin{pmatrix}0\\F_{By'}\cos\gamma-F_{Bz'}\sin\gamma\\F_{By'}\sin\gamma+F_{Bz'}\cos\gamma\end{pmatrix}\tag{4-12}$$

如图4-7所示，隔离动臂及其上连接的斗杆机构和铲斗连杆机构，对 C 点建立力矩平衡方程，并考虑到 B 点作用有来自动臂液压缸的力 $F'_{By}(F'_{By}=-F_{By})$ 和 $F'_{Bz}(F'_{Bz}=-F_{Bz})$。

$$\sum M_{Cx}=r_{CVy}F_{w1z}-r_{CVz}F_{w1y}+r_{CBy}F'_{Bz}-r_{CBz}F'_{By}+\sum_{i=4}^{11}(-r_{CGiy}G_i)=0\tag{4-13}$$

式中，r_{CVy}、r_{CVz} 分别为 C 点指向 V 点的矢量 $\boldsymbol{r}_{CV}$ 在坐标系 $Oxyz$ 中沿 y 轴和 z 轴的分量，结合式（3-2）和式（3-33），其计算公式为

$$\begin{pmatrix}r_{CVx}\\r_{CVy}\\r_{CVz}\end{pmatrix}=\begin{pmatrix}x_V-x_C\\y_V-y_C\\z_V-z_C\end{pmatrix}$$

同理，r_{CBy}、r_{CBz} 分别为 C 点指向 B 点的矢量 $\boldsymbol{r}_{CB}$ 在坐标系 $Oxyz$ 中沿 y 轴和 z 轴的分量，结合式（3-2）和式（3-9），其计算公式为

$$\begin{pmatrix}r_{CBx}\\r_{CBy}\\r_{CBz}\end{pmatrix}=\begin{pmatrix}x_B-x_C\\y_B-y_C\\z_B-z_C\end{pmatrix}$$

F_{w1y}、F_{w1z} 分别为斗齿切向挖掘阻力 $\boldsymbol{F}_{w1}$ 在坐标系 $Oxyz$ 中沿 y 轴和 z 轴的分量，在工作装置姿态和作业方式一定的情况下，其方向是确定的，因此可将 $\boldsymbol{F}_{w1}$ 表示为挖掘阻力绝对值与一单位矢量乘积的形式，即

$$\boldsymbol{F}_{w1}=\begin{pmatrix}F_{w1x}\\F_{w1y}\\F_{w1z}\end{pmatrix}=\|\boldsymbol{F}_{w1}\|\begin{pmatrix}r_{QVx}/l_3\\-r_{QVz}/l_3\\r_{QVy}/l_3\end{pmatrix}=F_{w1}\begin{pmatrix}r_{QVx}/l_3\\-r_{QVz}/l_3\\r_{QVy}/l_3\end{pmatrix}$$

因此，通过推导式（4-13），可得出 F_{w1} 的数量表达式（标量）为

$$F_{w1}=\frac{l_3\left[\sum_{i=4}^{11}r_{CG_{iy}}G_i+r_{CBy}(F_{By'}\sin\gamma+F_{Bz'}\cos\gamma)-r_{CBz}(F_{By'}\cos\gamma-F_{Bz'}\sin\gamma)\right]}{r_{CVy}r_{QVy}+r_{CVz}r_{QVz}}\tag{4-14}$$

式中　$l_3 = |r_{QV}|$——纵向对称平面内 Q、V 的距离，即铲斗的长度；

$r_{CG_{iy}}$——C 点指向工作装置各部件重心位置的矢量在 y 坐标的分量（图 4-7 中，$i=4,\ 7,\ \cdots,\ 11$）；

G_i——各部件自重，式中已考虑了重力的方向，故 G_i 应代以正值，以下同。

需要说明的是，铲斗内物料的自重应按照铲斗的方位即斗口的朝向计算，而不应在任何姿态下都不加区分地计入满斗土的自重。以下为近似计算方法。

如图 4-9 所示，假定 QV 连线与水平面夹角为 $-45°$ 时铲斗完全卸料，即斗内无法装载任何物料（图 4-9 中 V_1 位置），斗口水平朝上为完全装满位置（图 4-9 中 V_2 位置），铲斗从完全卸料位置到完全装满位置转动的过程中斗内土的自重成线性增加，即与转角成正比，且应满足如下关系：

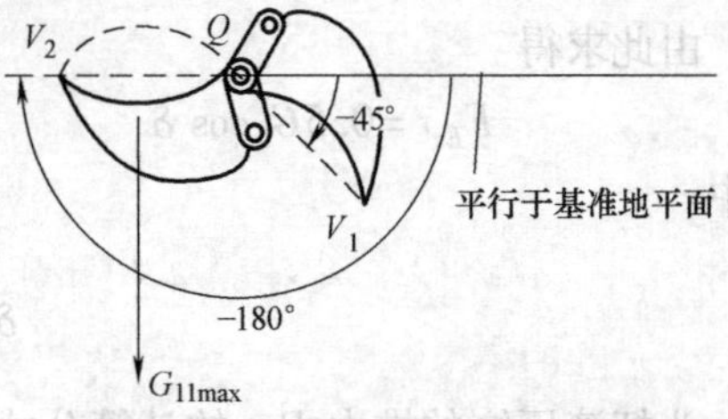

图 4-9　斗内物料自重的计算方法

令 $\varphi_{3k} = \varphi_1 + \varphi_2 + \varphi_3$ 为斗口与水平面的夹角。即按照上述假定：

当 $\varphi_{3k} \geqslant -\pi/4$ 时，$G_{11}=0$；

当 $\varphi_{3k} < -\pi/4$ 时，

$$G_{11} = \frac{|\varphi_{3k} + 0.25\pi|}{0.75\pi} G_{11\max} = k_{3k} G_{11\max}$$

其中，$k_{3k} = \dfrac{|\varphi_{3k} + 0.25\pi|}{0.75\pi}$，当 $\varphi_{3k} + 0.25\pi < -0.75\pi$ 时，$k_{3k} > 1$，这时令 $k_{3k} = 1$，即 k_{3k} 的取值不能大于 1，这是因为斗内物料自重不能超过所能装载的最大值。

$G_{11\max}$ 为物料的最大自重，它等于铲斗的标准斗容量与物料密度的乘积，即 $G_{11\max} = q\rho$。q 为铲斗的标准斗容量，ρ 为物料的密度。

其他参数的意义同前。

（2）由斗杆液压缸闭锁压力限制的斗齿切向挖掘力　如图 4-10 所示，挖掘阻力 F_{w2} 有使斗杆连同其上的工作装置产生绕 F 点沿逆时针方向转动的趋势，工作装置自重的作用则视其相对于 F 点的情况而变，图示位置有使其绕 F 点沿顺时针方向转动的趋势，当某个部件的重心位置转至 F 点左下方时，该部件有使其绕 F 点产生沿逆时针方向转动的趋势。为

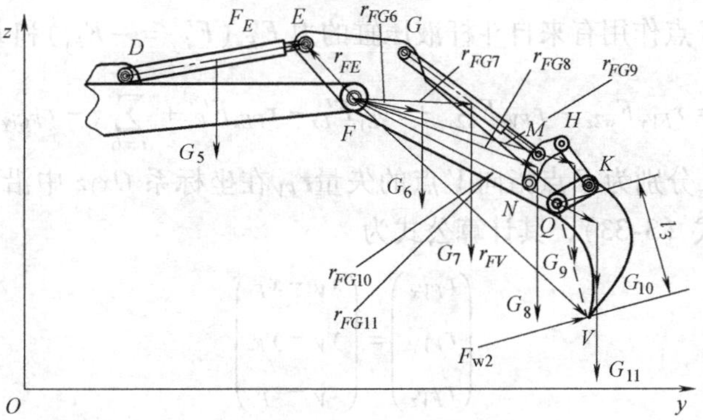

图 4-10　铲斗液压缸工作时斗杆液压缸闭锁限制的挖掘力计算简图

计算斗杆液压缸闭锁压力限制的挖掘力，首先隔离斗杆液压缸，其上受力如图 4-11 所示，其中，$F_{Ey'}$的绝对值等于斗杆液压缸的推力，其方向为斗杆液压缸轴线方向，$F_{Ez'}$垂直于$F_{Ey'}$，角度δ为斗杆液压缸与水平面的夹角，对D点建立的力矩平衡方程为

$$\sum M_{Dx} = F_{Ez'}L_2 - 0.5G_5L_2\cos\delta = 0$$

由此求得

$$F_{Ez'} = 0.5G_5\cos\delta \tag{4-15}$$

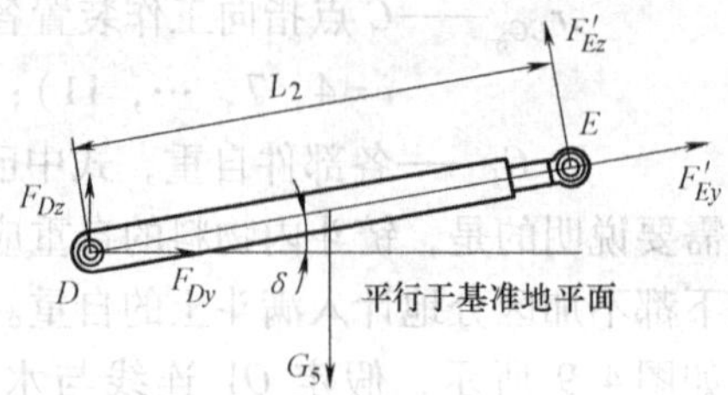

图 4-11　斗杆液压缸受力简图

式中

$$\delta = \arctan\frac{z_E - z_D}{y_E - y_D}$$

斗杆液压缸的推力$F_{Ey'}$的计算公式为

当斗杆液压缸受压时，$F_{Ey'} = -\dfrac{n_2\pi}{4}[D_2^2p_S + (D_2^2 - d_2^2)p_H]$

当斗杆液压缸受拉时，$F_{Ey'} = \dfrac{n_2\pi}{4}[(D_2^2 - d_2^2)p_S + D_2^2p_H]$

式中　n_2——斗杆液压缸数目；

D_2——斗杆液压缸缸径；

d_2——斗杆液压缸活塞杆直径；

p_S——斗杆液压缸闭锁压力；

p_H——斗杆液压缸回油压力。

同样，为了进一步分析推导，将斗杆液压缸E点所受的作用力$F_{Ey'}$和$F_{Ez'}$转换为在固定坐标系$Oxyz$中的分量形式，并假定转台无转角（即$\varphi_0 = 0$），转换后的形式为

$$\begin{pmatrix}0\\F_{Ey}\\F_{Ez}\end{pmatrix} = \begin{pmatrix}1&0&0\\0&\cos\delta&-\sin\delta\\0&\sin\delta&\cos\delta\end{pmatrix}\begin{pmatrix}0\\F_{Ey'}\\F_{Ez'}\end{pmatrix} = \begin{pmatrix}0\\F_{Ey'}\cos\delta - F_{Ez'}\sin\delta\\F_{Ey'}\sin\delta + F_{Ez'}\cos\delta\end{pmatrix} \tag{4-16}$$

如图 4-10 所示，隔离斗杆及其上连接的斗杆机构和铲斗连杆机构，对F点建立力矩平衡方程，并考虑到E点作用有来自斗杆液压缸的力$F'_{Ey}(F'_{Ey} = -F_{Ey})$和$F'_{Ez}(F'_{Ez} = -F_{Ez})$。

$$\sum M_{Fx} = r_{FVy}F_{w2z} - r_{FVz}F_{w2y} + r_{FEy}F'_{Ez} - r_{FEz}F'_{Ey} + \sum_{i=6}^{11}(-r_{FGiy}G_i) = 0 \tag{4-17}$$

其中，r_{FVy}、r_{FVz}分别为F点指向V点的矢量$\boldsymbol{r}_{FV}$在坐标系$Oxyz$中沿y轴和z轴的分量，结合式（3-11）和式（3-33），其计算公式为

$$\begin{pmatrix}r_{FVx}\\r_{FVy}\\r_{FVz}\end{pmatrix} = \begin{pmatrix}x_V - x_F\\y_V - y_F\\z_V - z_F\end{pmatrix}$$

同理，r_{FEy}、r_{FEz}分别为F点指向E点的矢量$\boldsymbol{r}_{FE}$在坐标系$Oxyz$中沿y轴和z轴的分量，结合式（3-11）和式（3-19），其计算公式为

$$\begin{pmatrix} r_{FEx} \\ r_{FEy} \\ r_{FEz} \end{pmatrix} = \begin{pmatrix} x_E - x_F \\ y_E - y_F \\ z_E - z_F \end{pmatrix}$$

F_{w2y}、F_{w2z}分别为斗齿切向挖掘阻力$\boldsymbol{F}_{w2}$在坐标系 $Oxyz$ 中沿 y 轴和 z 轴的分量，在工作装置姿态和作业方式一定的情况下，其方向是确定的，为沿斗齿运动切线方向的反方向，即图中垂直于 QV 的方向（与 $\boldsymbol{F}_{w1}$ 方向相同），因此可将 $\boldsymbol{F}_{w2}$表示为挖掘阻力绝对值与一单位矢量乘积的形式。即

$$\boldsymbol{F}_{w2} = \begin{pmatrix} F_{w2x} \\ F_{w2y} \\ F_{w2z} \end{pmatrix} = \| \boldsymbol{F}_{w2} \| \begin{pmatrix} r_{QVx}/l_3 \\ -r_{QVz}/l_3 \\ r_{QVy}/l_3 \end{pmatrix} = F_{w2} \begin{pmatrix} r_{QVx}/l_3 \\ -r_{QVz}/l_3 \\ r_{QVy}/l_3 \end{pmatrix}$$

因此，通过推导式（4-17），可得出 F_{w2}的数量表达形式（标量）为

$$F_{w2} = \frac{l_3 \left[\sum_{i=6}^{11} r_{FGiy} G_i + r_{FEy} (F_{Ey'} \sin\delta + F_{Ez'} \cos\delta) - r_{FEz} (F_{Ey'} \cos\delta - F_{Ez'} \sin\delta) \right]}{r_{FVy} r_{QVy} + r_{FVz} r_{QVz}} \tag{4-18}$$

式中　r_{FGiy}——F 点指向工作装置各部件重心位置的矢量在 y 轴的分量（图 4-10 中，$i=6$，7，…，11）。

其他参数的意义同前。

（3）由铲斗液压缸大腔主动发挥所决定的斗齿切向挖掘力　类似于前述分析，在考虑部件自重的情况下（图 4-12），铲斗液压缸工作时的最大挖掘力推导计算应将各个部件独立开来进行分析，其具体步骤如下：

1）如图 4-13 所示，首先对铲斗液压缸进行受力分析，求出 M 点所受垂直于铲斗液压缸轴线方向的力 $F_{Mz'}$，$F_{My'}$ 为沿铲斗液压缸轴线方向的力，其大小与铲斗液压缸的推力相等，方向相反。角度 ξ 为铲斗液压缸与水平面的夹角，对 G 点建立的力矩平衡方程为

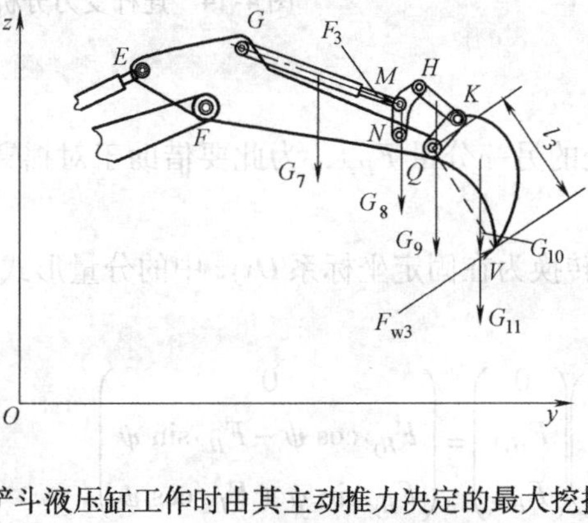

图 4-12　铲斗液压缸工作时由其主动推力决定的最大挖掘力分析图

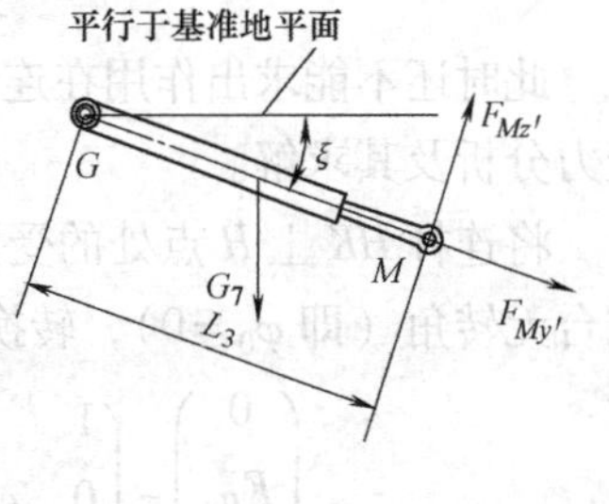

图 4-13　铲斗液压缸受力图

$$\sum M_{Gx} = F_{Mz'} L_3 - 0.5 G_7 L_3 \cos\xi = 0$$

由此求得

$$F_{Mz'}=0.5G_7\cos\xi \tag{4-19}$$

式中

$$\xi=\arctan\frac{z_M-z_G}{y_M-y_G}$$

铲斗液压缸的推力 $F_{My'}$ 的计算公式为

当铲斗液压缸伸长进行推压时，$F_{My'}=-\frac{n_3\pi}{4}[D_3^2p_0+(D_3^2-d_3^2)p_H]$

当铲斗液压缸缩短进行卸料作业时，$F_{My'}=\frac{n_3\pi}{4}[(D_3^2-d_3^2)p_0+D_3^2p_H]$

式中 n_3——铲斗液压缸数目；

D_3——铲斗液压缸缸径；

d_3——铲斗液压缸活塞杆直径；

p_0——系统压力；

p_H——铲斗液压缸回油压力。

同样，为了进一步分析推导，将铲斗液压缸在 M 点所受的作用力 $F_{My'}$ 和 $F_{Mz'}$ 转换为在固定坐标系 $Oxyz$ 中的分量形式，并假定转台无转角（即 $\varphi_0=0$），转换后的形式为

$$\begin{pmatrix}0\\F_{My}\\F_{Mz}\end{pmatrix}=\begin{pmatrix}1&0&0\\0&\cos\xi&-\sin\xi\\0&\sin\xi&\cos\xi\end{pmatrix}\begin{pmatrix}0\\F_{My'}\\F_{Mz'}\end{pmatrix}=\begin{pmatrix}0\\F_{My'}\cos\xi-F_{Mz'}\sin\xi\\F_{My'}\sin\xi+F_{Mz'}\cos\xi\end{pmatrix} \tag{4-20}$$

2）对连杆 HK 进行受力分析，如图 4-14 所示，求得 H 点处垂直于连杆轴线方向的力 $F_{Hz'}$。

假设连杆的重心位置在其两端中心连线的中点处，对 K 点建立的力矩平衡方程为

$$\sum M_{Kx}=-F_{Hz'}l_{15}+0.5G_9l_{15}\cos\psi=0$$

由此求得

$$F_{Hz'}=0.5G_9\cos\psi \tag{4-21}$$

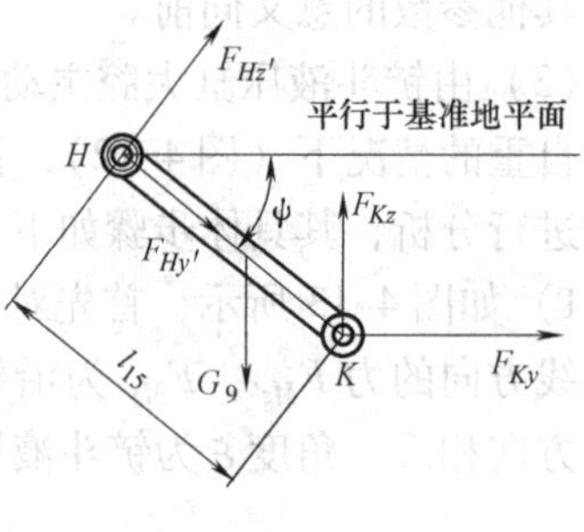

图 4-14　连杆受力分析图

式中

$$\psi=\arctan\frac{z_K-z_H}{y_K-y_H}$$

此时还不能求出作用在连杆铰接点 H 处的另一分量 $F_{Hy'}$，为此要借助于对摇臂 MHN 的受力分析及其求解。

将连杆 HK 上 H 点处的受力 $F_{Hy'}$ 和 $F_{Hz'}$ 转换为在固定坐标系 $Oxyz$ 中的分量形式，并假定转台无转角（即 $\varphi_0=0$），转换后的形式为

$$\begin{pmatrix}0\\F_{Hy}\\F_{Hz}\end{pmatrix}=\begin{pmatrix}1&0&0\\0&\cos\psi&-\sin\psi\\0&\sin\psi&\cos\psi\end{pmatrix}\begin{pmatrix}0\\F_{Hy'}\\F_{Hz'}\end{pmatrix}=\begin{pmatrix}0\\F_{Hy'}\cos\psi-F_{Hz'}\sin\psi\\F_{Hy'}\sin\psi+F_{Hz'}\cos\psi\end{pmatrix} \tag{4-22}$$

3）对摇臂进行受力分析，求得摇臂上 H 点处所受的来自连杆的力。图 4-15 所示为摇臂受力分析图，其中 $F'_{Hy}=-F_{Hy}$、$F'_{Hz}=-F_{Hz}$ 为来自连杆的力，$F'_{My}=-F_{My}$、$F'_{Mz}=-F_{Mz}$ 为来自铲斗液压缸的力。

对 N 点建立的力矩平衡方程为

$$\sum M_{Nx} = r_{NHy}F'_{Hz} - r_{NHz}F'_{Hy} + r_{NMy}F'_{Mz} - r_{NMz}F'_{My} - r_{NG8y}G_8 \tag{4-23}$$

式中　r_{NHy}、r_{NHz}——矢量 $\boldsymbol{r}_{NH}$ 在固定坐标系 $Oxyz$ 中 y 轴和 z 轴的分量；

r_{NMy}、r_{NMz}——矢量 $\boldsymbol{r}_{NM}$ 在固定坐标系 $Oxyz$ 中 y 轴和 z 轴的分量；

r_{NG8y}——N 点指向摇臂重心位置的矢量 $\boldsymbol{r}_{NG8}$ 在固定坐标系 $Oxyz$ 中 y 轴和 z 轴的分量。

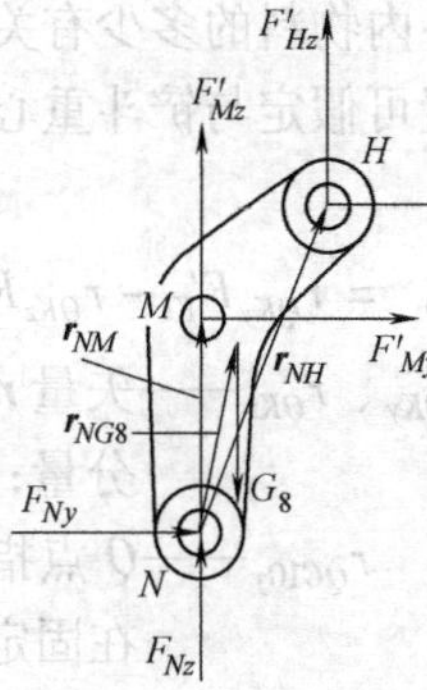

图4-15　摇臂受力分析图

将 F'_{Hy}、F'_{Hz}、F'_{My}、F'_{Mz} 代入式（4-23），可求得摇臂在 H 点的受力表达式为

$$F_{Hy'} = \frac{r_{NMy}F'_{Mz} - r_{NMz}F'_{My} - r_{NG8y}G_8 - (r_{NHy}\cos\psi + r_{NHz}\sin\psi)F_{Hz'}}{r_{NHy}\sin\psi - r_{NHz}\cos\psi} \tag{4-24}$$

式（4-24）得出的 $F_{Hy'}$ 是连杆所受沿 HK 连线方向的力（图4-14），可以看出，当分母为零时，$F_{Hy'}$ 为无穷大，此时有如下关系成立。即

$$\tan\psi = \frac{r_{NHz}}{r_{NHy}}$$

该式反映了 N、H、K 三点一线的几何关系，即四杆机构产生死点或被破坏的情形，这是设计时应该避免的。

将式（4-24）代入式（4-22）中，即可求得连杆 HK 在 K 点所受的力在坐标系 $Oxyz$ 中沿 y 轴和 z 轴的分量。即

$$F_{Hy} = \frac{(r_{NMy}F'_{Mz} - r_{NMz}F'_{My} - r_{NG8y}G_8)\cos\psi - r_{NHy}F_{Hz'}}{r_{NHy}\sin\psi - r_{NHz}\cos\psi} \tag{4-25}$$

$$F_{Hz} = \frac{(r_{NMy}F'_{Mz} - r_{NMz}F'_{My} - r_{NG8y}G_8)\sin\psi - r_{NHz}F_{Hz'}}{r_{NHy}\sin\psi - r_{NHz}\cos\psi} \tag{4-26}$$

式（4-25）、式（4-26）中，$F_{Hz'}$ 由式（4-21）求得，而 $F'_{My} = -F_{My}$、$F'_{Mz} = -F_{Mz}$ 由式（4-20）求得。由 $F'_{Hy} = -F_{Hy}$、$F'_{Hz} = -F_{Hz}$ 可得出摇臂上 H 点处所受的来自连杆的力为

$$F'_{Hy} = \frac{r_{NHy}F_{Hz'} - (r_{NMy}F'_{Mz} - r_{NMz}F'_{My} - r_{NG8y}G_8)\cos\psi}{r_{NHy}\sin\psi - r_{NHz}\cos\psi} \tag{4-27}$$

$$F'_{Hz} = \frac{r_{NHz}F_{Hz'} - (r_{NMy}F'_{Mz} - r_{NMz}F'_{My} - r_{NG8y}G_8)\sin\psi}{r_{NHy}\sin\psi - r_{NHz}\cos\psi} \tag{4-28}$$

4）连杆 HK 上 K 点的受力。参照图4-14，连杆上 K 点的受力可根据受力平衡条件得出。即

$$F_{Ky} = \frac{r_{NHy}F_{Hz'} - (r_{NMy}F'_{Mz} - r_{NMz}F'_{My} - r_{NG8y}G_8)\cos\psi}{r_{NHy}\sin\psi - r_{NHz}\cos\psi} \tag{4-29}$$

$$F_{Kz} = G_9 + \frac{r_{NHz}F_{Hz'} - (r_{NMy}F'_{Mz} - r_{NMz}F'_{My} - r_{NG8y}G_8)\sin\psi}{r_{NHy}\sin\psi - r_{NHz}\cos\psi} \tag{4-30}$$

5）对铲斗进行受力分析，推导铲斗液压缸工作时的挖掘力。图4-16所示为铲斗受力图，按前述假设，挖掘阻力 F_{w3} 沿着斗齿运动的切线方向，此处不考虑偏载和横向力；Q 点

处受来自斗杆的力，G_{10}为铲斗自重，G_{11}为物料自重，其实际取值应与斗内物料的多少有关，并同斗口与水平面的夹角有关，其重心位置可假定与铲斗重心位置相同。对Q点建立的力矩平衡方程为

$$\sum M_{Qx} = r_{QKy}F'_{Kz} - r_{QKz}F'_{Ky} + l_3F_{w3} - r_{QG10y}(G_{10} + G_{11}) = 0$$

式中 r_{QKy}、r_{QKz}——矢量$\boldsymbol{r}_{QK}$在固定坐标系$Oxyz$中y轴和z轴的分量；

r_{QG10y}——Q点指向铲斗和物料重心位置的矢量$\boldsymbol{r}_{QG10}$在固定坐标系$Oxyz$中y轴的分量。

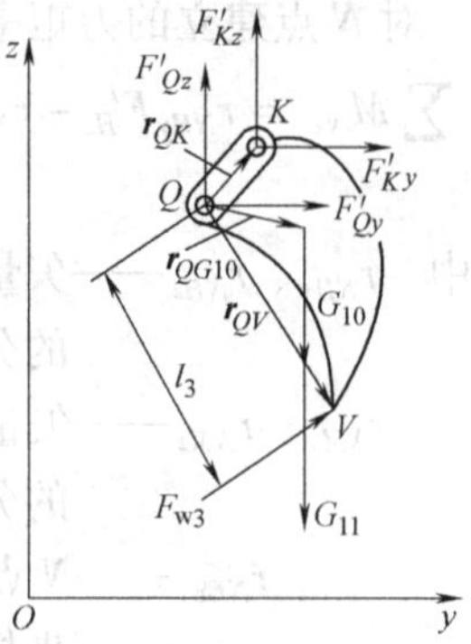

图 4-16 铲斗受力图

$F'_{Ky} = -F_{Ky}$、$F'_{Kz} = -F_{Kz}$，则推得F_{w3}的表达式为

$$F_{w3} = \frac{r_{QG10y}(G_{10} + G_{11}) - r_{QKy}F'_{Kz} + r_{QKz}F'_{Ky}}{l_3} \tag{4-31}$$

由以上分析过程可见，考虑重力后精确地计算铲斗液压缸的挖掘力是较为繁琐的，但如已知各铰接点及各部件的重心位置，借助于计算机编程运算，则可以大大减轻人们的工作量，并可利用循环方式对液压缸伸长的各个位置进行多点计算。

（4）前倾稳定性限制的斗齿切向挖掘力　整机的稳定性对挖掘机的正常作业起着非常重要的作用。作业中的稳定性包括前倾稳定性和后倾稳定性。关于稳定性的内容，将在后续章节中作详细介绍，此处只对影响挖掘力发挥的整机稳定性问题进行分析。如图 4-17 所示，当挖掘机进行挖掘作业时，由于挖掘阻力和工作装置自重的作用，整机存在前倾或后倾的趋势，当达到临界状态时，继续进行挖掘将导致整机绕前倾覆线或后倾覆线翻转，这限制了挖掘力的发挥，作业中一般也是不允许的。

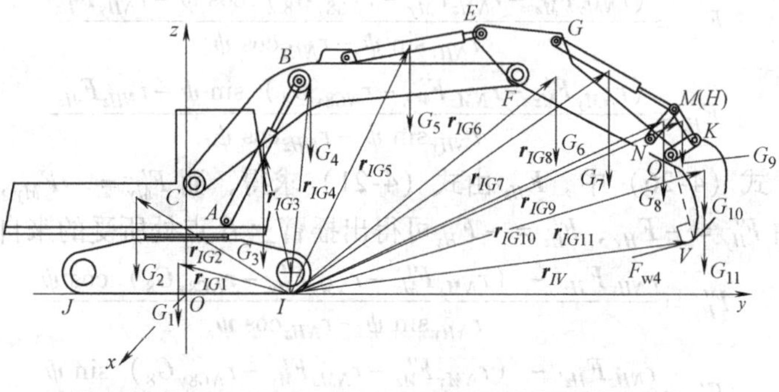

图 4-17 整机前倾稳定性限制的斗齿切向挖掘力

如图 4-17 所示，前倾覆线定义为工作装置一侧两边导向轮（或驱动轮）中心连线在基准地平面的投影，图中用I点表示。考虑到整机各部件的自重和重心位置，对I点建立的力矩平衡方程为

$$M_{Ix} = \sum_{i=1}^{11}(-r_{IGiy}G_i) + r_{IVy}F_{w4z} - r_{IVz}F_{w4y} = 0 \tag{4-32}$$

式中 F_{w4y}、F_{w4z}——斗齿切向挖掘阻力$\boldsymbol{F}_{w4}$在坐标系$Oxyz$中沿y轴和z轴的分量。

图 4-17 所示为铲斗挖掘工况，因此$\boldsymbol{F}_{w4}$沿斗齿运动轨迹切线方向的反方向，即图中垂

直于 QV 的方向，因此可将 $\boldsymbol{F}_{w4}$ 表示为挖掘阻力绝对值与一单位矢量乘积的形式。即

$$\boldsymbol{F}_{w4}=\begin{pmatrix}F_{w4x}\\F_{w4y}\\F_{w4z}\end{pmatrix}=\|\boldsymbol{F}_{w4}\|\begin{pmatrix}r_{QVx}/l_3\\-r_{QVz}/l_3\\r_{QVy}/l_3\end{pmatrix}=F_{w4}\begin{pmatrix}r_{QVx}/l_3\\-r_{QVz}/l_3\\r_{QVy}/l_3\end{pmatrix}$$

将上式代入式（4-32），得

$$F_{w4}=\frac{l_3\sum_{i=1}^{11}r_{IGiy}G_i}{r_{IVy}r_{QVy}+r_{IVz}r_{QVz}} \tag{4-33}$$

式中 r_{IGiy}——I 点指向工作装置各部件重心位置的矢量在 y 轴和 z 轴的分量；

r_{IVy}、r_{IVz}——I 点指向斗齿尖 V 的矢量 $\boldsymbol{r}_{IV}$ 在 y 轴和 z 轴的分量；

G_i——各部件自重，式中已考虑了重力的方向，故 G_i 应代以正值；

r_{QVy}、r_{QVz}——Q 点指向斗齿尖 V 的矢量 $\boldsymbol{r}_{QV}$ 在 y 轴和 z 轴的分量。

由于工作装置的姿态随各组液压缸长度的伸缩而变化，因而各部件自重对倾覆线的作用也在变化，因此，用矢量形式反映这种变化的位置关系比用传统的解析式更准确。

需要说明的是，由图4-17结合式（4-33）可以看出，由该过程计算的 F_{w4} 可能为正值或负值。如为正值，则表示按整机前倾失稳条件限制的挖掘力与图4-17所示方向相同，存在前倾失稳问题；反之，则相反，说明相应姿态下挖掘不存在整机前倾失稳问题。

（5）后倾稳定性限制的斗齿切向挖掘力　如图4-18所示，后倾覆线定义为平台尾部一侧两边导向轮（或驱动轮）中心连线在基准地平面的投影，图中用 J 点表示。考虑整机各部件的自重和重心位置，对 J 点建立的力矩平衡方程为

$$M_{Jx}=\sum_{i=1}^{11}(-r_{JGiy}G_i)+r_{JVy}F_{w5z}-r_{JVz}F_{w5y}=0 \tag{4-34}$$

式中 F_{w5y}、F_{w5z}——斗齿切向挖掘阻力 $\boldsymbol{F}_{w5}$ 在坐标系 $Oxyz$ 中沿 y 轴和 z 轴的分量。

如前所述，$\boldsymbol{F}_{w5}$ 沿斗齿运动轨迹切线方向的反方向，即图中垂直于 QV 的方向，因此可将 $\boldsymbol{F}_{w5}$ 表示为挖掘阻力绝对值与一单位矢量乘积的形式。即

$$\boldsymbol{F}_{w5}=\begin{pmatrix}F_{w5x}\\F_{w5y}\\F_{w5z}\end{pmatrix}=\|\boldsymbol{F}_{w5}\|\begin{pmatrix}r_{QVx}/l_3\\-r_{QVz}/l_3\\r_{QVy}/l_3\end{pmatrix}=F_{w5}\begin{pmatrix}r_{QVx}/l_3\\-r_{QVz}/l_3\\r_{QVy}/l_3\end{pmatrix}$$

将上式代入式（4-34），得

$$F_{w5}=\frac{l_3\sum_{i=1}^{11}r_{JGiy}G_i}{r_{JVy}r_{QVy}+r_{JVz}r_{QVz}} \tag{4-35}$$

式中 r_{JGiy}——J 点指向工作装置各部件重心位置的矢量在 y 轴的分量；

r_{JVy}、r_{JVz}——J 点指向斗齿尖 V 的矢量 $\boldsymbol{r}_{JV}$ 在 y 轴和 z 轴的分量。

其他参数意义同前。

同样需要说明的是，由图4-18结合式（4-35）可以看出，由该过程计算的 F_{w5} 可能为正值或负值。如为正值，则表示按整机后倾稳定性条件限制的挖掘力与图4-18所示方向相同，存在后倾失稳问题；反之，则相反，说明相应姿态下挖掘不存在整机后倾失稳问题。

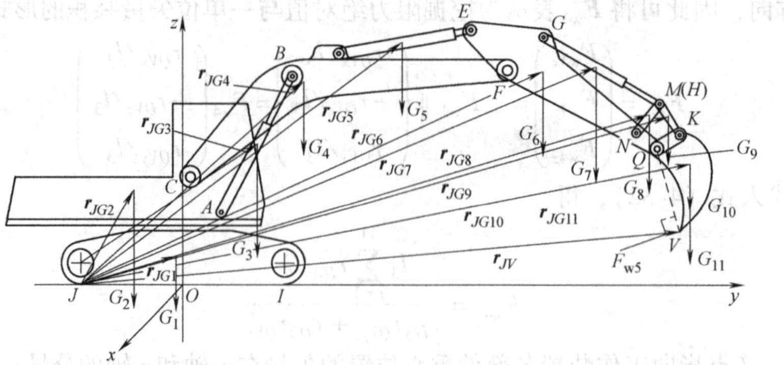

图 4-18　整机后倾稳定性限制的斗齿切向挖掘力

（6）地面附着力限制的斗齿切向挖掘力　当挖掘作业过程中使整机沿停机面滑移时，说明机器克服了整机与地面的最大附着力，这种情况同样限制了挖掘力的发挥。

如图 4-19 所示，由于挖掘阻力 F_{w6} 的水平分力 F_{w6y} 的作用而使整机有水平滑移（向前或向后）的趋势，当该水平分力等于地面给的附着力时，达到滑移临界状态。而挖掘阻力的垂直分力则根据实际情况有增大或减小地面垂直压力的作用。

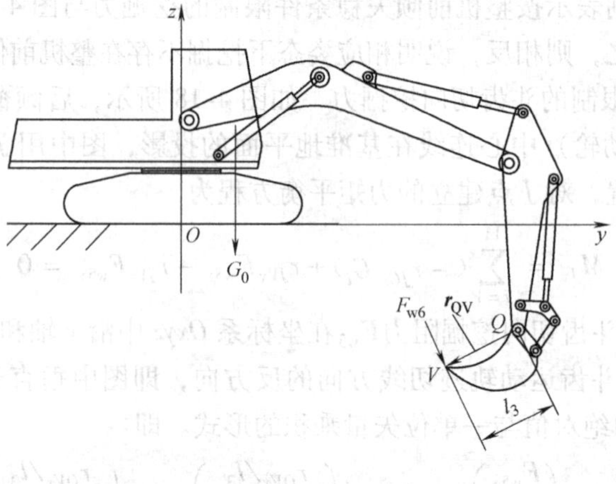

图 4-19　地面附着力限制的斗齿挖掘力

参照前述矢量方法，可将挖掘阻力在固定坐标系 $Oxyz$ 中表示为

$$F_{w6}=\begin{pmatrix}F_{w6x}\\F_{w6y}\\F_{w6z}\end{pmatrix}=\|F_{w6}\|\begin{pmatrix}r_{QVx}/l_3\\-r_{QVz}/l_3\\r_{QVy}/l_3\end{pmatrix}=F_{w6}\begin{pmatrix}r_{QVx}/l_3\\-r_{QVz}/l_3\\r_{QVy}/l_3\end{pmatrix}\tag{4-36}$$

考虑整机向前和向后两种滑移趋势，对整机建立水平方向的受力平衡方程：

当 $F_{w6y}=-r_{QVz}F_{w6}/l_3>0$ 时，整机有向前滑移的趋势，此时的平衡方程为

$$\sum F_y=-\varphi(G_0+F_{w6z})+F_{w6y}=0\tag{4-37}$$

式中　φ——附着系数；

G_0——整机工作时的自重，它包含了斗内物料的自重，$G_0=\sum_{i=1}^{11}G_i$。

由此求得

$$F_{w6}=\frac{-\varphi l_3G_0}{\varphi r_{QVy}+r_{QVz}}\quad（当 r_{QVz}<0 且 \varphi r_{QVy}+r_{QVz}\neq 0 时）\tag{4-38}$$

当 $F_{w6y}=-r_{QVz}F_{w6}/l_3<0$ 时，整机有向后滑移趋势，此时的平衡方程为

$$\sum F_y=\varphi(G_0+F_{w6z})+F_{w6y}=0\tag{4-39}$$

则

$$F_{w6}=\frac{\varphi l_3G_0}{r_{QVz}-\varphi r_{QVy}}\quad（当 r_{QVz}>0 且 r_{QVz}-\varphi r_{QVy}\neq 0 时）\tag{4-40}$$

当式（4-38）和式（4-40）的分母为零时，$F_{w6}=\infty$，这表示无论挖掘力多大也无法使整机产生滑移，车辆处于摩擦自锁状态。

综合上述影响因素，整机最大理论挖掘力应取决于由式（4-14）、式（4-18）、式（4-31）、式（4-33）、式（4-35）及式（4-38）或式（4-40）所计算出的挖掘力 $F_{w1}\sim F_{w6}$ 中的最小值。即

$$F_{wmax}=\min\{F_{w1},F_{w2},F_{w3},F_{w4},F_{w5},F_{w6}\}\tag{4-41}$$

由以上分析可知，在结构参数和挖掘方式确定的情况下，最大理论挖掘力是三组液压缸长度的函数。

以上为铲斗液压缸主动发挥，其他液压缸闭锁时的最大挖掘力分析计算过程。对于斗杆液压缸挖掘的工况，其挖掘力计算公式的推导过程与上述过程基本相同，所不同的是，斗杆液压缸主动发挥时的理论挖掘力的方向为沿着斗齿绕 F 点转动的切线方向，因此，阻力的力臂应为 r_{FV}。动臂液压缸收缩时的挖掘力计算公式的推导过程也完全相同。

4.3　整机的实际挖掘力

整机的实际挖掘力受前述诸多确定和不确定因素的影响，如坡度、机器的工作状态、驾驶员的操作技能、作业方式、物料的特点等，难以用理论定量描述。因此，对挖掘机综合性能的判断不能单靠理论分析进行，应结合实际情况通过实测进行，限于篇幅，此处不作详细介绍。

4.4　挖掘图

挖掘图是在给定工况下，斗齿尖在一系列位置点上所能产生的最大挖掘力（整机最大理论挖掘力）、消耗的最大功率及影响挖掘力发挥的因素等信息的综合反映。由于包含的信息多、计算过程复杂、计算量大，因此，对挖掘图的绘制一般借助计算机来完成。

通过挖掘图可以检验挖掘力发挥情况、影响挖掘力发挥的因素及各因素之间的匹配情况以及功率利用情况。

4.4.1　挖掘图的绘制

挖掘图的绘制是在各铰接点位置坐标、液压缸主参数（缸径、活塞杆直径及行程）、系统压力（工作压力）、闭锁压力以及各部件自重和重心位置已知的条件下进行的，具体的绘制过程如下：

1）选定机身姿态和工况。机身姿态包括坡度、机身相对于工作装置的纵向或横向姿态。根据作业情况、三组液压缸的组合方式及动作特点，工况主要包括以下几种：

① 动臂液压缸举升工况。该工况是指动臂液压缸单独动作举起整个工作装置及满斗物料至要求的位置，通过分析计算动臂液压缸发挥的力矩来检验其举升能力。

② 铲斗液压缸挖掘工况。通过分析计算铲斗液压缸工作、其他液压缸闭锁时产生的最大挖掘力及其影响因素来检验铲斗液压缸的挖掘能力。

③ 斗杆液压缸挖掘工况。通过分析计算斗杆液压缸工作、其他液压缸闭锁时产生的最大挖掘力及其影响因素来检验斗杆液压缸的挖掘能力。

④ 斗杆液压缸回摆工况。通过分析计算斗杆液压缸工作时（普通反铲为小腔回油）使前端的斗杆机构连同铲斗连杆机构及满斗物料回摆至目标位置所发挥的力或力矩能否满足要求来检验其回摆能力。

⑤ 铲斗液压缸回摆工况。通过分析计算铲斗液压缸工作时（普通反铲为铲斗液压缸收缩）使铲斗回摆完成卸料或其他作业动作所发挥的力或力矩能否满足要求来检验铲斗液压缸的回摆能力。

以上五种工况还不能完全反映挖掘机的全部工况，但也代表了挖掘机常见的几种工况，并且能基本反映整个工作装置几何铰点位置设计的合理性及各液压缸的匹配情况，限于篇幅，本书将重点论述②、③两种工况。

2）给定三组液压缸长度的不同组合，根据运动分析计算公式计算相应的斗齿尖位置坐标。

3）考虑各种影响因素，计算斗齿尖各位置点上产生的整机最大理论挖掘力、消耗的最大功率。

挖掘图中考虑的影响挖掘力发挥的因素排序如下：

序号 1：动臂液压缸的工作能力或闭锁能力。

序号 2：斗杆液压缸主动发挥能力或被动作用时的闭锁能力。

序号 3：铲斗液压缸主动发挥能力或被动作用时的闭锁能力。

序号 4：整机发生前倾失稳时限制的挖掘力发挥情况。

序号 5：整机发生后倾失稳时限制的挖掘力发挥情况。

序号 6：整机与地面的附着性能限制的挖掘力发挥情况。

4）利用前述计算公式开发了相应的分析软件“EXCA 10.0”，利用该软件计算上述各工况中的相应参数，并将这些参数组合起来绘制成图，即完成了挖掘图。

4.4.2 挖掘图实例分析

下面以一台整机质量为 30t、标准斗容量为 1.2m^3 的挖掘机为例分析其挖掘图的绘制过程及其包含的意义。该机型采用双泵全功率变量系统，可以合流供油。把该机各液压缸的长度从最短到最长等分共取 11 个点，将其进行排列组合，得到 $11^3=1331$ 个计算位置姿态，并得到对应的 1331 个计算结果。为便于分析，按铲斗液压缸的每个长度分组，共分 11 组，每组对应动臂液压缸和斗杆液压缸的不同长度组合共 $11^2=121$ 个位置姿态，即铲斗液压缸最短时为第 1 组，对应第 1 ~121 个位置姿态，以此类推，铲斗液压缸最长时为第 11 组，对应第 1211 ~1331 个位置姿态，分组情况见表 4-1。需要指出的是，为了与前述符号意义一致，表4-1中的铲斗转角φ_3是指铲斗与斗杆的铰接点Q与斗齿尖V连线QV相对于F、Q、V三点一线时的转角，以逆时针方向为正。所以，表4-1中第1组的铲斗转角φ_3大于零，随着铲斗液压缸的继续伸长，当斗齿尖V转至F、Q、V三点一线的另一侧时，φ_3小于零。

表4-1 计算位置分组

组号	1	2	3	4	5	6
L_3/m	2.050	2.141	2.232	2.323	2.414	2.505
φ_3/(°)	25.900	2.969	-13.022	-27.064	-40.473	-53.969
位置序号	1~121	122~242	243~363	364~484	485~605	606~726
组号	7	8	9	10	11	
L_3/m	2.596	2.687	2.778	2.869	2.960	
φ_3/(°)	-68.176	-83.865	-102.314	-126.206	-162.946	
位置序号	727~847	848~968	969~1089	1090~1201	1211~1331	

对应每个位置姿态标出其斗齿尖位置点，并在该位置点处标出相应的计算结果，其标记信息包括：位置序号、对应斗齿尖位置点的整机最大理论挖掘力、该点可能消耗的最大功率及限制该点挖掘力发挥的因素。

将第1组即铲斗液压缸最短（$L_3=2.050\text{m}$、$\varphi_3=25.900°$）时的第1~121个点的计算结果标于相应的斗齿尖位置坐标点上，用软件"EXCA"得出第1组第1张铲斗挖掘图，如图4-20所示。

图4-20中，每个斗齿尖位置点包含4个数据，自上而下分别代表位置点序号、该点能产生的整机最大理论挖掘力、该点所能发挥的最大挖掘功率、影响该点最大挖掘力发挥的因素。关于影响整机最大理论挖掘力发挥的因素代号的意义参见前文说明。

图4-20给出了两个位置点的工作装置姿态：第111点为该张挖掘图中挖掘力最小的位置点，为37.9kN，限制该点挖掘力发挥的因素为整机的后倾稳定性（序号5）；第72点为该张挖掘图中挖掘力最大的位置点，为76.17kN，限制该点挖掘力发挥的因素为铲斗液压缸主动发挥能力或被动作用时的闭锁能力（序号3）。对比这两个位置点的计算结果可以得出：两个位置点的挖掘力都较小，其中第111点最小的原因为此时挖掘阻力对整机后倾覆线的阻力很大，因而较小的挖掘阻力就可能引起整机前部抬起而产生后倾现象；对于第72点，由图中的工作装置姿态可以看出，此时动臂液压缸和斗杆液压缸的作用力臂都接近最大值，挖掘阻力对整机后倾覆线的作用力臂也不大（该位置不可能发生前倾失稳），因此，在该位置点，铲斗液压缸的主动力应该能发挥出来，但由于该挖掘图中铲斗液压缸处于最短长度，其作用力臂较小，因此整张挖掘图所反映的挖掘力都较小，不利于开挖。从机构分析的角度来看，之所以产生这种情况，其主要原因是铲斗连杆机构采用了非共点机构，这使得铲斗液压缸的动力臂较小，因而导致了铲斗液压缸的挖掘力较小。

关于该图反映的功率利用问题，考虑到该机型能够合流供油，因此可假定当主回路压力达到变量泵的起始调节压力时，挖掘功率达到液压系统的额定功率（160kW），工作装置的动作速度随阻力的变化进行自动适应。从图中可以看出，尽管有不同限制因素限制的区域（图中的2为斗杆液压缸主动发挥、3为铲斗液压缸闭锁不住和5为整机后倾），但通过分析，此时，主回路的压力达到了变量泵的起调压力，因此，从该图看，液压系统的功率利用还是比较充分的。值得注意的是，由于靠近机身的部分有一细长的小范围被因素2控制着，

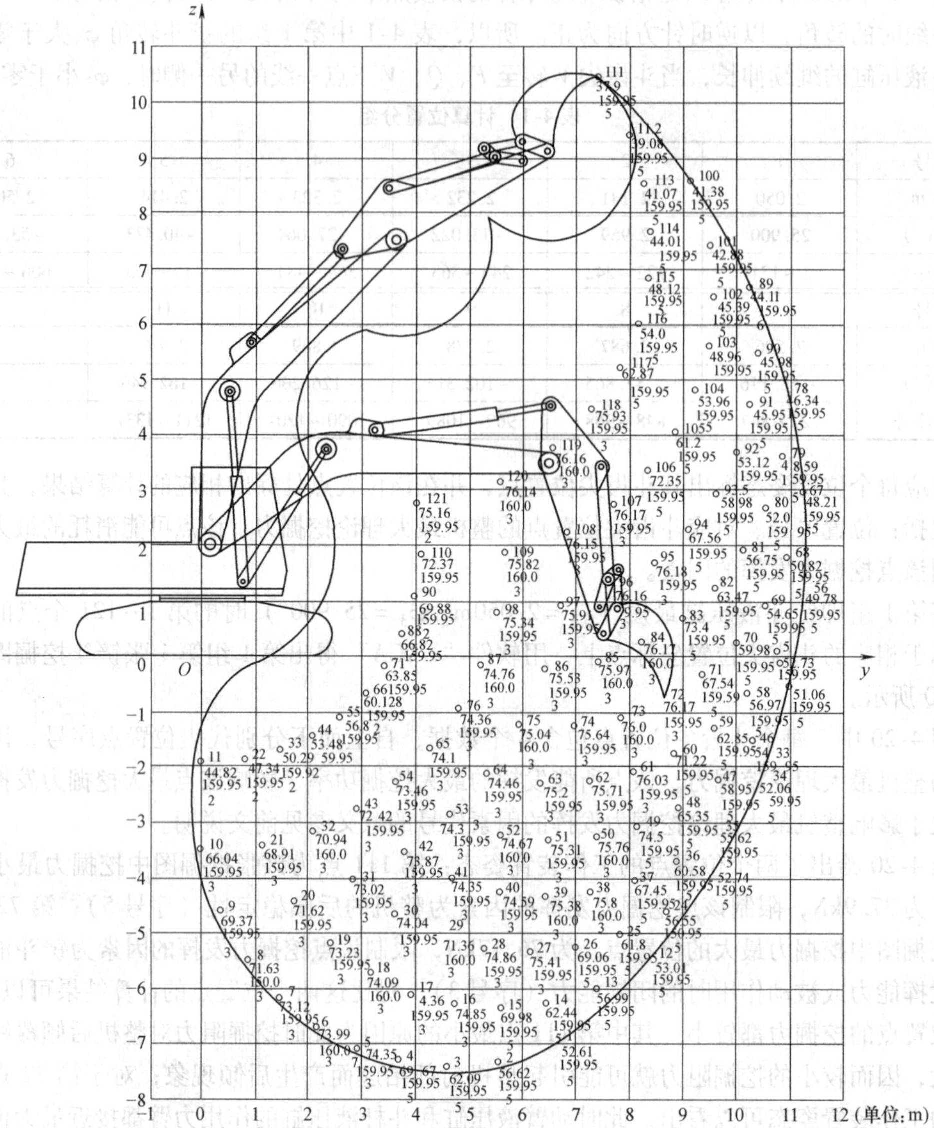

图 4-20 某机型铲斗挖掘图第 1 组（第 1 ~ 121 个位置点）

（铲斗液压缸长度 $L_3 = 2.050\text{m}$，铲斗转角 $\varphi_3 = 25.900°$）

因此，在该区域虽然液压系统功率达到了额定值，但会有一部分甚至全部高压油通过溢流阀溢回油箱，这种情况发生时势必会造成较大的功率浪费，并引起发热和油温升高。通过控制系统的方法可以加以解决，如减小变量泵的摆角至最小，使其在维持一定压力的同时将输出油量降至最低，关于具体方法，将在后续有关液压系统的章节部分进行介绍。

图 4-21 所示为 EXCA 软件按挖掘力值大小对应的颜色深浅表示的该机型铲斗挖掘工况下的 11 张挖掘图。每张图都包含了由影响因素确定的最大挖掘力分布区域，最大、最小挖掘力位置点的工作装置姿态，其中Ⅰ表示最小挖掘力位置，Ⅱ表示最大挖掘力位置。表 4-2 表示每张挖掘图对应的最小挖掘力 $F_{3\min}$、最大挖掘力 $F_{3\max}$ 和平均挖掘力 $F_{3\text{ave}}$。

表4-2　转斗挖掘工况每组的最小、最大及平均挖掘力　（单位：kN）

组号	1	2	3	4	5	6	7	8	9	10	11
F_{3min}	37.90	38.89	39.05	40.35	44.40	51.85	65.19	95.25	99.57	67.86	32.54
F_{3max}	76.17	138.81	167.36	180.31	182.97	178.69	166.26	147.11	120.65	87.91	61.32
F_{3ave}	64.42	93.30	111.90	129.56	145.45	152.28	147.98	130.94	105.10	73.20	38.73

结合表4-1、表4-2和图4-21，对该机型作出以下分析：

1）图4-21a的情况在前文已有论述，从计算结果看，其平均挖掘力和最大挖掘力都很小，不利于铲斗开挖。这主要是因为铲斗液压缸在初始伸长位置时力臂太小，导致铲斗连杆机构传动比也太小的缘故。由该图还可以看出，铲斗在此转角挖掘时还有较大的后倾区域，说明整机自救能力较好，但重心位置有些偏后。另外，在靠近机身部位，有一斗杆液压缸大腔闭锁不住限制的较小区域，但在该区域基本不能进行挖掘且斗杆液压缸力臂最小，故可以不予考虑。

2）由表4-2和图4-21b可以看出，随铲斗液压缸的伸出，整机的平均挖掘力和最大挖掘力明显增大，但整机后倾控制的区域5和斗杆液压缸大腔闭锁不住所控制的区域2也在明显扩大，比较而言，铲斗液压缸主动发挥的区域却在减小，这导致铲斗液压缸的主动挖掘力不能充分发挥出来。另外，在最大挖掘深度靠后部位还出现了一个小的动臂液压缸小腔闭锁不住所控制的区域，这主要是因为随铲斗液压缸挖掘力的增大而出现的。但在该部位由于动臂液压缸力臂最小，因而有可能出现动臂液压缸闭锁不住的情况。要消除该区域势必会增加动臂液压缸的缸径或改变动臂的铰接点位置，从整机角度出发可能有较大的困难。

3）图4-21c的情况和图4-21b的情况较为接近，但整机的平均挖掘力和最大挖掘力较图4-21b又有明显增大，整机后倾控制的区域5没有太大变化，而斗杆液压缸大腔闭锁不住所控制的区域2仍在扩大，这又进一步减小了铲斗液压缸主动发挥的区域；另外，在最大挖掘深度靠后部位动臂液压缸小腔闭锁不住所控制的区域也有所扩大，这些都是因为随铲斗液压缸挖掘力的增大而出现的。

4）图4-21d所示是铲斗转角为－27.064°时的情况。按照参考文献［1］和前述分析，该图应能反映铲斗液压缸最大理论挖掘力发挥的情况（铲斗从初始位置转过53.54°，接近挖掘总转角的一半处）。但从该图可以看出，铲斗液压缸主动发挥所控制的区域3较小，整个区域的最大挖掘力位置在地面以上位置Ⅱ处，其值为180.31kN，虽然达到了最大挖掘力值，但所处位置有些不太合适。另外，从各位置点颜色深浅来看，铲斗液压缸主动发挥所控制的区域3基本大于平均挖掘力，而其他因素控制的区域却并不大。此外，在挖掘区域的上部还出现了整机水平滑移控制的较小区域6。

5）图4-21e所示是铲斗转角为－40.473°时的情况，铲斗液压缸主动发挥所控制的区域比图4-21d图有明显扩大，但在地面以下远离机身处出现一斗杆油液压大腔闭锁不住所控制的区域2，并且整机水平滑移所控制的区域6的范围也有所扩大，而后倾所控制的区域则在减小。此时，铲斗已从初始位置转过66.373°，理论上来说仍在铲斗液压缸最大理论挖掘力发挥位置附近，此时因素3所控制的区域应大于平均挖掘力接近于最大挖掘力，从表4-2看，基本能满足要求。

6）图4-21f所示是铲斗转角为－53.969°时的情况。结合表4-2并对比图4-21e可以看出，此时挖掘图中的大部分区域被铲斗液压缸主动发挥所控制的区域3所占据，虽然整个区域的最大挖掘力比图4-21e有所下降，但整个区域的平均挖掘力却有所上升，这说明铲斗在该转角位置挖掘时其铲斗液压缸的主动挖掘力基本能发挥出来。另外，从该图还可以看出，在挖掘区域的上部出现了一较小的区域4，这是整机前倾失稳所控制的区域，对反铲而言，这并不是主要的挖掘区域，同时区域范围也较小，因而可以不予考虑。

7）图4-21g所示，随着铲斗的进一步转动，后倾限制的区域已消失，而斗杆液压缸闭锁不住的区域也有明显缩小，同时，整个区域的最大挖掘力和平均挖掘力也有所下降。这主要是因为铲斗转角已接近总的挖掘转角，处于挖掘稍后阶段；从挖掘姿态来看，发生后倾已变得不可能。但区域4有所扩大。由于该部位都不是反铲的工作区域，因此可不予考虑。

8）图4-21h所示为铲斗从初始位置转过109.765°时的挖掘图。从该图可以看出，该范围的最大挖掘力和平均挖掘力仍然较大，从理论上说，应当是接近挖掘终了到开始收斗的情况，这说明该铲斗连杆机构的传动比在后期有些偏大。从图中还可以看出，区域4明显有所扩大，另外在上部靠近机身处还出现了一较小的动臂液压缸闭锁不住的区域，结合反铲的作业特点，这些情况可以不予考虑，但如从另一方面来理解的话，区域4出现的部位和面积也反映了整机重心位置的分布情况。

9）图4-21i所示为铲斗从初始位置转过128.214°时的挖掘图。对照图4-21h，该范围的最大挖掘力和平均挖掘力已有所下降，其影响因素分布情况也比较接近，但总体来说由于铲斗挖掘过程在此位置已基本结束，所以比起初始开挖位置时的挖掘力有所偏大。

10）图4-21j、k所示是铲斗接近于完全收斗和已完全收斗的情况，此时可不考虑挖掘力要求。但由于此时斗内已充满物料，故应保证铲斗液压缸所发挥的力能顺利实现收斗，且其他限制因素也不能影响收斗过程。虽然图4-21j中出现了1、4两个较小的区域，但这是由于理论计算时出现了挖掘阻力的原因，因此，从这两个图的区域分布情况来看，能满足挖掘后期的收斗要求。

纵观表4-1、表4-2和图4-20、图4-21，这台挖掘机的铲斗挖掘工况特点如下：

1）在铲斗的初始位置（即铲斗液压缸最短长度时）附近，铲斗挖掘力偏小，解决的方法是修改铲斗连杆机构和加大铲斗液压缸缸径。

2）在铲斗挖掘的前一阶段（参见图4-21a～d），整机后倾控制的区域较大，影响铲斗挖掘力的发挥，为了在保证铲斗挖掘力能充分发挥的同时使挖掘机具有一定的自救能力，应将该机的重心位置适当前移。

3）铲斗的整个转角范围较好，达到了185°，可保证铲斗的转角范围。

4）斗杆液压缸的闭锁能力在铲斗挖掘的开始阶段有些不足，这可从图4-21a～f中看出。可通过增大铲斗液压缸缸径或改善斗杆机构的部分参数得到解决。

以上是从铲斗挖掘图得出的分析结果。但这不能直观地反映连续而完全的挖掘过程，因为每张挖掘图的铲斗液压缸长度和铲斗转角不同，所要求的挖掘力也不一样。要完整描述一个连续的挖掘过程，可以通过计算机仿真来实现。但由于物料本身的复杂性和对切削机理远没有达到详细而深入的研究水平，因此，目前的计算机仿真也是建立在较多简化和假设条件的基础上进行的，其结果与实际情况差别较大。由于斗杆挖掘或复合动作挖掘也是挖掘机经常出现的挖掘工况，因此，仍与上述分析手段相同，以下对斗杆挖掘工况进行对比分析，以尽可能全面地掌握挖掘机的作业性能。

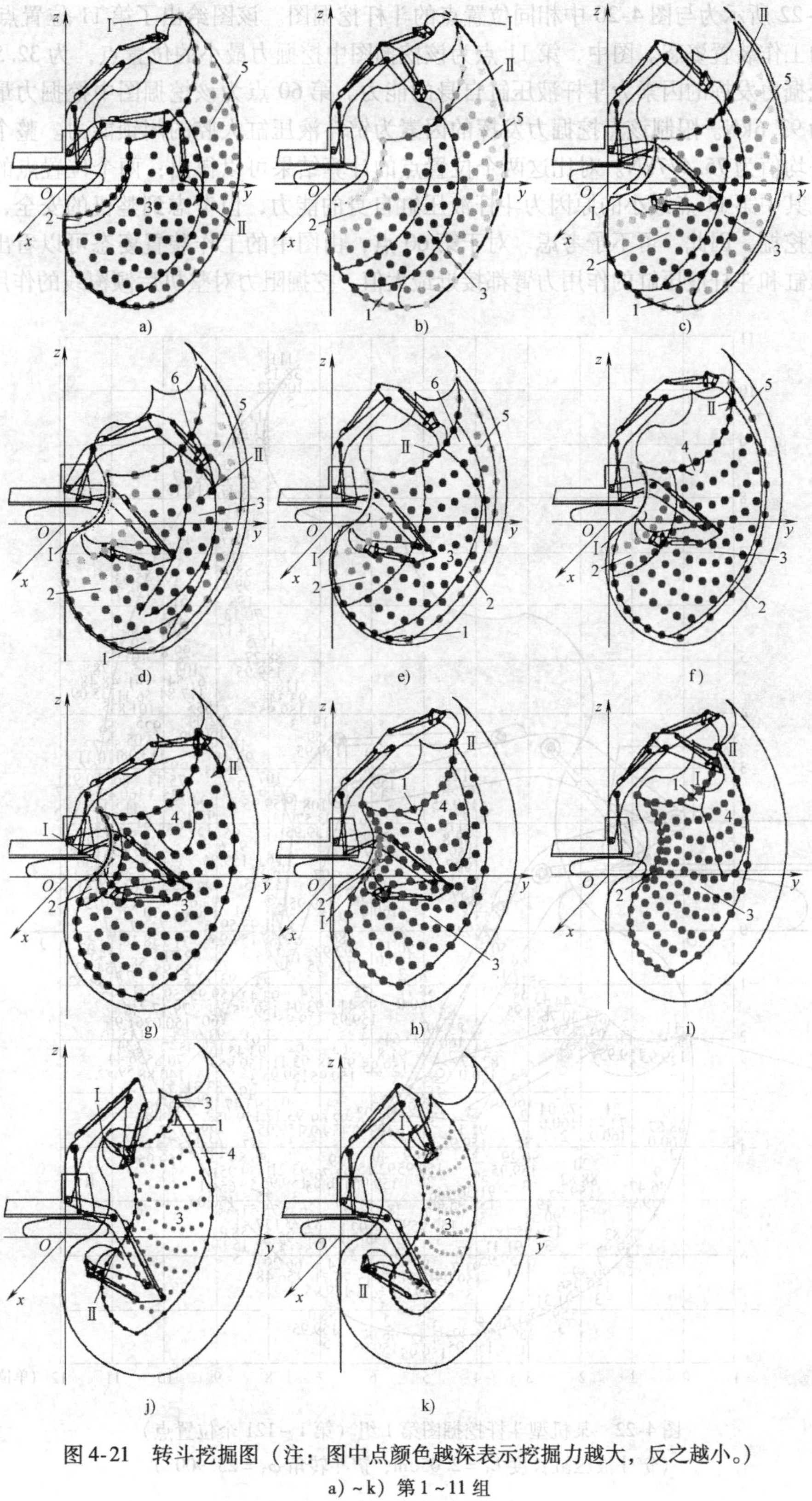

图4-21 转斗挖掘图（注：图中点颜色越深表示挖掘力越大，反之越小。）

a）~k）第1~11组

图 4-22 所示为与图 4-20 中相同位置点的斗杆挖掘图。该图给出了第 11 位置点和第 60 位置点的工作装置姿态。图中，第 11 点为该挖掘图中挖掘力最小的位置点，为 32.5kN。限制该点挖掘力发挥的因素为斗杆液压缸自身的能力。第 60 点为该挖掘图中挖掘力最大的位置点，为 93.6kN。限制该点挖掘力发挥的因素为铲斗液压缸大腔的闭锁能力。整个范围的挖掘力平均值为 75.477kN。对比这两个位置点的计算结果可以得出：两个位置点的挖掘力都较小，其中第 11 点最小的原因为斗杆液压缸自身的能力，但考虑到整机的安全，该位置点不能被挖掘，因此，可不予考虑。对于第 60 点，由图中的工作装置姿态可以看出，此时动臂液压缸和斗杆液压缸的作用力臂都接近最大值，挖掘阻力对整机后倾覆线的作用力臂也

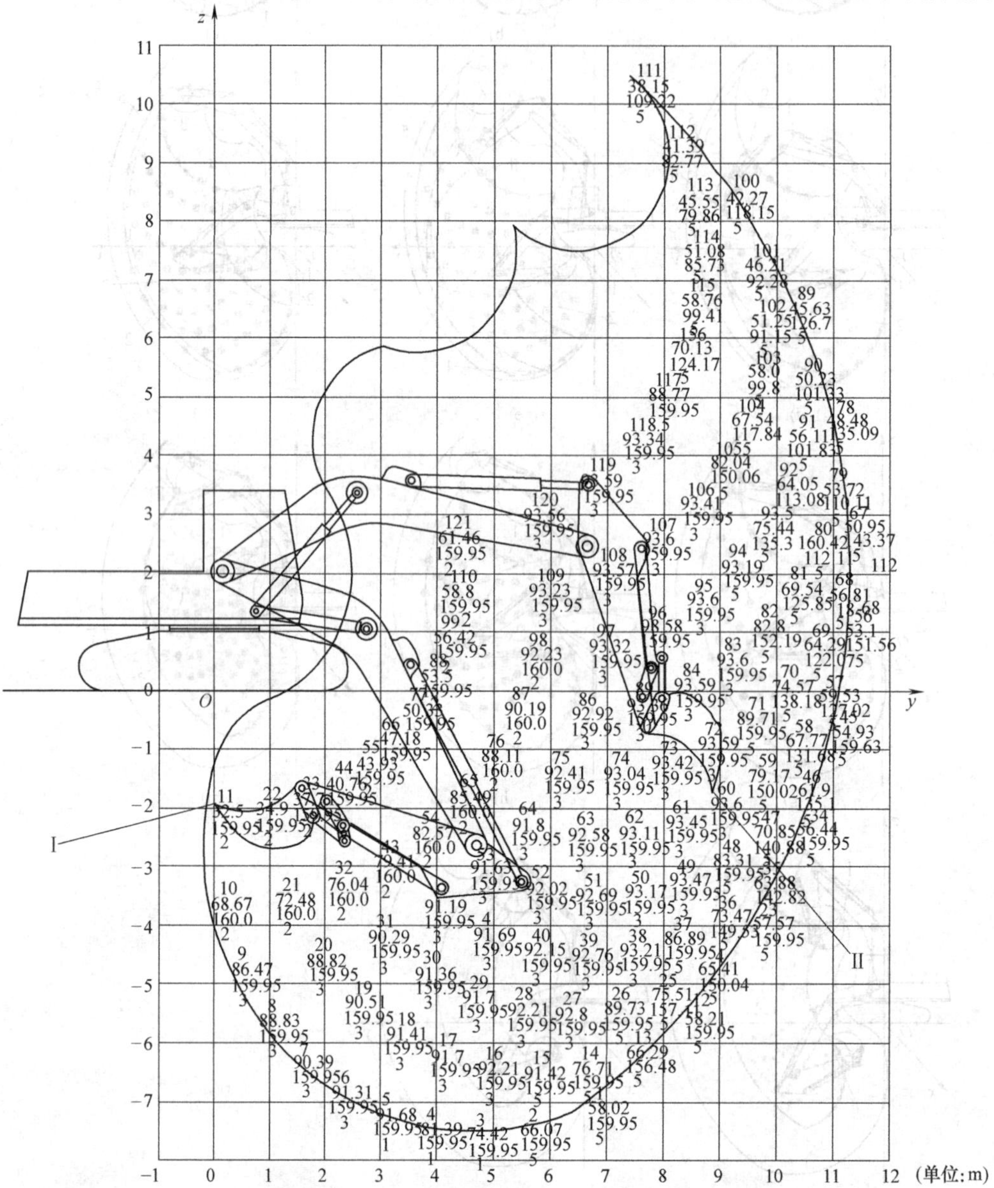

图 4-22　某机型斗杆挖掘图第 1 组（第 1 ~ 121 个位置点）
（铲斗液压缸长度 $L_3 = 2.050\text{m}$，铲斗转角 $\varphi_3 = 25.900°$）

不大，因此，在该位置点斗杆液压缸的主动力应该能发挥出来。但由于该挖掘图所示是铲斗液压缸处于最短长度的情况，其作用力臂较小，因此限制了斗杆挖掘力的发挥。整张挖掘图所反映的挖掘力都较小，从限制因素来看，铲斗液压缸闭锁能力限制的区域不应那么大，之所以产生这种情况，其主要原因是铲斗连杆机构采用了非共点机构，使得铲斗液压缸的作用力臂较小，从而导致了铲斗液压缸大腔产生了较大的闭锁压力。

关于该图反映的功率利用问题，同样考虑到该机型能够合流供油，当主回路压力达到变量泵的起调压力时，挖掘功率达到液压系统的额定功率。从图中可以看出，在斗杆液压缸主动发挥限制的区域2和铲斗液压缸闭锁能力限制的区域3，液压系统的功率基本能达到充分利用，但在区域3会产生溢流损失。另外，由区域5限制的区域大部分功率利用较差，说明在该区域斗杆液压缸的工作压力低于变量泵的起调压力，容易产生后倾失稳，这与在铲斗挖掘时得出的分析结果一致。总的来看，这张挖掘图反映的斗杆挖掘力较小，其主要原因是铲斗机构设计不合理以及整机重心位置偏后所致。

图4-23所示为按挖掘力大小对应的颜色深浅表示的，该机型斗杆挖掘工况下其中的六张挖掘图。当铲斗液压缸长度大于2.505m时，对斗杆挖掘来说，斗底会先于斗齿接触土壤，因此已无实际挖掘意义，本文不作讨论。图中包含的内容与铲斗挖掘时相同，数字Ⅰ表示最小挖掘力位置，Ⅱ表示最大挖掘力位置。表4-3列出了每张挖掘图对应的最小挖掘力F_{3min}、最大挖掘力F_{3max}和平均挖掘力F_{3ave}。

表4-3 斗杆挖掘工况每组的最小、最大及平均挖掘力

组号	1	2	3	4	5	6
L_3/m	2.050	2.141	2.232	2.323	2.414	2.505
φ_3/(°)	25.900	2.969	-13.022	-27.064	-40.473	-53.969
F_{3min}/kN	32.495	28.528	27.888	28.427	28.877	30.387
F_{3max}/kN	93.602	143.181	146.626	150.908	157.654	166.782
F_{3ave}/kN	75.477	89.249	93.123	97.891	103.634	111.158

1）图4-23a所示的情况前文已有论述，从计算结果看，其平均挖掘力和最大挖掘力都很小，不利于开挖。而铲斗液压缸大腔闭锁能力限制的区域也较大，这影响了斗杆挖掘力的正常发挥。另外，铲斗在此转角位置进行斗杆挖掘时还有较大的后倾区域，说明整机自救能力较好，但重心位置有些偏后。斗杆液压缸挖掘力能正常发挥的区域为靠近机身的部分，这显得有些没有实际意义。因此，单从该图看，斗杆液压缸挖掘不能满足要求。可以首先从改善铲斗连杆机构的传动比开始，通过适当增加铲斗连杆机构在此位置的传动比来扩大斗杆液压缸实际控制的区域。其次是通过调整部件的重心位置，将整机的重心位置适当前移，以减小整机后倾所限制的区域5。

2）由表4-3和图4-23b可以看出，随铲斗液压缸的伸出，整机的平均挖掘力和最大挖掘力有所增大，斗杆液压缸主动发挥所控制的区域2也明显扩大，铲斗液压缸闭锁能力限制的区域已消失，但整机后倾控制的区域5比图4-23a明显扩大。这说明铲斗连杆机构的传动比有所增大，而由于阻力臂增大的原因使得后倾失稳控制的区域明显增大。另外，出于同样的原因，动臂液压缸小腔闭锁能力限制的区域也有较大增加，但因范围较小，可以不予考虑。

3）图 4-23c ~ f 所示的情况和图 4-23b 所示的情况较为接近，随着铲斗液压缸长度的加大，整机的平均挖掘力和最大挖掘力呈缓慢增大的趋势，这主要是因为当斗齿尖越过 F、Q、V 三点一线的位置时，斗杆挖掘的阻力臂在逐渐减小，而铲斗液压缸的传动比在此阶段处于较大状态的缘故。同样的原因，动臂液压缸小腔闭锁不住所控制的区域和后倾失稳限制的区域则变化不大。由图中最大挖掘力和平均挖掘力的变化趋势可以看出，随铲斗液压缸伸长量的增加，当斗齿尖越过 F、Q、V 三点一线的位置时，斗齿尖会越来越接近斗杆与动臂的铰接点 F，因而阻力臂会越来越小，根据力矩平衡原理，自然阻力会逐渐增大。值得注意的是，当铲斗转到一定角度后采用斗杆挖掘会使斗底先于斗齿接触土壤，因而，即使能产生再大的挖掘力，也无实际意义。

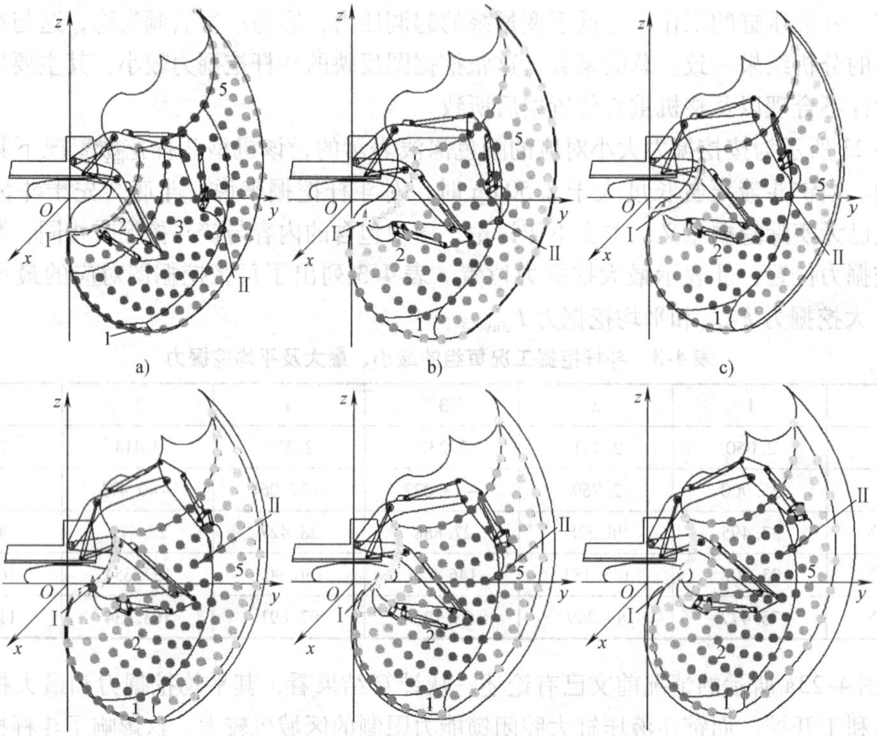

图 4-23　斗杆挖掘图（注：图中点颜色越深表示挖掘力越大，反之越小。）

a) ~ f) 第 1 ~ 6 组

综上所述，根据斗杆挖掘的这六张图来看，反映了该机型存在以下几个问题：

1）铲斗液压缸初始位置（最短状态）时，铲斗连杆机构传动比太小，以致限制了斗杆液压缸挖掘力的发挥。

2）整机的重心位置太靠后。

3）斗杆挖掘的最大和平均挖掘力明显小于铲斗挖掘的相同参数值。

对于前两个问题在前文已讨论了解决方法，最后一项应属于正常现象，不必讨论。

除以上两种工况外，完整的分析还应包括：动臂液压缸举升工况，通过计算动臂液压缸发挥的提升力矩检验其举升能力；斗杆液压缸回摆工况，通过计算斗杆液压缸收缩时发挥的力矩检验其回摆能力；铲斗液压缸回摆工况，通过计算铲斗液压缸收缩时发挥的力矩检验其回摆能力。但限于篇幅本文不作介绍。

4.5 工作装置的设计合理性分析

对挖掘机工作装置的合理性分析是在综合了各种影响因素的情况下对工作装置乃至整机所进行的性能分析，其主要目的是检验挖掘机工作装置几何设计是否满足前述要求。反铲工作装置的设计合理性应从以下几方面考虑：

1）挖掘范围及主要工作尺寸是否满足要求？

2）整机最大理论挖掘力的值及其分布区域是否合理？

3）影响整机理论挖掘力的因素及其分布区域如何？各影响因素之间是否达到了合理匹配？

4）作业过程中的功率利用情况如何？作业循环时间即作业效率如何？

5）工作装置结构和布置的可行性如何？部件的质量及重心位置是否合理？机构所占据的空间即机构的紧凑性如何？

6）工作装置乃至整机的受力状态的合理性及部件的结构强度是否满足要求？

要全面分析和解决以上六个方面的问题会涉及很多内容，限于篇幅和本章内容，仅对其中几个方面加以阐述。

（1）工作尺寸和部件的摆角范围　在前述运动分析中已对挖掘机的工作尺寸作了详细分析和论述，这里要强调的是，单从挖掘作业过程来讲，挖掘机的挖掘范围并非理论计算能达到的最大范围。就铲斗而言，实际挖掘土壤的范围仅为总转角的2/3左右，如假定一台挖掘机铲斗的总转角范围为180°，则其实际能进行有效挖掘的范围约为120°，在此范围内，发挥在斗齿上的挖掘力对切削土壤具有实际意义，120°之后主要是为了装满铲斗的收斗过程，并起到防止物料洒落的作用。因此，要使斗齿尖能达到的整个范围都成为有效的挖掘范围既无必要也没有实际意义，这说明理论上的最大范围并不代表实际的挖掘范围。工作尺寸应与机型大小相适应，即一定机重的机型应具有与之相适应的工作尺寸和作业范围，太小的工作尺寸和作业范围既不能满足用户需要又显得落后，而过大的工作尺寸和作业范围也无必要并会使整机在某些区域的挖掘性能下降，最终降低整机的综合性能。按照目前普遍采用的做法，一台机身质量一定的挖掘机为达到不同的作业尺寸以适应不同的作业场合，一般配以不同尺寸的工作装置。

（2）挖掘力和挖掘速度　在一定的功率下，挖掘力和挖掘速度是一对矛盾的统一体，它们相互依存、相互制约，其中挖掘力是矛盾的主要方面。挖掘力太小就不能挖动一定硬度和切削尺寸的土壤，速度和效率就等于零；挖掘力太大则会增加结构尺寸并造成浪费，如过大的液压缸直径会造成材料的浪费，使机器显得很笨重，并在一定程度上降低了作业速度，而在使用过程中则会造成功率的浪费，这是在能源日益紧张的当今世界必须考虑的问题。在液压功率不富裕的情况下，特别是在采用定量系统的情况下，正确处理挖掘力与作业速度的关系至为重要。

铲斗挖掘时，挖掘阻力随切削厚度而变化，希望挖掘力的大小及其变化规律能与挖掘阻力的变化规律相适应。但由于物料的复杂性和切削形状的多样性，很难得出一个适合于各种情况的研究结果。因此，按照参考文献［1］的分析和对现有机型的研究，铲斗挖掘的基本规律是：当铲斗从铲斗液压缸最短的初始位置（0转角）转动至30°左右范围内，希望挖掘力不小于平均挖掘阻力；在转角 30°～80°范围内，希望挖掘力较大，其中某些位置应与最大挖掘阻力接近，如在铲斗转角 45°～55°范围及其附近；当铲斗转角在 80°～120°范围内时，对挖掘力的要求可有所降低，因为这时土壤已经被疏松，阻力有明显下降；当铲斗转过 120°之后，一般不考虑挖掘作业，这个过程主要是为装满铲斗的收斗过程，挖掘图中的挖掘力值只要大于零且略有余量即可[1]。

对斗杆挖掘而言，按照参考文献［1］，对斗容量为0.6m^3以上的大中型挖掘机，希望在铲斗初始转角的0～30°左右、斗杆转角的0～60°左右时斗杆液压缸的挖掘力全面超过斗杆挖掘阻力的最大值，斗杆转角大于60°以后不小于平均挖掘阻力。对以铲斗为主的小型机要求可以略为降低。但从参考文献［1］及式（3-66）可知，在一定铲斗结构和物料下，斗杆挖掘阻力与斗杆挖掘半径和斗杆挖掘转角成反比。对于斗杆挖掘阻力的最大值和平均值，按照目前的研究结果和相关文献并没有明确指明这两个参数的取值，因此，上述结论有待进行进一步分析研究。

关于挖掘速度，对于定量系统，如无溢流，则挖掘速度与液压泵的流量成正比，即与发动机的输出转速成正比。当外阻力很大或挖掘姿态不合理导致闭锁液压缸的压力超过其调定压力时，系统将产生溢流，此时，挖掘速度将取决于挖掘姿态或方式决定的主动力和挖掘阻力相互的变化关系。若主动力大于挖掘阻力，则溢流减少，挖掘速度加快；反之，则溢流增加，挖掘速度降低甚至为零，液压泵的供油将全部溢回油箱导致油温升高，由于定量系统不能调节液压泵的输出流量，在此情况下会造成功率的极大浪费。

对于变量系统，由于液压泵在一定的工作压力范围内可维持恒功率输出，因此，当外阻力增大导致主回路工作压力升高时，液压泵的供油会自动减少，从而自动降低了挖掘速度，此时，即便闭锁液压缸的压力达到调定压力，溢流损失也会很小，不会造成系统的过分发热。反之，当外阻力减小时，工作压力会下降，液压泵的供油会自动增加，从而可提升挖掘速度。

（3）挖掘功率　挖掘功率的利用也与系统的形式有关。在一般情况下，工作中的发动机转速维持在一定的范围内，即额定功率附近，其输出功率变化不大，对于定量系统这意味着液压泵的输出流量基本恒定。如前所述，由于回路的工作压力随外负载增大而增大，因此，功率消耗也随外负载的增大而增大，只有在外负载达到一定值并使工作压力也达到额定值时，功率消耗才能达到额定值，否则，发动机的功率得不到充分利用。但挖掘机的实际作业情况决定了其不可能总在最大负荷下工作，相反，通常的作业工况是在中等偏上的负荷下工作，这样就势必造成了发动机功率利用的不足。但对于某些小型挖掘机，考虑到成本原因，常采用定量系统。

对于变量系统，只要系统压力达到变量泵的起始调节压力并在起始调节压力与额定工作压力范围内，则液压泵的输出功率从理论上来说是恒定的。当外负载较小、系统工作压力达不到变量泵起调压力的情况下，系统的功率利用类似于定量泵的情况。但这种情况并不多见，因此对于变量系统尤其是全功率变量系统，发动机的功率利用是比较好的。大中型挖掘机基本采用的是变量系统。关于这部分内容的详细介绍，可参见本书关于液压系统部分，此处不作详细介绍。

由于受物料特性、挖掘方式、液压系统形式、控制系统特性及整机稳定性等因素的影响，对挖掘机功率利用情况的判断难以单纯从数字上进行说明，一般的看法是只要在主要挖掘区域内主动液压缸的挖掘力能正常发挥出来，并使最大可能消耗的挖掘功率接近或达到液压系统的额定功率，功率利用就基本符合要求。

（4）各液压缸的作用力矩及其匹配情况　只要掌握工作装置结构参数及液压系统的工作压力等特性参数，就不难计算各液压缸的作用力或力矩。但要给出各液压缸合理匹配的精确理论依据是比较困难的，这不仅在于理论计算的复杂性，因为各液压缸的匹配涉及较多的参数，如三组液压缸的铰接点位置参数、液压缸自身的结构参数和运动参数、液压缸闭锁压力以及系统的工作压力等，更重要的还有作业工况的复杂性和作业对象的随机性。因此，各液压缸的合理匹配只能在一定的前提条件下讨论，参考文献［1］将其概括为：当主动液压缸作用力在整个地面以下作业范围内大面积地充分发挥，闭锁液压缸的闭锁能力仅在地面以下作业范围的边缘地区控制小块面积，各不同控制区域之间挖掘力和功率的过渡平缓，也即不同限制因素之间处于动平衡状态时，就表明三组液压缸之间达到了合理匹配状态，这也是理想的设计目标。比如在铲斗挖掘图中，当铲斗转角在30°～60°范围内进行地面以下挖掘时，铲斗液压缸的主动力应基本能发挥出来，只有在靠近机身部位（此时斗杆液压缸力臂很小）的小范围和远离机身的边缘区域，才应当出现斗杆液压缸或动臂液压缸闭锁不住的情况，或存在整机失稳的情况。

如果液压缸匹配情况不符合以上情况，即可视为不合理，建议采取如下措施：

1）首先要考虑采取最简单的措施，即调整各液压缸的闭锁压力。当某个被动液压缸的限制范围太大时，可调高其闭锁压力，但注意闭锁压力一般不应大于系统压力的25%，否则会降低保护元件的作用；反之，则适当调低。

2）当上述措施不能解决问题时，在结构条件允许的情况下可考虑改变液压缸的缸径和活塞杆直径，这包括主动作用液压缸和被动作用液压缸的参数。

3）如上述两条措施都不能解决问题时，就应考虑修改工作装置机构参数即铰接点位置。此方法较复杂，可借助计算机进行如优化设计方法。

（5）整机稳定性和附着性能　挖掘机在作业时应具有良好的稳定性，同时还要有一定的自救能力。即在主要作业范围内应能保证工作液压缸完全发挥其作用力，而在远离机身的边缘地区可以出现整机稳定性控制的适当区域。此外，无论铲斗处于哪种转角状态和哪组液压缸工作，如把铲斗支在坚硬的地面上，整机前部应能完全抬起。

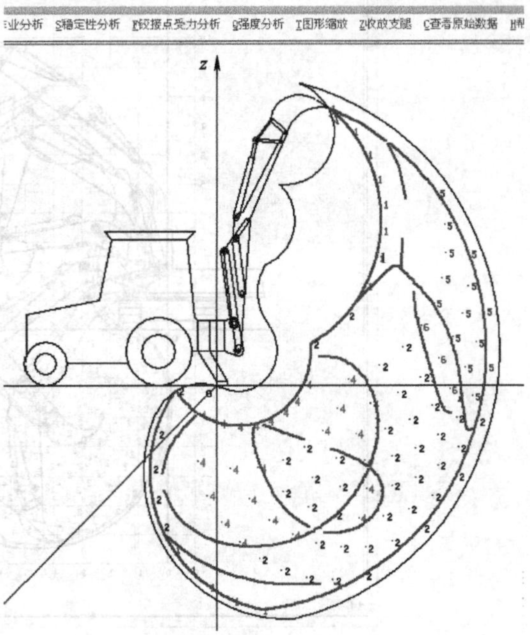

图4-24　某机型铲斗挖掘图

挖掘阻力沿停机面的分力有使整机沿停机面滑移的趋势，不仅如此，在侧向力的作用下还能使整机产生转动。发生这种情况是十分危险的。因此，通过挖掘图应掌握附着性能控制的区域，设法加以避免。

图4-24所示为用“EXCA”软件对某悬挂式反铲液压挖掘机进行分析得出

的一张铲斗挖掘图。铲斗相对于斗杆的位置如图所示。由该图可以看出该机型存在以下问题：

1）工作液压缸的主动力没有发挥出来，单从这一点讲，至少说明铲斗液压缸的缸径太大或斗杆液压缸的缸径太小或斗杆液压缸的闭锁压力太低，因为斗杆液压缸闭锁不住的区域几乎占据了大半个区域。

2）整机发生前倾失稳的区域4 和整机滑移区域6 也是不应当出现的，说明该机型的重心位置靠前，且附着力不够。

3）在地面以下边缘地区无后倾控制区域，说明整机的自救能力较差。

按照以上分析，将整机重心位置适当后移并减小铲斗液压缸缸径，情况会得到改善，且不会影响整机挖掘力的发挥。

图4-25 所示为用“EXCA”软件对普通反铲挖掘机进行分析得出的铲斗挖掘图。机身横向布置，铲斗相对于斗杆的位置如图所示。由该图可以看出：铲斗液压缸（工作液压缸）主动发挥的区域太小而斗杆液压缸闭锁不住的控制区域太大，同样说明铲斗液压缸的缸径太大或斗杆液压缸的缸径太小或斗杆液压缸的闭锁压力太低。由该图上部还可看出有两个较小的前倾控制的区域4 和整机水平滑移限制的区域6，说明在这两个区域挖掘会产生整机失稳（前倾和滑移）。此外，在挖掘最深处还有一个很小的由动臂液压缸闭锁不住所控制的区域1 和远离机身的由整机后倾失稳限制的较大区域5，其中区域1 是由于动臂液压缸力臂太小所致，而区域5 则由整机横向停车时稳定力矩较小所致。纵观该图，最简单的解决方法是通过减小铲斗液压缸缸径或增大斗杆液压缸缸径或提高斗杆液压缸闭锁压力改善挖掘力发挥情况，不然就得改变斗杆液压缸铰接点位置使其产生足够的闭锁力矩。

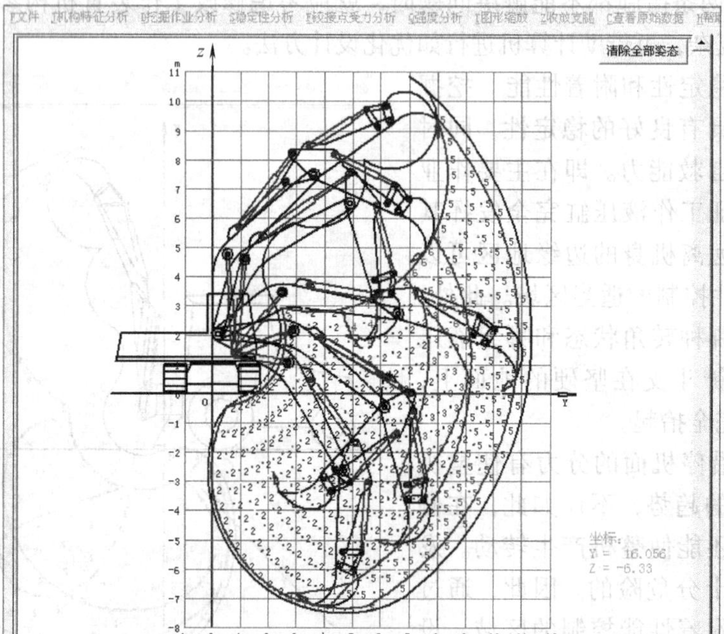

图4-25　某机型铲斗挖掘图

4.6 整机最大挖掘力的确定

由以上过程分析计算的整机理论挖掘力是针对特定姿态和挖掘方式下的整机挖掘力，如给定挖掘方式和三组液压缸的任意组合，可计算出相应的整机理论挖掘力，但如要掌握整机的最大挖掘力，则需要通过以下方法获得：

1）穷举法。即根据不同的工况，通过选择大量的计算位置来确定。此种方法需要在整个挖掘范围内尽量密集地布点并计算每个点的整机理论挖掘力，然后找出其中的最大值。显然，这种方法得出的结果比较可靠，但比较耗时。

2）经验法。即根据设计人员的经验需选择适当的工况和位置计算其挖掘力。这种方法基本依靠设计人员的经验，不能完全掌握整个挖掘范围，具有一定的局限性。

3）优化搜索法。即利用适当的优化方法进行全局搜索。利用该法，如果初始点和方法选择得当则效率较高，缺点是过程较为复杂，需要编制相应的分析计算程序。

前两种方法过程较为简单。以下介绍利用优化搜索法确定整机的最大理论挖掘力。

4.6.1 整机最大挖掘力的数学模型

利用优化方法首先要建立优化模型。式（4-42）即为上述问题的数学模型，其中的目标函数为整机理论挖掘力的倒数；设计变量 $X=[x_1 \quad x_2 \quad x_3]^{\mathrm{T}}$，其意义为动臂液压缸、斗杆液压缸、铲斗液压缸的长度，即 $x_1=L_1$、$x_2=L_2$、$x_3=L_3$；约束条件为三组液压缸的极限长度，根据其变化范围共列了6个约束条件表达式。此外，还应根据结构情况增加几何干涉方面的约束条件。但由于本部分不涉及机构设计方面的内容，即假定机构参数已知并且是确定的，不存在此类问题，因此在约束条件中不必考虑这些因素。

$$\min f(X)=\min\left[\frac{1}{F_{\mathrm{w}}}\right] \tag{4-42}$$

$$X=(x_1 \quad x_2 \quad x_3)^{\mathrm{T}}$$

s. t.

$$g_1(X)=x_1-x_{1\min}$$
$$g_2(X)=x_{1\max}-x_1$$
$$g_3(X)=x_2-x_{2\min}$$
$$g_4(X)=x_{2\max}-x_2$$
$$g_5(X)=x_3-x_{3\min}$$
$$g_6(X)=x_{3\max}-x_3$$

4.6.2 选择优化搜索方法

由前述分析过程可知，目标函数表达式中涉及的参数较多，因此这是一个目标函数的形式非常复杂的三维非线性约束问题，求导数较为困难。为此选择复合形优化方法，该方法不需要求导数，且对于解决维数不高的问题效率较高，同时该优化方法采用的是全局范围内的搜索。

4.6.3 实例分析

按照上述数学模型，作者在“EXCA”软件中增加了相应的分析模块，并按照给定的原始参数对某机型进行了实例分析计算，结果如图4-26、图4-27所示。

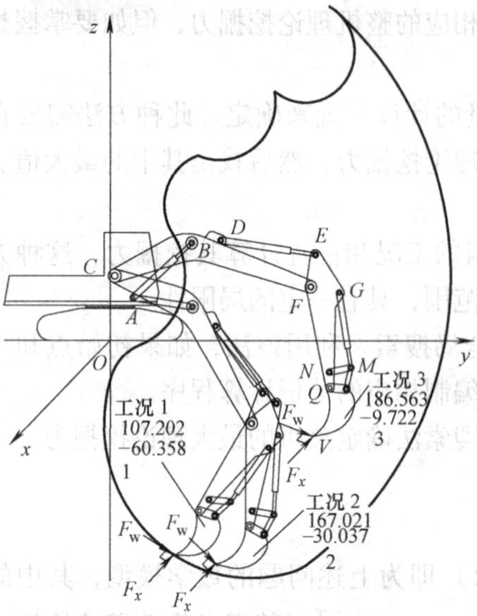

图4-26 传统方法确定的工况

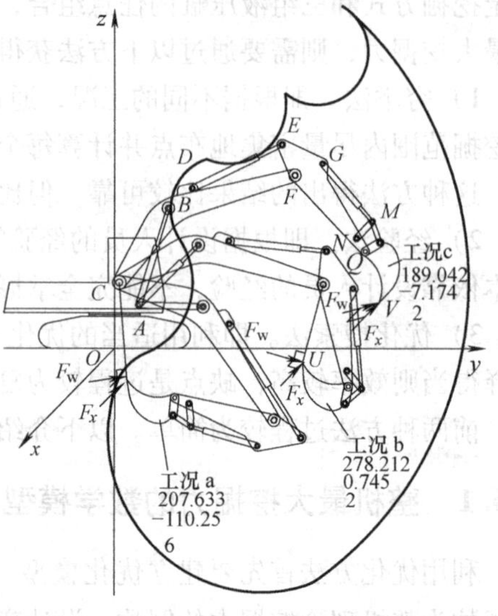

图4-27 优化方法确定的工况

图4-26所示为按传统方法确定的工况[1]，图4-27所示为按优化方法确定的工况，两种工况中的每组数字自上而下分别代表最大理论挖掘阻力 F_w（切向）、横向阻力 F_x（垂直于 yz 平面）及限制最大挖掘力发挥的因素（其符号意义如前所述）。为便于对比分析，本实例对所有的工况都取为不对称受力，即 F_w 和 F_x 是作用在铲斗的左侧角齿上，其方向如图所示，图中第二个数据前的负号表示与 x 轴方向相反。

图4-26中显示的三种工况都为铲斗挖掘方式。工况1为动臂最低，斗杆液压缸作用力臂最大，动臂与斗杆的铰接点、斗杆与铲斗的铰接点及斗齿尖三点处于一条直线上；工况2为动臂最低，动臂与斗杆的铰接点、斗杆与铲斗的铰接点连线垂直于停机面，铲斗转至最大挖掘力的位置；工况3为动臂液压缸作用力臂最大、斗杆液压缸作用力臂最大、铲斗转至最大挖掘力的位置。值得注意的是，限制这三种工况下最大挖掘力发挥的因素各不相同，工况1为动臂液压缸闭锁能力，工况2为斗杆液压缸闭锁能力，工况3为铲斗液压缸的主动发挥能力。

在图4-27中，工况a为动臂液压缸收缩（其他液压缸闭锁）挖掘工况，F_w = 207.633kN，F_x = −110.25kN，限制因素为整机的水平滑移；工况b为斗杆液压缸伸长（其他液压缸闭锁）挖掘工况，F_w = 278.212kN，F_x = 0.745kN，限制因素为斗杆液压缸的主动发挥能力；工况c为铲斗液压缸伸长（其他液压缸闭锁）挖掘工况，F_w = 189.042kN，F_x = −7.174kN，限制因素为斗杆液压缸闭锁能力。

由分析计算结果可以看出，由优化搜索得出的三种工况下的最大理论切向挖掘力都比传统意义上危险工况下的值大。对比图4-26中的工况3和图4-27中的工况c可以看出，最大挖掘力发挥的位置并不是动臂液压缸和斗杆液压缸的作用力臂最大的位置，图4-27中的工况c中$\angle BAC=59.02°$、$\angle DEF=88.35°$，这说明各液压缸的作用力臂最大并不意味着就能发挥最大的挖掘力，其原因是最大挖掘力的发挥受多种因素的影响，而不单是几何因素决定的。另一点要值得注意的是，图4-27中的工况a和b并不具有实际的挖掘意义，这样的计算结果主要是根据挖掘力的方向是沿着斗齿运动轨迹的切线方向这一假设前提而来的。但考虑到作业对象的复杂多变性和驾驶员难以避免的误操作，因此不能完全排除这种可能；同时，也不能断定某些破坏形式就一定出现在常规的危险工况中，也可能是某些因素综合影响的结果。实例分析中，还将该计算结果用于该机型的强度分析，通过比较，证明了上述分析计算的正确性。

由于突破传统意义的危险工况在实际几何意义上的客观存在，使得其成为潜在的难以预见的危险工况，其挖掘力又远大于正常挖掘作业中出现的挖掘力；另一方面，由于被挖掘对象的复杂性和不可避免的误操作，某些可能存在的恶劣工况并不能完全避免。因此，在分析整机及工作装置的受力并对其进行结构设计和强度计算时，应对这些工况和姿态给予足够的重视；同时，由于实验条件的限制，难以对某些特定的位置进行挖掘力测定，而破坏性实验也不符合一般生产企业的利益，因此，对挖掘机危险工况和姿态的理论分析和预测就显得尤其重要。尽可能多地掌握这些可能出现的最危险工况，能够帮助设计者设计出更加合理的结构，并最大程度地避免错误，从而提高了整机的可靠性。

思考题

1. 考虑回油压力时工作液压缸的理论推力应如何计算？

2. 工作液压缸的理论挖掘力、整机的理论挖掘力及整机的实际挖掘力有何区别？

3. 计算工作液压缸的理论挖掘力时可以不考虑哪些因素？

4. 计算整机的理论挖掘力时应考虑哪些因素？整机的最大理论挖掘力是如何确定的？按照本章假设条件，它受哪些因素影响？

5. 国外部分公司的产品样本中给出了铲斗挖掘力和斗杆挖掘力，试解释其含义。

6. 挖掘图所反映的信息包括哪些？在这些信息中，哪些是最主要的？

7. 按照本章所述，工作装置的合理性分析包含哪些内容？判断工作装置设计合理性的基本依据是什么？

8. 从挖掘图上看，当铲斗液压缸工作时其主动力发挥区域较小、斗杆液压缸闭锁压力和后倾限制的区域较大，这说明了什么问题？其原因是什么？应采取何种措施改善这种情况？

9. 从挖掘图上看，限制整机挖掘力发挥的后倾因素区域有其必要性，但该区域太大也不合理，试解释其意义。

10. 挖掘图中能否反映出挖掘速度？对定量系统和变量系统，其挖掘速度有何不同？其功率利用情况又有何不同？

11. 从挖掘图中如何理解三组液压缸之间的合理匹配状态？又如何理解各种限制因素所控制区域的“过渡平缓”？

第 5 章

正铲液压挖掘机工作装置构造与设计

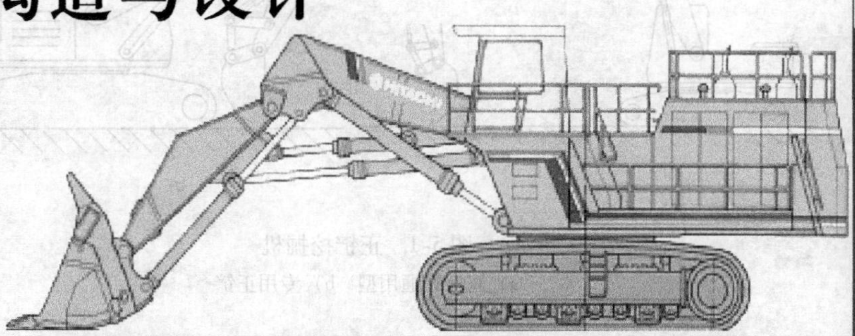

正铲液压挖掘机以地面以上物料为主要挖掘对象，其工作装置结构形式与反铲液压挖掘机工作装置有明显的不同。根据挖掘对象的不同，又可将正铲挖掘机分为以挖掘土方为主的正铲挖掘机（图5-1a）和以装载石方为主的正铲挖掘机（图5-1b）。前者往往是通用式挖掘机的一种换装工作装置，如在中小型挖掘机上，为了实现一机多用，有时将反铲的铲斗和斗杆反转过来作为正铲使用，其结构形式简单、换装容易、通用性好、成本低，适用于土壤等级不超过Ⅳ级的作业对象；而后者则以爆破后的岩石、矿石为主要挖掘对象，其基本形式为斗容量在$1m^3$以上的大中型履带式挖掘机。

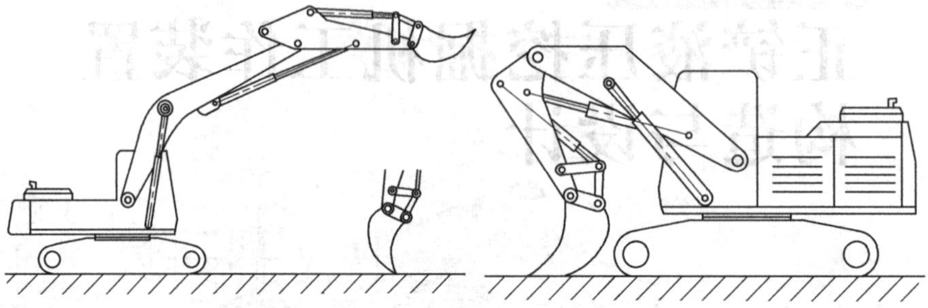

a)　　b)

图5-1　正铲挖掘机
a）正反铲通用型　b）专用正铲

图5-2　作业中的LIEBHERR公司专用正铲挖掘机

由于专用正铲的作业对象主要为爆破后的岩石、矿石等（图5-2），其工作环境十分恶劣，因此，对专用正铲有如下特殊要求：

1）要有足够大的挖掘力和掘起力。

2）由于物料中夹杂大量的石块，因此要求铲斗有足够的强度和刚度，斗齿的耐磨性要好，且便于更换。

3）因其主要用于装车工况，所以对卸载高度有特殊要求，应高于收料装置（如自卸车）的车身高度。

4）为防止物料在提升过程中洒落，要求提升平稳，并具有一定的平移提升功能。

5）卸载要平稳，对车辆的冲击要小。

6）为了清理和平整场地，要求铲斗能在停机面上作水平直线运动

5.1　普通正铲工作装置的机构形式和作业方式

虽然正铲液压挖掘机的动臂、斗杆和铲斗与反铲的相应部件只是在结构形式上有明显区别，尤其是在铲斗及其连杆机构上有较多的不同之处，但其共同特点是它们都为箱形铸焊混合结构。由于正铲需要较大的挖掘力，采用六连杆机构虽然能保证较大的转角范围，但在一

定程度上减小了挖掘力，因此，正铲铲斗液压缸一般直接连接于铲斗上，即采用四连杆机构形式，这样既减少了零部件又避免了不必要的功率损失。图 5-2 所示的 LIEBHERR 公司的正铲挖掘机即采用这种结构形式，但其铲斗采用了开斗底卸料方式。

按照结构形式和卸料方式的不同，将正铲铲斗分为前卸式和底卸式两种。前卸式如图 5-3 所示，铲斗为整体式结构，靠铲斗液压缸的收缩使铲斗向前下方翻转，斗内物料从斗口处卸出。底卸式正铲如图 5-4、图 5-5 所示，铲斗为分体式结构，其斗体由两部分组成，

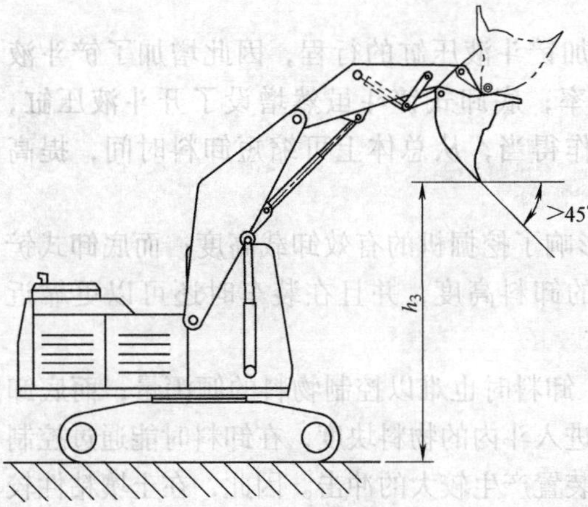

图 5-3　前卸式正铲示意图

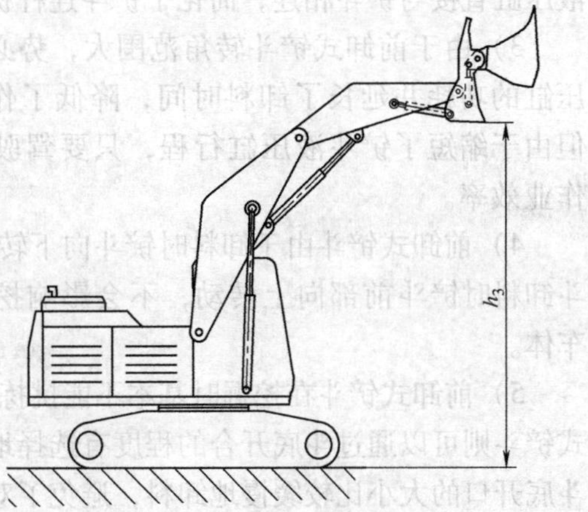

图 5-4　底卸式正铲示意图

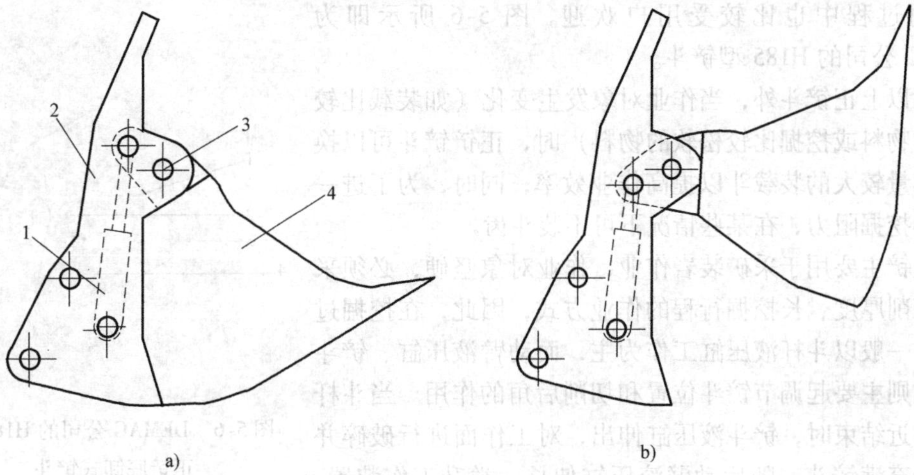

图 5-5　底卸式铲斗

a）闭合状态　b）打开状态

1—开斗液压缸　2—铲斗后部　3—前后部铰接中心　4—铲斗前部

挖掘时这两部分结合，斗底关闭，卸料时靠专门增设的开斗液压缸将斗底打开，斗内物料从斗底卸出。通过比较这两种卸料方式和铲斗结构，可以得出以下几点：

1）前卸式铲斗结构简单，铲斗为整体式结构，其强度和刚度都比较好，重量轻；底卸式铲斗结构复杂，需专门的开合液压缸将斗底打开或关闭，铲斗质量较大。

2）前卸式铲斗在卸料时必须保证斗前壁与水平面的夹角大于45°才能卸尽斗内物料，因此，要求铲斗的转角范围大，对连杆机构要求相应提高；底卸式铲斗只要打开斗底即可卸料，对斗底在卸料时相对于水平面的倾角不作特殊要求，因此，可取消连杆和摇臂，使铲斗液压缸直接与铲斗相连，简化了铲斗连杆机构。

3）由于前卸式铲斗转角范围大，势必要增加铲斗液压缸的行程，因此增加了铲斗液压缸的功耗并延长了卸料时间，降低了作业效率；底卸式铲斗虽然增设了开斗液压缸，但由于缩短了铲斗液压缸行程，只要驾驶员操作得当，从总体上可缩短卸料时间，提高作业效率。

4）前卸式铲斗由于卸料时铲斗向下转动，影响了挖掘机的有效卸载高度；而底卸式铲斗卸料时铲斗前部向上转动，不会影响挖掘机的卸料高度，并且在装车时还可以更靠近车体。

5）前卸式铲斗在挖掘时基本不能挑拣石头，卸料时也难以控制物料的倾泻量；而底卸式铲斗则可以通过斗底开合的程度有选择地控制进入斗内的物料块度，在卸料时能通过控制斗底开口的大小比较缓慢地卸料，避免了对受料装置产生较大的冲击。因此，在土壤粘性较大、车体容量较小以及清理作业场地、拣起或筛分大石块等工况时用底卸式铲斗能得到较好的效果。

6）在工作尺寸、整机稳定性相同的情况下，由于底卸式铲斗的质量较大，因而其斗容量比前卸式铲斗有所减小。

通过综合分析比较，在大中型挖掘机上，世界各大公司普遍采用底卸式铲斗，这种铲斗在使用过程中也比较受用户欢迎。图 5-6 所示即为 DEMAG 公司的 H185 型铲斗。

除以上正铲斗外，当作业对象发生变化（如装载比较松散的物料或挖掘比较松软的物料）时，正铲铲斗可以换成斗容量较大的装载斗以提高作业效率；同时，为了进一步减小挖掘阻力，在某些情况下可不装斗齿。

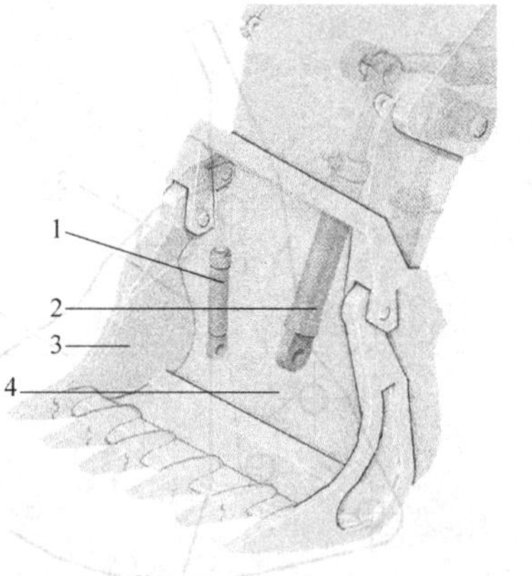

图 5-6　DEMAG 公司的 H185 型正铲底卸式铲斗

1—开斗液压缸　2—铲斗液压缸　3—铲斗前部　4—铲斗后部

正铲主要用于采矿装岩作业，作业对象坚硬，必须采用小切削厚度、长挖掘行程的作业方式，因此，在挖掘过程中，一般以斗杆液压缸工作为主，而动臂液压缸、铲斗液压缸则主要起调节铲斗位置和切削后角的作用。当斗杆挖掘将近结束时，铲斗液压缸伸出，对工作面进行破碎并进一步充满铲斗，随后动臂液压缸伸长，举升工作装置，使铲斗和物料离开地面。因此，对正常液压挖掘机来说，必须保证挖掘过程中斗杆液压缸能产生必要的挖掘力，同时也要考虑铲斗液压缸的破碎能力和动臂液压缸的提升能力。所有这些都是保证正铲液压挖掘机正常工作的必要条件，而各液压缸的闭锁能力、整机的稳定性、整机的附着性能等则是保证以上各种主动作用力能够充分发挥的充分条件[1]。

对于正铲液压挖掘机来说，斗杆液压缸的挖掘力（或称挖掘力）和铲斗液压缸的挖掘力（或称破碎力）是衡量其性能的重要标志，因此，许多正铲挖掘机的性能参数表中一般都标出了这两种液压缸的最大挖掘力值。有些国家或公司的正铲挖掘机上没有区分正铲斗和装载斗，它们把使铲斗作水平推压运动作为重要性能指标之一，因而往往把斗杆液压缸挖掘力称为推压力，这指的是斗杆液压缸作水平推压运动时体现在斗齿尖上的水平力。而在我国则大多是指铲斗液压缸工作时体现在斗齿尖上的、沿斗齿运动轨迹切线方向的作用力[1]。

5.2　正铲挖掘装载装置及其结构特点

挖掘装载装置是正铲液压挖掘机工作装置的一种常见结构形式，其作业对象仍然是地面以上的土壤、爆破后的岩石，但对散装物料却体现出了明显的优势，因此比普通正铲铲斗的斗容量要大。就其结构特点来说，它是普通正铲装置的一种变形形式；但从作业特点来看，则希望在进行挖掘装载作业时铲斗能作水平直线运动，能发挥较大的挖掘力以及在作业后能形成平整的工作面。此外，由于挖掘的物料相对松散，因此对它的平移提升能力也要求较高，以避免提升过程中洒料。在某些场合，由于挖掘装载装置自身的结构和运动特点，能在物料和地面的交界处插入，故能在一定程度上降低挖掘阻力，提高作业效率。

正铲挖掘装载装置与前端装载机相比有以下几点区别：

1）结构形式不同。这主要体现在整机和工作装置结构形式上，正铲挖掘装载装置是在普通正铲液压挖掘机的基础上变换而来的，其实质仍属于正铲液压挖掘机。这包括两点：其一是除工作装置外的其余部件与普通液压挖掘机基本相同；其二是工作装置的基本部件没有较大区别，只是工作装置的某些部件如液压缸的布置方式、铲斗的斗容量等存在一些区别。而装载机的结构形式则与挖掘机有本质上的不同，这一点在此不作详细介绍，有兴趣的读者可参阅相关文献。

2）作业方式不同。挖掘装载装置作业时机身不动，从挖掘、卸料到下一循环作业开始的整个过程是靠动臂、斗杆、铲斗及回转机构的配合动作来完成的；而装载机靠整机运动的动能插入料堆，之后操作工作装置装满铲斗并提升至一定高度，然后整机移动将物料运送到卸载地点，再通过工作装置的配合动作进行卸料。

3）和相同质量的装载机相比，挖掘装载机的斗容量要小，这主要是受物料特性、整机稳定性、地面附着性能等的限制所致。但其作业范围则远胜于装载机，它包括了地面以上的土壤、爆破后的岩石及大多数散装物料，其挖掘力也比相同质量的装载机大。

由于以上原因，挖掘装载机在矿山开采、建筑和水利工程中得到广泛使用。

从目前了解的情况来看，挖掘装载机的结构形式较多，功能也在不断改进和完善。以下简要介绍几种主要的结构形式。

5.2.1　普通型挖掘装载装置

图 5-7 所示为普通型挖掘装载装置的典型结构形式，其与普通正铲的主要区别是铲斗液压缸的一端（G 点）是铰接于动臂的端部而不是斗杆上，动臂、斗杆、摇臂、铲斗及铲斗液压缸构成两个自由度的五连杆机构，使铲斗的姿态同时受到斗杆液压缸和铲斗液压缸的控

制，其目的在于改善铲斗水平插入料堆的功能（水平推压）。实践证明，只要各部件长度及各铰接点位置选择得当，就可使铲斗在停机面上进行水平推压时的倾角保持不变，实现水平推压功能，如图5-8所示。此外，在水平推压时不必操作铲斗液压缸，而只需操作动臂液压缸和斗杆液压缸即可，因此比起普通正铲简化了操作。普通挖掘装载装置中的铲斗连杆机构也有四连杆机构和六连杆机构两种，其中四连杆机构省去了摇臂和连杆，铲斗液压缸直接与铲斗相连，但转角范围受到限制，一般用于底卸式铲斗；六连杆机构具有摇臂和连杆，铲斗液压缸的作用力通过摇臂和连杆传至铲斗，转角范围较大，但机构较复杂，一般用于前卸式铲斗。

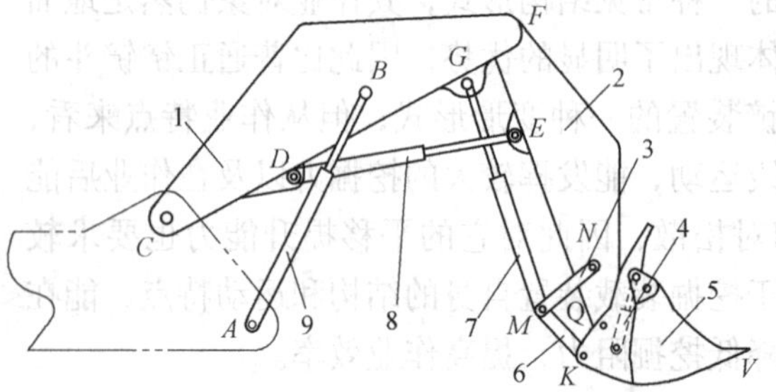

图5-7　普通型挖掘装载装置

1—动臂　2—斗杆　3—摇臂　4—开斗液压缸　5—铲斗
6—连杆　7—铲斗液压缸　8—斗杆液压缸　9—动臂液压缸

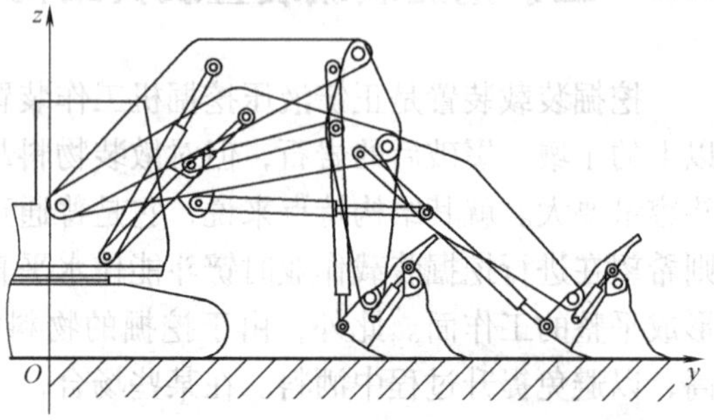

图5-8　普通挖掘装载装置的水平推压功能

普通型挖掘装载装置的另一特征是铲斗略宽，在斗后壁上设有挡板，以防物料洒落。若以轻级散装物料为作业对象，则常用前卸式铲斗，斗上一般不需装斗齿，以减小挖掘这类物料时的阻力，斗容量也可较大，以提高作业效率。

这类挖掘装载装置在国际各大公司许多型号的挖掘机上都有应用，如LIEBHERR公司的R992型、R962型、R992型，我国长江挖掘机厂的WY162—CW型、WY902—CW型，詹阳动力的JY640系列等。

图5-9所示为HITACHI公司的EX8000型挖掘机，该机采用了普通型挖掘装载装置。该机工作质量为805t，采用了两台1400kW的燃油发动机，装载斗标准堆尖斗容量为40m^3，最大挖掘高度为20.5m，水平推压距离为5.6m，最大挖掘半径为18.5m。

5.2.2　在动臂和转台之间增设辅助液压缸的挖掘装载装置

这类工作装置是在前述普通挖掘装载装置的基础上，增设了一个辅助液压缸，该液压缸布置在动臂与转台之间，其油路与铲斗液压缸并联，如图5-10所示。采用这种结构形式除便于实现水平推压作业功能外还能实现平移提升，有效地减少了驾驶员的操作动作，避免了物料的洒落，并提高了生产率。其具体结构和动作特点如下：

1）该结构形式与普通型挖掘装载装置相同之处是铲斗液压缸铰接在动臂上端，其结构特点相同。同样，在水平铲入时，只需操作动臂液压缸（缩回）和斗杆液压缸（伸长）就

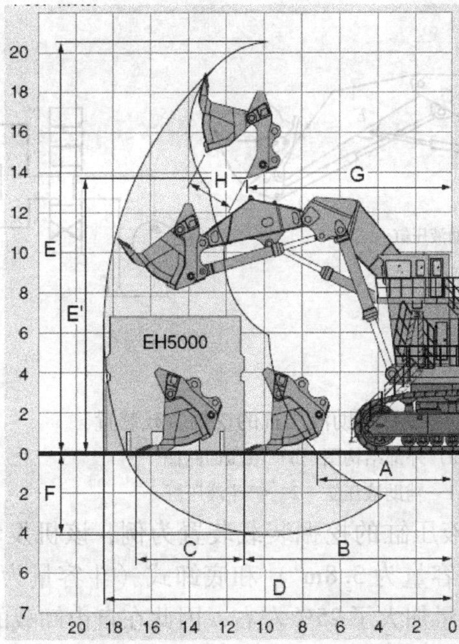

图5-9　HITACHI公司的EX8000型挖掘机

可使铲斗斗底紧贴地面向前作水平直线移动，而不必操作铲斗液压缸，比起普通正铲来简化了操作。

2）如图5-10所示，辅助液压缸 $A'B'$ 装在动臂和转台之间，其小腔与铲斗液压缸的小腔相通，而大腔与铲斗液压缸的大腔相通。当动臂液压缸 AB 伸长、提升工作装置举起满斗物料时，整个工作装置连同铲斗中的物料在内会绕着 C 点沿逆时针方向转动，为了避免斗内物料洒落，尤其是为了避免斗内石块越过铲斗挡板滚落到机身部位而引起事故，希望铲斗在上升过程中与地面保持一定的角度。对于普通挖掘装载装置，这个过程需要驾驶员同时操纵动臂、回转和转斗三种动作来实时调整铲斗的角度，以实现平移提升，操作难度较大。而增设辅助液压缸后，情况会有所改善，因为在动臂伸长进行提升时，辅助液压缸会被动地被拉长，由于此时铲斗液压缸操纵阀处于中位，辅助液压缸与铲斗液压缸之间存在闭式回路，因此，辅助液压缸的被动拉长会使铲斗液压缸回缩，并使铲斗沿顺时针方向转动，从而抵消了由于动臂液压缸伸长而产生的逆时针方向的转动，使铲斗相对于地面的倾角保持基本不变。因此，只要合理地选择两组液压缸的尺寸参数，就能保证铲斗实现近似的平移提升动作。

3）由于采用了辅助液压缸和将铲斗液压缸装设在动臂端部这种结构形式，使得动臂提升力矩和斗杆挖掘力都有所增加。如图5-10所示，在装载作业过程中，铲斗液压缸受压，由于它和辅助液压缸之间存在着闭式回路，因此当铲斗操纵阀处于中位时，辅助液压缸大腔中压力升高，对动臂形成了绕 C 点的沿逆时针方向转动的力矩，从而加大了动臂的提升力矩，帮助了动臂的提升。在水平推压挖掘作业过程中，动臂需要下降，辅助液压缸被迫收缩，这使得铲斗液压缸大腔中的压力升高，对斗杆形成了绕 F 点的沿逆时针方向转动的力矩，因而可以和斗杆液压缸共同作用，加大了施加于斗杆上的力矩，提高了斗齿尖的挖掘力或推压力。CATERPILLAR公司的235型、245型挖掘机即采用了该种结构形式。

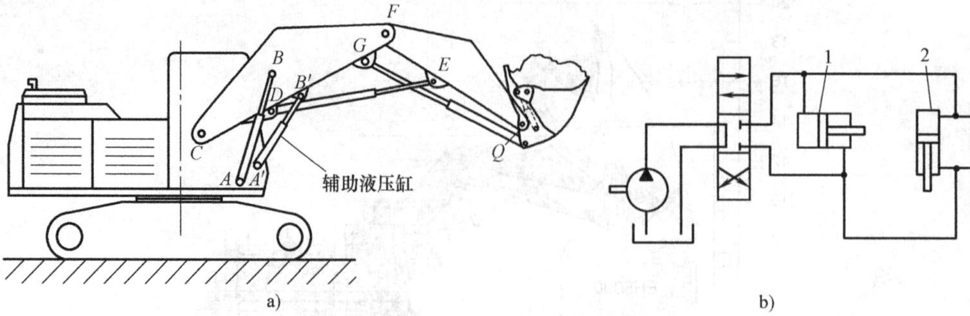

图 5-10　带有辅助液压缸的挖掘装载装置

a）外部结构图　b）液压回路图

1—辅助液压缸　2—铲斗液压缸

以美国某公司的一台带辅助液压缸的挖掘装载装置为例，该机发动机功率为 239kW，整机质量为63t，备有前卸式（斗容量为 $3.8m^3$）和底卸式（斗容量为 $3.1m^3$）两种铲斗，宽度均为2350mm。前者由于斗容量加大了25%左右，因此在自由卸载的条件下能得到较高的生产率（但实际上由于底卸式铲斗的卸土时间缩短了 10% ~15%，因此前卸式铲斗的实际生产率并没有提高这么多）。该机共有六只液压缸，由于采用了两只铲斗液压缸，破碎力较大，达 419kN（前卸式）、435kN（底卸式）。水平推压力相应为 374kN 和 375kN[1]。

5.2.3　在动臂和斗杆之间增设辅助液压缸的挖掘装载装置

这种挖掘装载装置也是在前述普通挖掘装载装置的基础上增设了一只被动作用的辅助液压缸，该辅助液压缸装于动臂与斗杆之间，与斗杆液压缸平行安装，有文献称之为连杆液压缸，如图 5-11 所示。它的油路与动臂液压缸的油路并联，当斗杆液压缸伸长而使斗杆前伸时，该辅助液压缸与动臂液压缸形成闭式回路，利用这两组液压缸之间的液流实时调整动臂的倾角，以达到铲斗自动水平铲入物料的目的。

图 5-11a 所示为这类挖掘装载装置的结构外形示意图；图 5-11b 则反映了该辅助液压缸和动臂液压缸之间的油路关系，其大腔与动臂液压缸大腔相通，小腔与动臂液压缸小腔相通。这种挖掘装载装置的具体特点如下：

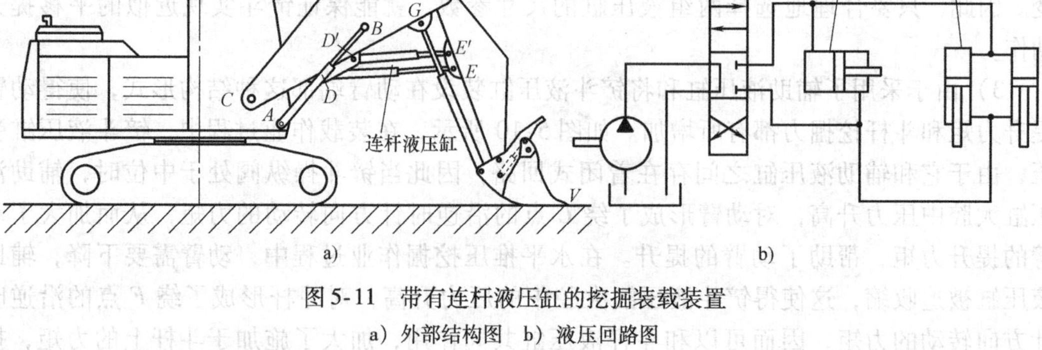

图 5-11　带有连杆液压缸的挖掘装载装置

a）外部结构图　b）液压回路图

1—连杆液压缸　2—动臂液压缸

1）该结构形式与普通型挖掘装载装置相同之处是铲斗液压缸铰接在动臂上端，其结构特点相同。但在动臂与斗杆之间安装了辅助液压缸 $D'E'$（连杆液压缸），该液压缸与动臂液压缸 AB 之间可形成闭式回路，如图5-11b所示。当铲斗需要作水平作业时，斗杆液压缸伸长，斗杆和铲斗一起绕 F 点沿逆时针方向转动，此时连杆液压缸被强制拉长，由于该液压缸与动臂液压缸之间存在闭式回路，导致连杆液压缸小腔的液压油进入动臂液压缸的小腔使动臂液压缸回缩，从而使动臂连同斗杆和铲斗又绕 C 点沿顺时针方向转动，两种相反的转动在一定程度上相互抵消，最终使铲斗斗底紧贴地面向前作水平直线移动；反之，当斗杆液压缸回缩时，动臂上升，铲斗仍可紧贴地面向后作水平直线运动。因此，与普通型挖掘装载装置相比，该结构形式只需操作斗杆液压缸即可实现水平直线铲入，而不必操作动臂液压缸和铲斗液压缸，因此又进一步简化了操作。

显然，铲斗自动水平伸出的范围只能是斗齿处于动臂和斗杆铰接点在地面上的投影之外，这是因为当斗齿后撤达到距机身最近的临界点时，进一步回缩斗杆液压缸会导致动臂抬得过高而使斗底不能紧贴地面。

2）采用这种结构形式，当提升铲斗及其斗内物料时，为了防止物料洒落，必须同时操纵三组液压缸，这个过程与普通挖掘装载装置没有明显区别。

3）从产生力的角度来说，水平推压或挖掘过程中铲斗切入料堆所遇到的反力和工作装置的自重都会使动臂液压缸受压，导致动臂液压缸大腔压力增高。而由于动臂液压缸的大腔与连杆液压缸大腔相通，因此增大的压力通过动臂液压缸与连杆液压缸之间的闭式回路同时体现在连杆液压缸的大腔，从而增加了对 F 点的力矩，并最终加大了推压或挖掘时发挥在斗齿尖的挖掘力。

HITACHI公司的UH30、UH181、EX1800等机型采用了这种挖掘装载装置。其中，UH30型的发动机功率为2×147kW，斗容量为3.7～6.2m^3，整机质量为73t。该机上共采用六只液压缸：两只动臂提升液压缸、一只斗杆液压缸、一只连杆液压缸和两只铲斗液压缸，其斗齿上的水平挖掘力和垂直挖掘力分别达356kN和380kN[1]。图5-12所示为HITACHI公司的EX1800型挖掘机，该机工作质量为177t，发动机功率为746kW，斗容量为10.3～14.5m^3。该机配置斗容量为10.3m^{3}的铲斗时其推压力为716kN，破碎力为667kN。

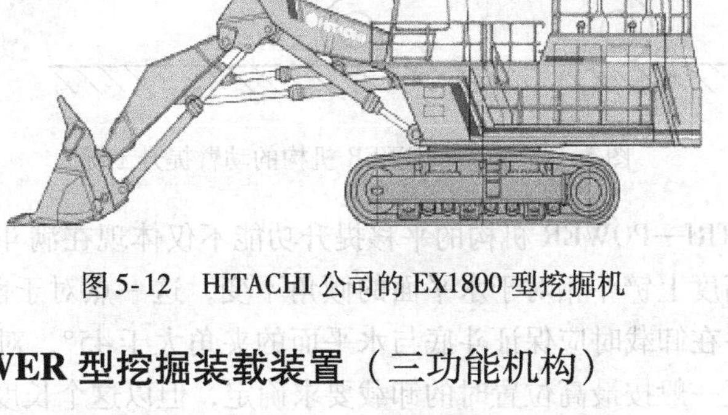

图5-12 HITACHI公司的EX1800型挖掘机

5.2.4 TRI—POWER型挖掘装载装置（三功能机构）

另一种结构更加复杂、功能更加完备的挖掘装载装置是TRI—POWER机构，即三功能机构（也称强力三角机构），如图5-13所示。它是由德国TEREX旗下的O&K公司于20世纪80年代研制成功的。该机构的主要结构特点是在动臂上安装了一个可绕 O' 点转动的具有三个铰接点的三角形部件 BGJ。其中，铰接点 B 与动臂液压缸铰接，铰接点 G 与铲斗液压缸铰接，铰接点 J 与连杆 IJ 铰接，连杆的另一端 I 点铰接在上部转台上。其动作特点如下：

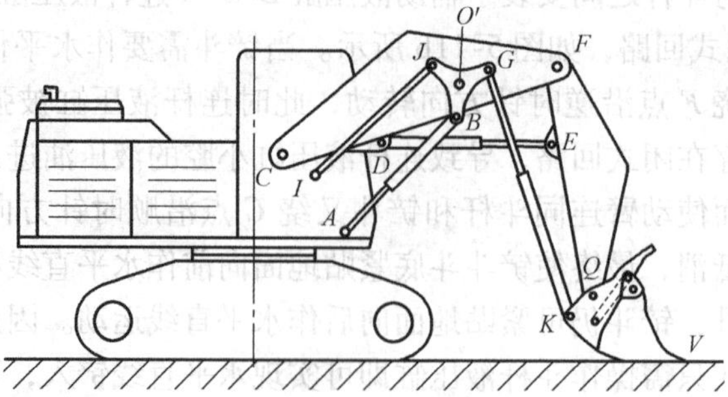

图 5-13　TRI—POWER 机构的水平铲入工况

1）水平铲入工况。此时斗杆液压缸伸长将铲斗推出，动臂液压缸处于浮动状态，这使得铲斗在工作装置自重作用下紧贴地面向前运动；另一方面，在连杆机构 $O'GKQF$ 的作用下，能保证铲斗相对于地面的倾角不变，减少了操作动作，这在一定程度上类似于图 5-7 所示的普通挖掘装载装置中四连杆机构 $GMNF$ 的作用。

2）动臂提升工况。如图 5-14 所示，此时动臂液压缸伸长，三角形部件 BGJ 绕 O' 点沿逆时针方向转动，并在 G 点通过铲斗液压缸 GK（铲斗液压缸闭锁，长度不变）拉动铲斗绕 Q 点沿顺时针方向转动；另一方面，如斗杆液压缸也在伸长，同样会使铲斗产生两种相反的转动，结果铲斗在向上运动的过程中保持了与水平面夹角的基本不变，实现了平移提升，避免了物料的洒落。

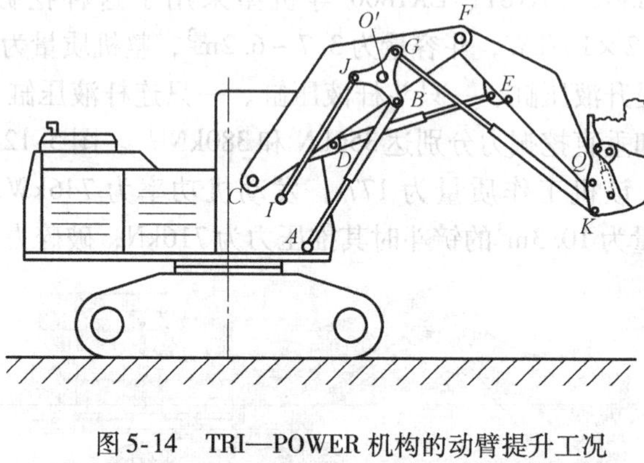

图 5-14　TRI—POWER 机构的动臂提升工况

3）卸料工况。TRI—POWER 机构的平移提升功能不仅体现在满斗提升时，在卸料时同样能保证在不同的高度上铲斗相对于水平面的倾角不变，这一点对于前卸式铲斗尤为重要。这是因为前卸式铲斗在卸载时应保证斗底与水平面的夹角大于 45°，对于普通正铲而言，铲斗液压缸的最短长度一般按最高位置时的卸载要求确定，但以这个长度在低于最高位置时就会使铲斗相对于水平面的夹角过大，在最大挖掘半径位置卸载时甚至达到 75°以上。这样不仅没有必要，也浪费了铲斗液压缸的行程，降低了效率，同时由于铲斗液压缸的伸缩比过大，影响了其稳定性。采用 TRI - POWER 机构基本解决了这个问题，只要各铰接点位置和各部件长度设计合理，就可在满足水平推压和平移提升的基础上缩短卸料时间，提高作业效率[1]。

4）力学特征。TRI—POWER 机构不仅具有上述运动功能，在力学特征方面还可增大挖掘力和提升力矩，这将在后文进行详细分析。

图5-15 所示为 TEREX O&K 公司的 RH400 型正铲液压挖掘机，该机采用了 TRI—POWER 机构，工作质量为 980t，发动机功率为 3360kW，铲掘岩石时的标准斗容量为 $50m^3$，最大挖掘高度为 20.2m，最大挖掘力为 3200kN，最大破碎力为 2400kN。

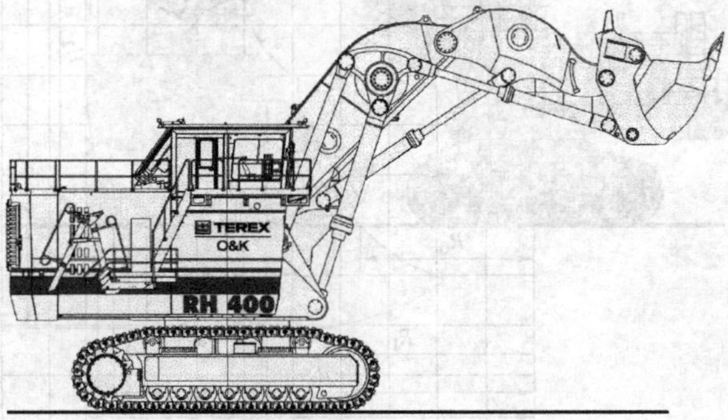

图5-15　TEREX O&K 公司的 RH400 型正铲液压挖掘机

通过对以上三种工况的分析可见，TRI—POWER 机构兼具了前述几种挖掘装载装置的各项功能，不仅能实现水平推压和平移提升，减少了操作，增加了挖掘力和提升力矩，而且还缩短了时间，提高了作业效率。但这种机构形式的缺点是结构复杂，一般用在大型机上。

以上是对四种较为常见的挖掘装载装置结构特点和功能的简单介绍，关于其力学分析，将在后文作进一步阐述。

5.3　正铲液压挖掘机的主要性能参数

5.3.1　正铲液压挖掘机的主要作业尺寸

根据国际标准和国家标准以及行业标准，正铲液压挖掘机的主要几何作业尺寸包括（图5-16）：最大挖掘高度 H_1（maximum cutting height）、最大卸料高度 H_2（maximum dumping height）、最大卸料高度时的卸料半径 R_4（Reach at maximum dumping height）、最大挖掘半径 R_3（maximum reach）、停机面上的最大挖掘半径 R_2（maximum reach at GRP）、停机面上的最小挖掘半径 R_0（minimum reach at GRP）、最大水平推压距离 d_1（maximum level crowding distance）、最大挖掘深度 H_3（maximum digging depth）、铲斗的最大开口宽度 d_0（maximum dumping opening of bucket）。

以上主要作业尺寸的计算与反铲主要作业尺寸的计算过程类似，此处不再重复。除这些作业尺寸外，其他正铲液压挖掘机还有运输尺寸、机身尺寸等参数，此处不一一列举。

5.3.2　正铲液压挖掘机的挖掘力及其计算

正铲液压挖掘机的挖掘力同样是指工作液压缸伸长时体现在斗齿尖上的、沿斗齿运动切

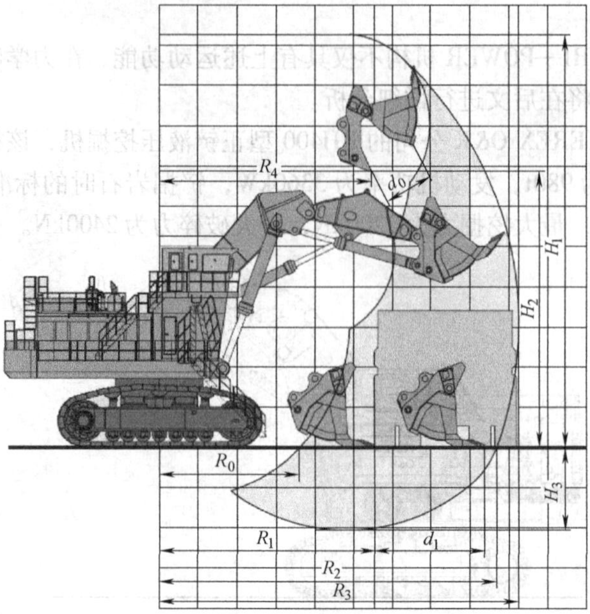

图 5-16　正铲液压挖掘机的主要作业尺寸

线方向的主动作用力。正铲液压挖掘机通常以斗杆液压缸挖掘为主，铲斗挖掘不是主要挖掘方式，而是为了撕裂或撬动物料、调整切削角、装满铲斗及卸料，因此根据上述情况把正铲挖掘力分为推压力和破碎力。

推压力是指斗杆液压缸工作时体现在斗齿尖上的、沿斗齿运动切线方向的作用力。参考国内外产品样本，该力尤指斗杆液压缸工作且在停机面上进行水平推压时产生在斗齿尖上沿停机面方向的最大挖掘力。

破碎力是指铲斗液压缸工作时体现在斗齿尖上的、沿斗齿运动切线方向的作用力。参考国内外产品样本，此概念应理解为为铲斗液压缸工作时产生在斗齿尖上的最大挖掘力。

最大推压力和最大破碎力是衡量正铲液压挖掘机的两个重要性能指标，它们被列入正铲液压挖掘机的产品样本中，通常一台挖掘机的最大推压力大于最大破碎力。

参照图 5-17，在不计传动效率、回油压力、工作装置自重及物料自重的假设前提下，普通正铲的推压力（单位为 kN）和破碎力（单位为 kN）的简化计算公式为

$$F_{\mathrm{a}}=\frac{F_2e_2}{r_2} \tag{5-1}$$

式中　F_2——斗杆液压缸推力（kN），其值等于缸径乘以系统压力；

e_2——斗杆液压缸对 F 点的作用力臂（m）；

r_2——推压力 F_{a} 对 F 点的作用力臂（m）。

斗齿尖上产生的推压力与挖掘阻力互为作用力与反作用力。

$$F_{\mathrm{b}}=\frac{F_3e_3}{r_3} \tag{5-2}$$

式中　F_3——铲斗液压缸推力（kN），其值等于缸径乘以系统压力；

e_3——铲斗液压缸对 Q 点的作用力臂（m）；

r_3——破碎力 F_b 对 Q 点的作用力臂（m），其值等于 Q、V 之距。

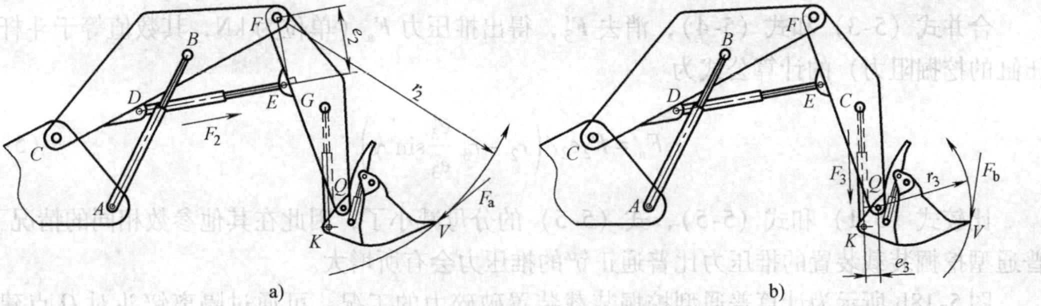

图5-17　普通正铲挖掘力计算简图

a）斗杆挖掘力（推压力）　b）铲斗挖掘力（破碎力）

斗齿尖上产生的破碎力与挖掘阻力互为作用力与反作用力。

参照图5-18，考虑与式（5-1）、式（5-2）相同的假设条件，普通型挖掘装载装置的推压力和破碎力的简化计算过程如下。

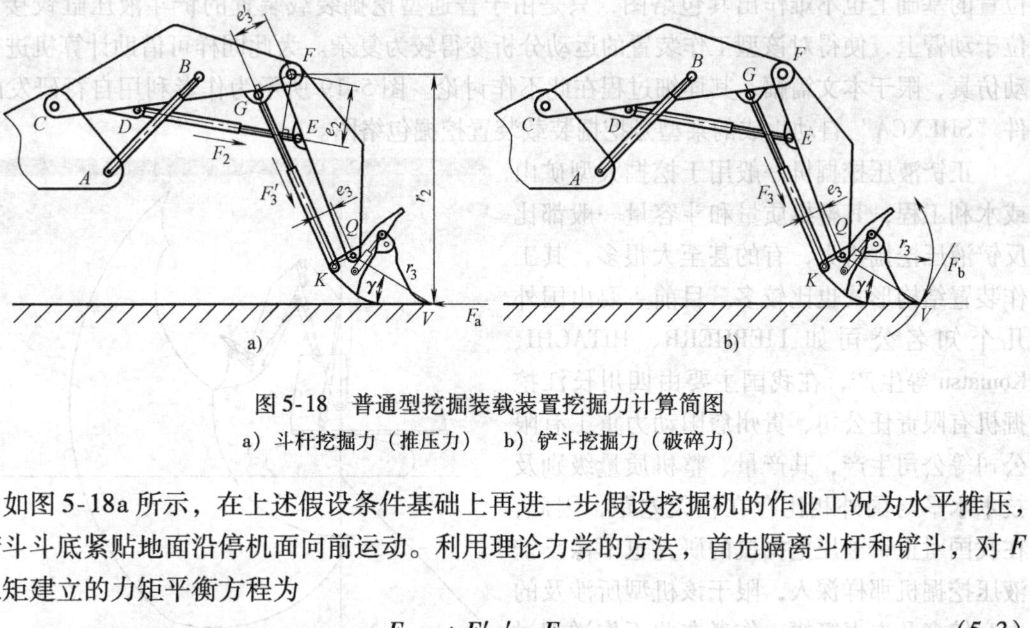

图5-18　普通型挖掘装载装置挖掘力计算简图

a）斗杆挖掘力（推压力）　b）铲斗挖掘力（破碎力）

如图5-18a所示，在上述假设条件基础上再进一步假设挖掘机的作业工况为水平推压，即铲斗斗底紧贴地面沿停机面向前运动。利用理论力学的方法，首先隔离斗杆和铲斗，对 F 点取矩建立的力矩平衡方程为

$$F_2e_2+F_3'e_3'=F_ar_2 \tag{5-3}$$

式中　F_3'——铲斗液压缸闭锁状态下所受的压力（kN），其最大值取决于铲斗液压缸闭锁压力和大腔作用面积；

e_3'——铲斗液压缸对 F 点的作用力臂（m）；

F_a——推压力（kN），与挖掘阻力互为作用力与反作用力。

其他符号意义同前。

进一步隔离铲斗，对 Q 点建立的力矩平衡方程为

$$F_3'e_3=F_ar_3\sin\gamma \tag{5-4}$$

式中　r_3——图示平面内 Q、V 之距（m）；

γ——铲斗斗刃（斗底前部）与 QV 连线的夹角（°）。

合并式（5-3）和式（5-4），消去 F_3'，得出推压力 F_a（单位为 kN，其数值等于斗杆液压缸的挖掘阻力）的计算公式为

$$F_a = F_2 e_2 \Big/ \left(r_2 - r_3 \frac{e_3'}{e_3} \sin\gamma \right) \tag{5-5}$$

比较式（5-1）和式（5-5），式（5-5）的分母减小了，因此在其他参数相同的情况下，普通型挖掘装载装置的推压力比普通正铲的推压力会有所增大。

图 5-18b 所示为计算普通型挖掘装载装置破碎力的工况，可通过隔离铲斗对 Q 点建立力矩平衡方程求得。由该图可以看出，挖掘装载装置的破碎力与普通正铲的破碎力一样，都是由铲斗液压缸单独作用时（伸长）产生的，因此其计算公式也与式（5-2）相同。

5.3.3　正铲液压挖掘机的几何关系及其包络图

如前所述，普通正铲工作装置及普通型挖掘装载装置的结构形式已基本定型，其工作装置的几何关系可完全参照反铲工作装置分析中采用的方法来确定，在确定了工作装置铰接点位置的基础上也不难作出其包络图，只是由于普通型挖掘装载装置的铲斗液压缸铰接点 G 位于动臂上，使得对该型工作装置的运动分析变得较为复杂。为此同样可借助计算机进行运动仿真，限于本文篇幅，其详细过程在此不作讨论。图 5-19 所示为作者利用自行研发的软件“SHEXCA”自动生成的某型号挖掘装载装置挖掘包络图。

正铲液压挖掘机一般用于挖掘大型矿山或水利工程，其整机质量和斗容量一般都比反铲液压挖掘机大，有的甚至大很多，其工作装置结构形式也比较多。目前主要由国外几个知名公司如 LIEBHERR、HITACHI、Komatsu 等生产，在我国主要由四川长江挖掘机有限责任公司、贵州詹阳动力重工有限公司等公司生产，其产量、整机质量级别及技术水平与国外相比存在较大差距，因此，在我国对正铲液压挖掘机的研究也不像反铲液压挖掘机那样深入，限于该机型所涉及的内容较多及本书篇幅，作者在此不作详细讨论。但经过多年的积累，对其结构特点和设计理论及方法已有了初步掌握，如运动仿真、受力分析等，相信在未来的几年内，经过不懈努力和产学研的紧密结合，会在这方面取得重大进展，为我国工程机械行业注入新活力。

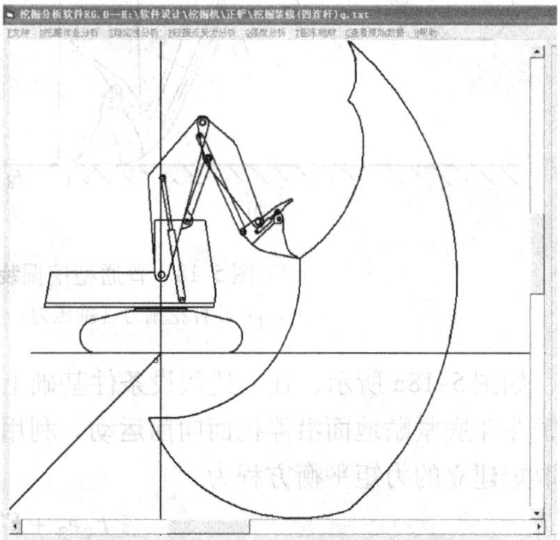

图 5-19　正铲挖掘装载装置包络图

思　考　题

1. 分析普通正铲液压挖掘机工作装置的结构形式，说明其作业特点和主要作业参数的意义。

2. 普通型挖掘装载装置与普通正铲工作装置相比在结构和功能上有何区别？前者是如何增大挖掘力的？

3. 说明正铲液压挖掘机的推压力和破碎力的意义及其计算方法。

4. 分析在动臂和转台之间增设辅助液压缸的挖掘装载装置的工作原理及其主要作用。

5. 分析在动臂和斗杆之间增设辅助液压缸的挖掘装载装置的工作原理及其主要作用。

6. 分析 TRI－POWER 型挖掘装载装置的结构特点和工作原理，并参考普通型挖掘装载装置的挖掘力分析过程推导该机构的挖掘力计算公式。

第6章 回转平台、回转支承及回转驱动装置

6.1 回转平台

6.1.1 回转平台的结构

回转平台（可简称为转台）是支承或放置挖掘机部件的基础。对于全回转液压挖掘机，其回转平台上布置了除底盘部件外的其余所有部件，这些部件包括发动机总成、工作装置总成、液压泵及控制阀组总成、驾驶室总成、配重等，因此要求转台必须具备足够的空间和承重能力。据统计，转台上布置的部件连同转台自身的质量占据了反铲挖掘机总质量的60%以上，正铲挖掘机的70%以上。不仅如此，由于回转运动的原因，这些部件在随转台一起转动时会产生很大的惯性力矩。而在挖掘作业过程中，由于挖掘阻力的作用，使得转台经常承受很大的作用力或力矩，如果再考虑载荷的突变及冲击作用，则会承受更大的动载荷。因此，转台的受力情况十分复杂且恶劣，其结构形式、强度及刚度应满足以上要求。

图6-1所示为全回转液压挖掘机的回转平台，其整体为焊接结构。在平台纵向的中间部分，从前端动臂下铰接点（支座）位置向后延伸的两根纵向布置的梁为主梁，其前端加工有两个支座孔，分别与动臂液压缸及动臂相铰接。主梁的两侧为左、右副平台，其上安装挖掘机的相应部件。在平台的中部下方有一较厚的平板，称为主板，在主板上焊接有主梁与左、右副平台。主板下方有一加工有螺孔的环形加工面，该面与回转支承的上端面用螺栓联接，通过回转支承将平台与下部底盘及行走装置相连。

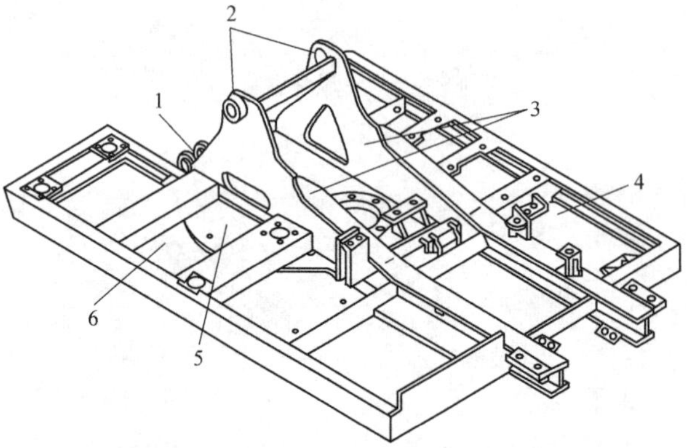

图6-1 回转平台结构

1—动臂液压缸支座 2—动臂支座 3—主梁 4—右副平台 5—主板 6—左副平台

对于半回转的挖掘机，限于篇幅，此处不作介绍，读者可参见有关文献。

6.1.2 回转平台上各部件的布置及转台平衡

挖掘机作业时固定于回转平台上的零部件的重心位置会随着转台的转动而发生变化；另一方面，由于工作装置的相对运动及挖掘阻力的变化，使得作用在平台乃至底盘上的合力和合力矩也发生变化。为了平衡各种外载荷，使转台、回转支承及底盘的受力尽可能均衡，同时也为了维持整机良好的稳定性，需要对转台上的各个部件进行合理布置。布置的原则是：

左右对称、质量均衡、便于部件协调工作、便于使用维修，对较重的部件尽量布置在平台的尾部，以利于平衡外载荷。必要的时候应在尾部增加配重，以进一步平衡各部件重量及外载荷，改善下部结构受力，减轻回转支承的磨损并保证整机稳定性。

图6-2所示为国产WY160型液压挖掘机转台布置示意图。发动机1横向布置于转台尾部[1]，液压油箱3和燃油箱7布置于平台的两侧，在平台的尾部增设有一定质量的配重。图6-3所示为POCLAIN公司的HC—300型反铲挖掘机的转台布置图。该挖掘机的发动机呈纵向布置，动力经分动箱10传递到对称布置的左、右两台液压泵2，液压油箱3和油冷却器7对称布置于发动机1的两侧，阀组4和回转机构8也对称布置在转台的两侧[1]。

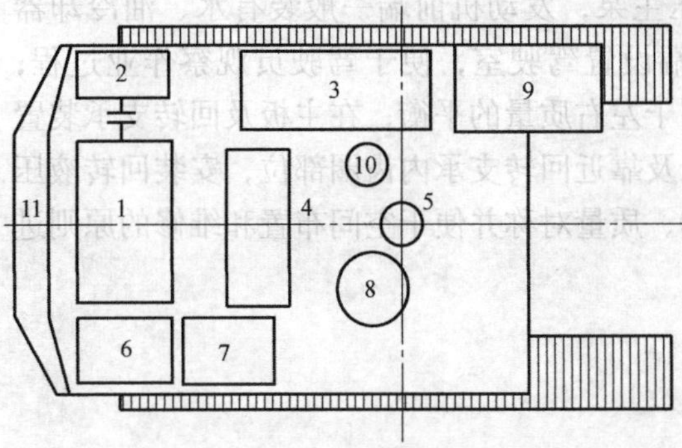

图6-2　WY160型液压挖掘机转台布置图

1—发动机　2—液压泵　3—液压油箱　4—阀组
5—中央回转接头　6—水、油冷却器　7—燃油箱
8—回转机构　9—驾驶室　10—回转润滑装置
11—配重

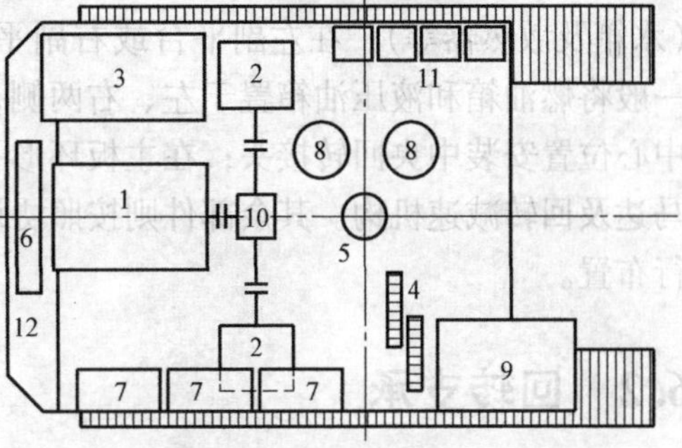

图6-3　HC—300型反铲挖掘机转台布置图

1—发动机　2—主泵　3—液压油箱　4—阀组
5—中央回转接头　6—水冷却器　7—油冷却器
8—回转机构　9—驾驶室　10—分动箱
11—蓄电池　12—配重

图6-4所示为HITACHI公司的EX8000型挖掘机的转台布置图。该机为正铲全液压挖掘

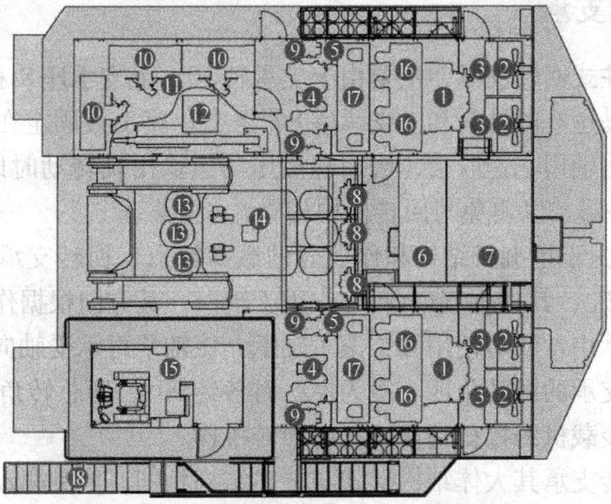

图6-4　HITACHI公司的EX8000型挖掘机的转台布置图

1—发动机　2—发动机散热器　3—中冷器　4—液压泵　5—发动机舱（室）隔壁　6—液压油箱
7—燃油箱　8—控制阀　9—高压滤清器　10—液压油冷却器　11—液压油冷却风扇马达
12—润滑装置　13—回转驱动机构　14—中央回转接头　15—驾驶室
16—空气滤清器　17—消声器　18—折叠式护梯

机，工作质量为805t。它的两台1400kW的燃油发动机1及其附属设备（散热器2、中冷器3、空气滤清器16和消声器17等）都对称布置在平台的后部两侧；16台液压泵4分为两组，对称布置在转台的两侧；16个高压油滤清器9同样分为两组，对称布置在转台的两侧；6部回转驱动机构13对称布置在回转中心前面；液压油箱6和燃油箱7布置于转台尾部两台发动机中间；驾驶室15布置于左副台前端；另有其他附属设备按质量对称和空间安排分别布置在转台的两侧。

从这几种典型机器的布置形式并结合现有大多数机型的布置情况来看，回转平台上主要部件的布置方案大体如下：

发动机一般置于平台后部，其输出端接液压主泵，发动机前端一般装有水、油冷却器（水箱及散热器等）；在左副平台或右副平台前端设置驾驶室，便于驾驶员观察作业过程；一般将燃油箱和液压油箱置于左、右两侧，以利于左右质量的平衡；在主板及回转支承装置中心位置安装中央回转接头；在主板环形孔边缘及靠近回转支承内齿圈部位，安装回转液压马达及回转减速机构。其余部件则按照协调工作、质量对称并便于空间布置和维修的原则进行布置。

6.2 回转支承

回转支承对上部工作装置起着支承作用，使上部工作装置与底盘之间能具有相对运动，同时将铲斗上的载荷通过底盘传递至地面。对于全回转液压挖掘机，它不仅支承工作装置，而且还支承着回转平台上的其他各个部件。由于挖掘机作业工况的特殊性，载荷情况复杂、变化频繁等，因此，对回转支承的结构、强度、刚度及运动等要求也比较特殊。以下分别就全回转和半回转支承的结构特点和工作原理作简要介绍。

6.2.1 转柱式回转支承

图6-5所示为转柱式回转支承，主要由上支承轴10、上支承座8和下支承轴3、下支承座1组成。回转液压马达6的外壳和上支承座8、下支承座1被固定在机架上，回转体5与回转液压马达6的输出轴用花键联接，当回转液压马达输出轴转动时即驱动回转体5转动。回转体一般做成“]”形，以避免与回转机构相碰。

如图6-5a所示，由于挖掘机结构和作业时的载荷特点，回转支承座上作用有水平载荷F_{H1}、F_{H2}和垂直载荷F_V，其中垂直载荷F_V作用于轴向，其方向根据作业工况有时朝上有时朝下，因此，回转支承中常成对使用圆锥滚子轴承，该轴承可承受轴向和径向载荷的作用。

这种形式的回转支承的回转角度一般为左、右各约90°，即总转角一般约为180°，悬挂式液压挖掘机或挖掘装载机的挖掘端常用此种回转机构。

另一种转柱式回转支承其大体结构形式与上述结构相同，但其驱动机构为液压缸，这种结构形式在现代挖掘装载机上也较为多见，如CASE等公司生产的挖掘装载机。

6.2.2 滚动轴承式回转支承

从结构组成上讲，滚动轴承式回转支承的主要部件为内座圈、外座圈、滚动体、隔离块、密封圈和油杯等。这类回转支承是机械设备中的基础零部件，在国民经济各行业的应用

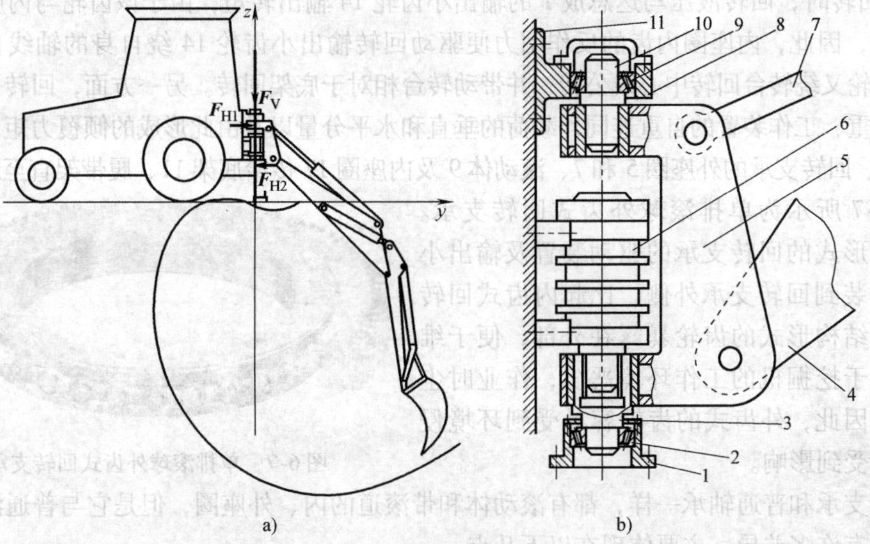

图6-5 转柱式回转支承

1—下支承座 2—下轴承 3—下支承轴 4—动臂 5—回转体 6—回转液压马达 7—动臂液压缸 8—上支承座 9—上轴承 10—上支承轴 11—机架

十分广泛，其产品广泛应用于工程机械、港口机械、冶金机械、矿山机械、石油机械、化工机械、医疗设备、船舶机械、轻工机械和军事装备等行业，如全回转挖掘机、全路面起重机、履带式起重机、塔式起重机、风力发电机、导弹发射架、混凝土泵车及坦克等。

1. 滚动轴承式回转支承的结构特点

图6-6所示为全液压挖掘机上使用的一种单排交叉滚柱式回转支承（内齿式），它由转台4、回转支承和回转机构等组成。回转支承的外座圈由上外座圈5和下外座圈7及联接螺栓8组成，上、下外座圈一起用螺栓8与转台4联接，转台4上同时还安装有回转液压马达总成1的壳体。带齿的内座圈12与底架11用螺栓13联接，内、外座圈之间装有滚动体

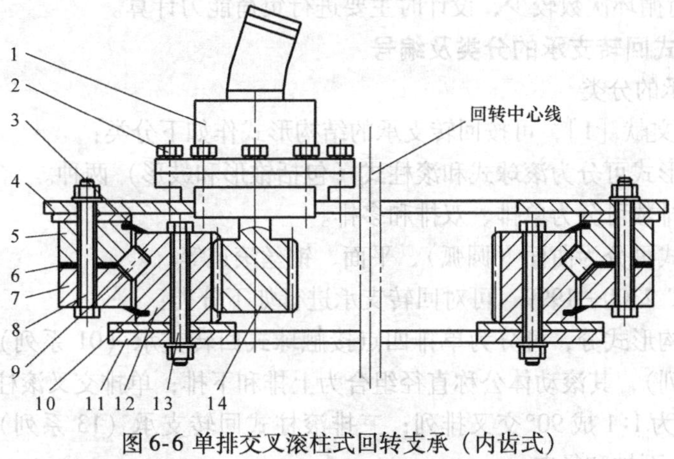

图6-6 单排交叉滚柱式回转支承（内齿式）

1—回转液压马达总成 2—回转液压马达固定螺栓 3、10—密封垫 4—转台 5—上外座圈 6—调整垫 7—下外座圈 8、13—联接螺栓 9—滚动体 11—底架 12—内座圈（带内齿） 14—回转液压马达输出小齿轮

9。转台回转时，回转液压马达总成1的输出小齿轮14输出转矩，由于该齿轮与内座圈上的内齿啮合，因此，内座圈内齿的反作用力便驱动回转输出小齿轮14绕自身的轴线自转，同时该小齿轮又绕转台回转中心线公转，并带动转台相对于底架回转。另一方面，回转平台上各部件的自重、工作装置的自重连同外载荷的垂直和水平分量以及由此形成的倾覆力矩，就会通过转台4、回转支承的外座圈5和7、滚动体9及内座圈12传给底架11、履带架直至地面。

图6-7所示为单排滚球外齿式回转支承。这种结构形式的回转支承的驱动装置及输出小齿轮需安装到回转支承外侧。比起内齿式回转支承，该结构形式的齿轮暴露在外部，便于维修，但由于挖掘机的工作环境恶劣，作业时尘土较大，因此，外齿式的齿轮容易受到环境侵蚀，寿命受到影响。

图6-7 单排滚球外齿式回转支承

回转支承和普通轴承一样，都有滚动体和带滚道的内、外座圈，但是它与普通滚动轴承相比，又有许多差异，主要体现在以下几点：

1）回转支承的尺寸较大，其直径通常在0.4～10m之间，有的直径大于10m甚至达到40m。

2）安装方式不同，回转支承不像普通轴承那样套在心轴上并装在轴承箱内，而是采用螺栓将其固定在上、下支座上，即转台和底架上。

3）普通轴承的内、外座圈刚度靠轴和轴承座的装配来保证，而回转支承的刚度则靠支承它的转台和底架来保证。因此，设计回转支承时必须注意底架和转台的刚度是否满足其要求。

4）普通轴承主要起支承作用，不传递运动和载荷，而回转支承则不仅要承受轴向力、径向力和较大的倾覆力矩，而且还要传递运动和载荷（转矩）。

5）回转支承的转速较低，通常在50r/min以下，液压挖掘机的转速甚至更低，通常在10r/min以下，且在很多工况下不作连续运转，而仅在一定角度范围内往复旋转。因此，滚道上接触点的载荷循环次数较少，设计时主要进行负荷能力计算。

2. 滚动轴承式回转支承的分类及编号

（1）回转支承的分类

1）参照参考文献［1］，可按回转支承的结构形式作如下分类：

① 按滚动体形式可分为滚球式和滚柱式（包括锥形和鼓形）两种。

② 按滚动体排数可分为单排、双排和多排。

③ 按滚道形式可分为曲面（圆弧）、平面、钢丝滚道等。

2）根据JB/T 2300—1999，可对回转支承进行如下分类：

① 按整体结构形式分，可分为单排四点接触球式回转支承（01系列）；双排异径球式回转支承（02系列），其滚动体公称直径组合为上排和下排；单排交叉滚柱式回转支承（11系列），其滚动体为1∶1成90°交叉排列；三排滚柱式回转支承（13系列），其滚动体公称直径组合为上排、下排和径向。

② 按传动形式分，可分为无齿式（代号0）；渐开线圆柱齿轮外齿啮合小模数（代号1）；渐开线圆柱齿轮外齿啮合大模数（代号2）；渐开线圆柱齿轮内齿啮合小模数（代号

3)；渐开线圆柱齿轮内齿啮合大模数（代号4）。

③ 按安装配合形式分，可分为标准型无止口（代号0）；标准型有止口（代号1）；特殊型（代号2）。

④ 按安装孔形式分，可分为内、外圈安装孔均为通孔（代号0）；内、外圈安装孔均为螺纹孔（代号1）；内圈安装孔为螺纹孔，外圈安装孔为通孔（代号2）；外圈安装孔为螺纹孔，内圈安装孔为通孔（代号3）。

（2）回转支承的编号　根据 JB/T 2300—1999，回转支承编号方法如图6-8所示：

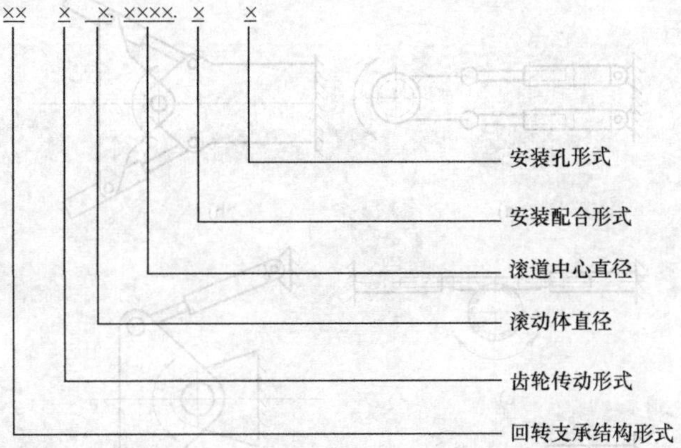

图6-8　回转支承的编号形式示意图

关于回转支承具体结构形式和参数，可参见有关标准及专业厂商产品目录介绍，限于篇幅，这里不作介绍。

关于回转支承的受力分析和选型计算，将在后续章节中介绍。

6.3 回转驱动装置

单斗液压挖掘机回转机构的运动时间占整个作业循环时间的50% ~70%，其能量消耗占25% ~40%，回转液压回路的发热量占液压系统总发热量的30% ~40%。因此，合理地确定回转驱动装置的结构方案和液压回路，正确地选择回转驱动装置的各项参数，对提高液压挖掘机生产率和功能利用率，改善驾驶员的劳动条件，减少工作装置的冲击等，具有十分重要的意义[1]。鉴于这些特点，对回转驱动装置提出以下基本要求[1]：

1）在角加速度和回转力矩不超过允许值的前提下，应尽可能地缩短转台的回转时间。在回转部分惯性矩已知的情况下，角加速度的大小受转台最大转矩的限制，此转矩不应超过行走部分与地面的附着力矩。

2）回转时工作装置的动荷系数不应超过允许值。非全回转的挖掘机回转时，其工作装置不应碰撞定位器。要采取措施减小回转起动和制动过程中的摆动现象。

3）回转机构结构要紧凑，传动效率要高，回转能耗要最小。

6.3.1 半回转的回转驱动装置

半回转的回转机构其回转角度一般小于等于180°，左、右回转角均约为90°，悬挂式液压挖掘机或挖掘装载机的挖掘端及某些小型液压挖掘机常用此种形式。

按驱动方式结构形式，半回转机构有液压缸驱动和叶片式液压马达驱动两类。图6-9所示为液压缸驱动的回转机构。其中，图6-9a所示为液压缸拉动链条或钢索带动链轮或滑轮转动，从而驱动回转装置转动；图6-9c、d所示为齿轮齿条式结构，该结构中的液压缸与齿条连成一体，当液压缸伸缩时带动齿条移动，从而驱动回转齿轮转动；图6-9b、e所示为杠杆式结构，液压缸中的一个铰接点直接连接在转动体上，通过液压缸的伸缩直接带动转动体转动。

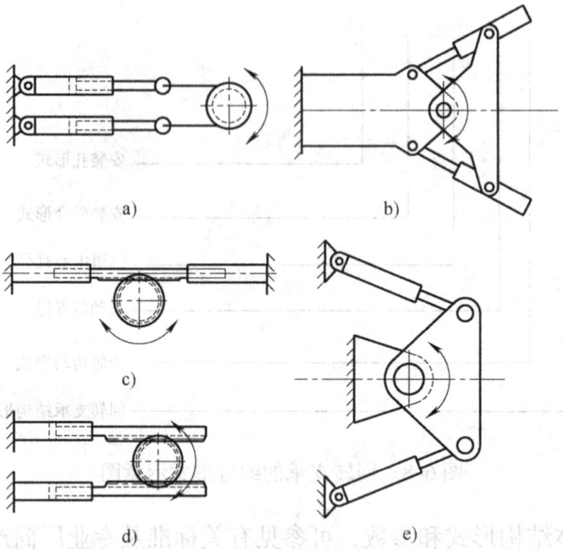

图6-9　液压缸驱动的回转机构

比较图6-9中几种结构方案可以看出，图6-9a、c、d的液压缸缸体固定，不摆动，可实现较大的转角，且转矩稳定；但整体结构较为复杂，所占空间较大，尽管液压缸容易布置但整体结构不易布置，其中图6-9a还存在难以准确定位的缺点。图6-9b、e所示整体结构方案简单，但也存在液压缸铰接点布置上的困难，其中图6-9b在转动过程中液压缸还产生摆动，易产生干涉现象。综合这些方案，目前现有的机型较多采用图6-9c、e两种方案，其中图6-9e方案更为多见。

图6-10所示为液压缸驱动的回转机构的液压回路图。

另一种半回转驱动方案是采用叶片式液压马达驱动的形式，该方案整体结构简单，转角范围大，转矩稳定，空间尺寸小。但液压马达加工精度要求较高，工作效率较低，因此目前较少采用，此处不作详细介绍。

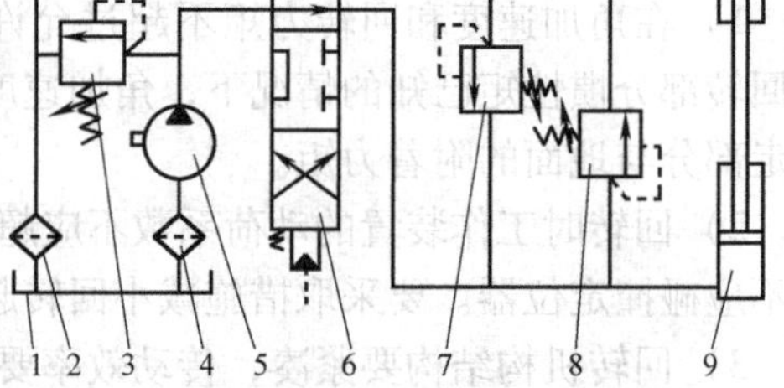

图6-10　液压缸驱动的回转机构液压回路图

1—油箱　2、4—过滤器　3、7、8—溢流阀　5—液压泵　6—控制阀　9—液压缸

6.3.2　全回转的回转驱动装置

1. 全回转驱动装置结构形式

全回转液压挖掘机的上部转台可回转360°。

其驱动装置总体方案可分为两类：一类为高速方案，它由高速液压马达和减速机构组成；另一类为单纯采用低速大转矩液压马达的低速方案。两者各有所长，其中高速方案液压马达体积小，不需背压补油，通用性好，效率高，发热和损失都小，因而工作可靠；其缺点是需要一套机械减速机构与之匹配并需配有机械制动装置才能满足回转平台转动时要求的转矩和转速。低速方案整体结构简单，起动、制动性能好，不需另设制动器，对油污染的敏感性小，使用寿命长；但其缺点是低速大转矩液压马达体积较大、受挖掘机空间限制不易布置，效率较低，因此较少采用。目前大多数全回转挖掘机上采用的是高速方案。图6-11所示为LIEBHERR公司采用的回转驱动装置，该方案由高速液压马达和结构紧凑的行星减速机构组成，液压马达、行星减速机构及机械制动器被集成在一个壳体中组成回转驱动总成，这种形式结构紧凑，便于布置，传动效率高，被广泛应用于各类大中型全回转液压挖掘机中。

图6-11 LIEBHERR公司生产的挖掘机上采用的回转驱动机构

图6-12所示为采用斜轴式高速液压马达的四种回转机构传动方案简图。图6-12a所示采用两级直齿轮减速传动、机械制动，图6-12b所示采用一级直齿轮减速传动和一级行星齿轮减速传动、机械制动，图6-12c所示采用两级行星齿轮减速传动、机械制动，图6-12d所示采用一级直齿轮减速传动和两行星齿轮减速传动、机械制动。从结构方案来看，这四种方案的共同目的是减速增矩，以使回转平台获得要求的转矩和转速。比较而言，图6-12a所示的方案传动比最小，结构最简单；图6-12d所示的方案可获得最大的传动比，但结构也最复杂。此外，这四种方案在高速轴上都装有机械制动器，以使转台获得要求的制动力矩和准确而平稳的制动效果，同时可有效地减缓制动时对液压系统产生的冲击。

后三种方案都采用了行星减速机构，这可获得较大的传动比并使结构更加紧凑。采用行星传动虽然加工和转配精度要求较高，但可用一般渐开线齿廓的模数铣刀进行加工，其制造技术已比较成熟，因而已获得了广泛的应用。

图6-13所示为由斜轴式高速液压马达与行星摆线针轮减速机构组成的回转驱动装置。由于采用行星摆线针轮减速机构同时啮合的齿数多，没有齿顶和齿廓的重叠干涉问题，齿数可以做得更少，因此具有结构紧凑、速比大、传动平稳、效率高、接触应力小、过载能力强等优点。但摆线齿轮传动对中心距的安装要求更高，如精度达不到要求则无法实现定传动比传动；此外，由于其啮合角是变化的，从而导致载荷的大小和方向随时变化，这在一定程度上影响了传动的稳定性；同时，摆线齿轮对加工精度要求较高，需用特殊铣刀或专用机床加

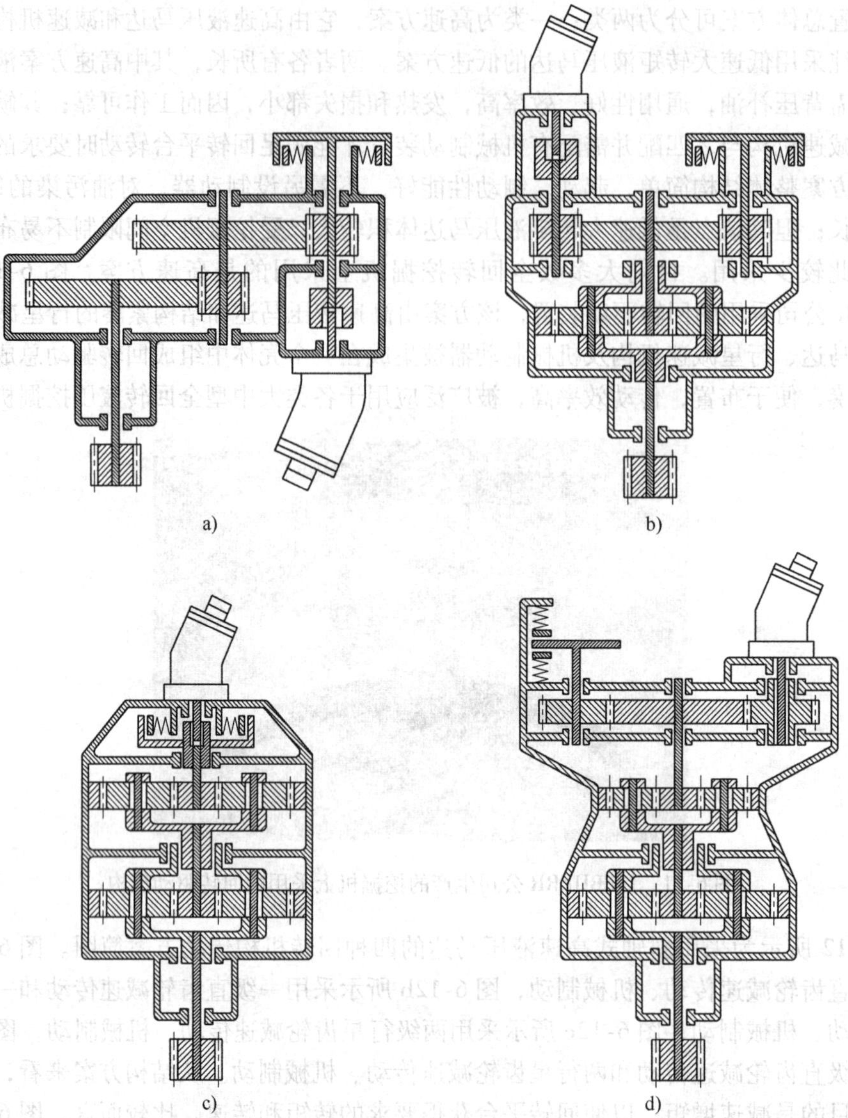

图 6-12　斜轴式高速液压马达驱动的回转机构传动方案简图[1]

工，使得其成本较高、互换性较差。LIEBHERR 公司的部分挖掘机和我国早期的 WY160 型、QY250 型挖掘机即采用了这种传动形式。

图 6-14 所示为回转驱动总成的实物外形结构。

在低速方案中，一般为低速大转矩液压马达直接输出到回转小齿轮驱动转台转动，不需中间机械减速机构和机械制动器。这种液压马达通常为内曲线式、静力平衡式或行星柱塞式等。法国 POCLAIN 公司生产的部分挖掘机和我国生产的 WY40 型、WYL40 型、WY60 型、WLY60 型、WY100 型等挖掘机采用了这种传动形式[1]。

近年来，由于能源和环境形势的日益严峻，各国开始大力研究节能技术，其中混合动力技术在汽车领域取得了明显进展，在工程机械领域，也相继取得了一些研究成果，并得到了应用。其中挖掘机上也开始了混合动力技术的应用，其典型特征是将回转驱动装置由原来的

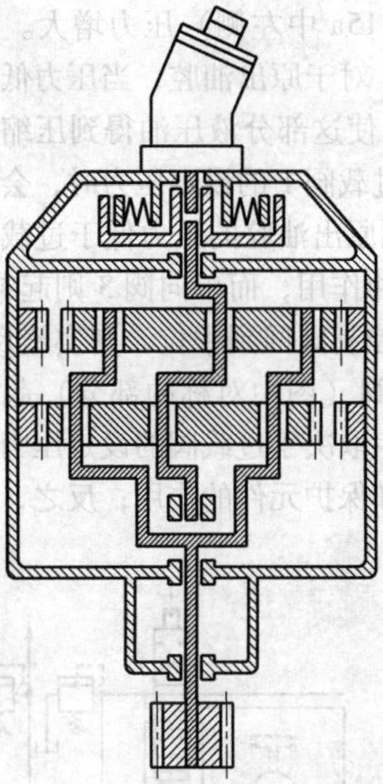

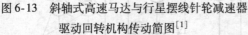

图 6-13　斜轴式高速马达与行星摆线针轮减速器驱动回转机构传动简图[1]

图 6-14　回转驱动总成外形结构

液压马达驱动改造为电动机驱动，并使用超级电容器储能。当转台起动加速时，超级电容器与发动机共同给回转马达提供能量；当转台制动减速时，电动回转马达可充当发动机，将电能储存于超级电容器中，以备再用。由于采用了混合动力技术，发动机功率、工作转速以及噪声比以前明显降低，其燃料消耗也比以前减少了 20% 以上。此外，混合动力挖掘机还可利用其电容器中储存的能量产生电磁吸力用于搬运废旧钢铁。国外的 VOLVO、CASE 以及我国的詹阳动力等公司已相继开展了这方面的研究，并已有产品在大型展会上展出。如 CASE 公司已在 2009 年巴黎 Intermat 展上首次展出了一台最新研制的 CX210B 型油电混合动力挖掘机。

2. 全回转装置的液压传动方式

参照参考文献［1］，按液压泵的调节方式和回转制动方式，可将液压全回转机构分为九类，见表 6-1，其相应的液压传动回路简图如图 6-15 所示。

表 6-1　液压全回转机构分类[1]

驱动方式	定量泵			分功率变量泵			全功率变量泵		
传动方式代号	Ⅰ	Ⅱ	Ⅲ	Ⅳ	Ⅴ	Ⅵ	Ⅶ	Ⅷ	Ⅸ
图 6-15 的分图号		a	b		c	d		e	f
制动方式	液压	液压＋机械	机械	液压	液压＋机械	机械	液压	液压＋机械	机械
转台可否自由回转		不可	可		不可	可		不可	可

传动方式Ⅰ（图 6-15a）：定量泵驱动，纯液压制动。当控制阀 4 处于上位时，液压马达右侧进油、左侧回油，驱动转台转动。当控制阀 4 回到中位时，液压马达进、出油口被切断，实施制动，但此时由于转台的惯性作用，液压马达仍处于减速制动的转动状态，这使得

原进油腔（图 6-15a 中右侧）压力减小，出油腔（图 6-15a 中左侧）压力增大。对于进油腔，为避免产生吸空而损坏元件，可通过单向阀 3 补油。对于原出油腔，当压力低于过载阀 1 的设定压力时，转台的机械能会变成液压油的压力能，使这部分液压油得到压缩，并使转台瞬间制动，过载阀 1 即起到了制动作用。当压力达到过载阀 1 的设定压力时，会打开过载阀 1，使油液溢回油箱，此时液压马达会继续转动，直到原出油腔的压力低于过载阀 1 的压力时才能停止转动。因此过载阀 1 既起制动作用又起缓冲作用，而单向阀 3 则起补油作用。当控制阀 4 位于下位时，液压马达反转，转动过程中如控制阀回到中位，则实施反向制动，与过载阀 1 和单向阀 3 成对安装的另一组过载阀和单向阀（图中对称的部分）起作用，其工作原理与上述相同。由此可见，纯液压制动的制动力矩取决于过载阀的设定压力，如该阀的设定压力太高，虽然能起到制动作用，但起不到缓冲和保护元件的作用；反之，如设定压力太低，则制动力矩会不足，难以使转台准确定位。

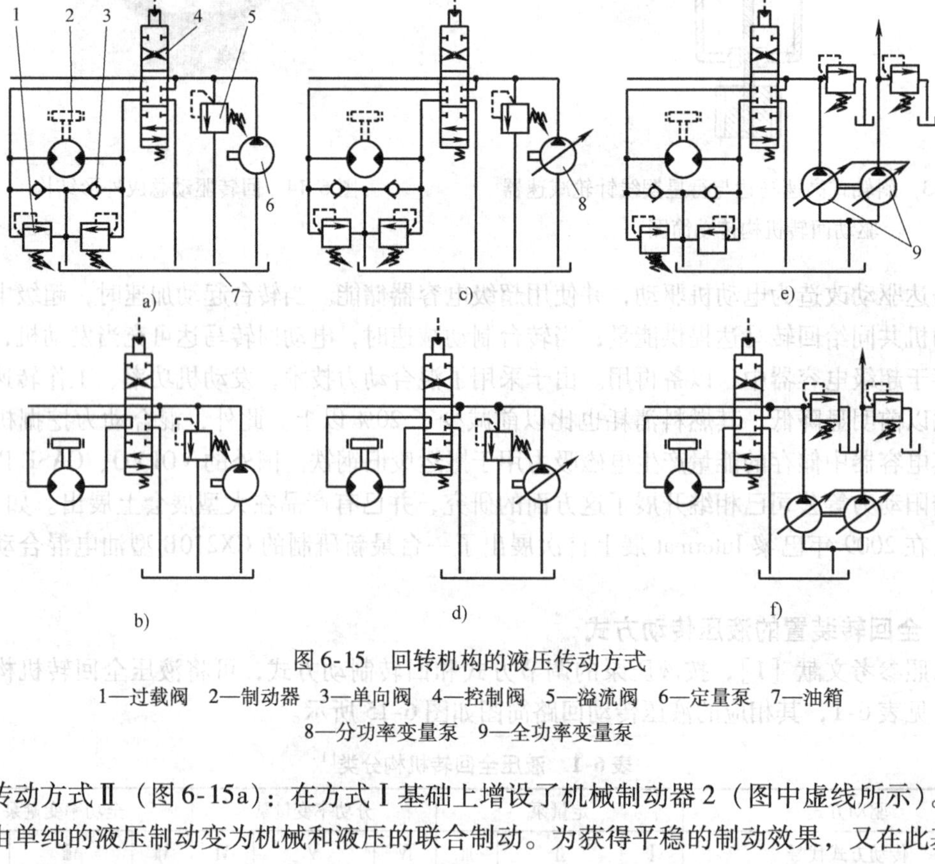

图 6-15　回转机构的液压传动方式

1—过载阀　2—制动器　3—单向阀　4—控制阀　5—溢流阀　6—定量泵　7—油箱
8—分功率变量泵　9—全功率变量泵

传动方式Ⅱ（图 6-15a）：在方式Ⅰ基础上增设了机械制动器 2（图中虚线所示）。制动方式由单纯的液压制动变为机械和液压的联合制动。为获得平稳的制动效果，又在此基础上增加了节流阀。图 6-16a 所示为 R961 型挖掘机上采用的带节流孔的“Y”型换向阀。图中节流孔 1、2 的通流面积大于节流孔 3 的通流面积，当换向阀处于中位时，液压马达的进、出油口未被完全切断，液压马达出油腔的液压油除很少一部分经节流孔 3 流回油箱外，其余流入进油腔。由于节流孔 1、2 的通流面积大于节流孔 3 的通流面积，使出油腔仍有一定的压力，因而具有制动作用，而发热量也不致太大。图 6-16b 所示为带“U”形节流孔的换向阀，当换向阀处于中位时，阀芯上的节流孔对液压马达的进、出油口通道起到了一定的阻滞作用，缓冲了制动时产生的冲击，如再辅以机械制动器，则可实现转台的准确定位制动。

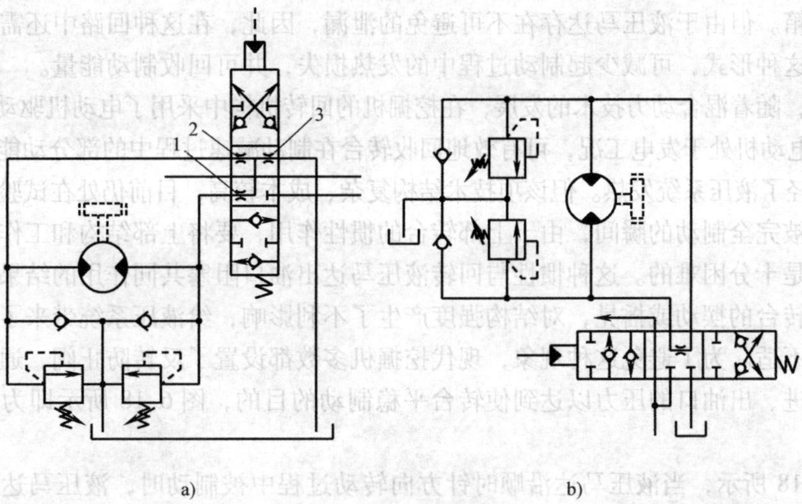

图6-16　带节流孔的换向阀

1、2、3—节流孔

传动方式Ⅲ（图6-15b）：当换向阀处于中位时，液压马达的进、出油口互通，不产生液压制动力矩，因此，转台的制动力矩由机械制动器提供。

传动方式Ⅳ～Ⅸ：为变量泵驱动，其起动特性与定量泵不同，但制动特性与定量泵驱动时相似。

制动方式的选择与挖掘机的工作情况和回转液压马达的结构形式有关。纯液压制动结构紧凑，制动过程平稳，但制动时间长且不易精确定位，制动时产生的油温也较高。如采用反接制动，虽然能使制动性能得到部分改善，但会加剧换向时的液压冲击使制动过程变得不平稳，并进一步导致油温升高。除此之外，采用纯液压制动的回转装置还应注意在长期停车、远距离行驶及坡道上停车时因液压马达泄漏而产生的自行转动问题。解决此问题的方法一般是在转台和底架之间设置一个插销式机械锁，当挖掘机长期不工作或处于上述情况时用它来锁住转台。

采用纯机械制动，制动力矩大，制动时间短，工作可靠，制动时转台的转动动能几乎全部转换为机械制动器的摩擦能，使摩擦片温度升高而不会引起液压系统的温度升高。但这种制动方式结构复杂、体积较大，且冲击较大，制动平稳性也较差，难以起到保护液压元件的作用。

采用液压与机械的联合制动方式可获得较大的制动力矩，结构紧凑，并可缩短制动时间，实现精确制动，制动时的温升也不致过高。但这种方式结构较为复杂。

除上述几种传动形式外，目前在部分液压挖掘机的回转机构中采用了闭式回路，如图6-17所示。这种方式的特点是液压马达的回油直接通到液压泵的进油口

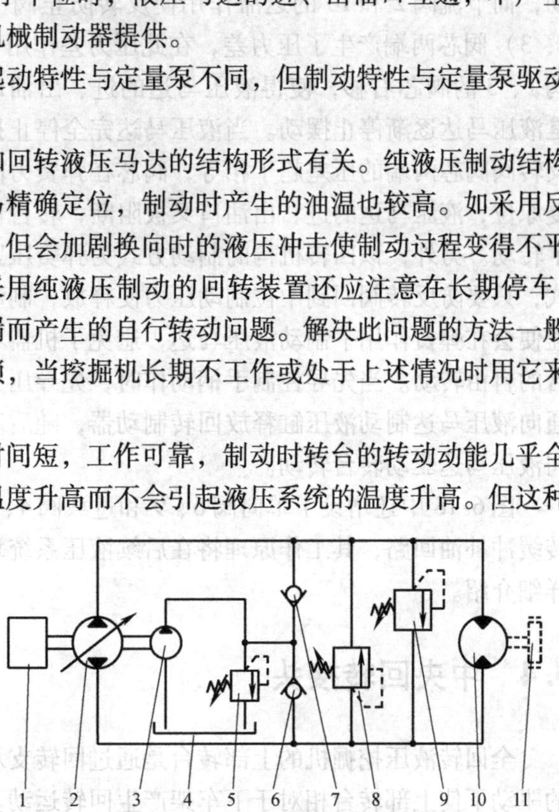

图6-17　回转机构闭式回路

1—发动机　2—主泵　3—补油泵

4—油箱　5—安全阀　6、7—单向阀

8、9—过载阀　10—回转马达　11—制动器

而不经过油箱。但由于液压马达存在不可避免的泄漏，因此，在这种回路中还需另设一个补油泵。采用这种形式，可减少起制动过程中的发热损失，并可回收制动能量。

近年来，随着混合动力技术的发展，在挖掘机的回转机构中采用了电动机驱动，当转台制动减速时，电动机处于发电工况，可有效地回收转台在制动减速过程中的部分动能，从而节约了能源并减轻了液压系统发热。但该项技术结构复杂、成本较高，目前仍处在试验阶段。

在转台被完全制动的瞬间，由于上部转台的惯性作用，要将上部结构和工作装置停止在要求的位置是十分困难的。这种惯性与回转液压马达出油口阻塞共同作用的结果引起了回转液压马达和转台的摆动或摇晃，对结构强度产生了不利影响，给液压系统带来了冲击，并使驾驶员感到不适。为了避免这种现象，现代挖掘机多数都设置了反转防止阀，通过该阀来平衡液压马达进、出油口的压力以达到使转台平稳制动的目的，图 6-18 所示即为一种回转防反转回路。

如图 6-18 所示，当液压马达沿顺时针方向转动过程中被制动时，液压马达进、出油口的油路被切断，由于上部转台的惯性作用，会带动液压马达继续回转，这使得液压马达原进油口的压力降低，原出油口的压力升高，在此压差作用下，液压马达连同转台反向摆动，而节流阀 2 和 10 的迟滞作用使反转防止阀（防反转阀 1、3）阀芯两端产生了压力差，在此压力差作用下，防反转阀 1、3 的阀芯右移，使得液压马达的进、出油口互通，于是液压马达逐渐停止摆动。当液压马达完全停止摆动后，防反转阀阀芯两端的压差趋于相等，阀芯在弹簧力的作用下回复原位，液压马达的进、出油口又被阻断，转台便完全停止了转动。另外，该回转机构的制动方式为弹簧压紧液压分离式，只要防反转阀回到中位制动压力便释放，制动器中的压盘便会在弹簧作用下制动液压马达，避免了机器不工作时转台的自由转动。当先导控制手柄动作时，先导压力油会首先通向液压马达制动液压缸释放回转制动器，随后高压油才通向液压马达驱动转台转动。

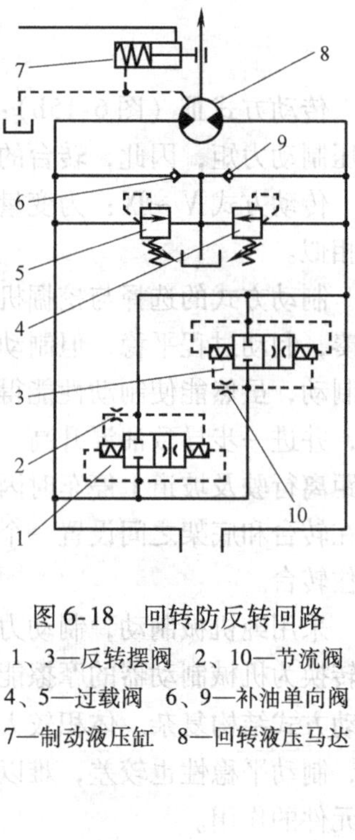

图 6-18　回转防反转回路

1、3—反转摆阀　2、10—节流阀
4、5—过载阀　6、9—补油单向阀
7—制动液压缸　8—回转液压马达

图 6-18 中还增设了单向阀 6、9 和过载阀 4、5，构成回转缓冲补油回路，其工作原理将在后续液压系统章节中进行详细介绍。

6.4　中央回转接头

全回转液压挖掘机的上部转台是通过回转支承与下车架相连接的，并且在回转驱动装置的驱动下使上部转台相对于下车架产生回转运动。但是，行走液压马达位于下部履带行走架上，其动力也必须来自上部平台上的液压泵，其动力传递介质仍为液压油，这些液压油通过中央回转接头从上部平台传递至下部行走液压马达。同时，行走液压马达的回油也必须通过中央回转接头从下部传到上部平台上的油箱中。除动力源外，操纵控制系统的液压油或气路中（常见于轮胎式挖掘机上）的压缩空气也必须通过中央回转接头才能传输到回转支承下部的执行元件上。因此，中央回转接头起到了连接上部液压动力源、控制系统信号源与下部执行元件（行走液压马达）的枢纽作用。由于有了中央回转接头，消除了通向行走液压马达的油管被扭曲、折断的可能性，使液压油能顺畅地进、出行走液压马达，保证了挖掘机行走动作的正常进行，如图 6-19 所示。

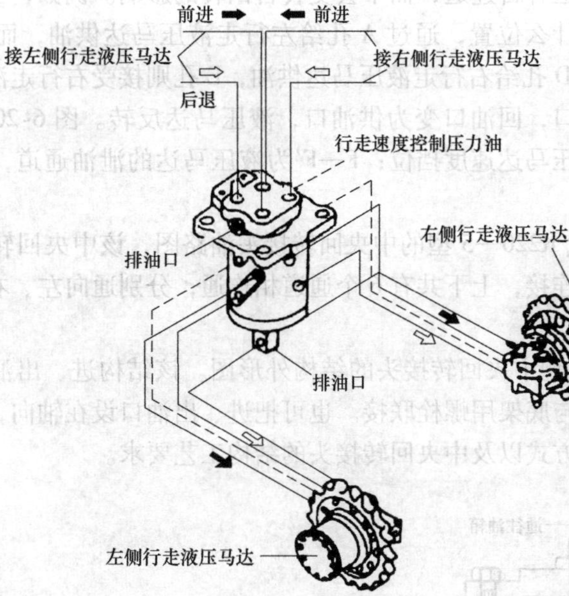

图 6-19　中央回转接头的作用

图 6-20 所示为一种中央回转接头轴向剖视图，其主要部件是壳体 3、上部心轴 4 和下部心轴 2。壳体 3 上部有一径向凸臂，该部位被回转平台上的挡块卡住以防止壳体相对于回转平台转动，因此，壳体 3 相对于回转平台是不动的，或者说是固定在上部回转平台上的；另一方面，上、下心轴 4 和 2 用联接螺钉 1 联成一体，再用螺栓将其固定在下车架回转中心部位，这样，当上部转台相对于下车架转动时，壳体 3 与转台一起转动，而心轴 2、4 则与下车架相对固定不动。

在壳体 3 的内表面自上而下加工有若干个相互平行的环形槽，在环形槽的某一径向位置加工有与转台上部或侧面油管相连通的油口，如图 6-20中的油口 A、B、C、D、E，各环形槽用密封圈 9 相互隔开，以免油液相互串通。在心轴 2、4 的轴线方向的不同部位同样加工有能各自单独通向壳体对应环形槽的孔，下部心轴 2 上孔的另一出口则与下部心轴的对应径向输出孔口 A′、C′等

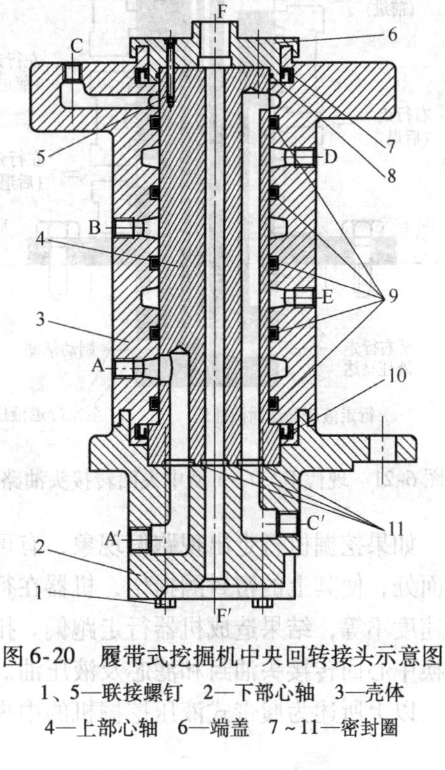

图 6-20　履带式挖掘机中央回转接头示意图
1、5—联接螺钉　2—下部心轴　3—壳体
4—上部心轴　6—端盖　7 ~ 11—密封圈

相连通，如图6-20中的A与A′、C与C′等，共有6条对应的油道，图中壳体3的径向孔口B、D、E与下部心轴2的对应孔口B′、D′、E′不在剖视平面内，故没有标示出来。下部心轴上的径向孔口A′、B′、C′、D′、E′用油管与行走液压马达的进油口、出油口、控制油口及泄油口相连通。这样，来自上部转台液压泵的供油和下部底架上行走液压马达的回油可通过这些油口和对应的通道各自连通，而不会受转台回转的影响。例如，当挖掘机行走时，无论转台转动与否或处于什么位置，通过A孔给左行走液压马达供油，而B孔则接受左行走液压马达的回油；通过D孔给右行走液压马达供油，E孔则接受右行走液压马达的回油。反之，则供油口变成回油口，回油口变为供油口，液压马达反转。图6-20中的C—C′为控制油道，用于改变行走液压马达速度挡位；F—F′为液压马达的泄油通道，用于将行走液压马达的泄油返回油箱。

图6-21所示为现代R220—5型的中央回转接头油路图，该中央回转接头的外壳与上部转台连接，心轴与底架连接，上下共有6个通道相连通，分别通向左、右行走液压马达的各个油口。

图6-22所示为某机型中央回转接头的结构外形图。该结构进、出油口设在侧向，心轴随上部转台转动，壳体与底架用螺栓联接。也可把进、出油口设在轴向，这主要取决于与之相连的管路的空间布置方式以及中央回转接头的结构工艺要求。

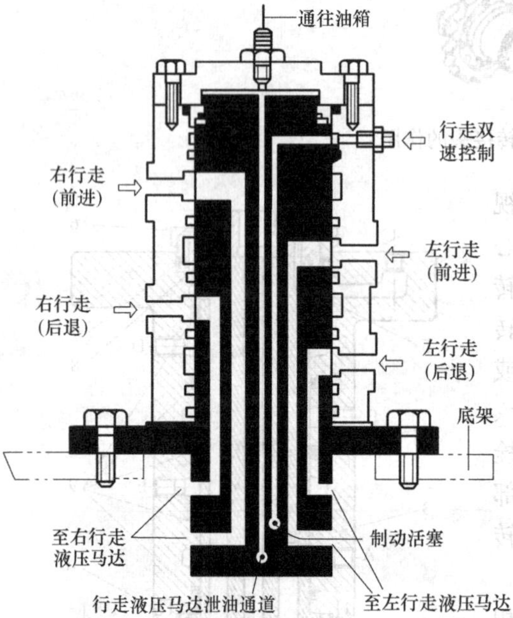

图6-21　现代R220—5型中央回转接头油路图

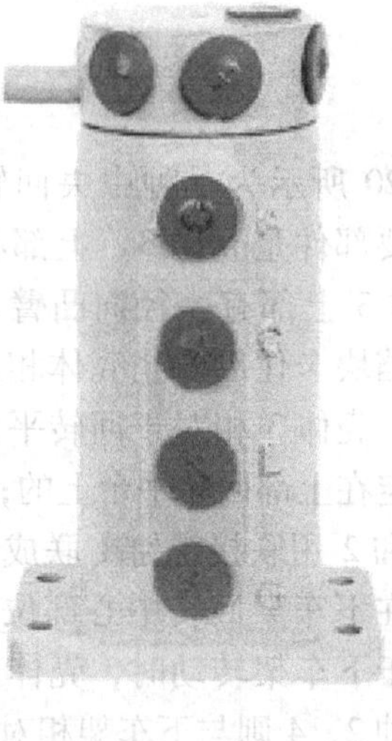

图6-22　中央回转接头外形图

如果挖掘机行走出现跑偏现象，有可能是液压油中的杂质直接进入中心回转接头的滑动表面处，使其上的密封圈损伤，机器在行走时因一侧的压力油泄漏而导致两侧行走液压马达的速度不等，结果造成机器行走跑偏。排除方法一般是检查该处故障，如为上述原因，则应更换中心回转接头油封和滤芯及液压油。

以上所述为履带式液压挖掘机的中央回转接头。对于轮胎式液压挖掘机，由于存在支腿回路、多挡变速控制回路、气压制动管路等，中央回转接头内的通道一般较多，结构也稍复杂一些，但基本结构形式和工作原理与履带式的大致相同，详细内容可参见相关文献，此处不作详细介绍。

6.5 转台的运动特点及载荷形式

转台的转动过程通常包括起动加速、匀速和制动减速三个阶段，当转角范围较小时无匀速阶段。对于结构形式基本相同的挖掘机，当采用不同的系统形式时（定量系统或变量系统），由于液压泵的压力－流量特性不同，因而其运动参数（角加速度、转速、时间）的具体变化也不相同。根据参考文献［1］，在角加速度和转台回转力矩不超过允许值的条件下，为了最大限度地缩短转台的回转时间，提高作业效率，通常可计算出转台的最佳转速。而这只考虑了转台的理想情况，可以作为对转台进行运动分析的参考，而对实际作业的指导意义还有待进一步分析研究。因为在实际作业时，转台的转速会受到转角范围、液压系统的特性、结构强度因素、驾驶员根据现场的具体条件所作的操作、驾驶员的操作水平及是否存在复合动作等因素有关，因此不能只考虑作业效率就简单地按照理想情况得出的最佳转速操作转台回转。

随着计算机技术的快速发展，目前可以借助计算机仿真技术，在充分考虑了转台结构及液压系统与转台驱动机构特性的情况下进行计算机仿真，其结果对掌握转台的运动和动力学特性具有较大的实际意义。

转台的载荷主要来自以下五个方面：

1）转台上所属各部件的质量。

2）动臂及动臂液压缸铰接点所施加在转台上的力和力矩。

3）底架通过回转支承作用于转台上的载荷，该部分可简化为垂直载荷、倾覆力矩和径向载荷三种。

4）由回转驱动机构引起的与回转机构接触处产生的载荷（回转小齿轮及大齿轮啮合处、转台上固定回转驱动液压马达及减速机构的部位）。

5）由于转台的起动、制动而产生的惯性载荷。

上述五类载荷中，前三类载荷归结为垂直载荷、倾覆力矩和径向载荷三种，后两类不对回转支承产生作用，只通过回转驱动机构的相应部位（回转机构固定位置、回转小齿轮与回转大齿圈啮合部位）传递，因而在对回转支承的选型计算中可不考虑后两类载荷。

6.6 滚动轴承式全回转支承的选型计算

液压挖掘机的全回转支承承受的转速较低（一般在10r/min以下），且在很多工况下不作连续运转，只在一定角度范围内作往复旋转，回转滚道上接触点的载荷循环次数较少，因此，设计时主要是校核滚动体和滚道的接触强度，即进行负荷能力计算。

6.6.1 回转支承选型计算的工况选择及载荷计算

转台通过回转支承传递的载荷可简化为轴向载荷 $F_{O'z}$、倾覆力矩 $M_{O'x}$和径向力 $F_{O'y}$，这些载荷通过滚动体、滚道传至底架直至地面。计算上述三种载荷时需要选择相应的计算工况。考虑到回转支承的转速较低、载荷较大，通常选择使转台或回转支承产生最大载荷的危险工况。以下就反铲的多种危险工况进行分析。对正铲的工况选择可参照有关文献，限于篇幅，本文不作详细介绍。

1）如图6-23中姿态1所示，最大挖掘深度时铲斗挖掘、铲斗液压缸发挥最大挖掘力，铲斗上受最大的切向挖掘阻力 F_{w1} 作用，考虑横向挖掘阻力 F_{x1}，但不考虑法向挖掘阻力。考虑偏载情况，假定 F_{w1} 和 F_{x1} 作用在侧齿上。在该工况下，由于动臂液压缸力臂最小，从挖掘图上看，有可能产生动臂液压缸闭锁不住的情况，同时考虑到铲斗上所受横向力 F_{x1} 会对工作装置及转台作用较大的横向弯矩及转矩，因此，在 A、C 两点可能产生很大的作用力；另一方面，还有可能使整机产生后倾失稳现象，因此转台在此工况的受力和力矩都可能很大。

2）图6-23中姿态2所示为整机前倾失稳工况，可取动臂上、下铰接点连线呈水平时的姿态、斗杆垂直于停机面、铲斗挖掘，铲斗上受最大的切向挖掘阻力 F_{w2} 和横向挖掘阻力 F_{x2} 的作用，考虑偏载情况，假定 F_{w2} 和 F_{x2} 作用在侧齿上。此时对转台的前倾稳定力矩最大，并有可能使整机产生前倾失稳现象。

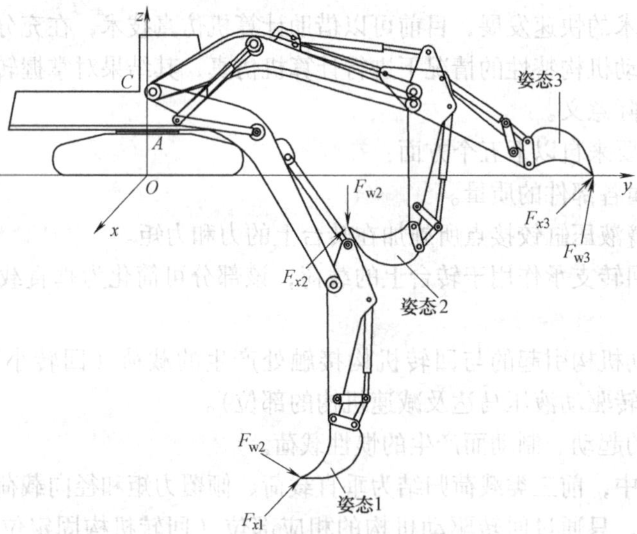

图6-23　转台强度计算选择工况

3）如图6-23中姿态3所示，斗齿伸到地面最远端即处于地面最大挖掘半径位置，铲斗液压缸工作进行挖掘，挖掘力最大，斗齿上所受最大切向挖掘阻力 F_{w3} 和横向挖掘阻力 F_{x3} 的作用，考虑偏载情况，假定 F_{w3} 和 F_{x3} 作用在侧齿上。此时整机处于后倾临界失稳状态，对转台的向后倾覆力矩也最大。

以图6-23中姿态2为例作出转台及工作装置的受力分析图，如图6-24所示。也可首先求出工作装置与转台在 A、C 两点的相互作用力后，单独将转台隔离出来进行受力分析。

将转台及工作装置上所受重力及斗齿上的挖掘阻力简化至回转滚道所在平面与回转中心的交点 O' 上，得出在整机与地面固定的坐标系 $Oxyz$ 内标定的三个方向的力 $F'_{O'x}$、$F'_{O'y}$、$F'_{O'z}$

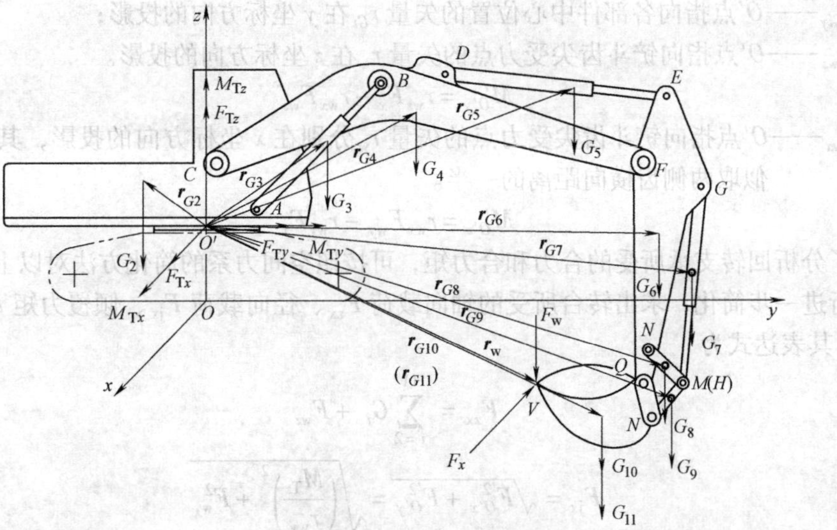

图6-24 转台及工作装置的受力分析

和力矩 $M'_{O'x}$、$M'_{O'y}$、$M'_{O'z}$。这些力和力矩与底架给转台的支承力矩和 $F_{O'x}$、$F_{O'y}$、$F_{O'z}$ 及 $M_{O'x}$、$M_{O'y}$、$M_{O'z}$互为作用力与反作用力。

值得注意的是，Z 向力矩 $M_{O'z}$是通过回转小齿轮和内齿圈直接传递至底架和履带到达地面的，而没有通过回转支承传递，而其他五个力和力矩都是通过回转支承传递的，因此，在对回转支承进行选型计算时不考虑 $M_{O'z}$的影响。但对转台本身来说，该力矩不可忽略，它由回转机构在回转平台上的固定元件（螺栓）进行平衡，并通过回转小齿轮传给回转大齿圈、底架直至地面。

通过空间力和力矩的分析方法，按以下各式计算转台所受的合力和合力矩：

$$F'_{O'x} = F_x \tag{6-1}$$

式中 F_x——斗齿上所受横向阻力，该值取决于转台制动力矩和齿尖受力点距回转中心线（图6-24 中的 z 坐标轴）的垂直距离，结合图 6-24 中几何关系，其计算公式为

$$F_x = \frac{M_{Tz}}{r_{wy}} \tag{6-2}$$

式中 M_{Tz}——转台制动力矩；

r_{wy}——O'点指向铲斗齿尖受力点的矢量 r_w在 y 坐标方向的投影。

$$F'_{O'y} = F_{wy} \tag{6-3}$$

式中 F_{wy}——斗齿上所受切向挖掘阻力在 y 坐标方向的分力。

$$F'_{O'z} = \sum_{i=2}^{11} G_i + F_{wz} \tag{6-4}$$

式中 G_i——转台、工作装置各部件及铲斗内物料的自重，式中的 G_i应代以负值；

F_{wz}——斗齿上所受切向挖掘阻力在 z 坐标方向的分力。

$$M'_{O'x} = \sum_{i=2}^{11} r_{Giy} G_i + r_{wy} F_{wz} - r_{wz} F_{wy} \tag{6-5}$$

式中 r_{Giy}——O'点指向各部件中心位置的矢量 r_{Gi} 在 y 坐标方向的投影；

r_{wz}——O'点指向铲斗齿尖受力点的矢量 r_w 在 z 坐标方向的投影。

$$M'_{O'y} = r_{wz}F_x - r_{wx}F_{wz} \tag{6-6}$$

式中 r_{wx}——O'点指向铲斗齿尖受力点的矢量 r_w 分别在 x 坐标方向的投影，其绝对值可近似取两侧齿横向距离的一半。

$$M'_{O'z} = r_{wx}F_{wy} - r_{wy}F_x \tag{6-7}$$

为了分析回转支承所受的合力和合力矩，可按照空间力系的简化方法对以上求出的力和力矩进行进一步简化，求出转台所受的轴向载荷 F_{zx}、径向载荷 F_{jx}、倾覆力矩 M_{qf} 和回转力矩 M_{hz}，其表达式为

$$F_{zx} = \sum_{i=2}^{11} G_i + F_{wz} \tag{6-8}$$

$$F_{jx} = \sqrt{F'^2_{O'x} + F'^2_{O'y}} = \sqrt{\left(\frac{M_{Tz}}{r_{wy}}\right)^2 + F^2_{wy}} \tag{6-9}$$

$$M_{qf} = \sqrt{M'^2_{O'x} + M'^2_{O'y}} = \sqrt{\left(\sum_{i=2}^{11} r_{Giy}G_i + r_{wy}F_{wz} - r_{wz}F_{wy}\right)^2 + (r_{wz}F_x - r_{wz}F_{wz})^2} \tag{6-10}$$

$$M_{hz} = M_{Tz} \tag{6-11}$$

以上各式中，力和力矩的方向由各分量的大小和方向确定。

6.6.2 滚动轴承式全回转支承的当量载荷及载荷能力计算

由于回转支承所受载荷的形式比较复杂，加之结构自身的复杂性，因此，理论上只是在线性假设的前提下利用载荷叠加法计算其当量载荷，并将当量载荷与其载荷能力进行比较，按照要求的安全系数来确定回转支承的承载能力。

1. 回转支承的当量载荷 F_d

根据参考文献［1］，对于交叉滚柱式回转支承，其当量载荷的计算公式为

$$F_d = G_{zx} + \frac{4.5M_{qf}}{D_0} + 2.5F_{jx} \tag{6-12}$$

式中 G_{zx}——作用在回转支承上的总轴向力（kN）；

M_{qf}——作用在回转支承上的总倾覆力矩（kN · m）；

F_{jx}——作用在回转支承上的总径向力（kN）；

D_0——滚道中心直径（m）。

对于四点接触球式回转支承，其当量载荷的计算公式为

$$F_d = G_{zx} + \frac{5M_{qf}}{D_0} + 2.5F_{jx} \tag{6-13}$$

2. 回转支承的载荷能力 F'_d

回转支承的载荷能力一般用静容量和动容量表示。但由于回转支承的转速低、载荷大，因此通常只进行静容量计算即可。

静容量是指回转支承在静态载荷作用下滚动体与滚道接触处的永久变形量之和达到滚动体直径的万分之一而不影响回转支承正常运转的载荷能力。根据参考文献［2］，该变形量在 $(1\sim3)d_0/10000$ 之间，其中 d_0 为滚动体直径，单位为 mm。动容量是指回转支承回转到

100 万转后不出现疲劳裂纹的载荷能力。

对于四点接触球式回转支承，其静容量（单位为 kN）的计算公式为

$$F'_d = f_0 d_0^2 z \sin\alpha / 10^3 \tag{6-14}$$

对于单排交叉滚柱式回转支承，其静容量（单位为 kN）的计算公式为

$$F'_d = f'_0 d_0 l_x \frac{z}{2} \sin\alpha / 10^3 \tag{6-15}$$

式中　f_0——滚球的静容量系数（N/mm）；

f'_0——滚柱的静容量系数（N/mm），一般取 $f'_0 = 2f_0$；

d_0——滚动体直径（mm）；

l_x——滚柱有效长度（mm），$l_x = 0.8d_0$；

α——滚动体与滚道的接触角，按标准取 $\alpha = 45°$

z——滚动体总数。

不带隔离块时，$z = \dfrac{10^3 \pi D_0}{d_0}$，$D_0$ 为滚道中心直径。

带隔离块时，$z = \dfrac{10^3 \pi D_0}{d_0 + b}$，$b$ 为隔离块的有效宽度（mm），当 $D_0 > 2.6$mm 时 $b = 3$mm，当 $D_0 \leqslant 2.6$mm 时 $b = 2$mm。

以上计算的 z 值应进行圆整，对于四点接触球式应圆整到最接近的较小整数，对于交叉滚柱式则应圆整到最接近的较小偶数。

滚动体的静容量系数可在标准中查得。但该系数是根据滚道表面硬度为 55HRC 并带隔离体时算出的，如情况变化，则应按式（6-14）或式（6-15）重新计算。

表 6-2 为滚道硬度改变时静容量系数的对应值。

表 6-2　回转支承静容量系数与滚道表面硬度的关系

滚道表面硬度 HRC	45	48	50	52	53	55	56	58	60	61
静容量系数 f_0/N · mm^{-2}	17	22	25	27	31	34	36	41	46	49

3. 回转支承的安全系数

根据参考文献［1］，回转支承的安全系数为

$$f_s = \frac{F'_d}{F_d} > 1.2 \sim 1.3 \tag{6-16}$$

除以上选型计算方法外，JB/T 2300—1999 还针对各类机械上（包括液压挖掘机）所用回转支承的选型计算方法进行了系统描述，并提供了静态和动态计算方法以及图表形式的选型方法，供设计人员参阅。

4. 回转支承齿圈的最大圆周力校核

关于回转齿圈（内齿或外齿）的有关参数（齿数、模数、齿宽等），在国家标准中都已列出，设计者只要根据要求的回转支承结构参数就可查出对应的齿轮参数。为安全起见，一般应按下式对回转支承的齿圈进行最大圆周力校核。即

$$F_{\tau\max} = \frac{2M_{z\max}}{D} < \frac{\sigma_{bb} bm}{q} \tag{6-17}$$

式中　$F_{\tau\max}$——回转支承齿圈最大圆周力（N）；

$M_{z\max}$——回转支承齿圈传递的最大转矩（N·m）；

D——回转支承齿圈的节圆直径（m）；

σ_{bb}——齿圈材料的抗弯强度（MPa）；

m——齿圈模数（mm）；

q——齿形系数，当齿圈齿数 z 大于 40，修正系数 $\xi=+0.5$ 时，内齿式 $q=2.055$，外齿式 $q=2.1$。

根据参考文献［2］，在JB2300—1984（此标准已更新为JB/T 2300—1999）中的系列参数中给出了齿轮的最大圆周力，而从实际使用情况来看，对液压挖掘机上采用的JB2300—1984系列中的单排四点接触球式回转支承，按照齿轮最大圆周力进行回转支承选型也是最简单可靠的方法之一。

6.7　全回转挖掘机的转台回转阻力矩计算

转台的阻力矩由起动和制动时产生的惯性阻力矩 M_i、回转摩擦阻力矩 M_f、回转风阻力矩 M_w、由于停机面倾斜所产生的回转坡度阻力矩 M_s 组成，因此转台回转阻力矩表达式为

$$M_{sw}=M_i+M_f+M_w+M_s \tag{6-18}$$

以上四种阻力矩中，由于转台惯性很大，因此惯性阻力矩是主要的。以下详细介绍各部分的计算方法。

1）起动和制动时产生的惯性阻力矩 M_i。M_i（单位为N·m）的计算公式为

$$M_i=\varepsilon mr^2+\varepsilon\sum J_i \tag{6-19}$$

式中　ε——转台回转角加速度（rad/s^2）；

m——铲斗内所装物料的质量（kg）；

r——物料重心到回转中心轴的垂直距离（m）；

J_i——转台上各部件及工作装置对回转中心轴的转动惯量（$kg\cdot m^2$）。

工作装置部分的转动惯量的计算比较复杂，原因不仅在于工作装置结构的复杂性，而且在于在转台的回转过程中，工作装置同时在作相对于转台的摆动，工作装置所作的运动为包含转动在内的复合运动，因而其相对于回转中心轴的距离和方位随时间发生变化，因此各部件相对于回转中心轴的转动惯量是时间的函数，不是恒定值。其具体计算方法可参照理论力学中的相关内容。

2）回转摩擦阻力矩 M_f。M_f（单位为N·m）的计算公式为

$$M_f=\mu_d\frac{D_0}{2}\left(\sum F_{GM}+\sum F_H\right) \tag{6-20}$$

式中　μ_d——回转支承当量摩擦因数，其值见表6-3；

D_0——回转支承滚道中心直径；

$\sum F_{GM}$——由于回转支承所受沿回转中心线方向的轴向力 F_G（回转支承所受轴向载荷）和倾覆力矩 M 作用而产生的对滚道法向压力绝对值的总和（N）；

$\sum F_H$——由于回转支承所受径向力 F_H 产生的对滚道法向压力绝对值的总和（N）。

设 e 为轴向载荷 F_G 偏离回转中心的距离（单位为m），根据参考文献［1］有如下计算

公式：

对于交叉滚柱式，当 $e=\dfrac{M}{F_G}\leqslant 0.262D_0$ 时；或者对于四点接触球式，当 $e=\dfrac{M}{F_G}\leqslant 0.3D_0$ 时，有

$$\sum F_{GM}=1414F_G \tag{6-21}$$

式中　F_G——回转支承所受沿回转中心线方向的轴向载荷（kN）。

当 e 大于上述值时，有

$$\sum F_{GM}=k_e e\frac{2828F_G}{D_0} \tag{6-22}$$

式中　e——轴向载荷 F_G 偏离回转中心的距离（m）；

k_e——系数，其值可根据 $2e/D_0$ 从图 6-25 中查得。

$$\sum F_H=k_H F_H \tag{6-23}$$

式中　k_H——系数，当滚动体与滚道的接触角为 45°时，交叉滚柱式取 $k_H=1790$，四点接触球式取 $k_H=1720$。

在计算法向压力时，外载荷 F_G、倾覆力矩 M 及径向载荷 F_H 可不考虑回转支承的工作条件系数。

表 6-3　回转支承的当量摩擦因数 μ_d[1]

工　况	滚球式轴承	交叉滚柱式轴承
正常回转	0.008	0.01
回转起动时	0.012	0.015

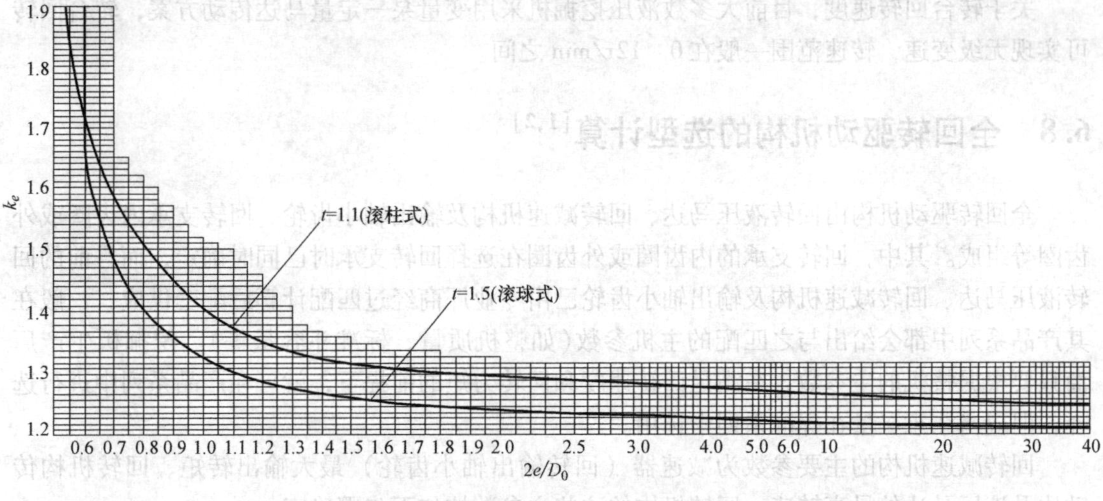

图 6-25　k_e 与 $2e/D_0$ 的关系曲线[1]

3）回转风阻力矩 M_w。M_w（单位为 N · m）的计算公式为

$$M_w=p\sum A_i l_i \tag{6-24}$$

式中　p——计算风压值（Pa），取 $p=150$Pa，风向垂直于工作装置的侧面；

A_i——各回转部分的承风面积（m^2）；

l_i——各回转部分的承风面积形心到回转中心的垂直距离（m），在工作装置一边的取正号，反之取负号。

4）由于停机面倾斜所产生的回转坡度阻力矩 M_s。回转坡度阻力矩与挖掘机在坡上的方位有关，根据分析，当挖掘机横坡停车且工作装置所在对称平面与坡度方向垂直时，工作装置向上坡一侧回转时的阻力矩最大，因此，可按此姿态计算由坡度引起的回转阻力矩。

$$M_s = G_w r_w \sin\alpha + G_b r_b \sin\alpha - G_0 r_0 \sin\alpha \tag{6-25}$$

式中 α——停机面的倾斜角，一般取 $\alpha = 3° \sim 5°$；

G_b——工作装置自重（N）；

G_0——转台上部（工作装置除外）自重（N）；

G_w——铲斗内物料自重（N）；

r_w——物料重心至回转中心轴线的垂直距离（m）；

r_b——工作装置重心至回转中心轴线的垂直距离（m）；

r_0——转台上部（工作装置除外）重心至回转中心轴线的垂直距离（m）。

以上四部分之和为转台的回转阻力矩，但这并不一定是作用在回转液压马达上的阻力矩。一般情况下，回转液压马达输出轴上接有齿轮减速机构，它起着减速增矩的作用。因此，应将以上四项之和除以回转减速机构的传动比才是回转液压马达输出轴上所承受的负载转矩。即

$$M_m = \frac{M_{sw}}{i_{sw}} \tag{6-26}$$

式中 i_{sw}——转台回转机构总传动比。

关于转台回转速度，目前大多数液压挖掘机采用变量泵—定量马达传动方案，转台回转可实现无级变速，转速范围一般在 0～12r/min 之间。

6.8 全回转驱动机构的选型计算[1,2]

全回转驱动机构由回转液压马达、回转减速机构及输出轴小齿轮、回转支承内齿圈或外齿圈等组成。其中，回转支承的内齿圈或外齿圈在选择回转支承时已同时确定，而目前的回转液压马达、回转减速机构及输出轴小齿轮已由专业厂商经过匹配计算后配套供应，一般在其产品系列中都会给出与之匹配的主机参数(如整机质量、标准斗容量等)。挖掘机生产厂商只要根据整机的主参数，在满足回转速度和回转力矩的前提下，就可在产品系列中进行选择，但应当注意尽量在标准系列中选用。

回转减速机构的主要参数为减速器（回转输出轴小齿轮）最大输出转矩、回转机构传动比及液压马达的最高转速，回转机构的这些主参数按如下步骤确定：

1）首先根据挖掘机的整机质量和作业要求估计回转平台转动惯量、所需最大起动力矩、最大制动力矩和转台作业转角范围。

转台的转动惯量（单位为 $kg \cdot m^2$）按以下经验公式估算：

对于反铲工作装置：

满斗回转时： $$J = 128m^{5/3} \tag{6-27}$$

空斗回转时： $$J_0 = 72m^{5/3} \tag{6-28}$$

式中 m——整机质量（t）。

二者之比： $\lambda = J/J_0 = 1.778$

对于装载工作装置或正铲工作装置：

满斗回转时： $J = 115m^{5/3}$ (6-29)

空斗回转时： $J_0 = 65m^{5/3}$ (6-30)

二者之比： $\lambda = J/J_0 = 1.769$

作者针对以上转动惯量的经验估算公式曾查阅了各类文献，其具体表达形式都不相同，因此建议设计人员应在结合实际情况并参照现有机型的基础上对上述公式进行必要的验证，以期获得精确的分析计算结果。

在设计的初始阶段，转台所需的最大起动、制动力矩同样是根据经验公式进行估计的，但这两种力矩不应超过整机与地面的最大附着力矩，否则转台的转动会引起整机相对于地面的转动。根据参考文献［1］，应在以下范围内估计转台的最大制动力矩 M_B：

当转台采用机械制动时：$M_B = (0.8 \sim 0.9) M_\varphi$ (6-31)

当转台仅靠液压制动时：$M_B = (0.5 \sim 0.7) M_\varphi$ (6-32)

式中 M_φ——履带式液压挖掘机相对于地面的附着力矩（N·m），其计算公式为

$$M_\varphi = 4910\varphi m^{4/3} \tag{6-33}$$

式中 m——整机质量（t）；

φ——附着系数，对于平履带板，取 $\varphi = 0.3$，对于带筋履带板，取 $\varphi = 0.5$。

转台所需的最大起动、制动力矩同时还受到动载系数的限制，回转时工作装置的动载系数不应超过1.2。

由于传动效率的原因，作用在转台上的最大起动力矩一般小于最大制动力矩，其比值因制动方式而异。

对于纯液压制动：

$$c = \frac{M_B}{M_S} = \frac{1}{\eta_0^2} \tag{6-34}$$

$$\eta_0 = \eta_1 \eta_2 \eta_3$$

式中 η_1——回转支承效率；

η_2——回转减速机构效率；

η_3——回转液压马达机械效率。

采用高速液压马达时，取 $\eta_0 = 0.78$；采用低速大转矩液压马达时，取 $\eta_0 = 0.85$。

对于机械制动：一般取 $c = 1.6$，有时可达 $c = 2$。

由式（6-35）即可估算出转台的最大起动力矩为

$$M_S = \frac{M_B}{c} \tag{6-35}$$

对转台的转角范围，中小型液压挖掘机一般在75°～135°之间，标准转角在90°～120°之间选择比较恰当。

2）按照第6.2节中的内容在标准系列中选择回转支承及其传动比 i_h。

3）确定回转驱动机构输出轴小齿轮的最大输出转矩 M_{hj}。即

$$M_{hj} = \frac{M_h}{i_h \eta_{hj}} \tag{6-36}$$

式中　M_h——转台所需最大转矩（N·m）；

i_h——回转支承的传动比，$i_h = z_{hc}/z_{hx}$，z_{hc}为回转支承齿圈齿数，z_{hx}为回转减速机构输出小齿轮齿数；

η_{hj}——回转支承机械效率，$\eta_{hj} = 0.95$。

对上述回转驱动机构输出轴小齿轮的最大输出转矩 M_{hj}，如配套件专业制造商给出了回转驱动机构对应的整机主参数（如整机质量或标准斗容量），则也可根据这些参数从产品样本参数中查出回转驱动机构的最大输出转矩。

4）确定回转减速机构（回转液压马达至输出轴小齿轮）的传动比 i_{mj}。即

$$i_{mj} = \frac{M_{hxmax}}{M_{mmax}\eta_{mj}} \tag{6-37}$$

式中　η_{mj}——回转减速机构的机械效率，$\eta_{mj} = 0.90$；

M_{mmax}——回转液压马达最大输出转矩（N·m），其计算公式为

$$M_{mmax} = \frac{\Delta p q \eta_{m1}}{2\pi} \tag{6-38}$$

式中　Δp——回转液压马达的进口、出口压力差（MPa）；

q——回转液压马达的排量（mL/r）；

η_{m1}——回转液压马达的机械效率，齿轮和柱塞式取 $\eta_{m1} = 0.9 \sim 0.95$，叶片式取 $\eta_{m1} = 0.85 \sim 0.9$。

5）校核转台的最高转速 n_{hmax}。液压马达的公称排量及变量马达的最大、最小排量可以从厂家的产品目录中查出，由此可根据液压系统的最大供油量计算出液压马达的最高转速 n_{mmax}（单位为 r/min）。

对于定量液压马达：

$$n_{mmax} = \frac{1000 Q_{max}\eta_V}{q_m} \tag{6-39}$$

式中　Q_{max}——液压系统对回转液压马达的最大供油量（L/min）；

q_m——定量液压马达的公称排量（mL/r）；

η_V——液压马达的容积效率。

对于变量液压马达：

$$n_{mmax} = \frac{1000 Q_{max}\eta_V}{q_{min}} \tag{6-40}$$

式中　q_{min}——变量液压马达的最小排量（mL/r）。

根据式（6-39）、式（6-40）计算得出的回转液压马达最高转速 n_{mmax} 不应超过产品系列中给出的最高转速，否则应重选回转液压马达或减小系统最大供油量。

当确定了回转液压马达的最高转速后，可由下式计算转台的最大转速并与设计要求的转台最高转速进行对比。即

$$n_{hmax} = \frac{n_{mmax}}{i_h i_{mj}} \tag{6-41}$$

由式（6-41）计算的转台最高转速应达到设计要求的最高转速。根据统计数据，转台最高转速一般不超过 12r/min，较高的转速可提高挖掘机的作业效率，但不应超过太多，否则转台会产生过大的惯性力矩，导致转台自身及相关结构件的损坏。

正如传统的设计规律，对回转驱动机构及回转支承的选型计算与校核通常也是交叉进行

的，可以从设计要求出发，通过计算得出的相关零部件的参数在产品目录或标准系列中查找，随后进行必要的校核，也可根据统计规律或经验直接从产品目录或标准系列中查找，然后计算其各项性能参数并验证其是否满足要求。

思 考 题

1. 转台上各部件的布置应遵循什么原则？还应注意哪些问题？
2. 全回转支承和半回转支承的主要区别是什么？各适合于什么机型？
3. 回转支承与普通轴承相比有哪些典型结构特征？受哪些载荷作用？这些载荷分为哪几类？
4. 我国标准对回转支承是如何进行分类的？
5. 回转支承的载荷能力的意义是什么？如何进行载荷能力计算？
6. 中央回转接头的作用是什么？履带式和轮胎式液压挖掘机的中央回转接头有何主要区别？
7. 查找产品样本，列出国际上几个知名品牌挖掘机的回转机构结构形式及转台最高转速范围。

第 7 章

行走装置构造及设计

单斗液压挖掘机的行走装置是整机的支承部分，它承受全部部件的重量和来自铲斗上挖掘阻力的转化形式（力或力矩），使挖掘机稳定地停放在地面上工作。在作业场地内移动或远距离转场时，它又是整机的移动平台，具有路面和非路面车辆的大多数特征。最常见的液压挖掘机行走装置一般为轮胎式和履带式两种结构形式，也有其他形式的如步履式、浮式及水陆两用等，限于篇幅，本文只介绍履带式和轮胎式两种。

7.1 履带式行走装置的结构形式

履带式行走装置的特点是牵引力大（通常每条履带的牵引力达整机自重的35% ~ 45%）、接地比压小（40 ~ 100kPa）、转弯半径小（可原地转向）、爬坡能力大（一般为50% ~80%，最大达100%），因而越野性能好、机动灵活、对复杂场地的适应性好。目前履带式行走装置零部件已标准化，普遍采用工业拖拉机型的结构形式，提高了行走性能，有利于专业化、批量化和系列化生产并降低制造成本。但履带式行走装置的缺点是行驶速度较低，通常在0.5 ~6km/h 的范围内，且履带结构复杂、效率较低。虽然如此，由于履带式行走装置具有明显的优点，因而在单斗液压挖掘机中得到了广泛使用。

图7-1 所示为目前广泛使用的带有 X 形行走架的履带式行走装置，它由“四轮一带”组成，即驱动轮7、导向轮1、支重轮5、托链轮6 和履带3。这些零部件分别装在左、右两个履带架4 上，履带了成闭合环形卷绕在驱动轮7、导向轮1、支重轮5、托链轮6 上。两条履带架用中间底架9 相连，组成一个整体，称为行走架。

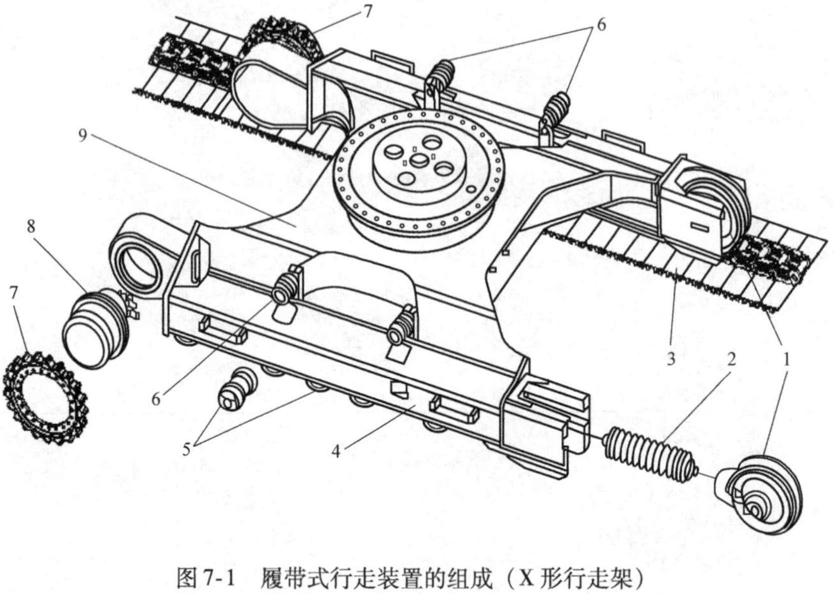

图7-1　履带式行走装置的组成（X 形行走架）

1—导向轮　2—张紧弹簧　3—履带　4—履带架　5—支重轮　6—托链轮　7—驱动轮　8—行走液压马达总成　9—底架

7.1.1 行走架

行走架是履带式行走装置的承重骨架，它与上部转台连接并承受包括转台在内的上部各部件的自重和挖掘机斗齿上所受挖掘阻力的转化形式（轴向力、径向力和倾覆力矩），并把这些载荷连同自重通过履带架和支重轮、履带传给地面；另一方面，行走架把地面的反作用力传给上部转台，同时有减小地面冲击、保证挖掘机行驶平顺性和工作稳定性的作用。由于行走架的结构和受力十分复杂，对其基本要求是结构合理、紧凑，具有足够的强度、刚度和稳定性，能够满足机器特定的工作要求，便于维护。

行走架一般分为整体式和组合式两类。

图7-2所示为带有H形行走架的履带式行走装置。这种行走架的外形呈横向H形，其名称即由此而来。长期以来，国产履带式挖掘机及其他履带式车辆多采用此种结构形式的行走架。其结构特点是外形尺寸大，而搭接在履带架上的纵向距离较小；用材多，质量大，但行走架的刚度却相对较差，因而变形较大，易产生应力集中。此外，过去的行走液压马达及相应减速机构的轴向尺寸较大，液压油管无法内藏于行走架内部，液压马达和液压油管几乎都外露着，因而极易磕碰而损坏。随着技术的进步，内藏式行走减速机构已得到大量生产和广泛应用，因此，国产履带式液压挖掘机的行走架及其履带架也逐渐得到了改进。

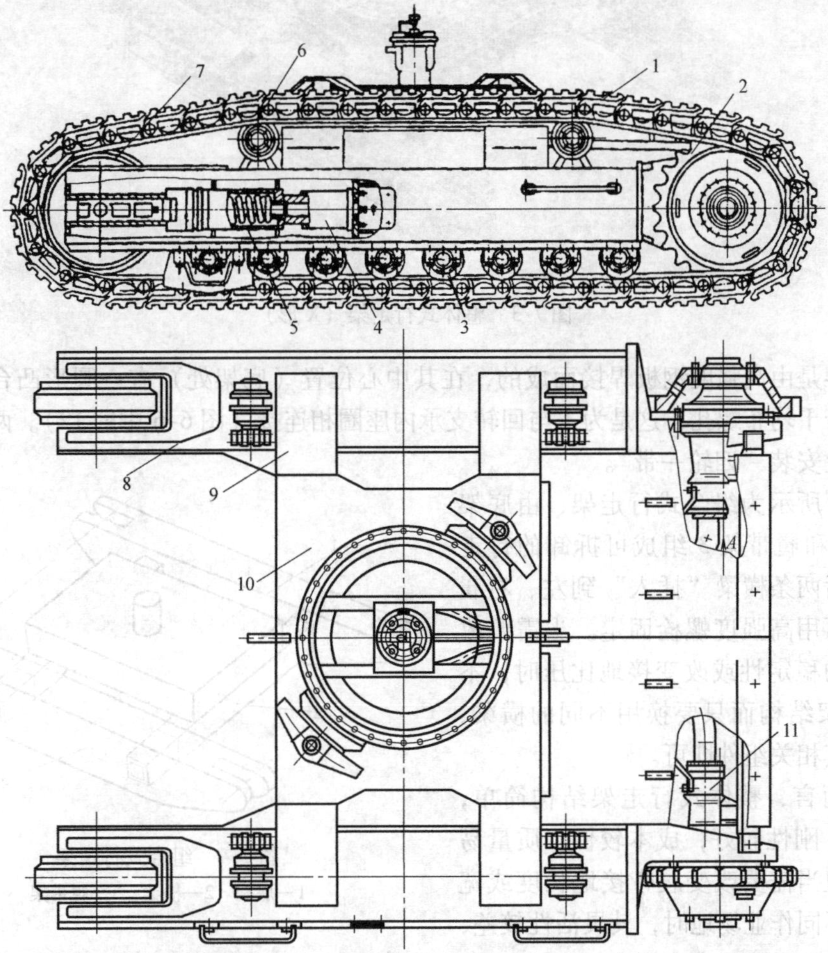

图7-2 履带式行走装置（H形行走架）

1—履带 2—驱动轮 3—支重轮 4—张紧装置 5—缓冲弹簧
6—托链轮 7—导向轮 8—履带架 9—横梁 10—底架 11—行走机构

图7-3 所示为整体式X形行走架，其中心部分呈X形，因而称为X形行走架。这种行走架搭接在履带架上，距离较大，从而增加了整体的强度和刚度，避免了左、右履带架的扭曲、变形，使上部载荷和工作载荷产生的应力能较均匀地分布于整个履带架，当挖掘机架在不平地面或恶劣工况下工作时，其变形不至于超过允许值。这种结构形式的行走架可将行走液压马达油管及行走液压马达和减速机构总成全部藏入履带架内，使整机的外形更加简洁美观，并提高了通过性。实践证明，采用X形行走架还可有效减轻重量，可节省材料20%左右；降低了整机的重心位置，提高了作业稳定性；同时简化了加工工艺，提高了劳动生产率；并从外观上改变了挖掘机“傻大粗笨”的形象。

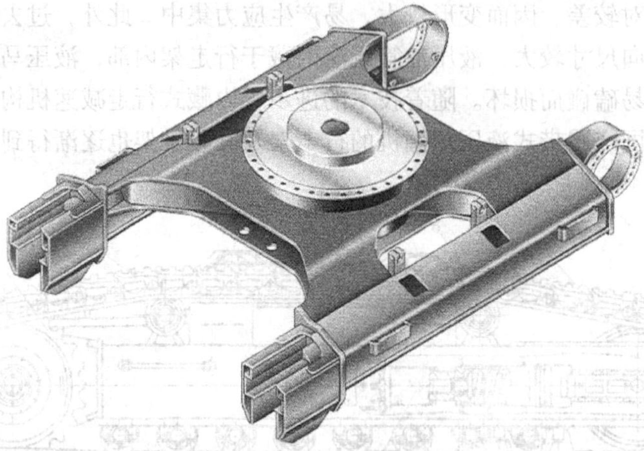

图7-3 整体式行走架（X形）

行走架是由高强度钢板焊接而成的，在其中心位置（底架处）有一圆形凸台，凸台周边加工有若干均布螺孔，这是为了与回转支承内座圈相连接（图6-6中的12）。两侧为履带架，在其上安装“四轮一带”。

图7-4 所示为组合式行走架，由底架1、横梁2和履带架3组成可拆卸的行走架。前、后两条横梁“插入”到左、右履带架中，再用高强度螺栓固定。当需要改善挖掘机的稳定性或改变接地比压时，不需改变底架结构而只要换用不同的横梁、履带架及其相关组件即可。

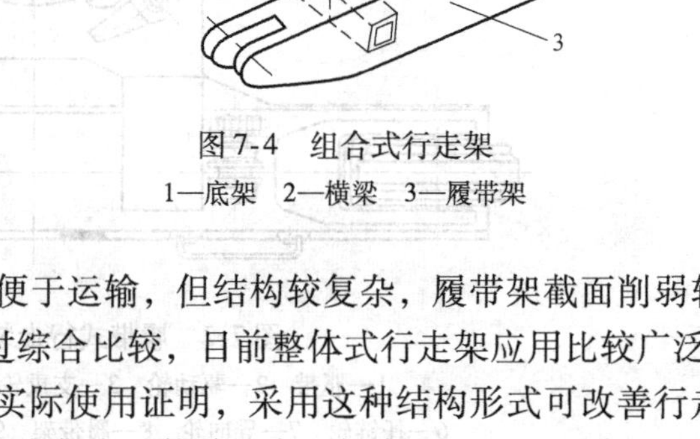

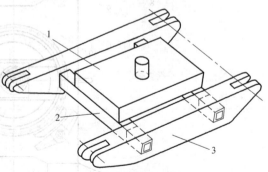

图7-4 组合式行走架

1—底架 2—横梁 3—履带架

比较而言，整体式行走架结构简单，自重较轻，刚性较好，成本较低，质量易于保证；但当需要改变履带接地长度或宽度以适应不同作业场地时，其灵活性较差，因而适应性较差。组合式行走架适应性好且便于运输，但结构较复杂，履带架截面削弱较多，因而强度和刚度都难以保证。因此，通过综合比较，目前整体式行走架应用比较广泛，而且多采用图7-3所示的X形。分析计算和实际使用证明，采用这种结构形式可改善行走架整体的受力状况，避免了某些危险部位的应力集中，使其分布更加合理，明显改善了支重轮的受力和履带的接地比压分布，并提高了其通过性。

7.1.2 履带

履带是履带式行走装置的重要零部件之一，它直接关系到挖掘机的工作性能和行走性能。行走装置的质量约占整机质量的1/4，制造成本也高。因此，合理设计“四轮一带”具有重要意义。我国过去这些零部件规格品种繁多，据不完全统计，约有34种结构、93种规格，影响了加工质量的提高和备件的供应。由于零件互换性很差导致机械完好率很低。为了克服上述缺点，提高行走装置的可靠性，目前有关部门已将挖掘机、推土机和装载机的“四轮一带”进行统一，逐步做到标准化、通用化和系列化，这为提高产品质量、高速发展工程机械创造了有利条件[1]。

挖掘机的履带有整体式和组合式两种。整体式履带板上带有啮合齿，直接与驱动轮啮合，履带板本身成为支重轮等轮子的滚动轨道。这种履带制造方便，连接履带板的销子装拆容易。缺点是磨损较快，“三化”性差，在机械式挖掘机中使用较多。

图7-5所示为目前液压挖掘机中广泛采用的组合式履带。它由履带板1、链轨节9和10、履带销轴4和销套5等组成。左、右链轨节9、10与销套5用过盈配合连接，履带销轴4插入销套有一定间隙，以保证转动灵活，其两端与另外两个链轨节孔过盈配合。锁紧履带销7与链轨节孔配合较松，便于整个履带的安装和拆卸。这种结构节距小，绕转性好，行走速度较快，销轴和衬套硬度较高，耐磨，使用寿命长。

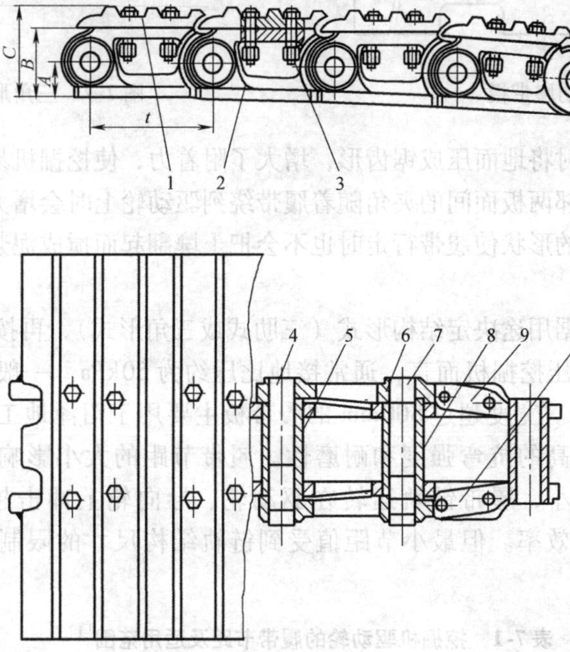

图7-5 组合式履带

1—履带板 2—履带螺栓 3—履带螺母 4—履带销轴 5—销套 6—锁紧销垫 7—锁紧履带销 8—锁紧销套 9—右链轨节 10—左链轨节

我国挖掘机已采用的标准化履带节距共有四种，即173mm、203mm、216mm和

228.5mm。此外还有采用101mm、125mm、135mm、154mm和260mm等数种节距。

履带板的形式很多，标准化后规定采用重量轻、强度高、结构简单和价格较低的轧制履带板。履带板有单肋、双肋和三肋数种。单肋履带板肋较高，易插入地面产生较大的牵引力，主要用于推土机；双肋履带板肋稍短易于转向，且履带板刚度较好，可用于挖掘装载机或重型矿用挖掘机；三肋履带板同样为短肋（图7-6），由于肋多使履带板的强度和刚度提高，承重能力大，用于挖掘机。三肋履带板上有四个连接孔，中间有两个清泥孔。当链轨绕过驱动轮时可借助轮齿自动清除链轨节上的淤泥。相邻两履带板制成有搭接部分，防止履带板之间夹进石块而产生很高的应力。图7-7所示为一种三角形履带板，专用于沼泽湿软地面工作的挖掘机。这种履带板的横截面为三角形，纵截面呈梯形，即三角形截面的顶部履带板长度小于底部履带板长度。履带板用特殊螺钉固定在链轨上，由于三角形履带运行在松软地面时，相邻两三角形板的两侧面将松软地面挤压，使土壤表层密实度增大，同时这种履带常采用加宽型的，接地比压较小（通常为20~35kPa），因而提高了支承能力。

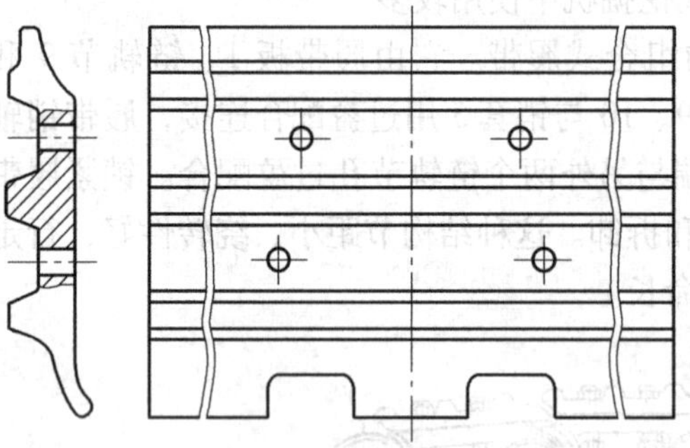

图7-6　三肋履带板

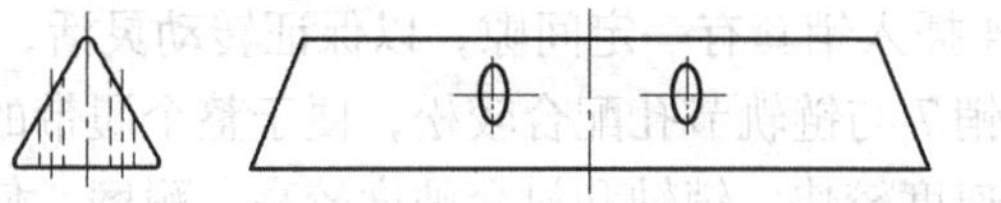

图7-7　三角形履带板

三角形履带板行走时将地面压成锯齿形，增大了附着力，使挖掘机易于爬坡和下坡，不会打滑。这种履带板相邻两板面间的夹角随着履带绕到驱动轮上时会增大，故板上所夹泥土容易自动脱落。三角板的形状使履带行走时也不会把土壤翻起而搅成泥浆，故此种履带很适合于湿软地面上使用。

设计履带板时应根据用途决定结构形式（三肋式或三角形式），再按接地比压确定履带板的尺寸。对中小型液压挖掘机而言，通常接地比压约为50kPa。一般用途的挖掘机其履带板宽度不大于800mm。宽度超过800mm的履带板主要用于沼泽地工作或管道施工的挖掘机上。履带板应有较高的抗弯强度和耐磨性。履带节距的大小影响传动的均匀性、行走速度及效率。节距越小，履带链轨运转在驱动轮、导向轮上冲击越小，运转越均匀，有利于减少磨损，提高效率。但最小节距值受到链轨结构尺寸的限制。履带节距及其适用范围见表7-1。

表7-1　挖掘机驱动轮的履带节距及适用范围[1]

节距/mm	齿　数	适 用 范 围
101、125、135	23、25	斗容量为0.25m^3以下的挖掘机
154	23、25	斗容量为0.25~0.4m^3的挖掘机
173	23	斗容量为0.4~0.6m^3的挖掘机

（续）

节　距/mm	齿　数	适用范围
203	23	斗容量为1.0m^3、1.6m^3的挖掘机
216、228.5	25	斗容量为2.5m^3的挖掘机
260		斗容量为4m^3的挖掘机

注：260mm 节距对应的齿数暂无，因所引参考文献中无此数据。

图7-8所示为橡胶履带，这种履带在小型农用挖掘机或微型挖掘机以及其他农用机种上应用较多。橡胶履带是用橡胶分段模压或整体硫化而成的不可拆分的环形整体连续履带，如图7-9所示。图7-10所示为其横截面。由该图可以看出，橡胶履带由橡胶体1、织物2、金属传动件3及钢丝绳4组成。其心部用织物和多条钢丝绳加强，外侧为橡胶履带，内侧为金属传动件，金属传动件镶嵌在硫化橡胶履带里。橡胶履带的横截面为中间厚、两侧渐薄的形式，可减轻转向时履带的侧向刮土作用，减少履带侧面的积土和淤泥，从而降低了转向阻力。橡胶体1的主要成分是天然橡胶和合成橡胶。金属传动件为履带的骨架，也是履带与驱动轮啮合的部件，为提高其与橡胶体的粘合力，通常要对其表面进行喷丸处理。钢丝绳4由多股直径约为0.1mm的钢丝缠绕而成，均匀排列在履带的两侧，主要用于承受履带的拉力，对履带强度和节距有直接影响。织物2主要由帆布或尼龙组成，将其布置于金属传动件和钢丝绳之间的主要原因是为了防止二者的直接接触，以免履带卷绕时钢丝绳与金属传动件直接接触而发生折断。

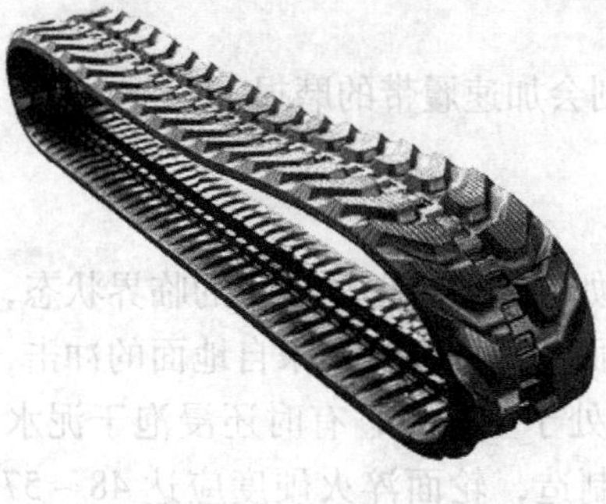

图7-8　橡胶履带外形示意图

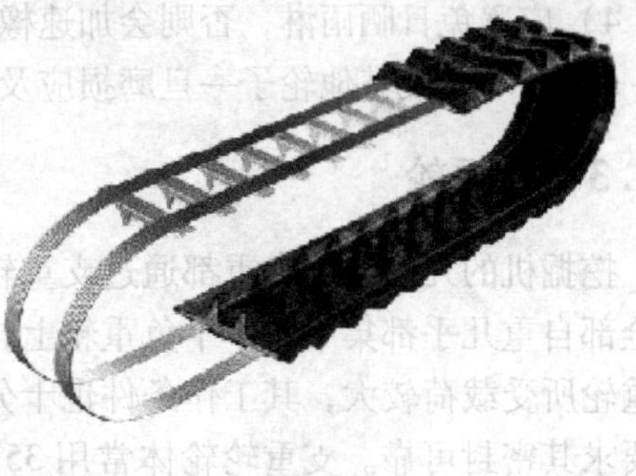

图7-9　橡胶履带整体结构示意图

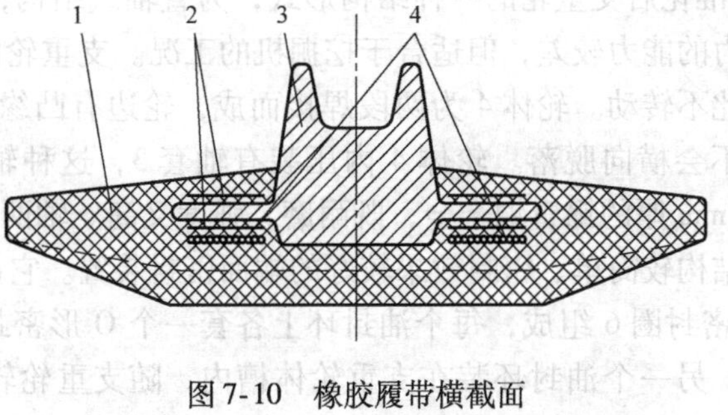

图7-10　橡胶履带横截面

1—橡胶体　2—织物　3—金属传动件　4—钢丝绳

采用橡胶履带的行走装置基本构造和金属履带行走装置的大体相同，也是由驱动轮、支重轮、导向轮、托链轮、履带和行走架等部分组成。但由于履带在卷绕过程中承受交变的弯曲应力，会引起履带的疲劳损坏，故驱动轮直径不宜过小，以减小履带卷绕时的弯曲程度；同时由于履齿较高，轮体直径也必须较大一些。另外，支重轮、托链轮和导向轮应分别骑跨在履带齿的两边，压在橡胶平面上，同时为了防止轮缘切割和严重挤压橡胶而引起损伤，应将轮缘做得较宽一些。

橡胶履带的主要结构参数是节距、节数、履带宽度、花纹样式、预埋金属件样式等。

橡胶履带具有重量轻、振动小、噪声低、行驶平顺、附着力大、行驶阻力小、转向灵活、地面适应性好、不损坏路面、接地比压小等特点。此外，由于橡胶履带无销轴与销套，结构简单，无内部摩擦和磨损，因而传动效率高，很适合城市或农田的施工作业。橡胶履带的主要缺点是强度低、承载能力差，且在连续反复的受载和变形作用下温升较高，使橡胶迅速老化，刚度下降并变脆脱落，从而影响了整体使用寿命，故橡胶履带不适合在大中型挖掘机上使用，而一般用在小型或微型挖掘机上以及用于特殊场合的其他车辆上。此外，在使用维护中还应注意以下几点：

1）必须维持适当的张紧力。这是因为张紧力过小，履带容易脱落；反之，张紧力过大，则会降低履带寿命。

2）机器行走过程中应避开尖锐物体，以免划伤履带；应避免在高摩擦因数的混凝土路面上过快转弯，以免橡胶撕裂。在通常情况下也应避免转弯过快、过急，转弯时尽量不用单边履带转向。

3）橡胶对油污比较敏感，因此要注意避免履带粘上油污等腐蚀性物质。

4）应避免日晒雨淋，否则会加速橡胶的老化。

5）驱动轮及其他轮子一旦磨损应及时更换，否则会加速履带的磨损。

7.1.3 支重轮

挖掘机的几乎全部自重都通过支重轮传给地面，如遇偏载或前后失稳的临界状态，整机的全部自重几乎都集中在单个负重轮上，行走时如地面不平则会受到来自地面的冲击，所以支重轮所受载荷较大，其工作条件也十分恶劣，经常处于尘土中，有时还浸泡于泥水之中，故要求其密封可靠。支重轮轮体常用35Mn或50Mn制造，轮面淬火硬度应达48～57HRC。采用滑动轴承较多，并用浮动油封防尘。

图7-11所示为标准化后支重轮的一种结构形式，为直轴式结构，轴的构造简单，工艺性好，虽然承受轴向力的能力较差，但适合于挖掘机的工况。支重轮的轴1通过两端轴座7固定在履带架上，因此不转动。轮体4为两段焊接而成，轮边有凸缘，起夹持履带的作用，保持履带板在行走时不会横向脱落。轮体4内压装有轴套3，这种轴套为双金属式，即在08F的钢套内涂有0.8mm厚的锡青铜合金，既耐磨，强度又高。轴两端装有浮动油封。

浮动油封是一种结构较简单、密封效果较好的端面密封装置。它由两个形状相同的金属油封环5和两个O形密封圈6组成，每个油封环上各套一个O形密封圈。不转动的油封环固定在轴座7的槽中，另一个油封环装在支重轮体槽内，随支重轮转动。当旋转件被压紧后，O形密封圈被压紧产生弹性变形，使两油封环端面始终贴紧，起到密封作用。润滑油从支重轮中部的螺塞孔加入，不但润滑了轴与轴套的摩擦面，而且也润滑了油封环的端面，同时防止了水和灰尘等污物的侵入。

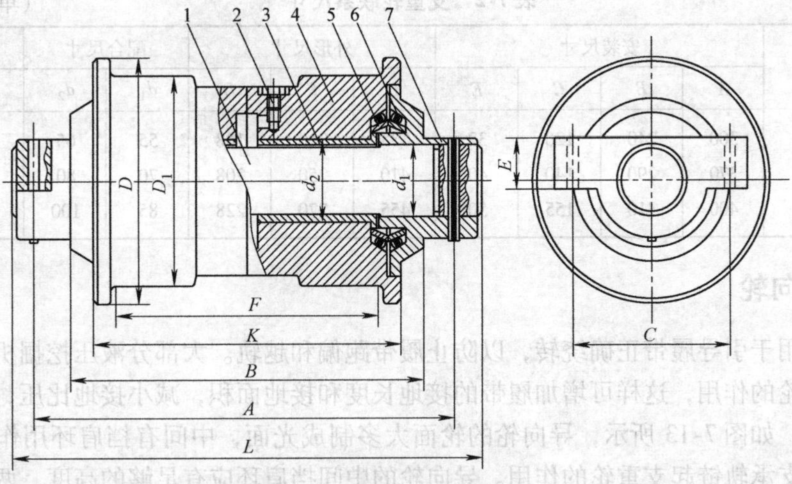

图 7-11　支重轮结构示意图

1—轴　2—螺塞　3—轴套　4—轮体　5—油封环　6—O 形密封圈　7—轴座

这种端面油封的密封效果很好，使用寿命长，通常在一个大修期间不需加油，简化了平时的保养工作，故挖掘机的支重轮、导向轮等广泛使用这种油封。

有时为了使支重轮的受力更加均衡，往往在有限的履带接地长度上多增加几个支重轮，并把其中的几个支重轮做成无外凸缘形式，再把有凸缘和无凸缘的支重轮交替排列。图 7-12 所示为双轮缘和单轮缘两种结构形式的支重轮。支重轮的结构联系尺寸等参数见表 7-2。

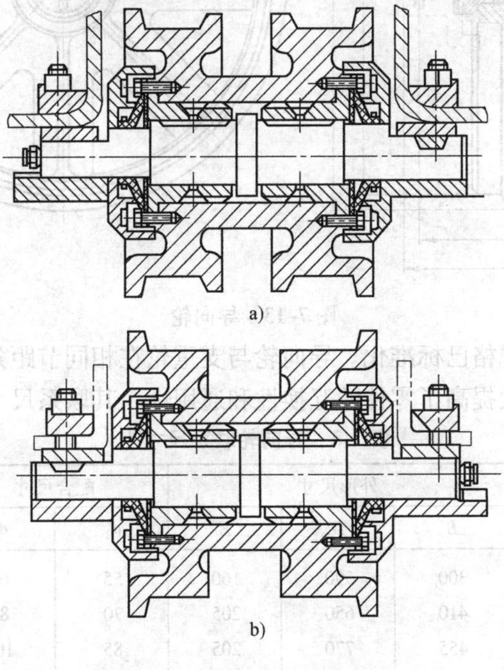

a)

b)

图 7-12　支重轮的两种结构形式

a）双轮缘　b）单轮缘

表 7-2　支重轮联系尺寸[1]　　（单位：mm）

图　号	安装尺寸				外形尺寸			配合尺寸		特性尺寸	
	A	B	C	E	L	K	D	d_1	d_2	F	D_1
W（173）01	300	240	120	32	335	210	188	55	65	180	155
W（203）01	370	290	140	40	410	250	208	70	80	210	170
W（216）01	400	310	155	50	455	270	228	85	100	210	180

7.1.4　导向轮

导向轮用于引导履带正确绕转，以防止履带跑偏和越轨。大部分液压挖掘机的导向轮同时起到支重轮的作用，这样可增加履带的接地长度和接地面积，减小接地比压，提高通过能力和稳定性。如图 7-13 所示，导向轮的轮面大多制成光面，中间有挡肩环用作导向，两侧的环面则能支承轨链起支重轮的作用。导向轮的中间挡肩环应有足够的高度，两侧边的斜度要小。导向轮与最靠近的支重轮距离越小则导向性能越好。

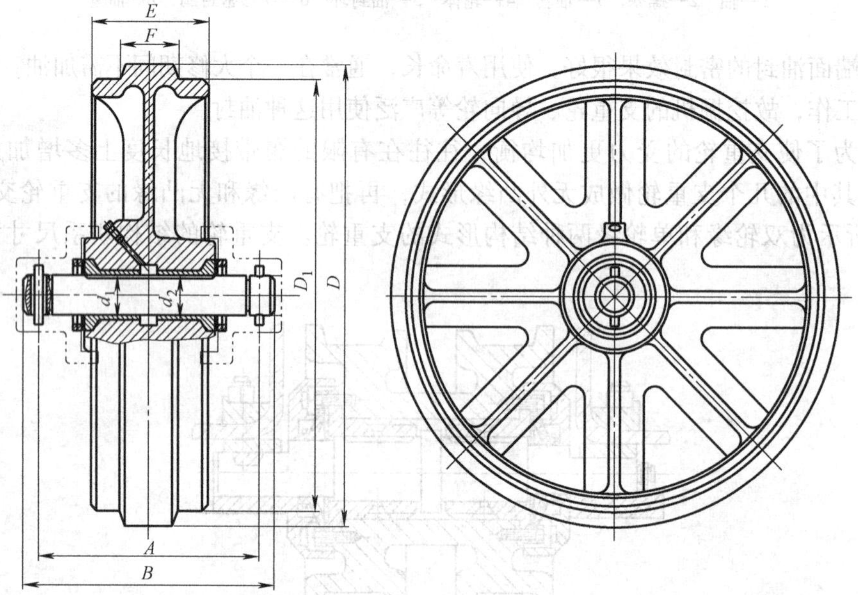

图 7-13　导向轮

导向轮结构形式和规格已标准化。导向轮与支重轮在相同节距条件下，除轮体外，其余零件都可以通用，这大大提高了零件的互换性和通用性，其联系尺寸见表 7-3。

表 7-3　导向轮联系尺寸[1]　　（单位：mm）

图　号	安装尺寸	外形尺寸			配合尺寸		特性尺寸	
	A	B	D	E	d_1	d_2	D_1	F
W（173）03	335	300	590	160	55	65	550	82
W（203）03	370	410	650	205	70	80	600	105
W（216）03	400	455	770	205	85	100	724	105

表中字母代表的尺寸见图 7-13。

导向轮材料通常用40钢、45钢或35Mn铸钢，进行调质处理，硬度应达230～270HBW。为了使导向轮发挥作用并延长其使用寿命，制造时规定轮缘工作表面对配合孔的跳动不得超过3mm，安装时应正确对中。

7.1.5 履带张紧装置

履带式行走装置使用一段时间后由于链轨销轴的磨损会使节距增大，并使整个履带伸长，导致摩擦履带架，引起脱轨等现象，影响了行走性能。因此，每条履带都必须设置张紧装置，使履带经常保持一定的张紧度，保证正常行走。

旧式挖掘机中通常采用螺杆螺母来张紧履带，利用张紧螺母使导向轮移动一定距离达到张紧的目的。这种调整方式既费力又不能使履带经常保持适度的张紧力。目前在液压挖掘机中广泛采用带有辅助液压缸的弹簧液压张紧装置，如图7-14所示。它是借助润滑用的润滑脂枪将润滑脂从图中箭头所指处压入张紧液压缸2，使活塞杆外伸，一端移动导向轮1，另一端压缩张紧弹簧3使之预紧。但预紧后的张紧弹簧3尚需留有适当的行程以起缓冲作用。如果履带太紧需放松时，可拧开注油嘴，从液压缸中放出适量的润滑脂。

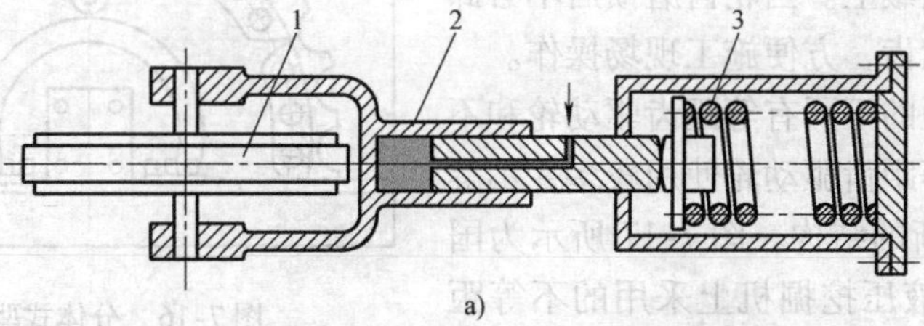

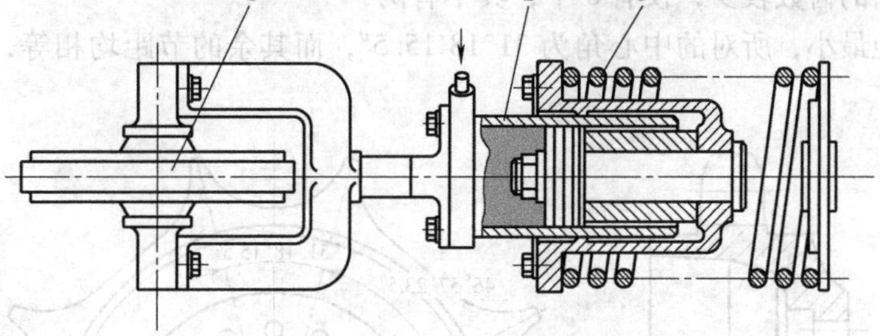

图7-14 液压张紧装置

1—导向轮 2—张紧液压缸 3—张紧弹簧

图7-14a所示为液压缸活塞直接顶弹簧的形式，这种结构虽简单，但外形尺寸较长。图7-14b所示为液压缸活塞置于弹簧中间的形式，这种结构的优点是缩短了外形尺寸，但零件稍多。

导向轮前后移动的调整距离应设计成大于履带节距的一半，这样就可以在履带因磨损伸长过多时去掉一节履带板后仍能将履带连接上。链轨的调节应松紧适当，否则会影响使用寿命。检查松紧度的简易方法如图7-15所示，先将木楔放在导向轮的前方起制动作用，然后驱动履带，使接地的履带分支张紧，上部链轨便松弛下垂。上部履带的下垂度可用钢直尺在托链轮和驱动轮上测得，通常不应超过2～4cm。

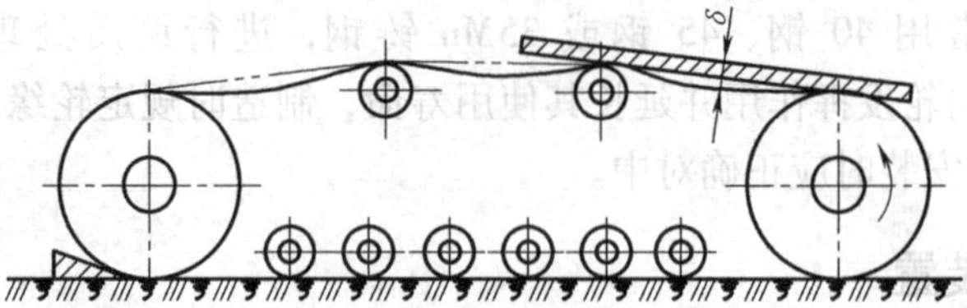

图 7-15　检查履带松紧度的方法

7.1.6　驱动轮

驱动轮将行走液压马达及传动机构的输出转矩和转速传给履带，再通过地面使车辆获得牵引力而行走。因此，对驱动轮的要求是应与履带正确啮合，以实现平稳传动，并且当履带因销套磨损而伸长后仍能使之很好地啮合且传递动力。

履带车辆的驱动轮通常置于后部，这样可使履带的张紧段较短，减少磨损和功率损失。

驱动轮的结构有多种形式，如按轮体构造分有整体式和分体式两种。分体式链轮的轮齿被分割成 5～9 片齿圈，如图 7-16 所示，每片齿圈用 3～4 个螺栓固定在驱动轮轮毂上。当轮齿磨损后不必卸下履带便可更换局部轮齿，方便施工现场操作。

图 7-16　分体式驱动轮

按驱动轮轮齿节距的不同有等距齿驱动轮和不等距齿驱动轮两种。等距齿驱动轮使用较多，不等距齿驱动轮是一种较新的结构。图 7-17 所示为国产斗容量为 1.6m³ 的液压挖掘机上采用的不等距齿的驱动轮。它的齿数较少，仅有 8 个，其中有两个齿之间的节距最小，所对的中心角为 31°18′15.5″，而其余的节距均相等，所对中心角为 46°57′23.5″。

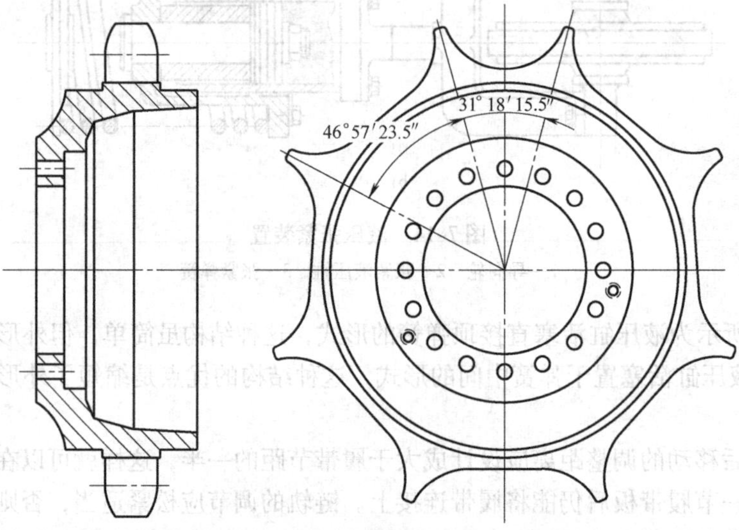

图 7-17　不等距齿的驱动轮

这种驱动轮的轮齿并非在履带的包角范围内都同时啮合，同时啮合的约仅有两个齿。由于驱动轮与链轨节踏面相接触，因此，一部分转矩便由驱动轮的踏面来传递，同时履带中很大的张紧力也由驱动轮踏面承受。这样就减少了轮齿的受力，也减少了磨损，提高了驱动轮的寿命。

轮齿数少，齿根较厚，提高了强度。这种驱动轮的轮齿要驱动轮转两圈才啮合一次，它的啮合是逐渐接触的，因而冲击较小。此外，这种驱动轮由于齿数少，加工容易，要求精度低，若铸造质量较好可以不必加工即可使用。它的缺点是链轨节的踏面易磨损，使用寿命较短。

驱动轮的结构除轮体有上述不同之外，轮壳与最终传动输出轴的连接也有多种形式：有锥形渐开线花键联接、锥形六平键联接、普通矩形花键联接等。这些通常与传动结构有关，因此标准化中有关驱动轮的结构未作统一规定，仅规定了节距大小和相应的齿数。

驱动轮轮齿工作时受履带销套反作用的弯曲压应力，并且轮齿与销套之间有磨料磨损。因此，驱动轮应选用淬透性较好的钢材，通常用50Mn、45SiMn，进行中频感应淬火、低温回火，硬度应达55～58HRC。

7.2　履带式行走装置

7.2.1　履带式行走装置的传动方式

单斗液压挖掘机的履带行走装置绝大部分都采用液压传动，简化履带行走架结构，并且省去了机械传动中采用的复杂锥齿轮、离合器及传动轴等零件。液压传动的方式是每条履带有各自的驱动液压马达及减速装置，由于两台液压马达可以独立操纵，因此挖掘机的左、右履带可以等速前进、后退，实现直驶；或一条履带驱动、一条履带制动，实现B/2转向（图7-18b）；也可以两条履带相反方向驱动，实现原地旋转（图7-18a），提高了作业的灵活性。虽然液压传动的效率低，仅为50%左右（机械传动的效率约70%），但因具备上述优点，目前履带式液压挖掘机都采用此种形式。

与回转驱动机构类似，可把履带式行走装置的传动方式分为高速方案和低速方案两类。高速方案通常是采用定量轴向柱塞式、叶片式或齿轮式液压马达，通过多级直齿轮减速或直齿轮和行星齿轮组合的减速箱，最后驱动履带的驱动轮。图7-19所示为高速液压马达驱动的履带行走装置。其中，图7-19a所示为从内后侧观察的情形，行走液压马达及相应的减速机构即内藏于尾部壳体中。图7-19b所示为从后部观察到的情形，由该图可以看出，行走液压马达总成的周向和径向尺寸都很紧凑，基本上不影响挖掘机的通过性。图7-19c所示为从驱动轮外侧观察到驱动链轮与履带啮合的情形，由该图可以看出，驱动链轮采用了分体式结构，其轮齿部分用螺栓联接于驱动轮轮毂上。

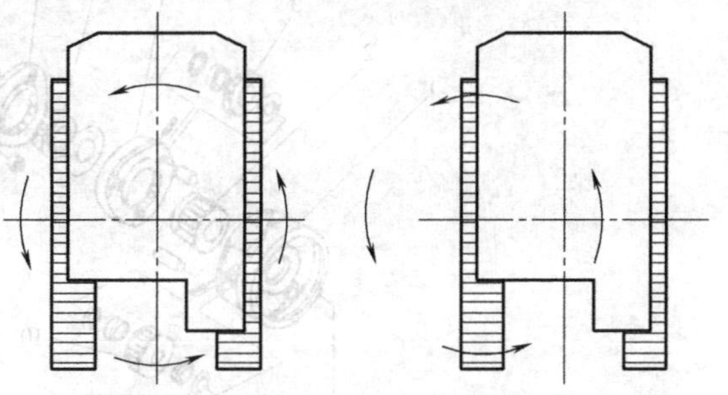

图7-18　履带式液压挖掘机的转向
a）原地转向　b）统一履带转向（B/2转向）

采用高速液压马达驱动，由于液压马达转速可达2000～3000r/min，因此减速装置需一对或两对直齿轮与一列或两列行星齿轮组合成减速箱，这种减速箱通常连同液压马达和制动

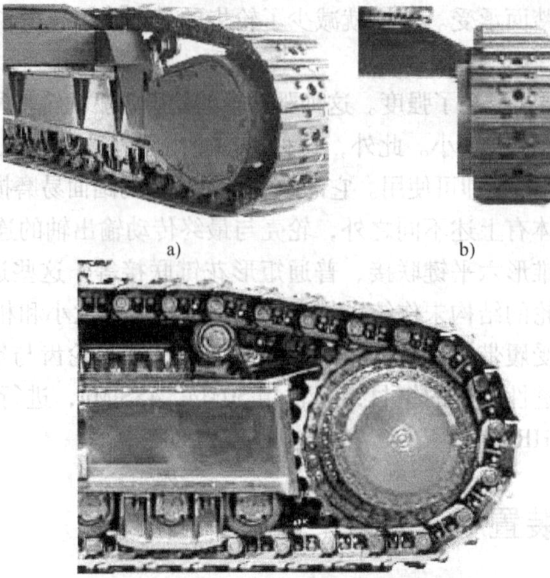

a) b) c)

图 7-19 用高速液压马达驱动的履带行走装置

（图片来自 HITACHI 公司产品样本）

器组成一个独立紧凑的部件。这种结构形式已形成系列化和专业化，因而使挖掘机的设计和制造工作大为简化。

图 7-20 所示为 HITACHI 公司的 EX220—3 型行走液压马达驱动装置组成结构示意图。

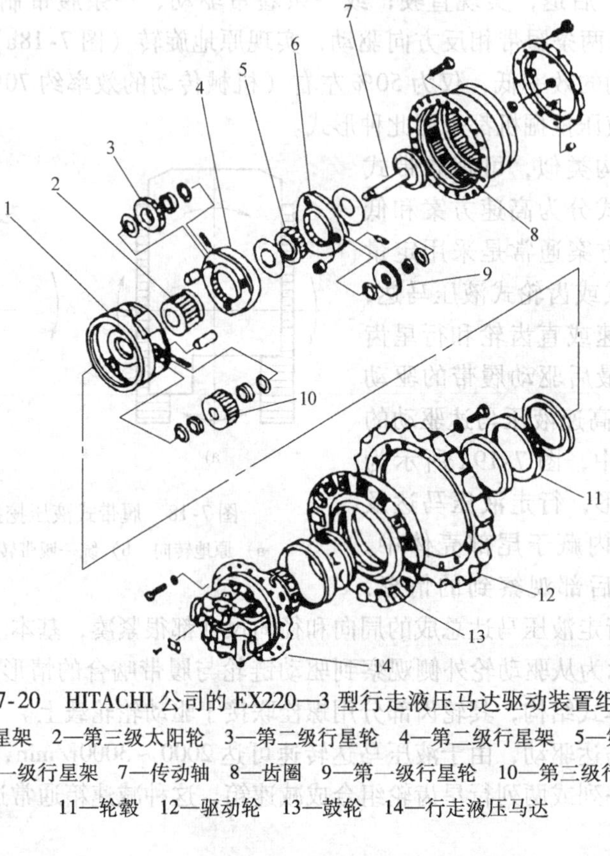

图 7-20 HITACHI 公司的 EX220—3 型行走液压马达驱动装置组成

1—第三级行星架 2—第三级太阳轮 3—第二级行星轮 4—第二级行星架 5—第二级太阳轮 6—第一级行星架 7—传动轴 8—齿圈 9—第一级行星轮 10—第三级行星轮 11—轮毂 12—驱动轮 13—鼓轮 14—行走液压马达

该机构采用了三级行星传动，可得到较大的传动比。驱动轮同样采用了分体式结构，便于维修更换。

图7-21a所示为二级直齿减速加单排行星传动的行走减速机构。轴向行走液压马达9经两对直齿轮6驱动行星轮系的太阳轮1转动，由于内齿圈4和壳体8固定，因此，太阳轮1运转时便驱动行星轮2绕内齿圈4转动，并带动行星架5转动，从而使与行星架相连的驱动链轮3转动，驱动链轮3的转向与太阳轮1的转向相同。

图7-21b所示为二级直齿减速加双排行星传动组成的行走减速机构，它与图7-21a所示机构的主要区别是在图7-21a中的二级直齿传动与行星传动之间增加了一排行星传动，其中，第一排行星架的输出为第二排太阳轮的输入，可因此获得更大的传动比。

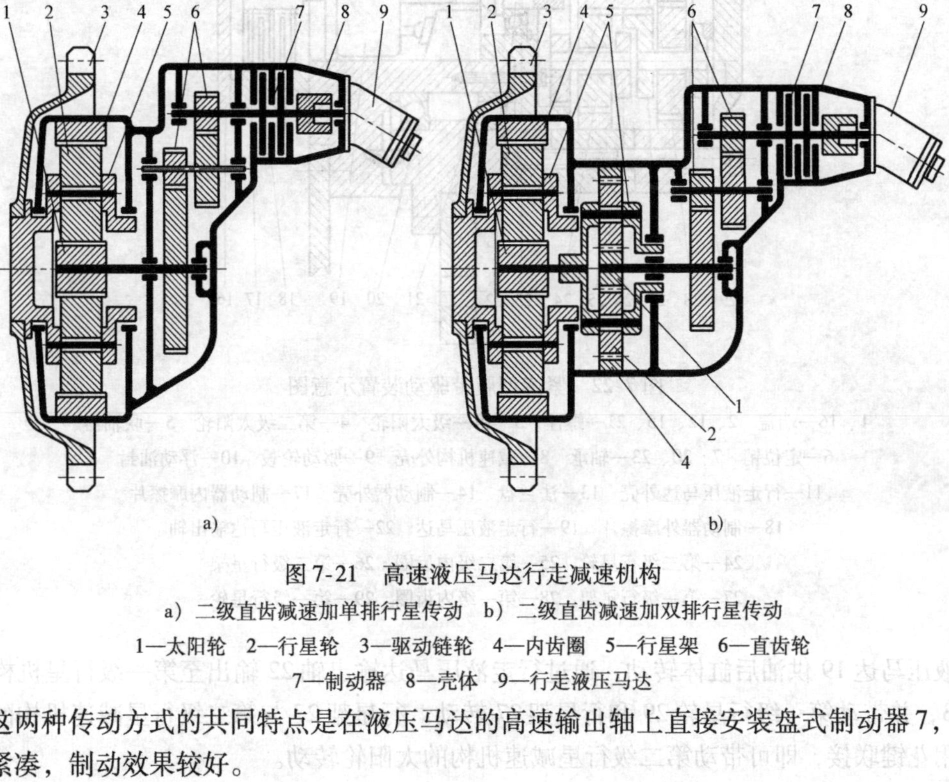

图7-21 高速液压马达行走减速机构

a）二级直齿减速加单排行星传动 b）二级直齿减速加双排行星传动

1—太阳轮 2—行星轮 3—驱动链轮 4—内齿圈 5—行星架 6—直齿轮

7—制动器 8—壳体 9—行走液压马达

这两种传动方式的共同特点是在液压马达的高速输出轴上直接安装盘式制动器7，因而结构紧凑，制动效果较好。

行走机构的制动器有常闭和常开两种形式。常闭式制动器平时用弹簧压紧制动，行走时用压力油分离制动盘，简称为“弹簧压紧、液压分离式”，其压紧弹簧一般采用碟形弹簧，这种弹簧结构紧凑。常开式制动器用液压或手动操纵制动。此外，为了防止润滑油侵入制动器的摩擦面，在制动器和减速器之间装有密封圈。

上述减速装置由于采用了行星轮系，速比大、体积小，使挖掘机的离地间隙较大，通过性能好。其缺点是液压马达连同行走减速机构的径向和轴向尺寸都较大，当行驶中遇到较大障碍物时，可能会碰坏液压马达并影响整机的通过性。近年来，国内外大多数挖掘机上采用了将液压马达和减速机构集成在履带驱动轮内的紧凑型结构形式，如图7-22所示。

图7-22所示的行走减速机构由液压马达19与两级行星减速机构组成。第一级行星减速机构由太阳轮3、行星架27、内齿圈28及行星轮29组成。第二级行星减速机构由太阳轮4、行星架26、内齿圈25和行星轮24组成。

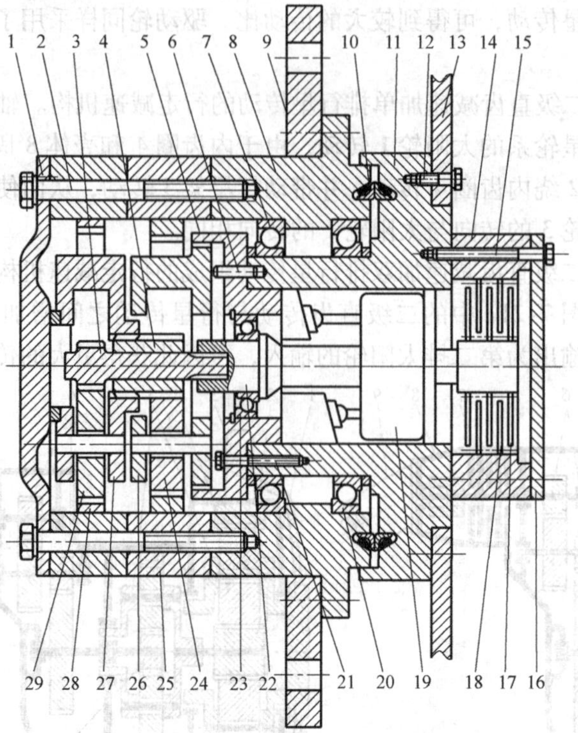

图 7-22　紧凑型履带驱动装置示意图

1、16—端盖　2、12、15、21—螺栓　3—第一级太阳轮　4—第二级太阳轮　5—联轴器　6—定位销　7、20、23—轴承　8—减速机构外壳　9—驱动轮毂　10—浮动油封　11—行走液压马达外壳　13—法兰盘　14—制动器外壳　17—制动器内摩擦片　18—制动器外摩擦片　19—行走液压马达　22—行走液压马达输出轴　24—第二级行星轮　25—第二级内齿圈　26—第二级行星架　27—第一级行星架　28—第一级内齿圈　29—第一级行星轮

液压马达 19 供油后缸体转动，通过行走液压马达输出轴 22 输出至第一级行星机构的太阳轮 3，并带动第一级行星轮 29 和行星架 27 转动。行星架 27 与第二级行星减速机构的太阳轮 4 用花键联接，即可带动第二级行星减速机构的太阳轮转动。

第二级行星减速机构的太阳轮 4 带动行星轮 24 转动，第二级行星减速机构的行星架 26 与联轴器 5 用花键联接在一起，而联轴器 5 则与行走液压马达外壳 11 用螺栓 21 联接并通过法兰盘 13 固定在履带架上，因此，第二级行星架 26 是不能旋转的。这样，第二级太阳轮 4 通过第二级行星轮 24 将动力传至第二级内齿圈 25，使内齿圈 25 转动。第二级内齿圈 25、第一级内齿圈 28 及行走减速机构外壳用螺栓 2 联接成一体，并进一步与驱动轮毂用螺栓联成一体，通过第一级内齿圈 28 和第二级内齿圈 25 可带动驱动轮转动。

驱动轮的载荷通过减速机构外壳 8 经轴承 7 和 20 由液压马达外壳体 11 来承受。液压马达的输出轴另一端则装有制动器，其内摩擦片用花键与液压马达缸体（转动部分）相联，并与液压马达壳体一起转动；外摩擦片用花键与液压马达外壳体 11 相联，不能转动。制动器一般为全盘式结构，并采用弹簧制动、液压分离形式。当发动机停止工作或行走控制阀回到中位时，制动压力油自动解除，制动器内、外摩擦片在弹簧力的作用下结合，以保证安全工作。当行走控制阀发出动作信号时，压力油进入制动器液压缸并压缩制动弹簧使制动器内、外摩擦片分离，挖掘机实现行走动作。在液压马达外壳 11 和减速器外壳 8 之间装有浮动油封 10，以防止灰尘的侵入。

除上述几种结构形式外，目前，大型挖掘机上采用三级行星减速机构的也较多，其目的是为了获得更大的输出转矩，并使结构变得紧凑。图 7-23 所示为 HITACHI 公司的 ZAXIS330 型、ZAXIS350H 型挖掘机上采用的行走装置。该装置包括行走液压马达、行走减速装置和行走制动装置三部分。其行走液压马达是斜轴式变量轴向柱塞液压马达，减速装置是三级行星齿轮式，停车制动器为湿式多片常闭型，弹簧压紧、液压分离。

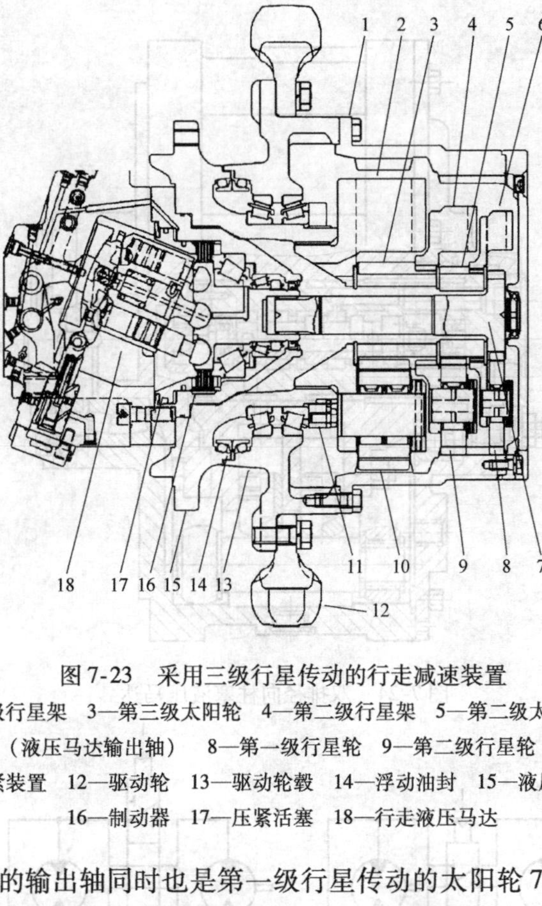

图 7-23　采用三级行星传动的行走减速装置

1—内齿圈　2—第三级行星架　3—第三级太阳轮　4—第二级行星架　5—第二级太阳轮　6—第一级行星架　7—第一级太阳轮（液压马达输出轴）　8—第一级行星轮　9—第二级行星轮　10—第三级行星轮　11—锁紧装置　12—驱动轮　13—驱动轮毂　14—浮动油封　15—液压马达壳体　16—制动器　17—压紧活塞　18—行走液压马达

行走液压马达 18 的输出轴同时也是第一级行星传动的太阳轮 7。其转矩和转速通过第一级行星轮 8、第一级行星架 6 传给第二级太阳轮 5（花键联接）；然后通过第二级行星轮 9、第二级行星架 4 传给第三级太阳轮 3 和第三级行星轮 10 以及第三级行星架 2。第三级行星架 2 用锁紧装置 11 与行走液压马达壳体 15 连接，并用螺栓联接在履带架上，因此第三级行星架 2 不能转动。驱动轮毂 13 与内齿圈 1 用螺栓联成一体，同样，用螺栓把驱动轮 12 联接到驱动轮毂 13 上。因此，当内齿圈 1 转动时，便带动驱动轮毂 13 和驱动轮 12 一起转动。

制动是靠压紧活塞 17 后的碟形弹簧的压力使制动器 16 中的摩擦片结合而起作用的，当压力油进入制动活塞 17 腔室时，就会把活塞向左推动，从而松开制动器，实现行走。

以上几种行走驱动装置结构紧凑，外形尺寸一般不超出履带板宽度，因而离地间隙大，通过性好。但液压马达装在中间，散热性较差，维修也不太方便。

有些全液压挖掘机采用低速大转距液压马达驱动，可省去减速装置，使机构大为简化。采用低速大转矩液压马达结构简单，但由于爬坡和转弯时阻力很大，因而牵引力显得有些不足。此外，由于低速液压马达在转速较低时效率很低，故一般还得辅以一级直齿轮减速或一级行星轮减速，以增大输出转矩并减小液压马达的径向尺寸，使结构变得紧凑。

图 7-24 所示为液压挖掘机上采用的一种双排径向柱塞式行走液压马达结构示意图。这种液压马达为内曲线液压马达，转子有两排柱塞。其变速原理是：当需要高速行走时，可操纵控制阀使两排柱塞串联工作（图 7-25a，前一液压马达的出油为后一液压马达的进油），当需要低速行走时，可操纵控制阀使两排柱塞并联工作（图 7-25b，两排液压马达同时进油），从而实现双速行走。

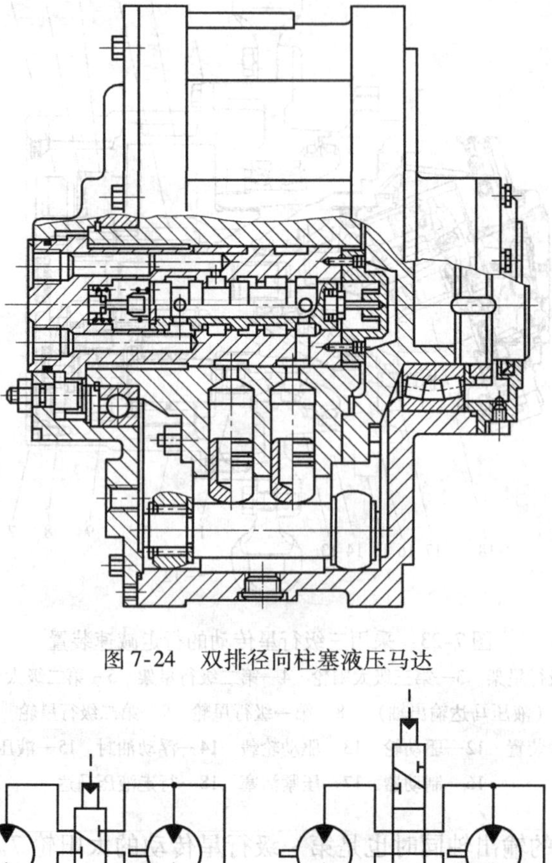

图 7-24　双排径向柱塞液压马达

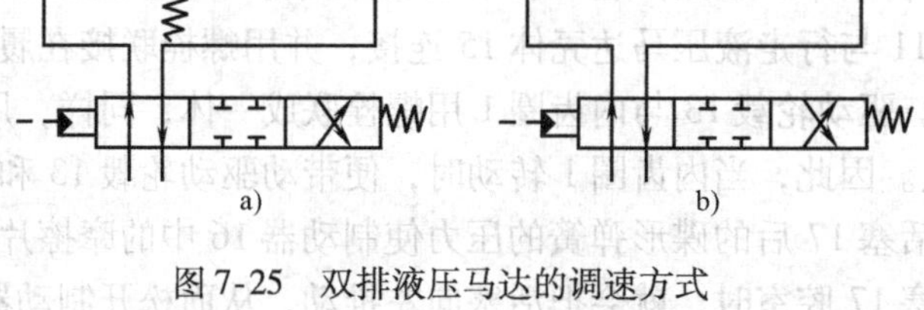

图 7-25　双排液压马达的调速方式

a）串联方式　b）并联方式

设液压马达的总流量为 Q，进出口压力差为 Δp，每排柱塞的排量为 q。

当两排柱塞串联工作实现高速行走时（图7-25a），每排柱塞所受的压差为$\Delta p/2$，故液压马达的输出转矩为

$$M_1 = 2q\frac{\Delta p}{2} = q\Delta p$$

其输出转速则为

$$n_1 = \frac{Q}{q}$$

当两排柱塞并联工作时（图7-25b），其输出转矩为

$$M_2 = q\Delta p + q\Delta p = 2q\Delta p$$

其输出转速为

$$n_2 = \frac{Q}{q+q} = \frac{Q}{2q}$$

由此可见，将两排柱塞串联后转矩较小，但转速提高了一倍；而将两排柱塞并联后，转矩为串联时的2倍，但转速却为串联时的一半。

在行走装置的液压系统设计中，除与回转机构一样应考虑缓冲、补油外，还应具有限速装置，以防止挖掘机下坡行走时产生超速溜坡的危险。有关限速液压原理的内容详见后续章节。

在行走装置中采用高速液压马达系统或低速液压马达系统各有优缺点，前者液压马达可靠，离地间隙大，但减速装置较复杂；后者减速装置简化，但液压马达径向尺寸大，离地间隙小，而且效率低。

近年来，现代液压挖掘机在行走装置中还较多地采用了变量液压马达，使挖掘机的行走速度能自动适应地面行驶阻力的变化，行走动作变得更加连续而平缓，有效地减少了换挡和地面阻力变化带来的冲击，实现了真正意义上的无级变速。关于这方面的技术资料，可参见国外著名厂商的相关技术资料和有关文献。

行走装置采用高速方案或低速方案常与回转机构统一考虑，因为回转液压马达与行走液压马达常采用同一规格。但在选择行走装置的形式时，还应考虑工作地点的土壤条件、工作量、运输距离及使用条件等因素。

7.2.2 履带式行走装置的设计

1. 履带式液压挖掘机的行驶阻力

与轮胎式行走装置相比，履带式行走装置的特点是牵引力大，通常每条履带的牵引力可达整机自重的35% ~45%；接地比压小，一般在40 ~150kPa之间，因而越野性能及作业稳定性好；爬坡能力强，一般为50% ~80%，最大可达100%；转弯半径小，灵活性好，因而履带式行走装置在液压挖掘上使用较为普遍。但履带式行走装置制造成本高，行走速度低，直驶和转向时功率消耗大，零件磨损快，因此，挖掘机远距离行驶时需借助其他运输车辆。

目前履带式液压挖掘机行走装置的组成结构已基本定型，并趋于标准化。其驱动装置一般由高速液压马达与减速装置组成，行走液压马达的性能及液压系统的控制特性决定了其行走速度、直驶和转向能力。因此，为了正确设计和选择行走液压马达，需要对履带式车辆进行牵引计算，掌握其行驶阻力及其变化规律。

履带式车辆行驶中需要克服的阻力包括土壤的变形阻力、坡度阻力、转向阻力、履带行走装置的内阻力。

牵引力计算原则是行走装置的牵引力应大于上述各项阻力之和（不同行驶工况下其组成会有所不同），但又不应超过挖掘机与地面的附着力。

（1）土壤的变形阻力　履带式车辆行驶时会挤压土壤使其产生变形，即产生土壤的变形阻力（也称为运行阻力）。根据参考文献［1］，双履带液压挖掘机单侧履带的运行阻力（单位为kN）的计算公式为

$$F_{r1}=\frac{bp^2}{p_0} \tag{7-1}$$

式中　b——履带宽度（m）；

p——履带的接地比压（kPa）；

p_0——土壤抗陷系数（kPa/cm），其意义为使土壤受压表面下陷1cm所需要的单位面积压力，各类土壤的 p_0 值参见表7-4。

表7-4　各类土壤的抗陷系数及最大接地比压[1]

土壤的种类	抗陷系数 p_0/kPa·cm^{-1}	最大接地比压 p_{max}/kPa
沼泽土	5～15	40～100
湿粘土、松砂土	20～30	200～400
大粒砂、普通粘土	30～45	400～600
坚实粘土	50～60	600～700
湿黄土	70～100	800～1000
干黄土	110～130	1100～1500

为简化实际计算过程，常引入运行比阻力 w_1，即单位整机自重的运行阻力。

$$w_1=\frac{F_{r1}}{G}=\frac{bp^2/p_0}{2bLp}=\frac{p}{2Lp_0} \tag{7-2}$$

式中　L——履带接地长度（cm）。

w_1与路面种类等有关，其值可参考表7-5选取。

表7-5　运行比阻力值[1]

路面种类	运行比阻力
高级公路（沥青）	0.03～0.04
中等公路（圆石砌的）	0.05～0.06
坚实土路	0.06～0.09
野　路	0.09～0.12
深砂、沼泽地、耕地	0.10～0.15

履带式车辆的运行阻力（单位为kN）可按以下简化形式计算。即

$$F_{r1}=w_1 mg\cos\alpha \tag{7-3}$$

式中　α——坡度（°）；

m——整机质量（t）。

（2）坡度阻力 F_{r2}　坡度阻力（单位为kN）是由于机器在斜坡上因自重沿纵坡方向的

分力所引起的。其计算公式为

$$F_{r2}=mg\sin\alpha \tag{7-4}$$

（3）转向阻力 F_{r3} 履带式车辆转向时，接地段所作的运动是随瞬时转向中心的平动和绕瞬时转向中心的转动，即作复合运动。这种运动使得履带式车辆转向时同时受纵向和横向阻力作用。实验研究表明，履带式行走装置转向时所受到的阻力包括履带板与地面的摩擦阻力、履带挤压和剪切土壤的阻力以及刮土阻力等。这些阻力十分复杂，对其进行详细的分析计算十分困难，现有文献研究结果认为履带板与地面的摩擦阻力最大，它是构成转向阻力的主要因素。

在假设履带接地比压均布的前提下，根据参考文献［1］，挖掘机原地转向时单侧履带的转向阻力（牵引阻力，单位为kN）的计算公式为

$$F_{r3}=\frac{1}{4}\beta\mu G\frac{L}{B} \tag{7-5}$$

式中 β——转向时履带板侧边刮土的附加阻力系数，取 $\beta=1.15$；

μ——履带与地面的摩擦因数（转向阻力系数）；

G——挖掘机整机自重（kN）；

L——履带接地长度（m）；

B——履带中心距（m）。

在实际计算中，转向阻力系数 μ 与履带板结构、转向半径、地面性质、接地段结构参数（接地长度、宽度）及接地比压分布情况等有关。参考文献［1］推荐的范围为0.5～0.6。参考文献［10］提供的计算公式为

$$\mu=\frac{\mu_{max}}{0.925+0.15\rho}\qquad(\rho\geqslant0.5) \tag{7-6}$$

式中 μ_{max}——车辆以 $R=B/2$（单侧履带制动）转向半径转向时的最大转向阻力系数；

ρ——相对转向半径，$\rho=R/B$。

不同地面的最大转向阻力系数见表7-6。

表7-6 不同地面的最大转向阻力系数 μ_{max} [10]

地面性质	μ_{max}	地面性质	μ_{max}
干粘土和沙质地面（湿度≤8%）	0.8～1.0	硬土路	0.5～0.6
干泥沙土路（带黑土）	0.7～0.9	水泥路	0.68
湿泥沙土路（湿度=20%）	0.2～0.3	柏油路	0.49
松软土路	1.0	松雪地	0.15～0.25
农村土路	0.8	硬雪地	0.25～0.7
农村土公路	0.64	湿地、耕地	0.8～1.0
松软地面	0.6～0.7	沼泽地	0.85～0.9
粘性土壤	0.9	潮湿的粘质土	0.4～0.5

值得注意的是，式（7-6）不适合于转向半径 $R<B/2$ 的情况。此外，理论分析和实际情况表明，履带式车辆在非原地转向时内、外侧履带的阻力及消耗的功率并不相同，一般内侧履带吸收功率，外侧履带消耗功率。

（4）履带行走装置的内阻力 F_{r4}　履带行走装置运行时的内阻力包括驱动轮、导向轮、支重轮、托链轮、履带销轴间的内摩擦力及履带板与驱动轮啮合等的摩擦阻力、滚动阻力等，这些因素可综合表示为履带式行走装置的效率。

1）履带销轴间的摩擦阻力 F_{r41}（单位为N）。履带运行时，连接履带板的销轴间存在摩擦阻力，根据做功原理，双侧履带消耗的平均牵引力的计算公式为

$$F_{r41}=2\frac{F_T\mu d\pi}{zt} \tag{7-7}$$

式中　μ——销轴与孔的摩擦因数；

d——履带销轴直径（m）；

z——驱动轮齿数；

t——履带节距（m）；

F_T——履带张力（N），驱动轮在前或在后其值会有所不同。

设 F'为驱动轮紧边张力，F''为驱动轮松边张力，则

当驱动轮位于后部时，$F_T=(F'+3F'')\dfrac{\pi\mu d}{zt}$

当驱动轮位于前部时，$F_T=(3F'+F'')\dfrac{\pi\mu d}{zt}$

2）支重轮的摩擦阻力 F_{r42}（单位为N）。这部分阻力包括支重轮沿履带板的滚动阻力和轴颈的摩擦阻力。即

$$F_{r42}=\frac{G}{D_P}(\mu_0 d_0+2f) \tag{7-8}$$

式中　G——作用在履带上的总重力（N）；

D_P——支重轮外径（cm）；

d_0——支重轮销轴直径（cm）；

f——滚动阻力系数（cm），$f=0.03\sim0.05$cm；

μ_0——支重轮销轴与轴套间的摩擦因数 $\mu_0=0.1$。

3）驱动轮的摩擦阻力 F_{r43}（单位为N）。其计算公式为

$$F_{r43}=(F_A+F_B)\mu_0\frac{d_1}{D_1} \tag{7-9}$$

式中　F_A、F_B——作用在两侧驱动轮轴承上的反力（N）；

D_1——驱动轮节圆直径（m）；

d_1——驱动轮销轴直径（m）；

μ_0——驱动轮销轴与轴套间的摩擦因数，$\mu_0=0.1$。

4）导向轮的摩擦阻力 F_{r44}（单位为N）。其计算公式为

$$F_{r44}=2F'_T\mu_0\frac{d_2}{D_2} \tag{7-10}$$

式中　F'_T——履带松边拉力（N）；

D_2——导向轮外径（cm）；

d_2——导向轮销轴直径（cm）；

μ_0——导向轮销轴与轴套间的摩擦因数，$\mu_0=0.1$。

将以上四种阻力合起来即构成履带行走装置两侧的内阻力 F_{r4}。即

$$F_{r4}=F_{r41}+F_{r42}+F_{r43}+F_{r44} \tag{7-11}$$

除以上四种阻力外，还有履带与驱动轮之间的啮合阻力、托链轮内部的摩擦阻力，但这些摩擦阻力都很小，可不予考虑。此外，由于挖掘机的行驶速度较低，行进中的风阻力也可不予考虑。

将各项阻力合起来构成总阻力为

$$F_R=F_{r1}+F_{r2}+2F_{r3}+F_{r4} \tag{7-12}$$

式（7-12）为总阻力计算公式，如计算单侧履带的阻力，则用上式除以2即可得近似值。此外，等式右边的各项也应根据实际行驶情况有所改变，如直驶时无第三项转向阻力，而在起动加速或制动减速时还应考虑整机惯性力及各部件的转动惯性力矩，这部分可以近似用整机的平均加速度乘以整机质量代替，如假设挖掘机的行走速度为1~2km/h，起动加速时间为3s，则可通过计算这段时间的平均加速度得出挖掘机的起动惯性力，将其合并到式（7-12）中，从而计算出起动加速时挖掘机的总行驶阻力。此外，挖掘机在坡上斜向行驶时两侧履带的承重会有所不同，此时应按照挖掘机在坡上的方位分别计算地面给每侧履带的垂直载荷，以确定每侧履带的实际行驶阻力和所需牵引力，特别是在斜坡转向时，这种情况很明显，这对要求机动性的高速履带车辆显得尤为重要。

理论和实践证明，以上几种运行阻力中，以坡度阻力和转向阻力为最大，往往要占到总阻力的2/3，尤其是履带式液压挖掘机在原地转向时，其阻力比绕一条履带转向时要大。但一般情况下低速履带车辆转向和爬坡不同时进行（高速履带车辆则不同）。

需要说明的是，以上计算公式只在结构尺寸给定的情况下作详细计算用，初步计算时可按下式估计总阻力。即

$$F_R=kG \tag{7-13}$$

式中的系数 k 取值一般在0.7~0.85之间。据有关文献，LIEBHERR公司生产的挖掘机其取值在0.83~0.95之间，CATERPILLAR公司的挖掘机取值为0.9左右，HITACHI公司的挖掘机取值在0.8以上，供参考。

为了保证挖掘机的正常行驶，由两侧驱动轮产生的牵引力 F_Q 应能克服最大的行驶阻力 F_R，并小于履带和地面之间的最大附着力 F_φ。

$$F_Q\leqslant F_\varphi=\varphi mg\cos\alpha \tag{7-14}$$

式中　φ——履带和地面间的附着系数，其值见表7-7；

F_φ——整机的地面附着力；

m——挖掘机工作质量（kg）；

α——坡度角（°）。

表7-7　履带和地面间的附着系数 φ

道路情况	平履带	具有尖肋的履带
公路	0.3~0.4	0.6~0.8
土路	0.4~0.5	0.8~0.9
不良道路	0.3~0.4	0.6~0.7
难以通过的断绝路	0.2~0.3	0.5~0.6
结冰的坚实道路	0.15~0.3	0.3~0.5

2. 履带式液压挖掘机行走液压马达的主参数

（1）确定行走液压马达的输出转矩　从现行的大多数机型来看，行走驱动机构多采用“高速液压马达＋行星减速机构”的组合传动方案，因此，应在首先考虑行走减速机构的传动比及效率的基础上，将行走牵引力转化为单侧行走液压马达所需的输出转矩，即单侧行走液压马达所需的最大输出转矩应满足

$$M_{mmax}=\frac{F_R}{2i_{xg}\eta_{xg}} \tag{7-15}$$

式中　i_{xg}——行走减速机构的传动比，可参考同类机型并结合减速机构形式初步选定；

η_{xg}——行走减速机构的效率。

（2）确定行走液压马达的最高转速和排量　液压挖掘机的行走速度很低，大多数不超过5.5km/h，要求无级变速，且由于作业要求多采用两挡（高速挡和低速挡，高速挡最高一般为5.5km/h，低速挡最高一般为3.5km/h）。因此，可在首先确定液压泵及液压马达结构形式的基础上确定行走液压马达的主参数。

驱动轮的最高转速（单位为r/min）取决于挖掘机的最大行走速度，其计算公式为

$$n_{qmax}=\frac{1000v_{max}}{60\pi D_q} \tag{7-16}$$

式中　v_{max}——最大行走速度（km/h）；

D_q——驱动轮节圆半径（m）。

则液压马达所需最高转速为

$$n_{mmax}=n_q i_{xg} \tag{7-17}$$

式中　i_{xg}——行走减速机构的传动比。

对于变量液压马达来说，最高转速下的排量最小，因此，其最小排量（单位为mL/r）的计算公式为

$$q_{mmin}=\frac{1000Q_{max}\eta_{V_1}\eta_{V_2}}{n_{mmax}} \tag{7-18}$$

式中　Q_{max}——工作液压泵的最大输出流量（L/min），需预先估计其值；

η_{V_1}——工作液压泵至液压马达的容积效率，

η_{V_2}——液压马达的容积效率，

n_{mmax}——液压马达的最高转速。

变量液压马达的最大排量取决于液压马达的进出口压力差及所需的最大输出转矩，其计算公式为

$$q_{mmax}=\frac{M_{mmax}}{0.159\Delta p\eta_m} \tag{7-19}$$

式中　M_{mmax}——液压马达所需最大输出转矩（N·m）；

Δp——液压马达的进出口压力差（MPa）；

η_m——液压马达的机械效率。

根据以上计算的液压马达最高转速n_{mmax}、最小排量q_{mmin}及最大排量q_{mmax}，即可通过查找企业产品目录确定行走液压马达形式。通常，企业的产品目录中会给出其公称排量、最大排量、最小排量、额定转速、额定压力、最大输出转矩和连续输出转矩等参数，设计人员

可根据上述计算结果进行选择。对于定量泵系统，为了适应作业和行驶场地要求，行走液压马达最好选用分级变量液压马达（图7-25），以便根据情况改变行走速度。

除以上方案外，还可采用低速大转矩液压马达直接与驱动链轮连接的方案，其结构简单。但所占空间较大，效率较低，且这种方案通常也需要增加一级直齿减速机构，以满足牵引力需求。

3. 行走机构主要性能校核

（1）最大牵引力校核　驱动轮的最大转矩为

$$M_{qmax}=M_{mmax}i\eta \tag{7-20}$$

式中　M_{mmax}——液压马达的最大输出转矩（N·m）；

η——履带传动机构总机械效率，一般取 $\eta=0.75$。

则单侧履带的牵引力为

$$F_q=\frac{2M_{qmax}}{D_q} \tag{7-21}$$

挖掘机的整机牵引力为

$$F_Q=2F_q=\frac{4M_{mmax}i\eta}{D_q} \tag{7-22}$$

为了保证挖掘机的正常行驶，F_Q应能克服最大的行驶阻力 F_R，并小于履带和地面之间的最大附着力 F_φ。

（2）最大行走速度校核　挖掘机的行走速度取决于液压系统的结构形式或液压泵与液压马达自身的结构形式及其组合方式，其计算过程有所区别。以下对变量液压泵和变量液压马达组成的变量系统作简要介绍，对于定量液压泵和定量液压马达组成的定量系统，此处不作介绍。

若挖掘机的液压系统功率 P_y（单位为kW）为已知，当牵引力与阻力达到平衡时，挖掘机达到最大速度，即验算挖掘机最大行走速度的公式为

$$P_y=\frac{F_Q v}{3600\eta k_r}=\text{常数} \tag{7-23}$$

式中　η——行走传动机构的效率，取 $\eta=0.7\sim0.8$；

k_r——液压泵或液压马达的变量系数（如采用定量液压泵和定量液压马达则 $k_r=1$）；

F_Q——牵引力（N），其值等于行驶阻力；

v——行走速度（km/h）。

采用变量系统的挖掘机，由于其无级变速性能，其行走速度会随着阻力的增加而降低；反之，则会增大。而行驶阻力与路面情况、转向半径、坡度等因素有很大关系，当牵引力与行驶阻力达到平衡时，速度达到最大。

当采用定量系统时，若发动机功率不太富裕，则可考虑适当降低行走速度，以满足需要的牵引力，使挖掘机能在一般路面实现转向甚至原地转向。

（3）原地转向的能力校核　挖掘机原地转向阻力由两部分组成，一部分为履带在地面的转向阻力 F'_{zx}，另一部分为履带的内阻力 F_n，参照参考文献［1］，其估算公式为

$$F_{zx}=F'_{zx}+F_n=(0.7\sim0.8)\mu_{max}mg+0.06mg \tag{7-24}$$

式中　μ——履带与地面接触处阻力系数，对于三肋履带，$\mu_{max}=0.5\sim0.6$；

m——挖掘机工作质量（kg）。

当原地转向阻力 F_{zx} 小于牵引力 F_Q 时，可实现原地转向。

（4）爬坡能力校核　履带式液压挖掘机爬坡时需要克服运行阻力 F_T［按式（7-3）计算］、坡度阻力 F_{r2}［按式（7-4）计算］和履带内阻力 F_{r4}［按式（7-11）计算］。履带所能产生的最大牵引力大于等于这些阻力之和，并小于等于地面所能给予的最大附着力。即

$$F_T + F_{r2} + F_{r4} \leqslant F_Q \leqslant \varphi mg\cos\alpha \tag{7-25}$$

式中　φ——履带与地面的附着系数。

在临界状态下可通过式（7-25）求得挖掘机所能爬的最大坡角 α，此坡角即代表挖掘机的最大爬坡能力。但值得注意的是，由于挖掘机自身的特性，多数情况下还可借助工作装置使坡角大于 α。因此，挖掘机的实际爬坡能力往往高于按式（7-25）临界状态所计算的坡度。

7.3　轮胎式行走装置

与履带式相比，轮胎式行走装置运行速度快，最高可达30km/h以上，如将传动箱脱挡后由牵引车拖运作长距离运输，速度可达60km/h。而从近年来的发展趋势及使用场合来看，轮胎式挖掘机的时速可以达到更高，因此，轮胎式挖掘机的机动性要比履带式挖掘机的好。但轮胎式行走装置的缺点是接地比压较大（150～500kPa），爬坡能力较小（通常不超过65%）。作业时需用专门的支腿支撑才能使机身稳定，因此其使用范围受到一定程度的限制，目前轮胎式行走装置一般只用在整机质量为20t以下的挖掘机上。

7.3.1　轮胎式行走装置的结构布置

轮胎式液压挖掘机形式很多，有装在标准汽车底盘上的液压挖掘机，也有装在轮式拖拉机底盘上的悬挂式液压挖掘机，但其斗容量都较小，工作装置回转角度受到一定程度的限制。对斗容量稍大、作业性能要求较高的轮式挖掘机，一般需要专用的轮胎式底盘行走装置。

专用轮胎式底盘的行走装置是为满足挖掘机的作业工况、行驶要求等因素而设计的，挖掘机的作业及行驶操作均在驾驶室内进行，因此，操作方便，灵活可靠。根据回转中心位置布置的不同，专用轮胎式底盘行走装置可分为以下七种：

1）全轮驱动，无支腿，转台布置在两轴的中间（图7-26a），两轴轮距相同（$a=b$）。这种底盘的优点是省去支腿，结构简单，便于在狭窄地点施工，机动性好。缺点是行走时转向桥负荷大，操作困难或需液压助力装置。因此，这种结构仅适用于小型挖掘机。

2）全轮驱动，双支腿，转台偏于固定轴一边（$a<b$）（图7-26b）。其优点是减轻了转向桥的负荷，便于操作，支腿装在固定轴一边，增加了工作时的稳定性。这种结构形式适用于中小型挖掘机。

3）全轮驱动，四支腿，转台偏于固定轴一边（$a<b$）（图7-26c）。这种结构形式除与上述结构大致相同外，由于增加了两条支腿，因而提高了作业稳定性，适用于中型挖掘机。

4）单轴驱动，四支腿，转台远离中心（图7-27a中 $a \gg b$），驱动轮的轮距较宽，而转向轴短小，两轮贴近，转向时绕垂直轴转动。在公路上行驶时可将铲斗放在前面的加长车架上。由于轮胎形成三支点布置，受力较好，无需悬挂摆动装置，行驶时转弯半径小，工作时四个支腿支承。这种结构的缺点是行走在松软地面上会形成三道轮辙，阻力较大，且三支点

底盘的横向稳定性较差，故这种结构仅适用于小型挖掘机。

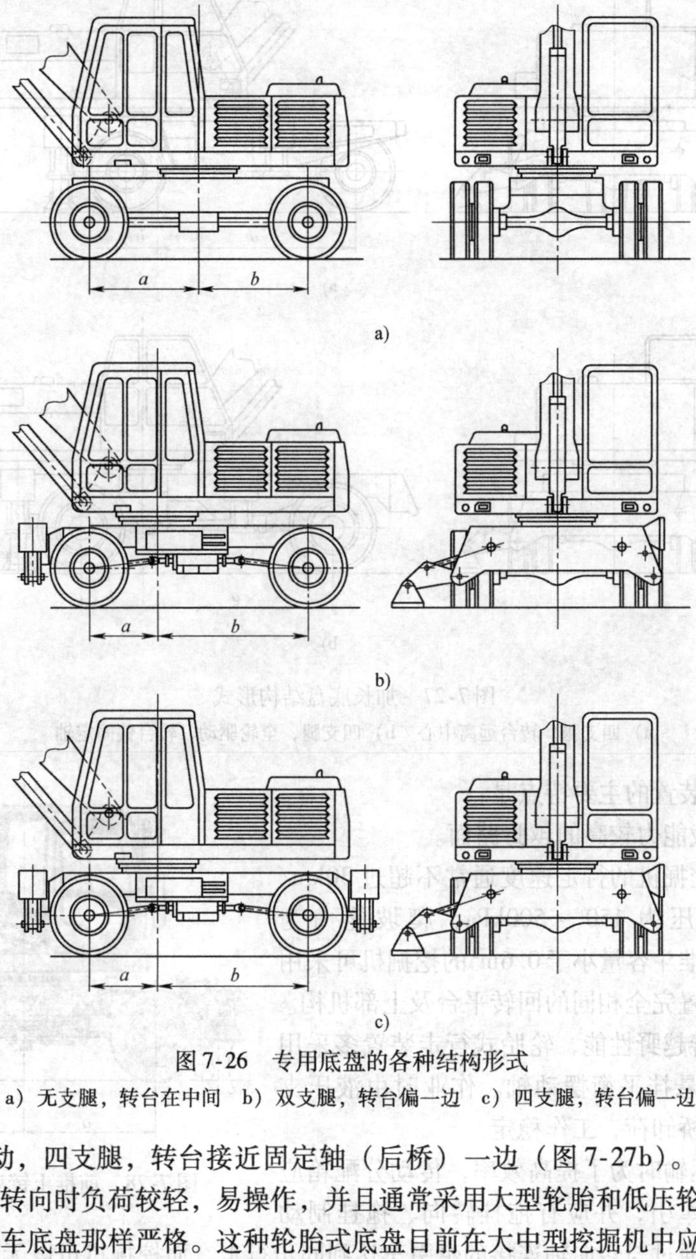

图7-26 专用底盘的各种结构形式

a）无支腿，转台在中间 b）双支腿，转台偏一边 c）四支腿，转台偏一边

5）全轮驱动，四支腿，转台接近固定轴（后桥）一边（图7-27b）。前轴摆动，由于重心偏后，因此转向时负荷较轻，易操作，并且通常采用大型轮胎和低压轮胎，因而对地面要求不如标准汽车底盘那样严格。这种轮胎式底盘目前在大中型挖掘机中应用较为普遍。

6）全轮驱动，前推土铲，后支腿，转台靠近后轮（图7-28）。为了扩大挖掘机的功能，以适应各种不同的作业需要，近年来在中小型挖掘机上出现的一种带有推土铲的结构形式。它除具备了挖掘机的各项基本功能外，还可用于小范围的场地平整作业，极大地方便了用户。推土铲一般有专门的升降机构，由液压缸驱动。当挖掘机进行挖掘作业时，推土铲也可放下，可作为支腿使用，提高了作业稳定性。

7）全轮驱动，后推土铲，无支腿，转台靠近后轮（图7-29）。这种形式与图7-28所示的结构相比省去了支腿，在结构和操作上简单了一些。在挖掘作业中，后推土铲同样可起到支腿的作用，比较适合于小型挖掘机。

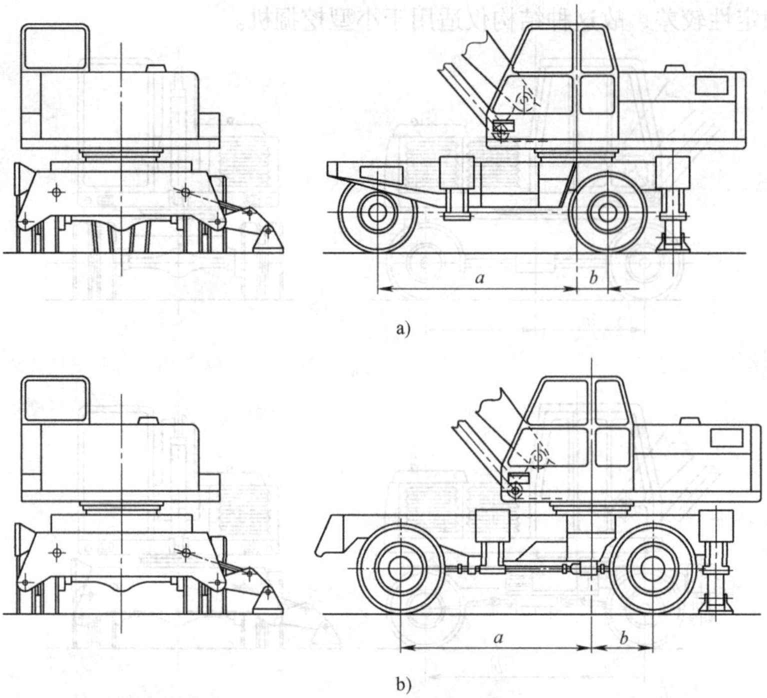

图 7-27　加长底盘结构形式

a）四支腿，转台远离中心　b）四支腿，全轮驱动，转台偏固定轴

轮胎式行走装置的主要特点是：

1）用于承载能力较高的越野路面。

2）轮胎式挖掘机的行走速度通常不超过 30km/h，最大接地比压为 150 ~ 500kPa，爬坡能力为 40% ~60%。标准斗容量小于 $0.6m^3$ 的挖掘机可采用与履带式行走装置完全相同的回转平台及上部机构。

3）为了改善越野性能，轮胎式行走装置多采用全轮驱动，液压悬挂平衡摆动轴。作业时由液压支腿支承，使驱动桥卸荷，工作稳定。

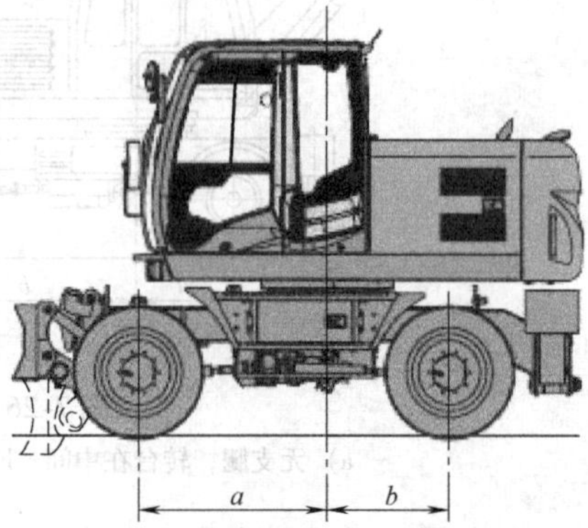

图 7-28　前推土铲后支腿形式

4）长距离运输时为了提高效率，传动分配箱应脱挡，由牵引车牵引，并应有拖挂转向、拖挂制动及照明等装置。通过与转向轴连接的牵引车达到同步行走，而挖掘机可以无驾驶员照管。

7.3.2 轮胎式行走装置的传动方式

图 7-30 所示为轮胎式挖掘机专用底盘的基本结构组成及布置形式。由图可见，轮胎式挖掘机的底盘一般由车架、传动系统、前桥、后桥、回转支承、制动系统等部件组成，除此之外，在车架上一般还连接有支腿伸缩机构。由于轮胎式挖掘机的行走速度不高，因此，后桥一般都是刚性悬挂的，而前桥则制成中间铰接液压悬挂的平衡装置。

轮胎式行走装置有三种传动形式，即机械传动、液压机械传动和全液压传动。

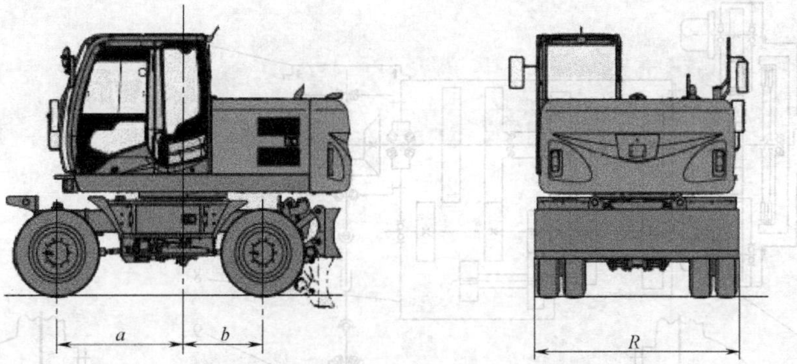

图7-29　后推土铲无支腿形式

1. 机械传动

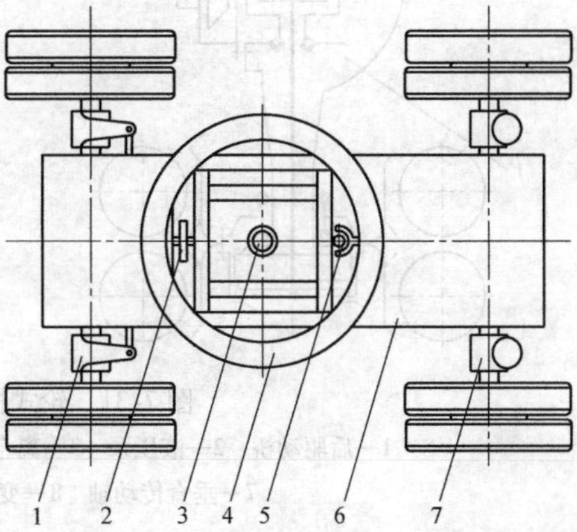

图7-30　轮胎式行走装置构造

1—转向前桥　2—制动器　3—中央回转接头　4—回转支承　5—万向节　6—车架　7—后桥

机械传动是指在行走部分采用机械传动，而工作装置则仍采用液压传动，有文献也把采用这种传动方式的挖掘机称为半液压传动挖掘机，这在过去是较为常见的传动形式，图7-31所示即为某型号轮胎式液压挖掘机采用的机械传动方式。发动机4的动力经离合器3分别传至液压泵2（上、下各一个）、传动箱及行走变速器8。作业时变速器处于空挡位置，驻车制动结合；行走时可通过拨叉操纵有五个前进挡和一个倒退挡的变速器8。变速器输出的动力经过上传动箱6，由垂直传动轴7从回转中心通至底盘。在底盘上通过下传动箱9将动力传至前驱动桥10和后驱动桥1。行走时，可根据需要使前驱动桥接合或脱开，以改善挖掘机的通过性。

采用纯机械传动方式的优点是可以借用汽车的标准零部件，制造成本低，便于维修，机械传动的效率也较高；但其缺点是结构复杂，在空间上不便于布置，且质量大。此外，用机械手动变速器换挡动作慢，易带来冲击，牵引特性不佳，难以吸收来自地面的冲击振动，故在行驶性能要求较高的挖掘机上很少采用。

2. 液压机械传动

液压机械传动是指在轮胎式液压挖掘机的行走部分采用行走液压马达作为二次动力源，但该液压马达并不像前述履带式液压挖掘机直接装在驱动轮部位，而是装在变速器的输入端，变速器则固定在底盘上，如图7-32所示。行走液压马达3的输出轴直接接变速器2的输入端，变速器2的前、后输出轴通过万向节和传动轴连接前驱动桥4和后驱动桥1，在前、后驱动桥中装有差速装置以满足转向要求。为了进一步增大轮胎的输出转矩，有些挖掘机还设有轮边减速装置。这类挖掘机的变速器操作一般用专设的气压或液压方式，其操作动力通过中央回转接头到达变速器。为满足不同形式要求，变速器一般设有越野挡、公路挡和拖挂挡三个挡位，如图7-33所示。

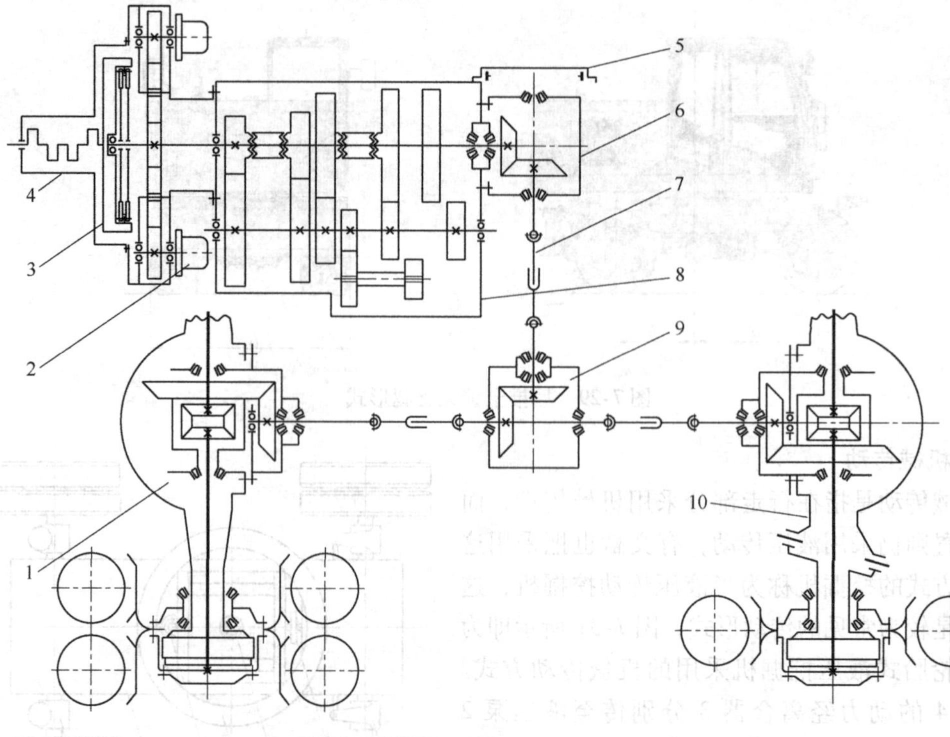

图 7-31　轮式挖掘机的机械行走传动机构

1—后驱动桥　2—液压泵　3—离合器　4—发动机　5—停车制动器　6—上传动箱
7—垂直传动轴　8—变速器　9—下传动箱　10—前驱动桥

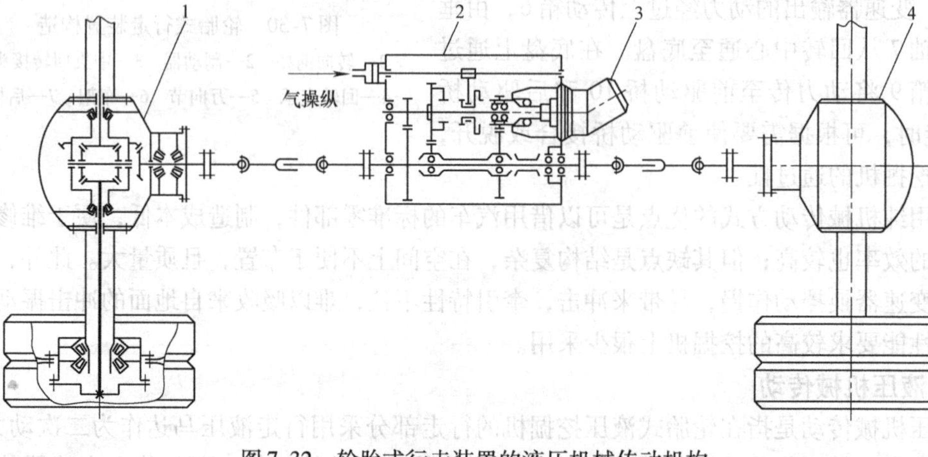

图 7-32　轮胎式行走装置的液压机械传动机构

1—后驱动桥　2—变速器　3—行走液压马达　4—前驱动桥

液压机械传动方式中的行走液压马达一般为高速液压马达，其可靠性和效率都比较高。由于这种传动系统省掉了上、下传动箱及中间垂直轴，因而比纯机械传动结构简单，易于布置。此外，在传动性能方面，只要液压元件选择得当、变速器挡位设计合理，就可以减少换挡冲击，并可在一定程度上吸收来自地面的冲击振动。

除上述两种传动方式外，另有一种采用两个高速液压马达驱动的方式，其原理是通过两个液压马达的串联或并联连接改变其输出转速和转矩。这样可进一步简化变速器并可获得较多的挡位数。当给两个液压马达串联供油时，每个液压马达都得到全部流量，速度高，输出力矩小，适用于高速行驶；当给两个液压马达并联供油时，每个液压马达只得到全部流量的一半，但其输出转矩成倍地提高，适合于低速越野行驶。

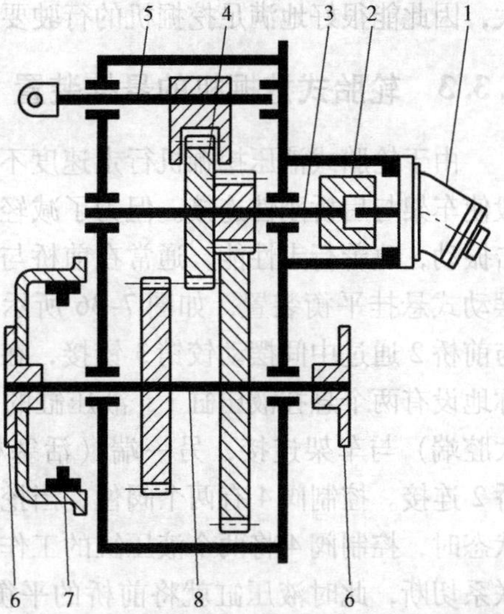

图 7-33　三挡变速器

1—高速液压马达　2—万向节　3—变速轴　4—滑动齿轮　5—变速滑杆　6—输出圆盘　7—驻车制动　8—输出轴

3. 全液压传动

全液压传动是指每个车轮都用一个液压马达独立驱动。当挖掘机直驶时，两侧轮胎的转速相同；而转向时由于内、外侧轮胎的转速不同，其速差由液压系统控制，使每个轮胎都能很好地适应各种行驶状况。

与履带式相同，轮胎式全液压驱动方案也有低速方案和高速方案两种。低速方案为采用低速大转矩液压马达直接驱动车轮形式，如图 7-34 所示，该传动形式省去了减速箱，使整体结构大为简化，离地间隙较大，通过性也好，且便于维修。但由于低速液压马达效率较低，影响低速行驶时的驱动力矩，因此，行走性能的优劣主要取决于液压马达的性能。

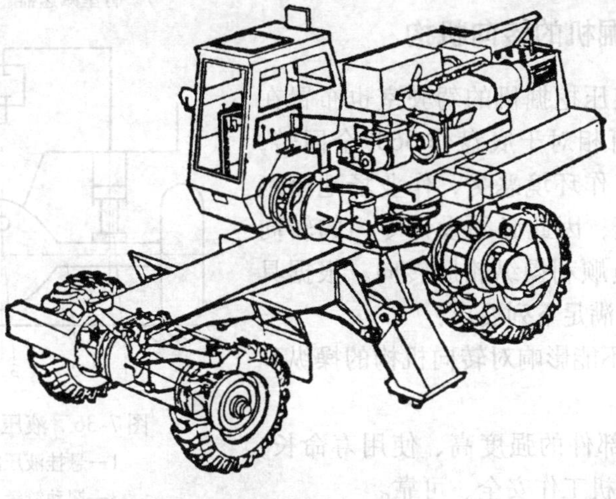
图 7-34　全液压低速液压马达驱动方案

高速方案采用高速液压马达加机械减速机构驱动车轮，其基本结构形式如图 7-35 所示。图中，驱动装置外壳 3 与驱动桥壳 5 固接，斜轴式高速液压马达 2 的输出转速经双排行星齿轮减速机构减速后驱动减速器的外壳 8 转动，车轮的轮辋与行星减速器外壳 8 固接，从而将动力转递至车轮。减速器外壳 8 用轴承 1 支承于驱动装置外壳 3 上。采用这种高速方案由于液压马达径向尺寸小，行星减速机构的轴向尺寸也较小，因此结构紧凑，可把整个驱动装置装于车轮轮毂内；同时，由于高速液压马达比低速液压马达效率高，而行星机构的传动比大，因此能很好地满足挖掘机的行驶要求，是目前比较普遍采用的一种结构形式。

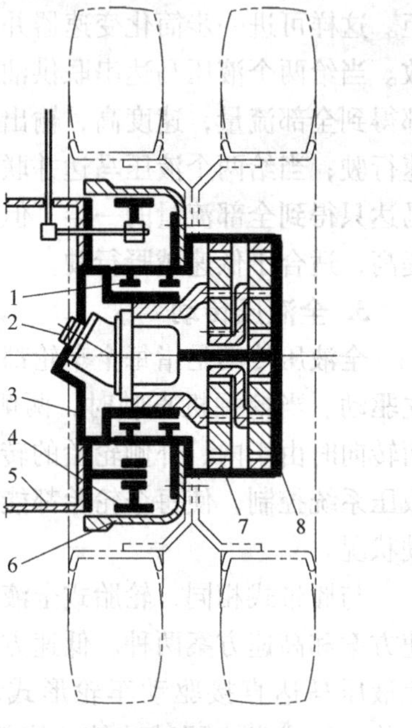

图 7-35　轮胎式全液压驱动行走机构高速液压马达方案

1—轴承　2—高速液压马达　3—驱动装置外壳　4—制动器　5—驱动桥壳　6—制动鼓　7—行星减速器　8—行星减速器外壳

7.3.3　轮胎式挖掘机的悬挂装置

由于轮胎式液压挖掘机行走速度不高，因此，一般使车架与后桥刚性连接。但为了减轻来自地面的冲击振动，改善行走性能，通常在前桥与车架之间设置摆动式悬挂平衡装置，如图 7-36 所示。图中，车架与前桥 2 通过中间摆动铰销 3 铰接，在铰销 3 两侧对称地设有两个悬挂液压缸 1，液压缸的一端（图中为大腔端）与车架连接，另一端（活塞杆端）则与前桥 2 连接。控制阀 4 有两个阀位，当挖掘机处于作业状态时，控制阀 4 将两个液压缸的工作腔及与油箱的联系切断，此时液压缸就将前桥的平衡悬挂锁住了，前桥与车架为近似刚性连接，提高了作业稳定性；当挖掘机处于行走状态时，控制阀 4 左移，使两个悬挂液压缸的工作腔相通，并与油箱接通，车架可相对于前桥作适当摆动，使前桥能适应路面的高低变化，可左右摆动使轮胎与地面保持良好的接触，充分发挥其牵引力，同时又减轻了由于地面不平而引发的冲击振动。

7.3.4　轮胎式挖掘机的转向机构

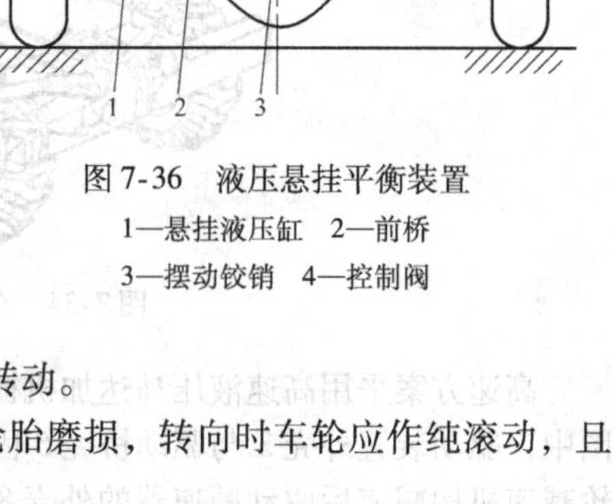

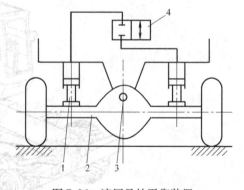

图 7-36　液压悬挂平衡装置

1—悬挂液压缸　2—前桥　3—摆动铰销　4—控制阀

轮胎式全回转液压挖掘机的驾驶室也布置在回转平台上，转台可相对于底盘作 360°全回转；此外，由于挖掘机工作环境恶劣，作业场地崎岖不平，转向动作频繁，因此必须设计专门的转向机构方可保证驾驶员顺利操纵轮胎转向。根据具体情况，转向机构应满足下列要求：

1）转台的回转不能影响对转向机构的操纵和转向动作的进行。

2）转向机构零部件的强度高、使用寿命长，以保证转向机构及整机工作安全、可靠。

3）操纵轮胎转向要有随动特性，轮胎的转角随转向盘成比例地转动，转向盘不动，轮胎也应停止转动。

4）为保证行驶方向和运动轨迹的准确性并减轻轮胎磨损，转向时车轮应作纯滚动，且无横向摆动现象。

5）操纵要轻便、灵活，以减轻驾驶员的劳动强度，提高生产率。

6）要尽可能减少轮胎传递到转向盘的冲击振动。

按照不同的划分依据，轮胎式液压挖掘机的转向方式有以下几种：

1）按整机转向形式可分为偏转车轮转向和折腰式转向等。

2）按转向机构的传动方式可分为机械式转向、液压转向、液压助力转向、气压助力转向及电动助力转向等。

3）按转向轮位置可分为前轮转向、后轮转向和全轮转向等。

目前轮胎式液压挖掘机广泛采用偏转前轮液压转向方式，并利用反馈机械解决转向盘与转向轮之间的随动问题。轮胎式液压挖掘机偏转前轮液压转向是通过转向器的操纵，液压泵输出的压力油经中央回转接头进入转向液压缸，推动左转向节臂，使其绕转向节主销转动。通过转向横拉杆带动右转向节臂，使两侧转向轮同时偏转，从而实现转向。转向器由驾驶员操纵转向盘控制。

能实现转向的机构有多种，如机械传动式转向、液压助力转向、液压转向、静液压转向和气压助力转向等。其中以液压传动的转向应用最为普遍。以下介绍两种常见的结构形式。

1. 液压缸反馈式液压转向机构

图7-37所示为液压缸反馈式液压转向机构。它主要由反馈液压缸2、转向阀3及转向液压缸4组成。如驾驶员向右转动转向盘1，则杆AC被向左拉动，拉动开始时由于反馈液压缸2为闭锁状态，因此C点不动而成为支点，这样杆AC变为$A'C$的位置，从而拉动转向阀3的阀芯左移，这使得高压油经转向阀3进入转向液压缸4的大腔，而转向液压缸4小腔的出油则进入反馈液压缸2的小腔，反馈液压缸2大腔的出油经转向阀3返回油箱。当转向液压缸4的活塞杆伸出时会推动轮胎向右转动。此时由于转向液压缸4小腔的回油进入反馈液压缸2的小腔，使反馈液压缸2的活塞杆缩回，如转向盘转动一定角度后停止转动，则水平拉杆与垂直杠杆的铰点B'成为转动支点，使杠杆AC变为AC'状态，转向阀3的阀芯又回到中位，转向轮就停止转动。

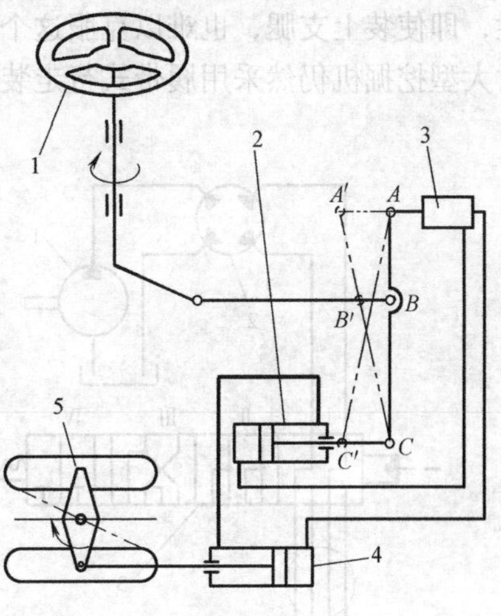

图7-37　液压缸反馈式液压转向机构
1—转向盘　2—反馈液压缸　3—转向阀
4—转向液压缸　5—转向轮

这种转向机构结构简单，能实现随动操纵。缺点是行走速度高时不太稳定，使驾驶员操作时有些紧张。如果液压泵发生故障，只能拆除转向液压缸的联系销，用机械装置转向拖运。早期的TY—45等型号的轮胎式液压挖掘机即采用此种转向机构。

2. 摆线转子泵式液压转向机构

图7-38所示为摆线转子泵式液压转向机构。该转向机构由液压泵1、转向器2、转向节臂5及转向液压缸6等组成。它也是一种液压反馈式转向机构。

这种转向机构不仅可使轮胎的转角与转向盘的转角成正比，而且当液压泵出现故障时还能作为手动泵使用，以静压方式进行转向。此种转向机构在轮胎式挖掘机中应用很普遍，并且转向器已为定型产品，机构布置方便，

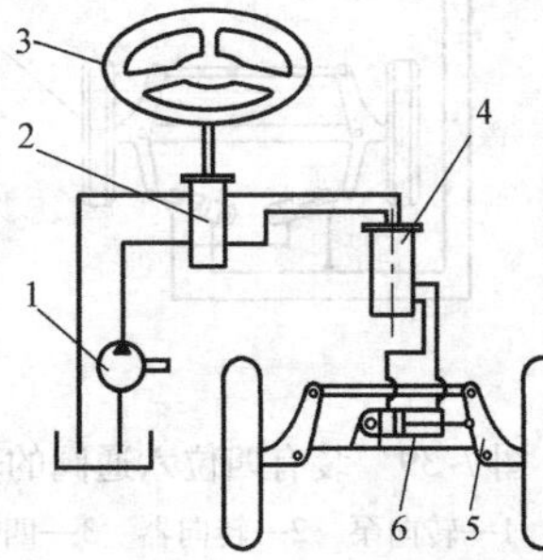

图7-38　摆线转子泵式液压转向机构
1—液压泵　2—转向器　3—转向盘
4—中央回转接头　5—转向节臂
6—转向液压缸

故使用很多，如国产 WLY60 型和 WLY40 型等轮胎式液压挖掘机均采用这种转向机构。

为了使轮胎式挖掘机更加机动灵活，能适应比较狭窄的作业场地，在转向机构中还增加了一套转向变换装置，如图 7-39 所示。在该转向装置中安装了一个四位六通阀，它有Ⅰ、Ⅱ、Ⅲ、Ⅳ共四个阀位，可以按需要构成图 7-40 所示的四种不同的转向方式。图 7-40a 所示为前轮转向方式，对应图 7-39 中的阀位Ⅰ；图 7-40b 所示为前、后轮同时转向方式，对应图 7-39 中的阀位Ⅱ，此种方式适合于车身较长时的情况，可使转向半径较小；图 7-40c 所示为斜形转向方式，对应图 7-39 中的阀位Ⅲ，可使整个车身斜行，便于车子迅速离开或靠近作业面；图 7-40d 所示为后轮转向方式，对应图 7-39 中的阀位Ⅳ，便于倒车行走时转向。当需要实现以上特定的转向方式时，驾驶员可操作对应的四位六通阀阀位。

通过以上分析可见，轮胎式挖掘机确实具有机动灵活的优点，便于越野和公路行驶，也能适应较为复杂和狭窄的场地。但由于轮胎式挖掘机的接地比压较小，影响了其作业稳定性，即使装上支腿，也难以克服这个缺点，因此，到目前为止，它只适合于中小型挖掘机，对大型挖掘机仍然采用履带式行走装置。

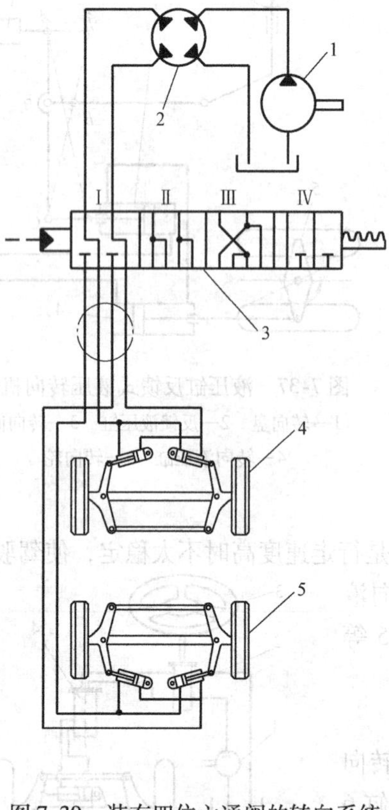

图 7-39　装有四位六通阀的转向系统

1—转向泵　2—转向器　3—四位六通阀　4—前轮　5—后轮

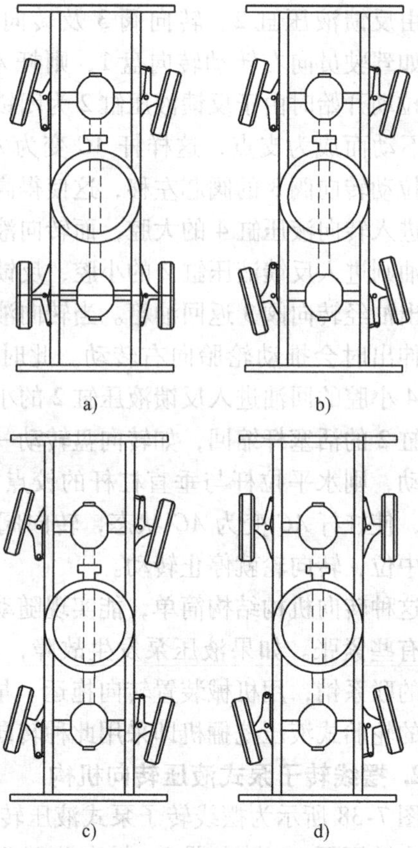

图 7-40　各种转向方式

a）前轮转向　b）四轮转向　c）斜形转向　d）后轮转向

7.3.5　轮胎式挖掘机的支腿

为了提高作业稳定性，减轻车桥和轮胎的受力，轮胎式挖掘机一般装有支腿，作业时将支腿放下支撑于地面，可增加整机横向和纵向接地长度（支撑间距），从而提高作业稳定性；行走时支腿收起，使其不超过整机的横向尺寸，可提高挖掘机的通过性并减小其运输尺寸。为了提高整机与地面的附着能力，一般将支腿的支撑面（接地面）制成爪形。

对支腿的操作和驱动一般也采用液压形式，但要求操作方便、动作灵敏，并装有支腿闭锁装置，以防支腿被动缩回引起整机失稳。

按驱动形式可分为单液压缸驱动支腿和双液压缸驱动支腿；按收放方式可分为横向收放、纵向收放和任意收放；按支腿数量可分为双支腿、四支腿和双支腿带推土铲。支腿在整机上的布置应按照作业要求、底盘结构、转台位置等因素确定。以下简述支腿的布置形式及驱动方式。

1. 双支腿单液压缸驱动

双支腿是小型轮式液压挖掘机的一种常见结构形式。这是由于小型液压挖掘机的转台常偏向布置于车桥的一侧，因此只在另一侧设置两条支腿，这样既能满足稳定作业要求又简化了结构。

图7-41所示为双支腿单液压缸驱动形式。它用单个液压缸驱动两条支腿的伸缩，液压缸1的两端分别铰接于左、右两条支腿。当液压缸1伸长时，左、右两条支腿同时伸出；反之，当液压缸缩短时，两条支腿同时缩回。这种形式结构简单，操作方便。但由于液压缸较长，当其处于伸长状态且受力时，容易产生细长杆受压失稳现象。此外，两条支腿不能单独调整，因而难以适应车身两侧高低不平的场地，故一般只用于某些小型挖掘机。

2. 双支腿双液压缸驱动

图7-42所示为双支腿双液压缸驱动形式。它由两只液压缸分别单独驱动各自的支腿。由于每条支腿可单独收放，因此，这种形式的优点是对路面的适应性好，因而支撑效果好，同时在结构上也显得紧凑，液压缸长度比单液压缸驱动形式短，因此避免了受压失稳现象。由于以上优点，这种机构形式应用较多，图7-43所示即为LIEBHERR公司的R914型挖掘机上采用的双支腿双液压缸驱动的结构形式，该机型的前端为推土铲。

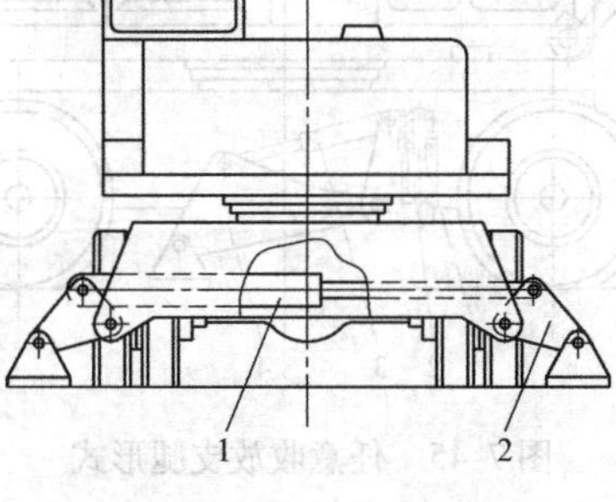

图7-41 双支腿单液压缸驱动形式

1—液压缸 2—支腿

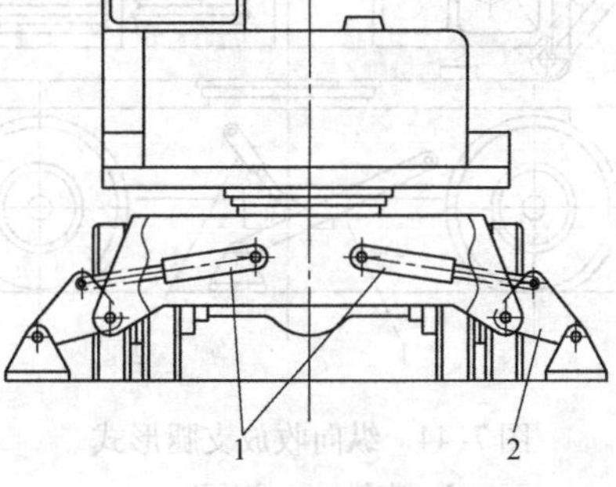

图7-42 双支腿双液压缸驱动形式

1—液压缸 2—支腿

3. 横向收放支腿

这种结构形式的支腿是向车身两侧伸出的，如图7-41、图7-42所示。这也是采用较多的一种结构形式，其主要作用在于能提高整机的侧向稳定性，防止整机侧翻。其布置位置大

图 7-43　LIEBHERR 公司的 R914 型挖掘机上采用的双支腿双液压缸驱动形式

多在挖掘机纵向的两端（前、后位置）。

4. 纵向收放支腿

图 7-44 所示为纵向收放支腿形式。这种结构形式在支腿收放时其横向间距并不增加，也不会超出车身原有宽度。这种结构形式适合于在狭窄场地工作，但横向稳定性较差。

5. 任意收放支腿

图 7-45 所示为任意收放支腿形式。这种结构形式可任意调整支腿位置。悬臂支座 2 固定在车架的两侧，支腿 4 和支腿收放液压缸 3 用垂直销轴 1 铰接于悬臂支座 2 上。作业时支腿放下，支腿 4 连同支腿液压缸 3 可绕垂直销轴 1 作水平摆动以调整其纵向、横向位置；行驶时支腿收起，紧贴于车架的两侧，使其横向尺寸不超过车身宽度。

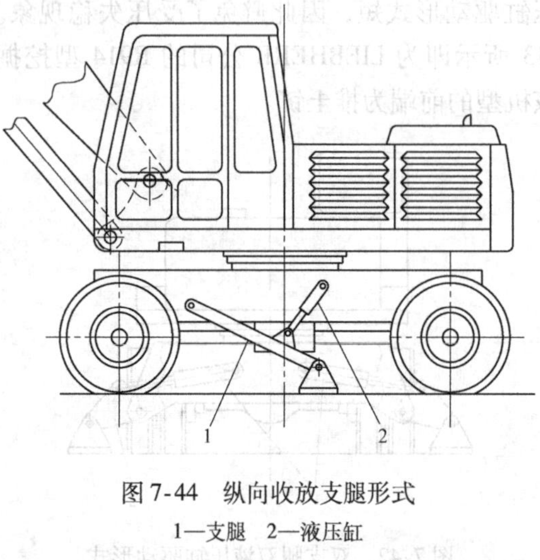

图 7-44　纵向收放支腿形式

1—支腿　2—液压缸

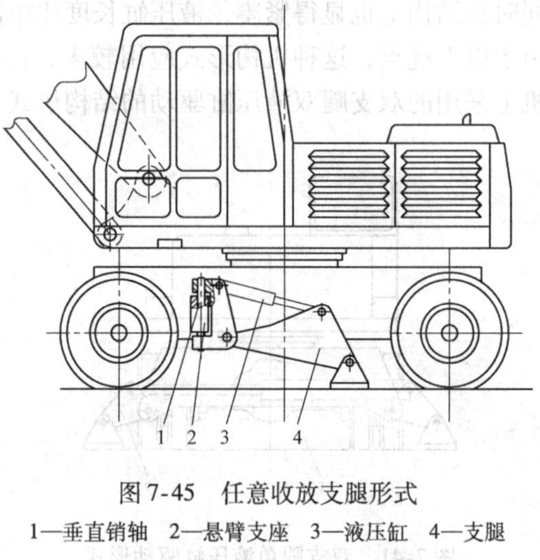

图 7-45　任意收放支腿形式

1—垂直销轴　2—悬臂支座　3—液压缸　4—支腿

这种支腿由于其位置的灵活性，可根据需要调整支腿相对于车身的方位，因此对路面的适应性较好。但由于需人工辅助调整，因而操作不便。

6. 双支腿加前推土铲布置方式

图 7-46 所示为目前中小型轮胎式挖掘机上普遍采用的一种结构形式，通常推土铲布置

于机身前端，两条支腿则布置于机身的尾部。作业时，前推土铲和支腿同时着地，提高了整机的作业稳定性；推土作业时，推土铲放下，支腿收起；行走时，推土铲和支腿同时收起。这种结构形式的轮胎式挖掘机由于具有推土功能，适合于平整场地，因此受到用户的青睐。

图7-46 装有前推土铲和后支腿的轮胎式液压挖掘机

7. 四支腿方式

大多数中型轮胎式挖掘机采用四支腿方式，作业时四条支腿支撑于地面，使轮胎减载或离地，在减轻车桥和轮胎负载的同时提高了作业稳定性。四条支腿一般对称布置于车身两侧，在纵向上，支腿一般布置于车身的两端，这样不仅提高了横向稳定性，同时也提高了纵向稳定性。有时也由于车身重心位置或转台位置的不同将其中两条支腿布置于车架后端，而将另外两条支腿布置于前、后轮之间，如图7-47所示。

图7-47 装有四条支腿的轮胎式液压挖掘机

8. 步履式支腿

图7-48所示为瑞士MENZIMUCK公司生产的一种步履式行走装置。其行走部分由前、后各两个轮胎和两个带支撑爪的可伸缩支腿组成，前面的两个轮胎直径较小。四个轮子由各自的液压马达独立驱动。这种支腿和轮胎可以通过液压缸操纵其上下、左右摆动，支腿或轮子可分开或合并使其适应各种复杂的场地，并使其在运输状态时不超过要求的宽度。由于采用这种特殊的支腿，使挖掘机具有独特的性能，可以在山地、沼泽地、大坡度路面、河滩、冰雪路面、铁路导轨等作业场地行走，当遇到较高的障碍物时，还可将整个车身撑起，跨过障碍物。作业时支腿可伸长并用支撑爪抓地，以防止车身移动。这种挖掘方式的作业范围可

更大，稳定性更好。斗容量较大的步履式挖掘机为了克服较大的水平力，也可配有四个支撑爪。

a)

b)

图 7-48　步履式液压挖掘机（MENZI MUCK 公司）
a）行走状态　b）复杂场地的作业

9. 整体式支腿

图 7-49 所示为一种整体式支腿液压挖掘机。在其回转支承下部连接有专门的可实现全回转的支承平台，在该平台的前后端装有支腿。行走时轮胎下降至接地状态使平台离地，作业时轮胎上升到转台上部，使平台接触地面并支撑整机，这样可获得较大的接地面积，提高了承载能力和作业稳定性。整体式支腿液压挖掘机既具有轮胎式挖掘机机动灵活的优点，又具有履带式挖掘机接地面积大、接地比压小的优点；其缺点是由于工作时转台降低而影响了挖掘高度和卸载高度，此外，它对场地的平整度要求也较高。

图 7-49　整体式支腿液压挖掘机

思 考 题

1. 比较整体式 X 形行走架与 H 形行走架的特点。
2. 查找并对照国际（ISO、SAE 等）和我国国家标准，列出并分析“四轮一带”的主要结构参数以及选型方法。
3. 试查阅相关资料，简要说明水陆两用挖掘机行走装置的结构特点。
4. 试比较履带驱动装置采用高速方案和低速方案的区别。
5. 试给出履带式液压挖掘机实现变速（分级和无级）的几种传动方案。

6. 分析轮胎式液压挖掘机行走机构的几种传动方案，比较其优缺点。
7. 轮胎式挖掘机的四条支腿可否实现单独伸出和缩回？如需要此项功能，请给出解决方案。
8. 试通过实例机型比较金属履带和橡胶履带各自的结构特点和应用情况。
9. 试分析履带式液压挖掘机转向阻力（矩）的成因。
10. 观察实际机型并查阅相关资料，分析轮胎式液压挖掘机的推土铲传动机构。
11. 试分析轮胎式挖掘机的接地情况和接地比压。

第 8 章

挖掘机的稳定性分析

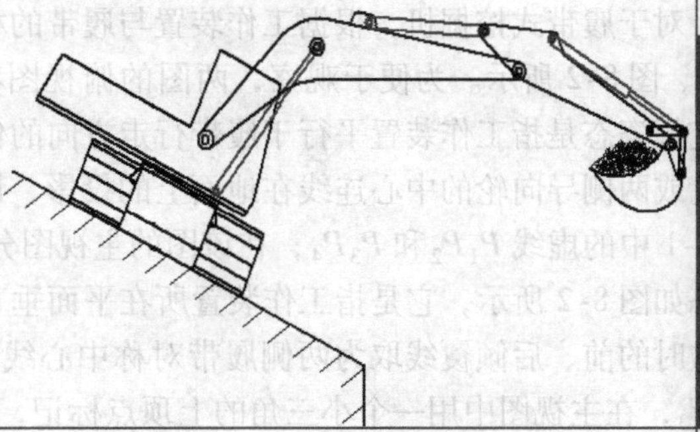

挖掘机的整机稳定性包括整机在作业、停车、特定运行工况下的车身稳定性等。挖掘机的稳定性影响其作业、行驶、停放时整机的安全性，并影响挖掘力的发挥、作业效率、底盘和平台的受力以及回转支承的可靠性等，也是相关部件设计计算的依据。但该问题涉及整机的姿态、各部件的质量、重心位置和工况的选择，因此分析过程较为复杂。通过查阅各类文献，目前的分析计算还沿用传统的解析分析方法。本文将采用矢量分析方法建立挖掘机在典型工况、任意姿态下的稳定系数计算公式并分析其稳定性。

8.1 稳定性的概念

1. 倾覆线

从理论上看，倾覆线是指整机处于倾覆或失稳的临界状态时，围绕其转动的一条假想的直线。对于履带式挖掘机，根据工作装置与履带的相对位置可分为横向和纵向两种情况，如图 8-1、图 8-2 所示。为便于观察，两图的俯视图都省去了平台和工作装置。参照图 8-1，纵向挖掘姿态是指工作装置平行于履带行走方向的作业方式，这时的前、后倾覆线取为两侧驱动轮或两侧导向轮的中心连线在地面上的投影，即从俯视图看为反映履带中心距的线段，如图 8-1 中的虚线 P_1P_2 和 P_3P_4，在该图的主视图分别用一个小三角的上顶点标记。横向挖掘姿态如图 8-2 所示，它是指工作装置所在平面垂直于履带行走方向的作业方式，为安全起见，这时的前、后倾覆线取为两侧履带对称中心线在地面的投影，即图 8-2 中的虚线 P_2P_4 和 P_1P_3，在主视图中用一个小三角的上顶点标记，图中的符号 I、J 分别表示前、后倾覆线的中点。

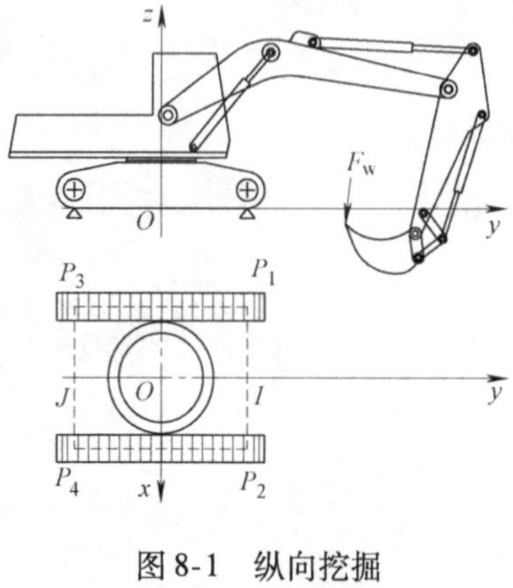

图 8-1　纵向挖掘

P_1P_2—前倾覆线　P_3P_4—后倾覆线

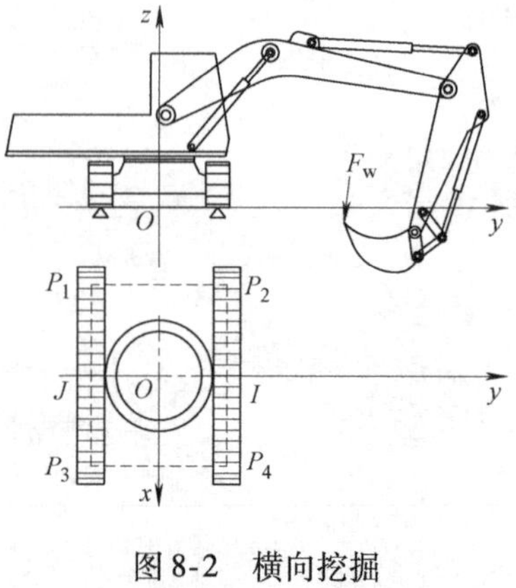

图 8-2　横向挖掘

P_2P_4—前倾覆线　P_1P_3—后倾覆线

2. 稳定力矩和倾覆力矩

对应于不同的倾覆趋势和倾覆线，稳定力矩是指阻止整机发生倾覆的所有力矩之和。对应于不同的倾覆趋势和倾覆线，倾覆力矩是指使整机发生倾覆的所有力矩之和。

3. 稳定系数

稳定系数 K 是用来量化挖掘机稳定性的参数，它是指挖掘机在特定工况下对倾覆线的稳定力矩 M_1 与倾覆力矩 M_2 之比的绝对值，其值大于 1 时才稳定。对稳定系数的计算，通常应考虑风载和坡度的影响，后文将详细介绍。

8.2 稳定性工况选择及稳定系数计算

计算稳定系数的传统方法是首先选定一种工况，根据该选定工况采用数学中的解析方法进行计算。但这不便于从全局的观点考虑整机稳定性。为此，本章选择数学中的矢量分析手段，从动态的观点出发，建立任意姿态时的稳定系数计算公式。当任选一个工况及液压缸长度和坡度参数时，可以利用计算机很快获得相应的稳定系数，结果十分精确。以下是具体计算过程。

8.2.1 建立坐标系

建立如图8-3所示的空间直角坐标系，其中坐标原点 O 为回转中心线与停机面的交点，z 轴垂直于水平面向上为正，y 轴水平向前，x 轴垂直于 yz 平面。各部件所受重力及重心位置标示于图8-3中。

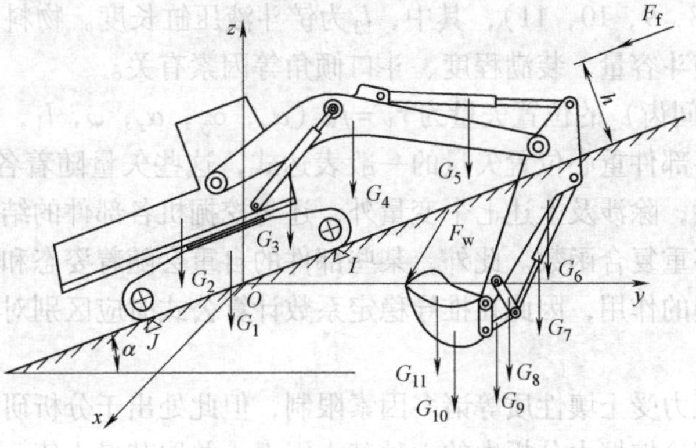

图8-3 稳定系数计算简图

8.2.2 影响稳定性的因素及其数学表达

如图8-3所示，挖掘机在空间的姿态受以下六个几何参数的影响，即铲斗液压缸长度、斗杆液压缸长度、动臂液压缸长度、转台回转角、机身侧倾角和坡角。除受上述几何参数影响外，还有各部件自重 G_i（$i=1\sim11$），挖掘阻力 $\boldsymbol{F}_w$，行驶时的起动加速度、制动加速度，转台的起动加速度、制动加速度及机身迎风面积和风载 $\boldsymbol{F}_f$ 等。动态稳定性的影响因素则更多，不仅涉及上述参数，还与动力源及传动系统加载特性、驾驶员操纵的熟练程度等因素有关。限于本书的篇幅，这里只讨论一般意义上的整机静态稳定性，而不涉及其动态稳定性。以下分别阐述各影响因素的意义。

1. 坡度

坡度影响着整机的姿态，是影响稳定性的主要因素之一，它主要受作业场地的限制。

2. 各部件的自重及重心位置矢量

各部件的自重和重心位置由设计人员通过分析计算或估计给出。各部件的自重标记为 G_i（$i=1, 2, \cdots, 11$），其下角标数字依次表示下部车架及行走部分、回转平台、动臂液压缸、动臂、斗杆液压缸、斗杆、铲斗液压缸、摇臂、连杆、铲斗及物料，如图8-3所示。各部件重心位置在坐标系 $Oxyz$ 中的矢量标记定义如下：

1）下部车架及行走部分的重心位置矢量为 $\boldsymbol{r}_1=f_1(\alpha_x, \alpha_y, \alpha_z)$，该重心位置除与自身结构有关外，主要取决于停机面的坡度，因此它是停机面坡度的函数，其中 α_x、α_y、α_z 分别为停机面法向量与 x 轴、y 轴、z 轴的夹角。

2）上部转台（除第 1 部分和工作装置外）的重心位置矢量为 $\boldsymbol{r}_2=f_2(\alpha_x, \alpha_y, \alpha_z, \varphi)$，其中 φ 为转台转角。

3）动臂液压缸重心位置矢量为 $\boldsymbol{r}_3=f_3(\alpha_x, \alpha_y, \alpha_z, \varphi, l_1)$，其中 l_1 为动臂液压缸长度。

4）动臂重心位置矢量为 $\boldsymbol{r}_4=f_4(\alpha_x, \alpha_y, \alpha_z, \varphi, l_1)$。

5）斗杆液压缸重心位置矢量为 $\boldsymbol{r}_5=f_5(\alpha_x, \alpha_y, \alpha_z, \varphi, l_1, l_2)$，其中 l_2 为斗杆液压缸长度。

6）斗杆重心位置矢量为 $\boldsymbol{r}_6=f_6(\alpha_x, \alpha_y, \alpha_z, \varphi, l_1, l_2)$。

7）摇臂、连杆、铲斗、铲斗液压缸及物料的重心位置矢量为 $\boldsymbol{r}_i=f_i(\alpha_x, \alpha_y, \alpha_z, \varphi, l_1, l_2, l_3)$ $(i=7, 8, 9, 10, 11)$，其中，l_3 为铲斗液压缸长度。物料自重考虑与否应根据工况来定，其自重与斗容量、装满程度、斗口倾角等因素有关。

8）斗齿尖（中间齿）的位置矢量为 $\boldsymbol{r}_V=f_V(\alpha_x, \alpha_y, \alpha_z, \varphi, l_1, l_2, l_3)$。

上述形式只是各部件重心位置矢量的一般表达式，这些矢量随着各参数的变化而改变，其具体形式十分复杂，除涉及上述七个变量外，还与挖掘机各部件的结构参数有关，是一系列形式较为复杂的多重复合函数。此外，某些部件的自重会随着姿态和倾覆趋势的变化改变其对整机稳定性所起的作用，因此在推导稳定系数计算公式时应区别对待。

3. 挖掘阻力

作业中的挖掘阻力受土壤性质等诸多因素限制，但此处出于分析研究稳定性临界状态的目的，只考虑最大理论挖掘力分析中的六种基本因素，并取其最小值。

4. 行驶时的起动、制动加速度

该类参数取决于发动机和传动系统的性能限制以及驾驶员的操作情况，但也会影响挖掘机运动中的稳定性，尤其是上坡起动和下坡制动时的稳定性，为避免发生翻车事故，该类因素应当引起足够的重视。

5. 转台的起动、制动加速度

在作业中，挖掘机转台的起动、制动过程频繁，由于上部转台连同工作装置的质量和转动惯量较大，因此，在转台的起动、制动过程中会产生很大的惯性力和惯性力矩，尤其在坡上作业时，必须考虑转台起动、制动过程对稳定性的影响。

6. 风力

在高原和沿海地区，风往往会产生较大的威力，其引起的自然灾害十分严重，因此必须加以考虑，但在具体分析计算时，需考虑风力的等级和迎风面积。

8.2.3 不同工况的稳定性系数计算公式

挖掘机的基本工况分为作业工况、行驶工况和停车工况三类，每类工况又根据具体情况包括前倾稳定性、后倾稳定性。此外，由于行走装置的不同，履带式挖掘机和轮胎式挖掘机的稳定性计算也不相同。

对于履带式挖掘机，由于履带中心距一般小于履带接地长度，因此横向作业时的稳定性一般低于纵向作业时的稳定性，所以，一般以横向作业工况作为稳定性分析的主要危险工况之一。对于轮胎式挖掘机，作业中通常为支腿着地，因而应考虑支腿的作用；而在运动中，由于后驱动桥与底盘连接的特殊性，又分为“一次失稳”和“二次失稳”，其分析计算过程较为复杂。

挖掘机的作业工况十分复杂，各种工况的稳定性要求不一定完全相同。由于位置姿态的不断变化，同一个部件在同样工况中的作用也不一定相同，难以用一个计算公式描述所有工况的稳定性系数，因此，必须根据具体情况区别对待。以下为根据上述三类工况运用数力学原理推导出的稳定力矩 M_1、倾覆力矩 M_2 的一般化计算公式，稳定系数 K 的取值见表 8-1。

表 8-1 稳定性分类及稳定系数的取值范围

稳定性分类	作业稳定性				自身稳定性	行走稳定性	
工况描述	挖掘前倾稳定性	挖掘后倾稳定性	横向满斗停车稳定性	斜坡满斗回转紧急制动稳定性	斜坡横向停车稳定性	上坡起动稳定性	下坡制动稳定性
稳定系数 K	$K\geqslant1$	$K\geqslant1$ 或 $K\leqslant1$	$K>1$	$K>1$	$K\geqslant1.25$	$K\geqslant1.25$	$K\geqslant1.25$

首先假设挖掘机自重沿纵向对称分布，即各部件重心位置处于纵向对称平面 yOz 内，以下为具体工况的稳定性计算公式。

工况 1：挖掘作业前倾稳定性。如图 8-4 所示，斗齿上作用有挖掘阻力，风自后面吹来，整机有绕前倾覆线（图 8-4 中用 I 点标记）向前倾覆的趋势。

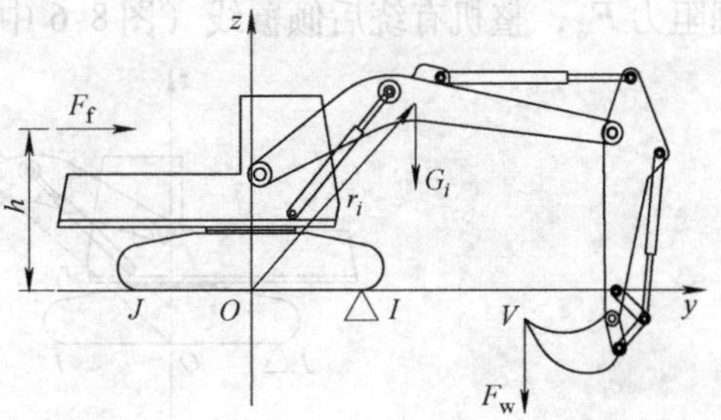

图 8-4 作业时的前倾稳定性分析

当 $(y_i-y_I)G_i\geqslant0$ 时，稳定力矩的计算公式为

$$M_1=\sum_{i=1}^{11}(y_i-y_I)G_i \tag{8-1}$$

当 $(y_i-y_I)G_i<0$ 且 $(y_V-y_I)F_{wz}-(z_V-z_I)F_{wy}<0$ 时，倾覆力矩的计算公式为

$$M_2=\sum_{i=1}^{11}(y_i-y_I)G_i+(y_V-y_I)F_{wz}-(z_V-z_I)F_{wy}-F_fh \tag{8-2}$$

式中 y_i——前述各部件重心位置坐标分量（m）；

y_I、z_I——代表前倾覆线标记点 I 的坐标分量（m）；

y_V、z_V——斗齿的位置坐标分量（m）；

F_{wy}、F_{wz}——挖掘阻力分量（kN）；

F_f——风载荷（kN），$F_f=Aq$，A 为迎风面积（m^2），q 为风压，推荐取 $q=0.25$kPa，下同；

h——风载荷作用中心到停机面的垂直距离（m）；

G_i——各部件自重（kN），$i=1\sim11$，按顺序依此代表下部车架及行走部分、转台、动臂、动臂液压缸、斗杆液压缸、铲斗、铲斗液压缸、摇臂、连杆及物料，式中 G_i 应代以负值。

工况2：如图8-5所示，为挖掘作业工况，斗齿尖位于最大挖掘深度处，其上作用有挖掘阻力F_w，F、Q、V三点一线，且垂直于停机面，此时挖掘阻力臂较大，整机有绕后倾覆线（图中J点）向后倾覆的趋势。

当$(y_i - y_J)G_i \leqslant 0$时，稳定力矩的计算公式为

$$M_1 = \sum_{i=1}^{11}(y_i - y_J)G_i \tag{8-3}$$

当$(y_i - y_J)G_i > 0$且$(y_V - y_J)F_{wz} - (z_V - z_J)F_{wy} > 0$时，倾覆力矩的计算公式为

$$M_2 = -\sum_{i=1}^{11}(y_i - y_J)G_i + (y_V - y_J)F_{wz} - (z_V - z_J)F_{wy} + F_f h \tag{8-4}$$

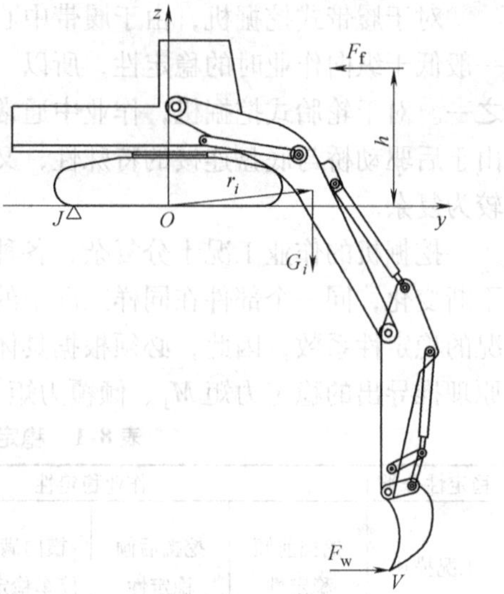

图8-5　作业时的后倾稳定性分析一

工况3：挖掘作业后倾稳定性。如图8-6所示，斗齿尖位于停机面最大挖掘半径处，其上作用有挖掘阻力F_w，整机有绕后倾覆线（图8-6中用J点标记）向后倾覆的趋势。

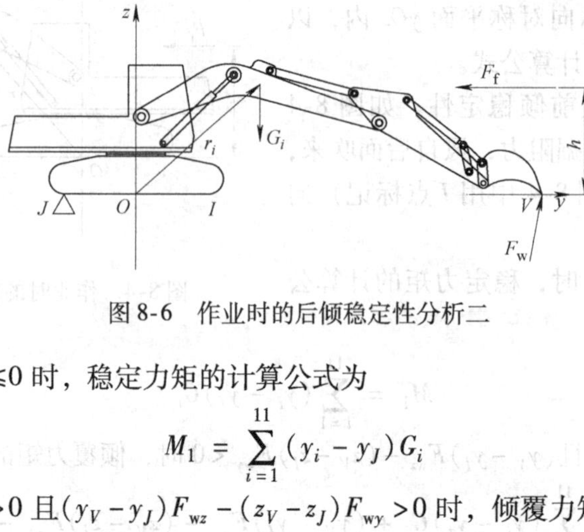

图8-6　作业时的后倾稳定性分析二

当$(y_i - y_J)G_i \leqslant 0$时，稳定力矩的计算公式为

$$M_1 = \sum_{i=1}^{11}(y_i - y_J)G_i \tag{8-5}$$

当$(y_i - y_J)G_i > 0$且$(y_V - y_J)F_{wz} - (z_V - z_J)F_{wy} > 0$时，倾覆力矩的计算公式为

$$M_2 = -\sum_{i=1}^{11}(y_i - y_J)G_i + (y_V - y_J)F_{wz} - (z_V - z_J)F_{wy} + F_f h \tag{8-6}$$

式中　(x_J, y_J, z_J)——后倾覆线的标记点坐标。

其余符号的意义同前。

需要强调的是，挖掘机的后倾在有些情况下是允许的，也是必须具备的性能。当挖掘机爬较大的坡或逾越一些特殊的障碍物时，工作装置前伸、齿尖着地，这时应能将机身前部抬起；另一方面，在挖掘地面以下土壤时，为防止前翻，伸出的工作装置必须有足够的力量撑住地面，此时的稳定系数必须小于等于1，图8-5、图8-6所示的姿态即属于这种情况。

工况4：挖掘机横向停车于斜坡上，满斗静止，风自坡上吹来，整机有向坡下倾覆的趋势，前倾覆线用I点标记，如图8-7所示。

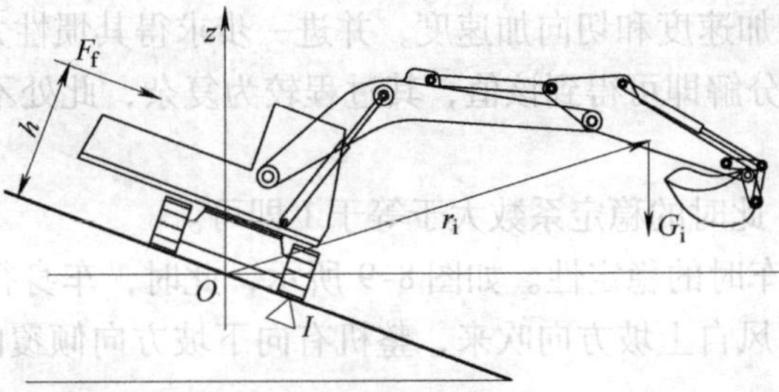

图 8-7 横坡停车的稳定性分析

当（$y_i - y_I$）$G_i \geqslant 0$ 时，稳定力矩的计算公式为

$$M_1 = \sum_{i=1}^{11} (y_i - y_I) G_i \tag{8-7}$$

当（$y_i - y_I$）$G_i < 0$ 时，倾覆力矩的计算公式为

$$M_2 = \sum_{i=1}^{11} (y_i - y_I) G_i - F_f h \tag{8-8}$$

工况 5：斜坡满斗回转紧急制动。如图 8-8 所示，此时挖掘机停于斜坡上，满斗，且铲斗伸出的幅度较大。当从挖掘位置转至卸料位置时，有时需要对转台进行紧急制动，如果恰好转至图示位置，则制动时产生的惯性力和惯性力矩有使整机向坡下倾覆的可能，因此必须对此时的稳定性进行分析计算。图中倾覆线用点 J 标记。

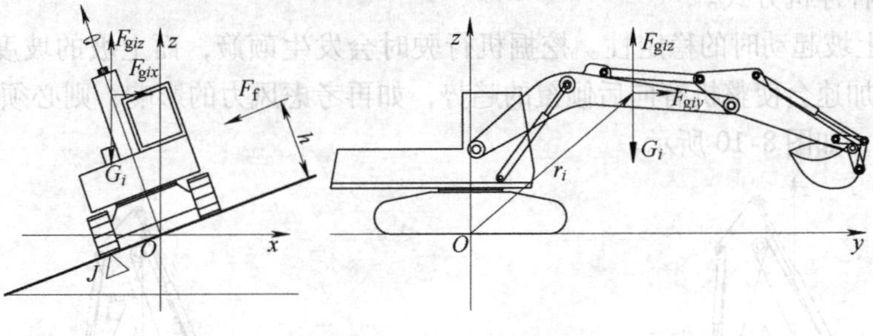

图 8-8 斜坡满斗回转紧急制动的稳定性分析

当 $\sum_{i=1}^{11}(x_i - x_J)G_i \leqslant 0$ 且 $\sum_{i=1}^{11}[(z_i - z_J)F_{gix} - (x_i - x_J)F_{giz}] \geqslant 0$ 时，稳定力矩的计算公式为

$$M_1 = -\sum_{i=1}^{11}(x_i - x_J)G_i + \sum_{i=1}^{11}[(z_i - z_J)F_{gix} - (x_i - x_J)F_{giz}] \tag{8-9}$$

当 $\sum_{i=1}^{11}(x_i - x_J)G_i > 0$ 且 $\sum_{i=1}^{11}[(z_i - z_J)F_{gix} - (x_i - x_J)F_{giz}] < 0$ 时，倾覆力矩的计算公式为

$$M_2 = -\sum_{i=1}^{11}(x_i - x_J)G_i + \sum_{i=1}^{11}[(z_i - z_J)F_{gix} - (x_i - x_J)F_{giz}]F_f h \tag{8-10}$$

式中，F_{gix}、F_{giz} 为各部件的惯性力，与部件重心至回转中心的垂直距离及回转制动角速度及角加速度有关。要获得该值，首先应求得各部件重心位置至回转中心的垂直距离，然后

根据运动参数求得其法向加速度和切向加速度，并进一步求得其惯性力，最后将求得的惯性力在坐标轴 x、y、z 方向分解即可得到该值，其过程较为复杂，此处不作详细介绍，详细内容见运动分析部分。

根据参考文献［1］，此时的稳定系数大于等于1即可。

工况6：斜坡横向停车时的稳定性。如图8-9所示，此时，车身行走方向与坡度方向垂直，工作装置全部收起，风自上坡方向吹来，整机有向下坡方向倾覆的趋势，倾覆线用点 J 标记。

当 $\sum_{i=1}^{11}(y_i - y_J)G_i \leqslant 0$ 时，稳定力矩的计算公式为

$$M_1 = \sum_{i=1}^{11}(y_i - y_J)G_i \tag{8-11}$$

当 $\sum_{i=1}^{11}(y_i - y_J)G_i > 0$ 时，倾覆力矩的计算公式为

$$M_2 = \sum_{i=1}^{11}(y_i - y_J)G_i + F_f h \tag{8-12}$$

机身重心位置靠后，在挖掘机作业时起稳定作用，但在停机或空载时则会使挖掘机向后倾覆，当挖掘机横向停于斜坡上（图8-9），坡度较大且有风自前面吹来时，挖掘机向后倾覆的危险性很大，因此，这种工况下的稳定系数要求大于等于1.25，以避免发生倾覆事故，应尽量避免这种停机方式。

工况7：上坡起动时的稳定性。挖掘机行驶时会发生颠簸，而上坡的坡度有时也很大，上坡时的突然加速会使整机有向后倾覆的趋势，如再考虑风力的影响，则必须考虑整机向后倾覆的可能性，如图8-10所示。

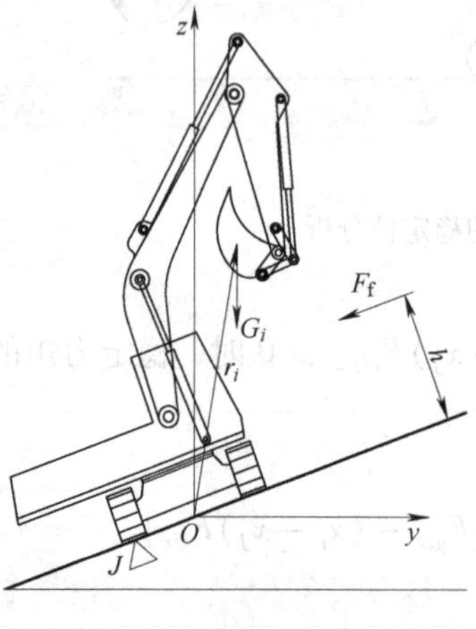

图8-9　斜坡横向停车的稳定性分析

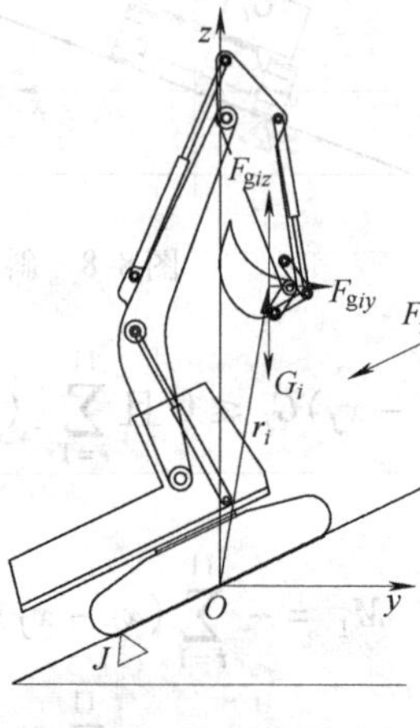

图8-10　上坡起动的稳定性

当 $\sum_{i=1}^{11}(y_i - y_J)G_i \leqslant 0$ 且 $\sum_{i=1}^{11}[(y_i - y_J)F_{giz} - (z_i - z_J)F_{giy}] \leqslant 0$ 时，稳定力矩的计算公式为

$$M_1 = \sum_{i=1}^{11}(y_i - y_J)G_i + \sum_{i=1}^{11}[(y_i - y_J)F_{giz} - (z_i - z_J)F_{giy}] \tag{8-13}$$

当 $\sum_{i=1}^{11}(y_i - y_J)G_i > 0$ 且 $\sum_{i=1}^{11}[(y_i - y_J)F_{giz} - (z_i - z_J)F_{giy}] > 0$ 时，倾覆力矩的计算公式为

$$M_2 = \sum_{i=1}^{11}(y_i - y_J)G_i + \sum_{i=1}^{11}[(y_i - y_J)F_{giz} - (z_i - z_J)F_{giy}] + F_f h \tag{8-14}$$

工况8：下坡制动时的稳定性。下坡时的突然制动会使整机有向前倾覆的趋势，如再考虑风力的影响，则必须考虑整机的这种稳定性，如图8-11所示。

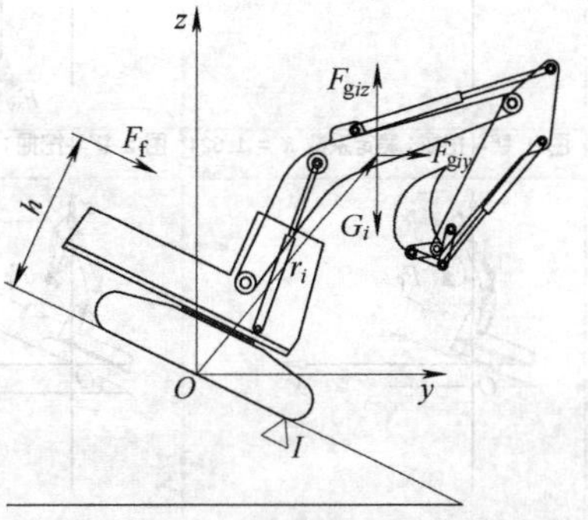

图8-11 下坡制动的稳定性

当 $\sum_{i=1}^{11}(y_i - y_I)G_i \geqslant 0$ 且 $\sum_{i=1}^{11}[(y_i - y_I)F_{giz} - (z_i - z_I)F_{giy}] \geqslant 0$ 时，稳定力矩的计算公式为

$$M_1 = \sum_{i=1}^{11}(y_i - y_I)G_i + \sum_{i=1}^{11}[(y_i - y_I)F_{giz} - (z_i - z_I)F_{giy}] \tag{8-15}$$

当 $\sum_{i=1}^{11}(y_i - y_I)G_i < 0$ 且 $\sum_{i=1}^{11}[(y_i - y_I)F_{giz} - (z_i - z_I)F_{giy}] < 0$ 时，倾覆力矩的计算公式为

$$M_2 = \sum_{i=1}^{11}(y_i - y_I)G_i + \sum_{i=1}^{11}[(y_i - y_I)F_{giz} - (z_i - z_I)F_{giy}] - F_f h \tag{8-16}$$

以上是常见的三类共八种稳定性工况的稳定力矩和倾覆力矩的计算公式，其稳定系数统一按下式计算。即

$$K = \left|\frac{M_1}{M_2}\right| \tag{8-17}$$

应该说，上述这些工况基本上代表了挖掘机常见的几种工况，但实际情况则有千差万别。而在计算稳定力矩和倾覆力矩时，由于车身受坡度的影响、工作装置姿态的不断调整，使得某些情况下起稳定作用的部件可能转化为起倾覆作用；反之，某些情况下起倾覆作用的部件也会转化为起稳定作用。因此，在计算稳定力矩和倾覆力矩时需要作出必要的判断，以确保稳定系数计算的正确性。

图8-12所示为利用软件EXCA10.0计算的某机型在上述八种工况下的稳定系数。其中，最上边的三个工况为挖掘工况。由图中可以看出，工况1的稳定系数大于1，可保证该工况的顺利挖掘；工况2的稳定系数略大于1，说明其后倾稳定性处于临界失稳状态附近，整机重心位置有些靠前（后倾稳定力矩偏大），整机在此姿态难以撑起机身前部实现自救，因此，应将整机重心位置适当向后调整；工况3的稳定系数近似等于1（略小于1），且该处整机最大理论挖掘力受整机后倾失稳限制，说明在该处挖掘时可撑起整机前部，能防止前翻，具有自救能力；工况5的上坡起动稳定系数小于1，说明在此坡度下上坡起动加速度过大（计算时设为 5m/s^2），整机会发生后翻，因此上坡时应缓慢加速，避免事故发生；工况7斜坡横向满斗停车的稳定系数为0.921，整机会向坡下倾覆，说明此时的坡度太大且工作装置伸出太远，因此应避免这种情况。

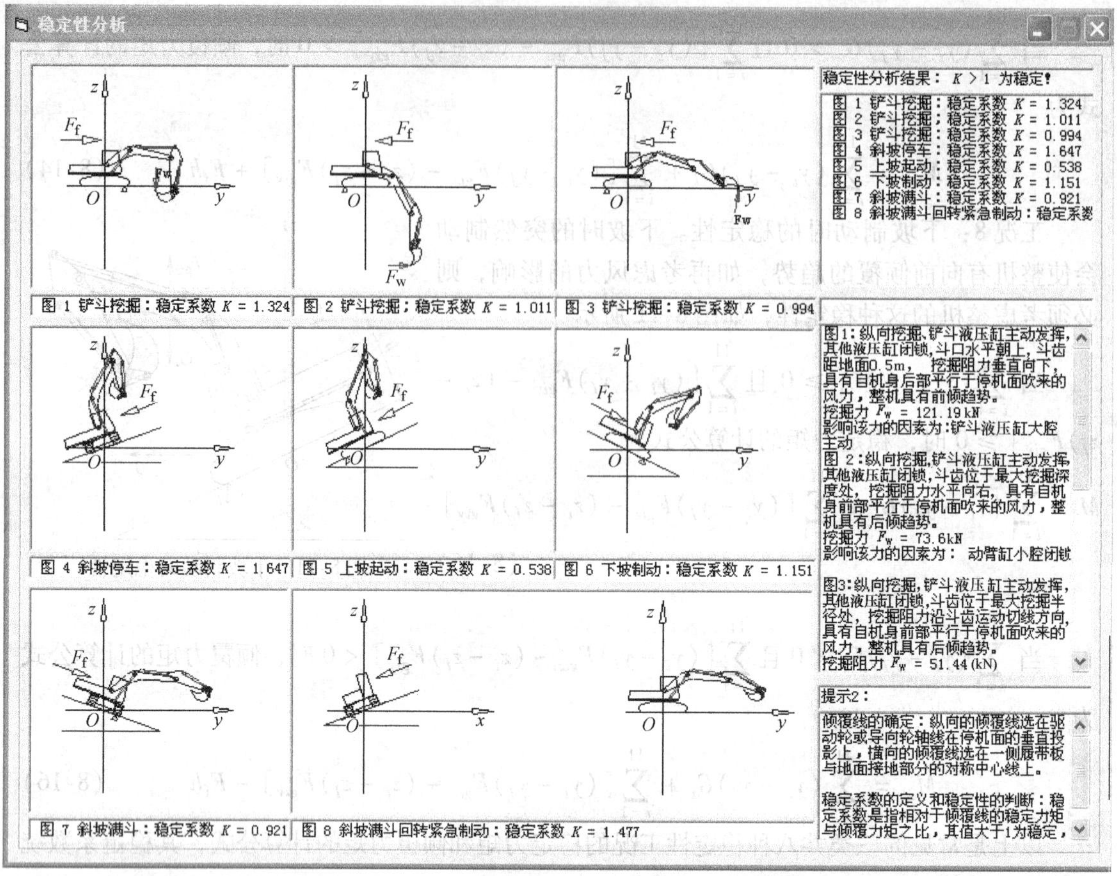

图 8-12　某机型八种工况下的稳定系数

在上述典型工况中，还可以进一步找出最危险的姿态。传统的方法是根据经验判断并计算其稳定系数。但理论分析表明，这些姿态不能算是严格意义上的最危险姿态，作为对照和补充，以下介绍一种使用优化手段寻找最危险姿态的方法，希望对挖掘机的设计和使用人员提供有用的参考。

8.3　最不稳定姿态的确定

上述工况基本符合挖掘机实际工作的情况，也是反映挖掘机稳定性的危险工况，但在姿态的确定和计算方法上还有很多值得探讨的地方。首先是工作装置最危险姿态的确定。传统的方法大多是通过人们的经验确定相应的危险姿态，但这样确定的姿态并非稳定性最差的姿态或是最危险的姿态；其次，由于早期分析计算手段的限制，只能利用人工解析方法计算，这不仅效率低而且精度也差。为此，这里提出了利用计算机进行全局搜索的方法找出最不稳定姿态，其计算精度和效率都比较高。利用这种方法确定挖掘机的最不稳定姿态，需要建立适当的数学模型，首先要确定目标函数，其次是确定设计变量和约束条件，并把这三个基本因素用数学表达式描述出来。以下简要介绍其具体过程。

第一步：建立数学模型。反映挖掘机稳定性的主要性能指标是稳定系数，因此，把稳定

系数 K 作为优化问题的目标函数，在一定的工况下，该值越小，越不稳定。三组液压缸的长度作为设计变量，各液压缸的伸缩范围作为约束条件，此外，还应根据具体工况增加个别的限制条件，如对于工况 1 和 2 还应考虑被动液压缸的闭锁条件并寻找相应工况的最小挖掘力，对工况 3 ~ 7 还应考虑斗齿及铲斗的其余部分不应在地面以下等，而优化的前提条件应是挖掘机各机构参数及其他参数都已知。这里需要强调的是，稳定系数中的各项不是绝对不变的，因为组成稳定力矩和倾覆力矩的具体项目会因姿态的变化而相互转化，如当坡角超过某一值时，原来起稳定作用的因素会变成倾覆因素，反之亦然。所以，在设计程序时，应当根据实际情况插入适当的判断语句来决定某一部件的作用是稳定力矩还是倾覆力矩。

第二步：选择搜索方法。由于目标函数的形式非常复杂，需要根据相应的工况、坡角、转台转角、各液压缸长度及机器的运动参数首先确定挖掘机机身及工作装置的姿态，然后才能计算各部件的重心位置及惯性力（工况 3、5、6）和挖掘阻力（工况 1、2）等，最后由上述公式计算挖掘机的稳定系数。因此，这是一个目标函数形式较为复杂、但变量不多的三维非线性约束问题，不能求导，所以推荐选用不需求导的直接法，如复合形优化方法，该方法不需求导且对于计算维数不高问题的效率较高。

第三步：编制计算机程序进行分析计算。由于稳定性计算过程较为复杂，计算量大，为此需要借助计算机编程进行分析计算，这在分析软件 EXCA 10.0 中得到了实现，并得出了可信的分析结果。

第四步：结果分析。图 8-13 ~ 图 8-19 所示为运用传统方法和全局搜索方法对上述七种工况进行实例分析计算的结果。图中 F_f 代表风，其风压按文献取为 250Pa，图中所指传统方法确定的姿态表示为按经验人为给定的姿态，其中稳定系数大于 1 为稳定、等于或接近 1 为临界稳定、小于 1 为失稳，用小三角形标记处代表垂直于图面的倾覆线。

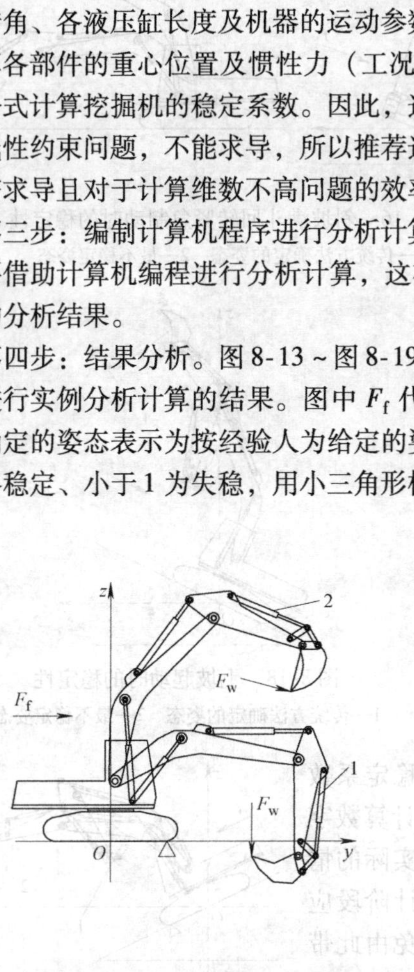

图 8-13 挖掘作业前倾稳定性

1—传统方法确定的姿态 2—最不稳定姿态

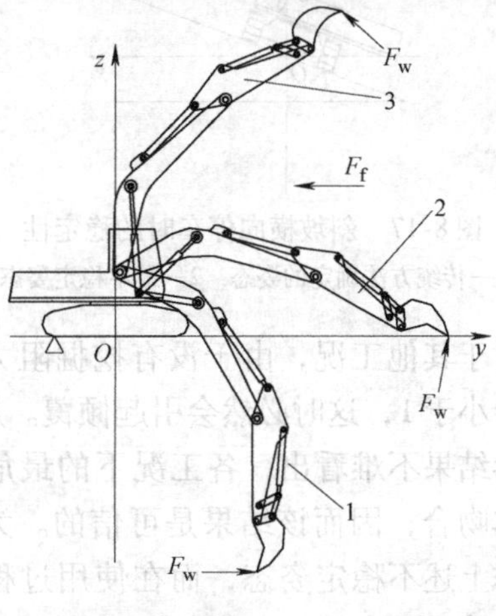

图 8-14 挖掘作业后倾稳定性

1、2—传统方法确定的姿态 3—最不稳定姿态

由图 8-13 ~ 图 8-19 可以看出，用全局搜索方法找出的不稳定姿态的稳定系数均比人为给定姿态的小。在某些情况下，最不稳定姿态下的挖掘力小于人为选定姿态的挖掘力。由计算结果可知，图 8-13、图 8-14 中的最不稳定姿态的稳定系数均小于且接近 1，说明此两种姿态为临界稳定姿态。通过进一步的分析还可以知道，这两种姿态下的挖掘力是由整机稳定

性决定的，且为稳定性决定的挖掘力中的最小值，之所以称之为最不稳定姿态的原因也在于此。图8-13、图8-14两种工况的最不稳定系数近似为1，这是由于整机稳定性限制了挖掘力的发挥，使得由此而限制的最大挖掘阻力在该姿态下起到了平衡作用，即在临界稳定状态下，稳定力矩和阻力矩的绝对值应当相等。因此，从这个意义上讲，理论的最小稳定系数应当为1，但由于该模型十分复杂，在计算中会不可避免地带来一些误差。此外，由于在这两种工况下临界稳定姿态有很多，因而将挖掘力最小的姿态定为最不稳定姿态。

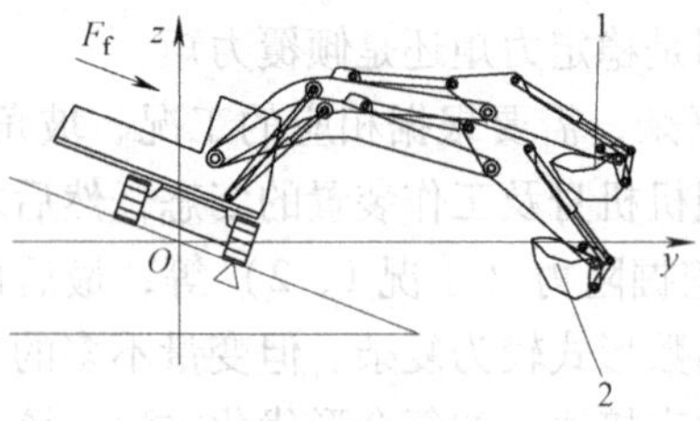

图8-15　斜坡满斗停车时的稳定性

1—传统方法确定的姿态　2—优化方法确定的最不稳定姿态

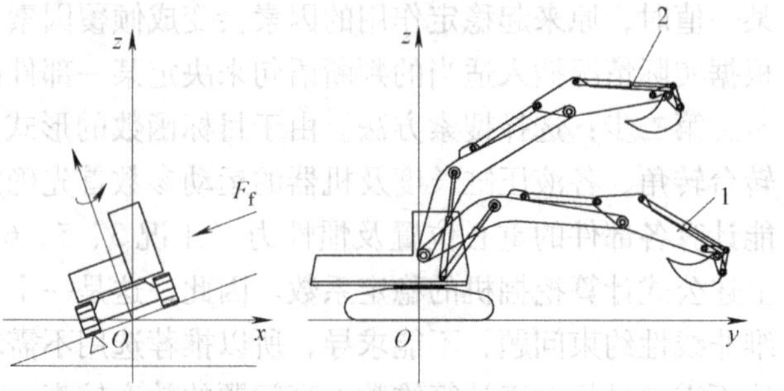

图8-16　斜坡满斗回转紧急制动时的稳定性

1—传统方法确定的姿态　2—最不稳定姿态

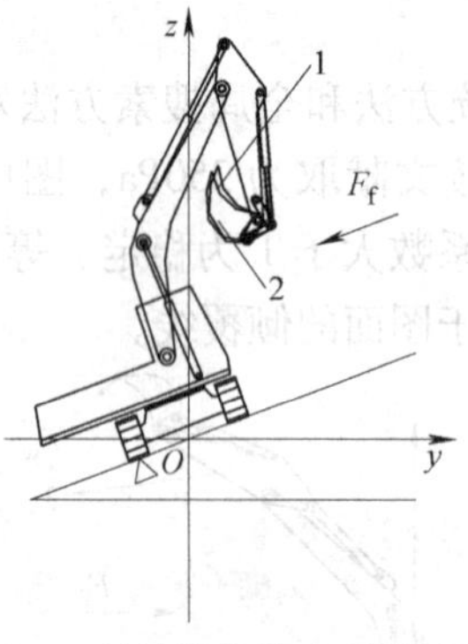

图8-17　斜坡横向停车时的稳定性

1—传统方法确定的姿态　2—最不稳定姿态

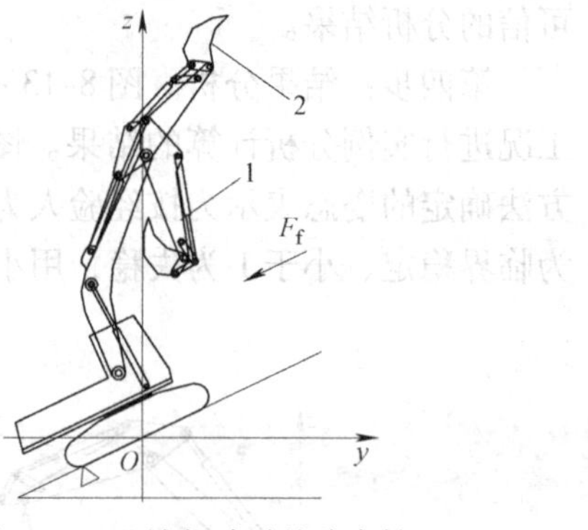

图8-18　上坡起动时的稳定性

1—传统方法确定的姿态　2—最不稳定姿态

对于其他工况，由于没有挖掘阻力的平衡，稳定系数可能会小于1，这时必然会引起倾覆。从这些分析计算数字和图形结果不难看出，各工况下的最危险姿态与实际的情况基本吻合，因而该结果是可信的。为此，在设计阶段应当考虑上述不稳定姿态，而在使用过程中也应避免由此带来的危险。

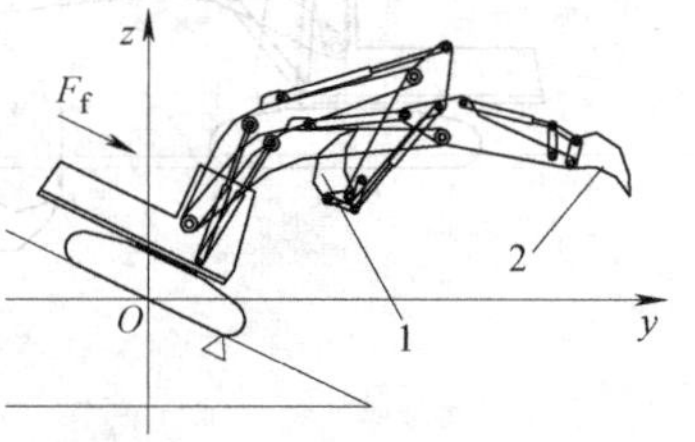

图8-19　下坡制动时的稳定性

1—传统方法确定的姿态

2—最不稳定姿态

以上是对挖掘机的三类共七种工况进行的稳定性分析研究，限于篇幅，还未能列出较为详细的分析过程，希望设计人员在设计阶段能充分考虑到这些最危险的情况，而对使用者来说应做到心中有数，以防止发生整机失稳事故。另外，采用计算机可视化辅助分析方法，可以更直观准确地进行这方面的分析计算，同时又节省了大量的时间和人力，在此基础上，还可以进一步分析挖掘机的动态稳定性，以使产品性能变得更加完善。

思　考　题

1. 简要说明倾覆线、稳定力矩、倾覆力矩、稳定系数的意义。

2. 同一部件在不同工况和姿态下对整机稳定性所起的作用不同，有时起稳定作用，有时起倾覆作用，请举例说明。

3. 当铲斗伸到远端进行挖掘作业时，各液压缸必须有足够的支撑力将整机前部抬起，以避免整机向前倾覆发生事故，试用稳定系数对此进行解释。

4. 在停机面最大挖掘半径处整机的最大理论挖掘力取决于什么限制因素？试从稳定性角度进行解释。

5. 最不稳定姿态在某些工况下可以用稳定系数表示，但在挖掘工况下仅用该系数难以说明问题，试举例说明其原因。

6. 查阅相关文献，了解轮胎式挖掘机的稳定性问题，并说明它与履带式挖掘机的区别。

第 9 章

反铲挖掘机的部件受力分析

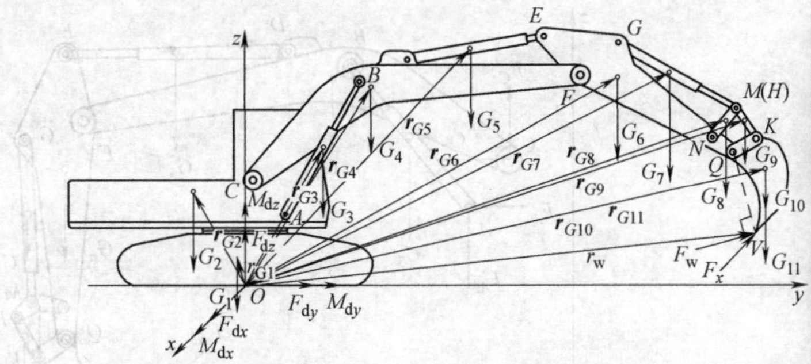

掌握挖掘机各部件所受载荷大小及其方向，是设计各部件具体结构的基础，只有在掌握了其受力情况的前提下，才能使设计的结构既满足性能要求又不浪费材料，达到节约成本提高综合性能的目的。由于挖掘过程中各部件的动作速度较小，受力较大，因此，本章将从静力学的角度分析挖掘机各部件的受力，通过建立其空间受力的矢量表达式，分析挖掘机各部件的受力状况。

受力分析时应先确定以下已知条件和假设条件：

1）已知各部件的几何铰接点位置坐标、自重和重心位置坐标。

2）不考虑铰接点的摩擦，即传动效率。

3）不考虑工作装置的运动速度、加速度及其惯性力。

4）假设斗齿尖所受挖掘阻力在工作装置纵向对称平面内，其方向沿着斗齿运动轨迹的切线方向，其值已知，如图 9-1 所示。

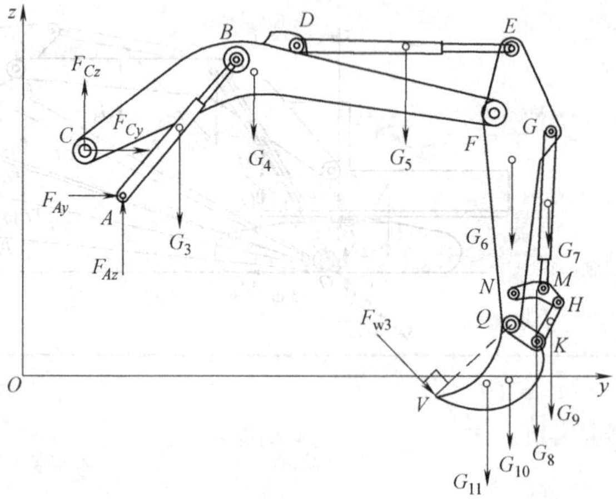

图 9-1　工作装置整体的受力图

9.1　铲斗及铲斗连杆机构的受力分析

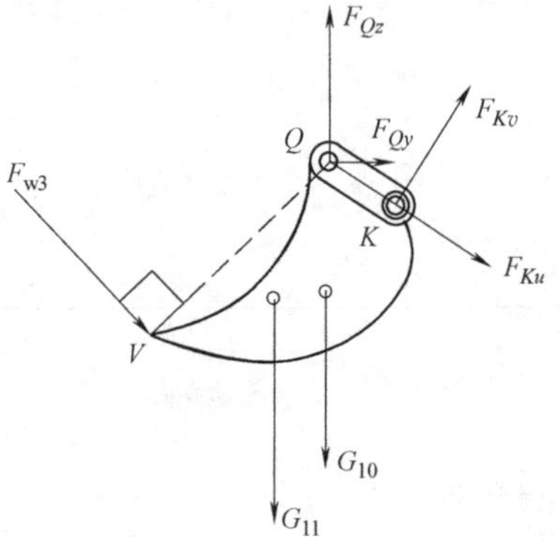

图 9-2　铲斗的受力分析图

图 9-1 所示为工作装置整体的平面内受力简图，其中 G_3 ~ G_{11} 依次为动臂液压缸、动臂、斗杆液压缸、斗杆、铲斗液压缸、摇臂、连杆、铲斗及斗内物料的自重。

第一步：求连杆 *HK* 施加于铲斗上沿垂直于 *QK* 方向的受力 F_{Kv}。

对铲斗进行受力分析，其受力情况如图 9-2 所示。图中，把连杆 *HK* 对铲斗的作用力分解为沿 *QK* 方向的分力 F_{Ku} 和垂直于 *QK* 方向的分力 F_{Kv}，之所以这样分解，主要是为了便于随后的分析推导。

对 *Q* 点建立的力矩平衡方程为

$$\sum M_{QX} = F_{w3} l_3 + F_{Kv} l_{QK} + G_{10} y_{Q10} + G_{11} y_{Q11} = 0 \tag{9-1}$$

式中 y_{Q10}——Q点指向铲斗重心位置的矢量在y轴上的投影；

y_{Q11}——Q点指向物料重心位置的矢量在y轴上的投影；

G_{10}、G_{11}——铲斗和物料的自重，应代以负值。

由此推得

$$F_{Kv} = -\frac{F_{w3}l_3 + G_{10}y_{Q10} + G_{11}y_{Q11}}{l_{QK}} \tag{9-2}$$

将F_{Ku}和F_{Kv}转化到整机坐标系yOz下，得

$$\begin{pmatrix} F_{Kx} \\ F_{Ky} \\ F_{Kz} \end{pmatrix} = \begin{pmatrix} 1 & 0 & 0 \\ 0 & \cos\varphi_{QK} & -\sin\varphi_{QK} \\ 0 & \sin\varphi_{QK} & \cos\varphi_{QK} \end{pmatrix} \begin{pmatrix} 0 \\ F_{Ku} \\ F_{Kv} \end{pmatrix} = \begin{pmatrix} 0 \\ F_{Ku}\cos\varphi_{QK} - F_{Kv}\sin\varphi_{QK} \\ F_{Ku}\sin\varphi_{QK} + F_{Kv}\cos\varphi_{QK} \end{pmatrix} \tag{9-3}$$

式中 φ_{QK}——Q点指向K点的矢量与y轴的夹角，在Q点和K点坐标已知的情况下不难求得该值。

第二步：对连杆HK进行受力分析，求得其在K点处沿QK方向的受力及在H点的受力。

图9-3所示为连杆HK的受力分析图，图中$F'_{Ky} = -F_{Ky}$，$F'_{Kz} = -F_{Kz}$。

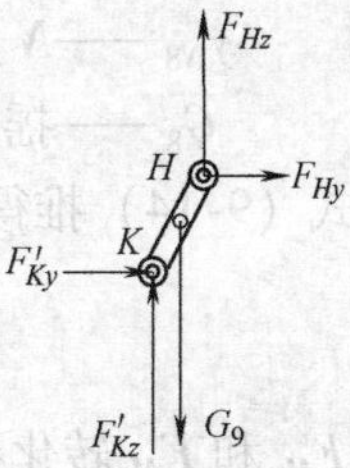

图9-3 连杆的受力分析图

对H点建立的力和力矩平衡方程为

$$\sum M_{Hx} = F'_{Kz}y_{HK} - F'_{Ky}z_{HK} + G_9 y_{H9} = 0 \tag{9-4}$$

$$\sum F_y = F'_{Ky} + F_{Hy} = 0 \tag{9-5}$$

$$\sum F_z = F'_{Kz} + F_{Hz} + G_9 = 0 \tag{9-6}$$

式中 y_{H9}——H点指向连杆重心位置的矢量在y轴上的投影；

y_{HK}、z_{HK}——H点指向K点的矢量在y轴、z轴上的投影；

G_9——连杆所受的重力，应代以负值。

考虑$F'_{Ky} = -F_{Ky}$、$F'_{Kz} = -F_{Kz}$，将式（9-3）代入式（9-4）得

$$F_{Ku} = \frac{F_{Kv}(y_{HK}\cos\varphi_{QK} + z_{HK}\sin\varphi_{QK}) - G_9 y_{H9}}{z_{HK}\cos\varphi_{QK} - y_{HK}\sin\varphi_{QK}} \tag{9-7}$$

将式（9-2）代入式（9-7）即可求得F_{Ku}，将F_{Ku}、F_{Kv}代入式（9-3）即可求得铲斗在K点的受力F_{Ky}和F_{Kz}以及连杆在该点的受力F'_{Ky}和F'_{Kz}。

解方程（9-5）和方程（9-6）可求得在H点摇臂施加于连杆的力F_{Hy}和F_{Hz}。

$$F_{Hy} = -F'_{Ky} \tag{9-8}$$

$$F_{Hz} = -F'_{Kz} - G_9 \tag{9-9}$$

对铲斗建立受力平衡方程，求铲斗在Q点的受力。

$$\sum F_y = F_{Qy} + F_{Ky} + F_{W3y} = 0 \tag{9-10}$$

$$\sum F_z = F_{Qz} + F_{Kz} + F_{W3z} + G_{10} + G_{11} = 0 \tag{9-11}$$

分别解以上两个方程，得

$$F_{Qy} = -F_{Ky} - F_{W3y} \tag{9-12}$$

$$F_{Qz} = -F_{Kz} - F_{W3z} - G_{10} - G_{11} \tag{9-13}$$

第三步：对摇臂进行受力分析，求摇臂上所受的力。

摇臂受力分析图如图 9-4 所示，对 N 点建立的力矩平衡方程为

$$\sum M_{Nx} = F'_{Hz}y_{NH} - F'_{Hy}z_{NH} + F_{Mv}l_{NM} + G_8y_{N8} = 0 \tag{9-14}$$

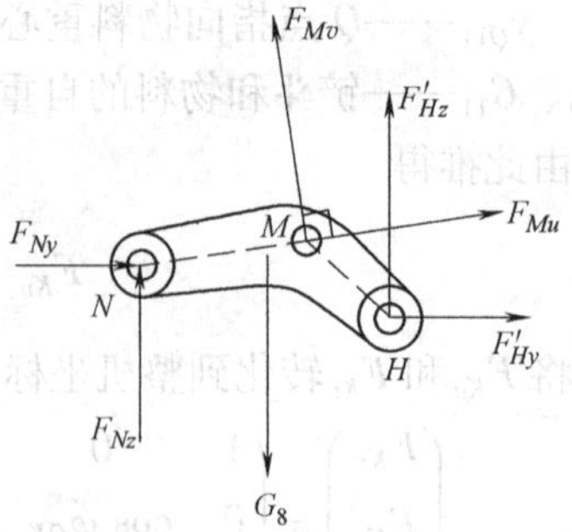

图 9-4　摇臂的受力分析图

式中　y_{NH}、z_{NH}——N 点指向 H 点的矢量在 y 轴、z 轴上的投影；

F'_{Hy}、F'_{Hz}——连杆施加在摇臂上的力在整机坐标系 yOz 的分量，$F'_{Hy} = -F_{Hy}$、$F'_{Hz} = -F_{Hz}$；

F_{Mv}、F_{Mu}——铲斗液压缸施加在摇臂 M 点处的力沿 NM 方向和垂直于 NM 方向的分量；

y_{N8}——N 点指向摇臂重心位置的矢量在 y 轴上的投影；

G_8——摇臂所受的重力，应代以负值。

由式（9-14）推得

$$F_{Mv} = \frac{F'_{Hy}z_{NH} - F'_{Hz}y_{NH} - G_8y_{N8}}{l_{NM}} \tag{9-15}$$

将 F_{Mu} 和 F_{Mv} 转化到整机坐标系 yOz 中，得

$$\begin{pmatrix} F_{Mx} \\ F_{My} \\ F_{Mz} \end{pmatrix} = \begin{pmatrix} 1 & 0 & 0 \\ 0 & \cos\varphi_{NM} & -\sin\varphi_{NM} \\ 0 & \sin\varphi_{NM} & \cos\varphi_{NM} \end{pmatrix} \begin{pmatrix} 0 \\ F_{Mu} \\ F_{Mv} \end{pmatrix} = \begin{pmatrix} 0 \\ F_{Mu}\cos\varphi_{NM} - F_{Mv}\sin\varphi_{NM} \\ F_{Mu}\sin\varphi_{NM} + F_{Mv}\cos\varphi_{NM} \end{pmatrix} \tag{9-16}$$

式中　φ_{NM}——N 点指向 M 点的矢量与 y 轴的夹角，在 N 点和 M 点坐标已知的情况下不难求得该值。

第四步：对铲斗液压缸 GM 进行受力分析，求得其 M 点处的受力及铲斗液压缸的全部受力。

铲斗液压缸 GM 的受力分析图如图 9-5 所示，图中，$F'_{My} = -F_{My}$，$F'_{Mz} = -F_{Mz}$。

对铲斗液压缸建立的力和力矩平衡方程为

$$\sum M_{Gx} = F'_{Mz}y_{GM} - F'_{My}z_{GM} + G_7y_{G7} = 0 \tag{9-17}$$

$$\sum F_y = F'_{My} + F_{Gy} = 0 \tag{9-18}$$

$$\sum F_z = F'_{Mz} + F_{Gz} + G_7 = 0 \tag{9-19}$$

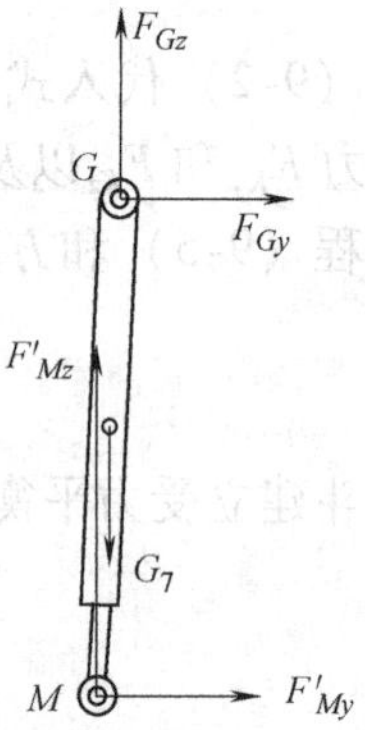

图 9-5　铲斗液压缸的受力分析图

式中　y_{G7}——G 点指向铲斗液压缸重心位置的矢量在 y 轴上的投影；

y_{GM}、z_{GM}——G 点指向 M 点的矢量在 y 轴、z 轴上的投影；

G_7——铲斗液压缸所受的重力，应代以负值。

考虑 $F'_{My} = -F_{My}$、$F'_{Mz} = -F_{Mz}$，将式（9-16）代入式（9-17）得

$$F_{Mu}=\frac{F_{Mv}(y_{GM}\cos\varphi_{NM}+z_{GM}\sin\varphi_{NM})-G_7y_{G7}}{z_{GM}\cos\varphi_{NM}-y_{GM}\sin\varphi_{NM}} \tag{9-20}$$

将式（9-15）代入式（9-20）即可求得 F_{Mu}，将 F_{Mu}、F_{Mv} 代入式（9-16），即可求得摇臂在 M 点的受力 F_{My} 和 F_{Mz} 以及铲斗液压缸在该点的受力 F'_{My} 和 F'_{Mz}。

由式（9-18）、式（9-19）得出铲斗液压缸在 G 点的受力为

$$F_{Gy}=-F'_{My} \tag{9-21}$$

$$F_{Gz}=-F'_{Mz}-G_7 \tag{9-22}$$

第五步：求摇臂上 N 点的受力

对摇臂建立的力平衡方程为

$$\sum F_y=F_{Ny}+F_{My}+F'_{Hy}=0 \tag{9-23}$$

$$\sum F_z=F_{Nz}+F_{Mz}+F'_{Hz}+G_8=0 \tag{9-24}$$

解以上两个方程得

$$F_{Ny}=-F_{My}-F'_{Hy} \tag{9-25}$$

$$F_{Nz}=-F_{Mz}-F'_{Hz}-G_8 \tag{9-26}$$

至此，就得出了铲斗连杆机构上的全部铰接点的受力计算公式。

9.2　斗杆及斗杆机构的受力分析

通过前面对铲斗连杆机构的受力分析，斗杆上铰接点 G、N、Q 的受力都可利用牛顿第三定律获得，因此，对斗杆及斗杆机构的受力分析就只剩下求铰接点 D、E、F 三处的受力了。其分析途径有两条：其一是将斗杆和铲斗连杆机构作为整体考虑，其所受外力为各部件重力 $G_6\sim G_{11}$、铲斗齿尖上的挖掘阻力 F_{w3}、动臂在 F 点对斗杆的作用力 F'_{Fy} 和 F'_{Fz} 以及斗杆液压缸在 E 点对其的作用力 F'_{Ey} 和 F'_{Ez}，铲斗连杆机构与斗杆在 G、N、Q 三个铰接点处的作用力视为内力，其受力分析图如图9-6a所示；其二是把斗杆单独隔离出来，其上受力为斗杆的重力 G_6、铲斗液压缸在 G 点对斗杆的作用力 F'_{Gy} 和 F'_{Gz}、摇臂在 N 点对其的作用力 F'_{Ny} 和 F'_{Nz}、铲斗在 Q 点对其的作用力 F'_{Qy} 和 F'_{Qz}、斗杆液压缸在 E 点对其的作用力 F'_{Ey} 和 F'_{Ez} 以及动臂在 F 点对其的作用力 F'_{Fy} 和 F'_{Fz}，如图9-6b所示。以下选择第二种方法进行分析。

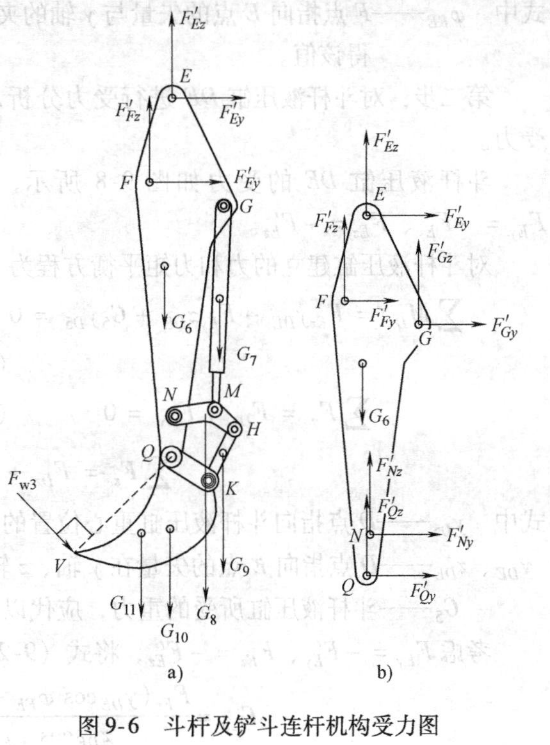

图9-6　斗杆及铲斗连杆机构受力图

第一步：求斗杆液压缸 DE 施加于斗杆上沿垂直于 FE 方向的受力 F_{Ev}。

图 9-6b 中，将 E 点的受力转化为沿 FE 方向的力 F_{Eu} 和垂直于 FE 方向的力 F_{Ev}，如图 9-7 所示。对 F 点建立的斗杆力矩平衡方程为

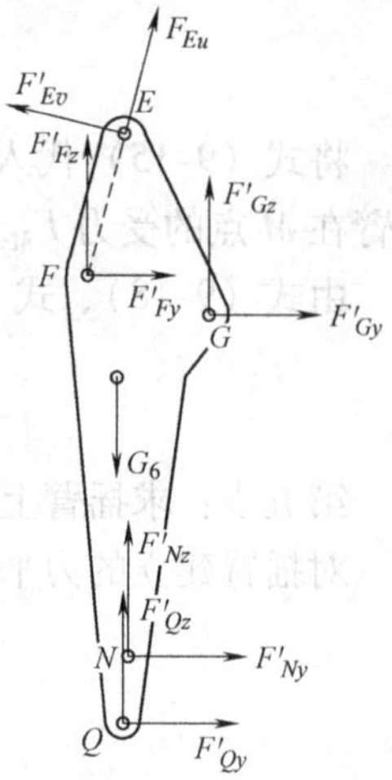

图 9-7　斗杆受力图

$$\sum M_{Fx} = F_{Ev}l_{FE} + F'_{Gz}y_{FG} - F'_{Gy}z_{FG} + F'_{Nz}y_{FN} - F'_{Ny}z_{FN} + F'_{Qz}y_{FQ} - F'_{Qy}z_{FQ} + G_6y_{F6} = 0 \tag{9-27}$$

式中　y_{FG}、z_{FG}——F 点指向 G 点的矢量在 y 轴、z 轴上的投影；

y_{FN}、z_{FN}——F 点指向 N 点的矢量在 y 轴、z 轴上的投影；

y_{FQ}、z_{FQ}——F 点指向 Q 点的矢量在 y 轴、z 轴上的投影；

y_{F6}——F 点指向斗杆重心位置的矢量在 y 轴、z 轴上的投影；

$F'_{Gy} = -F_{Gy}$、$F'_{Gz} = -F_{Gz}$，$F'_{Ny} = -F_{Ny}$、$F'_{Nz} = -F_{Nz}$，$F'_{Qy} = -F_{Qy}$、$F'_{Qz} = -F_{Qz}$；

G_6——斗杆所受的重力，应代以负值。

由式（9-27）推得

$$F_{Ev} = \frac{F'_{Gy}z_{FG} - F'_{Gz}y_{FG} + F'_{Ny}z_{FN} - F'_{Nz}y_{FN} + F'_{Qy}z_{FQ} - F'_{Qz}y_{FQ} - G_6y_{F6}}{l_{FE}} \tag{9-28}$$

根据坐标变换原理，F_{Eu} 和 F_{Ev} 与 F'_{Ey} 和 F'_{Ez} 满足如下关系

$$\begin{pmatrix} F'_{Ex} \\ F'_{Ey} \\ F'_{Ez} \end{pmatrix} = \begin{pmatrix} 1 & 0 & 0 \\ 0 & \cos\varphi_{FE} & -\sin\varphi_{FE} \\ 0 & \sin\varphi_{FE} & \cos\varphi_{FE} \end{pmatrix} \begin{pmatrix} 0 \\ F_{Eu} \\ F_{Ev} \end{pmatrix} = \begin{pmatrix} 0 \\ F_{Eu}\cos\varphi_{FE} - F_{Ev}\sin\varphi_{FE} \\ F_{Eu}\sin\varphi_{FE} + F_{Ev}\cos\varphi_{FE} \end{pmatrix} \tag{9-29}$$

式中　φ_{FE}——F 点指向 E 点的矢量与 y 轴的夹角，在 F 点和 E 点坐标已知的情况下不难求得该值。

第二步：对斗杆液压缸 DE 进行受力分析，求得其 E 点处的受力及斗杆液压缸的全部受力。

斗杆液压缸 DE 的受力如图 9-8 所示，图中，$F_{Ey} = -F'_{Ey}$、$F_{Ez} = -F'_{Ez}$。

对斗杆液压缸建立的力和力矩平衡方程为

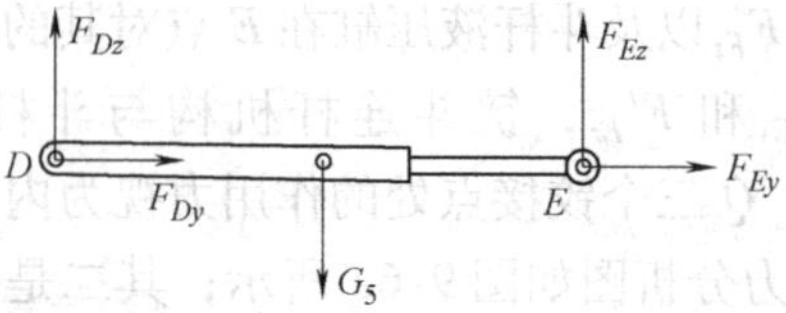

图 9-8　斗杆液压缸的受力分析图

$$\sum M_{Dx} = F_{Ez}y_{DE} - F_{Ey}z_{DE} + G_5y_{D5} = 0 \tag{9-30}$$

$$\sum F_y = F_{Dy} + F_{Ey} = 0 \tag{9-31}$$

$$\sum F_z = F_{Dz} + F_{Ez} + G_5 = 0 \tag{9-32}$$

式中　y_{D5}——D 点指向斗杆液压缸重心位置的矢量在 y 轴上的投影；

y_{DE}、z_{DE}——D 点指向 E 点的矢量在 y 轴、z 轴上的投影；

G_5——斗杆液压缸所受的重力，应代以负值。

考虑 $F_{Ey} = -F'_{Ey}$、$F_{Ez} = -F'_{Ez}$，将式（9-29）代入式（9-30）得

$$F_{Eu} = \frac{F_{Ev}(y_{DE}\cos\varphi_{FE} + z_{DE}\sin\varphi_{FE}) - G_5y_{D5}}{z_{DE}\cos\varphi_{FE} - y_{DE}\sin\varphi_{FE}} \tag{9-33}$$

将式（9-28）代入式（9-33）即可求得 F_{Eu}，将 F_{Eu}、F_{Ev} 代入式（9-29）即可求得斗杆在 E 点的受力 F'_{Ey} 和 F'_{Ez} 以及斗杆液压缸在该点的受力 F_{Ey} 和 F_{Ez}。

由式（9-31）、式（9-32）得出斗杆液压缸在 D 点的受力为

$$F_{Dy} = -F_{Ey} \tag{9-34}$$

$$F_{Dz} = -F_{Ez} - G_5 \tag{9-35}$$

第三步：求斗杆上 F 点的受力。

对斗杆建立的力平衡方程为

$$\sum F_y = F'_{Fy} + F'_{Ey} + F'_{Gy} + F'_{Ny} + F'_{Qy} = 0 \tag{9-36}$$

$$\sum F_z = F'_{Fz} + F'_{Ez} + F'_{Gz} + F'_{Nz} + F'_{Qz} + G_6 = 0 \tag{9-37}$$

解以上两个方程得

$$F'_{Fy} = -F_{Ey} - F'_{Gy} - F_{Ny} - F'_{Qy} \tag{9-38}$$

$$F'_{Fz} = -F_{Ez} - F'_{Gz} - F_{Nz} - F'_{Qz} - G_6 \tag{9-39}$$

至此，就得出了斗杆的全部铰接点受力计算公式。

9.3 动臂及动臂机构的受力分析

动臂机构的铰接点为 A、B、C、D、F，其中铰接点 D、F 的受力可利用牛顿第三定律获得，因此，对动臂及动臂液压缸的受力分析就只剩下求铰接点 A、B、C 三处的受力了。动臂机构的受力分析图如图 9-9 所示。

把动臂单独隔离出来，其上受力为动臂的重力 G_4、动臂液压缸在 B 点对动臂的作用力 F_{By} 和 F_{Bz}、机身在 C 点对动臂的作用力 F_{Cy} 和 F_{Cz}、斗杆液压缸在 D 点对其的作用力 F'_{Dy} 和 F_{Dz}、斗杆在 F 点对其的作用力 F_{Fy} 和 F_{Fz}，如图 9-10 所示。以下为分析过程。

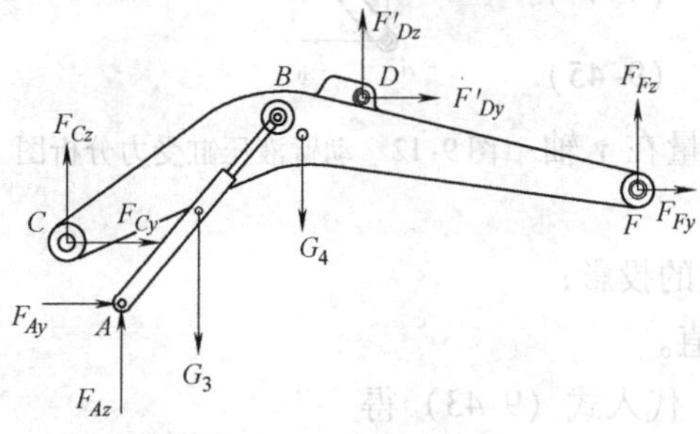

图 9-9 动臂机构受力分析图

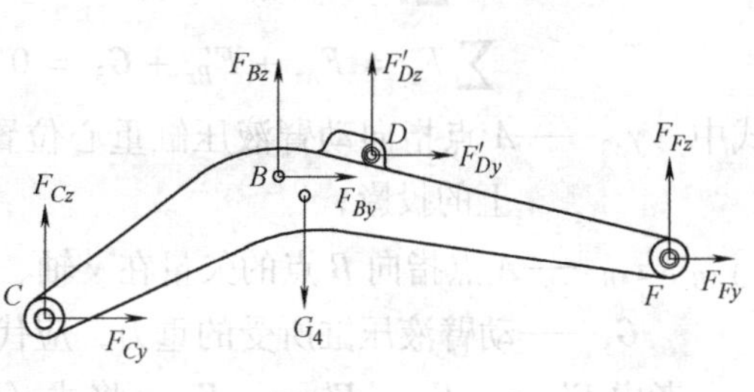

图 9-10 动臂受力分析图一

第一步：求动臂液压缸 AB 施加于动臂上沿垂直于 CB 方向的受力 F_{Bv}。

将图 9-10 中 B 点的受力转化为沿 CB 方向的力 F_{Bu} 和垂直于 CB 方向的力 F_{Bv}，如图 9-11 所示。对 C 点建立的动臂力矩平衡方程为

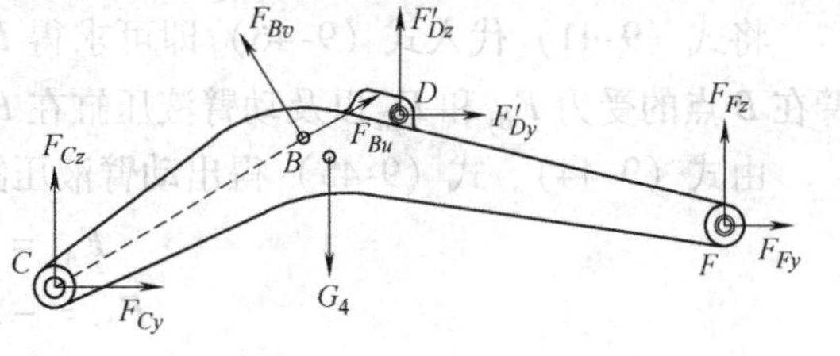

图 9-11 动臂受力分析图二

$$\sum M_{Fx} = F_{Bv}l_{CB} + F'_{Dz}y_{CD} - F'_{Dy}z_{CD} + F_{Fz}y_{CF} - F_{Fy}z_{CF} + G_4y_{C4} = 0 \tag{9-40}$$

式中　y_{CD}、z_{CD}——C 点指向 D 点的矢量在 y 轴、z 轴上的投影；

y_{CF}、z_{CF}——C 点指向 F 点的矢量在 y 轴、z 轴上的投影；

y_{C4}——C 点指向动臂重心位置的矢量在 y 轴上的投影；

$F'_{Dy} = -F_{Dy}$、$F'_{Dz} = -F_{Dz}$，$F_{Fy} = -F'_{Fy}$、$F_{Fz} = -F'_{Fz}$；

G_4——动臂所受的重力，应代以负值。

由式（9-40）可得

$$F_{Bv} = \frac{F'_{Dy}z_{CD} - F'_{Dz}y_{CD} + F_{Fy}z_{CF} - F_{Fz}y_{CF} - G_4y_{C4}}{l_{CB}} \tag{9-41}$$

根据坐标变换原理，F_{Bu}和 F_{Bv}与 F_{By}和 F_{Bz}满足如下关系

$$\begin{pmatrix} F_{Bx} \\ F_{By} \\ F_{Bz} \end{pmatrix} = \begin{pmatrix} 1 & 0 & 0 \\ 0 & \cos\varphi_{CB} & -\sin\varphi_{CB} \\ 0 & \sin\varphi_{CB} & \cos\varphi_{CB} \end{pmatrix} \begin{pmatrix} 0 \\ F_{Bu} \\ F_{Bv} \end{pmatrix} = \begin{pmatrix} 0 \\ F_{Bu}\cos\varphi_{CB} - F_{Bv}\sin\varphi_{CB} \\ F_{Bu}\sin\varphi_{CB} + F_{Bv}\cos\varphi_{CB} \end{pmatrix} \tag{9-42}$$

式中　φ_{CB}——C 点指向 B 点的矢量与 y 轴的夹角，在 C 点和 B 点坐标已知的情况下不难求得该值。

第二步：对动臂液压缸 AB 进行受力分析，求得其 B 点处的受力及动臂液压缸的全部受力。

动臂液压缸 AB 的受力如图 9-12 所示，图中，$F'_{By} = -F_{By}$、$F'_{Bz} = -F_{Bz}$。

对动臂建立的力和力矩平衡方程为

$$\sum M_{Ax} = F'_{Bz}y_{AB} - F'_{By}z_{AB} + G_3y_{A3} = 0 \tag{9-43}$$

$$\sum F_y = F_{Ay} + F'_{By} = 0 \tag{9-44}$$

$$\sum F_z = F_{Az} + F'_{Bz} + G_3 = 0 \tag{9-45}$$

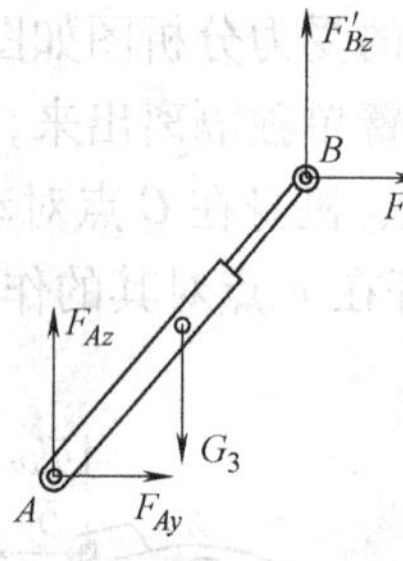

图 9-12　动臂液压缸受力分析图

式中　y_{A3}——A 点指向动臂液压缸重心位置的矢量在 y 轴上的投影；

y_{AB}、z_{AB}——A 点指向 B 点的矢量在 y 轴、z 轴上的投影；

G_3——动臂液压缸所受的重力，应代以负值。

考虑 $F'_{By} = -F_{By}$、$F'_{Bz} = -F_{Bz}$，将式（9-42）代入式（9-43）得

$$F_{Bu} = \frac{F_{Bv}(y_{AB}\cos\varphi_{CB} + z_{AB}\sin\varphi_{CB}) - G_3y_{A3}}{z_{AB}\cos\varphi_{CB} - y_{AB}\sin\varphi_{CB}} \tag{9-46}$$

将式（9-41）代入式（9-46）即可求得 F_{Bu}，将 F_{Bu}、F_{Bv}代入式（9-42）即可求得动臂在 B 点的受力 F_{By}和 F_{Bz}以及动臂液压缸在 B 点的受力 F'_{By}和 F'_{Bz}。

由式（9-44）、式（9-45）得出动臂液压缸在 A 点的受力为

$$F_{Ay} = -F_{By} \tag{9-47}$$

$$F_{Az} = -F_{Bz} - G_3 \tag{9-48}$$

第三步：求动臂上 C 点的受力。

对动臂建立的力平衡方程为

$$\sum F_y = F_{Cy} + F_{By} + F_{Dy} + F_{Fy} = 0 \quad (9\text{-}49)$$

$$\sum F_z = F_{Cz} + F_{Bz} + F_{Dz} + F_{Fz} + G_4 = 0 \quad (9\text{-}50)$$

解以上两个方程得

$$F_{Cy} = -F_{By} - F'_{Dy} - F_{Fy} \quad (9\text{-}51)$$

$$F_{Cz} = -F_{Bz} - F'_{Dz} - F_{Fz} - G_4 \quad (9\text{-}52)$$

至此，就得出了动臂全部铰接点的受力计算公式。

以上是在不考虑偏载和横向载荷的情况下在工作装置纵向对称平面内进行的受力分析，如考虑挖掘阻力的不对称及横向载荷，则根据工作装置的结构特点，对其产生的横向受力和扭矩只能在 C、F、Q 三处承受，即在此情况下不会影响其他铰接点的受力分析结果。其分析计算也可用数力学中三维空间的矢量分析原理进行。

9.4 偏载及横向力的计入

偏载是指挖掘阻力 $\boldsymbol{F}_w$ 不对称的情况，如图9-13所示。由于物料中时常夹有石块，所以作用在斗齿上的挖掘阻力 $\boldsymbol{F}_w$ 并不均布在各斗齿上，极端情况下，可能该力只作用在侧齿上，这就给工作装置带来了附加扭矩和弯矩。但根据挖掘机工作装置的结构特点，可认为该附加弯矩和扭矩只能由铲斗与斗杆铰接处（Q 点）、斗杆与动臂铰接处（F 点）以及动臂与机身铰接处（C 点）三个铰接点处承受，如图9-14所示，并且它们并不影响其余铰接点在工作装置纵向对称平面内的受力。

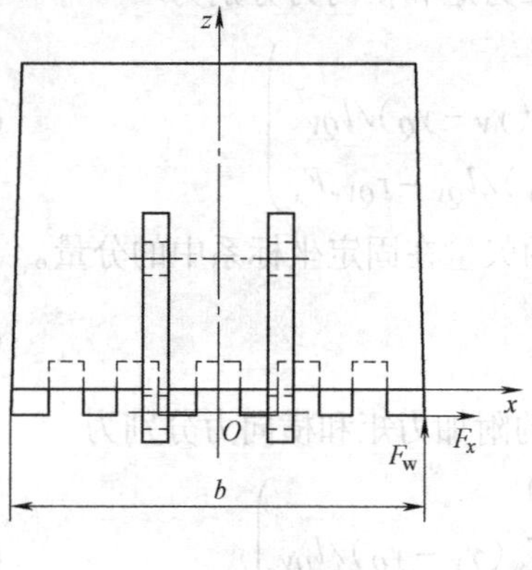

图9-13 挖掘阻力不对称

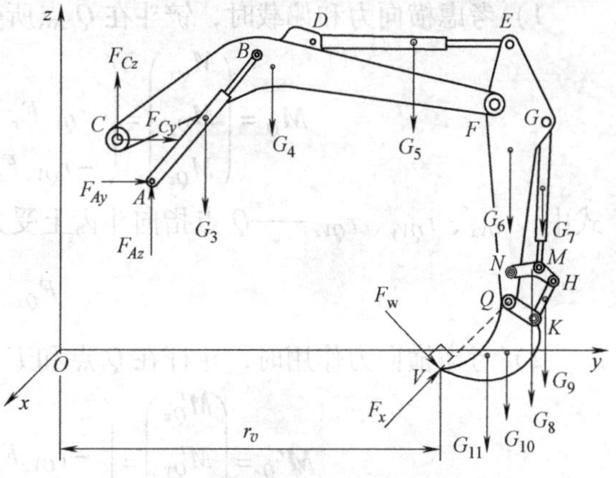

图9-14 载荷不对称及有横向力的情况

挖掘阻力 $\boldsymbol{F}_w$ 的方向可通过矢量 $\overrightarrow{QV}$ 旋转90°获得，故可将 $\boldsymbol{F}_w$ 转化为

$$\boldsymbol{F}_w = F_w \begin{pmatrix} 0 \\ (z_Q - z_V)/l_{QV} \\ (y_V - y_Q)/l_{QV} \end{pmatrix} \quad (9\text{-}53)$$

式中 l_{QV}——铲斗上 Q、V 两点在纵向平面内的距离，其值等于铲斗长度 l_3；

F_w——整机最大理论挖掘力的绝对值。

y_Q、z_Q——Q 点在固定坐标系中的位置坐标；

y_V、z_V——V 点在固定坐标系中的位置坐标；

横向载荷 $\boldsymbol{F}_x$是在侧齿遇障碍时形成的，其大小取决于转台的制动力矩和齿尖距回转中心的垂直距离，计算公式为

$$F_x = \frac{M_{Tz}}{r_V} \tag{9-54}$$

式中 M_{Tz}——转台制动力矩；

r_V——斗齿尖至回转中心的垂直距离。

横向载荷 $\boldsymbol{F}_x$的作用位置可根据具体作业工况确定，一般与切向挖掘阻力施加于相同位置，其方向自铲斗受力一侧的外侧垂直于工作装置纵向对称平面指向斗齿尖，如图 9-14 所示。横向载荷 $\boldsymbol{F}_x$可表示为

$$\boldsymbol{F}_x = F_x(-1 \quad 0 \quad 0)^T = \frac{M_{Tz}}{r_V}(-1 \quad 0 \quad 0) \tag{9-55}$$

将式（9-53）和式（9-55）合并为斗齿上承受的一个空间力矢量形式，即有

$$\boldsymbol{F}_V = \boldsymbol{F}_w + \boldsymbol{F}_x = \begin{pmatrix} -F_x \\ F_w(z_Q - z_V)/l_{QV} \\ F_w(y_V - y_Q)/l_{QV} \end{pmatrix} \tag{9-56}$$

值得注意的是，力作用点 V 的 x 轴坐标 x_V并不为零，可假设其为铲斗前部宽度的一半，即 $b/2$，如图 9-13 所示。

则根据空间力矩计算原理可得出如下计算公式：

1）考虑横向力和偏载时，铲斗在 Q 点所受的附加力矩和横向力分别为

$$\boldsymbol{M}_Q = \begin{pmatrix} M_{Qx} \\ M_{Qy} \\ M_{Qz} \end{pmatrix} = \begin{pmatrix} 0 \\ r_{QVz}F_x + r_{QVx}F_w(y_V - y_Q)/l_{QV} \\ -r_{QVx}F_w(z_Q - z_V)/l_{QV} - r_{QVy}F_x \end{pmatrix} \tag{9-57}$$

式中 r_{QVx}、r_{QVy}、r_{QVz}——Q 点指向斗齿上受力点 V 的矢量在固定坐标系中的分量。

$$F_{Qx} = \frac{M_{Tz}}{r_V} \tag{9-58}$$

2）考虑横向力作用时，斗杆在 Q 点和 F 点所受的附加力矩和横向力分别为

$$\boldsymbol{M'}_Q = \begin{pmatrix} M'_{Qx} \\ M'_{Qy} \\ M'_{Qz} \end{pmatrix} = \begin{pmatrix} 0 \\ -r_{QVz}F_x - r_{QVx}F_w(y_V - y_Q)/l_{QV} \\ r_{QVx}F_w(z_Q - z_V)/l_{QV} + r_{QVy}F_x \end{pmatrix} \tag{9-59}$$

$$F'_{Qx} = -\frac{M_{Tz}}{r_V} \tag{9-60}$$

$$\boldsymbol{M'}_F = \begin{pmatrix} M'_{Fx} \\ M'_{Fy} \\ M'_{Fz} \end{pmatrix} = \begin{pmatrix} 0 \\ r_{FVz}F_x + r_{FVx}F_w(y_V - y_Q)/l_{QV} \\ -r_{FVx}F_w(z_Q - z_V)/l_{QV} - r_{FVy}F_x \end{pmatrix} \tag{9-61}$$

式中 r_{FVx}、r_{FVy}、r_{FVz}——F 点指向斗齿上受力点 V 的矢量在固定坐标系中的分量。

$$F'_{Fx}=\frac{M_{\mathrm{Tz}}}{r_V} \tag{9-62}$$

3）考虑横向力作用时，动臂在 F 点和 C 点所受的附加力矩和横向力分别为

$$\boldsymbol{M}_F=\begin{pmatrix}M_{Fx}\\M_{Fy}\\M_{Fz}\end{pmatrix}=\begin{pmatrix}0\\-r_{FVz}F_x-r_{FVx}F_{\mathrm{w}}(y_V-y_Q)/l_{QV}\\r_{FVx}F_{\mathrm{w}}(z_Q-z_V)/l_{QV}+r_{FVy}F_x\end{pmatrix} \tag{9-63}$$

$$F_{Fx}=-\frac{M_{\mathrm{Tz}}}{r_V} \tag{9-64}$$

$$\boldsymbol{M}_C=\begin{pmatrix}M_{Cx}\\M_{Cy}\\M_{Cz}\end{pmatrix}=\begin{pmatrix}0\\r_{CVz}F_x+r_{CVx}F_{\mathrm{w}}(y_V-y_Q)/l_{QV}\\-r_{CVx}F_{\mathrm{w}}(z_Q-z_V)/l_{QV}-r_{CVy}F_x\end{pmatrix} \tag{9-65}$$

式中　r_{CVx}、r_{CVy}、r_{CVz}——C 点指向斗齿上受力点 V 的矢量在固定坐标系中的分量。

$$F_{Cx}=\frac{M_{\mathrm{Tz}}}{r_V} \tag{9-66}$$

以上力矩计算公式为矢量形式，实际分析中还可根据具体部件的方位和结构特点旋转为相对于各部件方位的扭矩和弯矩，以便于进一步分析结构的受力和内力图的绘制。

9.5 回转平台的受力分析

回转平台的受力包括：

1）自身的重力及其上所属部件重力的合力 G_2。

2）动臂和动臂液压缸与它的铰接点 A、C 两点的作用力和力矩，这些力和力矩可以以简化的形式施加于转台回转中心处，也可根据转台或回转支承的具体结构形式施加在相应的作用位置上，如图9-15所示。

3）底架通过回转支承施加于回转平台的力和力矩，即图9-15所示的三个力 $F_{O'x}$、$F_{O'y}$、$F_{O'z}$ 和三个力矩 $M_{O'x}$、$M_{O'y}$ 和 $M_{O'z}$，图中 O' 点为回转支承滚道中心。

4）回转机构产生的回转驱动力矩或制动力矩。

需要说明的是，除部分小型机及微型机外，绝大部分液压挖掘机的转台与动臂的铰接点 C（C_1、C_2）及转台与动臂液压缸的铰接点 A（A_1、A_2）为双耳板结构。此外，由于工作装置受侧向力和扭矩的作用，使得铰接点 C 点两侧支座的受力并不相同（对称载荷作用下除外），即 $F_{Cy1}\neq F_{Cy2}$，$F_{Cz1}\neq F_{Cz2}$；对 F_{Cx1} 和 F_{Cx2} 的值，由于存在超静定问题，可根据具体结构情况或受力情况确定，可假定 $F_{Cx1}=-F_{Cx}$、$F_{Cx2}=0$ 或 $F_{Cx1}=0$、$F_{Cx2}=-F_{Cx}$；而两侧动臂液压缸与回转平台的铰接点 A_1、A_2 则由于液压回路的作用而相等，即 $F_{Ay1}=F_{Ay2}$、$F_{Az1}=F_{Az2}$，$F_{Ax1}=F_{Ax2}=0$。

对 O' 点建立的转台力和力矩的平衡方程为

$$F_{Cx1}+F_{Cx2}+F_{O'x}=0 \tag{9-67}$$

$$F_{Cy1}+F_{Cy2}+F_{Ay1}+F_{Ay2}+F_{O'y}=0 \tag{9-68}$$

$$F_{Cz1}+F_{Cz2}+F_{Az1}+F_{Az2}+F_{O'z}-G_2=0 \tag{9-69}$$

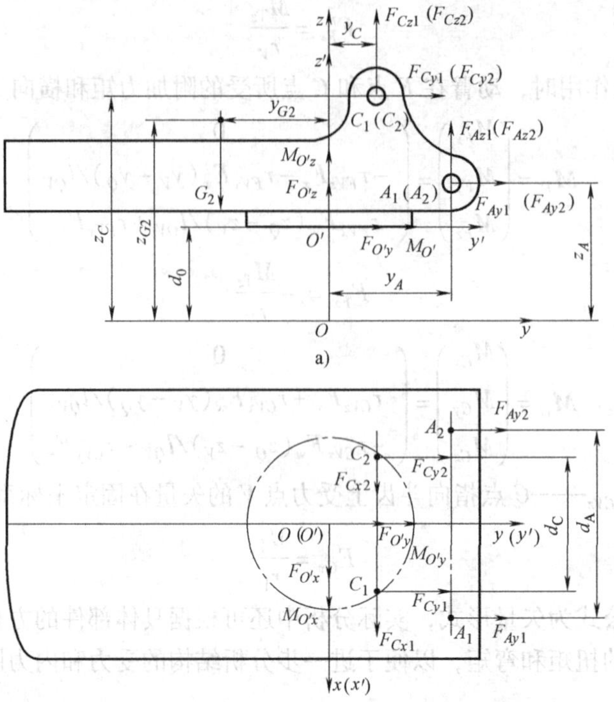

图 9-15　转台受力分析图

$$F_{Cz1}y_C - F_{Cy1}(z_C - d_0) + F_{Cz2}y_C - F_{Cy2}(z_C - d_0) + M_{O'x} - G_2 y_{G2} + F_{Az1}y_A - F_{Ay1}(z_A - d_0) + F_{Az2}y_A - F_{Ay2}(z_A - d_0) = 0 \tag{9-70}$$

$$F_{Cx1}(z_C - d_0) - F_{Cz1}\frac{d_C}{2} + F_{Cx2}(z_C - d_0) + F_{Cz2}\frac{d_C}{2} + M_{O'y} = 0 \tag{9-71}$$

$$F_{Cy1}\frac{d_C}{2} - F_{Cx1}y_C - F_{Cy2}\frac{d_C}{2} - F_{Cx2}y_C + M_{O'z} = 0 \tag{9-72}$$

由于两侧动臂液压缸施加于转台的作用力对称，因此在式（9-71）和式（9-72）两个力矩方程中不考虑铰接点 A_1、A_2的作用。

由式（9-67）解得底架对回转平台的 x 向的力为

$$F_{O'x} = -F_{Cx1} - F_{Cx2} = \frac{M_{Tz}}{r_V} \tag{9-73}$$

结合式（9-51）、式（9-52）中动臂在 C 点的受力及式（9-68）、式（9-69），可得出以下关系

$$F_{Cy1} + F_{Cy2} = -F_{Cy} \tag{9-74}$$

$$F_{Cz1} + F_{Cz2} = -F_{Cz} \tag{9-75}$$

结合式（9-47）、式（9-48）中动臂液压缸在 A 点的受力同样可得出以下关系

$$F_{Ay1} + F_{Ay2} = -F_{Ay} \tag{9-76}$$

$$F_{Az1} + F_{Az2} = -F_{Az} \tag{9-77}$$

因此

$$F_{O'y}=F_{Cy}+F_{Ay} \tag{9-78}$$

$$F_{O'z}=F_{Cz}+F_{Az}+G_2 \tag{9-79}$$

式中　F_{Cy}、F_{Cz}——动臂在 C 点所受的合力在 y、z 方向的分力；

F_{Ay}、F_{Az}——动臂液压缸在 A 点所受的合力在 y、z 方向的分力。

为了求出转台两侧支座与动臂铰接处的受力，需要考虑偏载形成的附加力矩 M_C，为此，可根据力偶原理将 M_C转化为力和作用距离的乘积。即

$$M_{Cy}=F_{MCz}d_C=[r_{CVz}F_x+r_{CVx}F_w(y_V-y_Q)/l_{QV}]$$

$$M_{Cz}=F_{MCy}d_C=[-r_{CVx}F_w(z_Q-z_V)/l_{QV}-r_{CVy}F_x]$$

式中　F_{MCy}、F_{MCz}——F_{MC}的作用方向为 y、z 向；

d_C——动臂两侧支座的距离。

由此，可将转台与动臂两侧铰接点的支座受力表示为

$$F_{Cy1}=-\frac{F_{Cy}}{2}+\frac{r_{CVx}F_w(z_Q-z_V)/l_{QV}+r_{CVy}F_x}{d_C} \tag{9-80}$$

$$F_{Cy2}=-\frac{F_{Cy}}{2}-\frac{r_{CVx}F_w(z_Q-z_V)/l_{QV}+r_{CVy}F_x}{d_C} \tag{9-81}$$

$$F_{Cz1}=-\frac{F_{Cz}}{2}+\frac{r_{CVz}F_x+r_{CVx}F_w(y_V-y_Q)/l_{QV}}{d_C} \tag{9-82}$$

$$F_{Cz2}=-\frac{F_{Cz}}{2}-\frac{r_{CVz}F_x+r_{CVx}F_w(y_V-y_Q)/l_{QV}}{d_C} \tag{9-83}$$

将上述关系代入式（9-70）、式（9-71）、式（9-72），求得底架对转台的作用力矩为

$$M_{O'x}=F_{Cz}y_C-F_{Cy}(z_C-d_0)+F_{Az}y_A-F_{Ay}(z_A-d_0)+G_2y_{G2} \tag{9-84}$$

$$M_{O'y}=\frac{M_{Tz}}{r_V}(z_C-d_0)+F_xr_{CVz}+\frac{r_{CVx}F_w(y_V-y_Q)}{l_{QV}} \tag{9-85}$$

$$M_{O'z}=-\frac{M_{Tz}}{r_V}y_C-F_xr_{CVy}-\frac{r_{CVx}F_w(z_Q-z_V)}{l_{QV}} \tag{9-86}$$

至此，底架对转台的三个作用力和三个作用力矩都已全部求出。为了详细分析回转支承的受力，还可将以上力和力矩按一定规律分布于回转支承的滚道上，以进一步分析回转支承或底架的强度问题，详细内容可参见参考文献［1］。

9.6　履带式液压挖掘机接地比压分析

履带式车辆的接地比压与车辆底盘结构及地面情况密切相关，其分布规律比较复杂，作业中，挖掘机工作装置的重心位置随时在发生变化，因此，其接地比压也在随转台的转动或工作装置的动作发生着变化，如果掌握了转台与底架的相互作用力和力矩的变化规律，则可在一定假设前提下分析履带接地比压的变化规律。为了简化分析结果，本文假设接地比压为线性分布。以下为分析过程。

在分析履带式液压挖掘机的接地比压之前，首先应掌握地面给挖掘机的合力大小及作用力位置。图9-16所示为挖掘机的整机受力图，F_w为切向挖掘阻力，F_x为横向挖掘阻力，F_x平行于 x 方向，这两个参数的大小、作用位置及方向为已知，$G_1\sim G_{11}$分别为底盘、回转平

台、工作装置各部件及斗内物料的自重。F_{dx}、F_{dy}、F_{dz}、M_{dx}、M_{dy}、M_{dz}分别为地面作用于履带接地中心的合力和合力矩在三个坐标轴方向的分量。

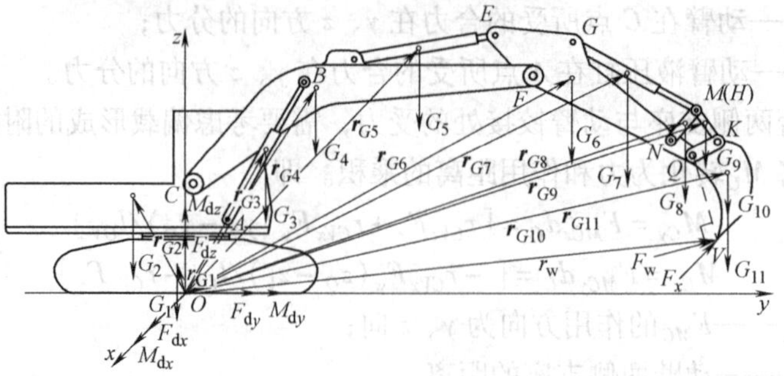

图 9-16 挖掘机整机受力分布图

假设整机位于水平面上，纵向挖掘，工作装置位于纵向对称平面内，则根据图示几何关系及力学原理可建立整机的六个平衡方程。即

$$\sum F_x = F_x + F_{dx} = 0 \tag{9-87}$$

$$\sum F_y = F_{wy} + F_{dy} = 0 \tag{9-88}$$

$$\sum F_z = F_{wz} + F_{dz} - \sum_{i=1}^{11} G_i = 0 \tag{9-89}$$

$$\sum M_{Ox} = -\sum_{i=1}^{11} r_{Giy} G_i + r_{wy} F_{wz} - r_{wz} F_{wy} + M_{dx} = 0 \tag{9-90}$$

$$\sum M_{Oy} = r_{wz} F_x - r_{wx} F_{wz} + M_{dy} = 0 \tag{9-91}$$

$$\sum M_{Oz} = r_{wx} F_{wy} - r_{wy} F_x + M_{dz} = 0 \tag{9-92}$$

式中 F_{wy}、F_{wz}——挖掘阻力在 y 轴、z 轴的分量；

r_{wx}、r_{wy}、r_{wz}——挖掘阻力作用位置的坐标分量，$r_{wx} = b/2$；

r_{Giy}——各部件重心位置矢量在 y 轴方向的分量。

由以上各式即可求得地面给履带的作用力和作用力矩，其表达式为

$$F_{dx} = -F_x \tag{9-93}$$

$$F_{dy} = -F_{wy} \tag{9-94}$$

$$F_{dz} = -F_{wz} + \sum_{i=1}^{11} G_i \tag{9-95}$$

$$M_{dx} = \sum_{i=1}^{11} r_{Giy} G_i - r_{wy} F_{wz} + r_{wz} F_{wy} \tag{9-96}$$

$$M_{dy} = r_{wx} F_{wz} - r_{wz} F_x \tag{9-97}$$

$$M_{dz} = r_{wy} F_x - r_{wx} F_{wy} \tag{9-98}$$

求出上述六个参数后，将力 F_{dz} 和力矩 M_{dx}、M_{dy} 简化为一 z 向力，设其作用位置坐标为 (e_x, e_y, e_z)，则

$$e_x = -\frac{M_{dy}}{F_{dz}},\ e_y = \frac{M_{dx}}{F_{dz}},\ e_z = 0 \tag{9-99}$$

简化结果如图 9-17 所示。同样，也可将力 F_{wx}、F_{wy} 和力矩 M_{dz} 简化为停机面内（xOy 平面）的合力，并求出其作用位置。限于本文篇幅，此处不作详细讨论。

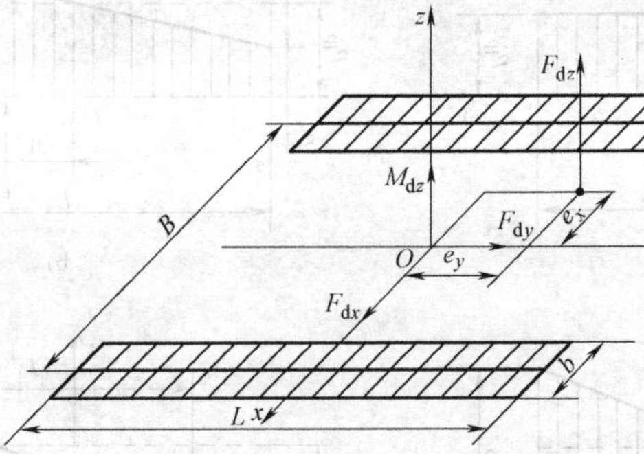

图 9-17　地面作用力的最后简化结果

求出 z 向合力的作用位置后，可将其分解到两侧履带上，以进一步研究两侧履带的接地比压分布规律。这是一个多解问题，因为两侧履带为面接触。为此可假设两侧履带所受的垂直集中压力分别为 F_{dzl} 和 F_{dzr}，这两个力分别作用在两侧履带各自的纵向对称中心线上，则左侧的作用位置为（$B/2$，e_{yl}，0），右侧的作用位置为（$-B/2$，e_{yr}，0），在这两个位置上 F_{dzl} 和 F_{dzr} 最大。B 为履带中心距，则根据静力学平衡方程可得

$$F_{dzl}=F_{dz}\left(0.5+\frac{e_x}{B}\right) \tag{9-100}$$

$$F_{dzr}=F_{dz}\left(0.5-\frac{e_x}{B}\right) \tag{9-101}$$

式中　F_{dzl}——左侧履带受垂直方向的合力；

　　　F_{dzr}——右侧履带受垂直方向的合力。

将 e_x 和 F_{dz} 代入式（9-100）、式（9-101）中，即可求得两侧履带所受的垂直方向的合力。

履带接地比压的分布规律十分复杂，有文献从理论上给出了几种典型的形式，本文为了简化分析结果，假设其为线性分布，其具体情况如图 9-18 所示（图中以左侧履带为例）。

图 9-18 中，坐标原点 O' 为单侧（左侧）履带几何接地中心，z' 轴平行于 z 轴，y' 轴平行于 y 轴，且与单侧履带的纵向对称中心线重合。p_{lp} 为平均接地比压。图 9-18d 中，$L_l'=3(L/2-e_{yl})$，为履带实际承压长度。为便于分析计算，可将以上分布情况分为两类，即前三种的全履带接地长度接触情况和后一种的部分履带接地长度接触情况，由此可推得图 9-18a、b、c 三种情况下履带两端的接地比压的计算公式为

$$\begin{cases} p_{la}=\dfrac{F_{dzl}}{bL}\left(1-\dfrac{6e_{yl}}{L}\right) \\ p_{lb}=\dfrac{F_{dzl}}{bL}\left(1+\dfrac{6e_{yl}}{L}\right) \end{cases} \quad (|e_{yl}|\leqslant L/6) \tag{9-102}$$

式中　b——履带宽度。

当 $e_{yl}=0$ 时，为图 9-18a 所示的分布情形；当 $0<|e_{yl}|<L/6$ 时，为图 9-18b 所示的分布情形；当 $|e_{yl}|=L/6$ 时，为图 9-18c 所示的分布情形。

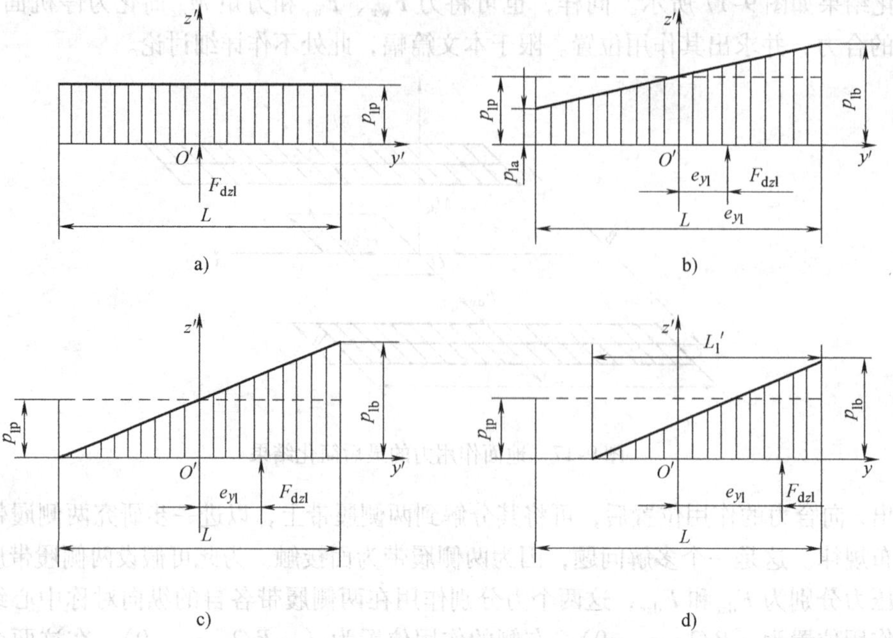

图 9-18　履带接地比压为线性分布时的四种情况

a）法向载荷均布（$e_{y1}=0$）　b）法向载荷呈梯形分布（$|e_{y1}|<L/6$）　c）法向载荷在全履带接地长度上呈三角形分布（$|e_{y1}|=L/6$）　d）法向载荷在部分履带接地长度上呈三角形分布（$|e_{y1}|>L/6$）

当 $L/6<|e_{y1}|<L/2$ 时，为图 9-18d 所示的情形，此时，履带接地段两端的接地比压的计算公式为

$$\begin{cases} p_{1a}=0 \\ p_{1b}=\dfrac{2F_{dzl}}{L_1'b} \end{cases} \quad \left(e_{y1}>\frac{L}{6}\right) \tag{9-103}$$

式中 $L_1'=3\left(\dfrac{L}{2}-e_{y1}\right)$

$$\begin{cases} p_{1a}=\dfrac{2F_{dzl}}{L_1'b} \\ p_{1b}=0 \end{cases} \quad \left(e_{y1}<-\frac{L}{6}\right) \tag{9-104}$$

式中 $L_1'=3\left(\dfrac{L}{2}+e_{y1}\right)$

以上为左侧履带接地段两端的接地比压计算公式，在左侧履带接地中间部分的接地比压按照线性分布规律求得。对于右侧的计算公式与左侧相同，但由于两侧履带的法向载荷偏离履带接地中心的位置不一定相同，因此，两侧履带的接地比压的分布规律也可能不同。

上述分析是基于挖掘机停机面为水平面的情况，且工作装置纵向对称平面与整机行进方向一致，如果挖掘机位于坡上作业，且工作装置呈斜向状态，则情况要复杂一些，分析过程也会变得复杂，但运用矢量力学在首先掌握各铰接点位置和斗齿挖掘阻力的情况下也不难推出接地比压的计算公式。

思　考　题

1. 从结构上讲，偏载和横向力的存在影响哪些铰接点所受的力或力矩？为什么？
2. 偏载和横向力对工作装置平面内的受力是否会产生影响？为什么？
3. 偏载和横向力同时存在时其值应如何确定？
4. 针对某机型选择一工况，分别分析动臂和斗杆各铰接点的受力情况。
5. 当挖掘机横向作业时，试分析履带的受力情况。

第 10 章

主要结构件的强度分析

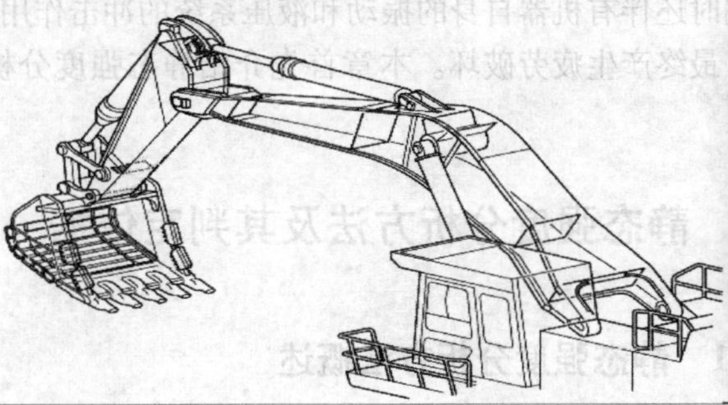

挖掘机的结构件包括工作装置各部件（液压缸除外）、回转平台、底架、履带架等，这些构件一般都由不同形状和厚度的板类材料焊接而成，因而统称为结构件。由于挖掘机的作业工况十分复杂，导致这些部件的受力也十分复杂，在某些部位如铰接点附近会产生较大的应力集中。此外，焊接时引起的变形也会导致不同程度的应力集中，如果在作业中遇到极其恶劣的工况，常常会使结构件产生裂纹甚至发生断裂。因此，必须对这些结构件进行强度分析，找出应力较大或变形较大的部位，并设法加以改进。同时，在满足强度要求的前提下应使结构受力更加合理，并避免不必要的材料浪费。

限于设计手段、技术水平和其他客观原因，目前对挖掘机结构件的强度分析主要还以静强度分析为主，在此基础上考虑适当的动载系数和安全系数，这导致分析结果比较粗略。但由于在挖掘过程中工作装置的动作速度较低，故在一定程度上已能反映挖掘机主要结构件的受力和变形规律。实际情况是，由于挖掘机工作装置动作十分频繁，挖掘过程中载荷变化不定，同时还伴有机器自身的振动和液压系统的冲击作用，因此导致结构件承受频繁的动载荷作用，最终产生疲劳破坏。本章首先介绍静态强度分析方法，随后简要介绍动态特性分析方法。

10.1　静态强度分析方法及其判定依据

10.1.1　静态强度分析方法概述

静态强度分析方法基本上分为两类。一类是基于材料力学强度理论的传统分析方法。这类方法分析过程简单，适合于结构简单、规则的零部件，不需要昂贵的分析软件；但不适合结构复杂的零部件，分析结果的精度也较低。另一类是基于弹性力学的有限元方法。这类方法适合于分析结构和受力都十分复杂的零部件，分析精度较高；但需要专门的分析软件，分析过程复杂，费用高昂。随着计算机软硬件的快速发展和广泛使用，目前有限元方法已被机械行业的大型企业和科研院所广泛采用。

1. 材料力学分析方法

材料力学分析方法的步骤如下：

1）分析挖掘机的作业工况，根据其作业特点，找出几个最危险的工况对其进行受力分析，得出各部件铰接点的受力情况。

2）对结构特点明确、相对简单的结构件（如动臂、斗杆这类具有箱形截面特征以及梁和杆类零件）作出内力图（平面内弯矩图、平面外弯矩图、剪力图、扭矩图、轴力图）；对结构复杂的零部件则不宜采用此法（如铲斗、底架等），此时可采用功能较为完善的有限元分析软件进行分析。

3）分析危险截面，如结构上薄弱或内力较大的截面，利用强度理论进行分析计算，得出其危险点的组合应力。

4）对计算结果进行分析，找出应力最大的位置，在考虑动载系数和安全系数的情况下结合材料的许用应力进行分析。如计算应力超过材料的许用应力，则需要改进结构，使其满足强度要求；反之，如富裕太多则应减小结构截面尺寸，使其在满足强度要求的情况下不致浪费材料。

2. 有限元方法

有限元分析方法的步骤如下：

1）分析各结构件特点，根据分析的目的要求简化结构，利用专用软件建立有限元网格模型，如图10-1所示。对于不重要的或对计算结果影响不大或不是设计者十分关注的局部复杂部位，可作适当简化；对于设计人员十分关注的部位或可能产生较大应力集中和较大变形的部位，则应尽量按照原结构形式建立较细密的有限元网格模型。但由于较细密的网格模型会带来较长的运算时间，所以建立有限元网格模型的基本原则是，在满足分析目的要求和精度的前提下应尽量简化，以提高计算机的运算速度，减少运算时间。

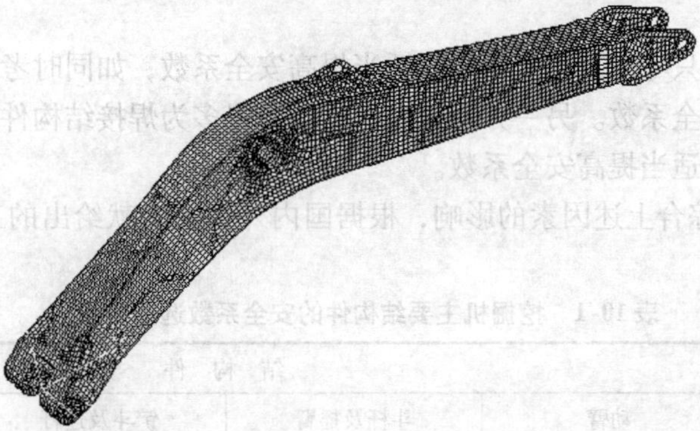

图10-1　某机型的动臂有限元网格模型

2）分析挖掘机的作业工况，根据其作业特点，找出几个最危险的工况对其进行受力分析，得出各部件铰接点的受力情况。

3）根据部件结构特点，利用专用软件在有限元网格模型的相应部位施加约束，并输入材料的机械力学特性参数。

4）利用专用软件进行分析计算。

5）结果分析。静强度分析结果主要包括应力和变形，因此，设计人员可根据部件结构特点观察部件在危险工况下危险部位的应力和变形。现行的各类专用软件通常可给出彩色应力云图和变形图，从而使后处理显像变得直观明了，这大大减轻了设计人员的工作强度并节约了分析时间。

10.1.2　静态强度分析判定依据

如前所述，由于挖掘机的结构和运动特点以及作业对象的多变性，使得对结构件强度分析的判定依据也有所不同，根据现有文献资料及技术水平，静强度分析主要根据挖掘机的载荷规律及具体结构件的工作部位来判定。另一方面，结构的复杂性、载荷的多变性和不确定性使得精确计算十分困难，因此，比较实际而又可行的方法是在实际作业工况环境下采集大量的实验数据，分析其载荷变化规律，给出不同类型挖掘机在不同作业条件下的载荷谱，并将此作为设计载荷标准和结构件强度分析的依据。

由于动载荷的实际存在和静强度分析计算的局限性，故在静强度分析计算中一般采用提高安全系数的方法来解决。但由于工作装置各结构件所承受的动载荷并不相同，所以应采用不同的安全系数。

单斗液压挖掘机属于周期性作业机械，因此在正常作业过程中会经常反复出现周期性载荷；另一方面，由于物料的不确定性，偶尔也会发生载荷突变或受横向载荷的作用。综合这些载荷的规律并结合试验数据分析和结构破坏情况可知，结构件的破坏有70%属于疲劳强度问题，因此，根据参考文献［1］，可将载荷分为主要载荷和附加载荷两类。

（1）主要载荷　这类载荷包括工作装置的自重、运动中的惯性力和惯性力矩、正常作业时的挖掘阻力（切向挖掘阻力和法向挖掘阻力），其中挖掘阻力被认为是均匀作用在铲斗斗齿上并对称于铲斗纵向对称平面分布的。

（2）附加载荷　这类载荷是在偏载工况下形成的，包括侧齿遇障时产生的偏心力矩和横向阻力。

分析计算时，如只考虑主要载荷则应适当提高安全系数；如同时考虑主要载荷和附加载荷，则可适当降低安全系数。另一方面，由于工作装置多为焊接结构件，考虑到焊接工艺及焊接变形问题，也应适当提高安全系数。

表10-1所示为综合上述因素的影响，根据国内外相关文献给出的工作装置各部件应选择的安全系数范围。

表10-1　挖掘机主要结构件的安全系数选择范围[1]

载　荷	结　构　件			
	动臂	斗杆及摇臂	铲斗及连杆	转台
主要载荷	1.8～2	2.5～3	3～4	—
主要载荷＋附加载荷	1.5～1.8	2～2.5	2.5～3.5	1.5～1.8

对于建筑型挖掘机，尤其是工作对象级别在Ⅲ级及Ⅲ级以下的小型挖掘机，其安全系数可取较小值；对于建筑和矿山通用的一般中型挖掘机，其安全系数可取较大值；对于矿山采掘型挖掘机，可按需要再适当提高安全系数，如按表10-1中对应的值再提高一级。

根据材料力学强度理论，构件许用应力的计算公式为

$$[\sigma]=\frac{\sigma_s}{n} \tag{10-1}$$

式中　σ_s——部件所用材料的屈服强度。

当构件在危险工况下的最大计算应力小于上述许用应力时，即视为满足强度要求，否则应修改结构参数。值得注意的是，最大计算应力也不应比许用应力小太多，否则会浪费材料并增大结构件的自重。

10.2　静态强度分析工况和计算位置的选择

根据反铲液压挖掘机的工作特点，其静态强度分析工况应考虑以下五类：

1）铲斗液压缸工作，其他液压缸闭锁，在斗齿尖上发挥最大挖掘力。

2）斗杆液压缸工作，其他液压缸闭锁，在斗齿尖上发挥最大挖掘力。

3）考虑到回转惯性力和惯性力矩的影响，对动臂和斗杆还应分析满载铲斗在最大回转半径时突然起动和紧急制动工况，因为此种工况会产生较大的横向摆动力矩。

4）考虑动载时工作装置的起动和制动工况。

5）对某个铰接点产生最大作用力和力矩的工况，在此工况下，承受最大作用力的铰接点附近会产生很大的内应力和应力集中，尤其当有焊缝存在时，应当引起特别重视。

对以上工况，还应确定工作装置的姿态，即各部件的相对位置，而对前两种工况则还应考虑挖掘阻力的对称情况和是否存在横向力的问题。

对于工作装置的姿态，由于正、反铲挖掘机结构和作业特点的不同会有所区别，通常传统分析手段是根据实验结果和经验进行判断，根据经验选择认为最危险的工况和姿态。但由于这种方法不能涵盖全部姿态而有其局限性。随着电子计算机软、硬件技术的快速发展，目前可结合传统的经验方法，并利用计算机全局分析手段来找出挖掘阻力为最大的姿态，以确定最危险的工况。本书作者开发的挖掘分析软件“EXCA10.0”即具备了此项功能，并已在多台实物机型上进行了验证，其结果准确、可靠。

对于挖掘阻力不对称情况，可取作用在侧齿上的极限情况进行分析，由此产生的对工作装置的附加扭矩或弯矩可在工作装置受力分析中计算得到。但考虑到挖掘机工作装置的结构特点，所产生的附加扭矩可认为只作用在铲斗与斗杆铰接处（Q 点）、斗杆与动臂铰接处（F 点）以及动臂与机身铰接处（C 点），参见图 9-14 所示。此外，横向阻力也是必须考虑在内的。理论分析和实验证明，由于横向阻力的存在，给动臂和斗杆带来很大的附加弯矩和扭矩，横向阻力的最大值取决于回转平台的制动力矩和齿尖至回转中心线的垂直距离，参见式（9-54）。

关于法向挖掘阻力，根据参考文献［1］，该力客观存在且变化较大，但与切向挖掘阻力相比较小。作者认为，理论分析中可不考虑此力，原因是在建立工作装置的力和力矩平衡方程时尚无法确切给出其比例参数。这样做虽然忽略了该力，但理论分析的结果和前提假设是完全一致的，实践证明这样做与实际情况也基本相符，对工作装置强度分析的结果不会产生明显影响。

某些情况下，虽然挖掘力或阻力并不大，但对于某个铰接点来说却产生了最大的作用力，此时将会在该作用力作用的局部范围产生较大的内应力，这也是导致结构损坏的主要原因之一。因此，有必要对更多工况甚至在全部范围内对工作装置进行受力分析，以找出某个铰接点处的最大作用力。但这必须借助于计算机才行。

选定强度计算的工况和工作装置姿态后，首先应计算整机的最大理论挖掘力，即斗齿上所承受的最大挖掘阻力，然后对工作装置进行受力分析。由于整机最大理论挖掘力受多种因素限制，因此，在进行理论分析时，应将几种主要的确定因素考虑在内，如工作液压缸的最大挖掘力、各闭锁液压缸限制的最大挖掘力、整机前倾或后倾及滑移限制的最大挖掘力、各部件的自重和重心位置等，其具体分析计算过程参见第4章，工作装置铰接点的受力分析参见第6章。

10.3 工作装置的静强度分析

10.3.1 动臂的静强度分析

（1）确定对动臂进行强度分析的危险工况　对动臂的强度分析应以动臂可能承受的最大载荷的工况，即最危险工况作为计算工况。根据经验，可初步选定如下三个工况，如图

10-2 中的位置 1、2、3 所示。

工况 1：如图 10-2 姿态 1 所示，该工况动臂液压缸全缩，动臂处于最低位置，动臂与斗杆铰接点 F、斗杆与铲斗铰接点 Q、斗齿尖 V 三点一线且垂直于停机面，即斗齿尖处于最大挖掘深度位置；铲斗液压缸工作，其他液压缸闭锁，切向挖掘阻力 F_{w1} 作用在角齿上，且同时受侧向力 F_{x1} 作用。

在该工况下，切向挖掘阻力 F_{w1} 对动臂与机身的铰接点 C 的作用力臂接近最大，但动臂液压缸的作用力臂却最小，因此动臂液压缸的作用力会很大，且根据经验和计算机分析发现，多数挖掘机在该位置处存在动臂液压缸闭锁不住的情况，但其整机最大挖掘力并不很大。

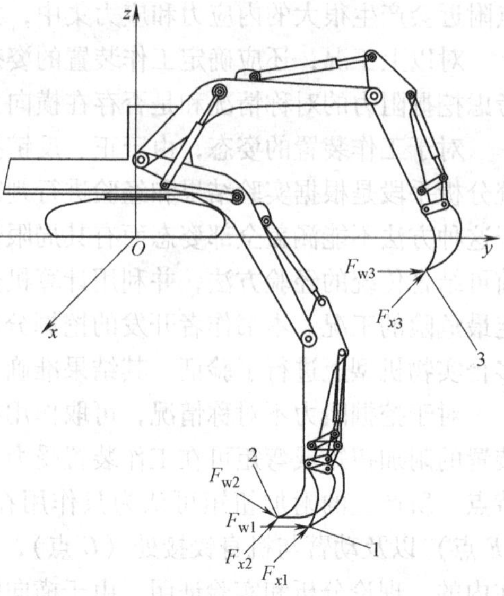

图 10-2　进行动臂强度计算选定的工况

工况 2：如图 10-2 姿态 2 所示，该工况动臂液压缸全缩，动臂最低，动臂与斗杆铰接点 F 和斗杆与铲斗铰接点 Q 垂直于停机面，铲斗转至发挥最大挖掘力位置；铲斗液压缸工作，其他液压缸闭锁，切向挖掘阻力 F_{w2} 作用在角齿上，且同时受侧向力 F_{x2} 作用。

该工况与工况 1 的主要区别在于铲斗的转角不同，切向挖掘阻力 F_{w2} 达到铲斗挖掘的最大位置，但其对铰接点 C 的作用力臂较小，根据经验，在该位置处同样会产生动臂液压缸闭锁不住的情况，因而动臂液压缸的作用力最大。

工况 3：如图 10-2 姿态 3 所示，动臂液压缸和斗杆液压缸的作用力臂都最大，铲斗液压缸工作，工作装置处于发挥最大挖掘力姿态，切向挖掘阻力 F_{w3} 作用在角齿上，且同时受侧向力 F_{x3} 作用，此时工作装置的姿态取决于其具体的结构参数，可通过几何作图或计算机计算获得。

以上为根据经验选定的工况，并不能涵盖全部的危险工况，考虑到手工计算的局限性，还可借助计算机分析软件选择某个铰接点受力最大的工况或动臂整体受力最大的工况。本书作者开发的分析软件“EXCA 10.0”即可任意选定工况并自动计算各铰接点的受力，同时还可自动找出挖掘力最大的工况和姿态，大大方便了挖掘机的作业分析。

需要说明的是，上述三个工况都是铲斗液压缸工作的工况。这是因为对于反铲挖掘机，在上述姿态下铲斗液压缸工作时的挖掘力一般均大于斗杆液压缸工作时的挖掘力。此外，在这三个工况中并未考虑斗齿上所受的法向阻力，其原因是法向挖掘阻力的大小和方向难以给出确切的作用规律。但根据参考文献［1］及有关实验，挖掘时斗齿所受法向阻力确实存在，只是其值和方向不易确定，且影响较小。因此，从理论分析角度出发，可以不予考虑。另一方面，如果在上述工况中考虑了法向阻力，则在建立整机理论挖掘力计算的平衡方程初期就应将其按一定比例计入，这样做就不至于导致分析结果与初始条件出现相互矛盾的情形，否则在计算出整机理论挖掘力后再考虑法向阻力，就会导致计算结果与初始条件的相互矛盾。因此，出于上述原因，本书针对各部件的强度分析所施加的载荷均不考虑法向阻力。

（2）对工作装置进行受力分析　选定工况后，首先应计算出铲斗斗齿尖上所能发挥的最大理论切向挖掘力（参见第4章），然后根据第9章介绍的方法计算各铰接点所受的力和力矩，从而确定动臂各铰接点的受力和力矩。考虑到偏载和横向力的情况，应把所计算出的整机最大理论切向挖掘力转化为施加于角齿尖（侧齿尖）的挖掘阻力。这个过程并不改变各铰接点在工作装置平面内的受力情况，但会给相关部件带来附加扭矩和弯矩，该附加弯矩和扭矩只能由铲斗与斗杆铰接处（*Q*点）、斗杆与动臂铰接处（*F*点）以及动臂与机身铰接处（*C*点）三个铰接点承受，其具体过程可根据理论力学中空间力系的简化原理进行分析。

除偏载情况外，还应进一步计入横向力的作用，横向力的具体数值可根据回转平台的最大制动力矩和斗齿尖与回转中心的距离计算得到［参见式（9-54）］，横向力的作用位置可根据具体作业工况确定，一般与切向挖掘阻力施加于同一位置点上，其方向自铲斗受力一侧的外侧垂直于工作装置纵向对称平面。确定该力的大小和方向后，同样利用力的简化原理将该力简化至*Q*、*F*、*C*三个铰接点处，具体内容可参见第9章。

（3）利用材料力学方法作内力图并分析动臂的强度　根据材料力学原理，强度分析的关键是绘制内力图，这包括工作装置纵向对称平面内的内力图，简称平面内弯矩图、平面内剪力图和垂直于工作装置纵向对称平面的横向弯矩图、横向剪力图以及轴力图和扭矩图。其中，作弯矩图时需要首先确定结构的中性层，即结构受纯弯曲作用时既不伸长也不缩短的纵向截面。确定中性层的目的是为了正确计算结构由弯矩引起的正应力。对于平面内弯矩图，在确定中性层时需要考虑结构的具体情况。因为一般情况下，动臂为变截面结构且内部多有加强肋，而在铰接点处结构尤为复杂。但根据材料力学的平面假设原理，结构（或梁）在变形后其横截面要发生转动，且转动后仍保持为平面，并与变形后的梁的轴线（中性层）垂直，因此，正确确定中性层是作平面内弯矩图的关键。为此，在实际操作时既要考虑计算精度要求，又要考虑到不应使分析计算过程过分繁杂而导致求解困难，因此可不考虑内部的加强肋而只从外部找出上下对称的中心截面即可，如图10-3所示。图中，*Z*点即为上、下动臂中性层（线）的交点，由于动臂中间上下部分的曲率中心一般不重合，使得*Z*点与动臂液压缸铰接点*B*一般不重合。对于横向弯矩图，则由于工作装置呈纵向对称布置，因此可将其纵向对称平面作为其中性层。

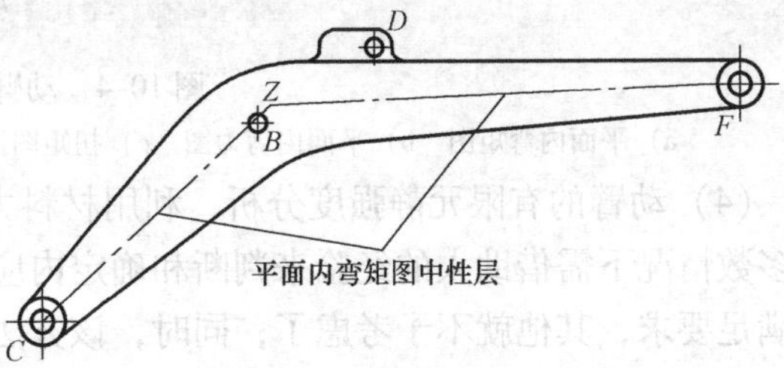

图10-3　作动臂平面内弯矩图时的中性层

确定中性层后即可根据动臂的受力分析结果作出动臂的内力图。图10-4所示为偏载和横向力同时作用时某挖掘机动臂的内力图。

由图10-4可以看出，在横向力和偏载同时作用的情况下，动臂呈现弯扭组合的受力状态。其中，横向剪力和横向弯矩是由横向阻力引起的，其作用方向垂直于图示平面；扭矩是偏载和横向阻力共同作用的结果。通过内力图，首先可以看出内力最大的作用位置，如图中动臂弯曲部位的平面内弯矩较大，动臂下铰点*C*处横向弯矩最大；其次，可根据结构的具体情况初步判断内力最大和结构上产生突变或薄弱的部位，如动臂与转台铰接点*C*附近及斗杆铰接点*F*附近；然后将这些部位的横截面结构尺寸提取出来，计算其截面特征（截面积、抗弯截面系数和抗扭截面系数）；最后利用材料力学强度理论和方法计算其合成内应力，并与材料的许用应力相比较来分析动臂是否满足强度要求。

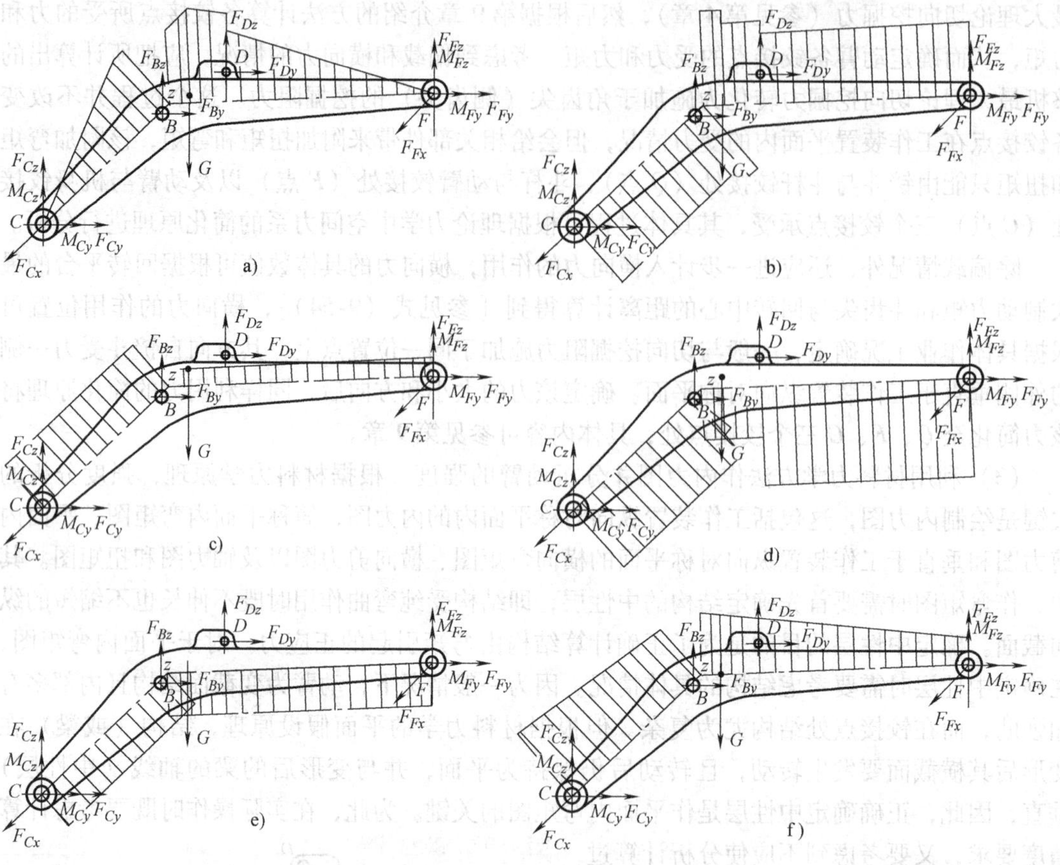

图 10-4　动臂的内力图

a）平面内弯矩图　b）平面内剪力图　c）扭矩图　d）轴力图　e）横向剪力图　f）横向弯矩图

（4）动臂的有限元静强度分析　利用材料力学方法求解强度问题，其过程简单、直观，大多数情况下需借助人的经验来判断和确定内应力较大或结构上薄弱的部位，只要这些部位能满足要求，其他就不予考虑了；同时，该方法不需要借助大型专用软件。但这种传统方法由于理论和方法上的局限性，导致了对大型复杂结构尤其是非线性问题不能求解，且精度较低，因此只适用于结构和受力都简单的零部件。随着计算机技术的发展，人们越来越倾向于利用专用有限元分析软件来分析结构的动、静态强度等问题，如 ANSYS、ALGOR 等。但这些软件价格昂贵、操作复杂，操作人员需要经过专业的培训。

第一步：建立网格模型。

如前所述，利用有限元软件首先需要建立动臂的详细网格结构模型，该模型要在最大程度上代表实物结构。有限元模型通常由几类基本单元组成，如梁单元、二维三角形或四边形单元、三维四面体、棱柱体实体单元等。考虑到挖掘机动臂的实际结构，一般为各种形状的板类零件焊接而成，只在各铰接点处使用轧制管类或铸钢件（斗杆、铲斗、转台及底架和履带架也有同样的结构特点），因此可采用二维板单元（三角形或四边形）或二维板单元与三维实体单元的组合。

图 10-5 所示为动臂与斗杆铰接处的有限元模型局部图，图 10-6 所示为动臂与转台铰接处的有限元模型局部图，这两张局部模型均采用了二维三角形和四边形两种板单元，从结构

上基本能反映该动臂的实际情况。

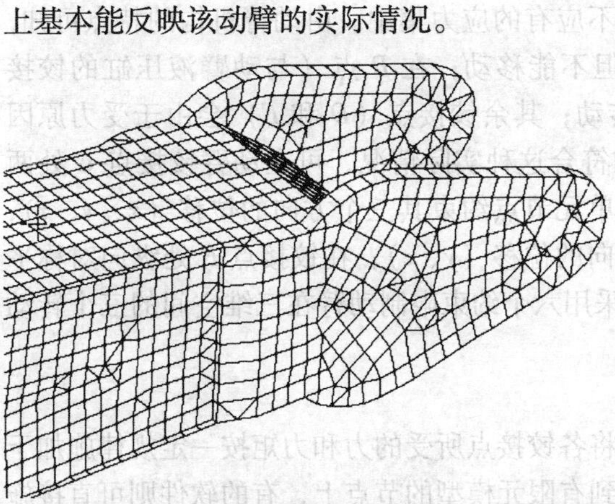

图10-5　动臂与斗杆铰接处的有限元模型局部图

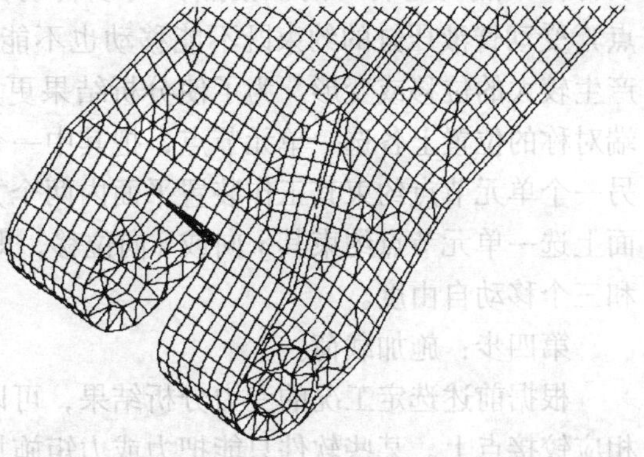

图10-6　动臂与转台铰接处的有限元模型局部图

目前，现行的有限元分析软件大多能对单个的零部件自动生成有限元网格模型，但在某些较为复杂的局部，尤其是加强肋较多的部分，需要辅以人工来修改单元节点，以保证公共边界上位移的协调性；另一方面，对这些复杂的部位或应力变化剧烈的区域，应考虑采用加密的精细单元网格，或者在整体分析的基础上再分离出这些区域，采用更加精细的单元网格模型，用整体分析的结果导出加密模型上的载荷，进行更为精细的分析计算。如对动臂，可在整体分析的基础上，再单独把各铰接点局部分离出来，采用更加细密的单元网格，进行更为精细的分析。

值得注意的是，对于不同板厚或不同材料焊接在一起的零部件，应按照板厚和材料划分为不同特性的单元，并建议采用不同的颜色加以区分，否则软件在进行应力磨平处理时会导致不准确的平均应力。

动臂整体的有限元模型如图10-1所示。

第二步：定义单元属性及材料的有关特性。

1）选择单元类型为线性或非线性。

2）选择材料特性。目前，绝大多数挖掘机的工作装置为不同厚度的16Mn钢材焊接而成，该材料的抗拉强度在450～650MPa之间，其屈服强度在275～345MPa之间，泊松比为0.3，其焊接性、低温韧性及其他各项综合性能和经济性较好，材料的密度均采用钢材的密度，即$\rho=7800\text{kg/m}^3$。

3）对于结构复杂的部位、施加载荷部位以及对应力、应变敏感的部位，可把网格适当加密，以提高分析结果的详细程度和精度。但网格也不可过密，太密的网格单元会导致延长运算时间并增大累计误差。

4）由于动臂结构复杂、受力点较多，因此其网格模型比较复杂、庞大，在建模时要经过反复的仔细修改，以保证模型的真实性和求解结果的可靠性。

在添加材料特性等参数时，一定要注意各参数所采用的量纲。

第三步：确定边界条件、施加约束。

在有限元分析中，边界条件是用来给结构以刚性或弹性的支承，以便求约束处的约束反力。边界条件有多种形式，如位移、转角等。施加边界条件应按照具体情况来定，在静强度分析中，主要是限制部件在三维或二维空间的自由度，即避免出现刚体位移的情况。但过多的约束会带来超静定或过定位问题，甚至产生不应有的应力集中。由动臂机构的特点可知，动臂在 C 点（与转台的铰接点）可以转动，但不能移动；在 B 点（与动臂液压缸的铰接点）受动臂液压缸的约束既不能移动也不能转动；其余铰接点（D 和 F）会由于受力原因产生较大的位移或变形。为了使分析结果更加符合这种实际情况，可在动臂铰接点 C 处两端对称的位置上各选一单元节点，把其中一个单元节点约束其三个方向的位移（x、y、z），另一个单元节点约束其工作装置平面内两个方向的位移（y、z）；在铰接点 B 处纵向对称平面上选一单元节点约束其 y 向或 z 向位移，即采用六个约束限制动臂在三维空间的三个转动和三个移动自由度。

第四步：施加载荷。

根据前述选定工况的受力分析结果，可以将各铰接点所受的力和力矩按一定规律施加于相应铰接点上。某些软件只能把力或力矩施加到有限元模型的节点上，有的软件则可直接施加在实物模型的相应铰接点处。

在施加力时，建议将铰接点处的集中力按其大小和方向转化为分布在多个节点上的分力，这样处理可以避免在施加载荷处由于应力集中过大而带来过大的计算误差，也比较符合铰接点处的实际受力情况。

对于力矩，可以以力矩矢量的形式施加，也可将力矩矢量转化为力偶（力和距离的乘积），然后以转化后的力矢量施加于单元节点上。由于在偏载情况下动臂在 C 和 F 两点受力矩作用，而在这两个铰接点处动臂的结构一般为左右对称的两部分，如图 10-5、图 10-6 所示，所以建议把这两处的力矩转化为力偶，这样更符合实际受力情况。

可以将多个工况的载荷分工况同时施加到有限元模型上，以便于集中处理，并提高运算效率。

第五步：求解。

不同的问题、不同的分析目的所用的求解方法不同，因而在大多数有限元分析软件中都给出了各种求解方法（求解器）。ANSYS 中有波前法、稀疏矩阵直接解法、雅克比共轭梯度法等，其中波前法为 ANSYS 中的默认解法。

求解的时间与结构的复杂程度有关外，还与问题的规模即单元和节点的数目和所选用的方法和计算机硬件的速度有关。

第六步：结果分析。

结果分析也称为后处理，在整个有限元分析中是最重要的环节之一，其结果形式有应力（笛卡尔坐标系中的分力、主应力、按 Von Mises 假设的等价量）、最终节点力和节点位移的形式给出，一般有文字和图形两种结果形式。对挖掘机结构件的静强度分析来说，主要是应力和应变。图 10-7 所示为动臂分析结果的应力云图。从该图的整体分析结果可以看出，该工况的最大应力为 782.662MPa。但通过观察可以看出，最大应力的位置在集中力施加处，根据圣维南原理，局部荷载作用仅影响一个比较小的范围。在较远的部位可以忽略这些不均匀的局部影响。由于在整体图中不易观察到局部的情况，为此可将某些感兴趣的局部单独分离出来或只显示应力值在一定范围的部分。图 10-8 所示为动臂弯曲部位的局部放大云图。从该图的颜色分布及对应的应力值，可以看出该局部的应力大小及分布情况。就该动臂在给定工况下的分析结果来看，在动臂与动臂液压缸铰接点上方腹板与上翼板的连接部位应力较大，是强度薄弱部分。

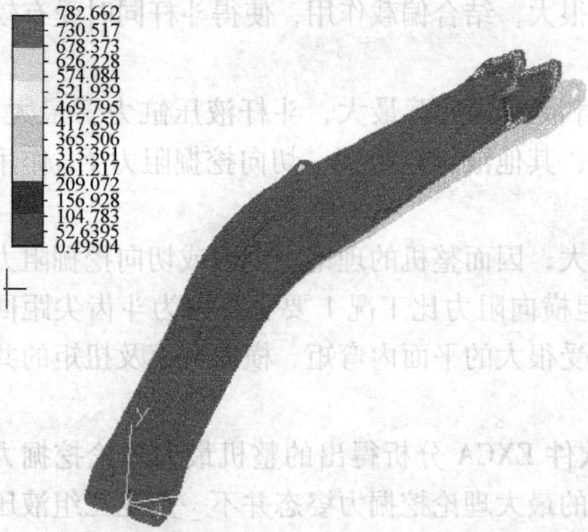

图 10-7　动臂分析结果的应力云图及变形情况

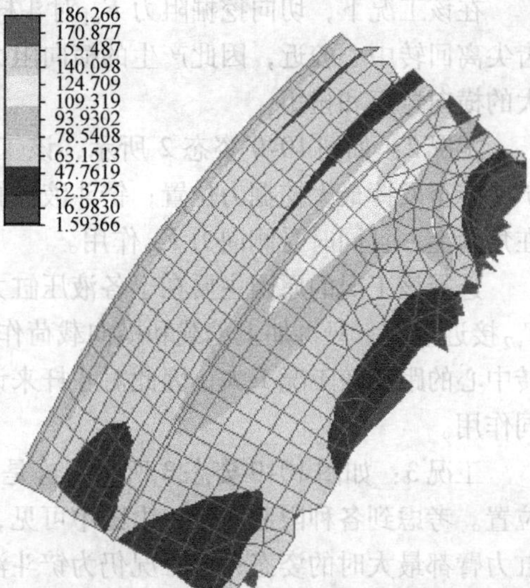

图 10-8　动臂弯曲部位应力云图的局部放大

由于选择了多个计算工况，所以在结果分析中应对不同的工况加以对比，找出出现次数较多的危险区域，并得出某些规律性的分析结果，以指导结构设计。从作者对数家厂商的主要机型分析可知，在有横向力和偏载共同作用的工况下，动臂整体的应力都有明显增大，在某些部位甚至接近或超过了材料的许用应力，而在实际使用中，动臂在相应部位产生的破坏也时有发生。

10.3.2　斗杆的静强度分析

（1）确定对斗杆进行强度分析的危险工况　如前所述，对斗杆的强度分析应以斗杆可能承受的最大载荷即最危险工况作为计算工况，初步选定时可与动臂计算的计算工况相同，也可根据经验初步选定如下三个，如图 10-9 所示的位置 1、2、3。

工况 1：如图 10-9 姿态 1 所示，该工况动臂液压缸全缩，动臂处于最低位置，斗杆液压缸作用力臂最大，动臂与斗杆铰接点 F、斗杆与铲斗铰接点 Q、斗齿尖 V 三点一线；铲斗液压缸工作，其他液压缸闭锁，切向挖掘阻力 F_{w3} 作用在角齿上，且同时受侧向力 F_x 作用。

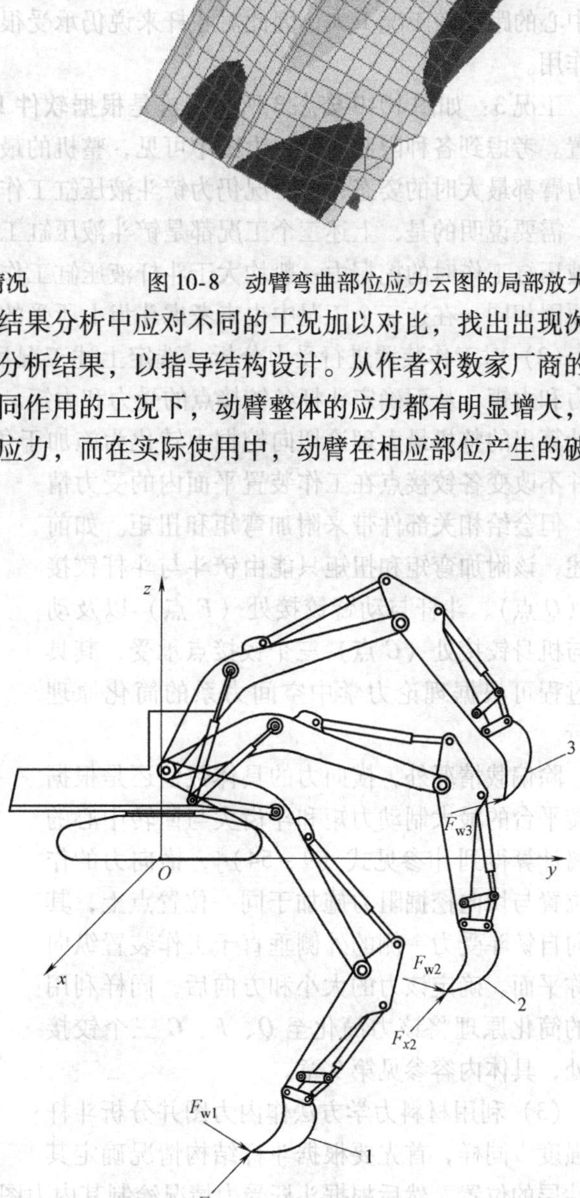

图 10-9　斗杆强度计算的选定工况

在该工况下，切向挖掘阻力 F_{w1} 对斗杆根部 F 点产生的平面内弯矩接近最大，而由于斗齿尖离回转中心较近，因此产生的横向阻力也会很大，结合偏载作用，使得斗杆同时受有较大的横向弯矩和扭矩。

工况 2：如图 10-9 姿态 2 所示，该工况动臂液压缸力臂最大，斗杆液压缸力臂最大，铲斗转至发挥最大挖掘力位置；铲斗液压缸工作，其他液压缸闭锁，切向挖掘阻力 F_{w2} 作用在角齿上，且同时受侧向力 F_{x2} 作用。

选择该工况的原因主要在于各液压缸力臂最大，因而整机的理论挖掘力或切向挖掘阻力 F_{w2} 接近最大，只再加上偏载和横向载荷作用。但横向阻力比工况 1 要小。因为斗齿尖距回转中心的距离较工况 1 大，因此对斗杆来说仍承受很大的平面内弯矩、横向弯矩及扭矩的共同作用。

工况 3：如图 10-9 姿态 3 所示，这是根据软件 EXCA 分析得出的整机最大理论挖掘力位置。考虑到各种限制因素，由图中可见，整机的最大理论挖掘力姿态并不一定是三组液压缸力臂都最大时的姿态；该工况仍为铲斗液压缸工作，但无偏载和横向力。

需要说明的是，上述三个工况都是铲斗液压缸工作工况。同样的原因是在上述姿态下铲斗液压缸工作时的挖掘力一般均大于斗杆液压缸工作时的挖掘力。此外，与动臂工况选择时的原因相同，在这三个工况中也未考虑斗齿上所受的法向阻力。

（2）对工作装置进行受力分析　选定上述工况后，同样根据前面所述计算各铰接点的受力和力矩，从而确定斗杆各铰接点的受力和力矩。考虑到前述偏载和横向力的情况，应把所计算出的整机最大理论切向挖掘力转化为施加于角齿尖（侧齿尖）的挖掘阻力。这样处理并不改变各铰接点在工作装置平面内的受力情况，但会给相关部件带来附加弯矩和扭矩。如前所述，该附加弯矩和扭矩只能由铲斗与斗杆铰接处（Q 点）、斗杆与动臂铰接处（F 点）以及动臂与机身铰接处（C 点）三个铰接点承受，其具体过程可根据理论力学中空间力系的简化原理进行。

除偏载情况外，横向力的具体数值还是根据回转平台的最大制动力矩和斗齿尖与回转中心的距离计算得到［参见式（9-54）］，横向力的作用位置与切向挖掘阻力施加于同一位置点上，其方向自铲斗受力一侧的外侧垂直于工作装置纵向对称平面。确定该力的大小和方向后，同样利用力的简化原理将该力简化至 Q、F、C 三个铰接点处，具体内容参见第 9 章。

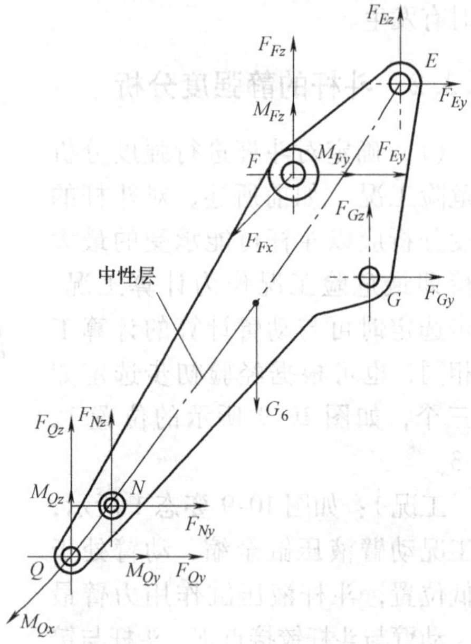

图 10-10　斗杆受力示意图

（3）利用材料力学方法作内力图并分析斗杆的强度　同样，首先要根据斗杆结构情况确定其中性层的位置，然后根据斗杆受力情况绘制其内力图。斗杆的受力图及中性层如图 10-10 所示。其中，对有横向力及偏载的情况，其横向力及由此产生的附加扭矩作用于 Q 和 F 两点。

斗杆的内力图示例如图 10-11 所示。由图中可以看出，在斗杆与动臂铰接点处截面的平面内弯矩及横向弯矩都很大。此外，该位置还承受较大的剪力（平面内和横向）、扭矩等，因此应当对该位置进行详细的强度分析。在 Q 点和 N 点附近，虽然平面内的弯矩都不大，但横向弯矩、横向剪力及扭矩都较大，且该位置截面积尺寸较小，因此也必须进行强度校核。实际使用中发现，在 Q 点和 N 点附近也时有强度破坏现象发生，因此，应根据强度分析的结果给予必要的加强措施。

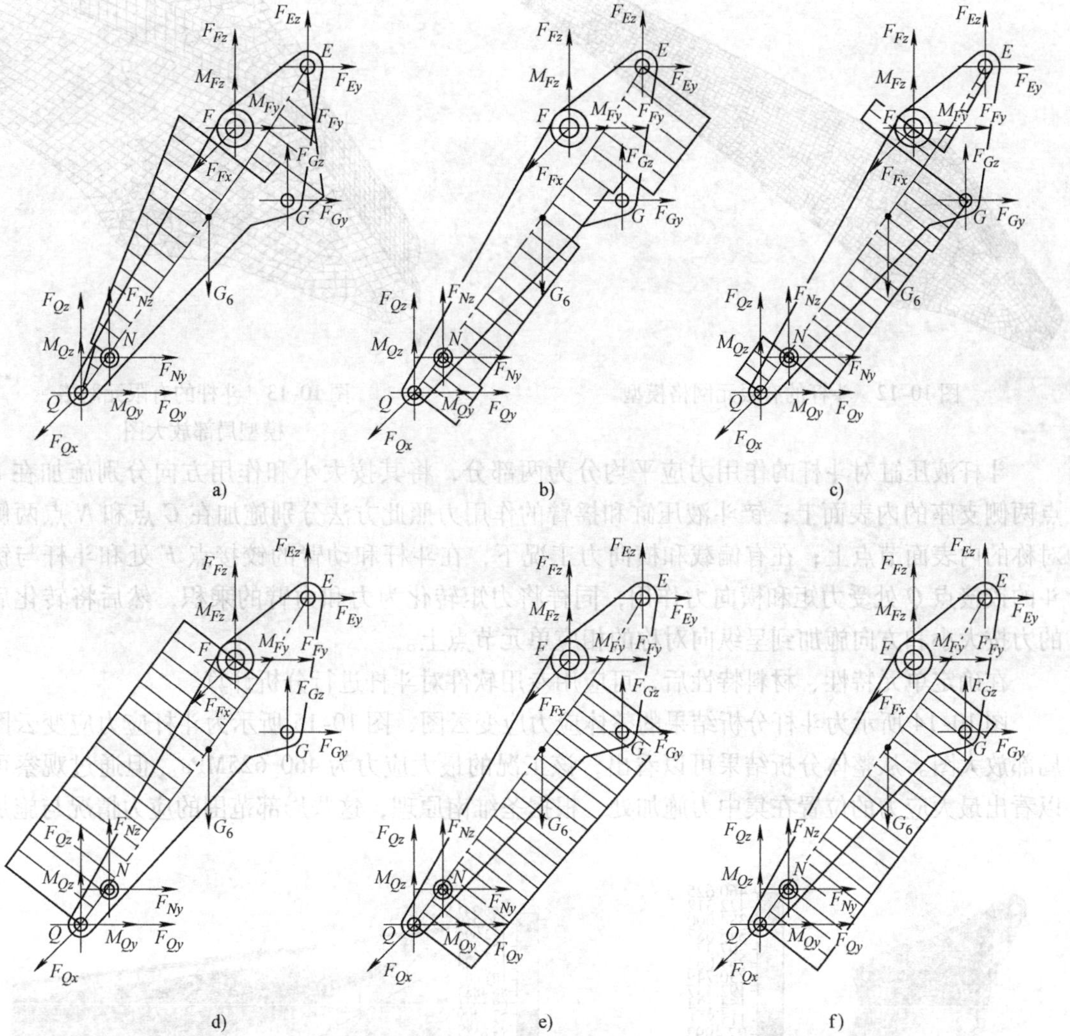

图10-11　斗杆的内力图示例

a）平面内弯矩图　b）平面内剪力图　c）轴力图　d）扭矩图　e）横向弯矩图　f）横向剪力图

同样，在作出斗杆的内力图后应根据结构的具体情况选择其他危险截面，求出其截面特性参数，计算其合成内应力，并与材料的许用应力对比以判断其是否满足强度要求。

（4）斗杆的有限元静强度分析　斗杆的有限元强度分析步骤与动臂相同，此处不再重复。图10-12所示为斗杆的有限元网格模型，图10-13所示为该模型的局部放大图。

该结构形式也是目前中小型反铲液压挖掘机上普遍采用的形式，同样是由各种形状的板类零件焊接而成的封闭箱形结构，为了提高其强度，在内部铰接点支座处通常焊有加强肋。

斗杆的约束节点选择在与动臂铰接处 F 点的两侧对称单元节点上，同样对其中一个节点约束其三个方向的位移（x、y、z），另一个节点约束其工作装置平面内两个方向的位移（y、z）；在铰接点E处（与斗杆液压缸铰接处）内表面上选一单元节点约束其y向或z向位移，即采用六个约束限制斗杆在三维空间的三个转动和三个移动自由度。

对斗杆铰接点载荷的施加也与动臂的方法类似，具体内容如下：

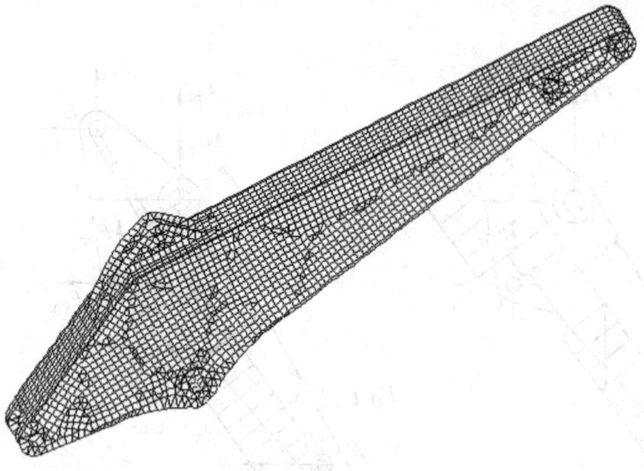

图 10-12　斗杆的有限元网格模型

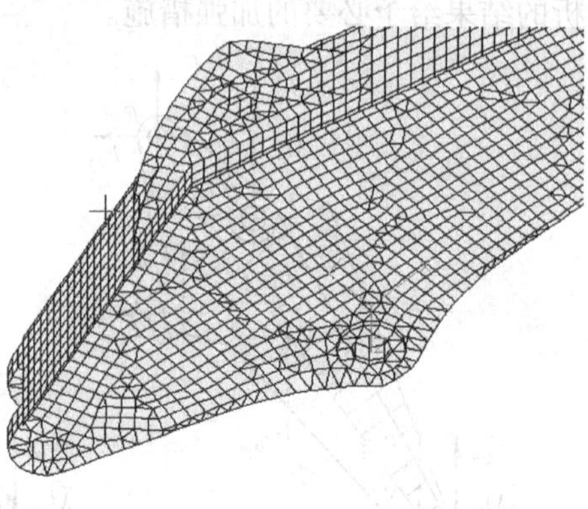

图 10-13　斗杆的有限元网格模型局部放大图

斗杆液压缸对斗杆的作用力应平均分为两部分，将其按大小和作用方向分别施加在E点两侧支座的内表面上；铲斗液压缸和摇臂的作用力照此方法分别施加在G点和N点两侧对称的内表面节点上；在有偏载和横向力工况下，在斗杆和动臂的铰接点F处和斗杆与铲斗的铰接点Q处受力矩和横向力作用，同样将力矩转化为力和力臂的乘积，然后将转化后的力按大小和方向施加到呈纵向对称的相应单元节点上。

在确定单元特性、材料特性后，可应用专用软件对斗杆进行分析计算。

图 10-14 所示为斗杆分析结果的整体应力应变云图，图 10-15 所示为斗杆应力应变云图局部放大图。从整体分析结果可以看出，该工况的最大应力为 460. 625MPa。但通过观察可以看出最大应力的位置在集中力施加处，根据圣维南原理，这些局部范围的应力情况与施加

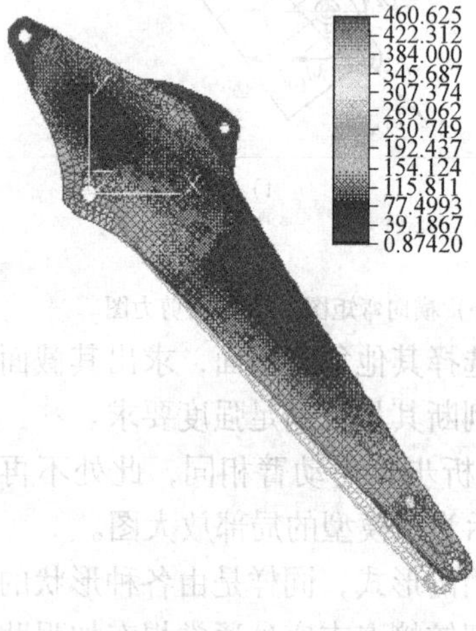

图 10-14　斗杆的应力应变云图

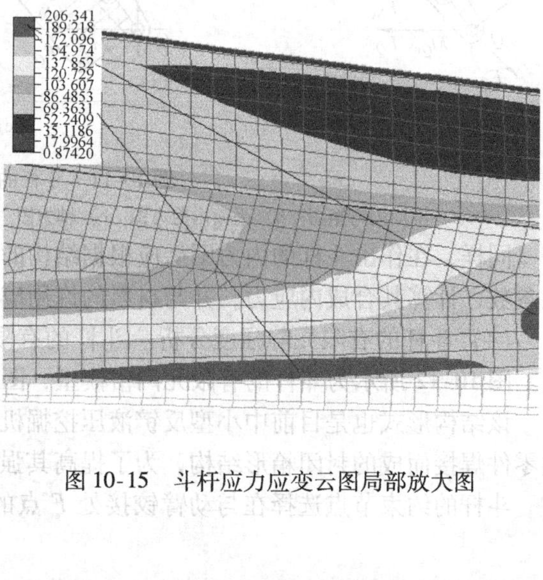

图 10-15　斗杆应力应变云图局部放大图

载荷的分布方式有关，其结果可信度较低，在较远的部位可以忽略这些不均匀的局部影响。就该斗杆在给定工况下的分析结果来看，在斗杆前部腹板与下翼板的连接部位应力较大，达 206MPa，是结构强度的薄弱部分。

关于更多的分析结果，限于篇幅，这里不一一列举。

10.3.3　铲斗的静强度分析

如构造部分所述，铲斗的结构也很复杂，它由不同厚度的板类零件焊接而成，为了提高铲斗的强度、刚度和耐磨性，在斗后壁及斗底通常焊接有不同厚度和形状的加强肋；同时为了便于切土，在斗刃上焊接有齿座并装有斗齿，且斗齿和齿座的材料也与斗体部分不同。

图 10-16 所示为铲斗的整体有限元网格模型。该模型是根据不同板厚、材料等划分为不同的子结构组成的有限元网格模型。在实际计算中，在双耳板的四个铰接处施加了六个约束，分别限制了铲斗的三个转动和三个移动自由度。

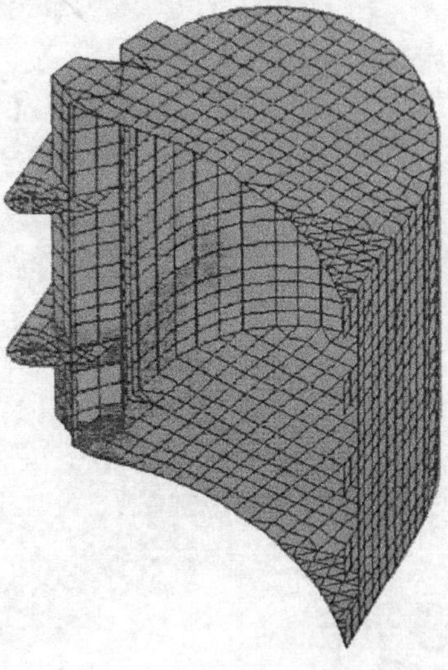

图 10-16　铲斗的有限元网格模型

铲斗强度计算的选择工况可参照动臂和斗杆的计算工况，但主要考虑铲斗发挥最大挖掘力并存在偏载和横向力的情况。因此，在施加载荷时，通常将选定工况下的最大挖掘阻力和横向阻力施加于边齿（角齿）上，此时铲斗会承受很大的扭曲作用。通过分析计算可知，在偏载工况下，铲斗侧壁与横梁铰接处应力最大，接近 300MPa，耳板与斗后壁及耳板与横梁连接处也存在较大的应力集中，因此在选择材料和焊接工艺时应引起特别注意。对于铲斗，还应校核斗齿与齿座的连接强度，以及斗齿本身的强度。因为斗齿是直接参与挖掘的主要零部件，其受力工况十分恶劣，作业中除存在明显磨损外，还可能发生断裂，实际作业中曾有折断现象。

10.4　转台的强度分析

如第 2 章所述，转台的主要作用是安装挖掘机的各类部件并承受其自重和工作装置的作用载荷，它主要是各种形状的板类零件组成的焊接结构件，其中的主要承载部分为纵梁和横梁以及回转座圈。为了保证回转支承有足够的刚度，回转座圈首先应有足够的刚度。转台的结构形式十分复杂，具体内容可参见第 6 章。

对转台的分析计算，传统的做法是将其简化为交叉梁系，按简支梁或悬臂梁计算。但由于这种简化结果与实际情况相差太大，且交叉梁系的超静定次数很高，用材料力学和结构力学的方法难以解决，因而目前已被有限元分析手段所取代。

10.4.1　转台强度计算的选择工况

转台的计算工况原则上选择使主梁产生最大弯矩的工况，具体如下：

1）最大挖掘深度时铲斗挖掘，铲斗液压缸最大挖掘力位置，如图 10-17a 中姿态 1 所示。该工况下由于动臂液压缸力臂最小，从挖掘图上看，有可能产生动臂液压缸闭锁不住的情况，因此，在 A、C 两点可能产生很大的作用力；另一方面，还有可能使整机产生后倾失稳现象，因而转台的受力和力矩都可能很大。

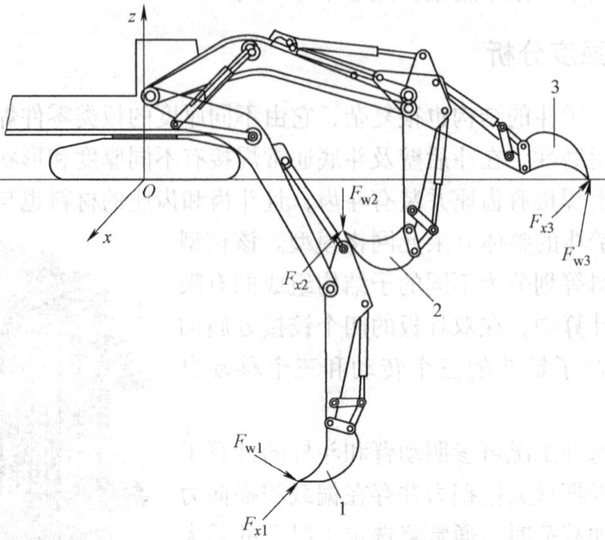

a)

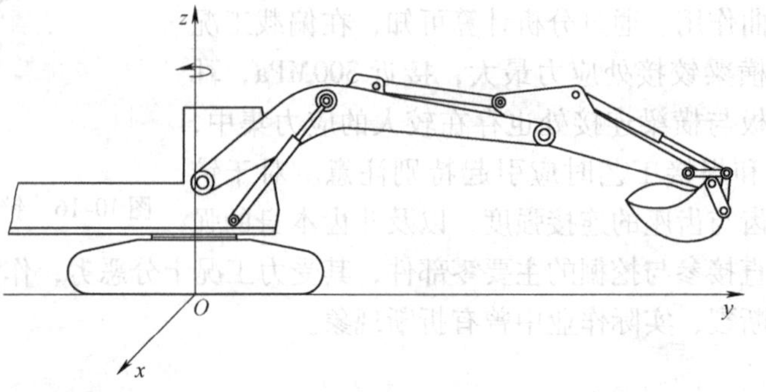

b)

图 10-17　转台强度计算选择工况

2）临界失稳工况。临界失稳工况较多，可选择两种作为参考：其一为斗齿伸到地面最远端，即处于地面最大挖掘半径位置，铲斗液压缸工作进行挖掘，此时整机处于后倾临界失稳状态，对转台的向后倾覆力矩最大，如图 10-17a 中姿态 3 所示；另一工况如图 10-17a 中姿态 2 所示，为整机前倾失稳工况，可取动臂上、下铰接点连线呈水平时的姿态，斗杆垂直于停机面，铲斗挖掘，所发挥的挖掘力最大并使整机产生前倾失稳状态，此时对转台的前倾稳定力矩最大。

3）如图 10-17b 所示，在最大卸载半径姿态满斗回转并制动，此时对转台的倾覆力矩虽然不是很大，但承受较大的回转惯性力矩，属于复合载荷工况。

4）挖掘机改装起重装置且当起重力矩最大时。

10.4.2　转台的载荷形式

如第9章所述，转台的载荷主要来自以下五个方面：

1）转台上所属各部件的自重。

2）动臂及动臂液压缸铰接点所施加在转台上的力和力矩。

3）底架通过回转支承作用于转台上的载荷，该部分可简化为垂直载荷、倾覆力矩和径向载荷三种。

4）由回转机构驱动机构引起的在与回转机构连接处产生的载荷。

5）由于转台的起动、制动而产生的惯性载荷。

10.4.3　转台有限元模型的载荷施加方式

转台有限元模型的载荷施加方式为：

1）各部件的重力。这部分重力可根据转台上各部件的具体重量级布置位置确定。

2）动臂和动臂液压缸的作用力。可根据前述工作装置受力分析结果以合力和力矩的方式分别施加于 C 和 A 铰接点处。在有限元模型中，仍按前述方法以分布形式施加于支座内周单元节点上。

3）底架对转台的作用力和力矩。如不考虑回转支承，仅研究转台的受力及强度问题，则可把底架施加于转台的轴向力、径向力和倾覆力矩以及回转机构产生的周向力矩按各自的分布规律施加于转台环形座圈的底层单元节点上。如可把轴向载荷均布于转台底层单元节点上，倾覆力矩和径向载荷的施加可参见底架部分。

10.5　履带式液压挖掘机底架的强度分析

由于履带式和轮胎式液压挖掘机的行走装置不同，因此底架的结构形式也有根本的不同，其中履带式行走装置主要结构件与传统的横梁型也不相同，它包括回转支承体、X形底架和履带架；轮胎式行走装置主要结构件包括回转支承体、车架主梁及支腿装置等。图7-1、图7-2、图7-3所示为履带式液压挖掘机的行走结构件，在其中心部位为回转支承体，其上连接有回转支承，通过X形支承梁与两侧履带架焊接为一体。这是目前大多数中小型挖掘机上采用的整体式X形行走架，该结构把回转支承座、中部X形底架及两侧履带架连接为整体结构形式，并统称为底架。其基本组成部分为板类材料，中间回转支承座为环形实体，以增加回转支承座的刚度。在受力上，一方面通过回转支承承受来自转台及所属部件（包括工作装置）的载荷（轴向力、径向力和倾覆力矩以及周向力矩）；另一方面，通过驱动轮、导向轮和支重轮承受来自地面的载荷。

对底架的传统分析计算方法是将底架（含回转支承体）或底架与横梁、履带架隔离开分别计算，将底架、横梁均视为简支梁，按弯曲强度进行计算，许用应力按脉动载荷选用。由于底架的结构十分复杂，超静定次数非常高，因此，这种方法不能准确反映实际结构，且受计算方法本身的局限，其计算精度很低。为此，目前对它的分析计算已被有限元方法所取代。图10-18所示为整体式X形行走架的有限元网格模型，由该模型可以看出其结构上的复杂程度。

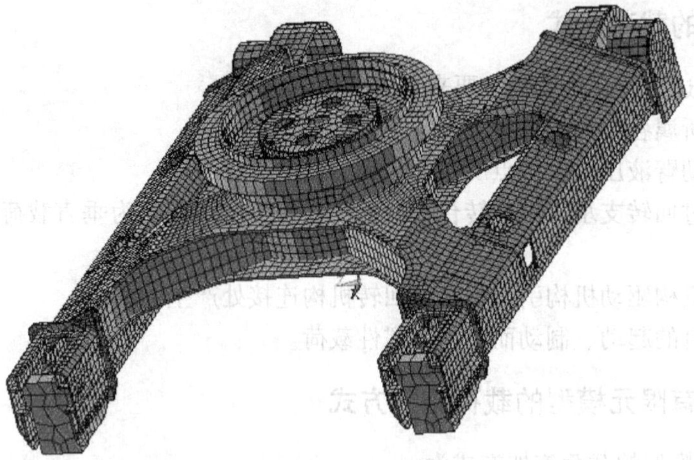

图 10-18　整体式 X 形行走架的有限元网格模型

10.5.1　底架强度计算的选择工况

对于底架的强度计算工况，仍然可以选择转台强度计算的四类工况。此外，还应考虑以下两种工况：

（1）斜向作业工况（图 10-19）　由于底架还承受自身的重力作用，而这部分重力在挖掘机中所占比例较大，因此还应考虑挖掘机斜向作业，即工作装置纵向对称平面位于一侧导向轮支点与另一侧驱动轮支点连线所在的垂直平面时整机前倾、后倾或侧倾失稳的临界状态，此时，由于前部一侧导向轮或驱动轮承受的载荷较大，导致与 X 架连接的相应一侧承受很大的载荷。

（2）满斗动臂下降制动工况（图 10-20）　根据参考文献［1］，该工况为铲斗满斗，在最大卸载高度下降动臂至最大卸载半径过程中动臂制动时，工作装置及斗内物料会产生较大的惯性载荷，对车架可能产生很大的冲击作用。

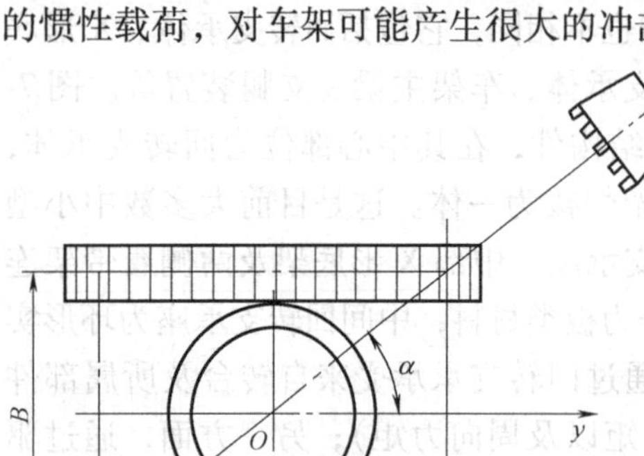

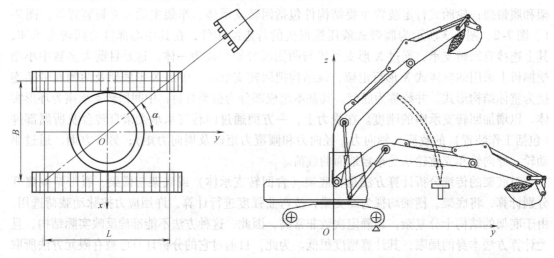

图 10-19　底架强度计算之斜向作业工况

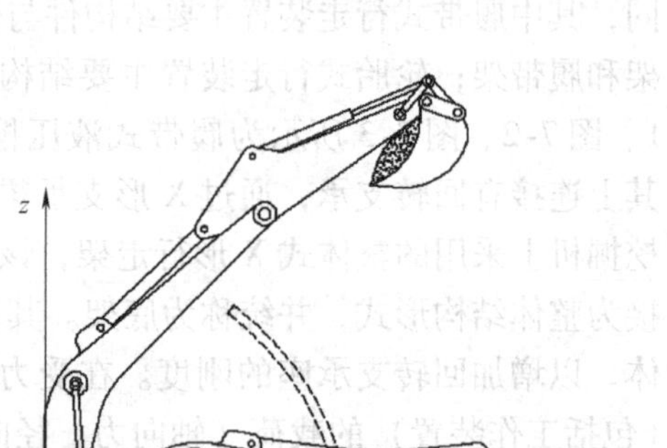

图 10-20　底架强度计算之动臂下降制动工况

与挖掘作业工况相比，由于挖掘机的行走速度较低，因此行走时底架主要承受各部件的重力作用和不大的惯性力或力矩作用，工况相对安全，强度分析时可不予考虑。

10.5.2 底架的载荷形式

如第9章所述，底架的载荷主要来自以下三个方面：

(1) 来自转台的载荷　这部分载荷包括转台上所属各部件的自重及挖掘阻力通过转台和回转支承施加于底架上的径向力和倾覆力矩，以及由回转驱动机构通过齿圈施加于底架上的转矩或切向力。

图10-21所示为底架的受力分析图。结合图6-6，底架的第一部分载荷来自转台，这部分载荷是通过回转支承传递的，由回转支承外座圈、滚动体传给回转支承滚道，再由滚道通过内齿圈、联接螺栓传给底架。这部分载荷可简化为 x 方向径向载荷 F_x 的一部分、y 方向径向载荷 F_y 的一部分、垂直载荷 $G_2{}'$、倾覆力矩 M_x 和 M_y。另一部分载荷是由回转机构的输出轴小齿轮通过内座圈上的齿传给联接螺栓再作用到底架上的。这部分载荷可简化为 x 方向径向载荷 F_x 的另一部分、y 方向径向载荷 F_y 的另一部分和转矩 M_z。其中，F_x 和 F_y 各部分的具体数值取决于回转机构输出小齿轮在内齿圈上的具体位置，为简化起见，可将两部分合成起来表示为 x 向和 y 向的两个径向力 F_x 和 F_y。这部分载荷的具体求法可参见第9.5节内容。

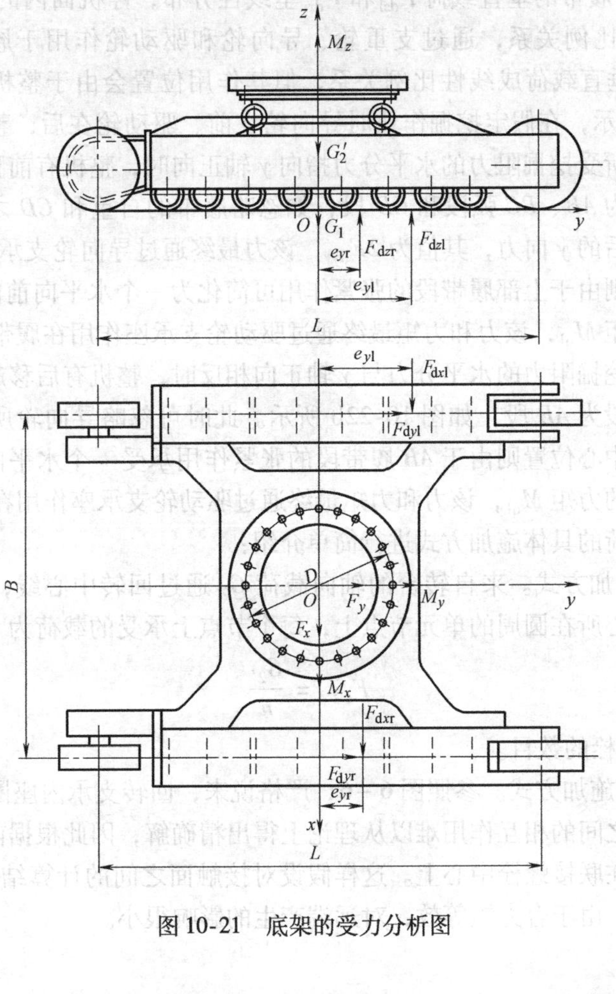

图10-21　底架的受力分析图

（2）底架的自重　这部分载荷包括底架及其上所属部件如行走液压马达及减速机构的自重 G_1。

（3）地面通过履带、支重轮、导向轮和驱动轮施加于履带架上的力和力矩　这部分载荷包括垂直于停机面的 z 方向力 F_{dzl} 和 F_{dzr}、在停机面内沿 y 方向的力 F_{dyl} 和 F_{dyr}、在停机面内沿 x 方向的力 F_{dxl} 和 F_{dxr}。这部分载荷的具体求法可参见第 9.5 节内容。以下根据变形弹性理论假设介绍以上各部分载荷的具体施加方法。

10.5.3　底架有限元模型的载荷施加方式

在对底架有限元模型施加载荷时，应根据实际情况区别对待。对将内齿圈及回转支承滚道建为一体的模型，可将上述两类载荷施加于滚道和内齿圈上，对不包含内齿圈和滚道的模型，则可根据实际受力情况施加于联接螺栓中心或中心所在周边单元节点上。以下根据载荷分布及变形情况简要介绍不包含内座圈和滚道的模型施加载荷方式。在分析之前，首先作以下假定：

1）假定转台给底架的载荷作用只通过联接螺栓传递，其作用力位置在联接螺栓中心轴线上，其作用方向沿联接螺栓轴线方向（轴向载荷），或者垂直于轴线方向（径向载荷）。

2）按照弹性接触理论，载荷和变形的关系为 $F = k\delta^{1.5}$。

3）路面作用于履带的垂直载荷 F_{dzl} 和 F_{dzr} 呈线性分布，停机面内的横向载荷 F_{dxl}、F_{dxr} 与垂直载荷成线性比例关系，通过支重轮、导向轮和驱动轮作用于履带架上；y 向载荷（F_{dyl}、F_{dyr}）也与垂直载荷成线性比例关系，但其作用位置会由于整机的移动趋势有所不同。如图 10-22a 所示，在假定挖掘作业时导向轮在前、驱动轮在后，整机处于制动状态的情况下，当铲斗处所受挖掘阻力的水平分力指向 y 轴正向时，整机有前移趋势。以左侧履带为例，履带张紧段为 AB、BC 弧段和 CD 段，如忽略履带的自重和 CD 之间履带的倾角，则导向轮承受水平向后的 y 向力，其值为 $2F_{dyl}$，该力最终通过导向轮支承座作用在履带架上。在驱动轮中心位置则由于上部履带段的张紧作用可简化为一个水平向前的 y 向力 F_{dyl} 和一个沿顺时针方向的力矩 M_{ql}，该力和力矩最终通过驱动轮支承座作用在履带架上。

当铲斗处所受挖掘阻力的水平分力与 y 轴正向相反时，整机有后移趋势。同样以左侧履带为例，履带张紧段为 AB 段，如图 10-22b 所示。此时可忽略导向轮所承受履带松弛段的自重。而在驱动轮中心位置则由于 AB 履带段的张紧作用承受一个水平向前的 y 向力 F_{dyl} 和一个沿逆时针方向的力矩 M_{ql}，该力和力矩最终通过驱动轮支承座作用在履带架上。

以下就这些载荷的具体施加方式进行简单介绍：

1）轴向力的施加方式。来自转台的轴向载荷 $G_{2'}$ 通过回转中心线，因此这部分载荷可均布于联接螺栓中心所在圆周的单元节点上，每个节点上承受的载荷为

$$F_{G2'} = \frac{G_{2'}}{n} \tag{10-2}$$

式中　n——联接螺栓的数目。

2）倾覆力矩的施加方式。参照图 6－6，严格说来，回转支承内座圈与回转支承座为面接触，但由于二者之间的相互作用难以从理论上得出精确解，因此根据前面假设可认为二者的相互作用只发生在联接螺栓中心上。这样假设对接触面之间的计算结果当然是不可信的，但根据圣维南原理，由于合力矩等效，对远端产生的影响很小。

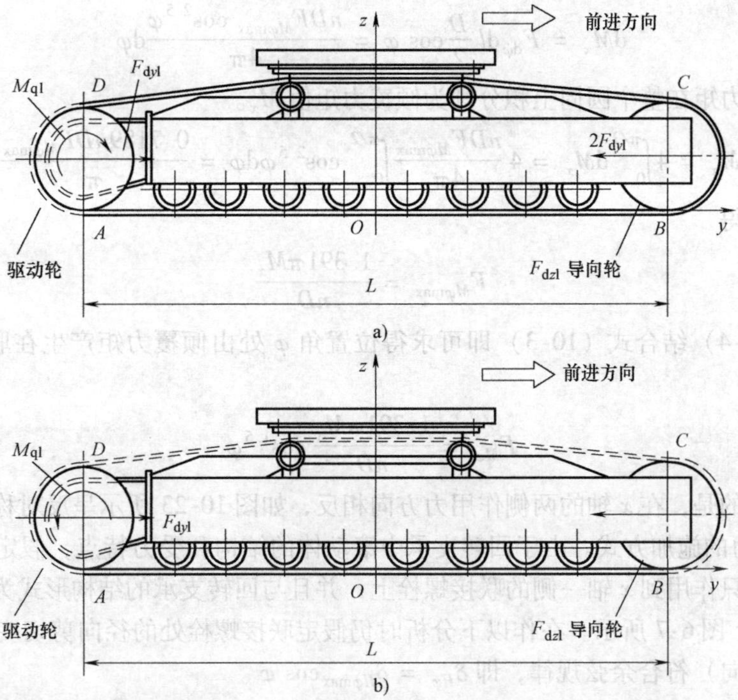

图 10-22　地面给底架的 y 向力向履带架的简化

a）当整机有前移趋势时　b）当整机有后移趋势时

如图 10-23 所示，假定在联接螺栓中心线所处圆周上存在微小的弹性接触变形 $\delta_{M\varphi}$，它与该点的 y 坐标成比例，即最大的 y 值对应最大的变形量 $\delta_{M\varphi\max}$，当 $y=0$ 时，$\delta_{M\varphi}=0$，且存在如下关系

$$\delta_{M\varphi} = \delta_{M\varphi\max}\cos\varphi$$

按照弹性接触理论，接触面之间的正压力 F_{φ} 与变形 δ_{φ} 之间符合如下关系。即

$$F_{M\varphi} = k\delta_{M\varphi}^{1.5}$$

则

$$F_{M\varphi\max} = k\delta_{M\varphi\max}^{1.5}$$

$$F_{M\varphi} = F_{M\varphi\max}\cos^{1.5}\varphi \qquad (10\text{-}3)$$

设 $\Delta\varphi = 2\pi/n$ 为联接螺栓的角节距，则单位弧长上的载荷为

$$F_{d\varphi} = \frac{F_{M\varphi}}{\dfrac{D}{2}\dfrac{2\pi}{n}} = \frac{nF_{M\varphi\max}}{\pi D}\cos^{1.5}\varphi$$

式中　D——联接螺栓中心线所在的圆周直径；

　　　n——联接螺栓的数目。

取微小的弧段 $\mathrm{d}l$，则其上的 z 向载荷对 x 轴的力矩为

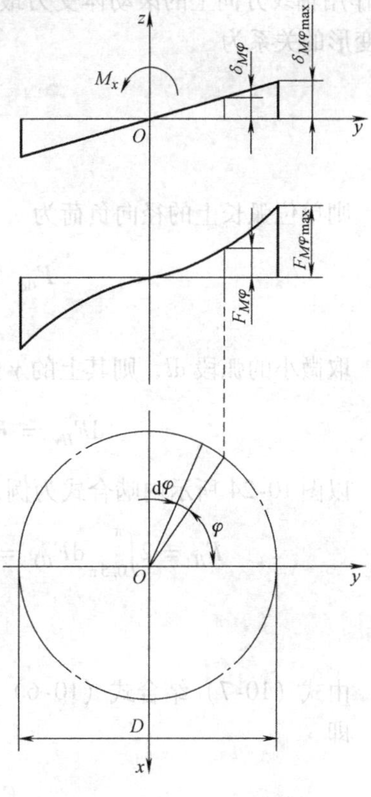

图 10-23　倾覆力矩的施加方式

$$dM_x = F_{d\varphi} dl \frac{D}{2} \cos\varphi = \frac{nDF_{M\varphi\max} \cos^{2.5}\varphi}{4\pi} d\varphi$$

对该微小力矩在整个圆周上积分则为倾覆力矩值 M_x。

$$M_x = 4\int_0^{\pi/2} dM_x = 4\frac{nDF_{M\varphi\max}}{4\pi}\int_0^{\pi/2} \cos^{2.5}\varphi d\varphi = \frac{0.7189nDF_{M\varphi\max}}{\pi}$$

由上式可得

$$F_{M\varphi\max} = \frac{1.391\pi M_x}{nD} \tag{10-4}$$

由式（10-4）结合式（10-3）即可求得位置角 φ 处由倾覆力矩产生在联接螺栓处的 z 向力。即

$$F_{M\varphi} = \frac{1.391\pi M_x}{nD} \cos^{1.5}\varphi \tag{10-5}$$

需要说明的是，在 x 轴的两侧作用力方向相反，如图 10-23 所示呈反对称。

3）径向力的施加方式。由于回转支承中滚动体的结构和受力特点，假定径向力通过回转支承滚动体只作用到 x 轴一侧的联接螺栓上，并且与回转支承的结构形式为内齿或外齿有关，如图 6-6、图 6-7 所示。在作以下分析时仍假定联接螺栓处的径向剪切变形（垂直于联接螺栓轴线方向）符合余弦规律，即 $\delta_{H\varphi} = \delta_{H\varphi\max} \cos\varphi$。

如图 10-24 所示，假定转台施加于底架的径向力 F_H 沿 y 轴正向，当回转支承为外啮合形式时，F_H 通过左侧回转支承滚动体传给滚道，并通过联接螺栓作用到底架上，此时，在 F_H 作用轴线方向上的滚动体受力最大，因而其变形也最大。根据弹性接触理论仍假设载荷与变形的关系为

$$F_{H\varphi} = k\delta_{H\varphi}^{1.5}$$

则

$$F_{H\varphi\max} = k\delta_{H\varphi\max}^{1.5}$$

$$F_{H\varphi} = F_{H\varphi\max} \cos^{1.5}\varphi \tag{10-6}$$

则单位弧长上的径向负荷为

$$F_{d\varphi} = \frac{F_{H\varphi}}{\frac{D}{2} \frac{2\pi}{n}} = \frac{nF_{H\varphi\max}}{\pi D} \cos^{1.5}\varphi$$

取微小的弧段 dl，则其上的 y 向力为

$$dF_{Hy} = F_{d\varphi} dl \cos\varphi = \frac{nF_{H\varphi\max} \cos^{2.5}\varphi}{2\pi} d\varphi$$

以图 10-24 所示内啮合式为例，在 $0.5\pi \sim 1.5\pi$ 范围内对上式积分得

$$F_H = 2\int_{0.5\pi}^{\pi} dF_{HY} = \frac{nF_{H\varphi\max}}{\pi}\int_{0.5\pi}^{\pi} \cos^{2.5}\varphi d\varphi = \frac{0.7189nF_{H\varphi\max}}{\pi}$$

则

$$F_{H\varphi\max} = 1.391\frac{\pi F_H}{n} \tag{10-7}$$

由式（10-7）结合式（10-6）即可求得位置角 φ 处由径向力产生在联接螺栓处的径向力。即

$$F_{H\varphi} = 1.391\frac{\pi F_H}{n} \cos^{1.5}\varphi \tag{10-8}$$

如前所述，以上计算得出的$F_{H\varphi}$的作用位置和方向与回转支承结构形式及F_H的方向有关，当F_H的方向与y轴正向相反时，联接螺栓的受力在图10-24中关于x轴对称的位置上。

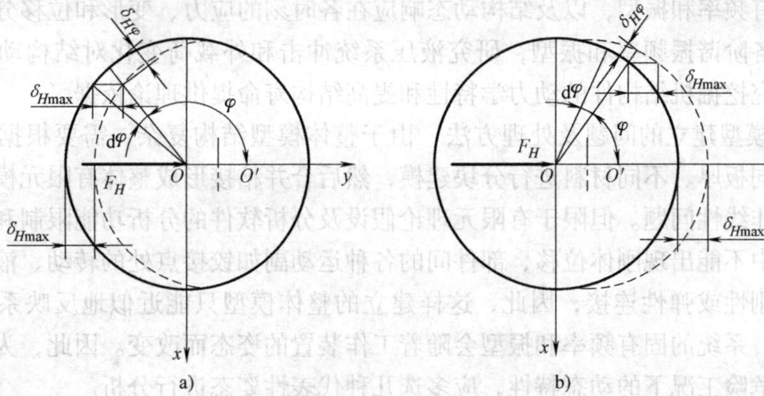

图10-24 转台施加于底架的径向力的分布方式

a）内啮合式 b）外啮合式

4）横向力及转台起动、制动力矩的施加方式。转台起动、制动及回转过程中回转小齿轮会对齿圈施加一个作用力，这个力由底架承受，利用力的简化原理可将该力简化为作用于回转中心的一个横向力F_x和回转力矩M_z，如图10-21所示。其中，横向力F_x可通过上述方法分布于底架上，M_z则可认为是均布于联接螺栓中心部位的切向力。即

$$F_\tau = \frac{2M_z}{nD} \tag{10-9}$$

5）地面通过履带施加于履带架的作用力的施加方式。如图10-22所示，地面通过履带施加于驱动轮和导向轮的y向力和x向力矩可视为集中力，按其作用位置可分别施加于驱动轮和导向轮的轴线上；履带的部分自重通过托链轮轴线施加于履带架上；通过支重轮施加于履带架上的横向力F_{dxl}和F_{dxr}以及z向力F_{dzl}和F_{dzr}，则按照第9.5节所述的分布方式施加。但应按照支重轮的作用位置施加，同时还应考虑地面横向阻力的分布方式与计算方法。关于这部分，由于地面的复杂情况，目前只能以一定的方法近似计算，前提是要保证上述四个力及铲斗处横向力满足平衡条件。

10.6 工作装置的动态强度分析及其他

以上对挖掘机主要结构件强度分析方法为按照静态工况进行的静态强度分析，它是依赖于安全系数的选取来保证结构件的强度及可靠性的。这种传统的设计方法未能充分考虑其动态载荷及冲击与振动问题。实际挖掘作业表明，作业中的挖掘机工作装置存在周期性振动问题，由此而导致的疲劳裂纹甚至结构件的断裂充分说明了这个问题。此外，实验结果也证明了工作装置的振动与自身的动态特性及外部激励有关，为复杂的周期性振动。设计时，应避免其固有频率与外部激振频率接近，以防发生共振，造成结构破坏。

挖掘机的动载荷主要来源于以下几个方面：

1）由于部件惯性在起动加速和制动减速过程中产生的动载荷。

2）液压系统产生的冲击作用。

3）作业过程中由于物料引起的阻力变化而产生的动载荷。

（1）动态特性分析的目的　动态特性分析的目的是通过系统的有限元模型和专用软件分析系统的固有频率和振型，以及结构动态响应在各时刻的应力、变形和位移分布规律，得出结构耦合的各阶谐振频率和振型，研究液压系统冲击和外载荷变化对结构动态特性的影响，为深入研究挖掘机结构件的动力学特性和提高结构寿命提供理论依据。

（2）整体模型建立的问题及处理方法　由于整体模型结构复杂，需要根据不同部件的结构特点、不同板厚、不同材料进行分块建模，然后合并粘接形成整体有限元模型，这实际上是一个高度非线性问题。但限于有限元理论假设及分析软件的分析功能限制和对模型单元的要求，模型中不能出现刚体位移，部件间的各种运动副如铰接点处的转动、液压缸的伸缩等必须简化为刚性或弹性连接，因此，这样建立的整体模型只能近似地反映系统的动态特性。不仅如此，系统的固有频率和振型会随着工作装置的姿态而改变。因此，为了能充分反映结构在各种危险工况下的动态特性，应多选几种代表性姿态进行分析。

（3）载荷谱的选择　对挖掘机来说，载荷谱的确定是至关重要的，这关系到分析结果的可行程度，也是最需要花费人力、物力进行研究的问题。由于作业工况的多样性和复杂性，尤其是所涉及物料所带来的不确定性，因此要获取具有代表性的载荷谱将是十分困难的。

（4）结果分析　从实际作业和有限元分析结果可知，挖掘过程中工作装置的振动情况首先与物料的开挖难度即外载荷的大小存在很大关系。开挖难度越大，振动越剧烈，尤其是在外载荷突变的情况下，会引起结构件产生较大的应力和变形以及较大幅度的振动。其次是换向阀的换向动作带来的液压冲击以及各部件在起动和制动过程中的惯性力和惯性力矩作用，所有这些都是引起结构件产生上述现象的重要因素，有待于今后进行深入研究。

思考题

1. 封闭箱形结构受到弯扭共同作用时，其角点的合成内应力应如何确定？试用材料力学中的强度理论进行解释。
2. 圣维南原理是如何解释集中力作用附近的计算内应力问题的？
3. 分析分别考虑主要载荷和附加载荷单独作用时实物机型的工作装置强度问题，并将结果进行对比。
4. 各个部件的危险工况是否完全相同？为什么？实际分析时应该如何考虑每个部件的危险工况？
5. 对结构形式相同、尺寸不同的挖掘机，其工作装置的内应力及其变化规律是否相同？有无相似性？
6. 分析实际结构，转台驱动机构的驱动力矩是如何传递的？作为强度分析的施加载荷，它又应如何施加于分析模型上？
7. 结合本章示例，分析所给部件最危险工况和应力最大的部位。这些结果对结构设计和挖掘机的使用有何借鉴作用？
8. 挖掘机各结构件的安全系数选择范围不同，试解释其原因。

第 11 章

反铲挖掘机的液压系统

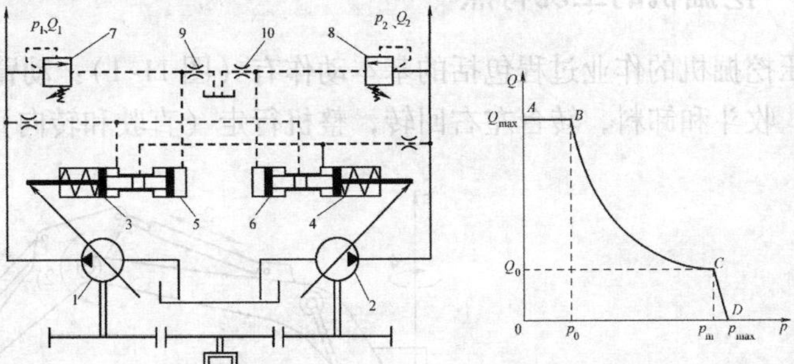

11.1　液压挖掘机的工况特点及其对液压系统的要求

液压系统是能量转换的中间环节，通过它把发动机输出的机械能转化为液压能，然后再把液压能转化为驱动工作装置、行走装置、回转装置和其他辅助装置的机械能，实现挖掘机的各种动作。能量在此过程中发生了两次转化，即从机械能到液压能再到机械能，因此，液压系统的结构形式、性能和效率对挖掘机的性能有着十分重要的影响。全液压挖掘机的基本动作包括了工作装置的摆动、转台的回转和整机的行走，这些动作有时需要单独发生，有时则需要同时进行。除此之外还有液压操作系统以及各种附加作业装置的动作，如破碎、夹钳等。因此，在设计液压系统前，必须掌握这些动作的特点和要求。

11.1.1　挖掘机的工况特点

液压挖掘机的作业过程包括的基本动作有（图11-1）：动臂举升和下降，斗杆收放，铲斗挖掘、收斗和卸料，转台左右回转，整机行走（直驶和转向）。

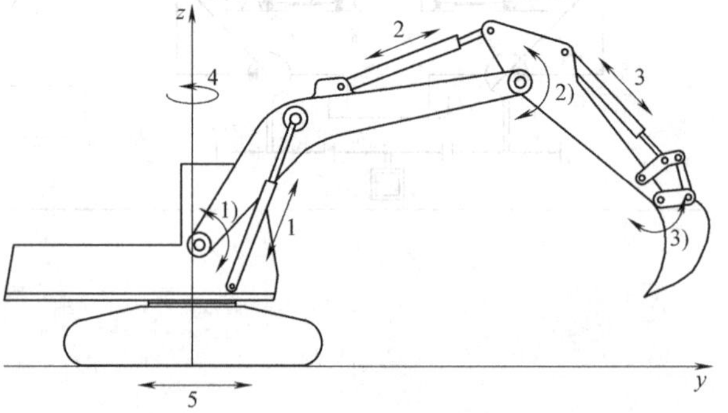

图11-1　挖掘机的动作

1—动臂举升和下降　2—斗杆收放　3—铲斗挖掘、收斗和卸料

4—转台左右回转　5—整机行走（直驶和转向）

1)、2)、3) —转动

液压系统必须首先满足上述几个基本动作要求。此外，由于液压挖掘机的作业对象和工作环境变化很大，为了适应这种情况，并提高发动机功率的利用率和作业效率，要求主机还必须具备以下三种能力：

1）动作速度与外载荷的自动适应能力。实现各种主要动作时，阻力与作业速度随时都在变化，因此，要求液压缸和液压马达的压力和流量也能相应变化。

2）复合动作能力。工作过程中往往要求有两个或两个以上动作（例如挖掘与动臂、提升与回转）同时协调进行，即要求能够实现复合动作。

3）合流供油能力。对于多泵多回路系统，当单个执行元件动作时，能够将不同回路的压力油汇合到单个元件上，即能实现合流供油，以提高作业速度。

挖掘机的工况特点决定了各液压执行元件动作时的压力和流量需求以及控制系统必须满足对同时动作的各液压元件的流量分配和功率分配要求，以协调各部件的动作。

如图11-2所示，对反铲液压挖掘机来说，一个循环周期依次包括以下几个基本动作：

1）挖掘。通常以铲斗液压缸伸出或斗杆液压缸伸出进行挖掘，或者两者配合进行挖掘，在此过程中主要是铲斗和斗杆的复合动作。特殊情况下，如挖掘平面时还需要动臂的配合动作。挖掘结束后，铲斗液压缸进一步伸长，使铲斗继续转动实现收斗动作并装满铲斗。

2）满斗举升同时回转。动臂液压缸伸长，将动臂举起，实现满斗提升，当提升到一定高度时，给回转液压马达供油使转台转向卸土方位。该过程包括了动臂举升和回转两个复合动作。

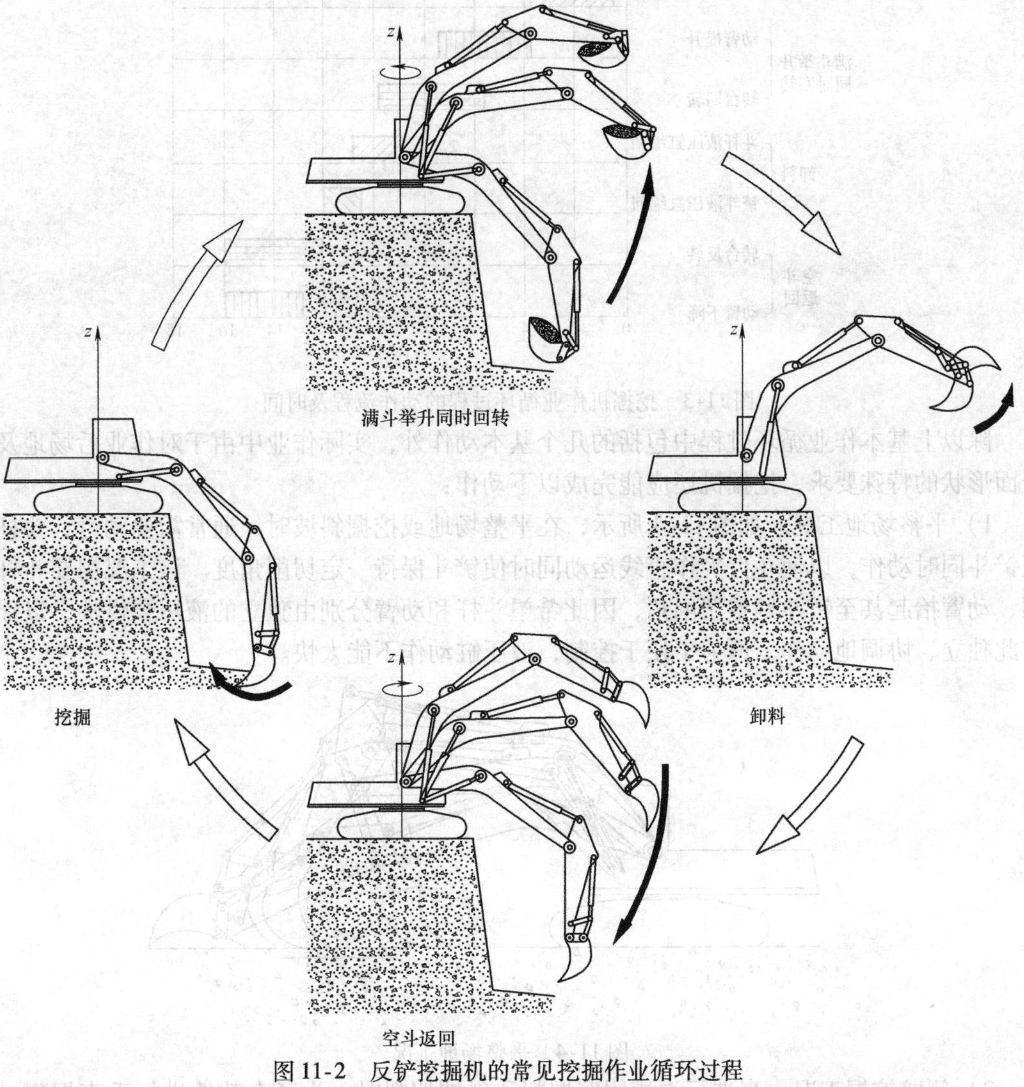

图11-2　反铲挖掘机的常见挖掘作业循环过程

3）卸料。当铲斗转到卸土点时，转台制动，随后用斗杆液压缸调节卸载距离和高度，然后铲斗液压缸回缩，铲斗卸载。为了调整卸载位置，还需要动臂液压缸的配合，此时是斗杆和铲斗的复合动作，间以动臂动作。

4）空斗返回。卸载结束后，转台反向回转，同时动臂下降，此时需要动臂液压缸和斗杆液压缸配合动作，把空斗调整到新的挖掘点。因此，该工况需要回转、动臂和斗杆复合动作。但由于动臂下降时受自重作用，导致动臂液压缸进油腔所需流量急剧增加，该回路压力下降，为了避免动臂因快速下降发生事故，要求对动臂实施限速并加快转台的回转速度，因此，需要把一台液压泵的全部流量供向回转液压马达，而另一台液压泵的大部分油量供给动臂，只有少部分液压油经节流阀供向斗杆。

图 11-3 所示为挖掘作业循环中各部件动作的流程及大致时间。

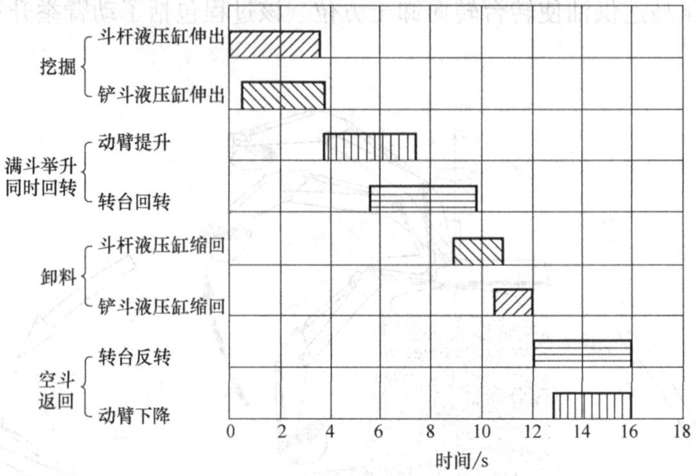

图 11-3　挖掘机作业循环过程的动作流程及时间

除以上基本作业循环过程中包括的几个基本动作外，实际作业中由于对作业后场地及掌子面形状的特殊要求，挖掘机还应能完成以下动作：

1）平整场地工况。如图 11-4 所示，在平整场地或挖掘斜坡时，通常需要动臂、斗杆甚至铲斗同时动作，以使斗齿尖作直线运动同时使铲斗保持一定切削角度。该工况需要斗杆收回、动臂抬起甚至铲斗调整切削角，因此希望斗杆和动臂分别由独立的液压泵供油，以保证彼此独立、协调地动作。但为了便于控制，液压缸动作不能太快。

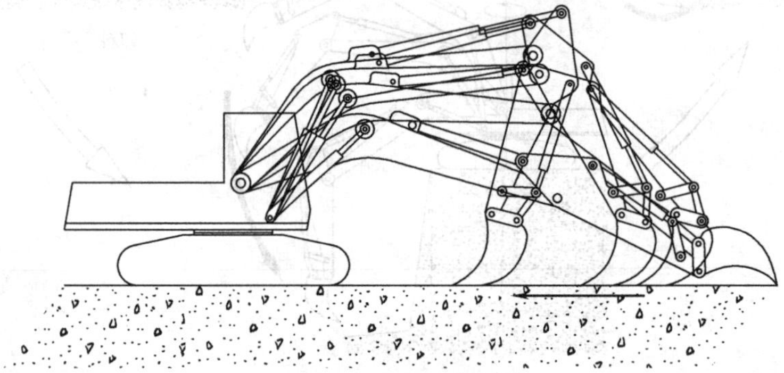

图 11-4　平整场地工况

2）侧壁挖掘工况。当进行沟槽侧壁掘削和斜坡切削时，为了有效地进行垂直掘削，还要求向回转液压马达提供压力油，产生必要的回转力矩，以保证铲斗贴紧掌子面侧壁，因此需要同时向回转液压马达和斗杆供油。

3）单独动作工况。除符合动作外，某个部件的单独动作也不少见，此时为了提高作业速度，需要把不同回路的压力油进行汇合，即实现合流供油。如单独采用斗杆或铲斗挖掘时，为了提高挖掘速度，一般采用双泵合流，也有采用三泵合流的。

4）复合动作时的动作协调问题。当动臂、斗杆、铲斗及回转液压马达作复合动作时，为了防止动作的相互干扰，保证各部件的协调动作，液压系统应能调节各部件所需流量，如采用节流措施进行流量分配。特别是单泵向多个元件供油时，更要注意流量的协调分配。如由同一台液压泵向回转液压马达和斗杆同时供油进行复合动作时，需要回转优先，否则铲斗无法紧贴侧壁，使掘削很难正常进行。

5）短时挖掘力增大工况。由于挖掘过程中可能碰到石块、树根等坚硬障碍物而导致挖不动的现象，此时需要短时间增大挖掘力，因此希望液压系统具有瞬时增压功能。

6）伴随行走的复合动作工况。行走机构主要用于调整主机在作业场地的位置和姿态，因此，挖掘过程中整机一般是不动的，但在特殊情况下行走时可能会伴随着工作装置的动作。在这种情况下，一方面要求保证行走的稳定性，如直驶时两侧履带速度必须相等；另一方面，还必须向工作装置各元件供油，并保证其动作的协调性。如在双泵系统中，两台液压泵分别为左、右行走液压马达供油，此时如果同时伴有某一工作装置的动作，则其中一台液压泵会分流，从而降低一侧的行走速度，影响直驶稳定性。如当挖掘机进行装车运输时，必须保证直驶稳定性，否则会由于行走偏斜造成事故。因此，对于双泵系统，目前常采用以下两种供油方式：①一台液压泵并联地向左、右行走液压马达供油，另一台液压泵向其他液压元件供油，其多余的油液通过单向阀向行走液压马达供油；②双泵合流并联地向左、右行走液压马达和其他液压元件同时供油。

对于三泵系统，为了保证挖掘机的直驶稳定性，通常由两台液压泵分别向左、右行走液压马达单独供油，第三台液压泵向其他执行元件（动臂、斗杆、铲斗和回转）供油。

11.1.2　挖掘机对液压系统的要求

结合上述工况特点可知，液压挖掘机的结构和工况特点决定了其动作较为复杂，表现为频繁地起动、制动和换向，同时由于物料的不确定性导致外载荷变化很大，引起的冲击和振动也十分频繁，再加上恶劣的作业环境，因此对挖掘机的液压系统要求很高，需要满足以下几点：

（1）动作协调性要求

1）应保证动臂、斗杆、铲斗和转台既能单独动作又能实现稳定协调的复合动作。

2）机动性要好。对于履带式挖掘机，左、右两侧履带要独立驱动，能实现原地转向；对于轮胎式挖掘机，转向半径要小，在远距离转场时要有较高的行驶速度。

3）各部件的运动要可逆，并能实现无级变速。

（2）操作灵活性要求　为了提高作业效率并减轻驾驶员的劳动强度，要求操作灵活、简单、省力，因而要尽量采用电液伺服操作系统和自动控制系统，使挖掘机能按照驾驶员的操纵意图方便地实现各种协调稳定的动作。

（3）安全可靠性要求

1）液压系统本身及各主要液压元件应有良好的过载保护装置和缓冲装置，以保证系统在频繁的负载变化、剧烈的冲击振动条件下的可靠性。

2）回转要有可靠的制动和减速装置，行走机构要能实现可靠而稳定的直驶和转向动作，并能有效防止超速、溜坡现象。

3）要防止机身、动臂、斗杆和铲斗因自重而产生的失速现象。

4）对轮胎式液压挖掘机的支腿液压缸要防止软缩现象。

5）保证系统的散热良好，维持系统的热平衡，以防止因系统发热而产生的一系列不良现象。通常主机连续工作时液压油温不应超过85℃，或温升不大于45℃。

6）应采取良好的密封和防尘措施，以防止液压油的污染和元件损坏。

（4）节能和环保要求

1）尽可能充分利用发动机的功率，在提高使用经济性的同时降低排放。当负载变化时，要求液压系统与发动机的功率匹配良好，尽量提高发动机的功率利用率，如采用变量泵全功率匹配方案等。

2）尽可能减少液压系统自身的消耗，即降低各液压元件和管路的损耗。

3）应尽可能降低溢流损失和空载不工作状态下液压泵的输出能量和回油能耗。

（5）维护便易性要求　由于液压系统自身难以避免的缺点，需要定期进行保养和维护，因此要求在现场条件下便于更换易损件并实施必要的维护。

（6）经济实用性要求　使用经济性是用户十分关注的问题，一方面要求挖掘机的作业效率要高，另一方面又要求使用费用低，这就要求液压系统有较高的可靠性和较低的燃油经济性及较低的维护费用。此外，在保证用户使用要求的情况下，应尽量减少系统的元件数和复杂程度，实现零部件的标准化、组件化和通用化，以降低挖掘机的制造和使用成本。

（7）附加功能要求　液压系统要留有更换其他作业装置（如破碎锤等）的接口和相应的操作装置，以保证各种作业要求。此外，还应考虑特殊环境下的作业要求，如高原、高温地带、高寒地带、沼泽地、水下等特殊环境。

11.2　液压系统的主要类型和特点

11.2.1　液压泵的主要性能参数及液压系统分类

1. 液压泵的主要性能参数包括：

1）液压泵的工作压力。液压泵的工作压力是指它的输出压力，即泵出口处的油液压力，它是指液压泵为了克服阻力（包括管路阻力和外负载等）所必须产生的压力。它随阻力的增大而升高，随阻力的减小而降低。所以，在一定程度上来说，液压泵的工作压力取决于外负载的大小。液压泵的压力一般分为两种，即额定压力和峰值压力。

额定压力是指在额定转速下、使用寿命期限内、保证规定的容积效率条件下，液压泵连续供油情况下所输出的最高压力。

峰值压力是指液压泵在短时间内超载时所允许的极限压力，它取决于液压泵壳体、零件的强度及液压密封件的性能等。

2）液压泵的排量。液压泵的排量是指在无泄漏的情况下，液压泵轴每转一周所排出的油液的容积，其大小完全取决于液压泵密封工作腔容积的大小。

对于定量泵，该值为定值；对于变量泵，该值可以由特殊的调节机构进行调节。

3）液压泵的流量。液压泵的流量有理论流量与实际流量之分。理论流量是指在不考虑液压泵的泄漏情况下的流量，它取决于液压泵的结构参数和转速。即

$$Q = qn/1000 \tag{11-1}$$

式中　Q——液压泵的理论流量（L/min）；

q ——液压泵的理论排量（mL/r）；

n ——液压泵的转速（r/min）。

液压泵的实际流量是指液压泵出口处实际输出的流量。由于不可避免的油液泄漏，因此液压泵的实际流量小于其理论流量，是理论流量与其容积效率的乘积。

4）液压泵的转速。为了保证液压泵正常工作，驱动液压泵的原动机的转速应与液压泵的额定转速相适应。液压泵的额定转速是指在额定输出功率情况下、正常连续工作情况下的转速。这个转速基本上应保持恒定，超过该值将使液压泵吸油不足而产生气穴，低于该值将使相对漏损量增加、容积效率降低，影响液压泵的正常工作。由于上述因素，故对液压泵的转速应有一定的限制。

2. 液压系统的分类

按照不同的分类依据把液压系统分成如下不同的类型：按液压泵特性，液压系统可分为定量系统、变量系统和定量+变量复合系统；按油液的循环方式，液压系统可分为开式系统和闭式系统；按系统中工作液压泵的数目，液压系统可分为单泵系统、双泵系统和多泵系统；按向执行元件供油方式的不同，液压系统可分为串联和并联系统、顺序单动系统和复合系统。

11.2.2 定量系统

按所用工作液压泵结构形式的不同，液压系统可分为定量泵系统和变量泵系统。工作液压泵为定量泵的系统称为定量系统，工作液压泵为变量泵的系统称为变量系统。

定量系统所用定量泵的排量不变，而流量只随液压泵的输入转速变化。通常，液压泵的输入转速只随发动机的输出转速变化。而发动机的输出转速相对不变（额定情况下），因此，定量泵或定量系统的流量相对稳定，不随外载荷变化。但其有效的利用功率会根据外载荷而变，当外载荷很大时，由于动作速度的降低会浪费一部分功率。

定量系统多采用结构简单、价格低廉的齿轮泵，齿轮泵的排量恒定且额定压力和总效率都较低，因而不适用于大中型挖掘机。但由于结构简单、价格低廉，耐冲击性好，目前在小型农用挖掘机上还在使用。

以下简要介绍两种定量系统的结构特点。

（1）单泵定量系统　图11-5所示为一个单泵定量系统的结构原理图及其特性曲线。由于定量泵的流量恒定，因此，其输出功率 P（单位为kW）与液压泵出口压力 p 成正比，其关系为

$$P = \frac{pQ}{60} \tag{11-2}$$

式中　p ——液压泵出口压力（MPa）；

Q ——液压泵流量（L/min）。

按照上述关系，为了克服最大的外载荷，定量系统的液压泵功率就必须根据所克服的最大外载荷及对应的工作速度来确定。而实际情况表明，挖掘机的最大外载荷出现的几率并不高，通常定量系统的平均外载荷仅为最大外载荷的60%左右，因此，这种单泵定量系统只利用了发动机功率的60%，这就不可避免地引起了功率的巨大浪费；此外，对于定量系统，一般只能通过节流调速方式来调节执行元件的动作速度，如图11-5a中的可调节流阀3，多

余的流量需从溢流阀 2 流回油箱，这部分损失会引起油温的升高。

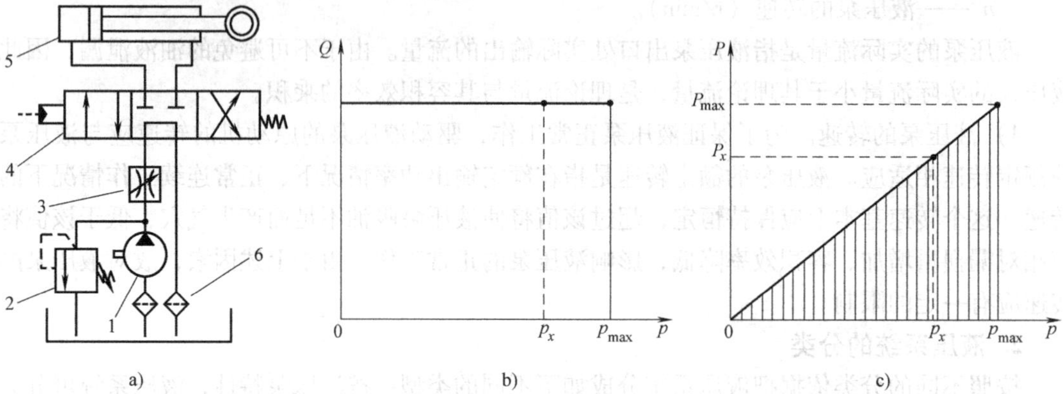

图 11-5　单泵定量系统的工作原理及其特性曲线

a）单泵定量系统原理图　b）压力 p 与流量 Q 的关系　c）功率 P 与压力 p 的关系

1—定量液压泵　2—主安全阀（溢流阀）　3—可调节流阀　4—控制阀　5—工作液压缸　6—过滤器

（2）双泵定量系统　双泵定量系统是由两台定量泵构成的液压系统，它又有双泵单回路和双泵双回路两种形式。

1）双泵单回路定量系统。图 11-6 所示为由两台定量液压泵 1 和 2 构成的双泵单回路系统，泵 1 的设定压力高于泵 2 的设定压力。当外载荷较小使主回路压力小于 p_2 时，泵 1 和泵 2 同时向主回路供油，系统获得的流量为 Q_1+Q_2，此时系统的特性曲线为图 11-6b 中的 *ABC* 段；当外载荷增大使主回路压力高于 p_2 时，单向阀 5 关闭，泵 2 的油不能供向主回路，而只有泵 1 向系统供油，流量较小，为 Q_1，此时系统的特性曲线为图 11-6b 中的 *CDE* 段。这样可根据外载荷的大小有级地调节供向系统的流量，从而改善了液压系统的功率利用情况。

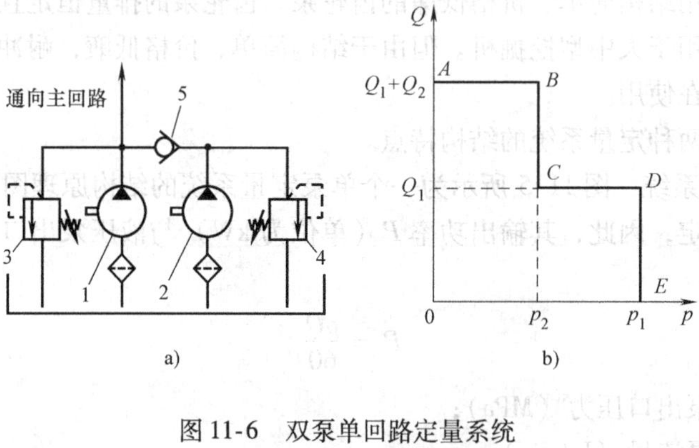

图 11-6　双泵单回路定量系统

a）双泵单回路定量系统原理图　b）压力 p 与流量 Q 的关系

1、2—定量液压泵　3、4—溢流阀　5—单向阀

2）双泵双回路定量系统。双泵双回路定量系统是由两台定量液压泵各自组成一条独立的回路，在每条回路中分配不同的执行元件，以保证至少有两个执行元件能同时工作，如图 11-7 所示。在这样的系统中，对执行元件的分组就要考虑挖掘机的工况和动作特点，如履带式液压挖掘机左、右履带需要独立驱动以实现直驶、任意半径转向和原地转向；作业中，

转台回转和动臂升降通常是同时进行的，需要独立驱动；挖掘土壤时，斗杆和铲斗的动作一般也同时进行，所以也常把驱动这两个部件的液压缸布置在不同的回路中。为了保证这些复合动作的顺利进行并均衡两台液压泵的负荷，常按以下方式对上述执行元件进行分组：

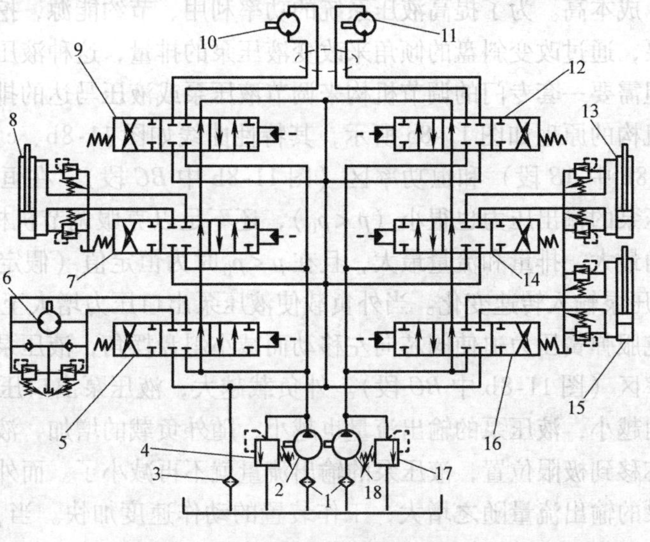

图 11-7　双泵双回路定量系统

1、3—过滤器　2、18—定量液压泵（工作泵）　4、17—主溢流阀　5、7、9、12、14、16—主控制阀　6—回转液压马达　8—斗杆液压缸　10—左侧行走液压马达　11—右侧行走液压马达　13—动臂液压缸　15—铲斗液压缸

回路1：左（或右）行走液压马达、回转液压马达、斗杆液压缸。

回路2：右（或左）行走液压马达、动臂液压缸、铲斗液压缸。

对于大中型液压挖掘机，为了更好地利用发动机功率，有的还采用了三泵三回路系统，其中给回转液压马达单独设立了一条闭式回路，而其余部件则被分配到另外的双泵双回路系统中。这是因为转台的转动惯量很大，起动、制动频繁，所需流量和压力都较小，而回转液压马达的进、出油流量又相等。比起双泵系统来，三泵系统的功率利用率更高，动作更灵活、更协调，结构更复杂，成本也更高，但在某些机种上更加实用，如伸缩臂式挖掘机。

11.2.3　变量系统

定量系统依靠节流调速，既浪费了功率又会引起系统发热，因此一般只用在小型机及作业要求不高的挖掘机上。对于大中型机，考虑到上述情况，一般采用容积变量系统，因为该系统为容积调速，功率利用率高又能自动实现无级变速。

容积变量系统有以下三种组合方式：变量泵+定量液压马达（或液压缸）、定量泵+变量液压马达、变量泵+变量液压马达。

变量机构的形式有很多，按照变量特性有恒功率式、恒压式和恒流量式等；按照控制方式有手动式、机动式、电动式、液动式和电液比例式等；按照调节机构的形式有机械式和液压式等。在实际应用中，常根据不同的需要将各种调节方式组合使用。

1. 恒功率变量系统

恒功率变量的特点是根据变量泵出口压力调节输出流量，使液压泵输出流量与出口压力的乘积即输出功率近似保持恒定。即当变量泵的输入转速相对不变时（额定转速下），变量泵的输出流量可随外载荷变化，能根据外载荷的大小自动改变液压泵的输出流量，从而维持相对稳定的输出功率。变量泵的优点是在其调节范围内能充分利用发动机的功率，但其结构和制造工艺复杂，成本高。为了提高液压系统的功率利用、节约能源，挖掘机上多采用斜盘式轴向变量柱塞泵，通过改变斜盘的倾角来改变液压泵的排量，这种液压泵的额定压力和容积效率都较高。但需要一套专门的调节机构来调节液压泵或液压马达的排量。

恒功率变量机构的原理如图 11-8a 所示，其特性曲线如图 11-8b、c 所示。该曲线分为恒流量区（图 11-8b 中 *AB* 段）和恒功率区（图 11-8b 中 *BC* 段）。在恒流量区，此时外负载很小，因而液压泵的输出压力也很小（$p<p_0$），还不足以克服调节机构中的弹簧预紧力，因而变量泵的摆角最大，排量和流量最大，且在 $p<p_0$ 时为恒定值（假定液压泵输入转速不变），流量只随液压泵输入转速变化。当外负载使液压泵出口压力增大至大于 p_0 时，调节机构左端的油压力克服弹簧压力迫使阀芯向左移动而减小斜盘摆角，液压泵的排量和流量随之减小，进入恒功率区（图 11-8b 中 *BC* 段）。外负载越大，液压泵出口压力越高，阀芯左移量越大，斜盘摆角越小，液压泵的输出流量也越小，随外负载的增加，液压泵出口压力会继续升高，直至阀芯移到极限位置，液压泵的输出流量就不再减小了。而外负载减小时，油压力也减小，液压泵的输出流量随之增大，工作装置的动作速度加快。当 $p_0<p<p_{max}$ 时，由于输出流量与出口压力的这种反比例关系，使系统运行在恒功率状态，从而充分利用了发动机的功率，避免了功率浪费并节约了能源。

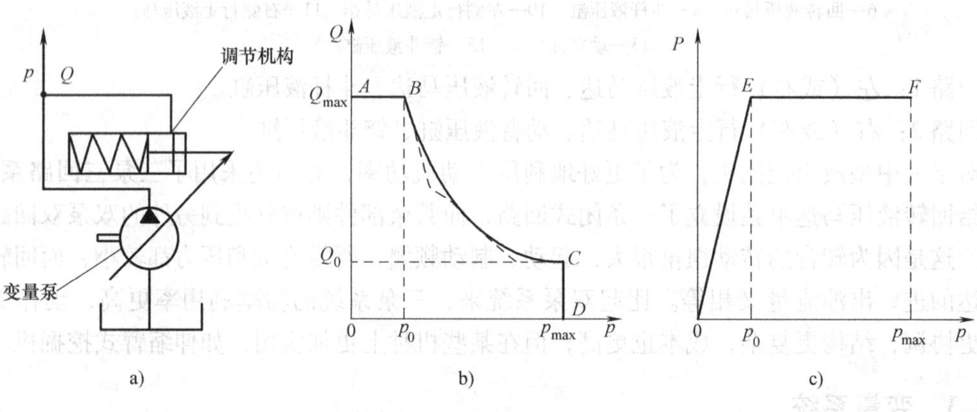

图 11-8　恒功率变量特性曲线

a）恒功率变量机构　b）流量-压力曲线　c）功率-流量曲线

在恒功率区，理论上压力和流量的乘积为常数，但由于变量液压泵的调节是依靠若干段弹簧实现的，因而实际上的流量-压力曲线是由若干段折线组成的，如图 11-8b 中虚折线所示。

变量液压泵的变量范围用变量系数 R 或调节系数 x_p 表示，其表达式为

$$R=\frac{p_{max}}{p_0}=\frac{q_{pmax}}{q_{p0}} \tag{11-3}$$

式中　p_0——液压泵的起调压力；

p_{max}——系统最大工作压力，其值由系统安全阀的设定压力决定；

q_{p0}——液压泵的最小排量；

q_{pmax}——液压泵的最大排量。

$$x_p = \frac{q_p}{q_{max}} \tag{11-4}$$

斜盘式变量柱塞泵的斜盘最大摆角一般为 20°~30°，最小摆角接近于 0°，R 值可接近 40 甚至更大。对于单向变量泵，$0 \leqslant x_p \leqslant 1$；对于双向变量泵，$-1 \leqslant x_p \leqslant 1$。

中小型液压挖掘机常采用双泵双回路变量系统，一般可根据两回路的变量调节有无关联而将这类系统分为分功率变量系统和全功率变量系统。

(1) 分功率变量系统　分功率变量系统是指双泵双回路系统的两台工作泵用各自独立的调节机构来改变液压泵的排量，每台泵的排量只受自身所在回路的压力调节，在每台泵自身的变量范围内实现独立的恒功率调节，与另一回路无关。

图 11-9 所示为分功率变量系统的原理和特性曲线。

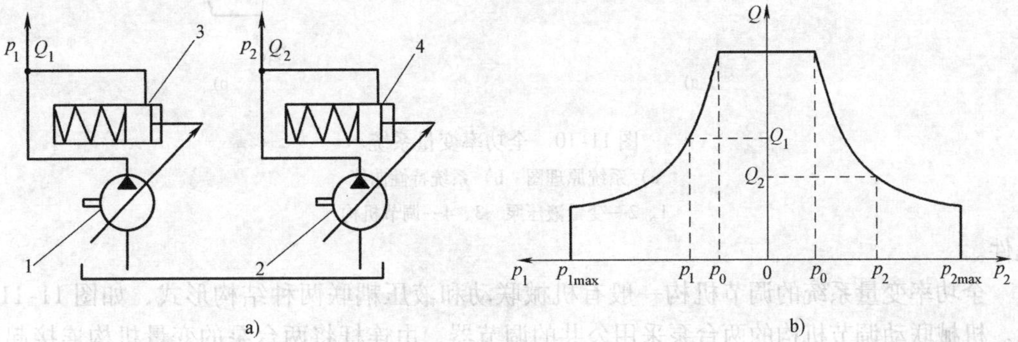

图 11-9　分功率变量系统

a) 系统原理图　b) 系统特性曲线

1、2—变量液压泵　3、4—调节机构

由图 11-9 可以看出，对于分功率变量系统，只有当两条回路的压力都处在各自的调节范围时（$p_0 < p < p_{1max}$、$p_0 < p < p_{2max}$），才可充分利用和发挥发动机的功率。如果某条回路的压力低于其变量泵起调压力 p_0，即便另一条回路的压力在调节范围内，总体而言也不能充分利用发动机的全部功率。

(2) 全功率变量系统　全功率变量系统是指双泵双回路系统的两台工作泵共用一个调节机构或用两条回路的压力之和来改变两台液压泵的排量，两台泵的摆角和排量相同、流量相等，两条回路相互关联，如图 11-10 所示。

在该系统中，决定工作泵流量的是两条回路的压力之和，因此，当两条回路的压力之和满足如下条件时，系统发出全部功率，且两台泵的流量相等。

$$2p_0 < p_1 + p_2 < 2p_{max} \tag{11-5}$$

虽然两台泵的流量相等，但由于各自回路的压力可能不等，因此两台泵发挥的功率可能不相等，但只要两条回路的压力之和在变量范围内，则两台泵的功率之和不变，恒等于系统的额定功率。即

$$P = (p_1 + p_2)Q = C \qquad (当 2p_0 < p_1 + p_2 < 2p_{max} 时) \tag{11-6}$$

虽然如此，但对于全功率变量系统，还有可能存在一台泵满负荷运转，而另一台泵负荷为零的情况，此时，应考虑将负荷为零的泵直接卸荷或将其合流供向流量需求较大的其他

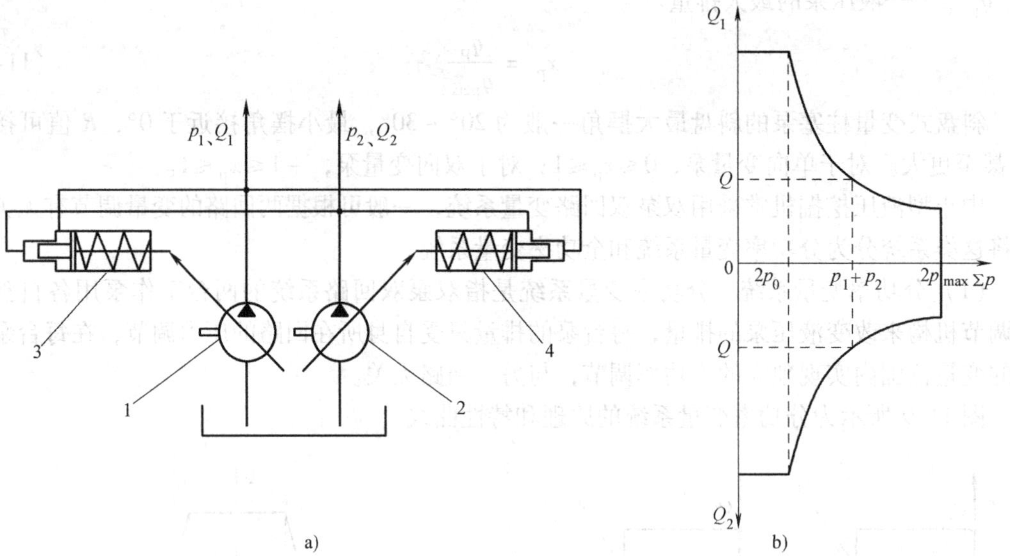

图 11-10　全功率变量系统

a）系统原理图　b）系统特性曲线

1、2—变量液压泵　3、4—调节机构

元件。

全功率变量系统的调节机构一般有机械联动和液压耦联两种结构形式，如图 11-11 所示。机械联动调节机构的两台泵采用公共的调节器，由连杆将两台泵的变量机构连接起来。调节器由滑阀 4、弹簧 5 和梯形柱塞 6 组成，滑阀 4 和梯形柱塞 6 构成的环形腔面积和端部面积相等，来自两条主回路的控制油分别进入端部腔室和环形腔室，推动柱塞移动，柱塞再通过连杆带动两台泵的变量机构进行变量。

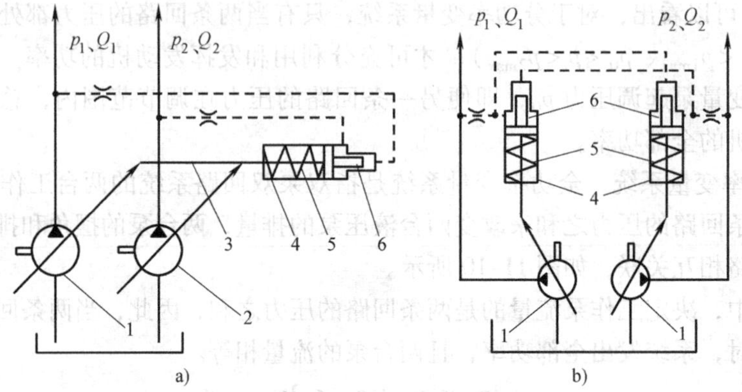

图 11-11　全功率变量系统的调节机构

a）机械联动式　b）液压耦联式

1、2—变量液压泵　3—连杆　4—滑阀　5—弹簧　6—梯形柱塞

液压耦联调节机构是指两台泵各有一个独立的调节器，两条回路的控制油各通向自身液压泵调节器的环形腔室和另一台泵端部腔室，达到两台泵同步调节，如图 11-11b 所示。由于每个调节器的环形腔室和端部腔室面积相等，因此两台泵的变量效果相同，从而实现了全

功率变量。

2. 定量系统、分功率变量系统和全功率变量系统的比较

变量系统的发动机功率一般是根据挖掘机工作中需要克服的平均外载荷及其对应的作业速度来确定的。

(1) 功率利用情况　如前所述，定量系统的发动机功率按最大外载荷确定，而变量系统则按平均外载荷确定，因此，当作业速度相同时，同等级挖掘机采用定量系统所需功率约为变量系统的 1.3～1.4 倍，其平均功率利用率却只有 60% 左右。而采用变量系统在变量范围内理论上可得到 100% 的功率利用率，而且功率利用率越低，系统发热越严重，由此而产生的元件失效和破坏等不良现象也越严重。因此，从节能和可靠性方面考虑，一般应采用变量系统。

(2) 主机的工作性能、系统可靠性和液压元件寿命　定量系统的优点是结构简单、流量稳定，因此所驱动元件的动作速度稳定，运动轨迹易于控制，有利于挖掘规则的表面，如平面和斜面等；同时，由于定量泵不常在满负荷下工作，因此泵的寿命较长，制造、使用和维护成本也低。缺点是一般采用节流调速，多余的压力油被溢回油箱而白白浪费掉，并导致系统发热和密封元件失效，降低了的挖掘机功率利用率和使用效率，因此，一般只在小型和微型挖掘机上才采用定量系统。

与定量系统相比，分功率变量系统的功率利用率较好，但由于需要单独调整各回路的流量，因此，各部件的动作配合比较困难，尤其在行走时，驾驶员必须经常手控调速，以保证两条履带按照驾驶员的意图运动，实现稳定的直驶和转向。

与以上两类系统相比，全功率变量系统的功率利用率好，系统发热小。由于两台泵的流量始终相同，因此首先易于保证左、右两侧履带的转速相等，以实现稳定的直驶运动；其次，由于将工作装置各部件按照复合动作要求布置在不同的回路中，因此易于实现协调的复合动作，特别是当一条回路负载很大时，由于两台泵的流量相等，仍可达到较快的作业速度。但仅依靠上述调节机构来实现各部件动作的完全协调还存在较大的难度，还需要在回路中采用更加复杂的附加调节机构。全功率变量系统的缺点是结构复杂、液压泵寿命较短，制造、使用和维护成本都较高，适合于大中型挖掘机采用。

3. 恒压力变量系统（压力切断控制系统）

无论何种系统，只要主回路压力达到或超过系统溢流阀设定的压力，压力油就会打开并通过溢流阀溢回油箱。由于此时油压力最高，所以造成的能量损失也最大，并且会引起系统发热、油温升高以及密封元件失效。为解决这个问题，现代液压挖掘机大多采用了恒压力变量系统，即压力切断控制系统。其基本原理是当回路压力达到系统设定压力时，通过压力节流阀大幅度减小工作液压泵的排量，使其几乎不再输出流量，而仅提供补充内部泄漏的油液，作近似无溢流、无能量损失的卸荷，从而大大减小了系统的损失。

图 11-12 所示为恒压控制的变量系统工作原理图。变量泵 1 的调节器 3 由节流阀前压力 Δp 控制。正常情况下，顺序阀 5 关闭，液压泵 1 在调节器 3 的弹簧 2 作用下以一定摆角输出压力油。当外载荷增大时，主回路的压力升高，当压力达到一定值时，顺序阀 5 开启，主回路的部分油液进入控制油路，由于节流阀 4 的作用，使得顺序阀 5 与节流阀 4 之间油路具有一定的压力 Δp，该油液压缩弹簧 2 使工作泵摆角减小，从而减小了工作泵的输出流量，这个过程直至工作泵的输出流量与执行元件所需流量达到平衡为止。由于液压泵的摆角被减

至最小，因此，此时液压泵的输出流量除了系统渗漏和少量控制外，全部供给执行元件，完全或几乎没有溢流损失。控制油路中的压力 Δp 与所通过的压力油流量成比例，当液压泵流量大大超过执行元件所需流量时，控制油流量增大，使 Δp 升高，从而使液压泵摆角进一步减小，泵的输出流量也减小，这样进入顺序阀 5 和节流阀 4 的流量也会减少，Δp 降低，使调节器的阀芯左移，增大液压泵的摆角，泵的输出流量随之增加，直至达到平衡为止。

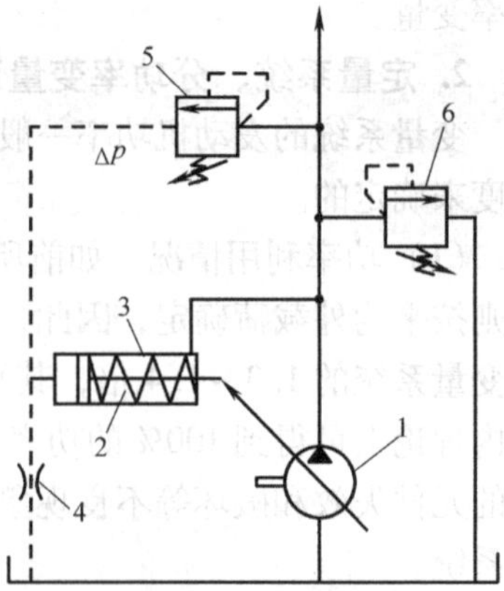

图 11-12　恒压控制变量系统

1—变量液压泵　2—调节器弹簧　3—调节器　4—节流阀　5—顺序阀　6—溢流阀

在恒压变量系统中，只要顺序阀工作，就可以保证主回路的压力基本稳定，且基本没有溢流损失；但当外载荷极大导致执行元件不能运动时，恒压调节只能使液压泵摆角转至最小，流量降至最低，而不能降至零，因而液压系统仍存在少量溢流。因此，为了保证系统安全，在主回路中设置了溢流阀 6，使其调定压力略高于顺序阀 5 的压力。

4. 恒功率与恒压组合的变量系统

将恒功率调节与恒压调节方式组合起来即构成恒功率与恒压组合的变量系统。图 11-13 所示为这种系统的原理图和特性曲线。

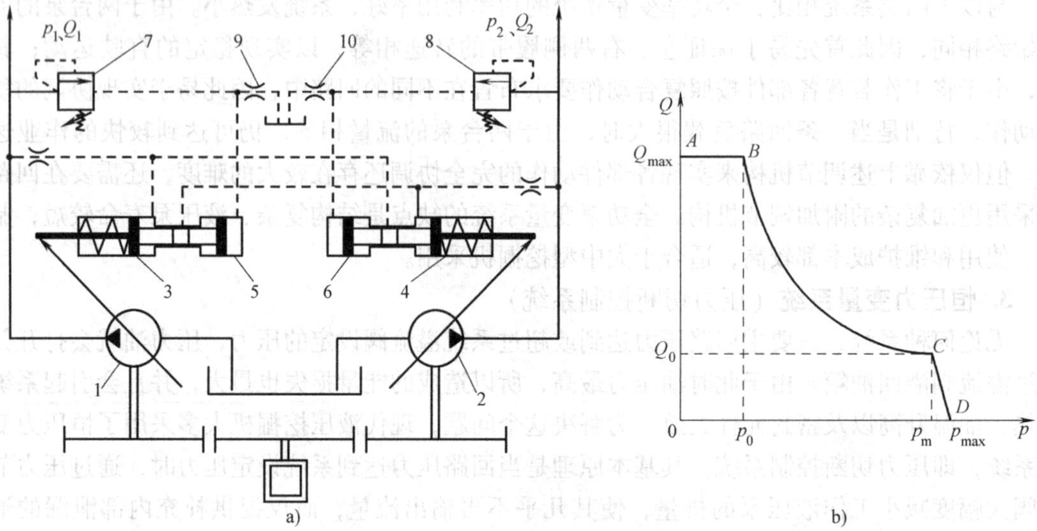

图 11-13　恒功率与恒压组合调节的变量系统

a）原理图　b）特性曲线

1、2—变量液压泵　3、4—调节器　5、6—恒压调节液压缸　7、8—顺序阀　9、10—节流阀

液压泵 1 和 2 构成两个主回路，两泵转速相等，流量相等，其出口压力分别为 p_1 和 p_2，两泵的控制油分别进入调节器 3 和 4，形成液压耦联调节。当 $2p_0 < p_1 + p_2 < 2p_m$ 时，实现全功率调节。当任一回路超负荷时，高压油打开顺序阀 7 或 8 进入调节液压缸 5 或 6，进行恒

压调节，使液压泵供油量和执行元件的需油量达到平衡，基本消除了溢流损失。图 11-13b 所示为这种系统的特性曲线。当$p_0 < p < p_m$时，液压泵工作在 BC 段，实现恒功率调节；当外载荷增大到使系统压力$p_m < p < p_{max}$时，顺序阀开启，系统工作在 CD 段，实现恒压调节。

关于上述概念，有的文献称为恒功率与压力切断组合调节的变量系统，其本质和工作原理相同，图 11-14 所示即为另一种形式的被称为恒功率与压力切断组合调节的变量系统。图中的压力控制阀 3 和 4 是顺序阀，该系统的特性曲线与图 11-13b 相同。

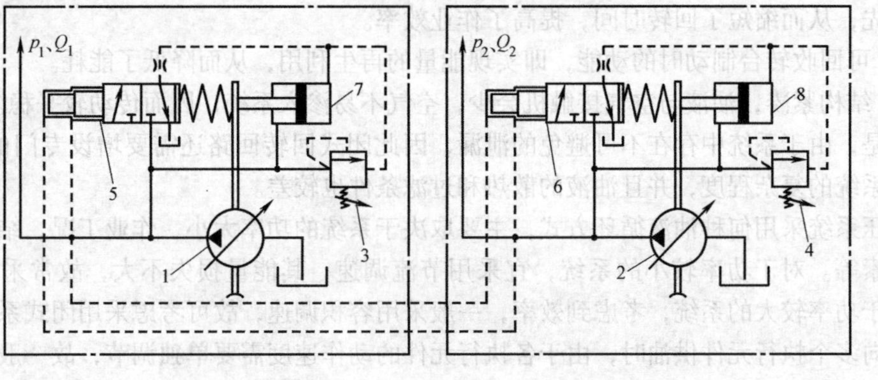

图 11-14 恒功率与压力切断组合调节的变量系统

1、2—变量液压泵 3、4—压力控制阀（顺序阀） 5、6—恒功率调节器 7、8—压力切断调节液压缸

11.2.4 开式系统和闭式系统

开式系统是指液压泵从油箱吸油，将其泵出的压力油经各种控制阀后供给执行元件，回油再经过换向阀回到油箱的系统。这种系统结构较为简单，其油箱有散热和沉淀杂质的作用。但因油箱中油液液面与空气接触，使空气易于渗入油中，导致机构运动不稳定并产生噪声、振动等。

闭式系统的液压泵出油口直接与执行元件的进油口相连，其进油口直接与执行元件的回油口相连，工作油液在液压泵与执行元件之间进行封闭循环。闭式系统的优点是结构紧凑，油液与空气接触机会少，空气不易渗入系统，故传动较平稳。工作机构的变速和换向靠调节液压泵或液压马达的变量机构来实现，避免了开式系统在换向过程中所产生的冲击和能耗。闭式系统的缺点是结构较复杂，油液的散热和过滤条件较差，同时还需要一个小流量的补油泵和小油箱来补偿系统中的泄漏。

大型液压挖掘机常采用独立的转向闭式系统。图 11-15 所示为挖掘机回转闭式回路原理图。该系统采用了双向变量液压泵 3，溢流阀 4、6 和单向阀 5、8 组成缓冲补油回路，以避免回转液压马达的冲击和吸空现象。此外，为防止系统的泄漏，还增设了一个小流量的补油泵 2 和小油箱。

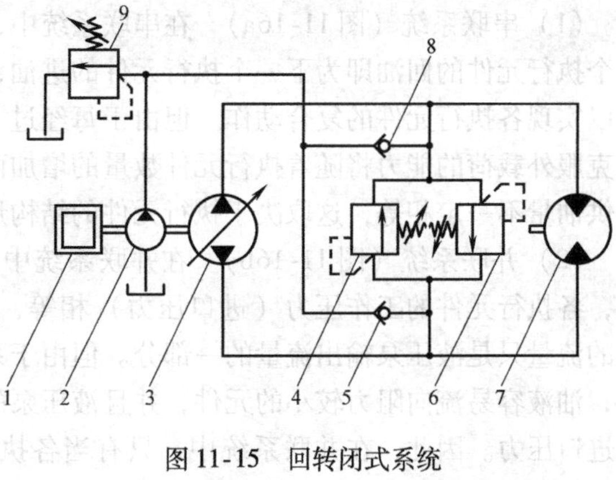

图 11-15 回转闭式系统

1—发动机 2—补油液压泵 3—变量液压泵

4、6、9—溢流阀 5、8—单向阀 7—回转液压马达

闭式回转回路一般是独立的回路，液压油从双向回转液压泵 3 到回转液压马达 7，再由回转液压马达 7 直接返回回转液压泵 3。因此，液压马达的转向和转速都是由液压泵的摆角以及油液出口压力和流量决定的。但在该液压泵中一般装有转矩控制装置，该装置由先导阀的油压控制，驾驶员可通过改变先导阀手柄的倾角来控制转台的转速和转矩，并使转台转动所需的转矩和控制压力成正比。采用回转独立闭式回路还有以下优点：

1）回转机构的运动与工作装置或行走机构的运动不发生关系，在复合动作时便于实现回转优先，从而缩短了回转时间，提高了作业效率。

2）可回收转台制动时的动能，即实现能量的再生利用，从而降低了能耗。

3）结构紧凑，油液与空气接触机会少，空气不易渗入系统，因而传动较平稳。

但是，由于系统中存在不可避免的泄漏，因此闭式回转回路还需要增设专门的补油泵，增加了系统的复杂程度，并且油液的散热和过滤条件也较差。

液压系统采用何种油液循环方式，主要取决于系统的功率大小、作业工况、结构尺寸和环境因素等。对于功率较小的系统，宜采用节流调速，其能量损失不大，故常采用开式系统。对于功率较大的系统，考虑到效率，一般采用容积调速，故可考虑采用闭式系统。但当一台泵向多个执行元件供油时，由于各执行元件的动作速度需要单独调节，故一般采用开式系统；当主机工作环境恶劣且系统空间尺寸受限时，可采用闭式系统。此外，由于单活塞杆双作用液压缸的大、小腔流量不等，所以闭式系统中的执行元件一般为液压马达。

11.2.5　单泵系统和多泵系统

单泵系统结构简单、成本低，不适合于具有多个执行元件且各元件的负载压差较大的系统。采用多泵系统通过把各执行元件分组的方式可以解决这种问题，同时还可保证有效利用发动机的功率。但多泵系统结构复杂、成本高。目前，中型挖掘机多采用多泵或三泵系统，特大型挖掘机则可能采用更多的液压泵，如 HITACHI 公司的 EX8000 型挖掘机采用了 16 台变量泵。

11.2.6　串联系统和并联系统

（1）串联系统（图 11-16a）　在串联系统中，一台液压泵依次向一组执行元件供油，上一个执行元件的回油即为下一个执行元件的进油，因此，只要液压泵的出口压力足够高，便可以实现各执行元件的复合动作。但由于每经过一个执行元件压力就要降低一次，因此，系统克服外载荷的能力将随着执行元件数量的增加而降低。串联系统中各执行元件获取的液压泵供油量不一定相等，这取决于执行元件的结构形式。

（2）并联系统（图 11-16b）　在并联系统中，一台液压泵可以同时向一组执行元件供油，各执行元件的工作压力（进口压力）相等，都等于工作液压泵的出口压力，不过所获得的流量只是液压泵输出流量的一部分。但由于系统中各执行元件的负载大小可能不等，于是，油液容易流向阻力较小的元件，并且液压泵的出口压力也近似等于阻力较小的执行元件的进口压力。因此，在并联系统中，只有当各执行元件上外载荷相等时，才能实现同时动作，如各执行元件负载压差较大而又需要复合动作时，必须在各支路上设置适当的节流阀，以增大负载压力较小的支路上的阻力。但这样会增大节流损失引起系统发热。

除了串联和并联系统外，还有一种回路被称为顺序单动回路，如图 11-16c 所示。该回

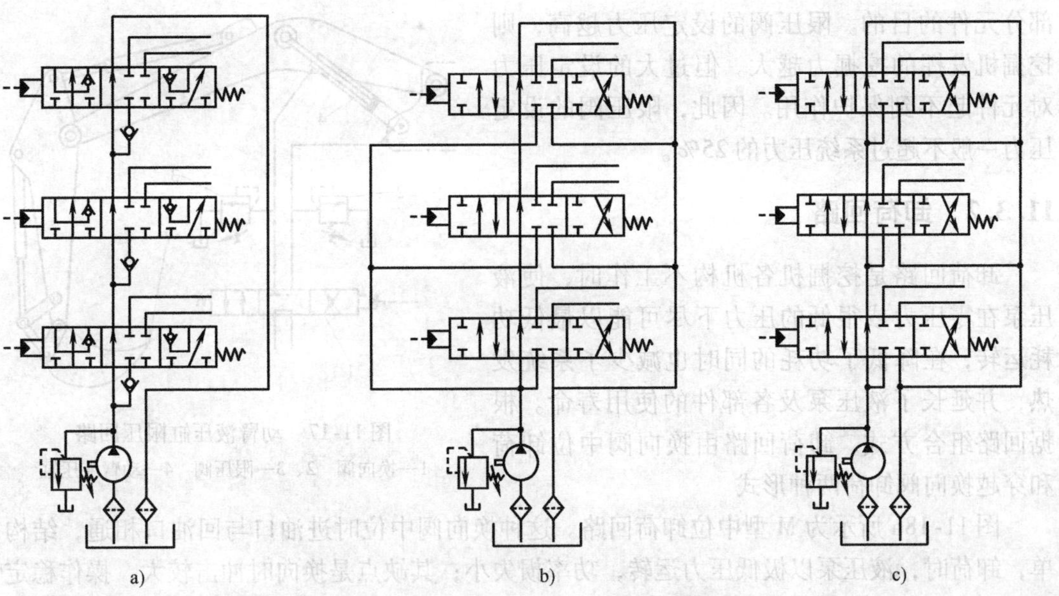

图 11-16　液压系统的几种组合方式
a）串联回路　b）并联回路　c）顺序单动回路

路的特点是液压泵单独向每一个执行元件供油，当前一执行元件工作时，其后的油路便被切断，因而每个执行元件可以获得液压泵最大的流量和压力来工作。但在单泵系统中无法实现复合动作，否则就必须采用两台以上的工作液压泵。

11.3　液压挖掘机的基本回路

11.3.1　限压回路

在液压系统中，为了防止过载、保护系统元件，一般要设置限压回路，它是通过限压阀来限制系统整体或某一局部回路的压力，使其不超过设定值。限压阀一般称为溢流阀，当用于维持系统压力恒定时称为溢流阀；当用于保护和防止系统过载时称为安全阀；当被安装在系统回油路上，用于产生一定的回油阻力，以改善执行元件的运动平稳性时，称为背压阀。作为系统整体的安全阀，通常设置在主泵出口处，以限制整个系统的工作压力不超过一定值，该压力通常称为挖掘机的系统压力；在某些元件与系统主油路断开而产生闭锁压力时，为了保护该元件，可在该元件处设置溢流阀。

通常，在液压挖掘机执行元件的进油和回油路上各设置一个限压阀，以限制其闭锁状态下的最大压力，当回路压力超过此限压阀的设定值时，限压阀打开，油液溢回油箱，从而保护了该部分的元件不受损坏。图 11-17 所示为一种用于限制动臂液压缸闭锁压力的限压回路。当斗杆液压缸和铲斗液压缸处于工作状态进行挖掘时，动臂液压缸呈闭锁状态，即与主油路不通，此时在挖掘阻力的作用下，动臂液压缸无杆腔承受压力，如对该腔压力不加以限制，就可能会达到很大，甚至远远大于系统压力而使元件损坏，因此在该回路上设置了两个限压阀 2 和 3，当闭锁压力达到该限压阀的设定值时，此处限压阀 2 打开，从而达到保护该部分元件的目的。限压阀的设定压力越高，则挖掘机发挥的挖掘力越大。但过大的设定压力对元件起不到保护作用。因此，限压阀的设定压力一般不超过系统压力的25%。

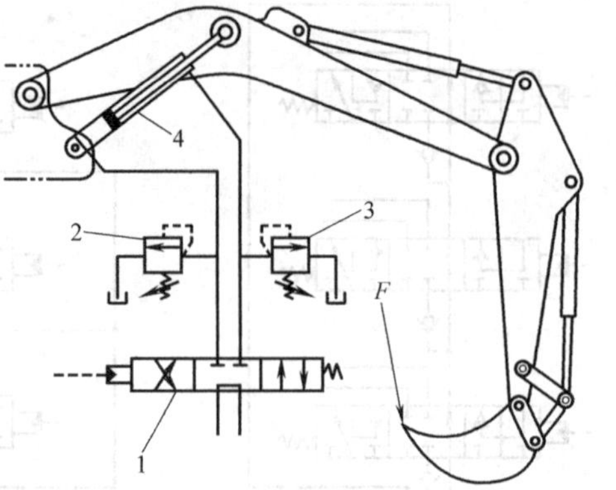

图 11-17　动臂液压缸限压回路

1—换向阀　2、3—限压阀　4—动臂液压缸

11.3.2　卸荷回路

卸荷回路是挖掘机各机构不工作时，使液压泵在零压力或很低的压力下尽可能以最低功耗运转，在降低了功耗的同时也减少了系统发热，并延长了液压泵及各部件的使用寿命。根据回路组合方式，卸荷回路由换向阀中位卸荷和穿越换向阀卸荷两种形式。

图 11-18a 所示为 M 型中位卸荷回路。这种换向阀中位时进油口与回油口相通，结构简单，卸荷时，液压泵以极低压力运转，功率损失小；其缺点是换向时冲击较大，操作稳定性差，适合于低压小流量系统。

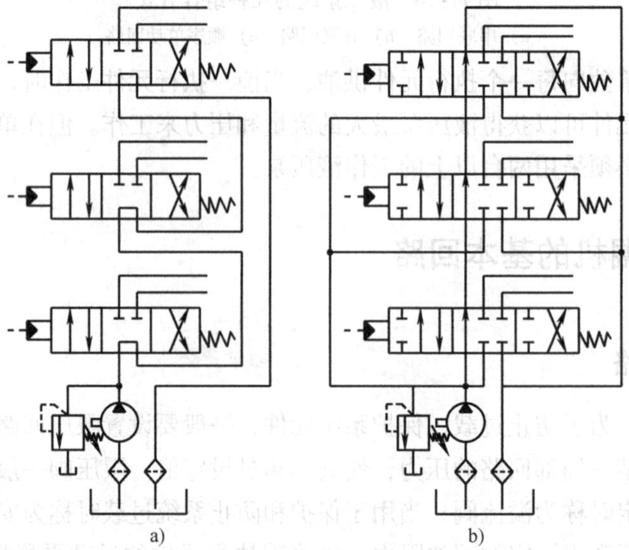

图 11-18　卸荷回路

a）换向阀中位卸荷回路　b）穿越换向阀卸荷回路

图 11-18b 所示为穿越换向阀卸荷回路。这种换向阀一般采用有过油通道的三位六通阀。当换向阀处于中位时，工作油以最低压力依次通过各换向阀的过油通道到达油箱而卸荷，当换向在工作位置时，过油通道被切断，工作油进入换向阀到达执行元件。这种卸荷回路操作平稳、工作可靠，常用于中高压和高压并联系统。

11.3.3　调速和限速回路

按使执行元件速度改变方式的不同，调速回路可分为无级变速型调速回路和有级变速型调速回路两类；按调速元件的结构原理和形式的不同，调速回路又分为容积调速、节流调速和容积节流调速三类。容积调速是通过改变变量液压泵的摆角而改变其排量从而达到调速的一种调速形式，这在前述变量系统中已有详细介绍，此处不再重复；节流调速则是通过改变节流阀的通流面积而改变流量的调速方式，这种调速方式结构简单，能够获得稳定的低速，缺点是功率损失大，效率低，温升大，作业速度受外载荷的影响较大，常用于小型、压力不高的定量系统。

图11-19a所示为进油节流调速回路，可调节流阀4与工作液压泵串联地连接在高压进油路上，节流阀4之前还装有溢流阀3。从定量液压泵2泵出的压力油经节流阀4、换向阀5到达液压缸6。如图11-19a所示，当外载荷增大时，液压缸无杆腔压力增大，活塞杆移动速度降低，因此可减小节流阀的通流面积使通过的流量减少，节流阀前后的压力差减小。由于采用的是定量液压泵，所以，泵出口的流量基本恒定，多余的流量就从溢流阀3溢回油箱。反之，当外载荷减小时可增大节流阀的通流面积，从而增加输入到执行元件的流量。采用进油节流调速，由于经过的油液压力大，因而节流后的发热量大，导致进入执行元件的油温较高，并增大了泄漏，降低了效率。此外，由于回油无阻尼，使得工作元件的运动平稳性较差。

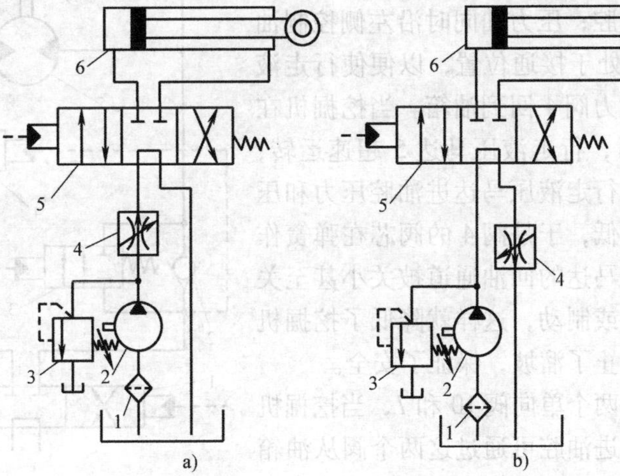

图11-19　节流调速回路

a）进油节流调速回路　b）回油节流调速回路

1—过滤器　2—定量液压泵　3—溢流阀　4—可调节流阀　5—换向阀　6—液压缸

图11-19b所示为回油节流调速回路，可调节流阀4装在低压的回油路上，通过限制回油流量调节工作装置的运动速度。比起进油节流调速回路，回油节流阀的油液虽然也有发热，但由于发热后的油液直接进入了油箱，通过油箱可进行散热，因而对系统的泄漏影响不大，而且通过回油节流产生的阻尼作用，可使执行元件获得稳定的运动速度。

为了避免工作装置在自重作用下产生运动中的失速现象，液压挖掘机常在工作装置油路中装设单向节流阀，构成节流限速回路，如图11-20所示。如为了防止动臂下降过程中因工作装置自重作用而下降

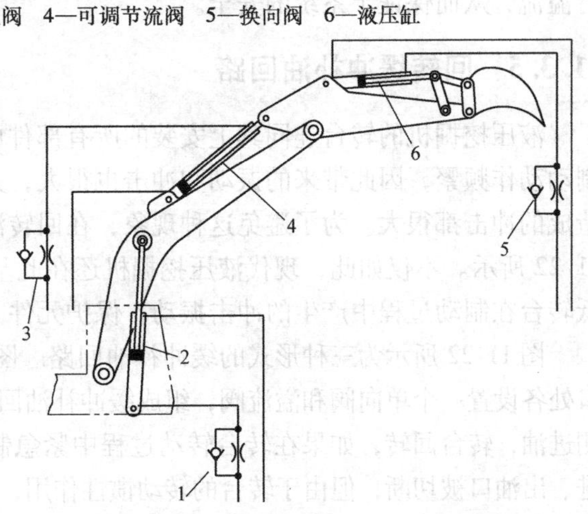

图11-20　工作装置的单向节流限速回路

1、3、5—单向节流阀　2—动臂液压缸　4—斗杆液压缸

6—铲斗液压缸

导致事故，在其无杆腔上就要装设单向节流阀，这样就限制了动臂的下降速度。同样，在斗杆液压缸和铲斗液压缸的回路上也装设了这种装置。不仅如此，现代液压挖掘机为了节约能源，还设置了能量再生利用装置，以回收利用自重下降过程中产生的能量。

11.3.4 行走限速补油回路

履带式液压挖掘机下坡时，在自重作用下会自动加速，引起行走液压马达超速运转和吸空，并导致整机超速溜坡和事故的发生。为避免这种现象，需要限制行走液压马达的转速并对其吸油腔进行补油。图 11-21 所示即为一种行走限速补油回路。

如图 11-21 所示，行走限速补油回路由压力阀 3、4，单向阀 2、6、7、10 和安全阀 8、9 组成。挖掘机正常行驶时，换向阀 1 处于右位，压力油经单向阀 2 进入行走液压马达的左腔；压力油同时沿左侧控制油路推动压力阀 4，使其处于接通位置，以便使行走液压马达右腔的出油经压力阀 4 回到油箱。当挖掘机在自重作用下开始溜坡时，行走液压马达 5 超速运转，这时进油供应不及而使行走液压马达进油腔压力和压力阀 4 的控制油压力降低，于是阀 4 的阀芯在弹簧作用下右移，使行走液压马达的回油通道被关小甚至关闭，行走液压马达减速或制动，这样就降低了挖掘机在坡上的行驶速度，防止了溜坡，保证了安全。

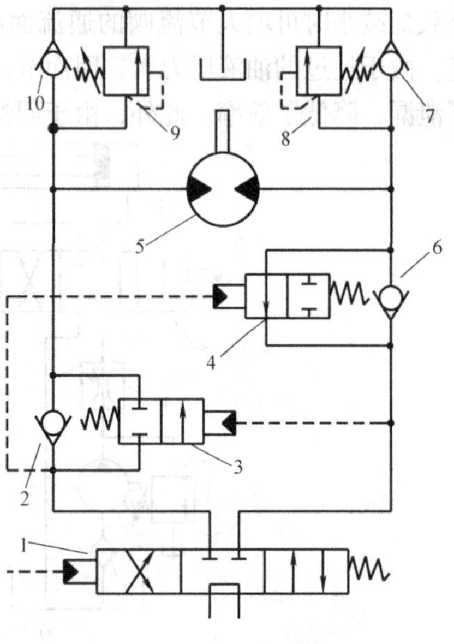

图 11-21 行走限速补油回路

1—换向阀 2、6、7、10—单向阀 3、4—压力阀 5—行走液压马达 8、9—安全阀

在该回路中还设有两个单向阀 10 和 7，当挖掘机失速时，行走液压马达进油腔可通过这两个阀从油箱获得补油，从而避免了吸空现象。而当回路压力超过安全阀 8、9 的设定压力时，还可以打开这两个阀进行溢流，从而保证了系统的安全。

11.3.5 回转缓冲补油回路

液压挖掘机的转台连同其上安装的所有部件的质量和转动惯量都很大，且转台的起动、制动动作频繁，因此带来的振动和冲击也很大，尤其在起动和制动时，对液压系统及其元件造成的冲击都很大。为了避免这种现象，在回转液压系统中通常要增设缓冲补油回路，如图 11-22 所示。不仅如此，现代液压挖掘机还在此基础上增设了回转防回摆机构，以进一步降低转台在制动过程中产生的冲击振动，保护元件。

图 11-22 所示为三种形式的缓冲补油回路。图 11-22a 所示为在回转液压马达的进、出油口处各设置一个单向阀和溢流阀，组成缓冲补油回路。图示当换向阀 1 在左位时，液压马达左侧进油，转台回转，如果在转台转动过程中紧急制动，则换向阀回到中位，此时液压马达的进、出油口被切断，但由于转台的转动惯性作用，会带动回转液压马达继续回转，此时液压马达的进油腔（左侧）会产生吸空现象，而出油腔（右侧）则会产生很高的压力。液压马达的吸空会导致空气进入油液，损坏油液，产生噪声并腐蚀元件；而过高的压力同样也会损坏元件。为避免这种现象，左侧油路可以通过单向阀 4 从油箱得到补油，而右侧油路中当压力达到

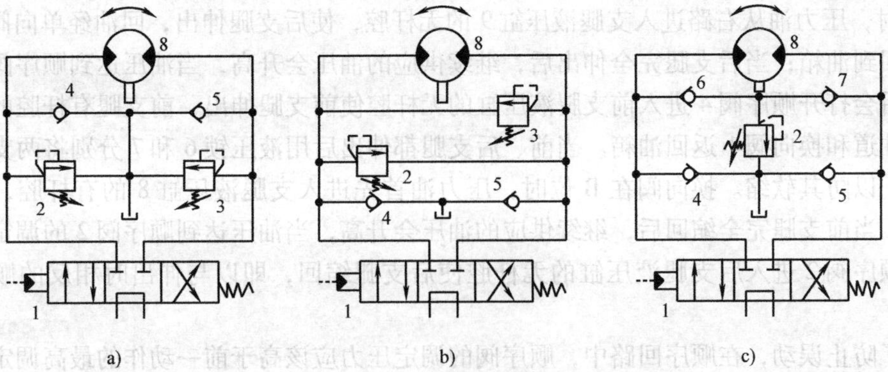

图 11-22 回转缓冲补油回路

1—换向阀 2、3—溢流阀 4～7—单向阀 8—回转液压马达

一定值时会打开溢流阀3，使多余的油液溢回油箱，从而减小了冲击振动，避免了吸空现象。当换向阀处于右位时，转台反转，而进行制动时则通过溢流阀2和单向阀5进行缓冲补油。这种结构形式的特点是溢流和补油分别进行，工作可靠，温升不大，但补油量较大。

图 11-22b 所示的形式是在转台紧急制动时，高压回路的溢流阀2或3不直接溢流到油箱，而是溢流到液压马达的低压腔，低压腔不足的油液则还可通过单向阀4或5从油箱获得补油。这种结构形式由于高压油直接溢流到低压腔而降低了补油量，同时还减小了液压冲击，并提高了效率。

图 11-22c 所示的形式是在结构上少了一个溢流阀，但增加了两个单向阀，其工作原理与前两种形式基本相同，读者可自行分析。

由于转台的转动惯量较大和制动时带来的冲击作用，在制动过程中转台会产生一定程度的摇晃，这种摇晃对液压系统、工作装置结构件强度及驾驶员都会产生不利影响，因此，现代液压挖掘机在上述基础上都增设了回转防摇晃机构，利用一对反转防止阀消除了转台的这种不良现象，其详细内容可见第6章。

11.3.6 支腿顺序动作及锁紧回路

为了保证作业时的稳定性，轮胎式液压挖掘机一般都装有支腿，而作业开始和结束时支腿的收放必须按照一定的顺序，因此需要在支腿回路中设置顺序阀。当支腿伸出并支撑于地面后，还必须保证不发生软缩和窜动等影响作业稳定性的现象，以免发生事故。

图 11-23 所示为轮胎式液压挖掘机的一种支腿顺序动作及锁紧回路。按照整机稳定性要求，支腿的动作顺序要求为：后支腿液压缸9先伸出，待其完全伸出后前支腿液压缸8再伸出，所有支腿都伸出后用液压锁将各支腿锁紧，以保证作业稳定性；作业完成后，首先缩回前支腿液压缸8，然后再缩回后支腿液压缸9。当换向阀处

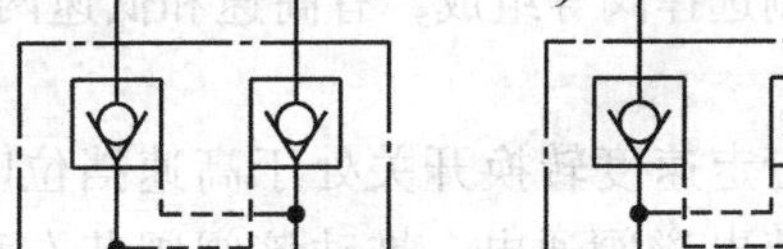

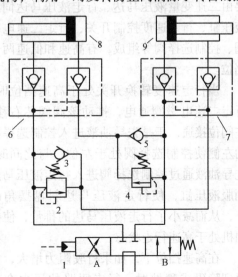

图 11-23 支腿顺序动作及锁紧回路

1—换向阀 2、4—顺序阀 3、5—单向阀

6、7—液压锁 8、9—支腿液压缸

在A位时，压力油从右路进入支腿液压缸9的无杆腔，使后支腿伸出，回油经单向阀3和换向阀1回到油箱；当后支腿完全伸出后，继续供应的油压会升高，当油压达到顺序阀4的调定压力后会打开顺序阀4进入前支腿液压缸的无杆腔使前支腿伸出，前支腿有杆腔的油则通过左路油道和换向阀1返回油箱。当前、后支腿都伸出后用液压锁6和7分别将两支腿液压缸锁紧，以防其软缩。换向阀在B位时，压力油首先进入支腿液压缸8的有杆腔，使前支腿缩回，当前支腿完全缩回后，继续供应的油压会升高，当油压达到顺序阀2的调定压力后会打开顺序阀2进入后支腿液压缸的无杆腔使后支腿缩回，即以与伸出时相反的顺序缩回支腿。

为了防止误动，在顺序回路中，顺序阀的调定压力应该高于前一动作的最高调定压力。

11.4 执行元件的辅助控制回路

11.4.1 行走自动二速系统

在双泵双回路系统中，液压挖掘机的行走液压马达通常被设置在不同的回路中，由两台泵独立驱动，以便于提高转向时的灵活性，通过踩动行驶踏板或扳动行驶手柄可调节行驶速度。按照挖掘机的实际情况，可将其行驶过程分为非作业行驶和作业行驶。非作业行驶主要体现在场地之间的移动，一般是单纯的行驶动作，转台和工作装置不工作，同时，为了提高机动性，在水平路面或下坡行驶时，希望挖掘机有较高的行驶速度；作业行驶则有可能同时伴随着转台的转动或工作装置的运动，由于此时功率被分流，同时为了保证作业安全，要求挖掘机的行驶速度不能太高。为此，履带式挖掘机的行驶速度一般设置有高速和低速两个挡位，这可通过操纵行驶速度控制开关来实现。

图11-24所示为一种行走二速系统，主要由二速变量液压马达、行走液压马达伺服液压缸、行走速度控制开关、行走二速电磁阀、控制选择阀等组成，有高速和低速两个挡位。

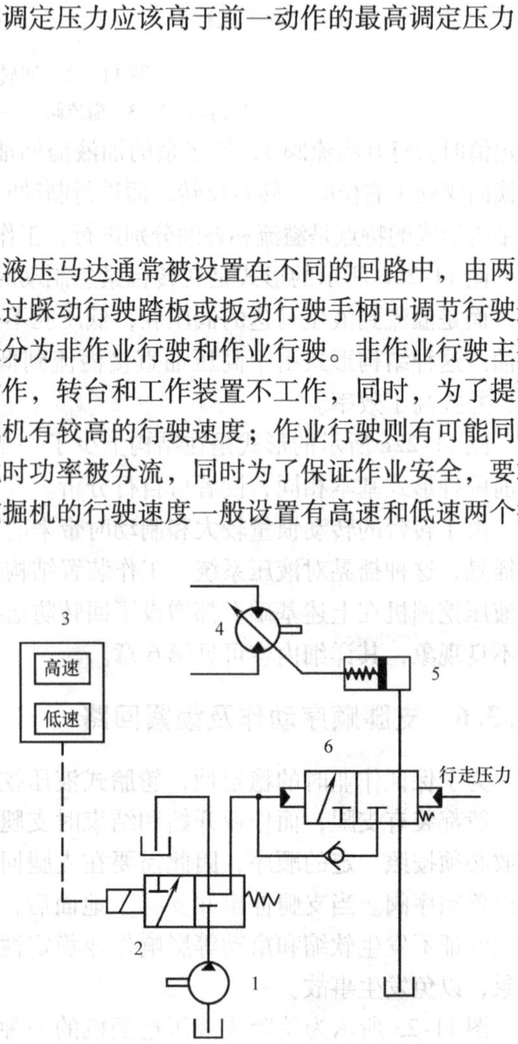

图11-24 行走二速系统

1—先导液压泵 2—行走二速电磁阀 3—行走速度转换开关 4—行走液压马达 5—行走液压马达伺服液压缸 6—控制选择阀

当行走速度转换开关处于高速挡位时，行走二速电磁阀通电，推动该阀阀芯右移，左阀位接通，于是先导油液进入控制选择阀的左侧使控制选择阀处于左位；与此同时，先导油液通过控制选择阀进入行走液压马达伺服液压缸，使行走液压马达斜盘摆角减小，从而减小了行走液压马达的排量，使挖掘机处于高速行走状态。

在高速挡位下，如果行驶阻力增大，如遇到障碍或爬坡时，行走回路的压力会增大，则增大的行走压力会推动控制选择阀左移，此时切断了先导泵供向行走液压马达伺服液压缸的供油，使行走液压马达伺服液压缸卸荷，在其弹簧的作用下，使行走液压马达斜盘摆角增大，液压马达的排量增大，从而使挖掘机处于低速行走状态。

当行驶速度转换开关被设到低速挡位时，如遇到下坡或行驶阻力减小的情况，行走回路的压力会减小，使控制选择阀阀芯右移，先导油液又可供向行走液压马达伺服液压缸，行走液压马达又自动地回到高速挡位上，使挖掘机高速行走。值得注意的是，只有在行走速度转换开关处在二速位置时，行走二速系统才起作用。

11.4.2 行走直驶控制系统

在行驶过程中，如果某个工作装置或回转机构工作（如放置管道或木材的作业工况），则工作液压泵不仅向行走液压马达供油，同时也向回转和工作装置供油，这就会使给每台行走液压马达的供油存在差异，导致左、右行走液压马达转速的不同而引起不应有的转向。直驶行走系统保证了行驶过程中存在其他回路工作时机器的直线行驶。

当挖掘机行走且不存在回转动作或工作装置动作时，两台工作液压泵分别供向左、右行走液压马达。由于两个行走回路是独立分开的，所以机器保持直线行驶，除非左、右侧履带的行驶阻力存在差异。

目前，国外多数履带式液压挖掘机上采用了直驶控制阀来解决上述直驶问题。其核心思想是将两台工作泵的供油部分汇合后平行供向左、右两台行走液压马达，其余的油液则供向工作装置或回转机构，以实现这种复合动作。但在这种复合动作工况下各部件的动作速度都比较慢。

图11-25所示为国外某机型上使用的直驶控制阀及相关回路。当先导控制油通向直驶控制阀并推动其阀芯左移时，两台工作液压泵向左、右行走回路供油以平行驱动这两台液压马达。但回转回路和工作装置回路只接受其中一台泵的部分供油，因此，在挖掘机行驶过程中，回转和工作装置不能要求大量地供油，它们的工作速度必须足够低以保证机器的稳定工作。余下的油液被左、右行走回路所共享。

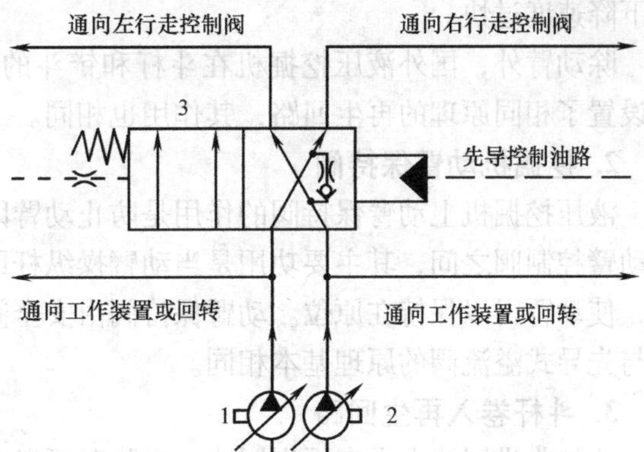

图11-25 直驶控制回路原理

1、2—液压泵 3—直驶控制阀

在行走过程中，直驶控制阀保持功效即使存在回转动作或工作装置的动作也能直驶。直驶还改善了管道控制或木材放置工作。

11.4.3 转台回转摇晃防止机构

结合图6-18，转台回转摇晃防止机构是挖掘机转台回转停止后消除其摇晃的机构，其工作原理是：回转液压马达停止运转的过程中，反转防止阀两侧受卸荷压力作用，弹簧压缩。由于左、右压力相等，反转防止阀不能换向。回转液压马达停止运转后原出油口压力比进油口压力高，对回转液压马达产生反力作用，回转液压马达摇晃，此时原进油口压力比出油口压力高，对反转防止阀产生压力。由于阀中有节流孔，产生时间滞后，滑阀移动，从而使液压马达进油口与出油口连通，两腔达到压力相等，因此转台回转摇晃仅一次。

11.4.4 工作装置控制系统

1. 动臂下降再生阀

动臂再生回路的作用是：在动臂下降过程中，使得动臂液压缸大腔的回油补偿到动臂液压缸的活塞杆腔。

如图 11-26 所示，当搬动动臂手柄到下降位置时，先导控制阀的油液进入动臂再生阀的左端，推动动臂再生阀内的阀芯向右移动。此时，动臂液压缸大腔的回油通过动臂再生阀阀芯上的节流缝隙到达单向阀，单向阀打开，使动臂的部分回油与另一台泵的油汇合并流入动臂液压缸活塞杆端。

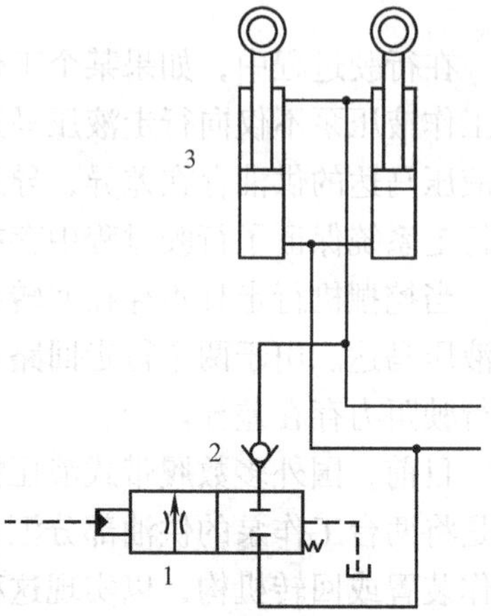

图 11-26 动臂下降再生回路

1—动臂再生阀 2—单向阀 3—动臂液压缸

在双泵双回路系统中，由于动臂再生阀把动臂液压缸大腔的回油提供给了动臂液压缸的活塞杆端，所以能提高动臂下降过程中液压泵的供油效率。此外，由于该阀的作用，使得动臂下降时可充分利用其自重产生的油压，返回到动臂液压缸有杆腔，一方面可加快动臂的下降速度，另一方面由于节流孔的作用，也不至于使动臂的下降速度过快。

除动臂外，国外液压挖掘机在斗杆和铲斗的回路中也设置了相同原理的再生回路，其作用也相同。

2. 挖掘机动臂保持阀

液压挖掘机上动臂保持阀的作用是防止动臂因自重自然下降，它安装在动臂液压缸缸底和动臂控制阀之间，其主要功用是当动臂操纵杆回到中位时，动臂保持阀会防止动臂自然下落，使动臂得以保持在原位。动臂保持阀由安全阀、先导阀和主控制滑阀等组成，其工作原理与先导式溢流阀的原理基本相同。

3. 斗杆卷入再生回路

斗杆收进回路上设有再生回路，下降时可以充分利用自重产生的油压，返回到斗杆无杆腔，以加快下降速度。其工作原理与动臂再生回路相同，此处不再复述。

11.5 液压挖掘机的控制系统

液压挖掘机控制系统主要是对发动机、液压泵、多路换向阀和执行元件（液压缸、液压马达）等所构成的动力系统进行控制。按控制功能，可分为位置控制系统、速度控制系统和压力控制系统；按控制元件，又可分为发动机控制系统、液压泵控制系统、换向阀控制系统、执行元件控制系统和整机控制系统等。

液压挖掘机液压控制系统根据所取功率放大元件的不同分为泵控系统和阀控系统。泵控系统又称为容积式调速系统，它是以液压伺服泵（变量液压泵或变量液压马达）为功率放大元件，通过变量液压泵或变量液压马达的排量来调节执行元件的动作速度的。从理论上讲，泵控系统输出的压力油完全进入执行元件，没有溢流损失和节流损失，且工作压力随负载压力自动变化，效率高、发热小，但动态特性较差，且结构复杂、成本高。阀控系统又称为节流调速系统，它是通过改变回路中流量控制元件通流面积的大小来控制流入或流出执行元件的流量，以调节其速度。阀控系统基本元件的节流阀再辅以溢流阀，但随着液压技术的发展，现代液压系统大多以伺服阀（电液伺服阀和电液比例阀）为功率放大元件，由伺服阀来控制进入执行元件的流量，从而控制其速度。阀控系统结构简单、紧凑，动态特性好，但功率损失大，因而系统的发热也大。为了克服上述系统的缺点，20世纪90年代以来，人们研究并开发了负荷传感系统，其基本原理是压力补偿型变量液压泵给系统供油，用流量控制元件确定进入执行元件的流量以调节执行元件的速度，并使变量液压泵的输出流量自动与执行元件的所需流量相适应。这种控制系统没有溢流损失，可以保证各执行元件协调、稳定地动作，且效率高，目前在液压挖掘机上获得了广泛应用。

11.5.1 先导型控制系统

液压挖掘机的操纵系统是用来操作并完成挖掘机的各种动作，包括动臂升降、斗杆收放、铲斗转动、转台回转以及行走（直驶和转向）等的重要环节。挖掘作业中一般是由操作人员通过操作系统移动轴向移动式滑阀（主控制阀）来控制油液流动的方向并驱动各执行元件动作，与此同时，驾驶员还可以根据现场作业情况通过操作系统来控制作业速度，而这些都与液压系统的形式、控制系统的结构特点、阻力的大小等密不可分。

由于挖掘机作业条件多变、作业环境恶劣、作业时动作频繁，需要随时根据作业情况变换各个换向阀的位置，使得驾驶员易于疲劳并影响安全和作业效率，因此对液压挖掘机操纵系统有如下基本要求：

1）作业操纵系统要集中布置在驾驶室内，并符合人机工程学的要求。例如，按男子身高为160～180cm、女子身高为150～170cm设计、布置操纵装置及驾驶室。

2）作业操纵时的起动和制动应平稳，易于控制其速度和力量。

3）操纵简单、轻便和直观，并易于实现复合动作。一般手柄上的操作力不超过40～60N，而单边的手柄操作行程不超过17cm，转动手柄的转角不超过35°～40°。脚踏板转动角度不超过60°～70°。踏板行程在6～20cm范围内，踏板的踏动力不超过80～100N。

4）操纵机构的杠杆变形要小，机构组成的间隙和空行程要小。

5）操纵手柄和脚踏板的数量少，最好可以手脚联动，便于操作人员进行复合操作。

6）驾驶室应有良好的视野，应保证在-40°～50°的范围内操作性能正常。

7）对发动机及主要零部件的运行状态要有必要的反馈信息显示仪表。

根据上述要求，目前大多数液压挖掘机的操作手柄及踏板布置位置如图11-27所示。

换向阀的控制方式有直动型和先导型两大类，其中直动型由于操作力很大且不能实现要求的控制特性而已很少采用。先导型控制方式又分为机液先导型和电液先导型两大类，其中机液先导型在中小型液压挖掘机上应用较多，电液先导型则多用在大型液压挖掘机中。以下分别介绍其结构和工作原理。

1. 机液先导型操纵系统

机液先导型是用手柄操作先导阀，由先导阀控制先导油液，再由先导油液控制换向阀，最后控制工作装置的控制方式。机液先导型的工作原理如图 11-28 所示。图中，独立的控制液压泵 1 将控制油经二位阀 7、单向阀 5 供向先导阀口 A，在图示位置时腔 A 与腔 B 相通，控制油液经腔 A、腔 B 流向主换向阀 6 的端部，推动主换向阀阀芯移动，从而操作执行元件动作。同时，控制油液沿着先导阀阀体内油道 E 进入阀芯 3 的底部油腔 D，对阀芯 3 底部施加向上的推力 F_0。控制油还经过单向阀 5 流入蓄能器 8，当腔 A 闭塞、蓄能器压力增大到一定值时，推动二位阀 7 的阀芯上移，使液压泵输出的控制油经阀 7 流回油箱，液压泵卸荷。在主换向阀弹簧 9 的作用下，A、B、C、D 腔的压力升高，使阀芯 3 下端推力 F_0 加大，当该力足够大时，推动阀芯 3 上移，封闭了 A、B 腔的通路，使 B、C 腔相通，控制油从 C 腔流回油箱。若手柄操纵力继续作用在先导阀上，力 F 通过弹簧 4 强迫阀芯 3 下移，使 A、B 腔重新相通。这样，随着主换向阀弹簧 9 的压缩，先导阀 D 腔中油液对阀芯 3 底部的推力增大，为克服此推力，需要相应增大作用在弹簧 4 上的操纵力 F，形成与手柄行程成比例增加的二次压力，从而使换向阀 6 的行程与手柄行程保持比例关系，驾驶员实施的是有感操纵。

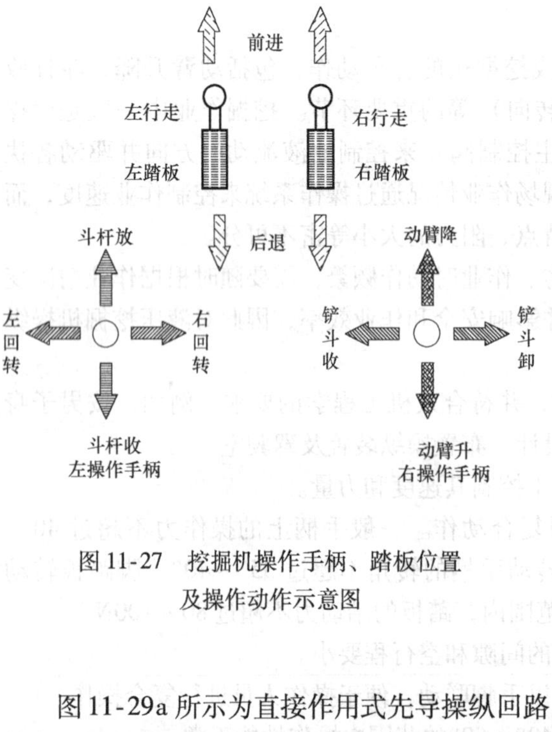

图 11-27　挖掘机操作手柄、踏板位置及操作动作示意图

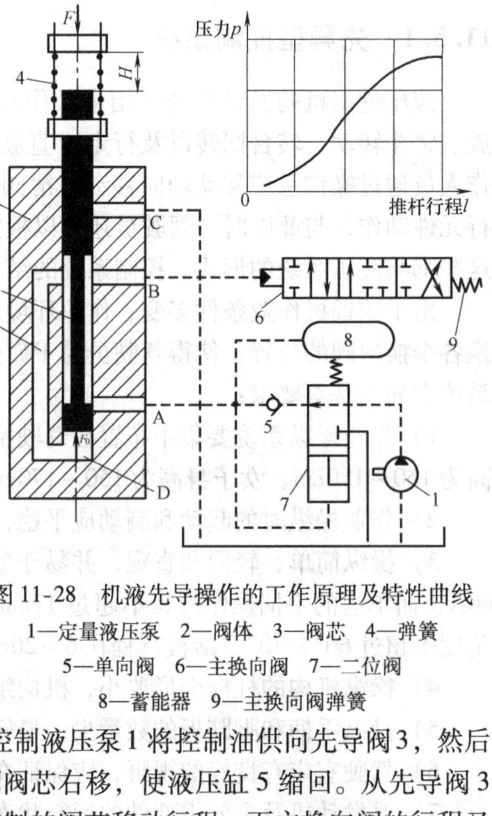

图 11-28　机液先导操作的工作原理及特性曲线

1—定量液压泵　2—阀体　3—阀芯　4—弹簧　5—单向阀　6—主换向阀　7—二位阀　8—蓄能器　9—主换向阀弹簧

图 11-29a 所示为直接作用式先导操纵回路，控制液压泵 1 将控制油供向先导阀 3，然后从先导阀 3 到达主控制阀 4 的左端，推动主控制阀阀芯右移，使液压缸 5 缩回。从先导阀 3 出来的控制油压力大小取决于先导阀操纵手柄 6 控制的阀芯移动行程，而主换向阀的行程又取决于控制油的压力大小，因此，主换向阀行程与先导阀行程保持近似的比例关系。这种先导阀可操纵换向阀的左、右双向运动，手柄操纵力可小于 10N，在大型液压挖掘机上应用较多。

图 11-29b 所示为减压式先导操纵回路，控制液压泵 1 将控制油供向先导阀 3，然后从先导阀 3 到达主换向阀 4 的左、右两端，推动主换向阀的阀芯左、右移动，使执行元件（图中为液压马达 7）工作。通向主控制阀的控制油压力同时会反馈到先导阀 3 中小阀 8、9 的底部，形成控制油的压力反馈，使主换向阀 4 的阀芯行程与操纵手柄 6 的行程成比例关系，

保证了有感操纵以及操纵的灵敏性和可靠性。先导阀由成对的两个小阀8和9组成，分别操纵主换向阀的两端，以实现主换向阀阀芯的左、右移动。这种先导阀的手柄操纵力可小于30N，被广泛应用在各型液压挖掘机上。

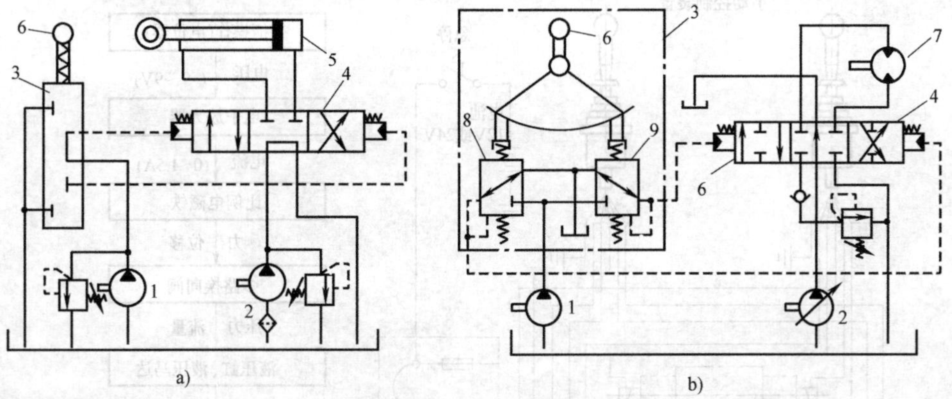

图11-29　先导操纵回路

a）直接作用式先导操纵回路　b）减压式先导操纵回路

1—控制液压泵　2—主泵　3—先导阀　4—主换向阀　5—液压缸　6—操纵手柄　7—液压马达　8、9—小阀

液压挖掘机的先导操纵回路可以是独立回路，也可以从主油路系统引出。目前，大多数液压挖掘机采用的是独立液压操纵回路，由一台小型定量液压泵提供动力，控制回路压力一般不超过3MPa，液压泵流量在20L/min左右。为简化驾驶员操纵，并便于执行元件的复合动作，现代液压挖掘机基本为双手柄操纵系统，即用两个手柄来操纵挖掘机的四个基本作业动作，如图11-27所示。

综上所述，机液先导操纵的优点可概括如下：

1）操纵轻便，驾驶员扳动手柄的力一般在25N以内，减轻了其工作强度并提高了生产率。

2）结构简单，尺寸小，传动介质与主液压系统相同。

3）可与主控制阀分开设置，便于布置。

4）自行组成完整的独立控制系统，适用于一切采用液压传动的工程机械。

但由于先导操纵压力较低，受管路阻力影响响应速度较慢，因而降低了控制精度，故操纵距离不宜太长。

2. 电液先导型操纵系统

电液先导型操纵回路其核心部件是电液伺服阀，它是一种变电气信号为液压信号以实现液压系统压力与流量控制的转换装置，即由比例式或数字式机电转换器操纵先导阀，再由先导油液控制主换向阀动作。它充分发挥了电气信号传递快、线路连接方便、适于远距离控制且便于测量、比较和校正以及液压传动具有输出功率大、惯性小和反应快等优点，两者结合起来使电液先导控制成为一种控制灵活、准确、精度高、反应灵敏、输出功率大的控制系统，且适合于计算机集中控制和自动化，是未来的发展方向。

图11-30所示为一种电液先导型控制系统的工作原理示意图，目前在大中型液压挖掘机上应用较多。

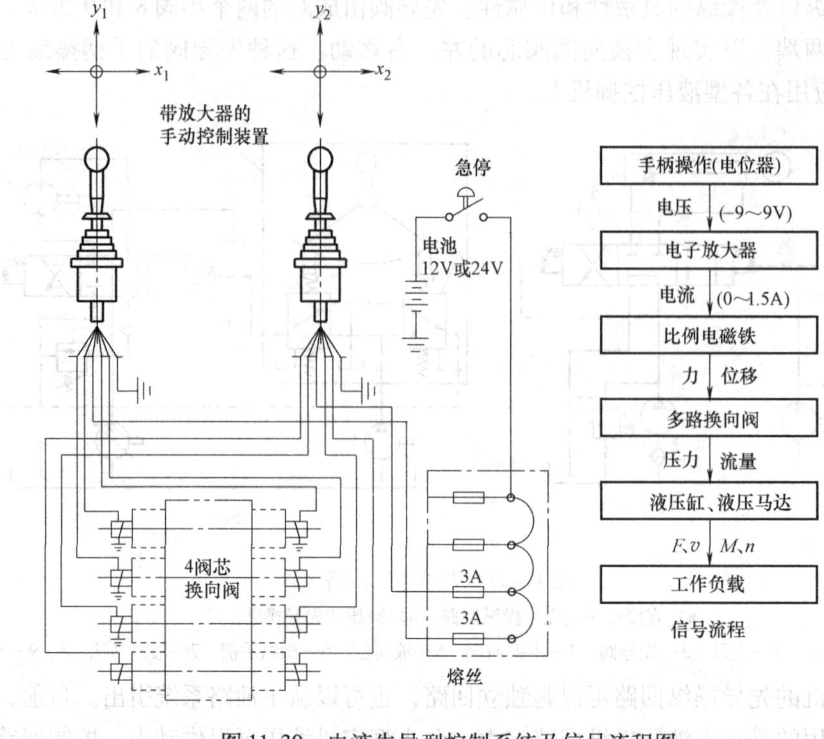

图 11-30 电液先导型控制系统及信号流程图

随着电子计算机技术和信息控制技术的迅速发展，现代挖掘机先导控制系统还能产生信号压力以完成下列动作：

1）先导信号压力触发发动机转速自动控制系统，当无液压操作时，会自动降低发动机转速。

2）先导信号压力解除回转停车制动。

3）先导信号压力会按照液压系统载荷的大小自动提高或降低行驶速度。

4）先导信号压力控制直驶控制阀，使工作装置操作进行期间保持直驶。

5）先导信号压力控制装载或挖掘过程中阀类的各种动作。

尽管采用先导操纵有以上诸多优点，但目前仍有少数液压挖掘机采用机械操纵系统，其原因是机械操纵机构结构简单，工作可靠，成本较低，便于维修保养。

11.5.2 负流量控制系统

目前，挖掘机中心开式液压系统的流量匹配方式主要有三种：节流调速系统、负流量控制系统和正流量控制系统。

节流调速系统一般是采用定量液压泵供油的阀控调速系统，液压泵的出口油液经主阀芯分别与执行元件和油箱连通。主泵通向执行元件和由溢流阀流入油箱的流量呈相反的变化趋势。当流入执行元件的流量增加时，由溢流阀进入油箱的油液就减少；反之，当流入执行元件的流量减小时，由溢流阀进入油箱的油液就增加，损失就加大。无论操作手柄如何动作，液压泵的流量恒定，因此为了使挖掘机具有较高的工作速度，定量液压泵的流量往往与执行元件的最高速度相匹配。但当执行元件由高流量需求变为低流量需求时，系统的剩余流量就会全部经溢流阀溢流回油箱，所以系统的流量和功率浪费比较严重。虽然由定量液压泵驱动的阀控调速系统结构简单，工作可靠，控制方便，制造成本低，但由于其使用经济性很差，在大中型挖掘机上已极少采用，而只在经济性要求不高的小型挖掘机上有部分采用。

图11-31所示为目前被广泛应用的负流量控制系统，它采用了变量液压泵驱动的阀控系统，是在节流调速系统的基础上，由变量液压泵1及其变量调节机构2和在主阀到油箱通路上增加的节流阀3组成的。变量调节机构2的控制压力为节流阀3的阀前压力，因此，变量液压泵的排量由节流阀3的阀前压力调定。通过节流阀3的流量越大，则节流阀前先导压力（液压泵变量机构控制压力）越大，液压泵的排量越小，即先导压力与液压泵排量成反比例关系，故称为负流量控制。由于采用了这种控制系统，使得从主控制阀中位回到油箱而浪费的流量得到了有效控制，并可将其限制在尽可能小的范围内，从而大大降低了液压系统的能耗。该控制系统已在国内外多家大型企业的挖掘机上得到了应用。

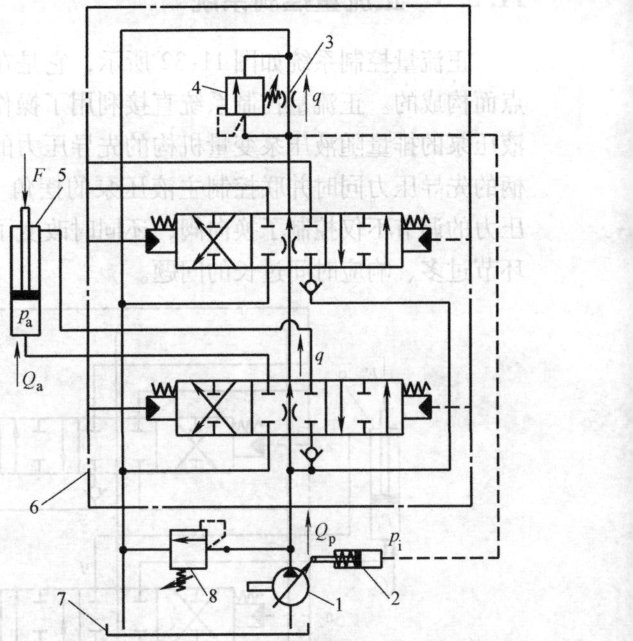

图11-31 负流量控制系统

1—主液压泵 2—变量调节机构 3—节流阀 4—溢流阀 5—液压缸 6—主控制阀组 7—油箱 8—主安全阀

当驾驶员加大手柄偏角时，来自先导阀的先导压力推动主控制阀阀芯移动，主液压泵通向执行元件的流量增大，执行元件的速度也相应加快，而通向油箱的流量则减小。由于主阀到油箱流量的减少，使得节流阀3的阀前压力降低，主液压泵1的排量在调节机构2的弹簧力作用下有所增加。当手柄偏角减小时，主控制阀节流口减小，主液压泵1的流量更多地通过节流阀3流回油箱，此时节流阀3的阀前压力增大，使主液压泵1的排量调小，以降低其供油量。由此可见，系统流量能够随驾驶员对手柄的操作而作相应的调整，从而实现了主液压泵的流量供给与执行元件的流量需求之间的平衡。

与节流调速系统相比，该系统使流量和功率损失大大降低，但压力损失情况没有发生改变。因为主阀到执行元件之间和主液压泵出口到油箱之间仍有压降，因此，负流量控制系统的优点集中体现在对流量损失的控制上。

由于负流量压力主液压泵排量的调节，使得负流量控制系统成为闭环控制系统，当执行元件的流量需求发生变化时，流量变化信息及时反馈到了主液压泵调节结构上，使系统的流量重新达到平衡。负流量控制系统中流量的动态匹配基本上解决了液压系统的经济性问题。但系统流量的匹配精度和时间响应却成了主要问题，其原因是反馈所经过的中间环节较多。这中间要经过手柄的动作、先导阀压力的改变、主阀位移的改变、主阀到油箱流量的改变、控制主液压泵调节机构控制压力的改变直至主液压泵排量和流量的改变最终适应先导压力改变造成的执行元件流量需求改变。所以，这种控制方式经过的中间环节较多，会引起较严重的响应滞后，因而降低了系统流量的匹配精度。可见，负流量控制系统虽然明显改善了功率利用，但其控制的实时性和准确性较差。而改善这些特性应从系统流量信息反馈点的选取上着手，正流量控制系统正好解决了这些问题。

11.5.3 正流量控制系统

正流量控制系统如图 11-32 所示，它是在负流量控制系统的基础上改变反馈压力的选取点而构成的。正流量控制系统直接利用了操作手柄的先导压力来控制主液压泵排量，并使主液压泵的排量随液压泵变量机构的先导压力的上升而增加，故称为正流量控制系统。操纵手柄的先导压力同时并联控制主液压泵的摆角（排量）和主换向阀阀芯的位移，通过对先导压力的调节不仅控制了换向阀，还同时改变了主液压泵的额定排量，克服了负流量系统中间环节过多、响应时间过长的问题。

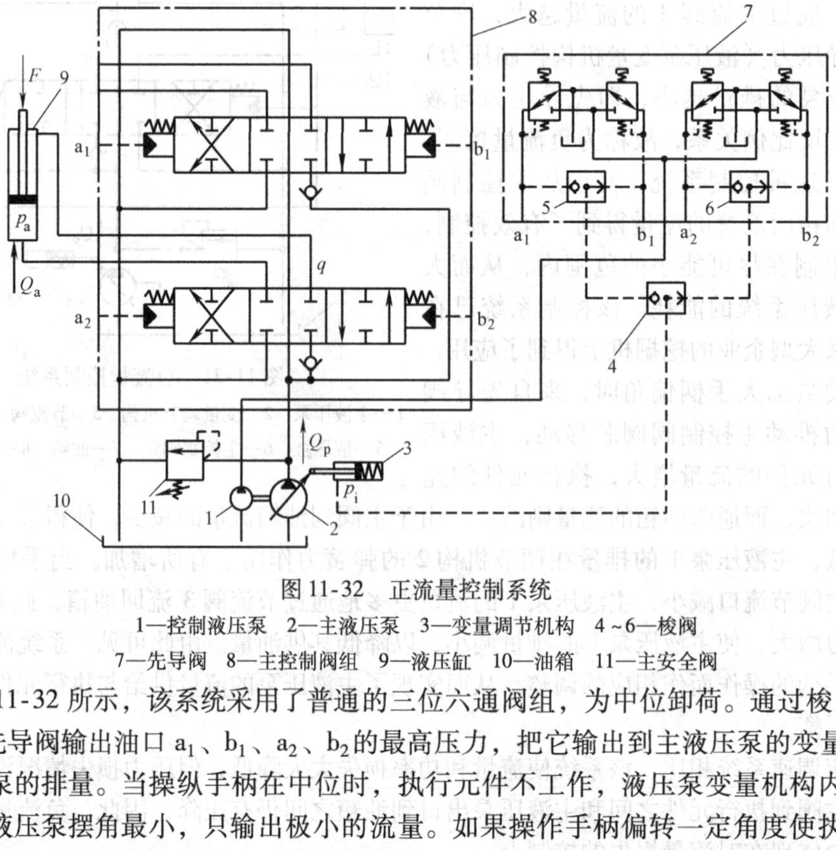

图 11-32 正流量控制系统

1—控制液压泵 2—主液压泵 3—变量调节机构 4～6—梭阀
7—先导阀 8—主控制阀组 9—液压缸 10—油箱 11—主安全阀

如图 11-32 所示，该系统采用了普通的三位六通阀组，为中位卸荷。通过梭阀 5、6 和 4 检测出先导阀输出油口 a_1、b_1、a_2、b_2的最高压力，把它输出到主液压泵的变量机构以控制主液压泵的排量。当操纵手柄在中位时，执行元件不工作，液压泵变量机构内无先导压力，变量液压泵摆角最小，只输出极小的流量。如果操作手柄偏转一定角度使执行元件动作，则首先在先导油路中建立起一个与手柄偏转角成正比的先导压力，该压力同时开启主换向阀并调节主液压泵的排量，主液压泵流量及由此产生的执行元件的动作速度与操纵手柄的偏转角成比例。由于主液压泵只输出执行元件所需的流量，因而减小了系统的能量损失，降低了发热。如果合理配置主换向阀对先导压力的响应时间和主液压泵对先导压力的响应时间，从理论上可以实现主液压泵流量供给对主换向阀流量需求的实时响应。因此，正流量系统不但功率损失小，还具有响应快速、流量匹配精度高等优点。但是，由于正流量控制系统增加了较多的梭阀，使得结构较为复杂，并且流量在一定程度上还会受到负载的影响，尤其是随发动机转速变化时，系统的调速稳定性无法得到保证，这也是正流量控制系统的主要缺陷所在。而一个具有良好调速性能的系统，其调速稳定性应当与负荷及发动机转速变化无关，并且当各部件作复合动作时应当协调一致，彼此间无速度干扰，而正流量系统中液压泵的排量取决于各先导压力中的最高值，因此难以保证各机构的协调动作，还需要加以改进。

11.5.4　负荷传感控制系统

1. 负荷传感控制的基本原理

阀控系统实质上是节流式控制系统，如目前在液压挖掘机上常用的三位六通多路阀，其滑阀的微调性能和复合操作性能较差。采用负荷传感控制系统，其控制阀不论是中位开式方式还是中位闭式方式，都附带有压力补偿阀，使进入执行元件的油液流量不受负载的影响，在保证复合动作的同时，又使各执行元件互不干涉，结合液压泵控制系统，又不会浪费功率。20 世纪 90 年代以来，在液压挖掘机上开始采用了这种负荷传感控制系统，取得了良好效果。

负荷传感控制的基本原理如下：

如图 11-33 所示，根据伯努利方程，通过节流孔的流量公式可表示为

$$Q = \alpha A\sqrt{\frac{2}{\rho}\Delta p} \tag{11-7}$$

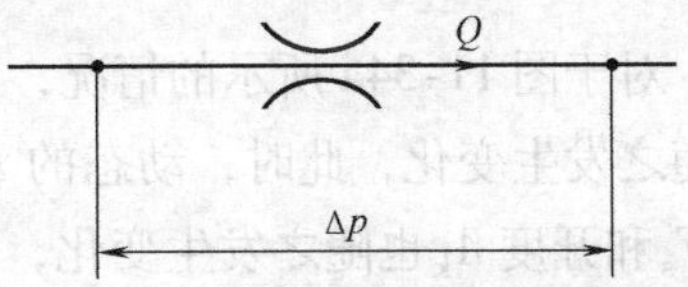

图 11-33　负荷传感控制的基本原理

式中　Q——通过节流孔的流量；

α——流量系数，与节流口结构、形状、压力差、油温等有关的系数，可近似看做常数，其范围一般在 0.6 ~ 0.8 之间；

A——节流口通流断面面积；

ρ——油液密度；

Δp——节流孔前、后压力差。

设 $K = \alpha\sqrt{\frac{2}{\rho}}$，则节流孔的流量特性方程可表示为

$$Q = KA\sqrt{\Delta p} \tag{11-8}$$

其中，系数 K 与节流口结构、形状、压力差、油温、油液密度等有关，可近似看做常数。

由式（11-8）可知，通过节流孔的流量 Q 是通流断面面积 A、节流孔前后压力差 Δp 的函数，若 Δp 恒定，则 $Q = f(A)$，即通过节流孔的流量将不受负荷变化的影响，而正比于通流面积，这即是负荷传感控制的基本原理。

图 11-34 所示为采用定量泵的中位开式负荷传感系统和采用变量液压泵的中位闭式负荷传感系统。图中，主液压泵的出口压力为 p_p，执行元件的负载压力为 p_1，主液压泵的输出流量为 Q_p，主液压泵的这个流量通过主阀节流孔进入执行元件（液压马达或液压缸）。主阀节流口两端的压差为 $\Delta p = p_p - p_1$ 时，p_p 作用在压力补偿阀（负荷传感阀）下端，p_1 和弹簧力 F_s 共同作用在压力补偿阀上端，压力补偿阀上端的开口面积为 A_k。当压力补偿阀受力平衡时应满足如下条件。即

$$p_p - p_1 = \Delta p = \frac{F_s}{A_k} = \text{const} \tag{11-9}$$

此时，主液压泵维持一定的排量。

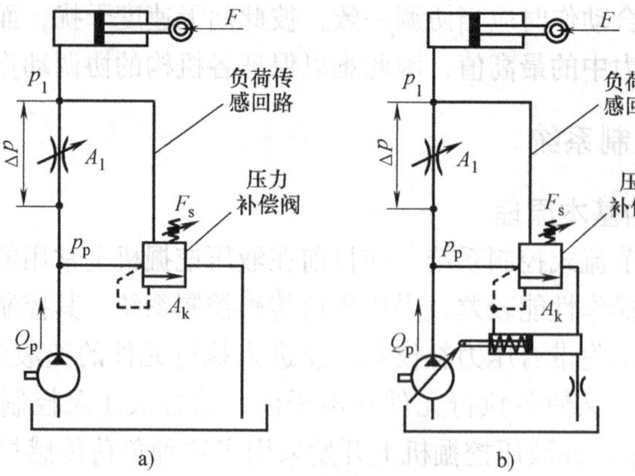

图 11-34　负荷传感系统图

a）中位开式　b）中位闭式

对于图 11-34a 所示的情况，如果主阀节流口开度 A_1 发生变化，则流入执行元件的流量将随之发生变化，此时，动态的 Δp 将大于或小于 F_s/A_k，为恢复平衡，压力补偿阀的弹簧力 F_s 和开度 A_k 也随之发生变化，重新使 $\Delta p = F_s/A_k$ = 定值。但由于压力补偿阀的开口面积 A_k 改变了，使得通过它流入油箱的流量也发生了相应的改变。

对于图 11-34b 所示的情况，如果主阀节流口开度 A_1 发生变化，动态的 Δp 将大于或小于 F_s/A_k，为恢复压力补偿阀阀芯到新的平衡状态，压力补偿阀会通过变量泵调节机构自动调整主液压泵排量，进而改变主液压泵的输出流量，重新使 $\Delta p = F_s/A_k$ = 定值。

压力补偿阀中的弹簧力 F_s 决定了主阀节流孔 A_1 处的压差 Δp 恒定不变，从而使进入执行元件（液压马达或液压缸）的流量正比于主阀的节流孔面积 A_1，而多余的流量则通过压力补偿阀直接返回到油箱。

2. 完全负荷传感控制系统

图 11-35 所示为一种完全负荷传感控制系统，它的主要组成部分是负荷传感控制阀和负荷传感变量液压泵。

由定量液压泵和负荷传感控制阀组成的负荷传感控制系统只解决了滑阀的微调性能和复合操作性能，没有解决节能问题，因为当主液压泵所泵出的流量超过执行元件所需要的流量时，多余的油液将经过压力补偿阀（负荷传感阀）返回油箱（为保持压差 Δp 恒定）而变为热能。采用由负荷传感控制阀和负荷传感变量液压泵组成的完全负荷传感控制系统，可以将主液压泵的输出流量调节至执行元件所需要的流量，即如图 11-36 的特性曲线所示，使主液压泵的输出流量始终等于执行元件需要的流量，系统基本无溢流损失，从而解决了节能问题。在这种系统中，主液压泵的出口压力略高于负荷压力，其压差仅在 2MPa 以内，即只有一小部分能量损失。

3. 带次级压力补偿阀的负荷传感控制系统

图 11-37 所示为基本型负荷传感控制系统，当挖掘机进行复合动作时，多个执行元件同时工作，如果此时执行元件所需的总流量大于液压泵的总供给量，将会产生供油不足现象，这就不能保证正在工作的执行元件的动作速度与负载压力无关，各执行元件的动作协调性也

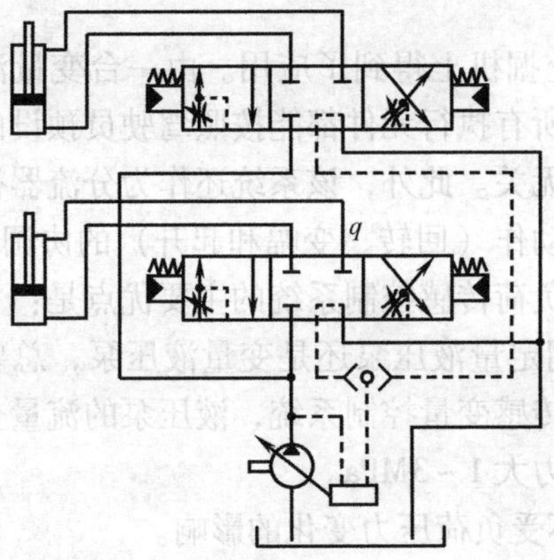

图 11-35　完全负荷传感控制系统

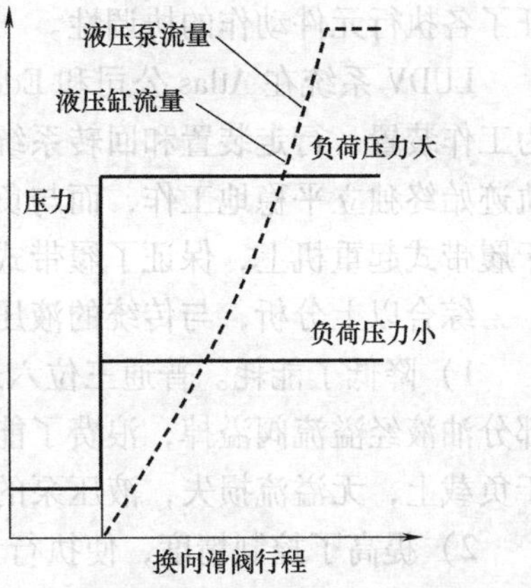

图 11-36　完全负荷传感控制系统特性曲线

受到了影响。由于基本型负荷传感控制系统中各执行元件的所需流量取决于各自的压差和各自的主阀节流口面积，即 $Q_1 = KA_1\sqrt{\Delta p_1}$、$Q_2 = KA_2\sqrt{\Delta p_2}$，而 $\Delta p_1 = p_p - p_1$、$\Delta p_2 = p_p - p_2$，即各执行元件的负载并不相等，因此 $\Delta p_1 \neq \Delta p_2$。当 $Q_p < \sum Q$ 时，负载较小的执行元件可能还需要较多的流量，但由于梭阀的作用，主液压泵的供油量是按照负载最大的执行元件的负载压力减少的，这就引起负载较小的执行元件的供油量不足进而导致整个系统的供油量不足，并引起各部件动作不协调。为此，力士乐公司开发了一种负荷传感分流器 LUDV（Last Unabhängige Durchfluss Verteilung）系统，解决了上述问题。

图 11-38 所示为带次级压力补偿阀的负荷传感控制系统，即 LUDV 系统。与图 11-37 所示的基本型负荷传感控制系统相比，在 LUDV 系统中，压力补偿阀被置于主阀节流孔 A_1、A_2之后，故被称为“带次级压力补偿阀的负荷传感控制系统”。在此系统中，通过梭阀的作用，最高负载压力不但被传感到变量液压泵上，同时也被传感到各个执行元件的压力补偿阀上，使执行元件的节流孔压差始终保持相等，即图 11-38 中 $\Delta p_1 = \Delta p_2$，这样就保证了各执行元件所获得的流量始终与节流孔面积成正比，使得所有执行元件以相同速比减速，从而保

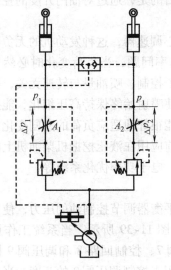

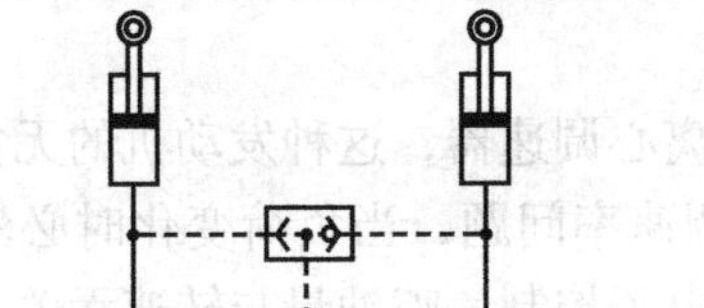

图 11-37　基本型负荷传感控制系统

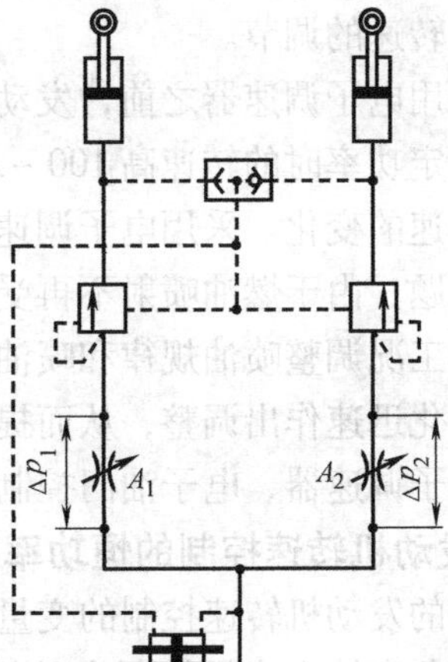

图 11-38　LUDV 型负荷传感控制系统

证了各执行元件动作的协调性。

LUDV 系统在 Atlas 公司和 Eder 公司等的液压挖掘机上得到了应用。由一台变量液压泵为工作装置、行走装置和回转系统提供液压动力，所有执行元件都能按照驾驶员预设的运动轨迹始终独立平稳地工作，而与负荷和泵流量大小无关。此外，该系统还作为分流器被应用于履带式起重机上，保证了履带式起重机三个独立动作（回转、变幅和起升）的协调性。

综合以上分析，与传统的液压系统相比，采用负荷传感控制系统的主要优点是：

1）降低了能耗。普通三位六通换向阀无论采用定量液压泵还是变量液压泵，总要有一部分油液经溢流阀溢掉，浪费了能量。而使用负荷传感变量控制系统，液压泵的流量全部用于负载上，无溢流损失，液压泵的压力仅比负荷压力大 1～3MPa。

2）提高了控制精度，使执行元件的动作速度不受负荷压力变化的影响。

3）保证了复合动作的协调性。几个执行元件可以同步运动或以某种速比运动，且互不干扰。而普通三位六通阀系统用的是并联油路，当几个执行元件同时动作时，液压泵输出的油液首先流向压力低的执行元件，不能保证同步动作。

液压负荷传感全功率控制是一个具有压差的反馈伺服控制系统，该系统利用了负荷传感和压力补偿技术，同时将阀控和泵控技术结合起来，可用单泵驱动多个工作系统，通过集成的同步控制阀，使主液压泵流量按照各执行元件的需求按比例分配到各个执行元件上，提高了挖掘机负荷动作的协调性，并增强了机器的微调性能，减少了溢流管路压力损失和发动机功率损失，提高了系统工作效率。该系统已在国外各著名挖掘机制造商的某些型号的液压挖掘机上得到了应用，取得了良好效果。

11.5.5 液压挖掘机的发动机控制系统

由柴油机的外型特性曲线可知，柴油机是近似的恒转矩调节，其输出功率的变化表现为转速的变化，但输出的转矩基本无变化。油门开度增大（或减小），柴油机输出功率就增大（或减小），由于输出转矩基本不变，所以柴油机转速也增大（或减小），即不同的油门开度对应着不同的柴油机转速。由此可见，对柴油机控制的目的是，通过对油门开度的控制来实现柴油机转速的调节。

在采用电子调速器之前，发动机采用的是机械式离心调速器，这种发动机的无负荷最高转速比额定功率时的转速高 100～200r/min，且存在调速率问题，当负荷变化时必然会引起发动机转速的变化。采用电子调速器的燃油喷射量为电子控制，喷油量与转速无关，因而无调速率问题。由于燃油喷射不再受发动机转速的影响，使喷射始终保持高压细化，能按发动机的运行工况调整喷油规律和喷油状态，因此，发动机能很好地适应负荷的急剧变化，能根据负荷变化迅速作出调整，从而提高了燃油经济性。目前应用在液压挖掘机柴油机上的控制装置有电子调速器、电子油门控制系统、自动怠速装置、电子功率优化系统等。

1. 发动机转速控制的恒功率变量系统

早期的发动机转速控制的变量系统采用的是离心式平衡器调节控制油的压力，使变量液压泵的摆角和输出流量按照发动机的转速进行调节，如图 11-39 所示。当系统工作压力在 $2p_0 < p_1 + p_2 < 2p_m$ 时，主回路的高压油经单向阀、减压阀 7、控制回路 8 和调压阀 9 同时进入两个调节器 3 和 4。离心式平衡器 10 与发动机相连，用来控制调压阀 9 的开度。当外载荷增大时，主回路压力升高，发动机转速降低，离心式平衡器 10 由于转速降低而减小了轴向

推力，调压阀9在平衡器弹簧作用下增加了开度，使控制油顺利进入调节器3和4，减小了主液压泵摆角和排量，使主液压泵的输出功率与发动机转速相适应，即按发动机转速作全功率调节。当任一回路超负荷时，主回路压力油会打开顺序阀5或6进入调节器3或4，使液压泵按恒压调节。图11-36b所示为该系统的特性曲线。由特性曲线可以看出，该系统为发动机转速控制的恒功率与恒压组合的控制系统，具有超载时的压力切断功能，大大减少了溢流损失和能耗。

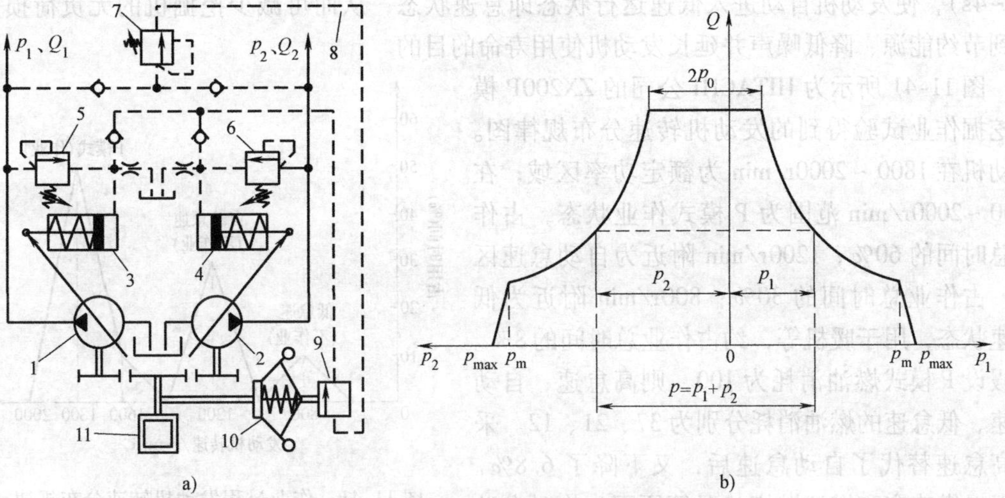

图11-39 发动机转速控制的恒功率系统

a）系统原理图 b）特性曲线

1、2—变量液压泵 3、4—调节器 5、6—顺序阀 7—减压阀 8—控制回路 9—调压阀 10—离心式平衡器 11—发动机

2. 电子调速器

图11-40所示为康明斯公司新开发的一种发动机电子调速器原理图。其主要思想是用计算机控制器对发动机燃烧系统和液压泵变量系统进行联合控制，以提高发动机的各项综合性能，并降低能耗。由于增加了各类传感器，如转速传感器、齿条位置传感器等，因而检测系统可实时检测到发动机的运行状况，将这些参数与发出的信号指令（目标参数）进行比较，通过控制器即可实时地对发动机进行控制。另一方面，检测系统还可将发动机目标转速与实际转速的差值输入工作液压泵控制器，由比例电磁阀来调节工作液压泵的摆角和排量，使其达到液压泵的目标值，从而保证工作液压泵与发动机转速得到合理匹配。

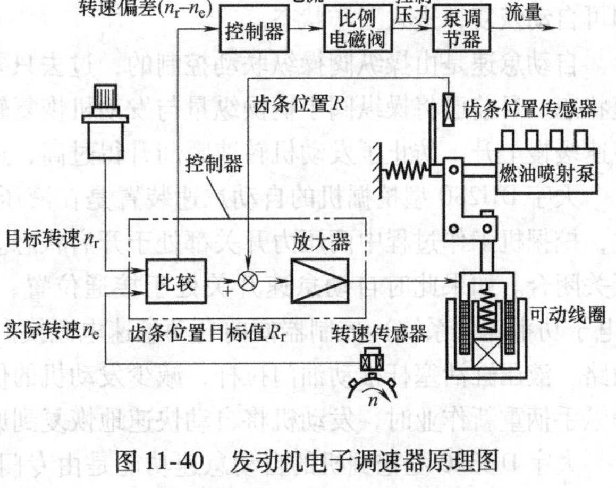

图11-40 发动机电子调速器原理图

3. 自动怠速装置

作业中的挖掘机并非时刻都在动作，有时需要作短暂停机，例如等待某些配套设备、其他的辅助准备工作等，此时挖掘机处于待命状态，所有操作手柄处于中位。为了避免不必要的功率浪费，希望发动机转速在这种情况下能自动下降，处于怠速状态甚至低怠速状态，这样既降低了燃耗和噪声，又有利于发动机使用寿命的延长。

自动怠速装置的作用是当挖掘机在作业过程中操纵手柄回到中位作短暂停止工作时（3～4s），使发动机自动进入低速运行状态即怠速状态，从而可减少挖掘机的无负荷损失，起到节约能源、降低噪声并延长发动机使用寿命的目的。

图 11-41 所示为 HITACHI 公司的 ZX200P 模式挖掘作业试验得到的发动机转速分布规律图。发动机在 1800～2000r/min 为额定功率区域；在 1600～2000r/min 范围为 P 模式作业状态，占作业总时间的 60%；1200r/min 附近为自动怠速区域，占作业总时间的 30%；800r/min 附近为低怠速状态，用于暖机等，约占作业总时间的 8%。若假设 P 模式燃油消耗为 100，则高怠速、自动怠速、低怠速的燃油消耗分别为 37、21、12。采用高怠速替代了自动怠速后，又下降了 6.8%。由于操纵响应和燃油燃烧状况等原因，临时自动怠速时的转速只能降到 1200r/min，不能进一步降低。而当挖掘机较长时间不作业时，转速能进一步降至低怠速状态，则耗油量可进一步降低 62%。

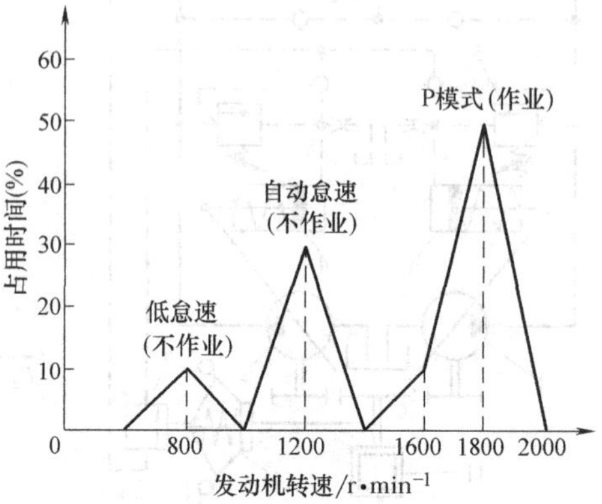

图 11-41　作业过程发动机转速分布规律

当各操纵手柄处于中位时，液压系统各油路压力均小于正常工作状态时的压力。为了确信挖掘机确实处于不工作状态，首先需要检测到液压系统的压力确实小于设定的最低值，并作适当的延时记录，经过几秒（一般为 4s 左右）的延时后，控制器向油门控制装置发出信号，使油门处于低怠速位置。而当需要恢复工作时，驾驶员只需扳动操纵手柄，发动机转速即可自动恢复，进入工作状态。

自动怠速是由操纵阀操纵联动控制的，过去只要操纵操纵阀，发动机就能马上恢复到高速状态，目前已将操纵阀手柄操纵量与发动机恢复转速联动，这样在微动操纵时可使发动机转速缓慢上升，防止了发动机转速瞬间升得过高，进一步降低了能耗。

大宇 DH280 型挖掘机的自动怠速装置是在液压回路中装有两个压力开关和自动怠速开关，挖掘机工作过程中两压力开关都处于开启状态。当所有操纵手柄都处于中位时，两压力开关闭合。如果此时自动怠速开关处于接通位置，并且两个压力开关闭合 4s 以上，EPOS（电子功率优化系统）控制器便向自动怠速电磁换向阀提供电流，接通自动怠速驱动液压缸油路，液压缸活塞杆推动油门拉杆，减少发动机的供油量，使发动机自动进入低速运转。当操纵手柄重新作业时，发动机将自动快速地恢复到原来的转速状态。

大宇 DH320 型挖掘机的自动怠速功能是由专门的自动怠速控制器来完成的，为实现自动怠速，首先接通自动怠速选择开关。当操纵手柄都处于中位时，三个自动怠速压力开关都闭合，于是自动怠速控制器的端子上有电流流入。此状态持续 4s 以上时，自动怠速控制端的端子与地相通，减速电磁换向阀中有电流通过，液压油经此换向阀流入自动怠速驱动液压缸，在液压缸活塞杆的推动下发动机油门被关小，于是发动机便低速运转。

4. 电子功率优化系统

现代挖掘机的功能和作业内容都有大幅度增加，除了基本的挖掘、装土、挖沟、填埋等作业外，还用作平整场地、破碎、拆除、液压剪等，不仅如此，就单纯的挖掘作业所遇到的作业对象就变化很大，如软性粘土、松砂质土、紧密砂质土、较紧密砂砾混合土、砂砾原石和软岩等。另外，使用方式和要求也不同，如进行一般性的挖掘和装土作业时比较注重燃油经济性和生产率；在狭小场地进行作业时，侧重作业精度，强调精细作业和微调作业以及安全性等。不同的工况对发动机的功率（转速）需求不同，因此，要求发动机功率（主要体现为转速）和液压泵（压力和流量）的功率能与工况相匹配。实验证明，液压泵吸收的功率在一定工况下有对应的平衡点，液压泵吸收功率的过分增加会降低单位油耗生产率，因此，国外公司提出了工况控制的节能措施，根据作用工况和使用要求选择不同发动机动力模式。通常按以下五种工况控制发动机：

1）H 工况——重负荷工况。追求最大作业量，发动机设置在最大转速，该工况在进行高速强力掘削、高速行走时使用。

2）S 工况——标准作业工况。要求发动机发挥额定功率的 88% 左右，此时工作速率稍慢，此工况主要为了降低油耗和减少噪声。这也是常用模式，同时也是经济模式，在该模式下作业时，发动机—液压系统处于最经济的匹配状态。

3）F 工况——精细作业工况。要求发动机发挥额定功率的 50% ~70%。该工况主要用于提高作业精度、进行微调控制和精细作业，尤其在狭小场地工作时可保证安全性，并进一步降低了噪声。

4）I 工况——低怠速工况。主要用在暂停作业时。

5）短期超载控制。这是为提高挖掘机的工作效率而设置的。挖掘机液压系统设定的最高压力有一定的余量，当系统在短时间内超载工作时，一般不会对系统产生太大的影响。但不能长时间地超载工作，否则有可能会损坏系统和其他元器件。当液压系统压力略超过设定的最高压力时（一般为几兆帕），挖掘机依然可以作短时间的作业（大约 8s），以便工作装置能克服瞬间的较大阻力，提高作业效率。当超过设定的短时超载作业时间时，控制器自动将发动机转速降低到怠速状态，同时发出声光报警，以提醒驾驶员改变操作方式。当系统压力降低到最高设定压力以下时，控制器自动使发动机迅速恢复到原来的转速。

图 11-42 所示为大宇 DH280 型挖掘机的电子功率优化系统（EPOS）简图，该系统即具备了以上所述的部分工况控制功能。该系统由模式选择开关、液压泵摆角（排量）调节器、电磁比例减压阀、装有微处理器的 EPOS 控制器、发动机转速传感器及发动机油门位置传感器等组成。发动机转速传感器为电磁感应式，它固定在飞轮壳的上方，用以检测发动机的实际转速。发动机油门位置传感器由行程开关组成，前者装在驾驶室内，与油门拉杆相连；后者装在发动机高压液压泵调速器上，两开关并联以提高工作的可靠性。通过动力模式选择开关，将选择的工况输入控制器，控制器控制发动机，使其稳定在相应的动力模式下。

1）重载作业模式（H）。当模式选择处于“H 方式”位置时，油门拉杆处于最大供油位置，发动机以额定功率运转，EPOS 控制器的端子上有电压信号，即 EPOS 控制器会连续地通过转速传感器检测发动机的实际转速，并与控制器内所储存的发动机额定转速值相比较。实际转速若低于设定的额定转速，EPOS 控制器便增大驱动电磁比例减压阀的电流，使其输出压力增大；同时还通过液压泵调节器减小斜盘摆角、降低液压泵的排量，直至实测发动机转速与设定的额定转速相等为止。反之，如实测的发动机转速高于额定转速，EPOS 控制器便减小驱动电流，同时通过调节器增大液压泵的排量，最终使发动机也工作在额定转速附近。转速传感器与压力传感器同时参与调节液压泵的流量，使液压泵完全吸收发动机的功率。

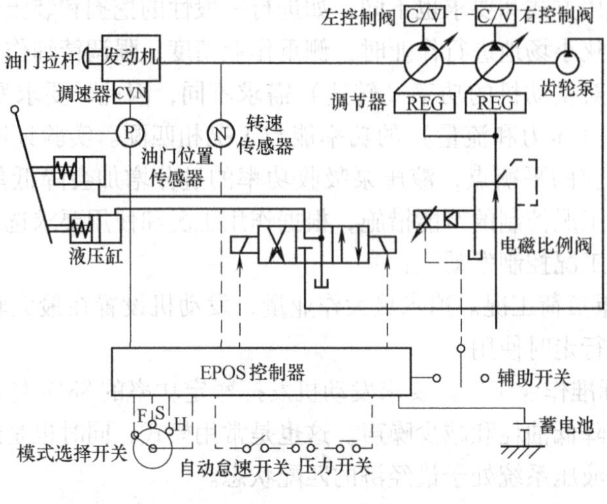

图 11-42　DH280 型挖掘机的电子功率优化控制系统

2）标准作业模式（S）。此时控制器切断通向电磁比例减压阀的控制电流，使转速传感器不起控制作用，液压泵吸收的发动机功率为发动机额定功率的 85% 左右。

3）精细作业模式（F）。此时 EPOS 控制器使减速电磁换向阀通电，该换向阀向燃油喷射泵调速器拉杆液压缸供油，关小发动机油门，使发动机转速降至额定转速的 80%；同时通过液压泵调节器控制液压泵的排量，使液压泵吸收发动机功率的 68% 左右。

11.6　液压挖掘机整机控制系统

综上所述，可根据控制形式的不同将液压挖掘机的控制系统分为功率控制系统、流量控制系统和组合控制系统三大类。其中的功率控制系统有恒功率控制、总功率控制、压力切断控制等；流量控制系统有手动流量控制、负流量控制、正流量控制、负荷传感控制等；组合控制系统是将功率控制和流量控制结合起来，目前在液压控制机上应用最多。

机电液一体化是液压挖掘机的主要发展方向，其目的是实现液压挖掘机的全自动化，并最大限度地降低挖掘机的能耗，提高其生产率。为此，研究人员正在深入研究机电液一体化控制系统，使挖掘机由传统的操作方式从液压伺服控制、电液比例控制、无线电控制，逐步发展到计算机控制。所以，对挖掘机机电液一体化的研究主要集中在控制系统上。以下就目前液压挖掘机上采用的整机控制系统作简单介绍。

11.6.1　液压油温度控制系统

液压挖掘机的工作环境恶劣、负载变化大、工作时间长，液压系统的各种能量损失全部转化为热量。能量损失主要来源于主液压泵、各种阀类、管路和液压执行元件。所有这些热量少部分通过液压元件、管路和油箱散发到周围环境中，大部分使系统油液温度升高。适当的油液温升是正常的，也有利于液压系统的工作。但过高的温升所带来的后果不仅使系统效率下降，更重要的是会引发一系列故障——使液油品质急剧下降、系统密封失效、可靠性下降、大大降低元件的使用寿命，最终影响到系统功能的正常发挥，严重时造成停机故障。因此，必须把液压油温度控制在合理的范围内。一般要求是，当系统达到热平衡状态时，液压油散热器进口温度（即液压系统最高温度）不应超过 80℃。

挖掘机液压系统由于受结构限制，其油箱容积较小，不能充分散热。为有效控制油液温度，必须采取强制冷却的方式，通过散热器来限制油液温升。图 11-43 所示为一种油温控制与节能控制装置组成的综合控制系统，其原理如下：

1）油温控制装置与节能控制装置组合后处于报警状态，该装置工作时先将热熔式超温保护器设定在系统的合理温度范围之内，然后闭合磁钢式限温开关，在自锁功能的控制下使温度控制开关断开。当油液温度升高到热熔式超温保护器的设定温度时，磁钢式限温开关自动断开，而温度控制开关吸合。同时，温度控制指示灯发亮，给以预警指示。

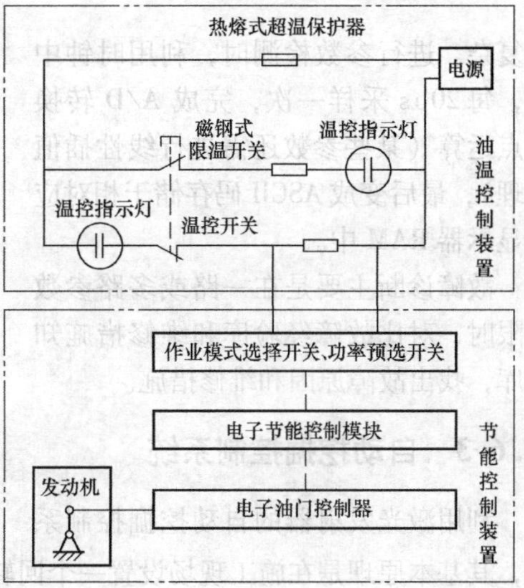

图 11-43　液压系统油温控制原理

2）该指示信号又通过电子节能控制模块的作业模式选择开关和油门电子控制器，对柴油机的油门开度进行控制，使柴油机转速降低，从而减少液压泵的流量和液压系统的各种能量损失，控制液压系统的热量产生，避免油液温度持续上升。

3）当温度预警解除后，又可通过磁钢式限温开关的吸合消除油液升温对电子节能控制模块的影响，从而使挖掘机恢复正常工作状态。此外，当油温处于预警状态时，也可人为地通过电子油门控制器，使柴油机的油门喷油量逐步减小至零，达到停机状态。

11.6.2　液压挖掘机工况检测与故障诊断系统

液压挖掘机工况检测与故障诊断系统在改进维修方式、保证安全运行和消除事故隐患等方面起着重要作用。该系统目前有两种形式：一种是诊断计算机——插入机上系统的手持式终端形式，如日立建机公司的 Dr. EX 故障诊断系统；另一种是随机安装的系统，如德国 O&K 公司的工况控制系统（BCS），它率先运用卫星通信技术，将作业中的各台挖掘机技术状况和故障信息由机载发射机发射到同步卫星上，再由卫星上的转发器发回维修管理中心，管理中心的计算机屏幕上实时显示各台挖掘机的运转情况。

图 11-44 所示为一种手持式终端形式的工况检测与故障诊断装置。检测部分由机上传感器、连接器及信号变换滤波器组成，它仅与机上两个插座连接（一个为信号，另一个为电源），这便于随时取下，且有助于避免因接触不良造成故障。

软件模块如图 11-45 所示。由于液压挖掘机结构复杂，功能和工况多变，因此该软件较

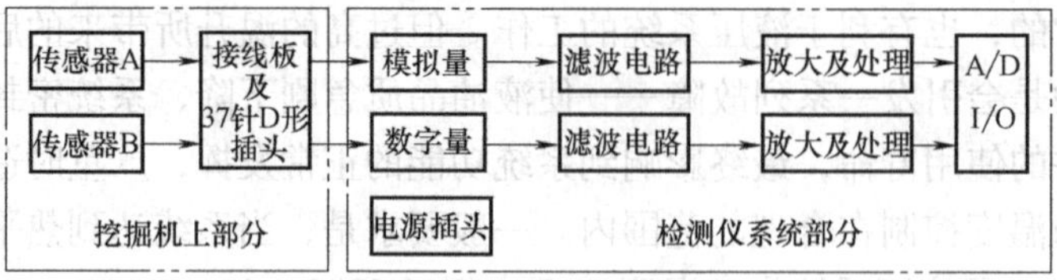

图 11-44　工况检测系统原理

为复杂。进行参数检测时，利用时钟中断，每 20μs 采样一次，完成 A/D 转换定点运算（某些参数还需进行线性插值处理），最后变成 ASCII 码存储于相对应的显示器 RAM 中。

故障诊断主要是在一路或多路参数超限时，对比故障经验库和维修措施知识库，找出故障原因和维修措施。

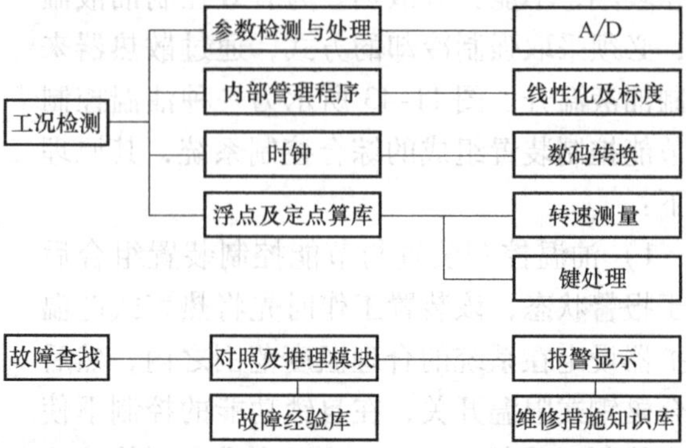

图 11-45　工况检测与故障诊断软件模块

11.6.3　自动挖掘控制系统

利用激光发射器的自动挖掘控制系统，其基本原理是在施工现场设置一个回转式激光发射器，它可以控制数台挖掘机在同一要求的基准面上作业。在挖掘机上装有激光接收器，其上有三只光靶——上、下光靶和基准光靶。当激光发射器发出的激光束恰好击中基准光靶时，挖掘机的工作装置保持在要求的理想工作面上作业。若外界因素变化使挖掘机的工作装置偏离了要求的理想工作面，则激光束或射在上光靶或射在下光靶，说明工作装置已产生了偏离现象。这时上光靶或下光靶会把光信号转化为电子指令信号驱使设在挖掘机上的分流阀动作，从而达到控制液压油的流向，使挖掘机的工作装置再次回到要求的理想工作面上作业。利用激光发射器的自动挖掘控制系统可大大减轻驾驶员的劳动强度，并获得较好的挖掘作业质量。

11.6.4　遥控挖掘机

遥控挖掘机是指通过有线或无线电路装置进行操纵的挖掘机。一般有线遥控距离为 150～300m，无线遥控距离为 1500～2000m。

在远距离操纵装置内，操纵手柄的位移量转换为电压，再由 A/D 转换器转换成数字值，各操纵手柄的并联信号转换为串联信号，用无线电机进行发射处理，其信号被发射到挖掘机上。挖掘机接收的信号与发射时的动作相反，转换成电流值，通过电磁比例减压阀，使执行元件（液压缸或液压马达）动作。其他动作也是靠接收无线信号后通过电磁阀来使执行元件动作的。

液压挖掘机综合控制系统具有以下主要特点：

1）采用了电子控制压力补偿的负荷传感液压系统。它由负荷传感控制阀和负荷传感控制变量液压泵组成，液压泵的输出流量始终等于执行元件（液压缸、液压马达）所需要的流量。

2）采用了电子控制动力调节系统。这主要是通过计算机对发动机和液压泵进行功率设定，确定发动机油门开度和液压泵的排量。这样可根据挖掘机不同的作业工况，采用不同的发动机特性和液压泵特性，其特性曲线都是由计算机软件来决定的。

3）采用了人工与电子联合控制的操纵系统。因挖掘机的作业现场情况多变，操作复杂，尚不能离开人工操纵，但电子控制起到了重要的辅助调节作用。例如，在挖掘机整个作业过程中，驾驶员可以只操纵一个手柄，其余动作都是自动化的连锁运动。但采用手动优先原则，手动操纵时自动控制系统暂停运作。

4）采用了手持式终端故障诊断系统，可以使挖掘机出现的故障被及时发现和处理。

综上所述，液压挖掘机的电子集成控制技术将是未来较长一段时间的发展目标，控制的主要目的是节能和自动化。而节能控制的目的不仅是提高燃油利用率，更重要的意义在于能够取得一系列降低使用成本的效果。资料显示，工程机械将近 40% 的故障来自液压系统，15% 左右的故障来自发动机。采用上述节能控制技术后，可以明显提高发动机功率的利用率，减少液压系统功率消耗。另一方面，大规模施工作业和使用超大型工程机械面临的问题也为这种综合控制技术提供了广阔的应用前景，也必将带动相关领域技术的发展。

全液压传动机械其性能的优劣，主要取决于液压系统性能的好坏，包括所用元件质量优劣，基本回路是否恰当等。系统性能的好坏，除满足使用功能要求外，应从液压系统的效率、功率利用、调速范围和微调特性、振动和噪声以及系统的安装和调试是否方便可靠等方面进行。现代工程机械几乎都采用了液压系统，并且与电子系统、计算机控制技术相结合，成为现代工程机械的重要组成部分，其重要性是不言而喻的。

11.7　液压系统的设计及性能分析

液压系统设计包括以下几方面内容：

1）系统结构与功能设计。这主要包括系统的结构形式以及根据主机要求系统应具备的各项功能。

2）系统主参数设计计算及液压元件的选择。这包括确定系统压力、最大流量、主要液压元件的主参数及结构选型计算。

3）系统性能校核。这主要包括系统损失及效率分析、热平衡计算。

4）其他辅助元件的选择。

挖掘机液压系统设计的步骤大致如下：

1）明确设计要求，分析主机及各部件工况特征。即应对主机的工况特征、各运动部件的运动特性、执行元件的负荷特征、功率消耗情况等进行全面的分析和掌握。

2）确定液压系统的主要参数。这包括系统压力、最大流量、功率消耗情况。

3）拟定液压系统结构方案。这包括主回路结构形式、主要执行元件的类型和数量、控制方式等，并初步拟定系统结构功能简图。

4）选择液压元件。这包括主液压泵、回转和行走液压马达、液压缸、主控制阀及其他辅助装置的主要结构参数的设计计算和选型。

5）分析液压系统性能。这包括压力损失、发热和温升演算以及动态特性分析甚至计算机仿真，以检验系统的各项功能和特性是否达到预期要求。

6）绘制液压系统图和装配图。

以上设计步骤会根据液压系统设计具体内容的不同有所变化，有时需要调整次序，有时需要反复进行。

11.7.1 明确设计要求、分析工况特征

根据前述分析，现代液压挖掘机主机对液压系统的基本要求是满足负载的变化规律，如挖掘过程中对挖掘力的要求、动臂举升过程中对举升力矩和速度的要求、转台回转时的回转力矩及转速要求、整机行走（直驶和转向）时对两侧驱动轮的驱动力矩和转速的要求等。除此之外，还有系统可靠性、运动平稳性、换向定位精度、调速范围、自动化程度以及系统效率、发热和温升等方面的要求，这在前面已有详细介绍，此处不再重复。

在明确设计要求的基础上，应对主机进行工况分析，其内容包括各部件运动分析和动力学分析，对复杂的系统还需编制负载和动作循环图，由此掌握各执行元件的负载和速度变化规律。但由于挖掘机的作业对象十分复杂多变，很难用一种负荷图概括其全部工况，因而只能从分析作业过程中各执行元件的最大负荷及最大功率着手，以其峰值作为系统设计的依据。

1. 液压泵的负载规律

图 11-46 所示为双泵双回路挖掘机的液压泵实测负荷曲线，由图中可以看出，当将图 11-46a、b 叠加时，在挖掘阶段（Ⅰ+Ⅱ）和提臂加满斗回转阶段（Ⅲ+Ⅳ）的负荷较大，因此可以根据这两个工况来确定系统压力、最大流量和发动机及液压泵的功率，以满足挖掘机的正常作业需求。但实际情况表明，有时挖掘机在爬坡和原地转向时的负荷也很大，此时，应权衡主机各项性能要求和经济性等因素来确定系统压力、流量及功率。实践证明，现代挖掘机的使用范围越来越广，液压泵的负荷变化十分频繁、范围很大，在设计初期全面顾及各种工况，是不必要的也是不可取的，而只能根据最常见的工况进行综合判断，得出负荷

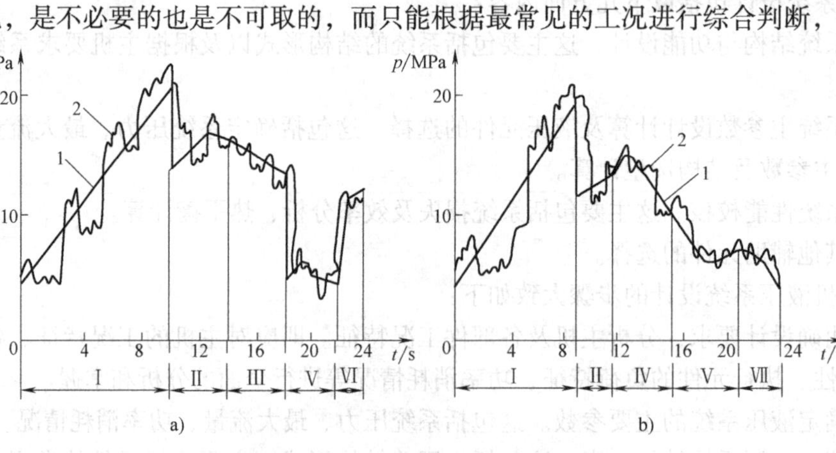

图 11-46 液压挖掘机液压泵负荷图[1]

a）液压泵 1 压力变化 b）液压泵 2 压力变化

1—平均负荷 2—实际负荷 Ⅰ—挖掘 Ⅱ—转斗 Ⅲ—转台满斗回转

Ⅳ—提臂 Ⅴ—卸载 Ⅵ—转台空斗返回 Ⅶ—降臂

峰值范围及其变化规律，并进行分析比较，来作为设计的依据。待满足主要的作业工况后，再考虑其他附加功能及工况需求。

真正掌握挖掘机各执行元件的运动规律和负荷情况应从两方面着手，即执行元件的运动分析和动力学分析。运动分析可用位移循环图（$L-t$）和速度循环图（$v-t$）表示。对液压缸来说，其位移循环图为液压缸活塞杆伸长量与时间的关系，而该曲线对时间求一阶导数即可反映其速度变化规律。动力学分析则应将执行元件的运动和受力结合起来，分析各运动过程中载荷的变化规律。

2. 液压缸的负载规律

几乎所有液压挖掘机的工作装置都采用了动臂液压缸、斗杆液压缸和铲斗液压缸来控制其动作；有的挖掘机还有推土铲，其升降动作也是液压驱动的；此外，挖掘装载机的挖掘端工作装置的回转动作、伸缩臂的伸缩动作、轮胎式挖掘机的支腿动作等也是液压缸驱动的。由于所驱动工作装置部件的不同，各液压缸的运动特性和动力学特性也不相同，因此，在设计初始需要初步掌握这些液压缸的负载情况和要求。

液压缸必须克服的负载包括工作阻力、摩擦阻力、惯性阻力、自身重力、密封阻力及回油阻力等，以下作简单说明。

1）工作阻力。即外载荷，其作用方向一般与液压缸的伸缩方向相反，这使得液压缸在伸长时受压，缩短时受拉。但也有例外，如动臂下降时，液压缸在自重的作用下受压缩。在此过程中，液压缸会在操纵机构的作用下作期望的、比较稳定的运动。但该项阻力的变化却与工作方式和工作对象密不可分，如挖掘过程中的挖掘阻力的大小及其变化规律直接关系到液压缸作用力的大小及变化规律，并与连杆机构的结构形式和相对位置关系有关。因此，要从理论上确定工作阻力对液压缸的作用力变化规律是十分困难的，应根据具体情况计算或由实验测定。

2）摩擦阻力。即液压缸内具有相对运动的部件之间所产生摩擦阻力，它与结构形式和相对运动状态有关，其计算方法可查阅有关的设计手册。

3）惯性阻力。即运动部件在起动和制动过程中的惯性力，它与自身质量、运动方式及所产生的加速度有关。当液压缸作转动加平动的复合运动时，还应考虑组合运动产生的加速度。

4）自身重力。这与液压缸相对于水平面的方位有关。由于挖掘机工作装置的液压缸随工作装置一起运动，因此，其方位也在不断地变化，这导致自身重力对液压缸本身的作用效果随时发生着变化。

5）密封阻力。密封阻力是指装有密封装置的零部件在相对运动过程中产生的摩擦力，其值与密封装置的类型、液压缸的制造精度和缸内压力有关。其取值可参照有关手册。

6）回油阻力。回油阻力为液压缸回油腔产生的阻力，其值与调速方式、运动速度、执行元件结构等因素有关，可参考液压设计手册初步估算。

以上各种阻力构成了液压缸的总负载。但按照液压缸的运动情况，在液压缸运动的各个阶段，各种阻力表现会有所不同，如在匀速伸长阶段不存在惯性阻力，因此，不同阶段的总负载力组成部分会有所区别，其详细计算可参照有关文献。

为了确切掌握液压缸的流量和功率需求，应当清楚地了解系统内各液压缸的速度和负载变化规律，即按照各阶段的阻力与所经历的工作时间或位移的关系绘制液压缸的负载-时间或负载－位移曲线，然后将各液压缸在同一时间（或位移）的阻力叠加，找出叠加后的最大负载和最大速度作为初选液压缸工作压力、所需流量和结构尺寸的依据。

3. 液压马达的负载规律

液压马达的负载规律取决于各机构的运行阻力大小及其变化规律。对液压挖掘机来说，在回转和行走系统中一般都采用液压马达，其负载规律并不相同，应根据具体情况区别对待。对于回转液压马达的阻力矩应按照第6.7节和第6.8节的内容来确定，对于行走液压马达的阻力矩则按照第7.2.2小节的内容计算。

11.7.2 确定液压系统主要参数

液压系统的压力、流量及功率是液压系统的主参数，在系统设计中，一般是首先选定系统压力，然后根据执行元件的运动速度来确定流量，系统功率也就随之确定了。

液压系统的工作压力应根据技术水平、可行性及经济性来确定。在外载荷一定的情况下，系统压力选得越高，液压元件的尺寸越小，结构越紧凑。但较高的工作压力对制造精度、装配工艺、密封性能和使用维护等要求也较高，并增加了液压振动和冲击，影响了系统的可靠性及元件的使用寿命；同时，过高的系统压力要求元件及管路的壁厚尺寸较大，反而增加了元件的尺寸和质量。因此，确定系统压力的基本原则应是：

1）参考同类型、同等级、规格相近的机型或样机选取。

2）考虑是否具有相应压力等级的液压泵。

3）考虑执行元件、各种阀类及其他辅助元件所能承受的工作压力。

4）考虑制造能力、经济性、使用维护成本等因素。

目前，液压挖掘机所用工作压力的范围如下：

1）中高压。压力小于20MPa，可用于整机质量小于15t，液压功率在40kW以下的小型挖掘机。但根据目前的技术水平，中小型液压挖掘机使用这一压力等级的情况已越来越少，已趋向于采用更高的压力等级。

2）高压。压力达32MPa，是目前大中型机普遍采用的压力等级，在这个压力等级，各元件的技术水平、密封性能、经济性等能达到比较满意的平衡。

3）超高压。压力超过32MPa，对密封性能及元件的制造精度要求等大为提高，很多元件必须专门制造，因而成本也很高，只有挖掘机总数的10%采用这一压力等级。

系统工作压力可在考虑上述原则和参考范围的基础上根据执行元件的最大负载来选取，在此基础上，再根据最大负载和预估的系统及执行元件效率求出液压缸截面积及缸径和液压马达的排量，最后通过必要的性能分析和验算经修正并圆整后得出系统所需的最大流量，这样就可确定工作液压泵的主要参数（额定压力、最大排量、额定功率）。

值得注意的是，液压泵额定压力和流量在专业厂商都有分级标准，也有相关的国际和国家标准，在确定系统压力和最大流量以及选择工作液压泵时应该遵从这些标准，以便于设备的购置和配套。

11.7.3 液压系统方案的拟定

系统方案的拟定包括确定主回路的结构形式、主要元件的类型、控制方式等。

1. 确定主回路的结构形式

这包括主回路油液循环方式、基本回路结构形式、调速方式等，其基本方法是根据主机工作特点、负荷情况及执行元件的工作速度等并参考同类机型确定。

（1）主回路油液循环方式　油液的循环方式有开式和闭式两种。开式系统配有专门的液压油箱，在系统散热、过滤杂质等方面存在优势，是目前液压挖掘机采用的主要循环方式；闭式系统有结构紧凑、效率高、可实现能量再生利用等优点，比较适合回转机构。按照目前的技术水平和使用情况，大多数液压挖掘采用了工作装置的开式系统和回转机构的闭式系统相结合的方式。此外，为了保证各执行元件的协调复合动作，各执行元件在回路中采用了并联布置，保证了各执行元件可同时获得供油，实现同时协调动作。

（2）回路调速方式　在液压系统中，实现功率传递的调速回路占有十分重要的地位，是系统的核心所在。调速回路的调速特性基本上决定了系统的性质、特点和用途，同时也决定了系统的能耗水平和科技含量。根据文献及本文前述内容，调速回路包括节流调速（阀控方式）、容积调速（泵控方式）以及两者的组合三种形式。其中，容积调速具有效率高、调速范围大、发热和温升小等优点，但系统结构较复杂；而节流调速具有结构简单、稳定性好等优点。现代液压挖掘机综合了上述两种调速方式的优点，绝大多数的工作主泵都采用了变量液压泵，使系统供油量按照外载荷大小自动改变，但在这种调速方式不能满足要求的某些场合，需要辅以必要的节流调速方式，如前所述的负流量控制系统、负荷传感控制系统等，这种组合方式既达到了充分利用发动机功率、降低能耗的目的，又保证了各执行元件的协调动作，提高了挖掘机的使用效率和作业精度。不仅如此，现代液压挖掘机还将电子计算机与信息技术引入其中，利用了电子产品灵敏度高、响应速度快及便于集中控制的优点，这大大提高了挖掘机的整体性能。因此，在方案拟定时，要在考虑制造能力、经济性等的基础上，充分利用现代科学技术，以提高挖掘机的综合性能。

（3）基本回路　为了满足各执行元件的具体要求，同时也为了保证系统及元件的安全和可靠性，必须对执行元件进行运动方向、运动速度和压力控制。因此就需要设置必要的基本回路，如调速回路、限压回路、卸荷回路、缓冲补油回路、顺序动作回路、液压锁紧回路等。在设置这些回路时需要注意相互之间的干涉问题，要在保证性能的基础上尽量简化。

（4）操作控制方式　早期的液压挖掘机操作控制主要采用机械式，其最大缺点是费力和操作精度差。目前对液压传动系统的操作控制可以采用单纯的液压先导操作，也可采用电液比例式操作控制系统，而未来将采用的完全自动化控制系统则是电子计算机与机液组合的集中控制系统。但就目前来看，单纯采用液压先导控制系统的技术比较成熟，其经济性、操作便易性和精度都能满足要求，是中小型液压挖掘机普遍采用的操作控制方式，在系统方案拟定时可优先考虑这种控制方式，其工作原理和特点在前面已有叙述，此处不再重复。

2. 确定主要液压元件的类型

（1）工作液压泵　工作液压泵是液压系统的心脏，其工作特性和可靠性与系统整体性能的优良程度密切相关。为了充分利用发动机功率，达到节约能源、降低发热的目的，现代液压挖掘机大多采用了带有恒功率调节机构的变量液压泵，甚至小型机上也大多采用了这种液压泵。因此，工作液压泵应首选变量液压泵，在选择时同时要考虑到系统工作过程中存在着过渡过程的动态压力，其值要比静态压力高出很多，因此所选液压泵的额定压力应比系统工作压力大25%以上，以使其有一定的压力储备，保证系统的可靠性。对于高压系统，压力储备取小值；对于中低压系统，压力储备可取较大值。

(2) 执行元件　执行元件的选择主要根据结构功能要求来定，即要求直线运动时用液压缸，要求回转运动时用液压马达，因此，工作装置的运动一般用液压缸驱动，回转机构和行走驱动轮用液压马达驱动。对于液压缸数量，一般小型机以下选用单动臂液压缸，大中型机选用双动臂液压缸；斗杆液压缸和铲斗液压缸一般为单缸。对于特大型机，不仅动臂液压缸为双缸，斗杆液压缸和铲斗液压缸也可选择双缸，甚至多缸。

对于回转液压马达，中小型机一般采用一台；对于大型机则可选用多台，但应考虑多台回转液压马达工作时的同步问题。在回转机构中，为了保证足够的回转力矩和较高的传动效率以及结构的紧凑性，通常选择高速液压马达与行星减速机构的组合传动方式。

对于行走液压马达，从机动性和空间布置上考虑，一般是左、右履带各由一台液压马达驱动，并将其设置在不同的回路中。考虑到挖掘机在不同情况下对行驶速度的要求不同，可以采用变量液压马达，同时为了保证足够的牵引力以及结构的紧凑性和布置的便利性，在行走液压马达输出轴上一般装有结构紧凑但传动比较大的行星减速机构。

11.7.4　系统初步计算及液压元件的选择

当系统方案基本确定后，可以根据以下分析计算过程，初步确定各主要元件的主参数，以选择这些元件，并分析系统的各项功能。

1. 液压缸的设计计算及其选择

液压缸的缸径 D 是根据选定的工作压力 p（系统压力）和最大外载荷 F_{max} 或运动速度 v 和输入的流量 Q 根据相关计算得出基本结果，然后在 GB/T 2348—1993 中选取最靠近的标准值而得来的。其有效作用面积 A_1（无杆腔面积，单位为 m^2）的计算公式为

$$A_1 = \frac{F_{max}}{(p - p_0)\eta_j} \tag{11-10}$$

式中　F_{max}——液压缸所承受的最大外载荷（N）；

p——液压缸的工作压力（近似等于系统压力）(Pa)；

p_0——液压缸的回油压力（Pa）；

η_j——液压缸的机械效率，可取 $\eta_j = 0.9 \sim 0.95$。

则缸径 D（单位为 m）的计算公式为

$$D = 2\sqrt{\frac{F_{max}}{\pi(p - p_0)\eta_j}} \tag{11-11}$$

液压缸的活塞杆直径 d 按受力情况、缸径 D 及速比 λ_v（单活塞杆）来确定。

液压缸的速比定义为相同输入流量时有杆腔与无杆腔的速度之比，其计算公式为

$$\lambda_v = \frac{v_2}{v_1} = \frac{A_1}{A_2} = \frac{1}{1 - \left(\frac{d}{D}\right)^2} \tag{11-12}$$

$$d = D\sqrt{\frac{\lambda_v - 1}{\lambda_v}} \tag{11-13}$$

为了不使液压缸往复运动速度相差太大，一般推荐液压缸的速比 $\lambda_v \leqslant 1.6$；另一方面，考虑液压缸的负载情况，当系统压力大于 7MPa 时，推荐活塞杆直径 $d = 0.7D$。

液压缸的伸缩比、最大长度、最短长度已在工作装置机构设计中确定，此处不再复述。

液压缸所需流量根据工作装置的动作时间要求及活塞的移动速度确定。即

$$Q = \frac{A_1 v}{\eta_V} = \frac{\pi D^2 v}{4\eta_V} \tag{11-14}$$

式中　v —液压缸的运动速度；

η_V——液压缸的容积效率。

在确定了液压缸的上述主参数后，即可对液压缸进行具体结构设计及选型。一般情况下，工程机械上采用的多数是双作用单活塞杆液压缸，目前已成定型产品，可向专业厂商订购。

在结构设计及选型完成后，一般还必须对液压缸进行强度校核、稳定性校核以及缓冲计算，以保证液压缸能满足设计和使用要求。

2. 液压马达的设计计算及其选择

液压马达排量由其最大输出转矩（最大负载力矩）和进出口压差决定，但在确定其输出转矩前应首先选择与液压马达相配的减速机构的传动比。液压马达排量 q（单位为 mL/r）的计算公式为

$$q = \frac{6.28M_{max}}{\Delta p_m \eta_j} \tag{11-15}$$

式中　M_m ——液压马达的负载力矩（N·m）；

Δp_m——液压马达进出口压差（MPa）；

η_j ——液压马达的机械效率，齿轮和柱塞式取 $\eta_j = 0.9 \sim 0.95$，叶片式取 $\eta_j = 0.85 \sim 0.9$。

对于变量液压马达，式（11-15）得出的排量应为其最大排量。

液压马达所需的最大流量 Q_{max}（单位为 L/min）由其最高转速 n_{max} 和排量 q（变量液压马达为其最小排量）确定。即

$$Q_{max} = \frac{q n_{max}}{1000\eta_V} \tag{11-16}$$

式中　q ——液压马达排量（mL/r）；

n_{max}——液压马达的最高转速（r/min）；

η_V——液压马达的容积效率。

根据上述计算结果，可以选择液压马达的定型产品。对于定量系统，行走液压马达最好选用双速的，以便调节牵引力和行走速度；对于变量系统，则可根据方案布置选择高速液压马达或低速大转矩液压马达。此外，在选用时还应考虑液压马达的最高工作转速、额定压力及安装尺寸。

3. 液压泵主要参数的确定及选择

液压泵的主要参数包括额定压力、额定转速、最大排量（变量液压泵）及最大输入转矩等，这些参数也是选择液压泵的依据。

(1) 确定液压泵的额定压力 p_p　确定液压泵的额定压力，主要根据液压执行元件所需最大压力 p 和液压泵出口到液压执行元件的压力损失 Δp 来定。即

$$p_p \geqslant k(p + \Delta p) \tag{11-17}$$

式中　k——液压泵的储备系数，一般取 $k=1.05\sim1.25$；

Δp——液压泵出口到液压执行元件的压力损失，包括油液流经各种阀类及其他液压元件的局部压力损失、各类管路的沿程压力损失等。

在系统管路设计之前，Δp 值可根据同类系统按经验估计。对于管路简单的节流阀调速系统，Δp 取0.2～0.5MPa；对于采用调速阀及管路复杂的系统，Δp 取0.5～1.5MPa。关于各种阀类的额定压力损失，可从液压元件手册或产品样本中查找。

(2) 确定液压泵的最大流量 Q_p　液压泵的最大流量是根据液压泵同时驱动若干个执行元件时所需的最大流量并考虑液压泵磨损后容积效率的下降及系统的泄漏来确定的。液压泵最大流量（单位为L/min）的计算公式为

$$Q_p = k(\sum Q)_{max} \tag{11-18}$$

式中　k——系统泄漏系数，一般取 $k=1.1\sim1.3$，大流量取小值，小流量取大值；

$(\sum Q)_{max}$——同时动作的执行元件所需的最大总流量。

(3) 确定液压泵的最大排量　液压泵的最大排量取决于其最大流量及最大流量时对应的转速（可取其额定转速）、容积效率等，可按以下两种方式选择：

1) 按液压泵最大流量和额定转速选择。液压泵最大排量（单位为mL/r）的计算公式为

$$q_{pmax} = \frac{1000Q_p}{zn_p\eta_V} \tag{11-19}$$

式中　Q_p——液压泵的最大总流量（L/min）；

z——液压泵数量；

n_p——液压泵额定转速（r/min）；

η_V——液压泵的容积效率。

2) 按液压泵最大流量和发动机额定转速选择。液压泵最大排量（单位为mL/r）的计算公式为

$$q_{pmax} = \frac{1000Q_p i}{zn_e\eta_V} \tag{11-20}$$

式中　n_e——发动机额定转速（r/min）；

i——发动机到液压泵输入轴之间的分动箱传动比。

(4) 计算液压泵的功率　当以上参数都确定后，就可由下式计算液压泵所需的功率（单位为kW），即

$$P_p = \frac{p_pQ_p}{60\eta_m\eta_V R} \tag{11-21}$$

式中　Q_p——液压泵的最大总流量（L/min）；

p_p——液压泵的额定压力（MPa）；

η_V——液压泵的容积效率；

η_m——液压泵的机械效率；

R——液压泵的变量系数，对于定量液压泵取 $R=1$，对于变量液压泵应按照实际情况选取。

(5) 选择液压泵的规格　根据以上所计算的液压泵额定压力 p_p 和最大流量 Q_p，通过查

阅液压元件产品样本，选择与之相当的液压泵规格。

4. 发动机功率的选择

发动机的输出功率包括了以下几方面：

1）主泵的功率消耗。按式（11-21）计算。

2）先导泵功率消耗。先导压力一般为 3～4MPa，最大流量一般在 20L/min 左右，可参考此范围初步确定先导系统的功率。

3）散热系统。

4）照明系统、通风及空调系统。

5）轮胎式挖掘机的转向系统。

6）闭式系统的补油液压泵。

7）其他辅助系统。

对于变量系统，考虑到变量液压泵经常在满负荷情况下工作，功率利用率较高，为保证发动机有必要的功率储备，延长发动机的使用寿命，并考虑到上述辅助系统的功率消耗，发动机功率应按经验公式进行初选。即

$$P=(1.0\sim1.3)P_y \tag{11-22}$$

对于定量系统，考虑到发动机功率较低，损失较大，发动机功率可取得低些。如对双泵双回路定量系统，发动机功率可按以下经验公式进行初选。即

$$P=(0.8\sim1.1)P_y \tag{11-23}$$

另据有关文献，可按以下经验统计公式初选发动机功率（单位为 kW）。即

$$P=7.7\sim0.0046m \tag{11-24}$$

式中　m——整机工作质量（kg）。

或按照标准斗容量进行选择，即发动机功率（单位为 kW）的计算公式为

$$P=95q\quad（定量系统） \tag{11-25}$$

$$P=74q\quad（变量系统） \tag{11-26}$$

式中　q——挖掘机的标准斗容量（m^3）。

在初选发动机功率时，除以上方法外，还可参考现有样机用比拟法确定。

5. 阀类元件的选择

液压系统设计中最重要和最复杂的内容是各种多路阀的功能与结构的设计，这是因为多路阀决定了液压泵向各个执行元件的供油方式和路线，决定了各部件单独动作和复合动作时流量的分配情况，各执行元件的运动学和动力学特性以及整机的操纵性能。其他元件如液压泵、液压马达、液压缸等多数是标准件或与配套厂商协作定制的成熟元器件，只要根据系统要求确定了这些元件的主参数，一般只进行结构选型设计即可。

（1）选择依据　选择阀类元件的基本依据为阀的作用和工作特点、系统压力及阀承受的最大压力、最大通流量、阀安装位置和固定方式、阀的压力损失、工作性能参数和使用等。

（2）选择阀类元件应注意的问题

1）应尽量选用标准定型产品，特殊情况或必要时才自行设计。

2）阀类元件的规格主要根据油液流经该阀时的最大压力和最大流量选取。控制阀的额定流量要大于等于通过该阀的最大流量；溢流阀应按照液压泵的最大流量选取；节流阀和调

速阀应按照所需的流量调节范围来选取，其最小稳定流量应满足执行元件低速稳定性要求。

3）在具体选择阀类元件的规格型号时，应在系统设计中首先确定阀所承受的压力和流量最大值，然后从产品样本中选择所需阀的通径和压力。从样本中查出的与阀的公称通径对应的公称流量和额定压力要和系统所需的压力、流量接近。一般情况下，控制阀的额定流量应比系统管路实际通过的流量大一些，必要时，允许通过阀的最大流量超过其额定流量的20%。对于可靠性要求高的系统，也允许阀的标定压力比使用压力高，但对于压力阀还是使上述两种压力比较接近为好。选择不同的阀类元件时，还应按以下情况区别对待：

① 换向阀。首先应根据执行元件的动作要求、系统的卸荷方式、换向平稳性及各部件的协调动作情况确定换向阀的机能，然后根据工作压力、最大通流量和操作方式等确定其型号规格。

② 溢流阀。溢流阀主要根据最大工作压力和最大通流量来确定，此外，还要求溢流阀反应灵敏、起调量和卸荷压力小。

③ 流量控制阀。选择流量控制阀时，首先应根据调速要求确定阀的类型，然后按照工作压力以及通过阀的最大和最小流量选择其型号规格。

6. 管路和管接头的选择

（1）油管类型的选择　液压系统中使用的油管分为硬管和软管。硬管有无缝钢管、不锈钢管、铜管等，软管有橡胶软管、尼龙软管、金属软管、塑料软管等。

1）钢管。钢管能承受高压，耐油性、耐蚀性、刚性较好，且价格低廉，但装配时不易弯曲。无缝钢管适合于中高压系统，焊接钢管适合于低压系统。

2）铜管。铜管有纯铜管和黄铜管两种，纯铜管易弯曲、便于装配，但工作压力较低，在6.5~10MPa以下；黄铜管不如纯铜管易弯曲，但承受压力较高，可达25MPa。铜管抗振能力弱，易使油液氧化，且价格较高，只用于连接不方便的部位，应尽量少用。

3）软管。软管一般用于具有相对运动部件之间或硬管无法安装和连接的场合。高压橡胶软管中夹有钢丝编织物，钢丝网层数越多，耐压越高，但制造越困难，价格越贵；低压橡胶软管中夹有棉线或麻线编织物；尼龙管是乳白色半透明管，承压能力为2.5~8MPa，多用于低压管道。橡胶软管耐高温能力较差，在-55~150°C之间；其弹性变形特性使其能吸收压力脉动和冲击，但容易引起运动部件爬行，所以不宜装在液压缸和调速阀之间。

选择油管时主要考虑其应具有足够的通流截面和承压能力，同时应尽量缩短管路，避免急转弯和截面突变，以降低其压力损失。

（2）油管尺寸的确定　选择油管时除根据使用场合考虑其类型和材质外，要计算其主要尺寸参数即管的内径和壁厚，然后按标准和专业厂商样本规格选取。

1）油管内径 d。其计算公式为

$$d=4.6\sqrt{\frac{Q}{\pi v}} \tag{11-27}$$

式中　Q——通过油管的最大流量（L/min）；

v——管道内允许的流速（m/s），一般吸油管取 $v=0.5\sim1.5\text{m/s}$，压力油管取 $v=2\sim5\text{m/s}$，回油管取 $v=1.5\sim2.5\text{m/s}$，短管和局部收缩处 $v\leqslant10\text{m/s}$。

按式（11-27）计算的油管直径还需要按标准进行圆整。

2）金属油管的壁厚 δ。其计算公式为

$$\delta = \frac{pd}{2[\sigma]} \tag{11-28}$$

式中 p——最大工作压力（MPa）；

d——油管内径（m）；

$[\sigma]$——油管材料的许用拉应力（MPa）。

对于钢管，$[\sigma]=R_m/n$，R_m 为材料的抗拉强度（MPa），n 为安全系数。当 $p<7\text{MPa}$ 时，取 $n=8$；$p<17.5\text{MPa}$ 时，取 $n=6$；$p>17.5\text{MPa}$ 时，取 $n=4$。

对于铜管，$[\sigma]\leqslant 25\text{MPa}$。

计算出油管的内径和壁厚后，可查手册按有关金属油管的规格选取。

3）软管。其内径的计算公式与硬管相同，可根据计算出的内径和工作压力按标准或产品样本选取。

（3）管接头的选择　目前，管接头基本为标准件，可根据结构需要按照相关标准、手册或元件样本进行选择。

7. 油箱的设计

油箱的作用是储油、散热、沉淀杂质、分离油中空气使其逸出。其形式有开式和闭式两种：开式油箱油液液面与大气相通；闭式油箱油液液面与大气隔绝，其液面压力大于大气压力。开式油箱应用较多。

（1）对油箱的设计要求

1）应有足够的容积以储存足够的油液，以满足系统传递动力及散热需要；其容积应保证系统中油液全部流回油箱时不渗出，油液液面不应超过油箱高度的80%。

2）吸油管口距油箱底面和侧面要有一定的距离，但吸油管距油箱底面最高点的距离不应小于50mm，以保证泵的吸入性能并防止吸空；吸油管和回油管的间距应尽量大，并最好用一隔板隔开，以防回油管出来的温度较高并含有杂质的油立即被吸油管吸回系统；吸油管口要装设有足够通流能力的过滤器。

3）油箱底部应有适当斜度，并在最低处装设油塞，以便于排尽残油。

4）泄油管必须与回油管分开，不得合用一根管子，以防止回油压力传入泄油管。一般泄油管端应在液面之上，以利于重力泄油并防止虹吸。

5）加油口应装设滤网，以防杂质进入，油箱上部应有通气孔，这可通过装设通气注油器解决。

6）油箱侧壁应装设油面指示计和温度计。

7）油箱箱壁应涂耐油缓蚀涂料。

（2）油箱容量计算　油箱容量的确定是设计油箱的关键，其计算方法根据出发点的不同有所区别。

1）按照经验估算油箱容量。油箱的有效容量 V 可近似按液压泵流量确定。即

$$V = k\Sigma Q \tag{11-29}$$

式中 k——系数，低压系统取 $k=2\sim4$，中高压系统取 $k=5\sim7$；

ΣQ——同一油箱供油的各液压泵流量总和。

油箱有效容积是指油箱中油液所占据的容积，是系统正常工作时油箱中的油液所占据的容积与系统中所含有的全部油液容积之和。而油箱的总容积是指有效容积与油箱中空气所占

据的容积之和，空气占据的容积约为油箱总容积的10%。

2）按照热平衡条件确定油箱容量。如液压系统的发热量几乎全部依靠油箱散出，则其散热面积A（单位为m^2）的计算公式为

$$A=\frac{P_H}{k\Delta T} \tag{11-30}$$

式中 P_H——系统的总发热功率（kW），等于系统输入功率与有效功率之差；

k——油箱表面传热系数［$kW/(m^2\cdot ℃)$］。通风差时取$k=(8\sim9)\times10^{-3}kW/(m^2\cdot ℃)$，通风良好时取$k=15\times10^{-3}kW/(m^2\cdot ℃)$，风扇冷却时取$k=(110\sim150)\times10^{-3}kW/(m^2\cdot ℃)$；

ΔT——油液允许工作温度与环境温度之差（℃）。

油箱的有效散热面积，一般取与油液相接触的表面积和油面以上的表面积的一半。

如果油箱的高、宽、长之比在1∶1∶1～1∶2∶3之间，则油箱散热面积（单位为m^2）的计算公式为

$$A=6.66\sqrt[3]{V^2} \tag{11-31}$$

式中 V——油箱的有效体积（m^3）。

如取$k=15\times10^{-3}kW/(m^2\cdot ℃)$，则油箱自然散热时最小体积（单位为$m^3$）的计算公式为

$$V_{min}=\sqrt{\frac{10P_H^3}{\Delta T}} \tag{11-32}$$

按经验确定的油箱容积应大于等于式（11-32）求出的值。选定油箱容积后，应根据“JB/T 7938—2010《液压泵站－油箱－公称容积系列》进行圆整。

根据热平衡条件计算出的有效容积一般偏大，因此，实际工作中常根据经验估算法确定油箱容积，若温升过高则考虑增设冷却设备。

8. 过滤器的选择

按滤芯材料及过滤机制可把过滤器分为表面型、深度型和吸附型三种，其主要性能指标有过滤精度、压降特性和纳垢容量等。可按照液压系统的使用要求按过滤精度、通流能力、工作压力、工作温度及油液粘度等条件按标准手册或专业厂商样本参数选择其规格型号。

9. 其他辅助元件的选择

液压系统的其他辅助元件主要有各种密封元件、连接件等，大多数为标准产品，可参照相关标准手册或专业生产厂商的产品目录选择，此处不一一叙述。

11.7.5 液压系统性能分析

为了判断液压系统的性能是否满足设计要求，需要对液压系统的压力损失、热平衡效果、效率及动态特性等进行分析。由于挖掘机液压系统十分复杂，目前只能采用一些简化的经验公式近似地验算某些性能指标，其计算结果的可靠性较低，条件具备时最好借助先进的计算机技术进行仿真，这样不仅能分析其静态特性，还可深入了解其动态特性。如有经过生产实践考验的同类型系统供参考，或有较可靠的实验结果可以采用时，也可不进行验算。

1. 系统压力损失的验算

压力损失包括局部压力损失和沿程压力损失两部分。当液压元件规格型号和管道尺寸确

定之后，就可以按下式较准确地计算系统的这些压力损失。即

$$\Delta p=\sum\Delta p_{\mathrm{f}}+\sum\Delta p_{\mathrm{y}}+\sum\Delta p_{\mathrm{v}} \tag{11-33}$$

式中 Δp_{f}——油液流经管道的沿程压力损失；

Δp_{y}——管道的局部压力损失；

Δp_{v}——流经阀类元件的局部压力损失。

计算沿程压力损失时，如果为层流，则其计算公式为（单位为 Pa）

$$\Delta p_{\mathrm{f}}=\frac{4.8\nu QL}{d^4}\times10^{-2} \tag{11-34}$$

式中 ν——油液的运动粘度（cSt），$1\mathrm{cSt}=1\mathrm{mm^2/s}=10^{-6}\mathrm{m^2/s}$；

Q——通过管道的流量（$\mathrm{m^3/s}$）；

L——管道长度（m）；

d——管道内径（m）。

管道的局部压力损失可按下式估算。即

$$\Delta p_{\mathrm{y}}=(0.05\sim0.15)\Delta p_{\mathrm{f}} \tag{11-35}$$

通过阀类元件的局部压力损失 Δp_{v} 值在额定流量时可从产品样本中查出。如通过阀的流量不是额定流量，则可按下式近似计算。即

$$\Delta p_{\mathrm{v}}=\Delta p_{\mathrm{vn}}\left(\frac{Q}{Q_{\mathrm{n}}}\right)^2 \tag{11-36}$$

式中 Δp_{vn}——从样本上查出的阀的额定压力损失；

Q_{n}——从样本上查出的阀的额定流量或公称流量；

Q——通过阀的实际流量。

如按以上各式计算出的 Δp 过大，应该重新调整有关元件的规格和管道尺寸。

关于阀类元件的局部压力损失，对于高压阀类约为 0.4～0.5MPa；对于多片阀组，每片的压力损失应小于 0.2MPa；单向阀应小于 0.5MPa；调速阀小于 1MPa。在液压挖掘机中，这些局部损失为主要损失，应引起重视。

据统计，中小型液压挖掘机的全部压力损失在 0.8～3MPa 之间，个别的高达 4MPa，而流量损失为总流量的 5%～20%。

造成上述压力损失的原因是油液流经各液压元件及管路时与管壁发生摩擦、元件截面变化、管路弯曲等。因此，在进行系统设计时，应尽量避免不必要的管路弯曲、管径突变、管接头和节流调速，尽量简化结构，缩短管路，采用容积调速、元件集成化技术等节能技术，以减少这些损失。

2. 系统发热温升验算

挖掘机液压系统发热源于内部的各种能量损失，如液压泵和执行元件的功率损失、溢流阀和节流阀的损失、液压阀及管道的压力损失等。这些能量损失转换为热能，使液压油温度升高。油温升高的结果是使油液粘度下降、泄漏增加、效率降低，同时使油分子裂化或聚合，产生树脂状物质，堵塞液压元件小孔，影响系统正常工作，还会影响元件的使用寿命并降低系统的可靠性，因此必须使系统的油温保持在允许范围内。一般情况下，若挖掘机液压系统正常工作油温为 40～50℃，则一般允许最高油温是 70～85℃，最高不超过 90℃，即温升不要超过 35～45℃。

可从两方面进行发热功率的计算：其一是直接通过发热元件的能量损失计算其发热量，其二是通过分析系统的输入功率和执行元件的有效输出功率来计算发热功率。前一种方法直接分析发热源，可采取针对性措施，减少发热量，但由于系统复杂，要准确地掌握每个元件的发热量是非常困难的；后一种方法相对简单，但不考虑发热源，且由于系统工况随时间变化的特性也很难掌握，因此难以得出精确的分析结果和采取针对性措施以降低发热量。因此，对系统发热量及其变化规律的分析计算目前仍存在难以克服的困难，是工程机械乃至相关行业面临的技术难关。

（1）按元件能量损失计算

1）液压泵功率损失引起的发热功率 P_{h1}（液压泵功率损失，单位为 W）。其计算公式为

$$P_{h1}=1000P_p(1-\eta_p) \tag{11-37}$$

式中 P_p——液压泵输入功率（kW）；

η_p——液压泵效率，取 $\eta_p=0.8\sim0.85$。

2）溢流阀损失引起的发热功率 P_{h2}（溢流阀功率损失，单位为 W）。其计算公式为

$$P_{h2}=16.7p_eQ_e \tag{11-38}$$

式中 p_e——溢流阀的调定压力（MPa）；

Q_e——通过溢流阀溢出的流量（L/min）。

3）阀的压力损失引起的发热功率 P_{h3}（阀的功率损失，单位为 W）。其计算公式为

$$P_{h3}=16.7\sum\Delta p_{vi}Q_{vi} \tag{11-39}$$

式中 Δp_{vi}——通过阀的压力损失（MPa）；

Q_{vi}——通过阀的流量（L/min）。

挖掘机液压系统中存在各种阀类，这些阀并不同时工作，要掌握每个瞬时各阀的工作情况是十分困难的。

将以上三项合起来即为系统的总发热功率 P_h（单位为 W）。即

$$P_h=P_{h1}+P_{h2}+P_{h3}=1000P_p(1-\eta_p)+16.7(p_eQ_e+\sum\Delta p_vQ_{vi}) \tag{11-40}$$

以上为系统的总发热功率，系统的自然散热主要依靠管路和油箱，其中管路的发热和散热基本平衡，因此通常只计算油箱的散热，其散热功率（单位为 W）的计算公式为

$$P_s=\alpha A\Delta T \tag{11-41}$$

式中 α——油箱表面传热系数［W/(m²·℃)］，自然通风良好时取 $\alpha=15\sim17.5$ W/(m²·℃)，自然通风很差时取 $\alpha=8\sim9$W/(m²·℃)，用风扇冷却时取 $\alpha=20\sim30$W/(m²·℃)，用循环水强制冷却时取 $\alpha=110.5\sim147.6$W/(m²·℃)；

A——油箱散热面积（m²）；

ΔT——系统温升（℃），$\Delta T=T_2-T_1$，其中 T_1 为环境温度，T_2 为系统达到热平衡时的温度。

当系统达到热平衡时，系统的发热功率等于散热功率，即 $P_h=P_s$，由此可得出热平衡时的油液温度（单位为℃）为

$$T_2=T_1+\frac{P_h}{\alpha A} \tag{11-42}$$

为保证系统正常工作，油温应满足

$$T_2\leqslant[T]$$

式中 $[T]$——系统允许的最高温度（℃）。

如系统温升超过了允许值，就必须采取冷却措施，如增大油箱容积、增设冷却器或采取其他强制冷却措施。

（2）按系统输入功率和执行元件的有效输出功率计算 这种方法的基本思想是把液压系统当作整体的能量载体，发动机自液压泵输入轴输入能量，执行元件（液压缸、液压马达）向外输出能量，两者之差即为系统的损耗，即系统的发热量。则系统的发热功率 P_h 的计算公式为

$$P_h = P_{in} - P_{out} \tag{11-43}$$

式中 P_{in}——系统的输入功率（kW），即液压泵输入轴的输入功率，其计算公式为

$$P_{in} = \frac{M_{in} n_{in}}{9549} \tag{11-44}$$

M_{in}——液压泵输入轴转矩（N·m）；

n_{in}——液压泵输入轴转速（r/min）；

式（11-44）中，如是多台泵，应把每台泵的输入功率都计算在内。

P_{out}——系统的输出功率（kW），其计算公式为

对液压缸
$$P_{out1} = Fv/1000 \tag{11-45}$$

对液压马达
$$P_{out2} = M_m n_m/9549 \tag{11-46}$$

式中 F——液压缸外载荷（N）；

v——液压缸伸缩速度（m/s）；

M_m——液压马达输出轴转矩（N·m）；

n_m——液压马达输出轴转速（r/min）。

式（11-45）、式（11-46）中，如出现多个执行元件同时动作的情况，应对各执行元件分别计算。

如将式（11-43）表示为系统效率的形式，则

$$P_h = P_{in}(1-\eta) \tag{11-47}$$

式中 η——液压泵的总效率。

按上述方法求得系统的发热功率后，仍按元件能量损失的计算过程计算系统的散热功率及温升。

当油箱自然散热不能满足温升限制要求时，就必须选用专用的散热装置，进行强制散热。目前，散热器形式比较多，国外工程机械多采用管片式散热器或其延伸产品，其优点是结构简单、制造维护方便、风阻小、易于布置等，但材料性能要求较高。我国工程机械多采用铝制板翅式风冷冷却器，其结构紧凑、冷却效果较好、成本低，但风阻大、易堵塞、不易清洗。

3. 系统冲击振动验算

液压系统的振动和冲击是由油液和运动机构的惯性引起的，一般发生在起动加速、制动减速或外载荷突变的情况下，它对系统安全和元件的寿命有很大影响，如有必要应对液压系统进行冲击验算。但由于影响因素太多，其规律又难以掌握，因而难以用手工方法精确计算。为此，可借助计算机进行动态特性仿真。仿真前首先应建立系统的数学模型，这需要详细掌握每个元件的机械力学特性和油液的流体力学特性，在此基础上经过必要的简化，建立

系统中各元件的数学模型，并按照结构关系把它们有机地组合起来，构成整个系统的数学模型，其具体方法可参照相关文献。

由于液压振动和冲击的复杂性，实际工作中常根据液压元件的特性和挖掘机的作业特点采用以下措施来减小液压系统的振动和冲击：

1）尽量避免突然换向，可通过控制先导阀来减缓主阀芯的换向速度，也可采用带阻尼结构的滑阀。

2）在阀芯棱边上开切口或槽或加工成半锥角为2°～5°的节流锥面，以减缓滑阀完全关闭前的油液流速。

3）对由于工作负载突然消失而引起的液压冲击，可在回油路上设置背压阀。

4）对由于冲击负荷产生的液压冲击，可在油路入口处设置安全阀或蓄能器，或在执行元件进、出口处设置安全阀或限压阀，也可通过在油管出、入口处连接橡胶软管来吸收部分冲击能量。

5）必要时，在关键的执行元件上设置缓冲补油回路、节流限速回路等。

6）适当增大管径，缩短管道长度，避免不必要的弯曲。

除以上方法外，前述提到的负荷传感控制系统等阀控和泵控组合控制系统也能减小挖掘机作业中的振动冲击，并提高作业精度。

11.7.6　绘制系统图和编写技术文件

在系统方案确定和元件选型计算完成的基础上，经过对液压系统性能的验算和必要的修改后，便可绘制液压系统的正式工作图，它包括绘制液压系统原理图、系统管路装配图和各种非标准元件设计图。

在液压系统原理图上要标明系统布置情况、各液压元件的型号规格。此外，还应针对挖掘机的不同作业工况绘制系统的作业工况原理图。

在绘制系统原理图时还应注意以下几点：

1）在满足功能要求的前提下，系统应力求简单，元件数量和品种规格应尽可能少。

2）系统原理图应能充分地、清晰地反映液压系统的工作情况、动作特点，尤其是复合动作时各执行元件的协调动作情况。

3）在系统图中应选择适当位置布置测压点。测压点是用来检测和调整系统回路和元件压力的，对系统调试和故障诊断起着十分重要的作用。测压点一般设置在主液压泵出口，液压缸和液压马达的进、出油口以及控制元件的出口处，通过检测这些位置的压力可掌握整个系统的运行情况，同时也便于判断故障位置和原因。测压点的选择还应便于装拆压力表。

装配图包括液压泵及变量调节机构装配图、操纵机构装配图、主控制阀组装配图、执行元件装配图、管路布置图及总装配图。绘制装配图时要充分考虑各种液压零部件在机器中的位置、规格尺寸、安装方式、便于维护等，应力求结构紧凑、检修方便、散热条件好，同时还应注意减少振动和噪声。

对自行设计的非标准件，应绘出装配图和零件图。

编写的技术文件应包括设计计算书、使用维护说明书等，对标准件、通用件及专用件应列出明细表及具体规格要求。

思 考 题

1. 反铲液压挖掘机一个循环作业周期包括哪几个动作？大概需要多长时间？由此对液压系统需要提出何种要求？

2. 某些特殊工况如平整场地作业、伴随行走的作业，需要更多的执行元件同时动作，如何实现这些动作的协调性？

3. 请说明如何实现短期挖掘力增大的工况要求。

4. 对照本章所述液压系统主参数查找相关企业产品目录，分析这些技术参数的意义。

5. 结合实际机型，分析定量系统和变量系统的结构和性能特点。

6. 结合实际机型，说明开式系统和闭式系统各自的特点以及适用场合。

7. 说明串联系统和并联系统各自的特点。

8. 说明分功率变量系统和全功率变量系统各自的特点。从功率利用率方面讲，现有大中型液压挖掘机采用何种系统比较好？

9. 介绍复合动作工况下某一动作优先的实际意义。举例说明如何实现动作优先。

10. 恒功率控制与压力切断控制的组合可以进一步减少功率浪费，这主要体现在什么情况下？这种控制方式比恒功率控制主要增加了什么液压元件？

11. 从节能方面讲，回转机构采用闭式液压系统有何实际意义？

12. 为什么工作装置限压回路的压力比系统压力要高？其限压阀（安全阀）在什么情况下起作用？

13. 结合本文所述并查阅相关文献，比较机械操作、直接作用式先导操作、减压式先导操作和电液先导型操作的结构特点、工作原理和应用实例，分析其优缺点。

14. 结合实际机型，分析现代挖掘机先导控制系统所具备的附加功能。

15. 试分析负流量控制系统、正流量控制系统和负荷传感控制系统的结构特点、工作原理，并从节能效果、动作灵敏性、协调性三方面分析各自的工作特性。

16. 液压挖掘机上采用的发动机功率控制系统的主要目的是进一步降低能耗，结合本章内容和国际先进机型说明其具体方案。

17. 液压油的工作温度是决定液压挖掘机工作性能和零部件可靠性的主要因素，本章简要介绍了典型的油温控制系统，结合实例机型说明其工作原理。

18. 液压挖掘机的故障诊断和检测系统对于降低使用维护成本、及时发现隐患、避免发生事故具有重要意义，结合实际机型试分析其具体技术方案、存在的问题及未来的应用前景。

第 12 章

液压挖掘机的试验

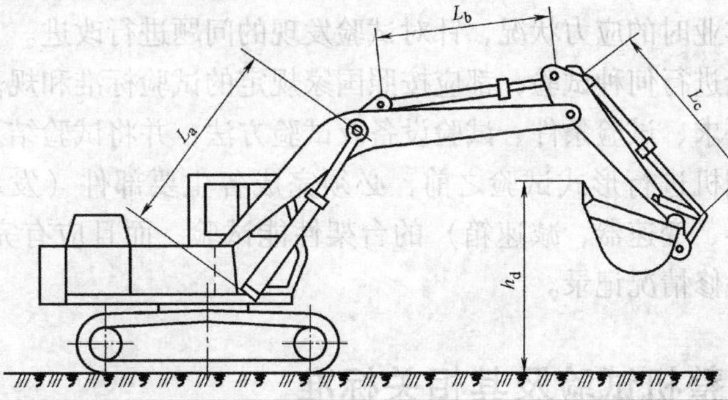

进行试验的目的在于检验液压挖掘机的质量与性能，确定产品的各项基本参数，分析机械的各项指标是否满足基本技术条件要求，确定机械在不同试验条件下的整机和系统工作性能，以及在产品研制过程中确定采用新技术的可行性。对于新产品或经过改进后的老产品、停产和转产后恢复生产的挖掘机，在投入批量生产之前应根据国家标准进行各项试验。

根据液压挖掘机试验目的的不同，主要分为出厂试验与形式试验。出厂试验用于检验产品的主要性能参数，确定工厂的产品质量。每台挖掘机都需经过工厂质量检验部门的检验，合格后方可出厂。形式试验用于确定样机各项参数是否与设计相符，考核样机的可靠性，是样机提供国家鉴定之前必须进行的试验，应严格按照标准进行。

形式试验包括整机性能试验和工业性试验两部分。整机性能试验的目的是考核样机是否符合国家颁布的规定和设计要求。工业性试验的目的是考核样机的工作可靠性和主要零部件在实际作业时的应力状况，针对试验发现的问题进行改进。

无论进行何种试验，都应按照国家规定的试验标准和规范制定具体试验大纲，明确试验目的和要求、试验条件、试验设备及试验方法，并将试验结果按标准进行记录和分析。单斗液压挖掘机进行形式试验之前，必须完成各主要部件（发动机、液压泵、阀、液压马达、主离合器、变速器、减速箱）的台架性能试验，而且应有完整的制造、装配、试车、磨合运转和检修情况记录。

12.1　整机试验及其相关标准

进行液压挖掘机整机试验时，应将挖掘机装上完备的正铲或反铲工作装置并按规定加足润滑油、冷却水、燃油和随车工具。挖掘机在试验前应进行充分磨合，各种液压元件、气动元件的参数均按使用说明书中规定的数值进行调整，液压油温度应达到50℃ ±3℃。

12.1.1　整机定置试验

液压挖掘机定置试验包括主机外形尺寸确定，作业参数、液压缸移动速度、质量、质心和接地比压的测定，驾驶室操纵装置及视野的测定，轮胎式液压挖掘机还需进行支腿试验。外形尺寸及工作装置作业尺寸的定义参照 GB/T 6572.1—1997《液压挖掘机 术语》。

试验场地应有足够面积的混凝土地面或铺砌平面，在测量机器的范围内该平面的高度差应小于10mm，如进行作业参数的测定，还需有一个能容纳工作装置活动并能测量有关尺寸的地坑。

履带式挖掘机主机外形尺寸需测定最大长度、最大宽度、最大总高度、最大高度、装运高度、离地间隙、转台离地高度、履带轨距、转台宽度、转台总宽度、履带轴距（履带接地长度）、回转中心至驱动轮中心的距离、转台尾端长度、履带总长度、履带宽度、履带高度、回转半径。轮胎式挖掘机将履带相关测量尺寸改为轮距、轴距、支腿中心宽度及离地间隙（参见 GB/T 7586—2008《液压挖掘机 试验方法[48]》。

进行作业参数测定时需测定最大挖掘半径、停机面最大挖掘半径、停机面最小挖掘半径、最大卸载高度时的半径、最大挖掘高度时的半径、停机面水平最小半径、最大挖掘深度、最大挖掘高度、最大挖掘半径时的高度、最大卸载高度、铲斗容量。铲斗容量的测定需按照 GB/T 21941—2008《土方机械 液压挖掘机和挖掘装载机的反铲斗和抓铲斗容量标定》，或 GB/T 21942—2008《土方机械 装载机和正铲挖掘机的铲斗 容量标定》中的方法进行。

液压缸移动速度应在挖掘机空载，发动机在额定转速下测定。主要测定各液压缸伸出和收回的全程长度和动作时间、液压油温度、发动机转速。质量与质心的测定分别参考 GB/T 21154—2007《土方机械整机及其工作装置和部件的质量测量方法》和 GB/T 8499—1987《土方机械 测定重心位置的方法》。在对整机、机体、工作装置、动臂、斗杆、铲斗及动臂液压缸质量测定后，还需进行桥荷分配比率的计算，从而进一步确定前后桥各轮负荷、轴负荷及桥荷比。桥荷分配比率的计算公式为

$$i=\frac{F_c}{g_n m}\times 100\% \tag{12-1}$$

式中 i——桥荷分配比率；

F_c——测定的桥荷（N）；

m——工作质量（kg）；

g_n——标准重力加速度，$g_n=9.81\text{m/s}^2$。

接地比压的测定需首先测量履带的轴距 L_2、宽度 W_4 和高度 H_7，如图 12-1 所示。根据测量结果计算接地比压。即

$$p_a=\frac{g_n m}{2000W_4L_2} \tag{12-2}$$

式中 p_a——接地比压（kPa）；

W_4——履带板宽（m）；

L_2——履带接地长度（m）。

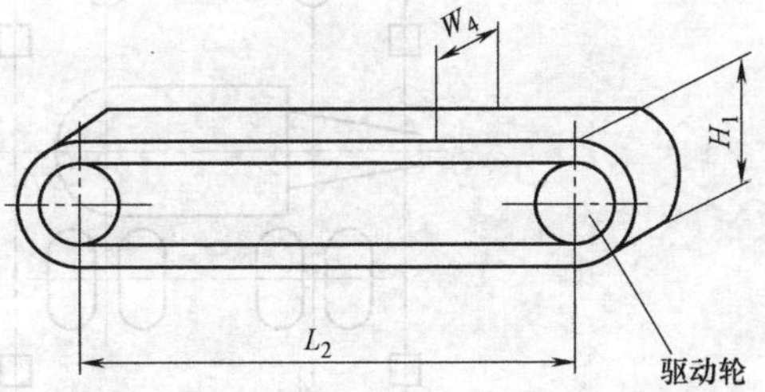

图 12-1 履带参数测量

轮胎式挖掘机接地比压的测量应首先用地中衡测出各轮胎承受的载荷，而后支起轮胎，在原接触地面的轮胎面上涂以墨汁，轮胎正下方铺坐标纸，放下轮胎压印计算压痕面积和接地面积，再根据式（12-3）、式（12-4）分别计算接地比压和压痕比压，即

$$p_1=\frac{10F}{A_1} \tag{12-3}$$

$$p_2=\frac{10F}{A_2} \tag{12-4}$$

式中 p_1——接地比压（kPa）；

p_2——压痕比压（kPa）；

F——轮胎承受载荷（N）；

A_1——轮胎花纹凸起与凹陷部分形成的接地面积（cm^2）；

A_2——轮胎压痕面积（cm^2）。

驾驶室操纵装置与视野的测定分别按照 GB/T 8595—2008《土方机械 司机的操纵装置》、ISO5006：2006《土方机械 司机视野 试验方法和性能标准》进行。轮胎式挖掘机的支腿试验则是在挖掘机行驶且无载荷状态下，操纵液压阀，测定各支腿从开始放下至支腿行程终了所用的时间。

12.1.2　倾覆力矩与挖掘力试验

挖掘机倾覆力矩测定时应装备完整。履带式挖掘机按图 12-2 所示状态进行测量，轮胎式挖掘机按图 12-3 所示状态进行测量。两履带轨距可变化的挖掘机，分别按最小轨距和最大轨距进行测量。有支腿的挖掘机，分别对使用支腿和不使用支腿的情况进行测定。履带按规定调整并张紧，轮胎按规定充气。

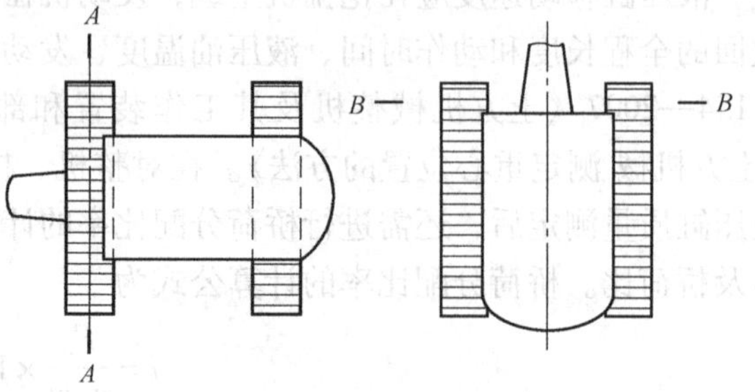

图 12-2　履带式挖掘机测量状态

如图 12-4 所示的各种状态，在挖掘半径最大时的斗齿上施加向上或向下的力，当挖掘机成倾覆状态时测定力及从倾覆线到力作用点的水平距离。倾覆状态对于履带式挖掘机是指当动臂与履带平行时，有三分之一的履带长度离开地面，或当动臂与履带垂直时，履带离地面的高度为两履带轨距的 2%

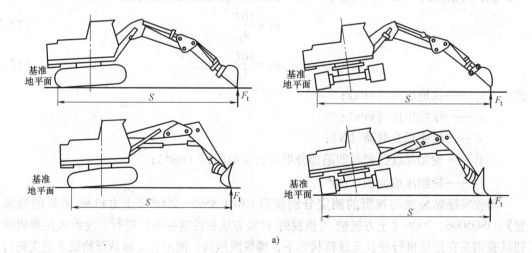

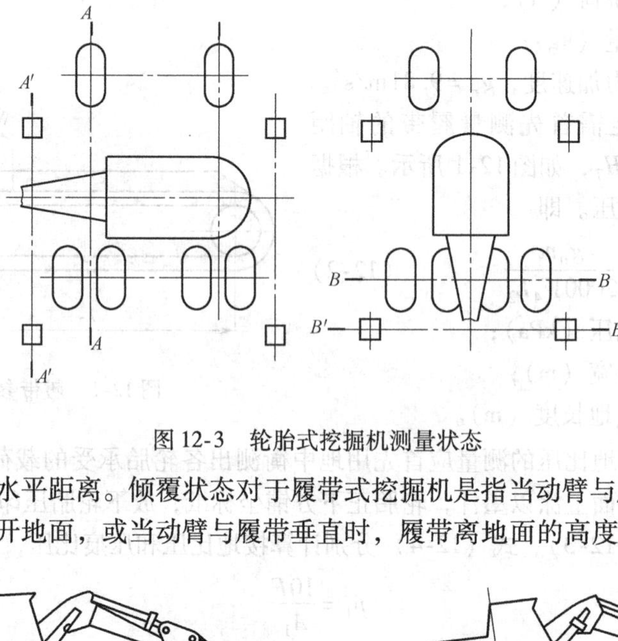

图 12-3　轮胎式挖掘机测量状态

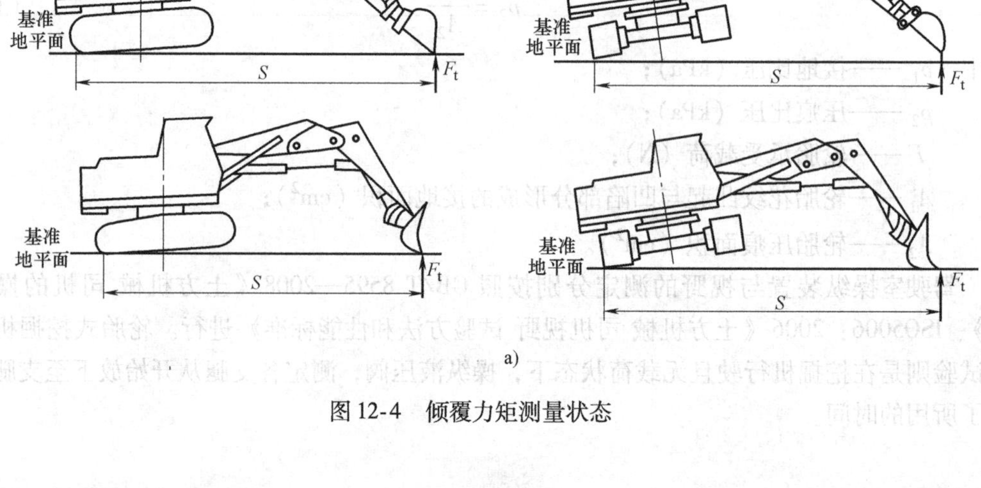

图 12-4　倾覆力矩测量状态

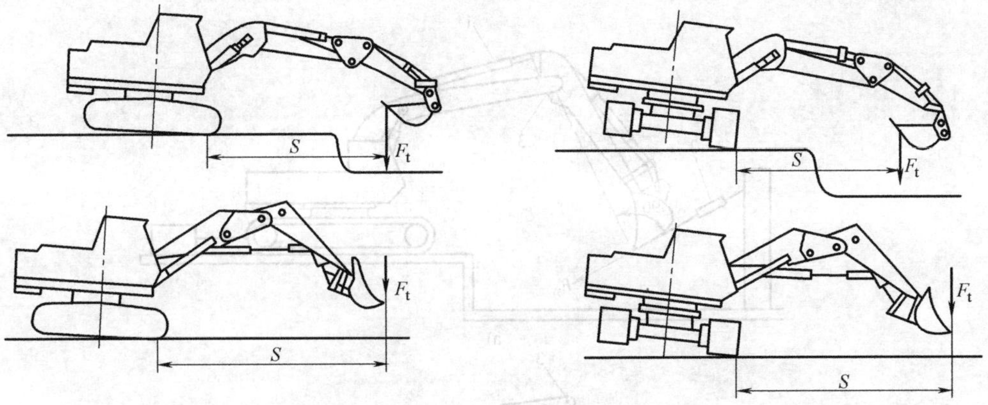

b)

图 12 – 4　倾覆力矩测量状态（续）

时所处的状态。对于轮胎式挖掘机是指不使用支腿时，不在倾覆线上的轮胎离开地面，或使用支腿时，不在倾覆线上的支腿离地面高度为支腿中心宽度的 2% 时所处的状态。

倾覆力矩的计算公式为

$$M_t = F_t S \tag{12-5}$$

式中　M_t ——倾覆力矩（kN · m）；

F_t ——倾覆力（kN）；

S ——从倾覆线到力作用点的水平距离（m）。

进行挖掘力测量时，测试场地应是平坦的混凝土地面或坚固的土地面，并应有锚定位置和使用测力计的空间。测量的位置若在地平面以下，应有足够深度和空间的地坑容纳铲斗运动，并能容纳测力计、锚定器件及其辅助设备，最好是将被测力直接作用在测力计上。

对于装有反铲或正铲装置的挖掘机，其挖掘力是在单独操作铲斗液压缸或斗杆液压缸时，在铲斗齿尖上所产生的实际作用力，所测挖掘力的方向应与铲斗齿尖的弧形运动轨迹相切。对于具有圆舌形或尖舌形切削刃的铲斗，其挖掘力应在铲斗宽度的中心线上测量。

试验之前，发动机和液压系统应达到正常的工作温度，应检查作业回路的液压力和溢流回路的最大压力是否与制造商的额定值一致。机器要放置于试验场地，如图 12-5、图 12-6 所示，铲斗或附属装置应与测力计相连。对于每台装备有反铲装置、正铲装置或伸缩臂装置的机器，需要通过铲斗和斗杆液压缸挖掘力来正确地确定挖掘力。

反铲装置斗杆液压缸挖掘力为沿铲斗前缘环绕斗杆销轴所形成的圆弧的切线方向的挖掘力，测力计呈受拉状态，如图 12-5a 所示。为获得最大挖掘力，工作回路的压力应为最大值，而且使铲斗处于具有最大铲斗液压缸挖掘力的位置，从而产生相对于斗杆销轴的最大转矩。

正铲装置斗杆液压缸挖掘力为沿铲斗前缘环绕斗杆销轴所形成的圆弧的切线方向的挖掘力，测力计呈受拉状态，如图 12-5b 所示。铲斗前缘应向离开主机的方向运动，使铲斗位于可获得最大铲斗液压缸挖掘力的位置，以使得铲斗前缘与斗杆销轴的距离最短。铲斗上没有超出铲斗前缘绕斗杆销轴形成的圆弧以外的部分。为获得最大挖掘力，工作回路的压力应为最大值，而且使铲斗处于具有最大铲斗液压缸挖掘力的位置，从而产生相对于斗杆销轴的最大转矩。

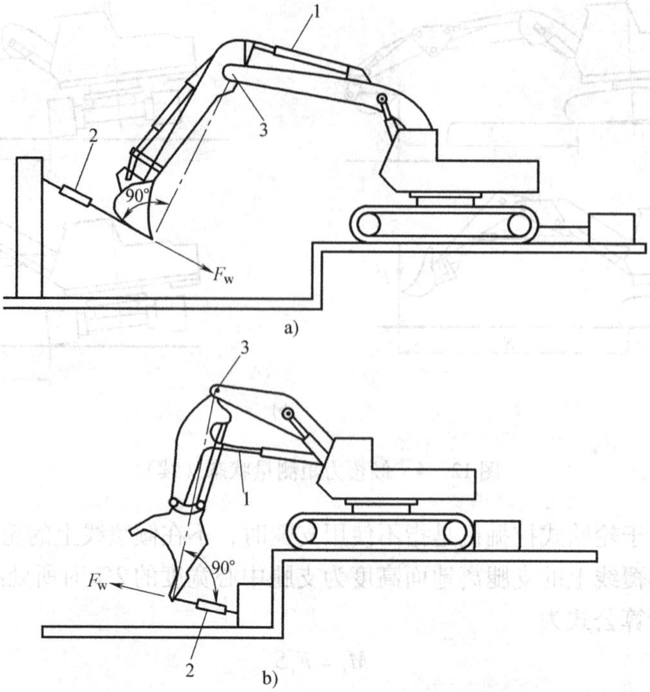

图 12-5　测量斗杆液压缸最大挖掘力的典型布置

a）反铲液压挖掘机　b）正铲液压挖掘机

1—斗杆液压缸　2—测力计（载荷传感器）　3—斗杆销轴

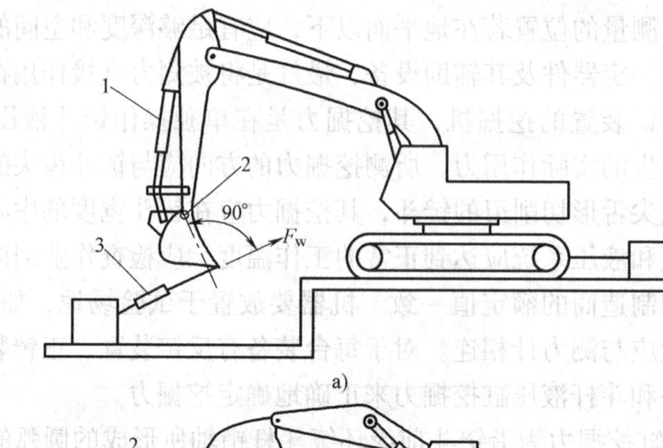

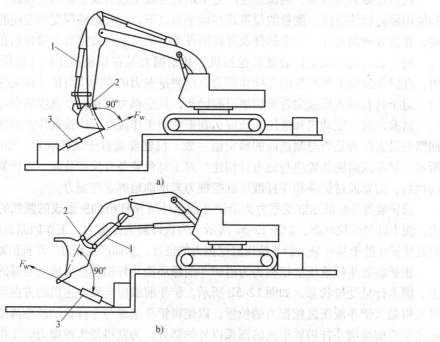

图 12-6　测量铲斗液压缸最大挖掘力的典型布置

a）反铲液压挖掘机　b）正铲液压挖掘机

1—铲斗液压缸　2—铲斗销轴　3—测力计（载荷传感器）

反铲装置铲斗液压缸挖掘力为沿铲斗前缘环绕铲斗销轴所形成的圆弧的切线方向的挖掘力，测力计呈受拉状态，如图 12-6a 所示。铲斗处于具有最大铲斗液压缸挖掘力的位置。铲斗没有超出铲斗前缘绕斗杆销轴形成的圆弧以外的部分。为获得最大铲斗液压缸挖掘力，工作回路的压力应为最大值，并使铲斗处于能产生相对于铲斗销轴的最大转矩的位置。

正铲装置铲斗液压缸挖掘力为沿铲斗前缘环绕铲斗销轴所形成的圆弧的切线方向的挖掘力。测力计呈受拉状态，如图 12-6b 所示。为获得最大铲斗液压缸挖掘力，工作回路的压力应为最大值，并使铲斗处于能产生相对于铲斗销轴的最大转矩的位置。

进行液压挖掘机额定挖掘力计算时，对于反铲工作装置，其斗杆液压缸切向挖掘力计算姿态如图 12-7a 所示；对于正铲工作装置如图 12-7b 所示，挖掘力为斗杆液压缸所产生且与半径为 A 的圆弧相切的作用力。计算铲斗液压缸额定挖掘力的姿态分别如图 12-8a（反铲工作装置）和图 12-8b（正铲工作装置）所示，挖掘力为铲斗液压缸产生且与半径为 B 的圆弧相切的作用力。

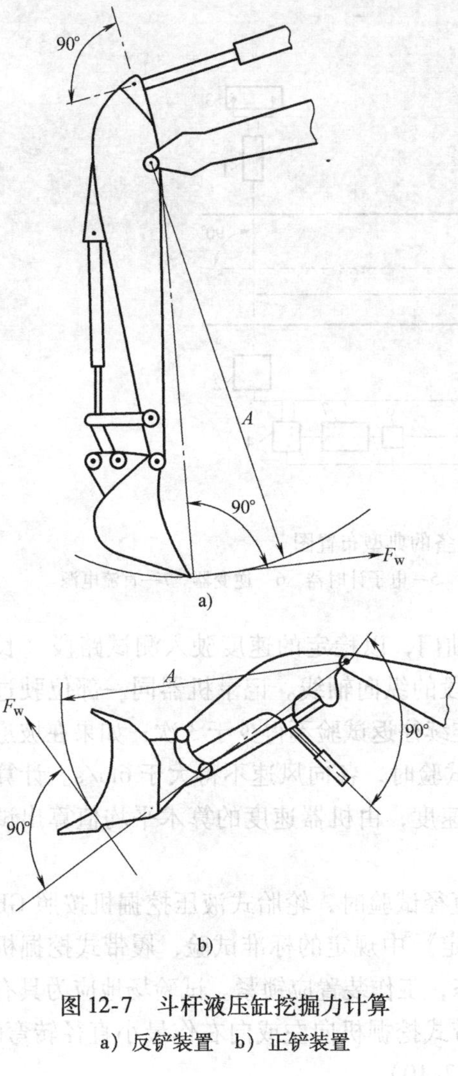

图 12-7　斗杆液压缸挖掘力计算

a）反铲装置　b）正铲装置

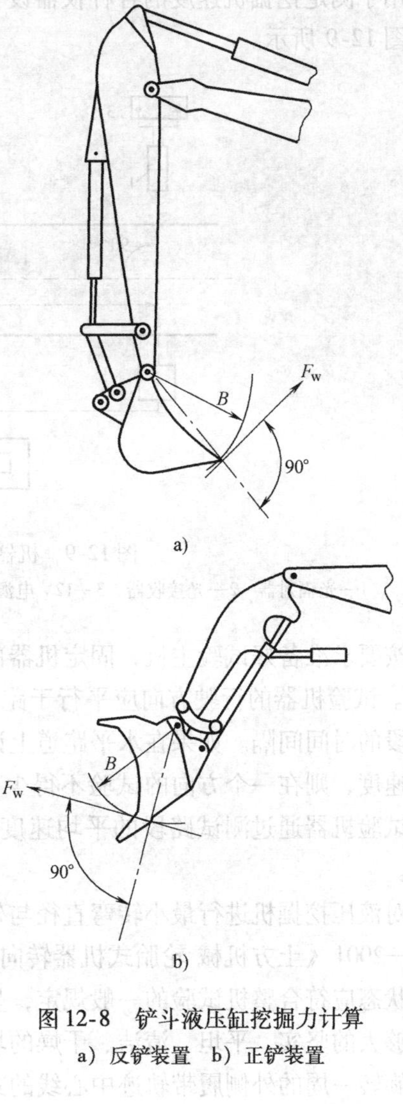

图 12-8　铲斗液压缸挖掘力计算

a）反铲装置　b）正铲装置

12.1.3 行驶性能试验

行驶性能试验包括行驶速度、最小转弯半径、外侧转弯直径、爬坡能力、制动性能、直线行驶性能等试验。挖掘机状态应符合整机试验的一般规定，呈行驶状态，并锁紧工作装置。试验场地应坚实、平坦、清洁、干燥，并具有足够大的面积。

行驶速度试验可以在各种类型的跑道上进行，但测试路段不短于20m，并且长度要与所试验机器的速度相适应。因测试所用的设备轻便可携带，能够在坡道、自然路面和普通路面的各种条件下进行速度的测定，记录器的设置方式应使试验机器有足够长的加速助跑路段，以达到所需的速度，并有足够的范围进行制动、转向及要求的反向试验。对于水平试验跑道，在沿测试路段不少于25m 的两点之间，高度差不得超过100mm，试验跑道的横向坡度不大于25%。开始试验之前，机器应充分运转，以保证发动机、传动系统、润滑和冷却系统达到正常的工作温度。

用于测定挖掘机速度的各种仪器设备试验精度应达到标准规定的要求。仪器的典型布置图如图12-9 所示。

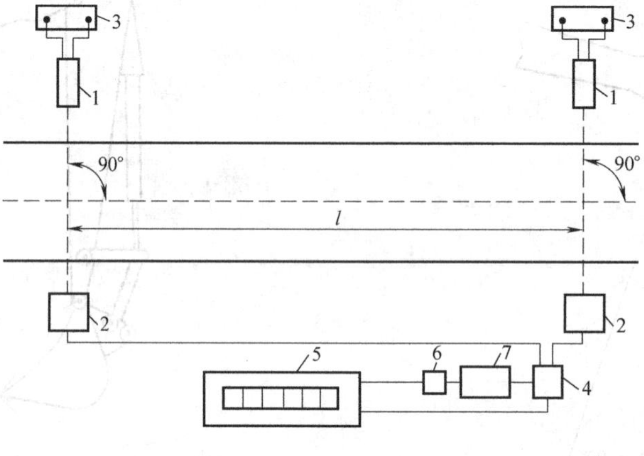

图12-9 机器速度测量装备的典型布置图

1—光辐射器 2—光接收器 3—12V 电源 4—控制箱 5—电子计时器 6—逆变器 7—直流电源

按要求准备好试验主机，固定机器的挡位和油门，以稳定的速度驶入测试路段（长度为 l）。试验机器的行驶方向应平行于跑道测试路段的纵向轴线。记录机器同一部位驶过测试路段的时间间隔。如果在水平跑道上试验，则连续往返试验不得少于3 次；如果在坡道上测定速度，则在一个方向的试验不得少于6 次。试验时，各向风速不得大于6m/s。计算出每次试验机器通过测试路段的平均速度，即机器速度，由机器速度的算术平均值算出试验速度。

对液压挖掘机进行最小转弯直径与外侧转弯直径试验时，轮胎式液压挖掘机按照GB/T 8592—2001《土方机械 轮胎式机器转向尺寸的测定》中规定的标准试验，履带式挖掘机的试验状态应符合整机试验的一般规定，呈行驶状态，工作装置应锁紧。试验场地应为具有面积足够大的坚实、平坦、清洁、干燥的场地。履带式挖掘机向左或向右作最小直径转弯时，测量旋转一周的外侧履带轨迹中心线的距离（图12-10）。

履带式挖掘机外侧转弯直径的试验方法是在工作装置最外点拴一个小重锤，挖掘机以最小直径转弯时，测量重锤形成轨迹的直径（图12-11）。

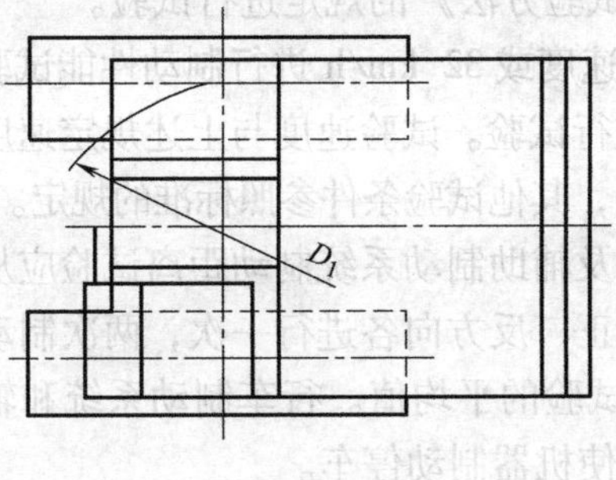

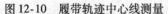

图12-10　履带轨迹中心线测量

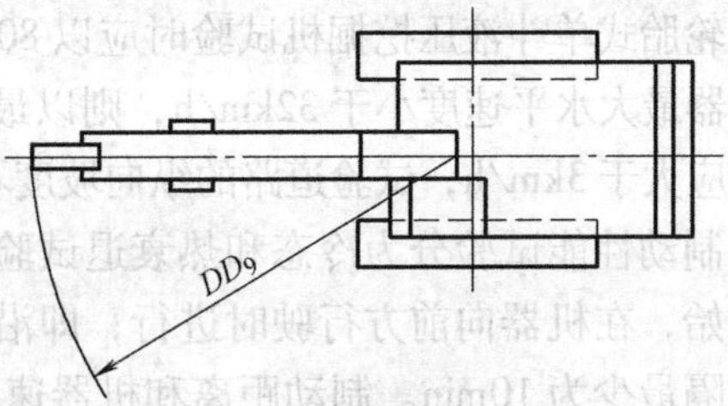

图12-11　外侧转弯直径试验

液压挖掘机爬坡能力试验用试验坡道应分三条，其中15°坡道应为碎石粘土路面，20°、25°坡道应为平整、坚实、均匀的土路面。坡道宽度大于6m，坡道预测距离为6m，测定距离为10m，坡下助跑距离应大于10m（图12-12）。

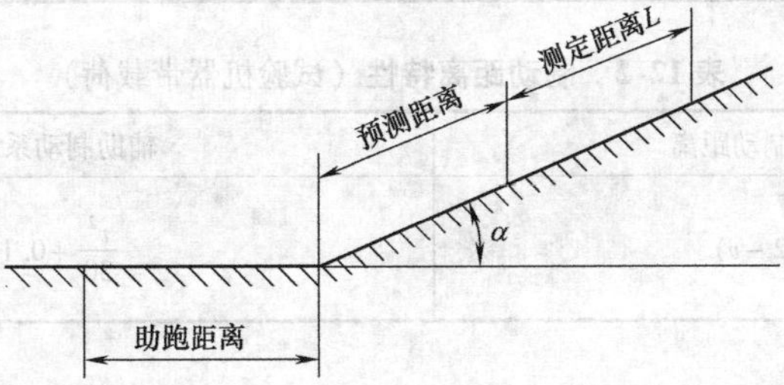

图12-12　爬坡能力试验

轮胎式单桥驱动的挖掘机应爬15°坡道，双桥驱动的挖掘机应爬20°坡道。以最低速度接近爬坡起点，然后迅速将发动机调到最大供油位置进行连续爬坡，直到试验结束，测定匀速通过距离所需时间。履带式挖掘机的履带板带肋时应爬25°坡道，不带肋时应爬20°坡道，以最大油门进行爬坡，测定均速通过距离所需时间。对于爬坡能力大于试验坡度的挖掘机，功率和附着力还有潜力，可利用提高车速的方法，在该坡道上重复试验，直至发动机功率输出最大或轮胎、履带滑移为止，最后折算出最大的爬坡角度。爬坡功率（不包括行驶阻力消耗的功率）和爬坡速度的计算公式为

$$P=\frac{g_{\mathrm{n}} m L \sin\alpha}{t} \tag{12-6}$$

$$v=3.6\frac{L}{t} \tag{12-7}$$

式中　P——爬坡功率（kW）；

L——测定距离（m）；

α——坡道角度（°）；

t——通过测定距离所需时间（s）；

v——行驶速度（km/h）。

轮胎式单斗液压挖掘机的制动性能按 GB/T 21152—2007《土方机械轮胎式机器制动系统的性能要求和试验方法》的规定进行试验；履带式挖掘机的制动性能按 GB/T 19929—2005《土方机械 履带式机器 制动系统的性能要求和试验方法》的规定进行试验。

轮胎式单斗液压挖掘机试验时应以 80% 最大水平速度或 32 km/h 进行制动性能试验。如果机器最大水平速度小于 32km/h，则以最大的速度进行试验。试验速度与上述规定速度的偏差不应大于 3km/h，试验道路的纵向坡度不应大于 1%，其他试验条件参照标准的规定。

制动性能试验分为冷态和热衰退试验两种，行车及辅助制动系统制动距离试验应从冷制动开始，在机器向前方行驶时进行，即沿试验道路的正、反方向各进行一次，两次制动的时间间隔最少为 10min。制动距离和机器速度应取两次试验的平均值。行车制动系统和辅助制动系统应在表 12-1 或表 12-2 规定的相应制动距离内使机器制动停车。

表 12-1 制动距离特性（试验机器不带有效载荷） （单位：m）

行车制动系统制动距离	辅助制动系统制动距离
$\frac{v^2}{150}+0.2(v+5)$	$\frac{v^2}{75}+0.4(v+5)$

注：$v>0$，单位为 km/h。

表 12-2 制动距离特性（试验机器带载荷） （单位：m）

行车制动系统制动距离	辅助制动系统制动距离
$\frac{v^2}{44}+0.1(32-v)$	$\frac{v^2}{30}+0.1(32-v)$

注：1. $v>0$，单位为 km/h。

2. 速度超过 32km/h 时，从公式中删去 $0.1(32-v)$ 项。

进行热衰退试验时，机器轮胎不抱死，在最接近机器最大减速度时，行车制动系统连续制动 4 次，在每次制动之后，机器应以最大加速度迅速恢复到初始试验速度。应对连续的第 5 次制动进行测定，制动距离不应大于冷态试验中所记录的制动距离的 125%。

履带式挖掘机直线行驶性能试验用道路应是平整、清洁、干燥的坚实直线跑道。轮胎式挖掘机应选用水泥或沥青路面，跑道长度不得小于 200m；履带式挖掘机应选用碎石土路面，跑道长度不得小于 50m。跑道宽度不得小于 6m，纵向坡度不得大于 1%，横向坡度不得大于 1.5%；试验时最大风速不得大于 6m/s。

在试验跑道上，量取 50m 试验区间，并画出两端线和跑道中心线，使挖掘机在端线外停好，挖掘机中心线与跑道中心线基本重合，然后在不调整操纵手柄的情况下往返通过试验区间。以初始履带轨迹切线延长线为基准，测量 50m 距离内履带跑偏量 e（图 12-13）。

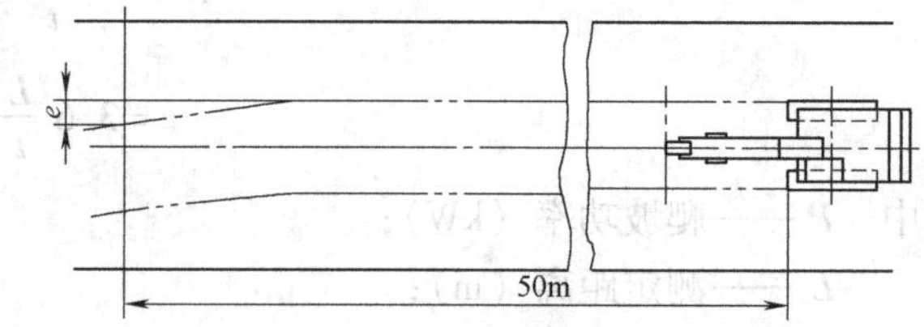

图 12-13 履带跑偏量

12.1.4 空运转试验

起动发动机，观察发动机的运行及各仪表指示值，并调整液压系统和气压系统的压力至正常值。模拟作业工况，使工作装置的各液压缸和回转机构反复运行。观察液压系统和发动机的运行是否正常，各控制阀的工作是否可靠。回转齿圈和回转驱动齿轮之间的啮合是否正常。

分别支起挖掘机两边的行走机构，使悬空的行走机构运行，观察行走液压马达、行走减速机构和制动装置以及四轮一带的运行是否正常，各控制阀的工作是否可靠。

12.1.5　作业试验

作业试验是按照标准规定进行的实际挖掘试验，对挖掘机工作性能和效率进行全面考核，以测定作业循环时间和生产率。主要进行挖掘、回转、装载的循环试验，以测定挖掘机的作业性能。作业试验的结果还取决于所挖土壤的物理力学性质和驾驶员的操作技能。挖掘机作业试验要求作业前的水温、油温达到规定值，并由技术熟练的驾驶员驾驶。

正铲挖掘机进行挖掘装载时，土壤密度不低于 1800kg/m^3。反铲挖掘机进行挖掘作业时，试验场地应平坦，具有一定的宽度和长度，土壤密度在 1500～1800kg/m^3 之间。作业面高度为最大挖掘高度的 1/2，运输车辆的容积为铲斗容量的 4 倍左右。在回转 90°和 180°时进行挖掘装载作业，配备相应的运输车辆，进行 30～60min 的挖掘装载试验，如图 12-14 所示。测定挖掘机作业时间、挖掘循环次数、燃油消耗量、装载的土方量等。此外，在若干次的循环中还需分别测定挖掘、回转、装车等的时间。

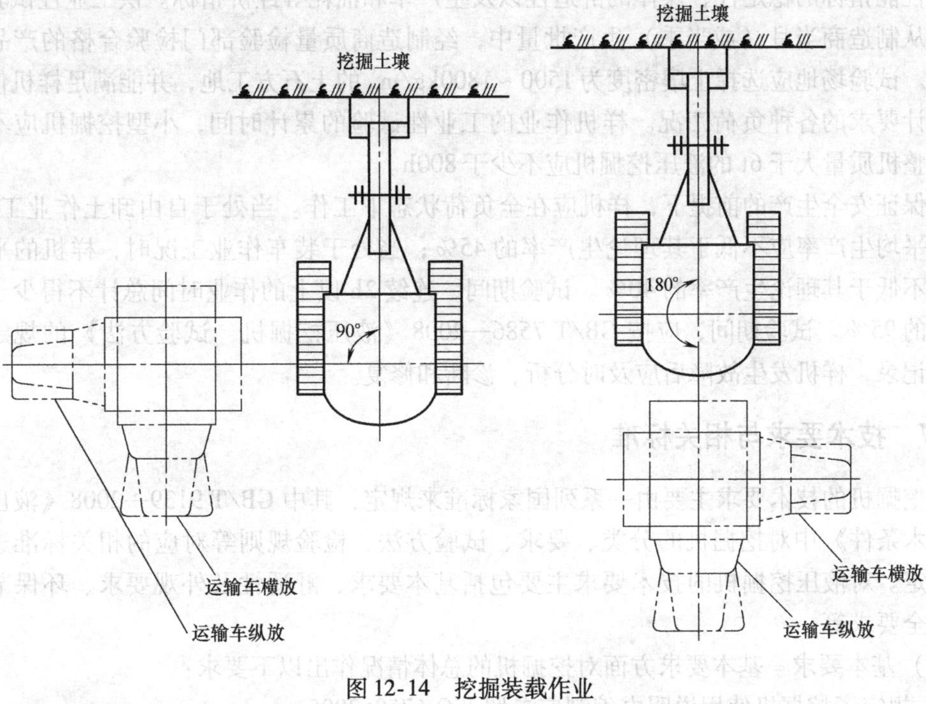

图 12-14　挖掘装载作业

可用试验中测得的数值计算作业生产率、每个循环的挖土量、单位时间耗油量及单位燃油挖土量，即

$$Q = \frac{3600V_u}{T} \tag{12-8}$$

$$Q_u = \frac{V_u}{N} \tag{12-9}$$

$$f = \frac{3600 G_Z}{T} \tag{12-10}$$

$$Q_i = \frac{V_u}{G_Z} \tag{12-11}$$

式中 Q——作业生产率（m^3/h）；

f——单位时间耗油量（L/h）；

Q_u——每个循环的挖土量（m^3/次）；

Q_i——单位燃油挖土量（m^3/L）；

T——总作业时间（s）；

V_u——总挖土量（m^3）；

N——总循环次数；

G_Z——总耗油量（L）。

12.1.6 工业性试验

挖掘机工业性试验的目的是为在作业场地全面考核挖掘机工作的可靠性、主要零件的耐磨性、性能指标的稳定性、操作的舒适性以及生产率和油耗等经济指标。供工业性试验的挖掘机应从制造商当月（或当季）生产批量中，经制造商质量检验部门检验合格的产品中随机抽取。试验场地应选择土壤密度为1500～1800kg/m^3的土石方工地，并能满足样机使用要求和设计要求的各种负荷工况。样机作业的工业性试验的累计时间，小型挖掘机应不少于400h，整机质量大于6t的液压挖掘机应不少于800h。

在保证安全生产的前提下，样机应在全负荷状态下工作。当处于自由卸土作业工况时，样机的平均生产率应不低于其理论生产率的45%；当处于装车作业工况时，样机的平均生产率应不低于其理论生产率的40%。试验期间，连续2h以上的作业时间总计不得少于总试验时间的95%。试验期间，应按GB/T 7586—2008《液压挖掘机　试验方法》的规定进行测定并记录，样机发生故障后应及时分析、诊断和修复。

12.1.7 技术要求与相关标准

对挖掘机的技术要求主要由一系列国家标准来规定，其中GB/T 9139—2008《液压挖掘机　技术条件》中对挖掘机的分类、要求、试验方法、检验规则等对应的相关标准进行了详细规定。对液压挖掘机的技术要求主要包括基本要求、舒适性及外观要求、环保节能要求、安全要求等。

（1）基本要求　基本要求方面对挖掘机的总体情况作出以下要求：

1）规定了挖掘机使用说明书编制应参照ISO 6750: 2005。

2）挖掘机的基本参数是工作质量、标准斗容量和发动机功率，并应符合GB/T 21941—2008、GB/T 21942—2008、GB/T 16936—2007的规定。

3）挖掘机应能在环境温度为－15～40℃条件下正常作业。

4）挖掘机标准型的正铲工作装置应能在密度为2000kg/m^3的物料中正常作业，反铲工作装置应能在密度为1800kg/m^3的物料中正常作业。

5）挖掘机的焊接质量应符合JB/T 5943—1991的规定。

6）挖掘机应操纵灵活、准确可靠。操纵装置应符合 GB/T 8595—2008 的规定。

7）液压油的最高温度和最大温升应处于挖掘机正常工作允许范围内。

8）挖掘机的液压系统油液固体颗粒污染等级应不超过 GB/T 14039—2002 的规定。

9）挖掘机在按 GB/T 7586—2008 规定的试验条件下，动臂液压缸活塞杆因系统内泄漏引起的位移量不得大于 25mm/10min。

10）挖掘机的电气设备或系统应保证传动和控制准确可靠，其设计、安装应符合 GB 5226.1—2008 和 GB 19517—2009 的规定。

11）轮胎式挖掘机的爬坡能力不小于 35%，履带式挖掘机的爬坡能力不小于 50%；履带式挖掘机直线行驶的跑偏量不得大于测量距离的 7%。

12）轮胎式挖掘机的制动距离应符合 GB/T 21152—2007 的规定。

13）整机的稳定性应符合 JG 5056—1995 的规定。

14）回转机构应保证回转、起动和制动平稳。

15）液压油箱的设计应符合 GB/T 3766—2001 的规定，其油标位置应易被观察并紧密连接。

16）工作质量为 6t 以上的挖掘机燃油箱容量应保证整机连续工作 10h 以上。

17）有特殊要求的挖掘机可按用户和制造商的技术协议进行制造和检测。

（2）舒适性及外观要求

1）驾驶室应具有良好的视野和舒适的操作条件，使驾驶员能够完成各项操作。操纵装置舒适区域与可及范围应符合 GB/T 21935—2008 的规定。

2）驾驶室内各操纵构件布置应合理，操作方便。仪表盘面、操作台面或操作部位的光照度应不低于 50lx。

3）如配备全密封驾驶室，驾驶室环境应符合 GB/T 19933.2—2005、GB/T 19933.4—2005 和 GB/T 19933.5—2005 的规定。

4）驾驶员座椅的尺寸和要求应符合 JB/T 10301—2001 的规定。

5）驾驶员座椅振动要求应符合 GB/T 8419—2007 的规定。

6）挖掘机的涂漆质量应符合 JB/T 5946—1991 的规定。

（3）环保节能要求

1）挖掘机的噪声限值应符合 GB 16710.1—1996 的规定。如配备全密封驾驶室，其驾驶位置处的噪声限值不应大于 85dB（A）。

2）挖掘机选用柴油机的排气污染物应符合 GB 20891—2007 的规定。

3）挖掘机若装有空调，空调的制冷剂应符合国家空调环保的规定。

4）整机质量大于或等于 20t 的挖掘机应设置节约能耗的作业方式。

（4）安全要求

1）电气设备的安全要求应符合 GB 5226.1—2008 和 GB 19517—2009 中的有关规定。

2）驾驶室的门、窗玻璃材料应符合 GB 9656—2003 的规定。

3）工作质量超过 6t 的挖掘机应装监控装置。

4）轮胎式挖掘机应装备符合 GB 19151—2003 规定的三角警告牌，三角警告牌在车上应妥善放置。

5）装有起吊装置进行起吊作业的挖掘机，其起重能力应满足 GB/T 13331—2005 的规定。

6）挖掘机反铲进行起重作业时，应采用符合 GB/T 21938—2008 要求的动臂下降控制装置。

7）为了防止机器由于液压系统失效而失稳，支腿液压回路应安装带液压锁的支腿液压缸。

8）液压管路及燃料管路应固定牢靠，避免因振动和冲击而发生损坏和漏油现象；活动的管路应装有防止磨损的防护装置。

9）挖掘机应设计并能安装驾驶员防护装置，用户提出需求时制造商可以提供此防护装置，驾驶员防护装置应符合 GB/T 19932—2005 的规定。小型挖掘机的驾驶员防护装置还应符合 GB/T 19930—2005 的规定。

10）安装翻车保护结构时，驾驶室内驾驶员座椅应安装安全带，安全带应符合 GB/T 17921—2010 的规定。

11）设置在挖掘机上的和编制在使用说明书（操作保养手册）中的安全标志和危险图示应符合 GB 20178—2006 的规定。

12）驾驶室的视野能见度应符合 ISO 5006: 2006 的规定。为补充直接视野的不足，挖掘机可配备相应的辅助设备，如后视镜、监视镜等。后视镜和监视镜应符合 ISO 14401—2: 2004的规定。

13）电气控制系统中应有确保安全的过载保护装置。

14）其他安全技术要求应符合 JB 6030—2001 的规定。

12.2 主要机构和部件的试验

12.2.1 回转试验

液压挖掘机回转试验包括回转速度试验、回转制动试验、回转力矩试验及回转摩擦阻力矩试验，主要用于检验其回转机构能否保证回转、起动和制动平稳。

回转速度试验的试验条件要求挖掘机状态应满足挖掘机整机试验时的条件与规定。反铲挖掘机工作装置按以下两种位置准备。第Ⅰ位置：斗杆液压缸全缩，铲斗液压缸全伸，调整动臂液压缸，使斗底处于动臂液压缸铰轴高度，如图 12-15a 所示；第Ⅱ位置：动臂液压缸、斗杆液压缸、铲斗液压缸全伸，如图 12-15b 所示。

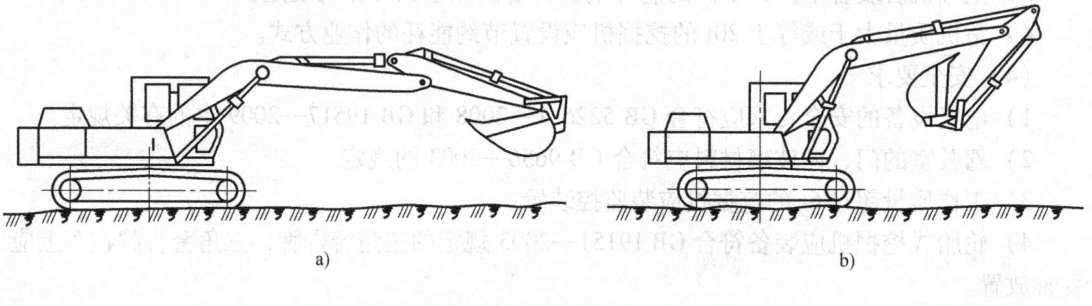

图 12-15　反铲挖掘机回转速度试验

正铲挖掘机工作装置按以下两种位置准备。第Ⅰ位置：动臂液压缸、斗杆液压缸半伸（液压缸活塞杆伸出全行程的二分之一），铲斗液压缸全伸，如图12-16a所示；第Ⅱ位置：动臂液压缸半伸，斗杆液压缸、铲斗液压缸全伸，如图12-16b所示。

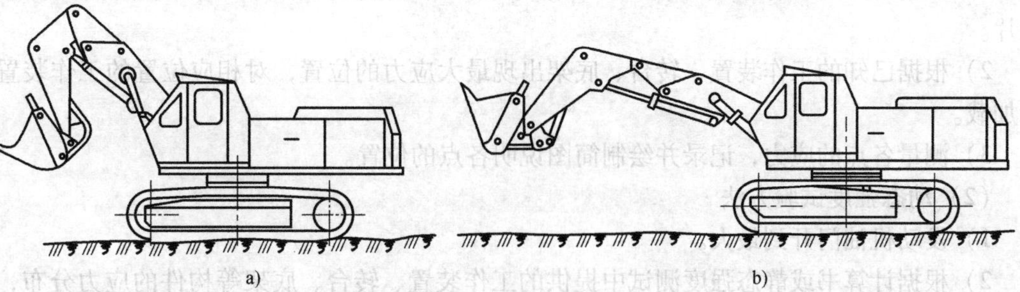

图12-16　正铲挖掘机回转速度试验

试验时首先将发动机油门开到最大，而后将铲斗空载及铲斗满载进行左回转及右回转试验，当转台回转速度出现匀速时测定有关参数。回转速度的计算公式为

$$n = \frac{\alpha_z}{6t_z} \tag{12-12}$$

式中　n——转台回转速度（r/min）；

α_z——转台转过的角度（°）；

t_z——转台转过α角所用的时间（s）。

回转制动试验、回转力矩试验及回转摩擦阻力矩试验的条件同样要求挖掘机状态应满足整机试验时的条件与规定。回转制动试验方法是将发动机油门开到最大，铲斗空载及铲斗满载进行左回转及右回转试验，当转台出现匀速转动后再进行制动，记录从制动开始到转台停止所用的时间及转过的角度。

回转力矩试验方法是将发动机油门开到最大，铲斗空载时将拉力传感器的一端与工作装置连接（不损坏工作装置），将另一端与足够大的固定物连接；操纵换向阀使转台产生远离固定物方向的回转力矩，当回转力矩增大到使回转液压马达安全阀处于溢流状态时，测量有关参数回转力矩的计算公式为

$$M_r = F_r L_r \tag{12-13}$$

式中　M_r——回转力矩（N·m）；

F_r——拉力（N）；

L_r——力臂（m）。

回转摩擦阻力矩试验方法是：铲斗空载时将工作装置与拉力计连接，用人力或加力装置沿切线方向逐渐加载，当转台开始转动时测量有关参数，根据力与力臂长度计算出回转摩擦阻力矩值。

12.2.2　结构强度试验

挖掘机结构强度试验包括静态强度试验和动态强度试验。试验仪器可采用应变片、静态应变仪、拉力传感器、加载装置等设备。挖掘机状态与试验场地应满足挖掘机整机试验时的

条件，具体应按照 GB/T 13332—2008《土方机械 液压挖掘机和挖掘装载机 挖掘力的测定方法》的规定执行。动态强度试验场地土壤密度不低于 1800kg/m^3。

（1）静态强度试验方法

1）根据已知的工作装置、转台、底架等构件的应力分布，选择应力较大的点粘贴应变片。

2）根据已知的工作装置、转台、底架出现最大应力的位置，对相应位置的工作装置进行加载。

3）测量各点的应力，记录并绘制简图说明各点的位置。

（2）动态强度试验方法

1）发动机油门开到最大。

2）根据计算书或静态强度测试中提供的工作装置、转台、底架等构件的应力分布，选择应力较大的点粘贴应变片。在实际挖掘过程中测量工作装置、转台、底架等构件的应力。

3）在记录曲线上，找出各测试点瞬时出现的最大应力并取值。在每个取值点上同时将仪器中瞬时所列参数测量出来并进行记录，同时附构件简图及记录曲线，说明测试点的位置及构件应力。

12.2.3 液压系统试验

挖掘机液压系统试验包括系统空流阻力、行驶机构内阻力矩、直线行驶阻力矩及制动、转弯阻力矩、回转、液压油温升及工作装置液压系统密封性试验。此外还需按 GB/T 20082—2006 的规定进行液压系统油液固体颗粒污染度检查。

（1）液压系统空流阻力试验　液压系统空流阻力试验的试验条件按照挖掘机整机定置试验的挖掘机状态与试验场地规定安排，采用压力表、流量计与二次仪表、测速仪、电加热器等仪器设备。试验按如下方法进行：

1）发动机的转速调至额定转速。

2）液压油温度应达到 (50 ±3)℃。

3）操纵换向阀处于中位，测量有关参数并记录。

液压系统空流阻力的计算公式为

$$\Delta p = \bar{p}_1 - \bar{p}_4 \tag{12-14}$$

式中　Δp——液压系统空流阻力（Pa）；

$\bar{p}_1$——泵出口平均压力（Pa）；

$\bar{p}_4$——油箱回油口平均压力（Pa）。

（2）履带式挖掘机行驶机构内阻力矩试验　履带式挖掘机行驶机构内阻力矩试验（以行驶液压马达输出力矩为例）的试验条件按照挖掘机整机定置试验的挖掘机状态及履带挖掘机直线行驶性能试验用道路要求安排，仪器设备为压力表或压力传感器、温度计、测速计、动态应变仪、示波器等。试验按如下方法进行：

1）发动机转速调至额定转速。

2）分别将左、右履带悬空，如图 12-17 所示。

3）操纵换向阀使履带前后运动。

记录测量结果，液压马达的输出力矩为

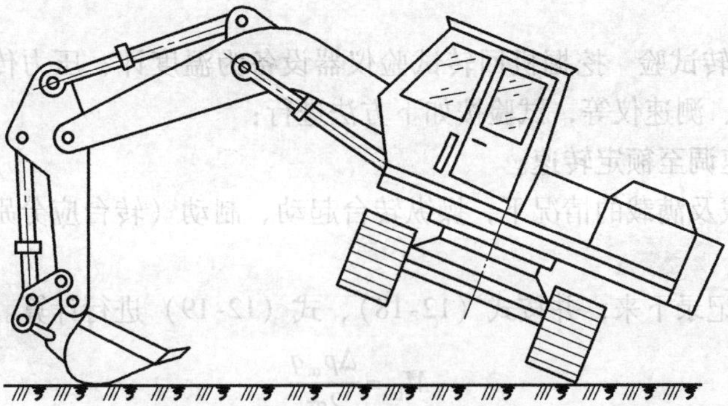

图12-17　行驶机构内阻力矩试验

$$M_{左(右)}=\frac{\Delta p_{左(右)}q}{2\pi} \tag{12-15}$$

$$\Delta p_{左}=\bar{p}_{12}-\bar{p}_{14} \tag{12-16}$$

式中　$M_{左(右)}$——液压马达的输出力矩（N·m）；
$\Delta p_{左}$——左行驶液压马达进出油口平均压力差（Pa）；
$\bar{p}_{12}$——左液压马达进油口平均压力（Pa）；
$\bar{p}_{14}$——左液压马达出油口平均压力（Pa）；
q——液压马达排量（m^3/r）。

$$\Delta p_{右}=\bar{p}_{13}-\bar{p}_{15} \tag{12-17}$$

式中　$\Delta p_{右}$——右行驶液压马达进出油口平均压力差（Pa）；
$\bar{p}_{13}$——右液压马达进油口平均压力（Pa）；
$\bar{p}_{15}$——右液压马达出油口平均压力（Pa）。

（3）履带式挖掘机直线行驶阻力矩及制动试验　履带式挖掘机直线行驶阻力矩及制动试验（以液压马达输出力矩为代表）的试验条件按照挖掘机整机定置试验的挖掘机状态及履带挖掘机直线行驶性能试验用道路要求安排，仪器设备为压力表或压力传感器、温度计、测速计、动态应变仪、示波器、标杆、计时器等。试验按如下方法进行：

1）发动机的转速调至额定转速，工作装置处于行驶状态。

2）挖掘机以最高及最低速度直线前进并进行制动。

记录测量结果并将示波图形分段，在分割处取值，按式（12-15）~式（12-17）进行计算。

（4）履带式挖掘机转弯阻力矩试验　履带式挖掘机转弯阻力矩试验（以液压马达输出力矩为代表）的试验条件同样按照挖掘机整机定置试验的挖掘机状态及液压挖掘机进行最小转弯直径与外侧转弯直径试验时的条件，仪器设备为压力传感器、流量计、温度计、动态应变仪、示波器。试验按如下方法进行：

1）发动机的转速调至额定转速，工作装置处于运行状态。

2）分别驱动一条履带进行左、右转弯，测量液压马达进出口的压力。

3）驱动两条履带（一条正转、一条反转）左转弯及右转弯。

记录测量结果并将示波图形分段，在分割处取值，按式（12-15）~式（12-17）进行计算。

（5）挖掘机回转试验　挖掘机回转试验仪器设备为温度计、压力传感器、流量计、动态应变仪、示波器、测速仪等，试验按如下方法进行：

1）发动机转速调至额定转速。

2）在铲斗空载及满载的情况下，操纵转台起动、制动（转台应分别进行左回转及右回转试验）。

将测得的参数记录下来，并按式（12-18）、式（12-19）进行计算。即

$$M_b = \frac{\Delta p_m q}{2\pi} \tag{12-18}$$

$$\Delta p_m = \bar{p}_{16} - \bar{p}_{17} \tag{12-19}$$

式中　M_b——液压马达回转阻力矩或制动力矩（N·m）；

Δp_m——液压马达进出油口压力差（Pa）；

$\bar{p}_{16}$——液压马达 A 口平均压力（Pa）；

$\bar{p}_{17}$——液压马达 B 口平均压力（Pa）。

（6）液压油温升试验　液压油温升试验条件同样按照挖掘机整机定置试验的挖掘机状态，试验场地为土壤密度不低于 1800kg/m^3，具有一定高度和深度的工作面。仪器设备为温度计、计时器、测速仪。试验按如下方法进行：

1）发动机转速调至额定转速。

2）油箱内装置温度计，测量油温。

3）挖掘机应连续挖掘密度为 1800～2000kg/m^3 的土壤，直至达到热平衡为止。

将测得的数值记入表格，并根据表中数据绘制液压油热平衡图。

（7）工作装置液压系统密封性试验　工作装置液压系统密封性试验的试验条件同样按照挖掘机整机定置试验的挖掘机状态及试验场地，仪器设备为卷尺、直尺、温度计、标杆。试验按如下方法进行：

1）铲斗装满物料（标准载荷）。

2）反铲挖掘机动臂液压缸、铲斗液压缸全伸，斗杆液压缸全缩，如图 12-18 所示。

3）正铲挖掘机铲斗放平，工作装置提升到最高位置，如图 12-19 所示。

4）发动机熄火后进行测量。

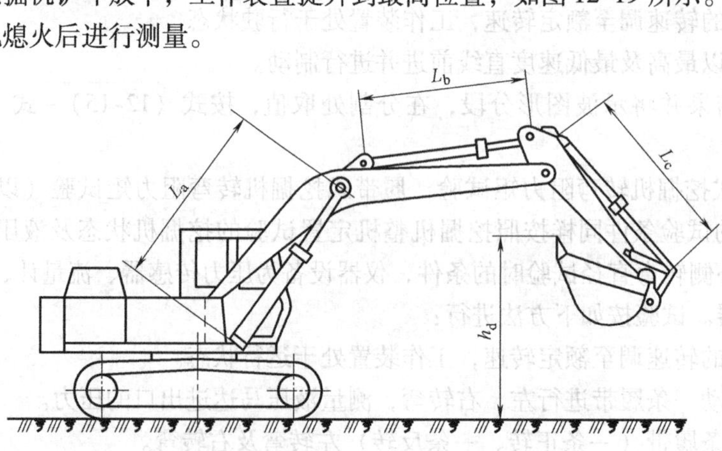

图 12-18　反铲挖掘机工作装置液压系统密封性试验

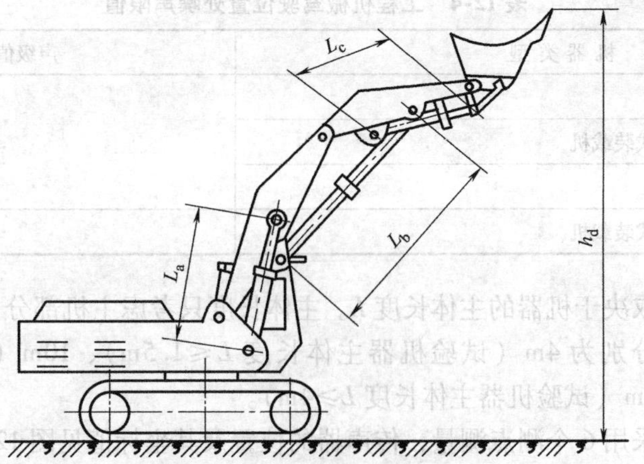

图 12-19　正铲挖掘机工作装置液压系统密封性试验

12.3　环保与排放试验

12.3.1　噪声试验

液压挖掘机噪声试验一般采用定置试验条件下的可重复的工况确定声功率辐射，或模拟的动态试验条件代替实际的作业循环试验条件，以可重复的工况确定声功率辐射。根据试验条件分为定置条件下和动态试验条件下两种试验，根据测定位置又分为环境辐射噪声与驾驶位置外噪声的测定两种。

相关的标准有 GB/T 16710.1—1996《工程机械 噪声限制》、GB/T 25612—2010《土方机械 声功率级的测定 定置试验条件》、GB/T 25613—2010《土方机械 司机位置发射声压级的测定定置试验条件》、GB/T 25614—2010《土方机械 声功率级的测定 动态试验条件》和 GB/T 25615—2010《土方机械 司机位置发射声压级的测定 动态试验条件》。这五个标准组成了工程机械噪声限值和测定方法的完整的系列标准。

工程机械机外辐射噪声按 GB/T 25612—2010 和 GB/T 25614—2010 规定的方法测试时，声功率级值应符合表 12-3 的规定。司机位置处的噪声按 GB/T 25613—2010 和 GB/T 25615—2010 规定的方法测试时，声级值应符合表 12-4 的规定。

表 12-3　工程机械机外辐射噪声限值

标定功率 P/kW	≤40	>40~50	>50~65	>65~80	>80~100
声功率级/dB(A)	≤106	≤108	≤110	≤112	≤114
标定功率 P/kW	>100~130	>130~160	>160~200	>200~250	>250~350
声功率级/dB(A)	≤116	≤118	≤120	≤122	≤124

进行液压挖掘机定置试验条件下机外辐射噪声的测定时，试验场地的测量地面为混凝土或沥青硬反射面，并且从声源中心至低测点（测量半球面半径）最大距离三倍的范围内无声反射体。每一测点的背景噪声至少应比机器的辐射噪声低 10dB。试验用的测量面为半球

表 12-4 工程机械驾驶位置处噪声限值

机器类型	声级值/dB(A)
挖掘机	≤92
轮胎式推土机和轮胎式装载机	
挖掘装载机	
履带式推土机和履带式装载机	≤97

面，半球面的半径取决于机器的主体长度 L。主体长度只考虑主机部分，工作装置不包括在内。半球面的半径分别为 4m（试验机器主体长度 $L\leqslant1.5$m）、10m（试验机器主体长度 1.5m$<L<$4m）、16m（试验机器主体长度 $L\geqslant$4m）。

半球测量面上采用 6 个测点测量，传声器的位置及其坐标值见图 12-20 和表 12-5。

表 12-5 传声器位置坐标值 （单位：m）

传声器序号	x	y	z
1	$0.7r$	$0.7r$	1.5
2	$-0.7r$	$0.7r$	1.5
3	$-0.7r$	$-0.7r$	1.5
4	$0.7r$	$-0.7r$	1.5
5	$-0.27r$	$0.65r$	$0.71r$
6	$0.27r$	$-0.65r$	$0.71r$

挖掘机的中心点应与半球面的中心点（图 12-20 中 x 轴与 y 轴的交点）重合。机器的前方面向 1 号和 4 号传声器。挖掘机上部结构的回转中心定义为机器定位用的中心点。在稳定运行状态下，每个测点每次读数的测量时间应在 15～30s 的范围内。在每次读取一组数据之前，发动机应先处于低速空转状态，然后提高到制造厂规定的稳定空载状态下的额定转速。

从各传声器测点得到的三组数据计算出三个声功率级值，三个值中应有两个彼此之差在 1dB 以内。不满足时，需要补充试验。用彼此相差在 1dB 以内的两个值的算术平均值作为 A 计权声功率级值。如果出现不止一对满足上述要求的声功率级计算值，则取数值较大一对的算术平均值。

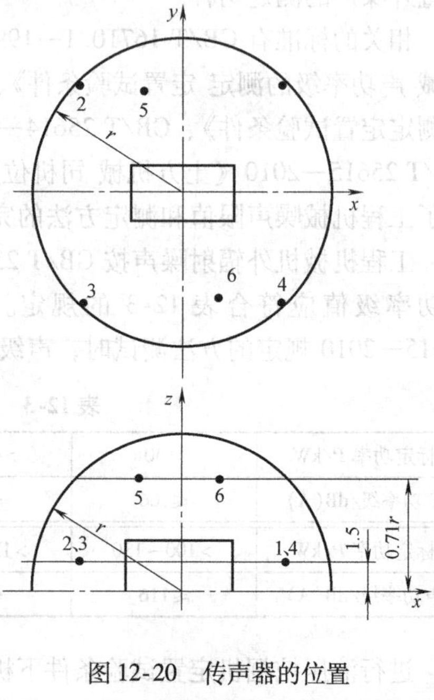

图 12-20 传声器的位置

r—半球面半径（m）

进行液压挖掘机定置试验条件下驾驶位置处噪声的测定时，试验场地与定置试验条件下机外辐射噪声的测定相同。机器应定位于测量场地平面的中心。在测量过程中驾驶员应在驾驶位置，观测员不能过于靠近驾驶室或在驾驶室内。驾驶员不能穿吸声服装，也不能戴帽子、围巾（安全用的防护帽、头盔或安装传声器用的支架除外），这些衣物会影响噪声测量。驾驶员的坐姿高度按规定从座位表面量至头顶，应在800～960mm之间。座椅应置于或尽量靠近水平调节和垂直调节范围的中点，座椅的悬挂应该压缩，使座椅处于其动态范围的中间位置。

传声器的朝向应水平指向坐在驾驶座位上通常向前看的方向。传声器距驾驶员头部中间平面200mm±20mm，和眼睛在一条线上，并装在等效连续A声级高的头部一侧。如通过预测，头部两侧声压级相同，则取右侧。传声器要仔细防振，因为振动会对测量产生影响。如测量过程中移动传声器，应注意避免产生声学噪声（如传声器摩擦驾驶员衣服引起的噪声）或电噪声（如由于电缆挠曲），这些噪声会干扰测量。

在稳定运行状态下，每次读数的测量时间应在15～30s的范围内。在每次读取一组数据之前，发动机应先处于低速空转状态，然后提高到制造厂规定的稳定空载状态下的额定转速。在传声器测点上应进行三次测量，三个测量值中应有两个值彼此之差在1dB以内。测量结果不满足时，需要补充试验。用彼此相差在1dB以内的两个测量值的算术平均值作为等效连续A声级的报告值。如果出现不止一对满足上述要求的测量值，则取数值较大一对的算术平均值作为报告值。

在进行液压挖掘机动态试验条件下机外辐射噪声的测定时，因为实际的作业循环试验条件很复杂且难于重现，而采用动态试验条件则能够提供符合要求且可以重复的典型辐射噪声数据。因此，在动态试验条件下可以利用重复工况确定声功率辐射，以确定机器是否符合噪声限值，还可用于降噪研究的评价。

测量面的尺寸与半球测量面上的传声器位置与定置试验条件下机外辐射噪声的测定时相同。挖掘机试验时的机器定位为：上部结构的回转中心规定为机器的定位中心，此定位中心与图12-21中的半球面中心C重合，机器的纵轴与x轴重合，机器的前方朝向B点。定位机器的运行工况参照GB/T 25614—2010附录A。在传声器各测点上，应进行三次测量，做三个动态循环。利用测量面上平均的等效连续A声级计算A计权声功率级，与定置试验条件的计算方法相同。

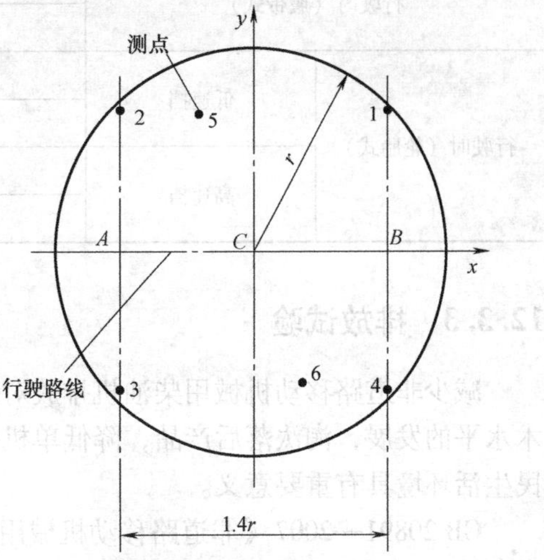

图12-21 行驶道路

进行液压挖掘机动态试验条件下驾驶位置处噪声的测定时，机器的行驶道路和定位与动态试验条件下机外辐射噪声的测定相同。

传声器应水平指向坐在驾驶座位上通常向前看的方向。传声器距驾驶员头部中间平面200mm±20mm，和眼睛在一条线上。为预测声压级数据的测点，机器原地不动，发动机以最大油门空转，先在驾驶员头部左侧，然后在右侧测量，哪侧产生的读数大，就用哪侧作为动态测点；若两侧的最初声压级检测相同，应使用右侧的位置。传声器应安装在支架上，或驾驶员穿戴的头盔或垫肩上。应注意将影响传声器测量的反射噪声作用降低到最小。

定位机器的运行工况与动态试验条件下机外辐射噪声的测定相同，在传声器测点上应进行三次测量，做三个动态循环。在得到的三个测量值中，应有两个值彼此之差在 1dB 以内。不满足时，需要补充试验。用彼此相差在 1dB 以内的两个测量值的算术平均值作为等效连续 A 声级的报告值。如果出现不止一对满足上述要求的测量值，则取数值较大一对的算术平均值。

12.3.2　振动试验

液压挖掘机振动试验的条件与挖掘机整机定置试验相同，驾驶员的质量为 75kg，发动机处于最大油门状态。仪器设备为测速仪、加速度传感器、放大器（或数据处理器）、记录仪、人体振动响应计等。试验方法是在发动机以高速空载运转、挖掘机以最高速度挡和最低速度挡行驶、挖掘作业等四种状态下，分别测定驾驶室地板中部和驾驶员座垫上的加速度，测定的时间应大于 5min。

将测定的结果记入表 12-6。对记入记录仪的振动信号进行采样分析，分析方法按 GB/T 4970—2009《汽车平顺性试验方法》进行。

表 12-6　振动加速度　　（单位：m/s^2）

<table>
<tr><th colspan="2" rowspan="2">挖掘机状态</th><th colspan="2">振动加速度</th><th rowspan="2">备　注</th></tr>
<tr><th>驾驶员座垫上</th><th>驾驶室地板上</th></tr>
<tr><td colspan="2">发动机空载运转</td><td></td><td></td><td></td></tr>
<tr><td colspan="2">挖掘作业时</td><td></td><td></td><td></td></tr>
<tr><td colspan="2" rowspan="2">行驶时（履带式）</td><td></td><td></td><td>水泥、沥青路面</td></tr>
<tr><td></td><td></td><td>碎石土路面</td></tr>
<tr><td rowspan="4">行驶时（轮胎式）</td><td rowspan="2">低速挡</td><td></td><td></td><td>水泥、沥青路面</td></tr>
<tr><td></td><td></td><td>碎石土路面</td></tr>
<tr><td rowspan="2">高速挡</td><td></td><td></td><td>水泥、沥青路面</td></tr>
<tr><td></td><td></td><td>碎石土路面</td></tr>
</table>

12.3.3　排放试验

减少非道路移动机械用柴油机排放对大气环境的污染，促进非道路移动机械用柴油机技术水平的发展，淘汰落后产品，降低单机排放，对提高产品可持续发展的能力保护和改善人民生活环境具有重要意义。

GB 20891—2007《非道路移动机械用柴油机排气污染物排放限值及测量方法（中国Ⅰ、Ⅱ阶段）》适用于选用的柴油机额定净功率不超过 560kW，在非恒定转速下工作的液压挖掘机排气污染物的测定。非道路移动机械用柴油机排气污染物中一氧化碳（CO）、碳氢化合物（HC）和氮氧化物（NO_x）颗粒物（PM）的比排放量，在第Ⅰ阶段不超过表 12-7 中给出的限值，在第Ⅱ阶段不超过表 12-8 中给出的限值。

柴油机排气污染物中的颗粒物采用多滤纸和单滤纸方法进行测量，气态污染物则由气体分析系统或分析仪测量，测试系统必须符合标准中的规定。对于非恒定转速下的柴油机，按照表 12-9 中的八工况循环进行试验。小于 18kW 非恒定转速下的柴油机可选六工况试验循环，五工况试验循环适用于恒速柴油机。

表12-7 非道路移动机械用柴油机排气污染物限值（第Ⅰ阶段） [单位：g/(kW·h)]

额定净功率 P_{max}/kW	CO	HC	NO_x	HC + NO_x	PM
$130 \leqslant P_{max} \leqslant 560$	5.0	1.3	9.2	—	0.54
$75 \leqslant P_{max} < 130$	5.0	1.3	9.2	—	0.7
$37 \leqslant P_{max} < 75$	6.5	1.3	9.2	—	0.85
$18 \leqslant P_{max} < 37$	8.4	2.1	10.8	—	1.0
$8 \leqslant P_{max} < 18$	8.4	—	—	12.9	—
$0 < P_{max} < 8$	12.3	—	—	18.4	—

注：排气污染物限值是在排气后处理装置（若安装）之前，柴油机排气口处应达到的限值。

表12-8 非道路移动机械用柴油机排气污染物限值（第Ⅱ阶段） [单位：g/(kW·h)]

额定净功率 P_{max}/kW	CO	HC	NO_x	HC + NO_x	PM
$130 \leqslant P_{max} \leqslant 560$	3.5	1.0	6.0	—	0.2
$75 \leqslant P_{max} < 130$	5.0	1.0	6.0	—	0.3
$37 \leqslant P_{max} < 75$	5.0	1.3	7.0	—	0.4
$18 \leqslant P_{max} < 37$	5.5	1.5	8.0	—	0.8
$8 \leqslant P_{max} < 18$	6.6	—	—	9.5	0.8
$0 < P_{max} < 8$	8.0	—	—	10.5	1.0

表12-9 八工况循环

工况号	柴油机转速	负荷百分比（%）	加权系数
1	额定转速	100	0.15
2	额定转速	75	0.15
3	额定转速	50	0.15
4	额定转速	10	0.1
5	中间转速	100	0.1
6	中间转速	75	0.1
7	中间转速	50	0.1
8	怠速	0	0.15

按照列出的工况号顺序依次进行试验。试验循环中，每工况过渡阶段以后，规定的转速必须保持稳定，偏差应在额定转速的±1%或±3r/min，取其中较大值；怠速点应该在制造厂规定的偏差以内。规定转矩在试验测量阶段的平均值应该保持稳定，偏差应在试验转速下最大转矩的±2%以内。每工况最少需试验10min，当对某台柴油机进行试验，为了在测量滤纸上获得足够的颗粒物质量，需要更长的取样时间时，试验工况时间可以根据需要有所延长。

排气应至少在每工况的最后3min通过分析仪。分析仪的输出结果应该用磁带记录仪或等效的数据采集系统记录。如果对稀释后的CO或CO_2气体采用取样袋方式测量，排气应在每工况的最后 3min 进入取样袋，然后对取样袋进行分析并记录结果。

12.4 安全性试验

12.4.1 防护装置试验

GB/T 19932—2005 规定了一种在载荷作用下评价驾驶防护装置的统一的、可重复的试验程序和性能要求。防护装置是用来向液压挖掘机的驾驶员提供合理的保护，以抵挡来自前面或上面的如岩石、碎片或其他物体穿透驾驶位置，适用于配备驾驶防护装置的液压挖掘机。ROPS 滚翻保护结构和 FOPS 落物保护结构一般采用试验室鉴定以确定与驾驶有关的允许挠曲的极限量。小型挖掘机的驾驶防护装置应符合 GB/T 19930—2005《土方机械 小型挖掘机 倾翻保护结构的试验室试验和性能要求》的规定。

挖掘机驾驶位置的防护装置分为顶防护装置和前防护装置两部分。对于液压挖掘机防护装置的验收试验存在两种基准。验收基准Ⅰ：机器在公路维修、环境美化以及建筑工地等地作业时，驾驶防护装置应对小石块、小碎片等及其他类似的小物体提供保护；验收基准Ⅱ：机器在建筑和拆除工地作业时，驾驶防护装置应对大石块、大碎片等及其他类似的大物体提供保护，但不适用于质量等于或小于 6000kg 的小型挖掘机。

防护装置保护的范围是：对接近驾驶位置前面的物体，前防护装置提供保护的范围应不小于挠曲极限量（一个高大、穿普通衣服、带安全帽、坐姿男性驾驶员的垂直投影近似值）DLV 的水平投影；对来自驾驶位置上面范围内的落物，顶防护装置提供保护的范围应不小于 DLV 的垂直投影。当机器受到来自上面或前面的撞击时，满足标准的防护装置可以使驾驶员得到保护，因为指定的加载条件下的试验可以保证防护装置起到有效的变形保护作用。

顶防护装置的试验设备有落锤、提升标准落锤到所需高度的装置、释放标准落锤自由落下的装置等构成。试验验收基准Ⅰ的落锤由实心钢或球墨铸铁制成，带有球形的接触面且直径不大于 254mm，质量和（或）下落高度值取决于所需的势能，典型的质量是 46kg；试验验收基准Ⅱ的落锤由钢制成，在加载状态下拥有所需的势能，所需的能量决定了质量和（或）下落高度值，典型的质量是 227kg。

前防护装装置的试验设备有：根部为锥形的标准试验室穿透性试验体，材料为钢，试验中与前防护装置相接触的试验体要足够长，以免该试验体的直径大于 260mm；将试验体推向前防护装置所需的装置；测量将试验体推向前防护装置所需力的装置；在推动试验中测定试验体 DLV 的前防护装置穿透性的装置。

进行顶防护装置试验时，将试验室用的标准落锤置于顶防护装置的顶部，下落位置应在 DLV 顶平面区域的垂直投影部分内。在 DLV 上部顶防护装置不同的区域上采用其他的材料或不同的厚度时，每块面积应依次进行落锤试验，而且这些试验必须在同一个顶防护装置上完成。落锤小端应完全处在 DLV 垂直投影范围内的顶防护装置上。落锤的小端应落在顶防护装置距离 DLV 顶部的最近点以及最大的无支撑区域（即不被上部主要结构件所支撑的面积）质心最近的位置。如果 DLV 的垂直投影被上部主要的结构件分为两个或者更多的部分，应作用于包含 DLV 投影最大面积的那个部分，如图 12-22 所示。

在规定位置的上方，将落锤垂直提升能产生规定能量的高度，释放落锤，使之自由地落到防护装置上。对于防护装置的验收基准Ⅰ，落锤小头开始应完全地落在半径为100mm的圆内；对于防护装置的验收基准Ⅱ，落锤小头开始应完全地落在半径为200mm的圆内。但是落锤小头都不能落在主要的顶部水平构件上。

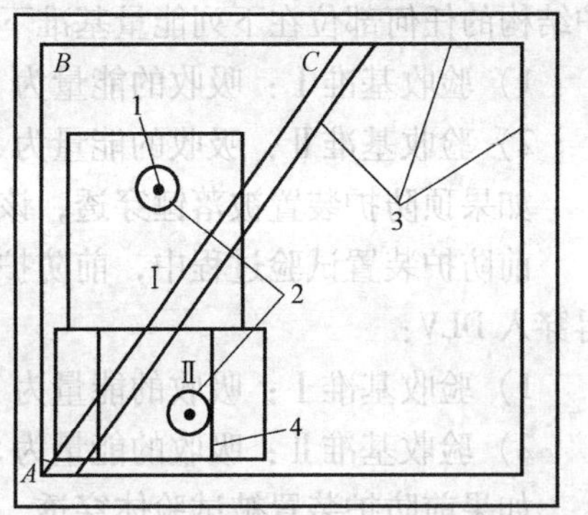

图12-22　顶防护装置落锤试验冲击点

1—△*ABC*的形心　2—主要结构件

3—落锤　4—DLV的顶平面

（注：面积Ⅰ和面积Ⅱ分割顶防护装置上面的DLV的垂直投影面积，面积Ⅰ比面积Ⅱ大。）

进行前防护装置试验时，静态试验专用试验室穿透性试验体的小头端应放在前防护装置的对面。试验锤小端应完全处在DLV水平投影范围内的前防护装置上，并且试验锤小端应位于距离DLV前部最近点和前防护装置上最大的无支撑的表面（也就是没有主要结构件支撑的面积）形心最近的位置，如图12-22所示。DLV的水平投影如果被主要的结构件分为两个或者更多的部分，则应作用于包含紧挨DLV投影最大面积的那个部分，如图12-23所示。

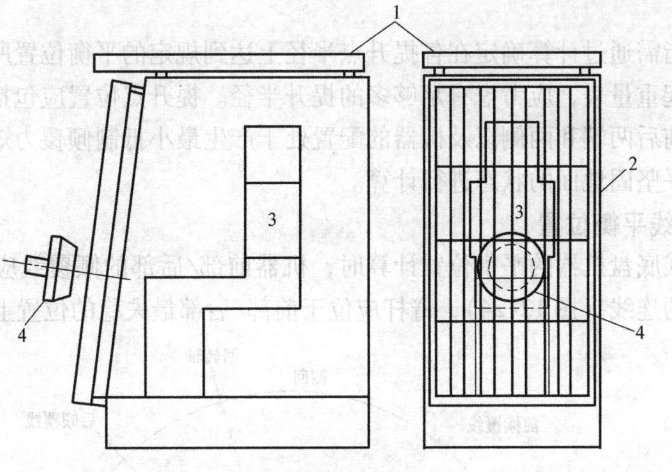

图12-23　试验体的位置

1—顶防护装置　2—前防护装置　3—DLV　4—载荷锤

试验锤沿垂直于前防护装置表面的平面推进。变形率是在加载被视为静态的情况下得到的。倘若在载荷作用点上的变形率不大于5mm/s，加载可以认为是静态的。在载荷作用点处变形增量不大于15mm时，将力和变形数值记录下来。持续加载直到前防护装置达到能量要求。计算能量用到的变形是前防护装置沿着力的作用线的位移，载荷体的作用线应该维持在一个由初始接触点为圆心的半径为50mm的圆内。

前防护装置也可以用对防护装置产生等量能量作用的设备进行动态试验（可选）。下落试验体可以使用顶防护装置试验中的落锤，需确定规定所需能量下的下落高度和质量。在可选做的动态试验中，驾驶位置的底座应该和正常的机器装备具有同样坚固的底座，这样才能限制驾驶位置吸收异常的能量。此外，驾驶位置的下试验台也应该如此坚固且加载时不被装置击陷。

顶防护装置试验中装置的保护特性是通过驾驶室或保护结构的耐冲击能力来评定的。保护结构的任何部位在下列能量基准下的初次或以后的撞击下不得穿入 DLV：

1）验收基准Ⅰ：吸收的能量为 1365J。

2）验收基准Ⅱ：吸收的能量为 11600J。

如果顶防护装置被落锤穿透，该防护装置就被认为是试验不合格。

前防护装置试验过程中，前防护装置或驾驶位置的任何部位在所需的性能基础能量下不得穿入 DLV：

1）验收基准Ⅰ：吸收的能量为 700J。

2）验收基准Ⅱ：吸收的能量为 5800J。

如果前防护装置被试验体穿透，该防护装置就被认为是试验不合格。

12.4.2 起重量试验

GB/T 13331—2005《土方机械 液压挖掘机 起重量》规定了液压挖掘机起重量的统一计算方法和验证其计算值的试验程序，包括液压挖掘机液压起重量极限和机器倾覆极限以及额定起重量的确定。

1. 倾覆载荷

倾覆载荷是指需通过计算确定在各提升点半径上达到规定的平衡位置所需的一系列载荷值。为详述额定起重量表，应考虑有足够多的提升半径。提升点位置应包括基准地平面以上和以下、机器的前后两端和两侧以及机器的配置处于产生最小抵制倾覆力矩的状态。起重量应以机器位于水平坚固地面的状态进行计算。

2. 纵向倾覆线平衡位置

在进行履带式底盘机器的平衡位置计算时，机器前部/后部的倾覆线应为引导轮中心线或驱动轮中心线的连线（图 12-24），臂杆应位于前部/后部最失稳的位置上。

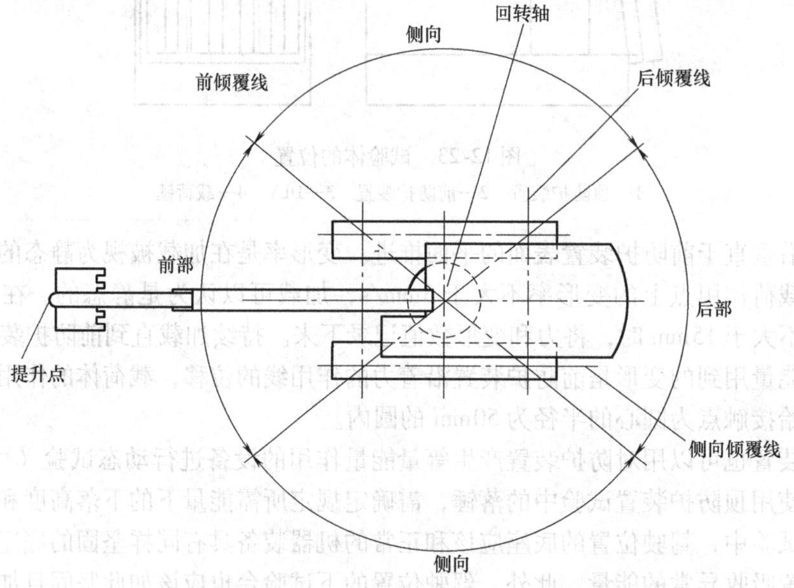

图 12-24 履带式底盘的倾覆线

在进行轮胎式底盘机器的平衡位置计算时，机器前部/后部的倾覆线应为轮轴的中心线、转向轴中心线或支腿垫块的连线（图12-25）。

铰轴支腿垫块的倾覆线应是在基准地平面上、铰轴中心线下方对着垫块上的连线。

刚性支腿垫块的倾覆线应是垫块与基准地平面之间的接触面积中心的连线。

3. 侧向倾覆线平衡位置的计算

在进行履带式底盘机器的侧向倾覆线平衡位置计算时，倾覆线由支重轮和履带组件（例如链轨节或导轨）之间的支点确定，如图12-26所示。

在进行联动或无摆动轴的轮胎式底盘机器的平衡位置计算时，倾覆线应是在基准地平面上、机器同一侧轮胎接触中心（双轮胎为中点）的连线（图12-25和图12-26）。

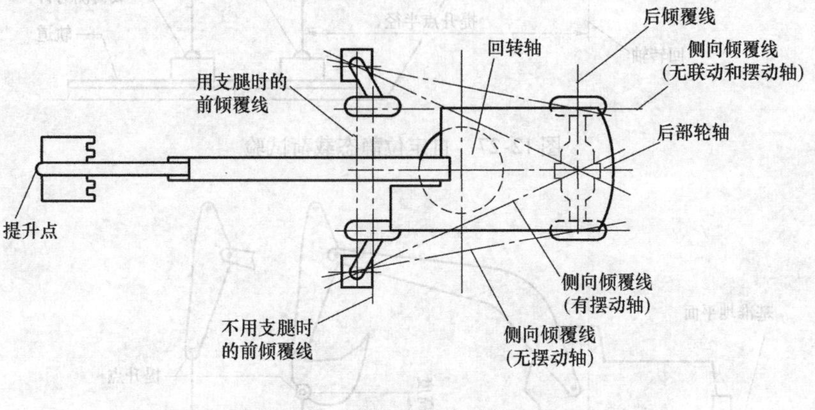

图12-25 轮胎式底盘的倾覆线

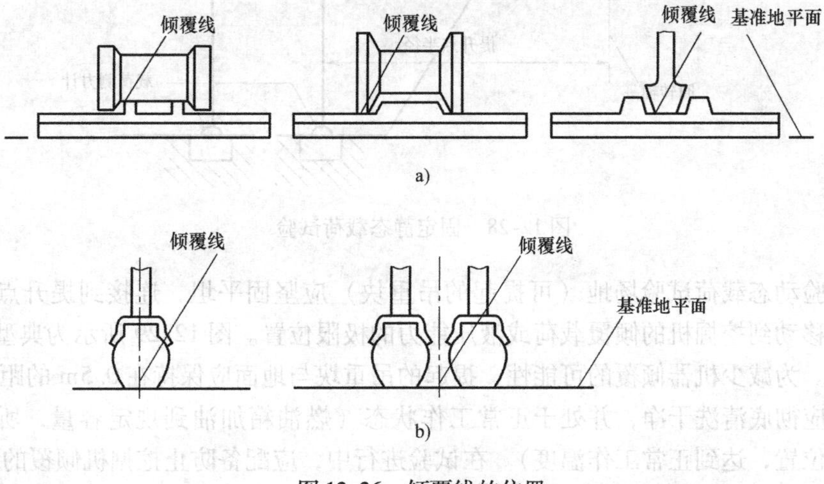

图12-26 倾覆线的位置
a）履带式底盘 b）轮胎式底盘

带有摆动轴的挖掘机的倾覆线应是穿过轴支承点和其中一个刚性支承点的直线（图12-25），当使用支腿时，倾覆线的位置应按照纵向倾覆线平衡位置计算时的规定。

液压起重量需通过计算确定由动臂或斗杆液压起重量产生的力在各提升点上所能提升的一系列载荷值。

验证试验静态载荷试验场地（不可提起的载荷）应坚固平坦，测力计能够在提升点和静态载荷之间连接。静态载荷可以是一个能在水平轨道上移动的附属装置，或是一个定位的重物（通过移动挖掘机来得到各种连接的提升点），如图12-27和图12-28所示。

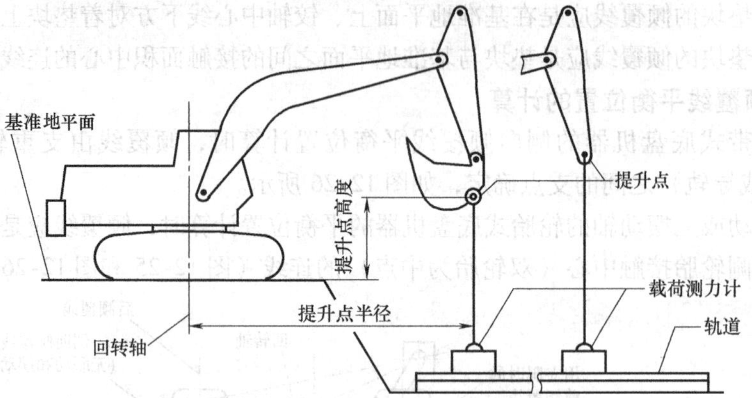

图12-27　自定位静态载荷试验

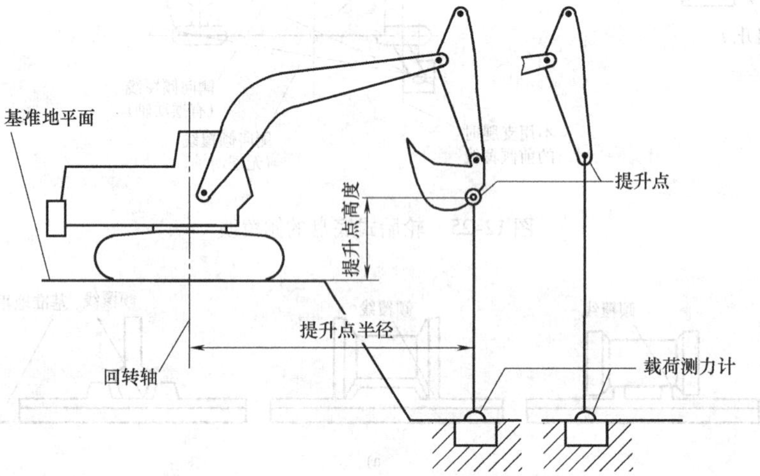

图12-28　固定静态载荷试验

验证试验动态载荷试验场地（可提起的吊重块）应坚固平坦，连接到提升点的吊重块能无阻碍地移动到挖掘机的倾覆载荷或液压能力的极限位置。图12-29所示为典型的试验场地布置形式。为减少机器倾覆的可能性，提起的吊重块与地面应保持在0.5m的距离内。

挖掘机应彻底清洗干净，并处于正常工作状态（燃油箱加油到规定容量，所有液体在规定的液面位置，达到正常工作温度）。在试验进行中，应配备防止挖掘机倾覆的装置。

倾覆载荷试验应测定在规定的提升点半径处达到平衡位置时所需的力。机器带有支腿时，应分别在支腿收回和支腿支放在最佳位置两种状态下进行试验。

液压起重量应在各规定的起重点处进行测试，以验证液压起重量的计算值处在该试验中，动臂液压缸不超过回路工作压力，其他回路为回路保持压力。

测试点数量至少应包括四点：纵向和侧向倾翻时，臂杆处于纵向和侧向达到倾覆载荷；载荷点在基准地平面以上和以下的液压限定的起重量。测试倾覆载荷和液压起重量时，应记录所测量的起重量、提升点高度和提升点半径。

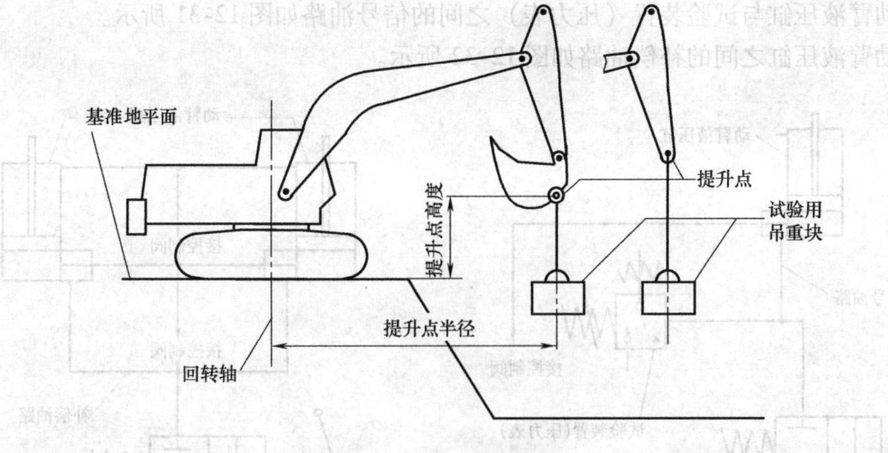

图 12-29 动态载荷试验

起重量的测量值应达到计算值的 95%，如果没达到，起重量表应由测量值确定的修正系数进行修正。

12.4.3 其他安全装置试验

单斗液压挖掘机在安全要求方面还有很多规定，如电气设备的安全要求、支腿液压回路要求、驾驶室的视野能见度要求、电气控制系统过载保护要求、动臂下降控制要求等，在此仅简要介绍挖掘机反铲进行起重作业时动臂下降控制装置的试验方法。

在使用挖掘机或挖掘装载机搬运物料时，动臂液压管路发生故障或破裂会对升起载荷下人的安全造成威胁。使用一种控制装置可以减少这种危险，这种装置可以确保当动臂回路中的液压管路发生故障或破裂时，动臂载荷的下降速度得到控制。试验方法是基于液压挖掘机和挖掘装载机反铲装置的液压系统设计特性以及使用条件制定的。

下降控制装置在动臂提升液压缸被加压时，该装置应能自动运行。为试验该装置，当控制装置处于中位时，由于系统内泄导致的载荷下降速度不应超过 10mm/s。动臂控制系统故障或动臂管路破裂，载荷的下降应尽可能不对人员造成伤害或不影响机器的稳定性。在规定的工作回路压力下，且油温为 40 ~ 50℃时，如果试验装置上的信号油路和提升液压缸之间的补偿油路中有一处管路破裂，每个液压缸的泄漏量不得超过 10L/min。在规定的提升点半径处试验载荷为额定起重量的（50 ± 10）%。

在因故障引起动臂下降的连接油路中，应安装故障模拟装置。用于试验的硬管不得增加连接油路的阻力。安装示意图如下：

1）动臂液压缸与控制阀之间的油路如图 12-30 所示。

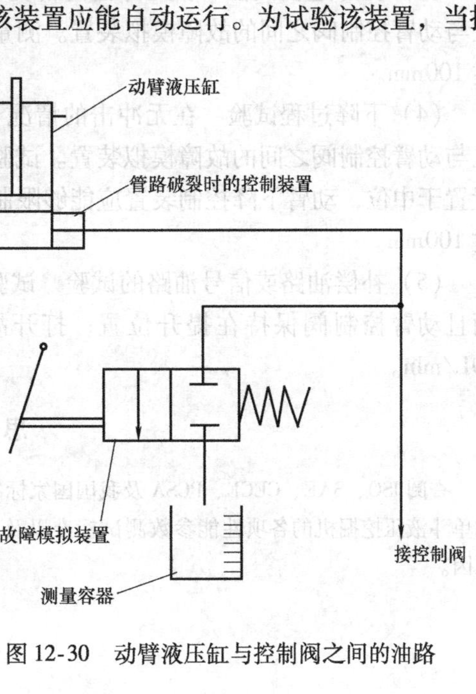

图 12-30 动臂液压缸与控制阀之间的油路

2）动臂液压缸与试验装置（压力表）之间的信号油路如图 12-31 所示。

3）动臂液压缸之间的补偿油路如图 12-32 所示。

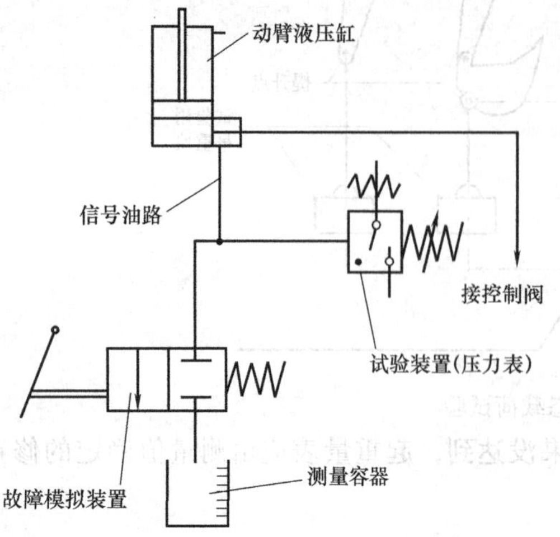

图 12-31　动臂液压缸与试验装置之间的信号油路

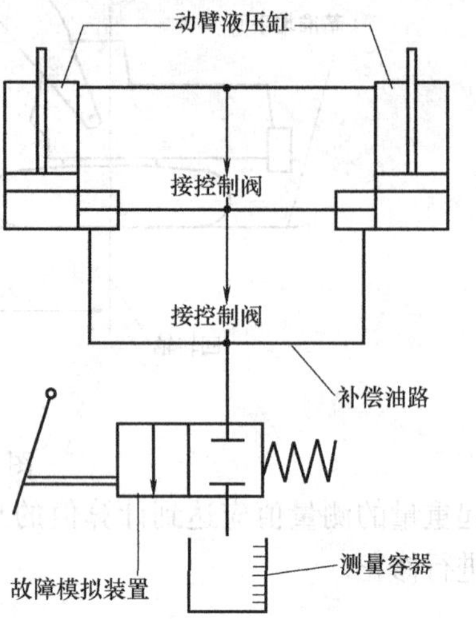

图 12-32　动臂液压缸之间的补偿油路

（1）控制装置的试验　试验载荷应在提升点半径处，其所产生的力矩等于在规定的提升点半径时的额定起重量所产生力矩的 (50 ± 10)%。动臂的提升和下降动作应平稳，在试验载荷处进行测量，动臂下降速度应不大于 200mm/s。每次试验后应将载荷下降至地面。

（2）保持位置的试验　试验载荷应提升至离地平面约 1m 处，动臂控制阀处于中位。打开提升液压缸与动臂控制阀之间的故障模拟装置。测量初始 10s 内载荷的下降总量，该下降总量不应超过 100mm。

（3）提升过程试验　在无冲击的情况下，平滑且连续地提升试验载荷。打开提升液压缸与动臂控制阀之间的故障模拟装置。测量初始 10s 内载荷的下降总量，该下降总量不应超过 100mm。

（4）下降过程试验　在无冲击的情况下，平滑且连续地下降试验载荷。打开提升液压缸与动臂控制阀之间的故障模拟装置。试验载荷下降速度的增量应小于初始速度。将控制装置置于中位，动臂下降控制装置应能够限制动臂的移动，使初始 10s 内载荷的下降总量不超过 100mm。

（5）补偿油路或信号油路的试验　试验应在无载下进行；动臂应提升到最大提升高度，而且动臂控制阀保持在提升位置；打开故障模拟装置。每个液压缸的泄漏量不应超过 10L/min。

思　考　题

查阅 ISO、SAE、CECE、PCSA 及我国国家标准和行业标准中关于单斗液压挖掘机的部分内容，分析对比单斗液压挖掘机的各项性能参数测试标准以及本章所提到的试验规范和标准，找出其中的差异并分析原因。

参 考 文 献

[1] 同济大学．单斗液压挖掘机［M］．北京：中国建筑工业出版社，1986.
[2] 陈正利．我国挖掘机行业的形成与发展、现状及前景［J］．建设机械技术与管理，2004（11）．
[3] 陈正利．中国挖掘机行业十年发展历程及当前行业面临的机遇和挑战［J］．工程机械文摘，2006（5）.
[4] 邸鹏远，张晓春，等．液压挖掘机行业状况分析［J］．建设机械技术与管理，2008（12）．
[5] 李克青．2008 年国内工程机械行业发展回顾［J］．工程建设，2009，41（1）．
[6] 张大庆，刘昌盛，等．从 2009 年巴黎 INTERMAT 展看挖掘机的发展［J］．建设机械，2009（8）．
[7] 朱希平．进口挖掘机维修手册［M］．沈阳：辽宁科学技术出版社，2004.
[8] 黄旭就，何进嵩．工程机械产品技术发展现状研究及对策［J］．装备制造技术，2004（4）．
[9] 周勇，宋春华．国内外液压挖掘机的发展动向［J］．矿山机械，2008（8）．
[10] 朱建新，等．谈国产液压挖掘机未来的发展趋势［J］．凿岩机械气动工具，2005（3）．
[11] 梁国文．机电一体化在机械工程上的应用与发展［J］．建设机械，1999（8）．
[12] 任小青．液压挖掘机节能技术的发展综述［J］．机床与液压，2009，37（8）．
[13] 姚怀新．工程机械发动机理论与性能［M］．北京：人民出版社，2007.
[14] 张玉川，蔡禺．进口液压挖掘机国产化改造［M］．成都：西南交通大学出版社，1999.
[15] 张铁．液压挖掘机结构原理和使用［M］．东营：中国石油大学出版社，2002.
[16] 孔德文，等．液压挖掘机［M］．北京：化学工业出版社，2007.
[17] 曹善华．单斗挖掘机［M］．北京：机械工业出版社，1989.
[18] 刘希平．工程机械构造图册［M］．北京：机械工业出版社，1987.
[19] 胡乾坤．液压挖掘机的使用与维修［M］．合肥：安徽科学技术出版社，1993.
[20] Suh C H，Radcliffe C W. Kinematics and Mechanisms Design［M］. JOHN WILEY & SONS NEW YORK SANTA BARBARA CHICHESTER BRISBANE TORONTO，1978.
[21] 史青录，等．矩阵和向量运算方法在刚体复合运动中的应用［J］．太原重型机械学院学报，2000，21（1）．
[22] 刘惟信．机械最优化设计［M］．北京：清华大学出版社，1994.
[23] 哈尔滨工业大学理论力学教研室．理论力学［M］．北京：人民教育出版社，1983.
[24] 史青录，等．挖掘分析软件 EXCA（R10.0）的研发［J］．工程机械，2009（9）．
[25] 史青录，连晋毅，林慕义．挖掘机最大理论挖掘力的确定［J］．太原科技大学学报，2007（1）．
[26] 史青录，等．挖掘机的最不稳定姿态研究［J］．农业机械学报，2004（5）．
[27] 天津大学材料力学教研室．材料力学：上、下册［M］．北京：人民教育出版社，1981.
[28] 霍拉德，贝尔．有限单元法在应力分析中的应用［M］．凌复华，译．北京：国防工业出版社，1978.
[29] 史青录，等．挖掘机动臂强度的对比分析［J］．工程机械，2009（7）．
[30] 韩慧仙，曹显利．挖掘机液压系统功率控制方式及性能分析［J］．工业技术，2009（2）．
[31] 汪明德，赵毓芹，祝嘉光．坦克行驶原理［M］．北京：国防工业出版社，1983.
[32] 李芳民．工程机械液压及液力传动［M］．北京：人民交通出版社，2006.
[33] 毛信理．液压与液力传动［M］．北京：冶金工业出版社，1993.
[34] 李寿刚．液压传动［M］．北京：北京理工大学出版社，1994.
[35] 章宏甲，黄谊．液压传动［M］．北京：机械工业出版社，1999.
[36] 颜荣庆，等．现代工程机械液压与液力系统［M］．北京：人民交通出版社，2001.
[37] 林慕义，张福生．车辆底盘构造与设计［M］．北京：冶金工业出版社，2007.
[38] 林履尧．进口工程机械液压系统维修问答［M］．广州：广东科技出版社，2003.

[39] 夏海南，等．液压机械传动在工程机械上的应用［J］．工程机械，2000（3）：17－19.
[40] 王满增，等．液压挖掘机的负荷传感技术［J］．石家庄铁道学院学报，2003（16）：128－130.
[41] 江目正夫，箫欣志．日本液压技术动向［J］．液压气动与密封，2004（1）：11－14.
[42] 唐伯尧．挖掘机液压系统及功率损失分析［J］．机床与液压，2004（5）.
[43] 赵波，等．挖掘机液压系统的节能技术分析［J］．流体传动与控制，2007（4）：43－45.
[44] 高峰，等．液压挖掘机节能控制综述［J］．工程机械与维修，2001（12）：40－43.
[45] 孙逢春，史青录，等．履带式车辆接地比压在斜坡转向时的变化分析［J］．农业机械学报，2006（5）.
[46] 刘述学，陈守礼，孙树仁．工程机械地面力学［M］．北京：机械工业出版社．1991.
[47] Merhof W，Hackbarth E M. 履带式车辆行驶力学［M］．韩雪梅，等译．北京：国防工业出版社，1989.

《液压挖掘机》

史青录　主编

读者信息反馈表

尊敬的老师：

您好！感谢您多年来对机械工业出版社的支持和厚爱！为了进一步提高我社教材的出版质量，更好地为我国高等教育发展服务，欢迎您对我社的教材多提宝贵意见和建议。另外，如果您在教学中选用了本书，欢迎您对本书提出修改建议和意见。

机械工业出版社教育服务网网址：http：//www. cmpedu. com

一、基本信息

姓名：＿＿＿＿＿　性别：＿＿＿＿＿　职称：＿＿＿＿＿　职务：＿＿＿＿＿＿＿

邮编：＿＿＿＿＿　地址：＿＿＿＿＿＿＿＿＿＿＿＿＿＿＿＿＿＿＿＿＿＿＿＿＿

任教课程：＿＿＿＿＿＿＿＿＿　电话：＿＿＿－＿＿＿＿＿（H）＿＿＿＿＿（O）

电子邮件：＿＿＿＿＿＿＿＿＿＿＿＿＿＿＿＿＿＿＿　手机：＿＿＿＿＿＿＿

二、您对本书的意见和建议

（欢迎您指出本书的疏误之处）

三、您对我们的其他意见和建议

请与我们联系：

100037　机械工业出版社・高等教育分社　刘小慧　收

Tel：　010—8837 9712